AutoCAD 2013 中文版

完全自学手册

龙马工作室◎编著

人民邮电出版社
北京

图书在版编目（CIP）数据

AutoCAD 2013中文版完全自学手册 / 龙马工作室编著. -- 北京 : 人民邮电出版社, 2013.2
ISBN 978-7-115-29199-8

Ⅰ. ①A… Ⅱ. ①龙… Ⅲ. ①AutoCAD软件 Ⅳ. ①TP391.72

中国版本图书馆CIP数据核字(2012)第273622号

内 容 提 要

本书由国家重点院校教授与知名企业 AutoCAD 专家联手编著，本书分为 5 篇，共 20 章。【基础入门篇】涵盖了 AutoCAD 的行业应用、AutoCAD 2013 的新增功能、工作界面、坐标系与坐标、AutoCAD 2013 命令的调用方法，图纸的显示控制以及精确绘图的辅助工具等内容；【二维绘图篇】主要讲解基本和复杂的二维图形的绘制、编辑对象等内容；【三维绘图篇】主要讲解三维绘图基础、绘制三维图形、编辑三维图形以及三维图形的显示效果等内容；【辅助绘图篇】全面介绍了使用文字和表格、尺寸标注、块与属性、图层、使用辅助工具以及图纸的打印和输出等内容；【行业案例篇】通过 6 个案例详细讲解了 AutoCAD 2013 软件在机械设计、建筑设计、家具设计、电子与电气设计等相关行业中的应用。

为了便于读者自学，本书突出了对实例的讲解，使读者能理解软件的精髓，并能解决实际生活或工作中遇到的问题，真正做到知其然，更知其所以然。

随书光盘中赠送 18 小时培训班形式的视频教学录像，同时赠送 6 小时 AutoCAD 2013 电子电气设计教学录像，4 小时 3ds Max 教学录像，14 小时 UG 教学录像，3 小时 Pro/E 教学录像，300 张行业图纸，50 套图纸源文件，以及 AutoCAD 2013 常用命令电子速查手册。这就真正体现了本书"完全"的含义，使其真正成为一本物超所值的好书。

本书适合 AutoCAD 初中级用户和相关专业技术人员学习使用，同时也适合各类院校相关专业的学生和各类培训班的学员学习。

AutoCAD 2013 中文版完全自学手册

◆ 编　　著　龙马工作室
责任编辑　马雪伶
◆ 人民邮电出版社出版发行　　北京市崇文区夕照寺街 14 号
邮编　100061　　电子邮件　315@ptpress.com.cn
网址　http://www.ptpress.com.cn
北京隆昌伟业印刷有限公司印刷
◆ 开本：787×1092　1/16
印张：24
字数：620 千字　　2013 年 2 月第 1 版
印数：1－3 500 册　　2013 年 2 月北京第 1 次印刷

ISBN 978-7-115-29199-8

定价：49.00 元（附光盘）

读者服务热线：(010)67132692　印装质量热线：(010)67129223
反盗版热线：(010)67171154
广告经营许可证：京崇工商广字第 0021 号

前 言

AutoCAD 2013是Autodesk公司出品的CAD通用计算机辅助设计软件，用于完成建筑设计、机械设计、家具设计和电子电气设计绘图的绝大部分任务，具有易于掌握、使用方便、体系结构开放等优点。借助支持演示的图形、渲染工具和强大的绘图和三维打印功能，AutoCAD 2013让设计更加出色。

本书内容

全书分为5篇，共20章。具体内容如下。

第1篇（第1~3章）为基础入门篇。主要介绍AutoCAD的基础知识，主要包括AutoCAD的行业应用、AutoCAD 2013的新增功能、工作界面、坐标系与坐标、AutoCAD 2013命令的调用方法、图纸的显示控制以及精确绘图的辅助工具等内容。通过本篇的学习，读者可以了解AutoCAD 2013的基本功能，掌握AutoCAD 2013的基本操作和基本设置等。

第2篇（第4~6章）为二维绘图篇。主要讲解简单二维图形的绘制、复杂二维图形的绘制以及编辑图形对象等内容。读者学完本章，可以利用AutoCAD 2013进行二维图形的绘制和编辑。

第3篇（第7~10章）为三维绘图篇。主要讲解三维绘图基础、绘制三维图形、编辑三维图形以及三维图形的显示效果等内容。读者学完本章，可以掌握三维图形的绘制和编辑方法。

第4篇（第11~16章）为辅助绘图篇。主要讲解图层的创建与设置，块与属性，使用辅助工具，文字、表格和图案填充，尺寸标注以及图纸的打印和输出等内容。读者学完本章，可以更深入的了解AutoCAD 2013，利用这些辅助工具，可以有效提高绘图效率。

第5篇（第17~20章）为行业案例篇。主要通过机械设计、建筑设计、家具设计、电子与电气设6个大型行业案例，贯穿全书所学的知识点，读者学完本篇，可以掌握各种行业图纸的绘制，做到“举一反三”。

本书通过日常绘图中常见的案例来讲解AutoCAD 2013的综合应用。这些案例总结了书中提到的知识点及功能，并与实际应用完美结合。

本书特色

完全自学：内容全面、由浅入深，将操作过程中命令行的提示内容和需要读者输入的内容以不同的字体样式显示，便于读者区分理解。

指定下一点或 [放弃(U)]：**输入“@0，5”，按【Enter】键确认。** //输入下一点的相对坐标

以【宋体】显示的字体为命令行给出的提示

以【黑体】显示的字体为需要读者执行的操作

“//”后的文字为作者给出的注释

量身打造：书中的270多个综合实例完全来源于生活与工作的实际，6个大型案例更是照顾到AutoCAD的常见应用领域。把整个案例从无到有的过程充分地展现出来。

易学易用：颠覆传统“看”书的观念，变成一本能“操作”的图书。

超值光盘：随书奉送18小时培训班形式的视频教学录像，另外同时赠送6小时AutoCAD 2013电子电气设计教学录像，4小时3ds Max教学录像，14小时UG教学录像，3小时Pro/E教学录像，300张行业图纸，50套图纸源文件以及AutoCAD 2013常用命令电子速查手册，使本书真正体现了“完全”，实为一本物超所值的好书。

光盘运行方法

(1) 将光盘印有文字的一面朝上放入光驱中，几秒钟后光盘就会自动运行。

(2) 若光盘没有自动运行，可以双击桌面上的【我的电脑】图标打开【我的电脑】窗口，然后双击光盘图标，或者在光盘图标上单击鼠标右键，在弹出的快捷菜单中选择【自动播放】菜单项，光盘就会运行。

(3) 光盘运行后，经过片头动画后便可进入光盘的主界面，教学录像按照章节排列在各自的篇中，学习时选择相应的实例即可。

创作团队

本书由龙马工作室组织编写，参与本书编写、资料整理、多媒体开发及程序调试的人员有孔万里、李震、乔娜、胡芬、周奎奎等。在此对大家的辛勤工作一并表示衷心的感谢！

在编写本书的过程中，我们尽所能及努力做到最好，但难免有疏漏和不妥之处，恳请广大读者不吝批评指正。若您在阅读过程中遇到困难或疑问，可以给我们写信，我们的E-mail是march98@163.com。您也可以登录我们的论坛进行交流，网址是http://www.51pcbook.com。

本书责任编辑的联系信箱：maxueling@ptpress.com.cn。

龙马工作室

目　录

第1篇　基础入门篇

本书实例索引

第1篇 基础入门篇

第2篇 二维绘图篇

第4篇 辅助绘图篇

第 1 篇　基础入门篇

本篇主要讲解 AutoCAD 的行业应用、AutoCAD 2013 的新增功能、工作环境，图纸的显示控制以及精确绘图的辅助工具等。本篇作为基础入门篇，让读者整体了解 AutoCAD 2013 的同时，学习 AutoCAD 2013 的基本操作，为更深入学习 AutoCAD 2013 奠定良好的基础。

第 1 章　AutoCAD 2013 基础

本章引言

要学习好 AutoCAD 2013，首先就需要对 AutoCAD 2013 有一个清晰的认识，要知道什么是 AutoCAD，AutoCAD 2013 与前面的版本相比有什么新增功能，它主要是用来做什么的，等等。本章将对 AutoCAD 2013 的入门知识进行详细的介绍。

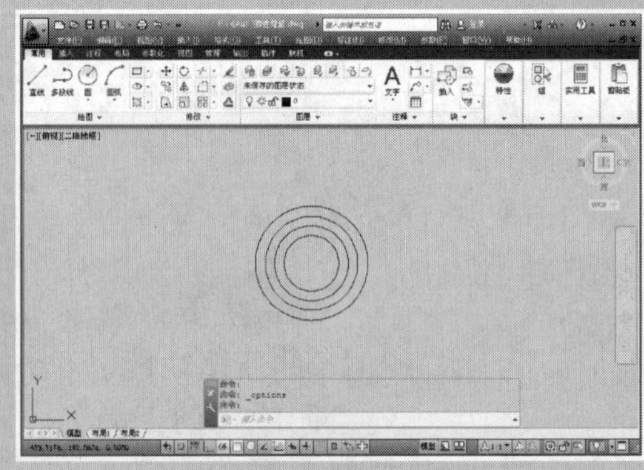

1.1 AutoCAD 的行业应用

本节视频教学录像：7 分钟

CAD（Computer Aided Design，计算机辅助设计），是计算机技术的一个非常重要的应用领域。AutoCAD 是美国 Autodesk 公司开发的一个交互式绘图软件，是用于二维及三维设计、绘图的系统工具，用户可以使用它来创建、浏览、管理、打印、输出、共享及准确复用富含信息的设计图形。

AutoCAD 是目前世界上应用最广泛的 CAD 软件之一。AutoCAD 软件具有如下特点。

⑴ 具有完善的图像绘制功能。

⑵ 具有强大的图像编辑功能。

⑶ 可以采用多种方式进行二次开发或用户定制。

⑷ 可以进行多种图形格式的转换，具有较强的数据交换能力。

⑸ 支持多种硬件设备。

⑹ 支持多种操作系统。

⑺ 具有通用性、易用性，适用于各类用户。

要实现计算机辅助绘图，完成图形的处理、显示和输出等操作，除了要借助硬件系统外，还离不开软件系统的支持。随着计算机技术的飞速发展，CAD 软件在工程中的应用层次也在不断地提高，一个集成的、智能化的 CAD 软件系统已经成为当今 CAD 工程的主流。CAD 是当今时代最能实现设计创意的设计工具、设计手段，是现代设计方法之首，由于 CAD 使用方便、易于掌握、体系结构开放等诸多优点，因此，被广泛应用于机械、建筑、电子、航天、造船、石油化工、土木工程、冶金、地质、气象、纺织、轻工和商业等领域。

1. CAD 在机械制造行业中的应用

CAD 在机械制造行业的应用是最早的，也最为广泛。采用 CAD 技术进行产品的设计，不但可以使设计人员能够丢掉采用图纸的绘制，更新传统的设计思想，实现设计自动化，降低产品的成本，提高企业及其产品在市场上的竞争能力；还可以使企业由原来的串行式作业转变为并行作业，建立一种全新的设计和生产技术管理体制，缩短产品的开发周期，提高劳动生产率。

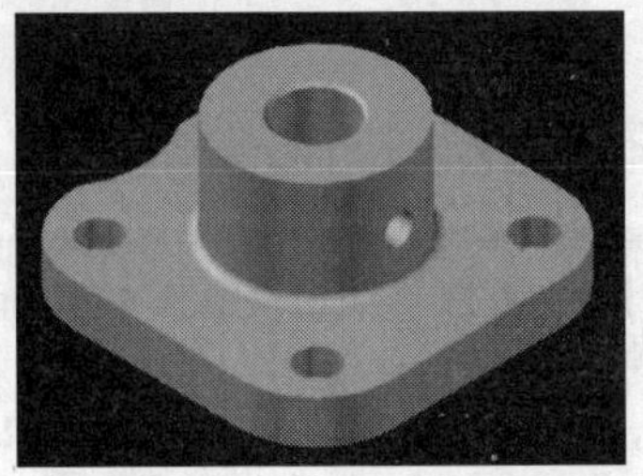

2. CAD 在建筑行业中的应用

计算机辅助建筑设计（Computer Aided Architecture Design，CAAD）是 CAD 在建筑方面的应用，它为建筑设计带来了一场真正的革命。随着 CAAD 软件从最初的二维通用绘图软件发展到如今的三维建筑模型软件，CAAD 技术已开始被广为采用，这不但可以提高设计质量，缩短工程周期，更为可贵的是，采用 CAAD 技术还可以为国家和建筑商节约很大的建筑投资。

3．CAD 在电子电气行业中的应用

CAD 在电子电气领域的应用被称为电子电气 CAD。它主要包括电原理图的编辑、电路功能仿真、工作环境模拟、印制板设计（自动布局、自动布线）与检测等。使用电子电气 CAD 软件还能迅速形成各种各样的报表文件（如元件清单报表），为元件的采购及工程预算和决算等提供了方便。

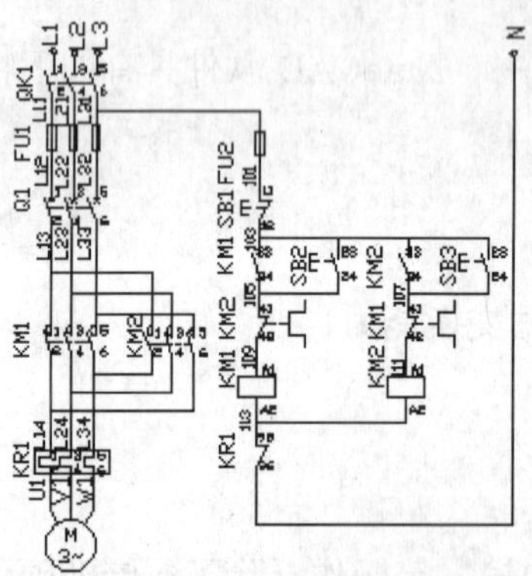

4．CAD 在轻工纺织行业中的应用

以前我国纺织品及服装的花样设计、图案的协调、色彩的变化、图案的分色、描稿及配色等均由人工完成，速度慢、效率低，而目前国际市场上对纺织品及服装的要求是批量小、花色多、质量高、交货要迅速，这使得我国纺织产品在国际市场上的竞争力显得尤为落后。而采用 CAD 技术以后，则大大加快了我国轻工纺织及服装企业走向国际市场的步伐。

5．CAD 在娱乐行业中的应用

时至今日，CAD 技术已进入到人们的日常生活中，在电影、动画、广告和娱乐等领域中大显身手。例如，美国好莱坞电影公司主要利用 CAD 技术构造布景，可以利用虚拟现实的手法设计出人工难以做到的布景，这不仅能节省了大量的人力、物力，降低电影的拍摄成本，而且还可以给观众造成一种新奇、古怪和难以想象的环境，获得极大的票房收入。

由上可见，AutoCAD 技术的应用将会越来越广，我国的 CAD 技术应用也定会呈现出一片欣欣向荣的景象，因此学好 AutoCAD 技术将会成为更多人追求的目标。

1.2 AutoCAD 2013 的新增功能

本节视频教学录像：5 分钟

AutoCAD 由最早的 V1.0 版到目前的 2013 版已经更新了数十次。这些更新使它具有了强大的绘图、编辑、图案填充、尺寸标注、三维造型、渲染和出图等功能，并提供了 AutoLISP（VisualLISP）、VBA 及 ObjectARX 等二次开发手段，使用户可以在 AutoCAD 的基础上“量身”定制特定需求的 CAD 系统。在设计制图的过程中，无论是从概念设计到草图，还是从草图到局部详图，AutoCAD 2013 都可以提供包括创建、展示、记录和构想所需的所有功能。接下来简单介绍 AutoCAD 2013 中文版的新功能。

1．全新的欢迎屏幕

AutoCAD 2013 的【欢迎屏幕】可以直接创建新图形或者打开最近打开的图形。

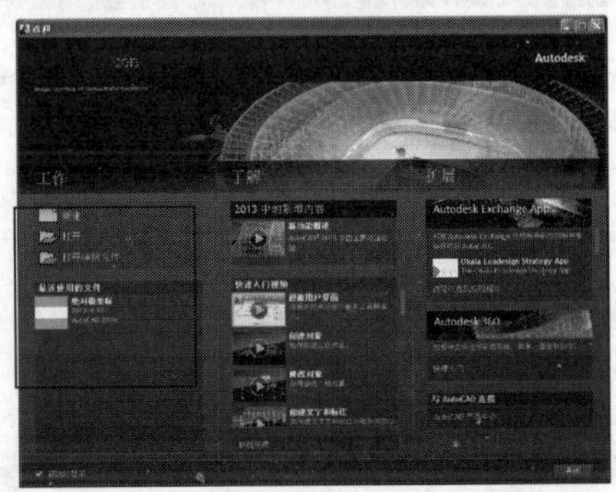

2．可以访问联机资源

在【欢迎界面】右侧【扩展】列表中单击【Autodesk Exchange Apps】区中的【浏览以查找应用程序】链接，即可打开 Autodesk Exchange Apps 网站，下载需要的 AutoCAD Apps，其中包含许多免费的商品。

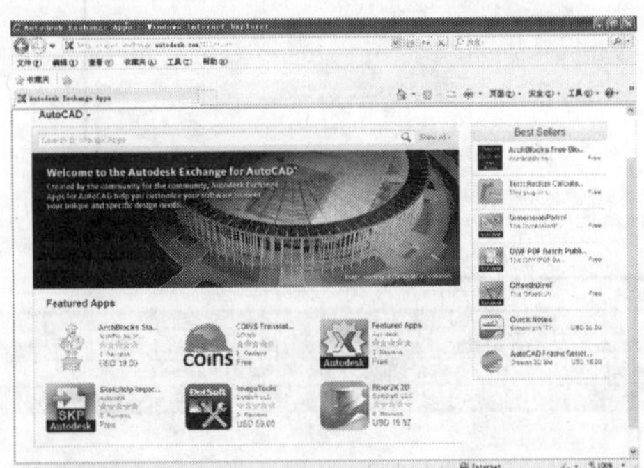

3．AutoDesk 360 云端支持

在【联机】选项卡下新增了 AutoDesk 360 云端支持功能，使用 AutoDesk 360 云端服务器，可以上传、同步或公用文件。

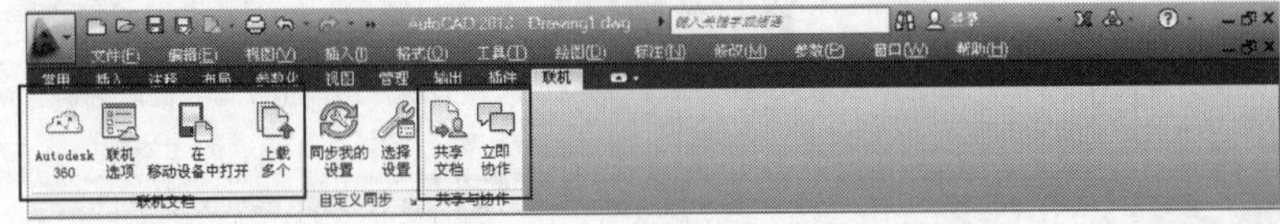

4．同步个人设定

在【联机】选项卡下的【自定义同步】选项组中可以轻松地把 AutoCAD 的个人化设定通过 AutoDesk 360 云端服务器转移到另一台电脑。

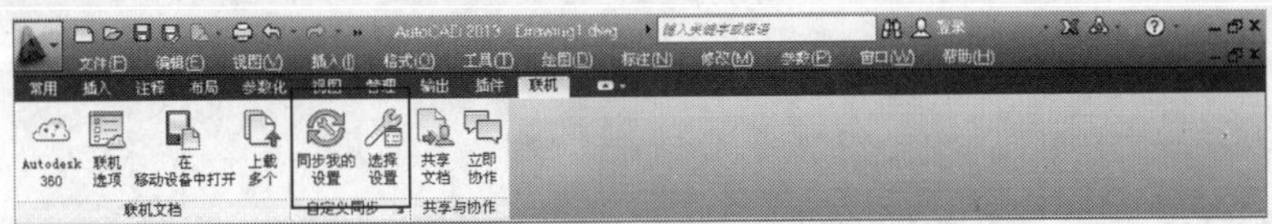

5．增强的点云支持功能

点云功能已得到显著增强。在新点云工具栏和在【插入】选项卡中的【点云】面板上可以附着和管理点云文件，类似于使用外部参照、图像和其他外部参照的文件。

6．新增【布局】选项卡

在 AutoCAD 2013 中新增了【布局】选项卡，包含【布局】、【布局视口】、【创建视图】、【修改视图】、【更新】和【样式和标准】6 个选项组。在【创建视图】选项组中的【界面视图】和【局部视图】按钮可以用来创建界面视图和局部视图。

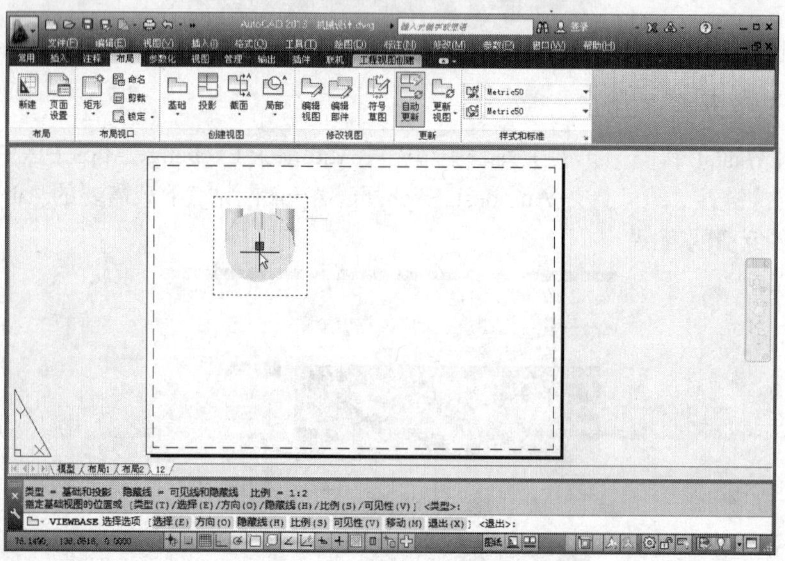

7．增加带删除线的文字

添加多行文字、多重引线、标注、表格和 ArcText 后，可以将文字应用带删除线样式。

8．全新的命令行

AutoCAD 2013 的命令行中的命令处于可选择的状态，通过单击命令行中的命令进行命令选择，执行命令。也可以右击命令行，在弹出的快捷菜单中选择【提示历史记录行】来更改显示的历史记录行数。

9．可延伸的路径阵列

AutoCAD 2013 中创建路径阵列后，在加长或更改阵列路径的过程中，路径阵列会随路径的变化而改变。

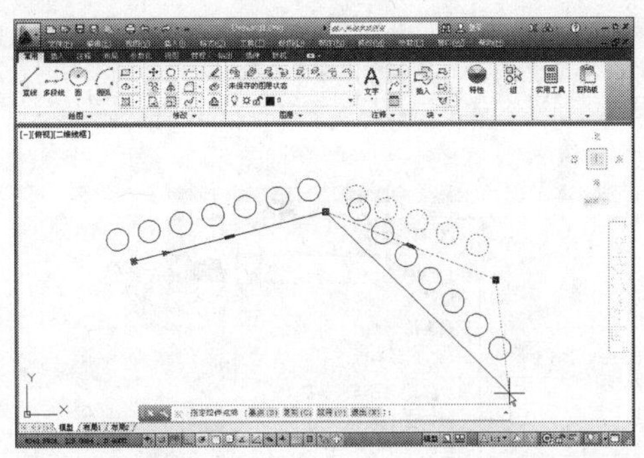

1.3 AutoCAD 2013 的工作界面

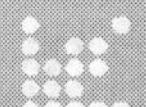

本节视频教学录像：11 分钟

启动 AutoCAD 2013 后，就可以在工作界面绘制图形了，在绘图之前，先来了解一下 AutoCAD 2013 的工作界面都是由哪些元素组成的。

1.3.1 工作空间

AutoCAD 2013 提供了【草图与注释】、【三维基础】、【三维建模】和【AutoCAD 经典】4 种工作空间模式。下图所示为【草图与注释】模式，在此模式中可以看到其界面主要由【应用程序】菜单按钮、标题栏、快速访问工具栏、绘图窗口、命令行和状态栏等元素组成。在该空间中可以使用【绘图】、【修改】、【图层】、【注释】和【块】等面板方便地绘制二维图形。

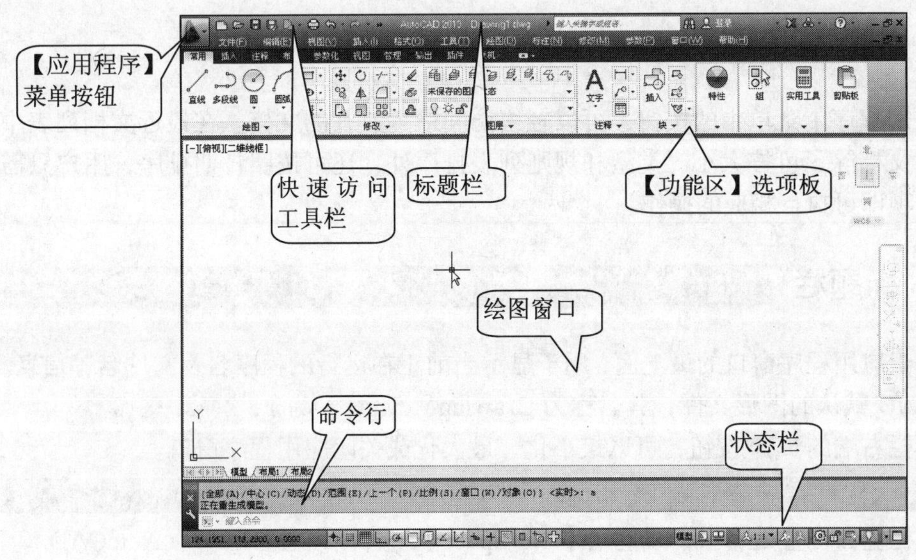

1.3.2 切换工作空间

要在【草图与注释】、【三维基础】、【三维建模】和【AutoCAD 经典】这 4 种工作空间模式之间进行切换时，可以单击状态栏中的【切换工作空间】按钮，在弹出的菜单中选择相应的命令即可。

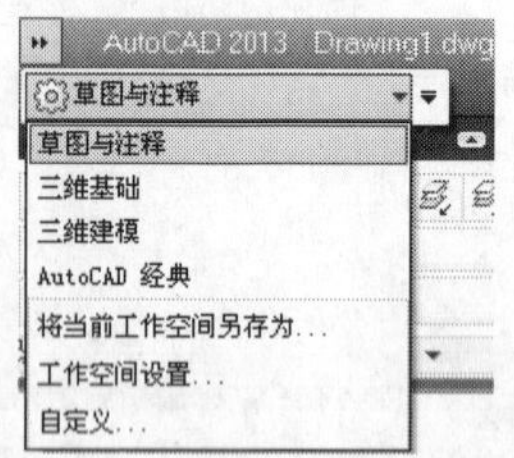

1.3.3 【应用程序】菜单

【应用程序】菜单位于 AutoCAD 界面的左上角。单击【应用程序】菜单按钮可以新建、打开、保存、打印和发布 AutoCAD 文件，将当前图形作为电子邮件附件发送，以及制作电子传送集。此外，还可以执行图形维护，例如核查和清理，并关闭图形。

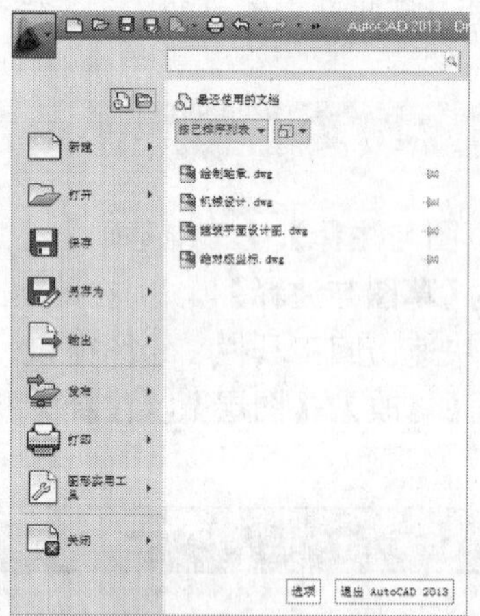

通过【应用程序】菜单中的按钮，可以轻松访问最近打开的文档。在最近文档列表中新增了选项，文档除了可按大小、类型和规则列表排序外，还可按照日期排序，用户只需选择相应的选项即可执行相应的操作。

1.3.4 标题栏

标题栏位于应用程序窗口的最上面，用于显示当前正在运行的程序名及文件名等信息。如果是 AutoCAD 默认的图形文件，其名称为 Drawing*N*.dwg（*N* 为 1、2、3……）。

单击标题栏右端的按钮，可以最小化、最大化或关闭应用程序窗口。

若在标题栏空白位置处右击，或使用【Alt+Space】组合键，会弹出一个 AutoCAD

窗口控制下拉菜单，可以执行最小化或最大化窗口、恢复窗口、移动窗口和关闭 AutoCAD 等操作。

还原(R)
移动(M)
大小(S)
最小化(N)
最大化(X)
关闭(C) Alt+F4

1.3.5 菜单栏

在默认状态下，AutoCAD 的工作空间中不显示菜单栏和工具栏。如果要显示菜单栏，可以单击快速访问工具栏右侧的黑三角按钮，在弹出的快捷菜单中选择【显示菜单栏】命令，此时菜单栏便可以显示在标题栏的下方。菜单栏中的菜单命令几乎包括了 AutoCAD 中全部的功能和命令。

此外，可以通过选择【工具】➤【工具栏】➤【AutoCAD】菜单命令，在弹出的子菜单中可以选择相应的命令，以使 AutoCAD 2013 各工具栏显示在绘图窗口中。如下图所示，选择【绘图】命令后，【绘图】工具栏显示在绘图窗口中。

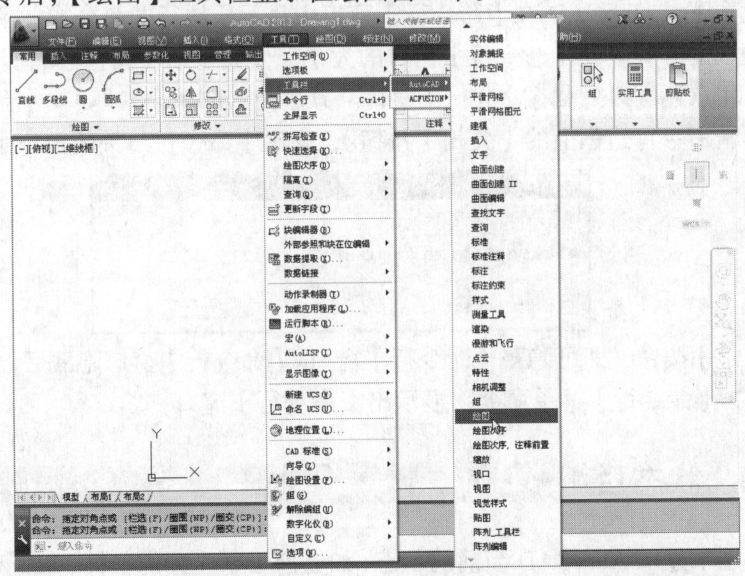

1.3.6 选项板

【功能区】选项板是一种特殊的选项板，位于绘图窗口的上方，是菜单和工具栏的主要替代工具，用于显示与基于任务的工作空间关联的按钮和控件。默认状态下，在【草图和注释】空间中，【功能区】选项板中包含【常用】、【插入】、【注释】、【布局】、【参数化】、【视图】、【管理】、【输出】、【插件】和【联机】10 个选项卡。每个选项卡中又包含若干个面板，每个面板又包含许多由图标表示的命令按钮。

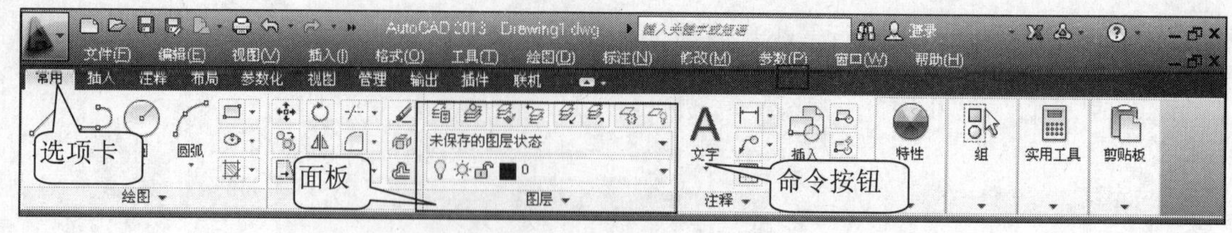

1.3.7 绘图窗口

在 AutoCAD 中，绘图窗口是绘图工作区域，所有的绘图结果都反映在这个窗口中。可以根据需要缩放【功能区】选项板，以增大绘图空间。如果图纸比较大，需要查看未显示部分时，可以单击状态栏上的【全屏显示】按钮，以增大空间。用户还可以按住鼠标中键，此时十字光标会变成手形，然后拖曳鼠标指针即可移动图纸。

1.3.8 命令行

【命令行】窗口位于绘图窗口的底部，用于输入命令，并显示 AutoCAD 提示的信息。

默认设置下，AutoCAD 在【命令行】窗口中显示所执行的命令或提示信息。可以通过拖动窗口边框的方式改变【命令行】窗口的大小，使其显示不同行数的信息。

另外，用户还可以隐藏【命令行】窗口。方法为：选择【工具】➤【命令行】菜单命令（或直接单击命令行边框上的【关闭】按钮），弹出【命令行 - 关闭窗口】对话框。

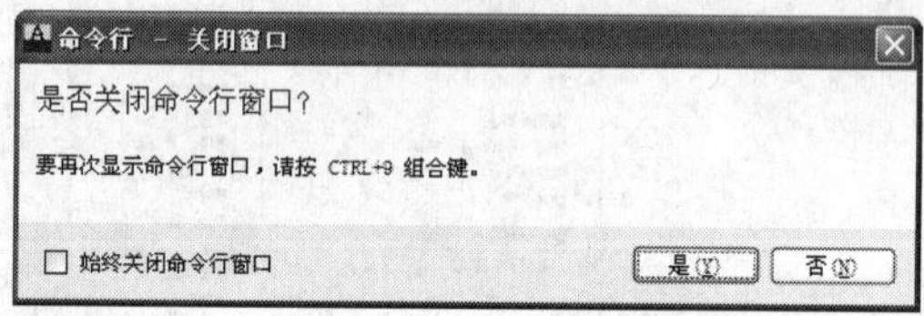

单击【是】按钮，即可隐藏【命令行】窗口。【命令行】窗口隐藏后，可以通过再次选择【工具】➤【命令行】菜单命令，显示出【命令行】窗口。

1.3.9 状态栏

状态栏用来显示 AutoCAD 当前的状态，如当前十字光标的坐标、命令和按钮的说明等，其位于 AutoCAD 界面的底部。

位于状态栏最左边的一组数字反映了当前十字光标的坐标，紧挨坐标的按钮从左到右分别表示当前是否启动了推断约束、捕捉、栅格、正交、极轴追踪、对象捕捉、三维对象捕捉、对象捕捉追踪、允许/禁止动态 UCS 和动态输入、显示/隐藏线宽、显示/隐藏透明度、快捷特性、选择循环和注释监视器等功能。也可将鼠标指针悬停在按钮上面，通过出现的提示了解到各个按钮的功能。

1.4 坐标系与坐标

本节视频教学录像：13 分钟

AutoCAD 中有两个坐标系，一个是 WCS（World Coordinate System），即世界坐标系；另一个是 UCS（User Coordinate System），即用户坐标系。掌握这两种坐标系的使用方法对于精确绘图是十分重要的。

1. 世界坐标系

启动 AutoCAD 2013 后，在绘图区的左下角会看到一个坐标系，即默认的世界坐标系（WCS），包含 x 轴和 y 轴，如果是在三维空间中则还有一个 z 轴，并且沿 x、y、z 轴的方向规定为正方向。

通常在二维视图中，世界坐标系（WCS）的 x 轴为水平轴，y 轴为垂直轴。原点为 x 轴和 y 轴的交点（0，0）。

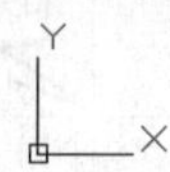

可以使用UCSICON命令控制坐标系的开关、所处位置和特性等。

❶ 在命令行中输入“UCSICON”，并按【Enter】键确认，命令行提示如下。

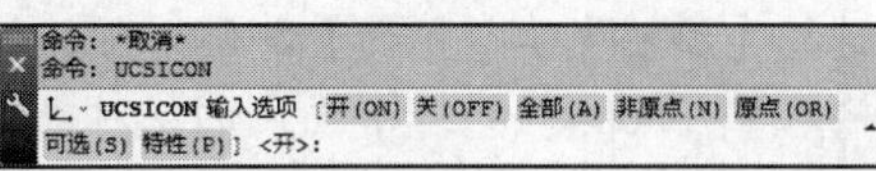

❷ 在命令行中输入“off ”，并按【Enter】键确认，坐标系将会被关闭，即不在绘图区显示。

❸ 重复步骤❶，并在命令行中输入“on”，按【Enter】键确认，坐标系将会被重新打开，即在绘图区重新显示坐标系。

```
命令: *取消*
命令: UCSICON
UCSICON 输入选项 [开(ON) 关(OFF) 全部(A) 非原点(N) 原点(OR)
可选(S) 特性(P)] <开>: on
```

❹ 重复步骤❶，并在命令行中输入“n”，按【Enter】键确认，坐标系将会在绘图区的左下角显示。

```
命令: *取消*
命令: UCSICON
UCSICON 输入选项 [开(ON) 关(OFF) 全部(A) 非原点(N) 原点(OR)
可选(S) 特性(P)] <开>: n
```

❺ 重复步骤❶，并在命令行中输入“or”，按【Enter】键确认，坐标系将会在绘图区的原点处显示。

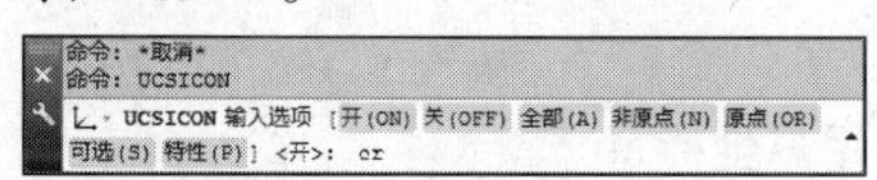

❻ 重复步骤❶，并在命令行中输入“p”，按【Enter】键确认，弹出【UCS 图标】对话框。

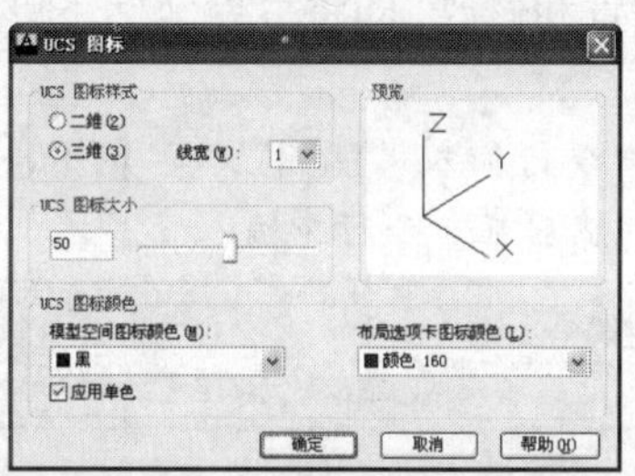

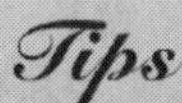

【二维】：显示二维图标，不显示 z 轴。

【三维】：显示三维图标。

【线宽】：控制选中三维 UCS 图标时，UCS 图标的线宽可以选择 1、2、3 这 3 个数值。

【预览】：显示 UCS 图标在模型空间中的预览。

【UCS 图标大小】：按视口大小的百分比控制 UCS 图标的大小。UCS 图标大小的默认值为 50，有效值范围是 5～95。需要注意的是，UCS 图标的大小与显示它的视口大小是成比例的。

【模型空间图标颜色】：控制 UCS 图标在模型空间视口中的颜色。

【布局选项卡图标颜色】：控制 UCS 图标在布局选项卡中的颜色。

❼ 设置【UCS 图标大小】为“90”，并设置【线宽】为“3”。

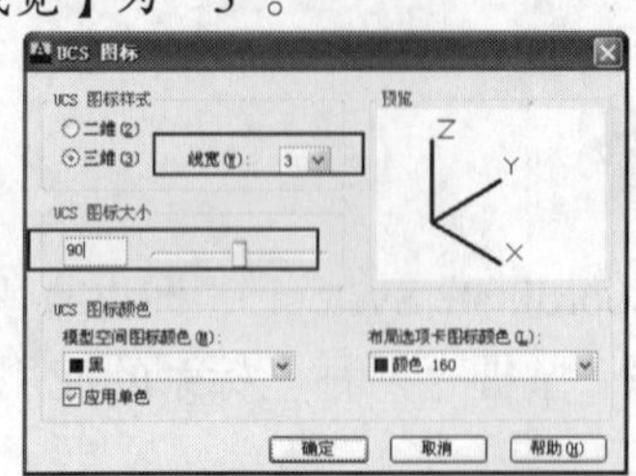

❽ 单击【确定】按钮，绘图区中的坐标系已被重新设置。

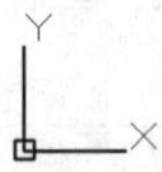

2．用户坐标系

有时为了更方便地使用 AutoCAD 进行辅助设计，需要对坐标系的原点和方向进行相关设置和修改，即将世界坐标系更改为用户坐标系。

❶ 在命令行输入“UCS”，按【Enter】键确认。然后在命令行中输入“3”。

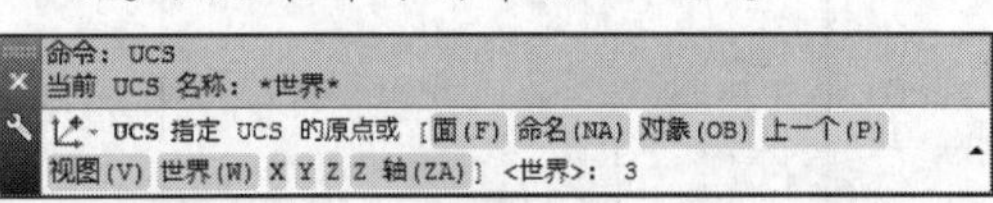

```
命令: UCS
当前 UCS 名称: *世界*
UCS 指定 UCS 的原点或 [面(F) 命名(NA) 对象(OB) 上一个(P) 视图(V) 世界(W) X Y Z Z 轴(ZA)] <世界>: 3
```

Tips

【指定 UCS 的原点】：重新指定 UCS 的原点以确定新的 UCS。

【面】：将 UCS 与三维实体的选定面对齐。

【命名】：按名称保存、恢复或删除常用的 UCS 方向。

【对象】：指定一个实体以定义新的坐标系。

【上一个】：恢复上一个 UCS。

【视图】：将新的 UCS 的 x、y 平面设置成与当前视图平行的平面。

【世界】：将当前的 UCS 设置成 WCS。

【X/Y/Z】：确定当前的 UCS 绕 x、y 和 z 轴中的某一轴旋转一定的角度以形成新的 UCS。

【Z 轴】：将当前 UCS 沿 z 轴的正方向移动一定的距离。

❷ 按【Enter】键后根据命令行提示进行操作。

```
当前 UCS 名称: *世界*
指定 UCS 的原点或 [面(F)/命名(NA)/对象(OB)/上一个(P)/视图(V)/世界(W)/X/Y/Z/Z 轴(ZA)] <世界>: 3
UCS 指定新原点 <0,0,0>:
```

3．坐标的输入

在 AutoCAD 2013 中，坐标的输入有多种方式，比如绝对直角坐标、绝对极坐标、相对直角坐标和相对极坐标等。下面以实例形式说明各个坐标的输入方式。

(1) 绝对直角坐标的输入

绝对直角坐标是从原点出发的位移，其表示方式为（x, y），其中 x、y 分别对应坐标轴上的数值。

❶ 打开光盘中的“素材\ch01\绝对直角坐标.dwg”文件。

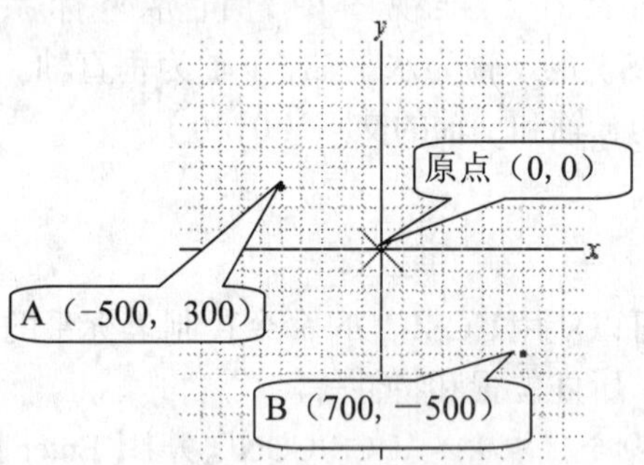

❷ 选择【绘图】➤【直线】命令并在命令行输入“−500, 300”，即 A 点的绝对坐标。

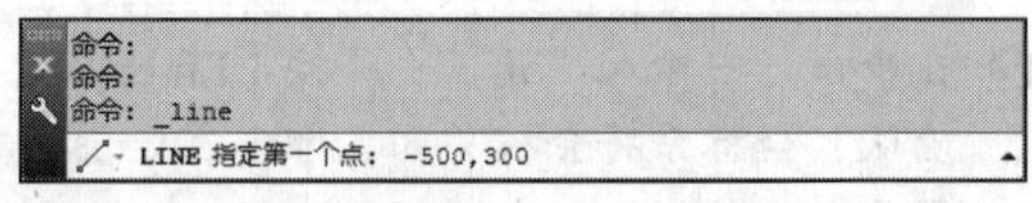

```
命令:
命令:
命令: _line
LINE 指定第一个点: -500,300
```

❸ 按【Enter】键确认，如图所示。

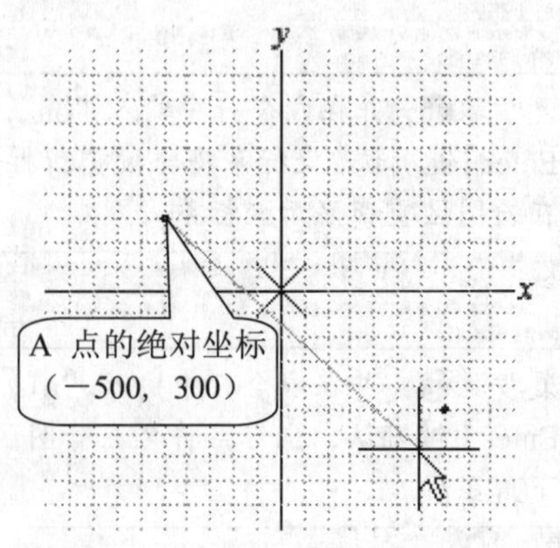

❹ 在命令行输入“700, - 500”，即 B 点的绝对坐标。

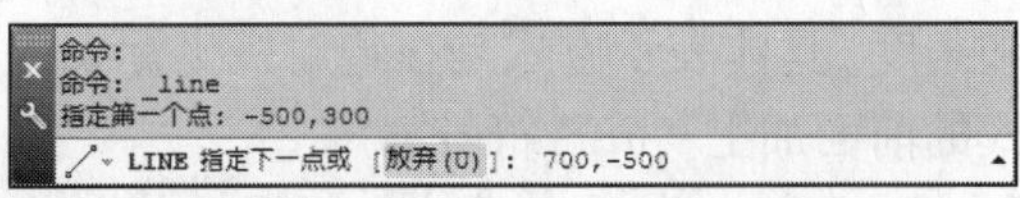

❺ 按【Enter】键确认并按【Esc】键退出命令。

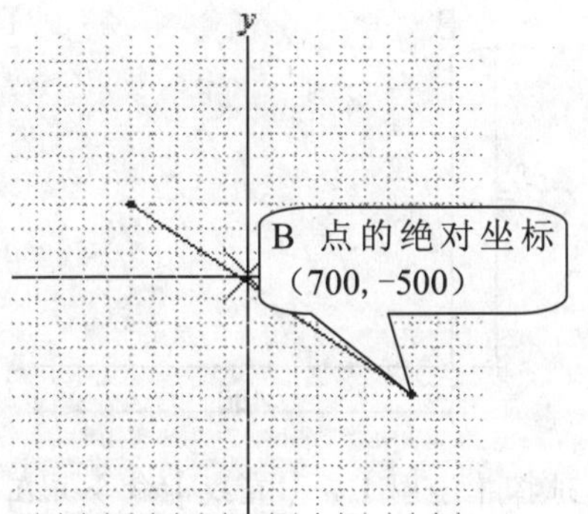

(2) 绝对极坐标的输入

绝对极坐标也是从原点出发的位移，但绝对极坐标的参数是距离和角度，其中距离和角度之间用“<”分开，而角度值是和 x 轴正方向之间的夹角。

❶ 打开光盘中的“素材\ch01\绝对极坐标.dwg”文件。

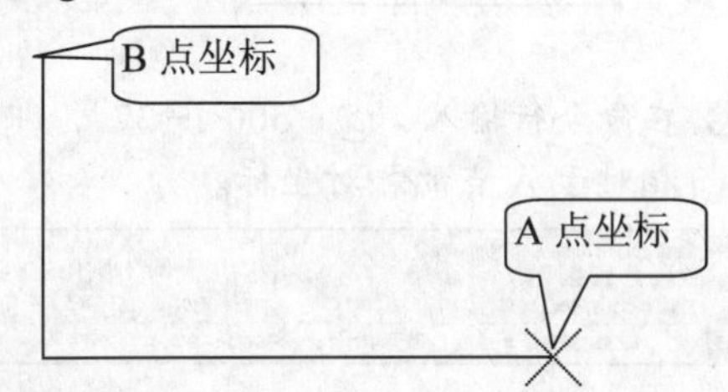

> **Tips**
>
> 图纸分析：A、B 两点的坐标如图所示，下面以输入绝对坐标的方式来完成 A 到 B 点直线的绘制。

❷ 选择【绘图】➤【直线】命令并在命令行输入“0,0”，即原点位置。

❸ 按【Enter】键确认，如图所示。

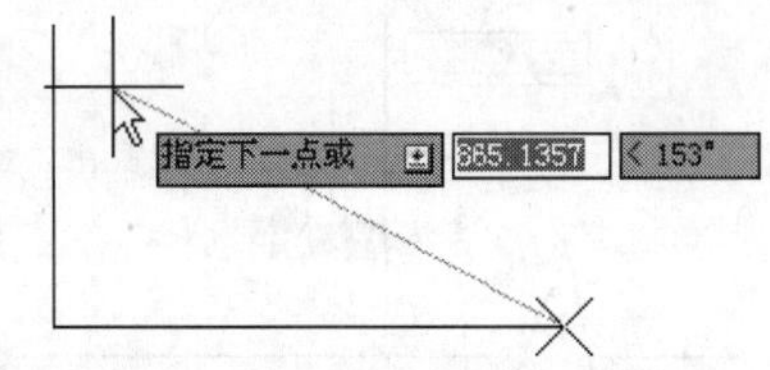

❹ 在命令行输入“ - 1000< - 30”，其中 - 1000 确定直线的长度， - 30 确定直线和 x 轴正方向的角度。

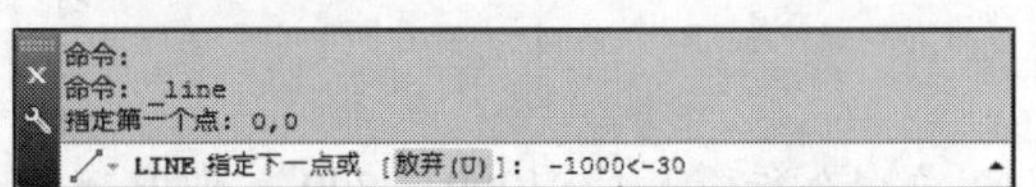

❺ 按【Enter】键确认并按【Esc】键退出命令。

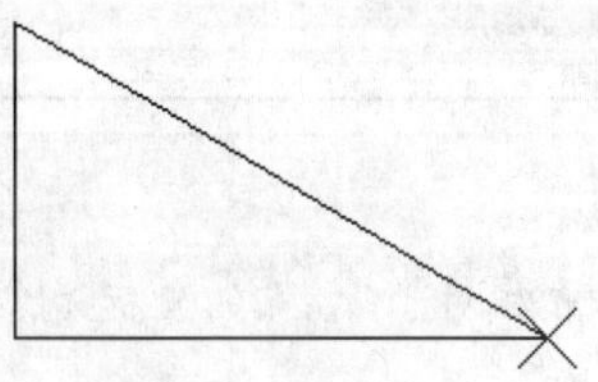

(3) 相对直角坐标的输入

相对直角坐标是指相对于某一点的 x 和 y 轴的距离。具体表示方式是在绝对坐标表达式的前面加上“@”符号。

❶ 打开光盘中的“素材\ch01\相对直角坐标.dwg”文件。

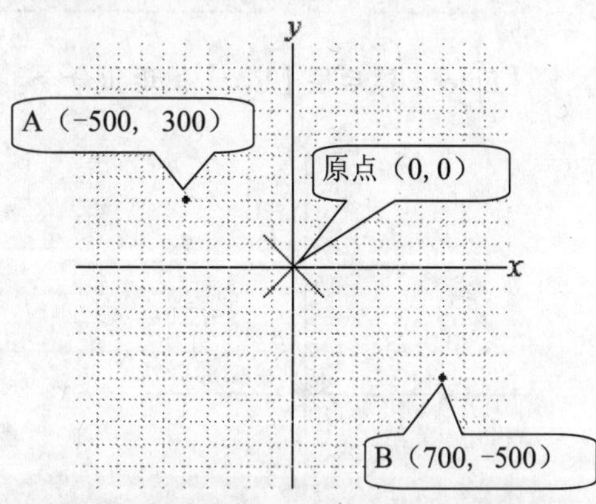

❷ 选择【绘图】➤【直线】命令并在命令行输入“ - 500,300”，即 A 点的绝对坐标。

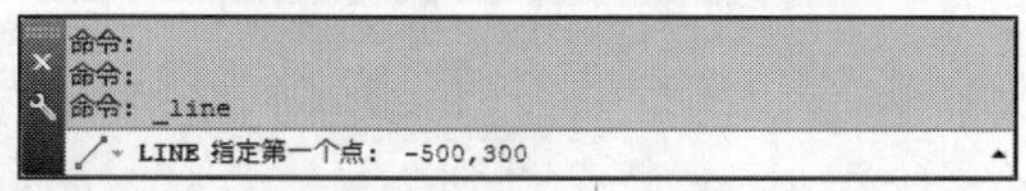

❸ 按【Enter】键确认，如图所示。

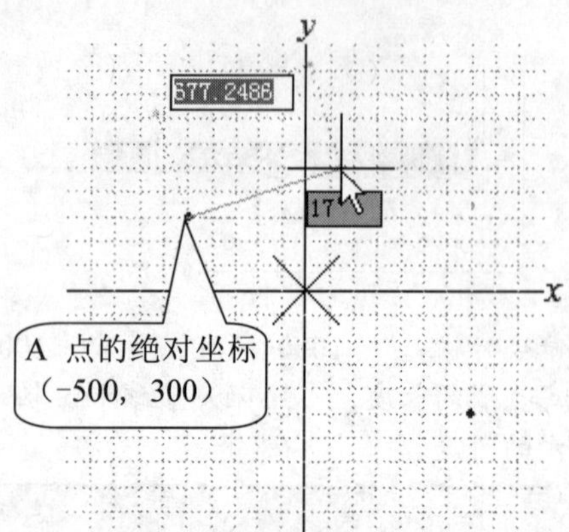

❹ 在命令行输入“@1200,-800”，即 B 点相对于 A 点的坐标。

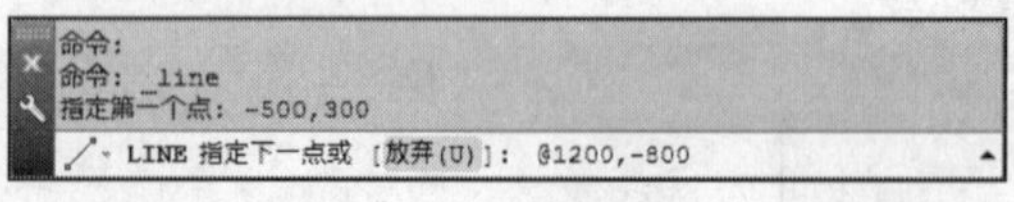

> *Tips*
>
> B 点相对于 A 点的坐标是怎么计算出来的呢？
>
> B 点绝对坐标的 *x* 值减去 A 点绝对坐标的 *x* 值，即 700-(-500)=1200 得出 B 点相对于 A 点在 *x* 轴上的相对坐标。
>
> B 点绝对坐标的 *y* 值减去 A 点绝对坐标的 *y* 值，即 -500-300=-800 得出 B 点相对于 A 点在 *y* 轴上的相对坐标。

❺ 按【Enter】键后按【Esc】键退出命令。

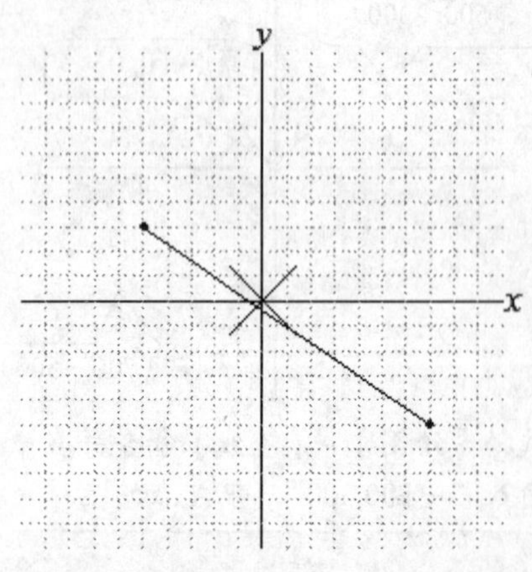

(4) 相对极坐标的输入

相对极坐标是指相对于某一点的距离和角度。具体表示方式是在绝对极坐标表达式的前面加上“@”符号。

❶ 打开光盘中的“素材\ch01\相对极坐标.dwg”文件。

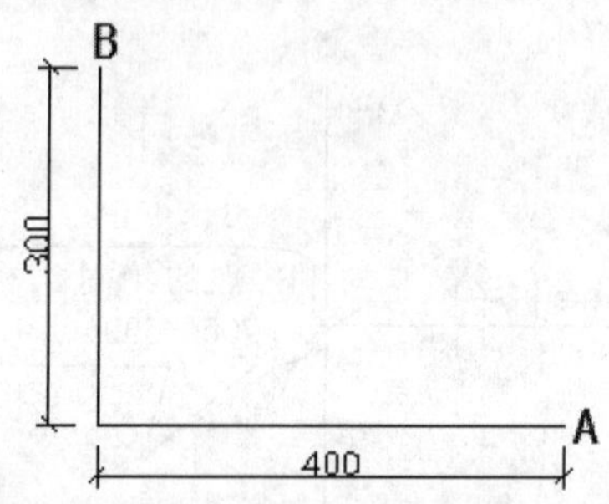

❷ 选择【绘图】➤【直线】命令并在 A 点单击确定直线的第一点。

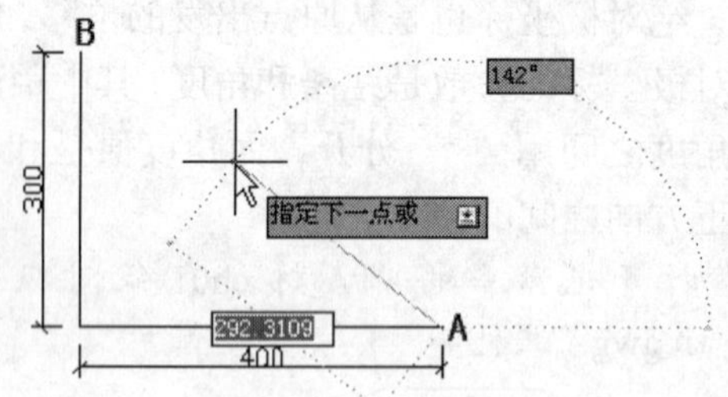

❸ 在命令行输入“@-500<-37”，即 B 点相对于 A 点的相对坐标。

❹ 按【Enter】键确认后按【Esc】键退出命令。

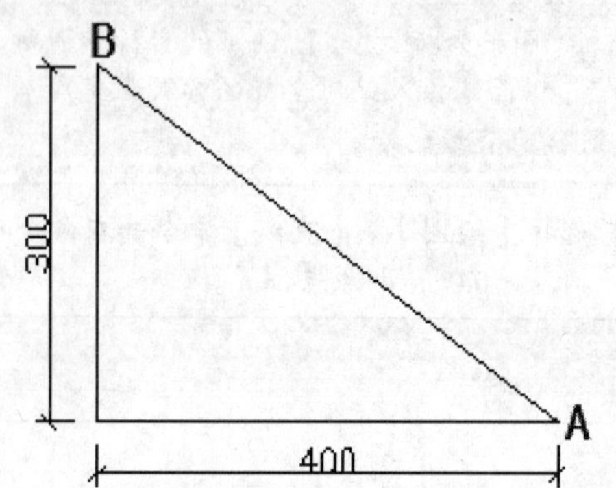

1.5 图纸管理

本节视频教学录像：6 分钟

在 AutoCAD 中，图纸文件的管理一般包括创建新文件、打开图纸文件、保存文件及关闭图纸文件等。

1.5.1 新建图纸

在菜单栏中选择【文件】➤【新建】命令，弹出【选择样板】对话框，如图所示。

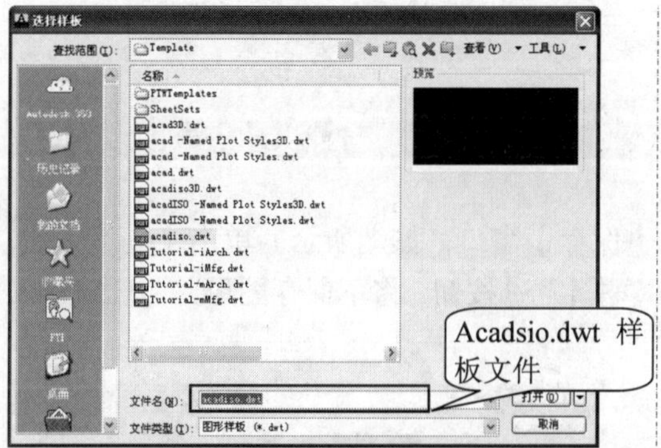

选择对应的样板后（初学者一般选择样板文件 acadiso.dwt 即可），单击【打开】按钮，就会以对应的样板为模板建立新图形。

Tips

还可以通过以下方法创建新图形。

(1) 在【命令行】窗口中输入“new”命令。

(2) 在【快速访问工具栏】中单击【新建】按钮。

样板文件是扩展名为“.dwt”的 AutoCAD 文件，通常包含一些通用设置以及一些常用的图形对象。

1.5.2 打开图纸

在菜单栏中选择【文件】➤【打开】命令，弹出【选择文件】对话框，如图所示。

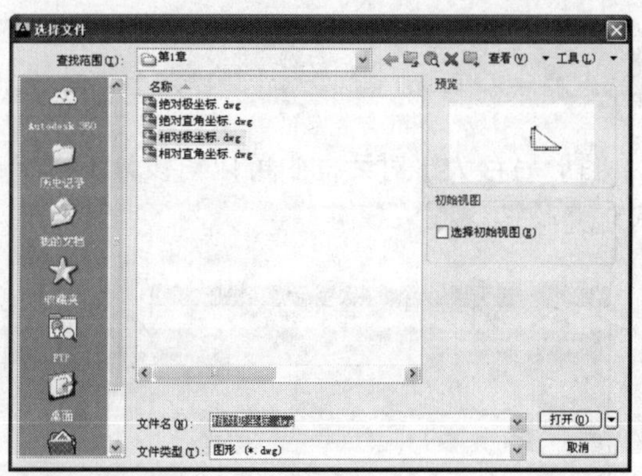

选择要打开的图纸文件，单击【打开】按钮即可打开该图纸文件。

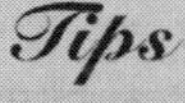

还可以通过以下方法打开图形。

(1) 在【命令行】窗口输入“open”命令。

(2) 在【快速访问工具栏】中单击【打开】按钮。

1.5.3 保存图纸

在菜单栏中选择【文件】➢【保存】命令，弹出【图形另存为】对话框，如图所示，需要用户确定文件的保存位置及文件名。

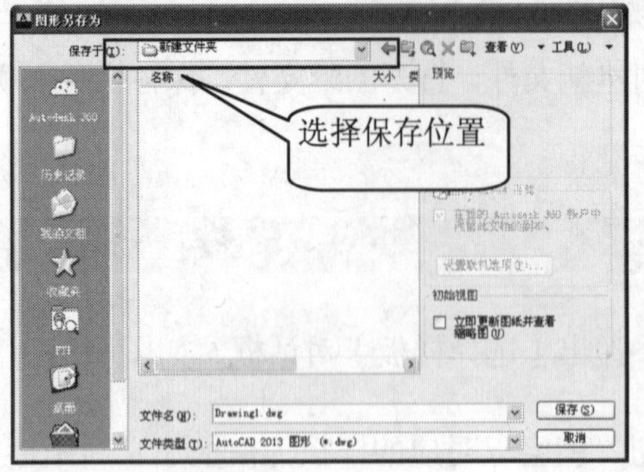

> **Tips**
>
> 还可以通过以下方法保存图形。
>
> (1) 在【命令行】窗口输入“qsave”命令。
>
> (2) 在【快速访问工具栏】中单击【保存】按钮。
>
> (3) 选择【文件】➢【另存为】命令，将当前图形以新的名称保存。

1.5.4 关闭图纸

单击标题栏右侧的【关闭】按钮，弹出【保存】窗口，如图所示。单击【是】按钮，AutoCAD会保存改动后的图形并关闭该图形；单击【否】按钮，将不保存图形并关闭该图形。

还可以通过以下方法关闭图形。

⑴ 在【命令栏】窗口输入close命令。

⑵ 在菜单栏中选择【文件】➢【关闭】命令。

⑶ 在绘图窗口中单击【关闭】按钮。

> **Tips**
>
> 用户在绘制图形时，一定要养成随时存盘的好习惯。在退出AutoCAD之前，确保已经对图形文件进行了保存，否则将前功尽弃。本节所讲的关闭图形文件是指关闭单个图形文件，和退出AutoCAD程序是有区别的，退出AutoCAD程序，将关闭所有打开的图形文件。

1.5.5 加密图纸

选择【文件】➢【另存为】命令，在弹出的【图形另存为】对话框中可以对设计的图纸进行简单的加密，以防止辛苦设置的图纸被别人随意修改。

❶ 选择【文件】➢【另存为】菜单命令，弹出【图形另存为】对话框，选择文件要保存的位置，单击右上角的【工具】按钮，在弹出的下拉列表中选择【安全选项】选项。

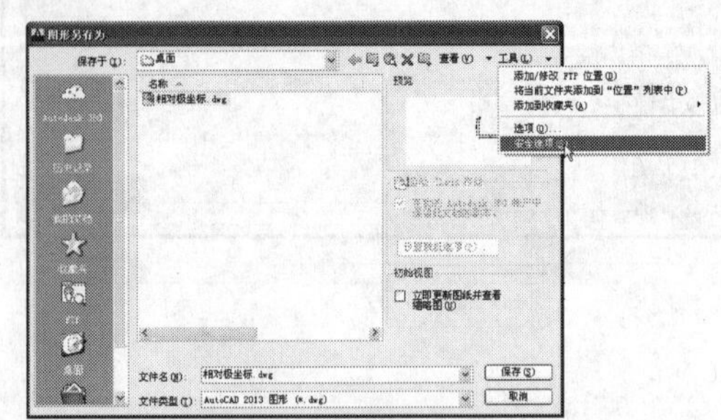

❷ 弹出【安全选项】对话框，在【密码】选项卡下的【用于打开此图形的密码或短语】文本框中输入密码（这里设置为“123456”），单击【确定】按钮。

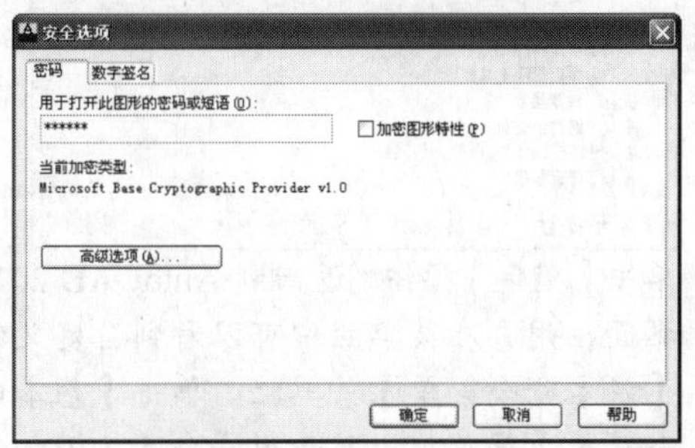

❸ 弹出【确认密码】对话框，在【再次输入用于打开此图形的密码】文本框中输入设置的密码，单击【确定】按钮，并在返回至【图形另存为】对话框后单击【保存】按钮保存文件。

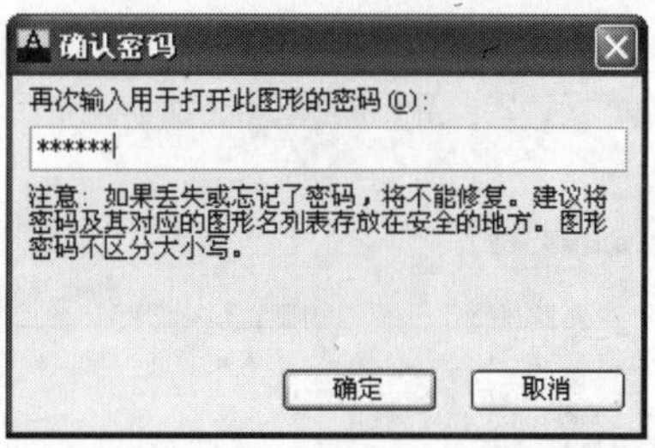

❹ 再次打开该文件时将会弹出【密码】对话框，提示“请输入密码以打开图形”，输入正确的密码后单击【确定】按钮，即可打开该文件。

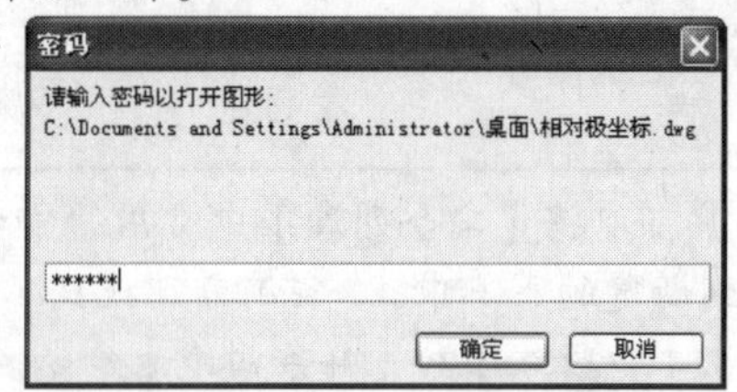

1.6 DIY 自己的工作环境

本节视频教学录像：7 分钟

在使用 AutoCAD 2013 时，可以根据工作需要对工作环境进行相应的设置。比如，绘图区域的颜色、光标大小、拾取框大小和节点大小等。

1.6.1 自定义用户界面

在 AutoCAD 2013 中，用户可以自定义用户界面。比如，设置菜单中的命令、快速访问工具栏的命令等。下面以添加自定义菜单栏为例，讲述如何自定义用户界面，具体操作步骤如下。

❶ 单击【管理】选项卡➤【自定义设置】面板➤【用户界面】按钮CUI。

❷ 弹出【自定义用户界面】对话框。

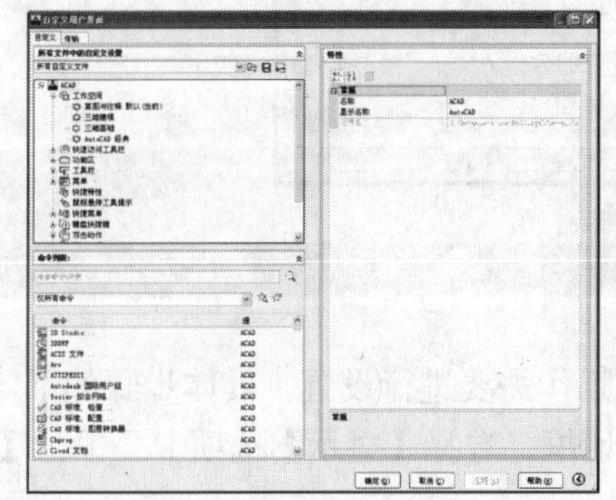

❸ 在【所有文件中的自定义设置】列表中选择【菜单】选项，右击并在弹出的快捷菜单中选择【新建菜单】命令。

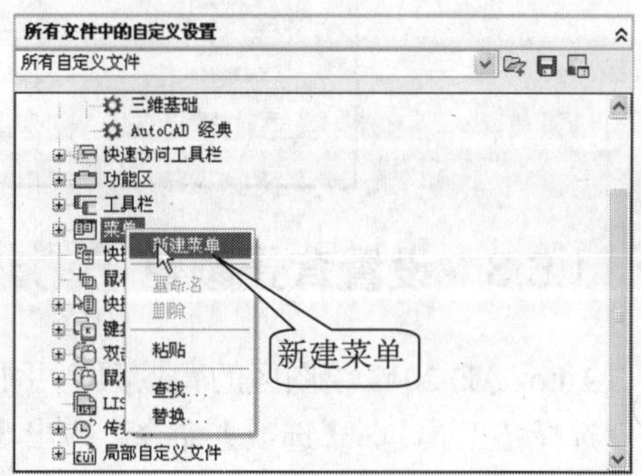

❹ 将新建的“菜单 1”重命名为“基本命令菜单”。

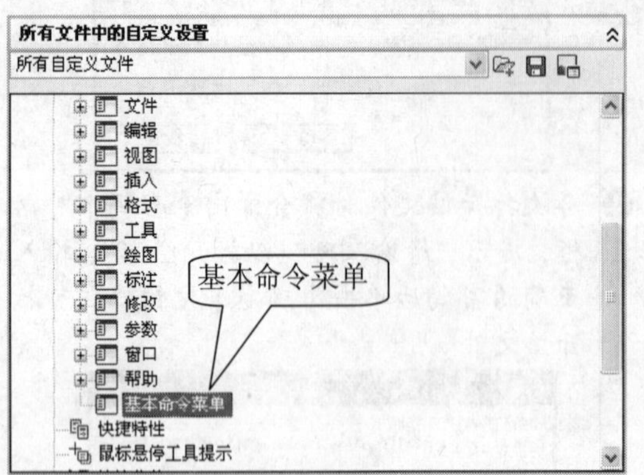

❺ 用户可以将【命令列表】中常用的命令拖曳到新建的菜单中，本实例分别拖曳了【直线】、【多段线】和【样条曲线】命令。

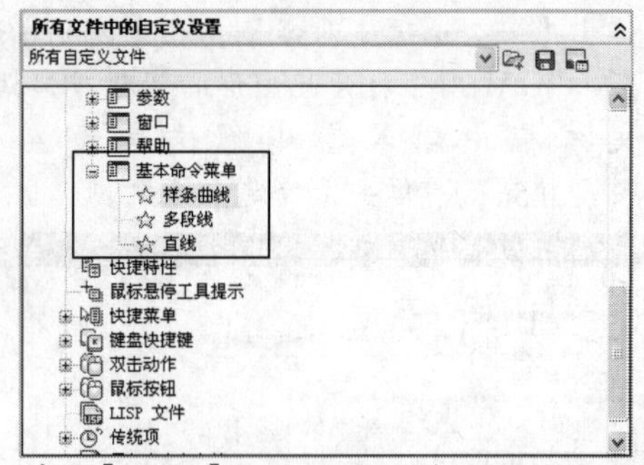

❻ 单击【确定】按钮。返回到 AutoCAD 2013 界面，用户在菜单栏中可以看到自定义的【基本命令菜单】菜单栏。单击【基本命令菜单】菜单栏，显示用户自定义添加的【直线】、【多段线】和【样条曲线】命令。

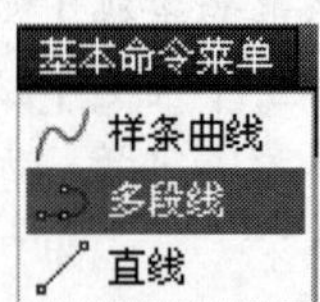

1.6.2 自定义光标大小

还可以设置光标的大小，具体步骤如下。

选择【工具】➢【选项】菜单项，弹出【选项】对话框，在【显示】选项卡下，将【十字光标大小】数值更改为“50”。单击【应用】按钮，然后单击【确定】按钮退出【选项】对话框即可。

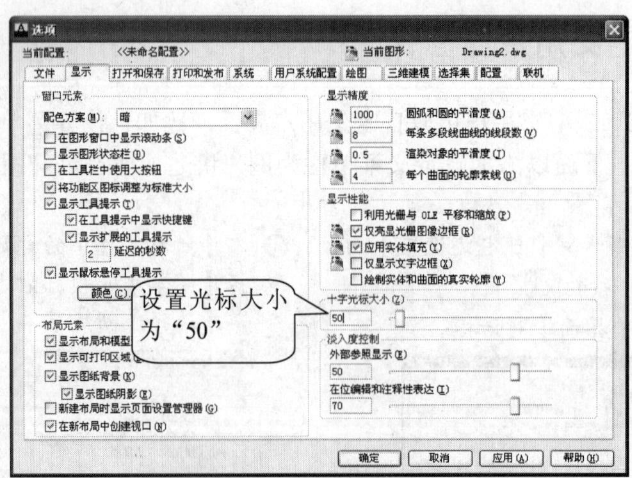

1.6.3 设置背景颜色

AutoCAD 2013 绘图区的背景颜色可根据自己的工作需要进行设置，具体步骤如下。

选择【工具】➢【选项】命令，弹出【选项】对话框，选择【显示】选项卡，单击【窗口元素】栏的【颜色】按钮，弹出【图形窗口颜色】对话框，可在其中选择需要的背景颜色。

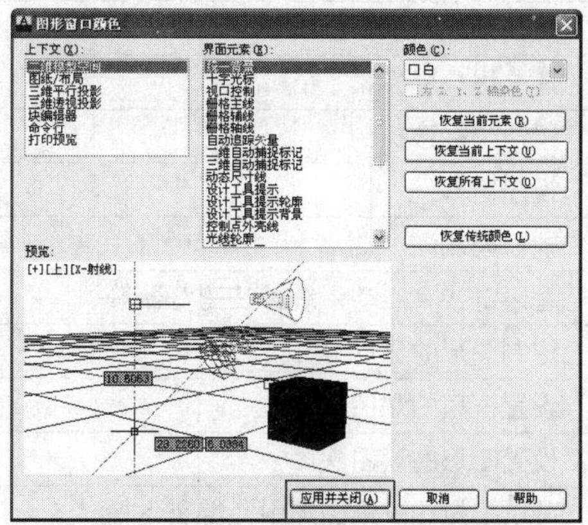

1.6.4 设置工具栏

AutoCAD 2013 提供有众多的工具栏，利用这些工具栏上的按钮可以方便地启动对应的 AutoCAD 命令。下表列出了 AutoCAD 2013 的主要工具栏及功能。

工具栏名称	功 能
三维导航	观察三维模型的操作
CAD 标准	CAD 标准设置
标注	标注尺寸
绘图	二维绘图操作
查询	查询操作（如查询面积、长度等）
插入点	插入操作（如插入块、外部参照和图像等）
图层	图层操作
布局	布局设置
修改	编辑图形对象
修改 II	编辑复杂图形对象
对象捕捉	捕捉特殊点
特性	图形特性设置（如设置绘图颜色、线型和线宽等）
样式	设置文字、标注和表格样式
参照编辑	编辑块或外部参照
参照	外部参照操作
渲染	渲染操作（如设置光源、材质、背景、场景、进行渲染等）
视觉样式	改变三维对象的显示样式
建模	建立实体模型
标准	常用文件、通信和软件功能操作（如新建图形文件、打开已有图形文件、保存图形和打印图形等）
实体编辑	编辑实体对象

工具栏名称	功　能
相机调整	对相机进行调整
文字	文字操作（如标注文字、编辑文字等）
UCS	建立用户坐标系
UCS Ⅱ	用户坐标系控制
视图	视图操作
视口	视口控制
Web	超级链接、启动系统默认浏览器等
缩放	控制图形的显示
贴图	设置模型的贴图
绘图次序	设置图形的绘图次序
漫游和飞行	可以模拟在三维图形中漫游和飞行
光源	建立光源

用户可以根据需要自定义工具栏。单击【管理】选项卡➤【自定义设置】面板➤【用户界面】按钮，AutoCAD 2013 会弹出【自定义用户界面】对话框。新的【自定义用户界面】对话框可用于管理自定义的用户界面元素。

【自定义用户界面】对话框包括两个选项卡。其中【自定义】选项卡用于控制当前的界面设置，【传输】选项卡用于输入菜单和设置。

【自定义用户界面】对话框有一个动态显示窗格。左边的窗格以树形结构显示用户界面（UI）元素，而右边的窗格显示选定元素特有的特性。在左边的树形结构中选择某个主（UI）元素后，就可以在右边的窗格中查看其说明。

【命令列表】中显示了所有可用的命令，包括自定义的宏。可以查看和编辑关联的按钮图像和特性，以及将命令拖放到树形结构中的 UI 元素上，以自定义菜单、工具栏和选项面板等。

在本例中选择了【绘图】工具栏，右边的窗格中显示了相关的工具栏和【特性】窗格，用户可以对其进行修改。单击某个特性（例如“名称”）后其说明会显示在下方，如图所示。

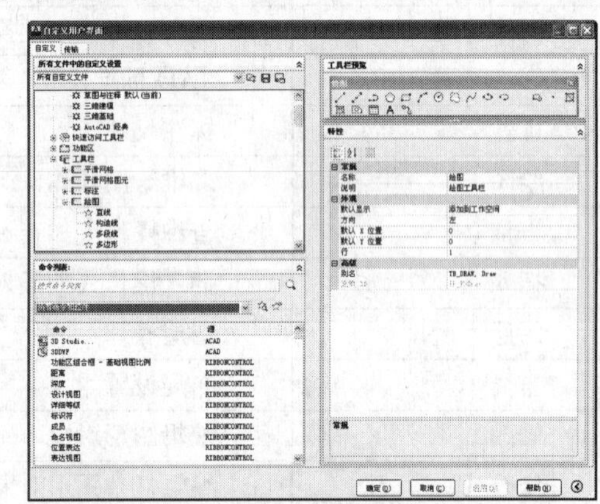

此外，用户还可以利用【自定义用户界面】对话框进行自定义工具栏、新建工具栏及删除工具栏等操作。与其他的 Windows 应用程序一样，用户也可以改变工具栏的位置。

1.6.5　设置命令行

在默认情况下，命令行位于绘图区底部，但可通过拖动鼠标对其位置和大小进行改变。

1. **设置【命令行】的显示与隐藏**

在 AutoCAD 2013 中有两种方法可以控制【命令行】的显示与隐藏。

(1) 按组合键【Ctrl+9】控制【命令行】的显示与隐藏。

(2) 选择【工具】➢【命令行】命令。

2. **设置【命令行】的大小**

把鼠标放在如图所示的位置进行上下拖动可改变其大小。

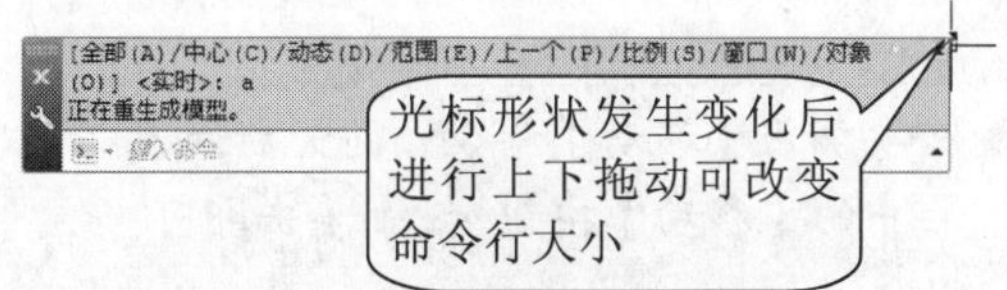

3. **设置命令行的位置**

把光标放在如图所示的位置按下鼠标左键，进行拖动可改变其位置。

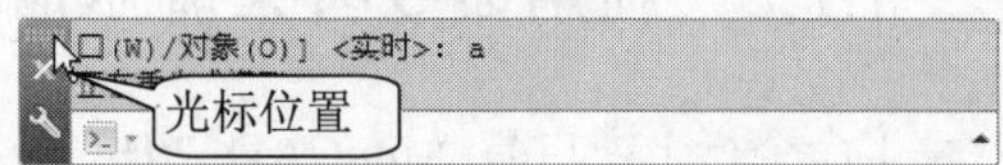

1.7 AutoCAD 2013 命令的调用方法

本节视频教学录像：3 分钟

AutoCAD 2013 中同一个命令有多种方法可以实现，比如调用【偏移】命令，可以从菜单调用，可以从工具栏调用，也可以从命令行输入命令调用。

1.7.1 利用菜单栏来调用命令

从菜单栏调用命令是 AutoCAD 2013 提供的功能最全、最强大的调用命令方法。在菜单栏中，各个命令都被分类后按级别收藏起来。例如，若需要调用【直线】命令，则可以选择【绘图】➢【直线】命令。

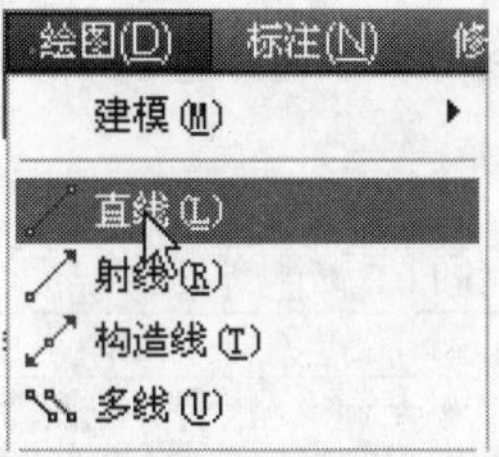

1.7.2 利用工具栏来调用命令

选择【工具】➢【工具栏】➢【AutoCAD】命令，在弹出的子菜单中可以选择相应的命令，选择之后，相应的工具栏会显示在绘图窗口中。

❶ 选择【工具】➢【工具栏】➢【AutoCAD】➢【修改】命令。

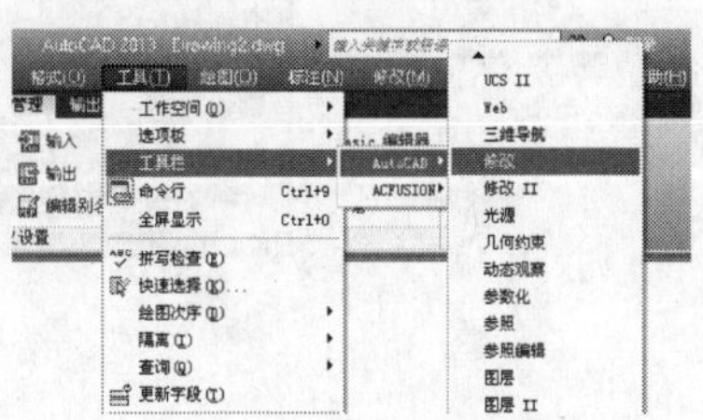

❷ 【修改】工具栏将显示在绘图窗口中。

❸ 若要调用【移动】命令，将光标放在工具栏中的【移动】按钮上单击即可。

Tips

AutoCAD 的工具栏是浮动的，用户可以将各工具栏拖放到工作界面的任意位置。绘图时，应根据需要只打开那些当前使用或常用的工具栏，并将其放到绘图窗口的适当位置。

1.7.3 利用命令行来调用命令

【命令行】窗口是 AutoCAD 2013 提供的最人性化的窗口，也是专业人员在工作当中使用最多的窗口。

从命令行调用命令时，主要是以快捷键的形式出现的，它是工作当中使用最多的一种命令调用方式，可以大大提高绘图的工作效率。比如，在使用【直线】命令时，只需输入“L”并按【Enter】键就可以直接调用【直线】命令了。

1.8 技能演练——设置 AutoCAD 绘图区的颜色为青色

本节视频教学录像：3 分钟

下面以实例的形式，讲解将绘图区背景颜色设置为青色的方法。

实例名称：设置 AutoCAD 绘图区颜色为青色	
素材：素材\ch01\青色背景.dwg	
结果：结果\ch01\青色背景.dwg	
难易程度：★★★	常用指数：★★★★

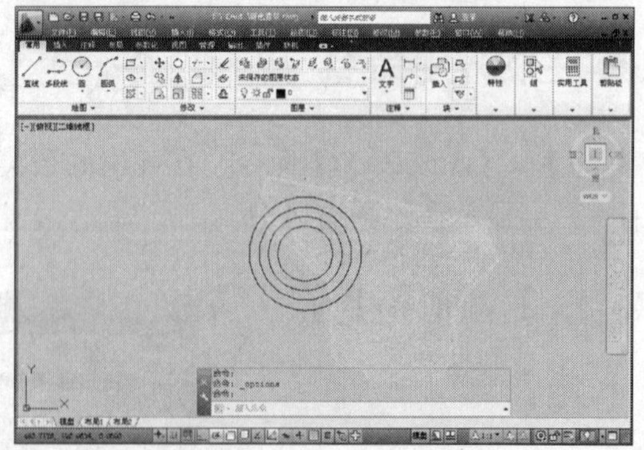

结果\ch01\青色背景.dwg

❶ 打开光盘中的“素材\ch01\青色背景.dwg”文件。

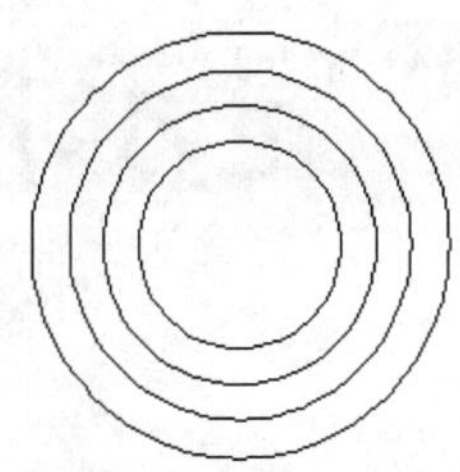

❷ 选择【工具】➢【选项】命令，弹出【选项】对话框。

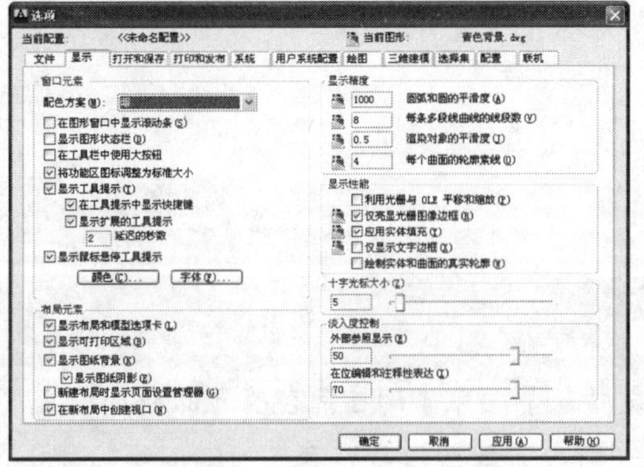

❸ 在【显示】选项卡下，单击【窗口元素】区中的【颜色】按钮。

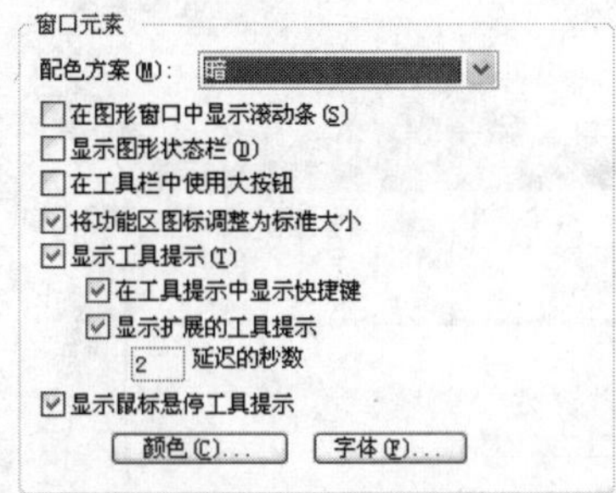

❹ 在弹出的【图形窗口颜色】对话框中，单击【颜色】区下的⌄按钮并从中选择青色。

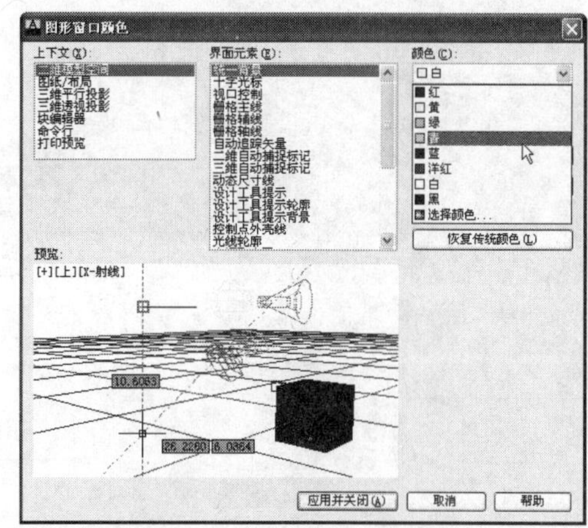

❺ 在【图形窗口颜色】对话框下面的预览区中可以观察到绘图区的背景色已经显示为青色。

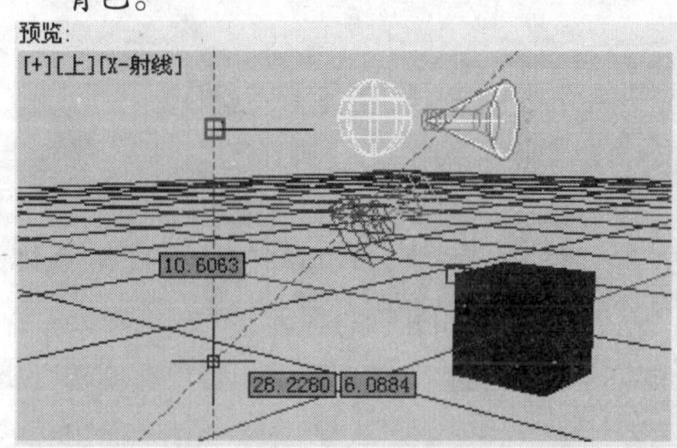

❻ 单击【应用并关闭】按钮返回【选项】对话框，单击【确定】按钮完成操作。

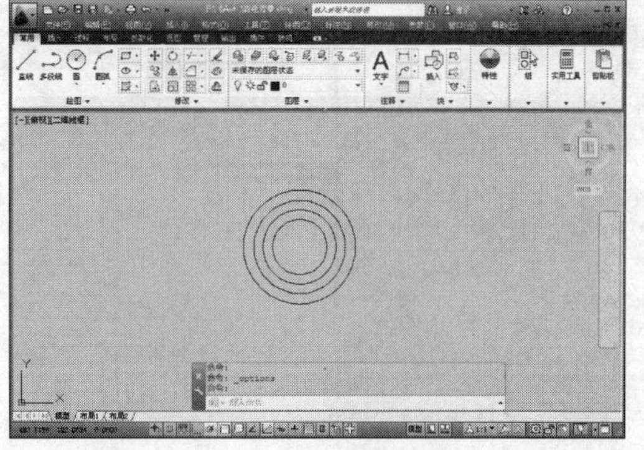

1.9 本章小结

AutoCAD 在各行各业中的应用已经得到广泛普及，学好 AutoCAD 软件，不仅有利于各行业的发展，更有助于自身的发展。本章所介绍的内容都是 AutoCAD 的入门知识，学习好这些知识点，将会为以后更深层次地学习 AutoCAD 软件打下良好的基础。

第 2 章　显示控制

本章引言

学习了 AutoCAD 2013 的基础知识之后，下面来学习如何在 AutoCAD 中控制图形的显示。学习完本章后，读者就可以根据自己的需要对图形进行查看。

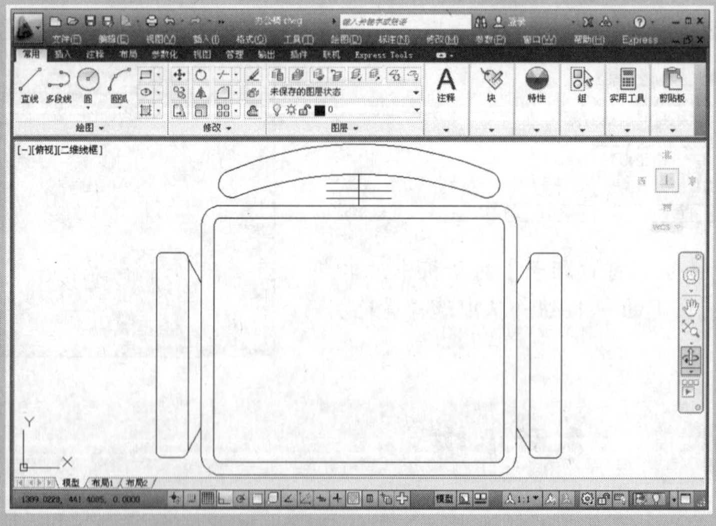

2.1 图形的缩放

本节视频教学录像：13 分钟

从事绘图工作的读者可能都有这种感觉，常常需要将所绘制的图形放大，以便对某个特定的对象进行近距离观察，或者需要将图形向某个方向移动，以便查看图形隐藏的部分。

缩放视图主要包括显示全部对象、比例缩放、范围缩放等。

缩放视图不会改变图形对象实际尺寸和形状，其具体命令调用方式如下。

(1) 在菜单栏单击【视图】➤【缩放】选择子菜单命令。

(2) 滚动三键鼠标滚轮，可自由缩放图形。

(3) 在命令行中输入“ZOOM”命令，根据提示选择缩放的类型。

2.1.1 显示全部对象

通过缩放以显示所有可见对象和视觉辅助工具。

显示全部对象命令行操作如下。

❶ 打开光盘中的“素材\ch02\办公椅.dwg”文件。

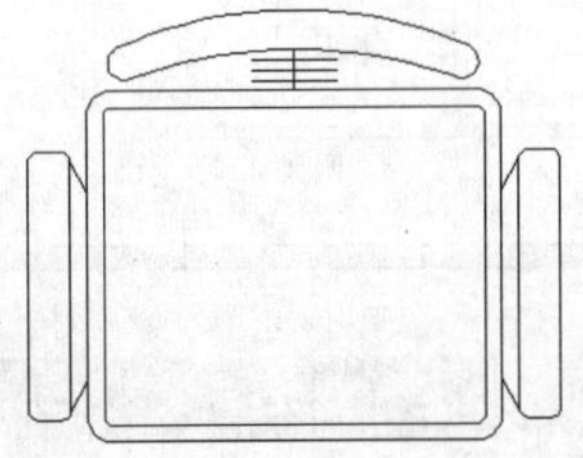

❷ 在命令行中输入“ZOOM”命令，出现命令提示窗口后输入“A”。

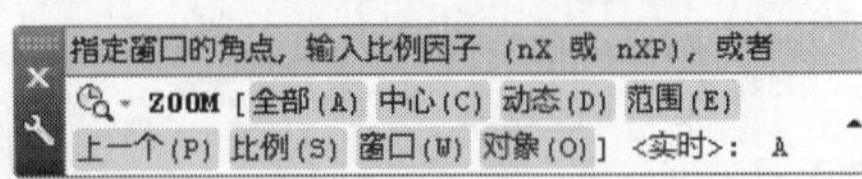

❸ 结果如图所示。

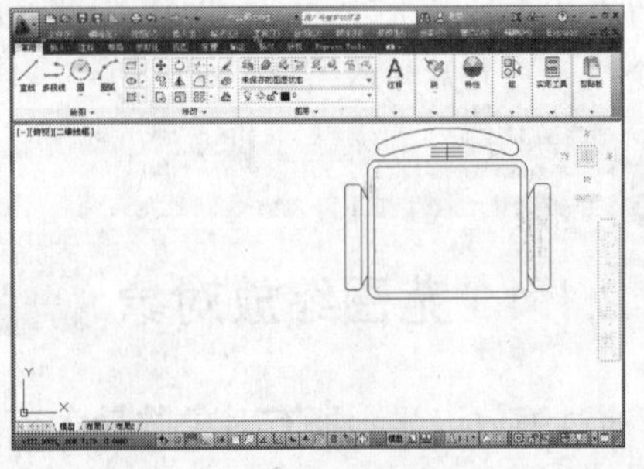

2.1.2 中心点缩放对象

通过缩放以显示由中心点和比例值/高度所定义的视图。高度值较小时增加放大比例。高度值较大时减小放大比例。

其命令行操作如下。

❶ 打开光盘中的“素材\ch02\办公椅.dwg ”文件。

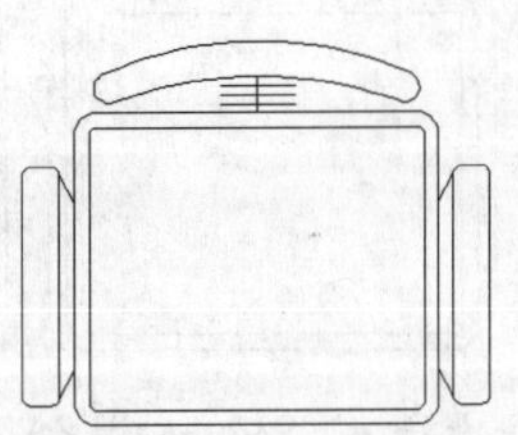

❷ 在命令行中输入“ZOOM”命令，出现命令提示窗口后输入“C”。

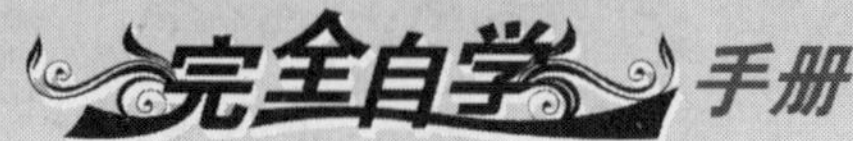

```
指定窗口的角点，输入比例因子 (nX 或 nXP)，或者
ZOOM [全部(A) 中心(C) 动态(D) 范围(E)
上一个(P) 比例(S) 窗口(W) 对象(O)] <实时>: C
```

❸ 根据命令提示指定中心点，按【Enter】键确认，然后在命令行中输入比例或高度值为“3000”。

```
(S)/窗口(W)/对象(O)] <实时>: C
指定中心点:
ZOOM 输入比例或高度 <1222.0464>: 3000
```

❹ 按【Enter】键结果如图所示。

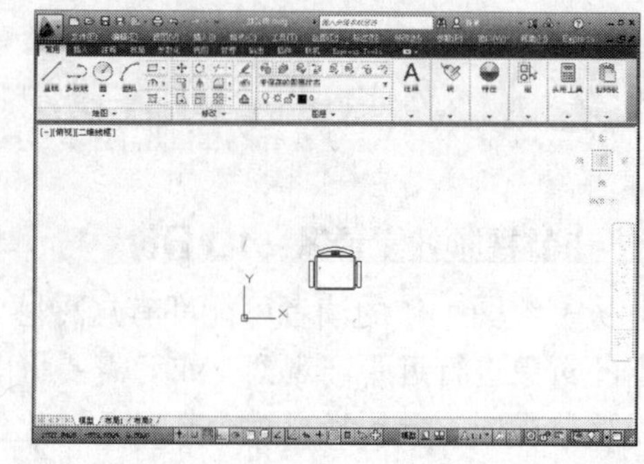

2.1.3 动态缩放对象

使用矩形视图框进行平移和缩放。移动视图框或调整它的大小，将其中的视图平移或缩放，以充满整个视口。

其命令行操作如下。

❶ 打开光盘中的“素材\ch02\办公椅.dwg”文件。

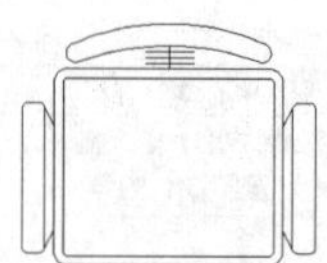

❷ 在命令行中输入“ZOOM”命令，出现命令提示窗口后输入“D”。

```
指定窗口的角点，输入比例因子 (nX 或 nXP)，或者
ZOOM [全部(A) 中心(C) 动态(D) 范围(E)
上一个(P) 比例(S) 窗口(W) 对象(O)] <实时>: D
```

❸ 出现动态选择框，直接按【Enter】键，结果如下图所示。

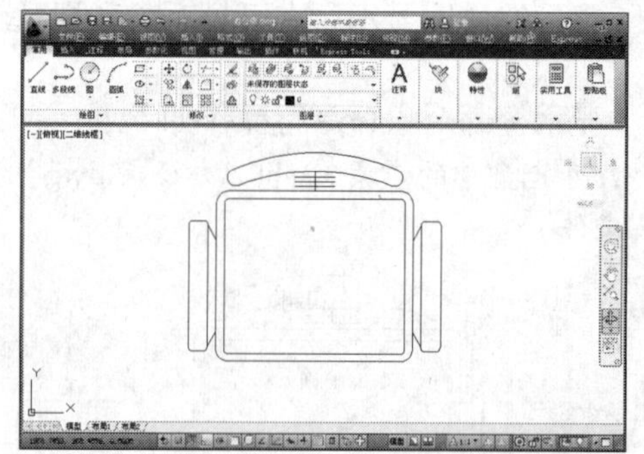

2.1.4 范围缩放对象

通过缩放以显示所有对象的最大范围。

计算模型中每个对象的范围，并使用这些范围来确定模型应填充窗口的方式。

其命令行操作如下。

❶ 打开光盘中的“素材\ch02\办公椅.dwg”文件。

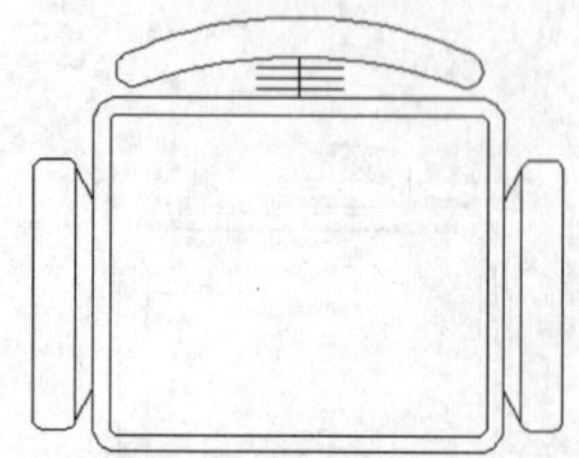

❷ 在命令行中输入“ZOOM”命令，出现命令提示窗口后输入“E”。

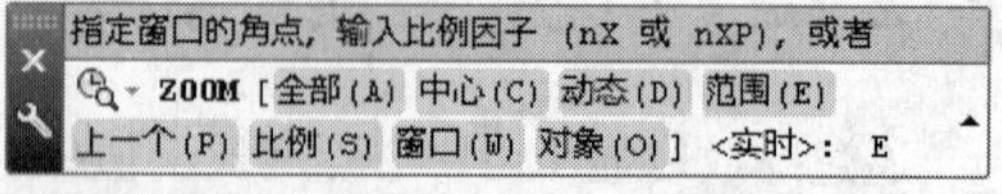

```
指定窗口的角点，输入比例因子 (nX 或 nXP)，或者
ZOOM [全部(A) 中心(C) 动态(D) 范围(E)
上一个(P) 比例(S) 窗口(W) 对象(O)] <实时>: E
```

❸ 按【Enter】键，结果如下图所示。

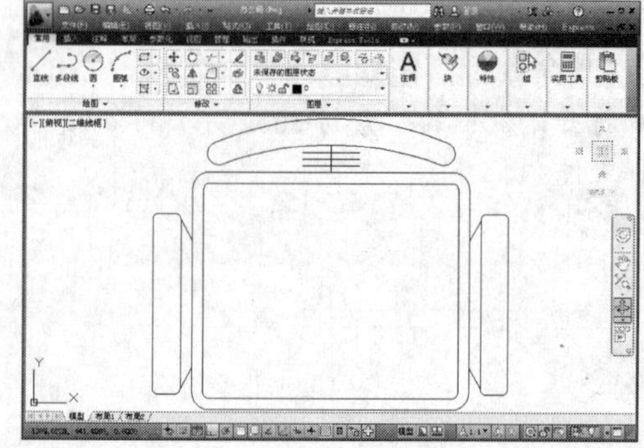

2.1.5 上一个缩放对象

缩放显示上一个视图。最多可恢复此前的10个视图，如果更改了视觉样式，也将更改视图。如果输入“ZOOM Previous”命令，它将恢复上一个不同着色的视图，而不是不同缩放的视图。

2.1.6 比例缩放对象

使用比例因子缩放视图以更改其比例。

(1) 输入的值后面跟着 x，根据当前视图指定比例。

例如，输入.5x 使屏幕上的每个对象显示为原大小的1/2。

(2) 输入值并后跟 xp，指定相对于图纸空间单位的比例。

例如，输入.5xp 以图纸空间单位的1/2显示模型空间。创建每个视口以不同的比例显示对象的布局。

(3) 输入值，指定相对于图形栅格界限的比例（此选项很少用）。例如，如果缩放到图形界限，则输入2将以对象原来尺寸的2倍显示对象。

其命令行操作如下。

❶ 打开光盘中的“素材\ch02\办公椅.dwg”文件。

❷ 在命令行中输入“ZOOM”命令，出现命令提示窗口后输入“S”。

指定窗口的角点，输入比例因子 (nX 或 nXP)，或者
ZOOM [全部(A) 中心(C) 动态(D) 范围(E) 上一个(P) 比例(S) 窗口(W) 对象(O)] <实时>: S

❸ 在命令行中输入比例，这里输入“5X”。

[全部(A)/中心(C)/动态(D)/范围(E)/上一个(P)/比例(S)/窗口(W)/对象(O)] <实时>: S
ZOOM 输入比例因子 (nX 或 nXP): 5X

❹ 按【Enter】键，结果如下图所示。

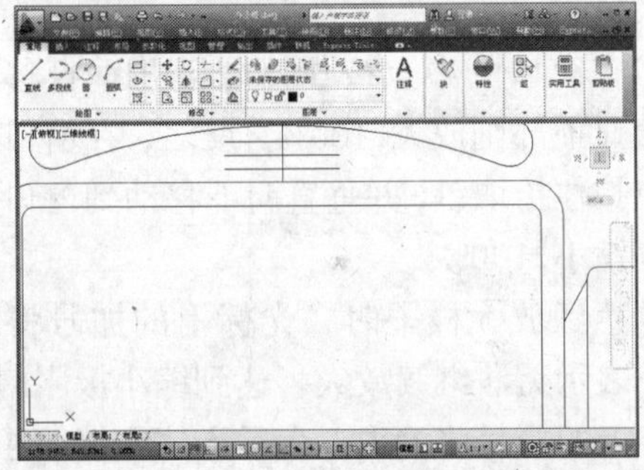

2.1.7 窗口缩放对象

通过缩放以显示矩形窗口指定的区域。

使用光标可以定义模型区域以填充整个窗口。

其命令行操作如下。

❶ 打开光盘中的“素材\ch02\办公椅.dwg”文件。

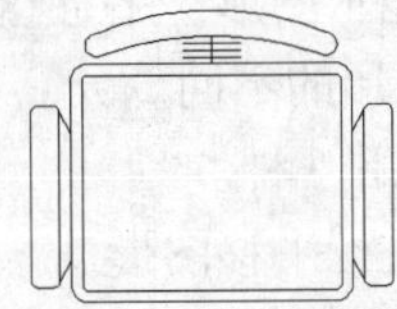

❷ 在命令行中输入“ZOOM”命令，出现命令提示窗口后输入“W”。

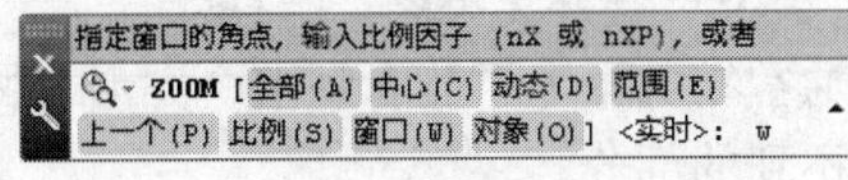
指定窗口的角点，输入比例因子 (nX 或 nXP)，或者
ZOOM [全部(A) 中心(C) 动态(D) 范围(E) 上一个(P) 比例(S) 窗口(W) 对象(O)] <实时>: W

❸ 按【Enter】键后命令行提示指定第一角点。

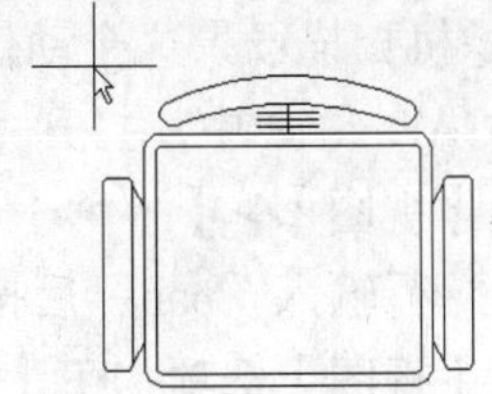

❹ 指定对角点。

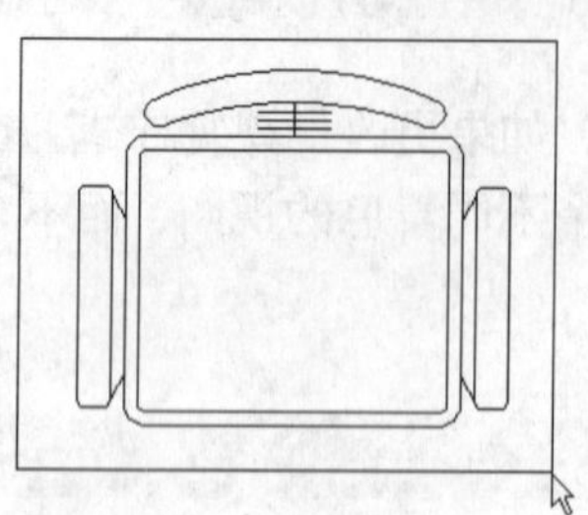

❺ 结果如下图所示。

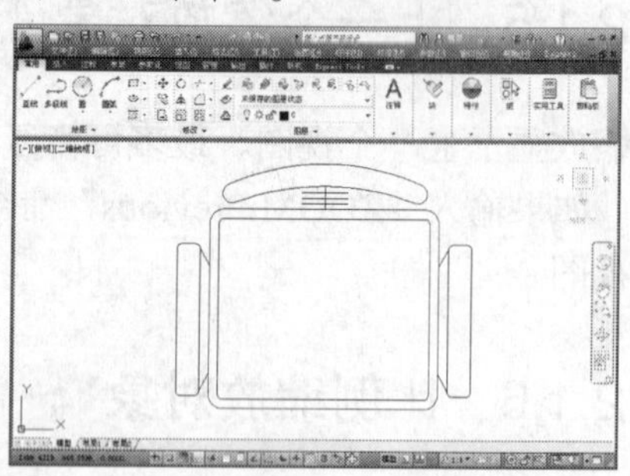

2.1.8 对象缩放和实时缩放

⑴ 对象

通过缩放以便尽可能大地显示一个或多个选定的对象，并使其位于视图的中心。可以在启动 ZOOM 命令前后选择对象。

⑵ 实时

通过交互缩放以更改视图的比例。此时光标将变为带有加号 (+) 和减号（–）的放大镜。

在窗口的中点按住拾取键并垂直移动到窗口顶部则放大 100%。反之，在窗口的中点按住拾取键，并垂直向下移动到窗口底部则缩小 100%。

达到放大极限时，光标上的加号将消失，表示无法继续放大。达到缩小极限时，光标上的减号将消失，表示无法继续缩小。

松开拾取键时缩放终止。可以在松开拾取键后将光标移动到图形的另一个位置，然后再按住拾取键，便可从该位置继续缩放显示。

若要退出缩放，请按【Enter】键或【Esc】键。

Tips

缩放命令是透明命令，即在其他命令执行时仍可以执行缩放命令，当缩放命令执行完毕后继续执行其他命令。

其实三键鼠标的中键也有放大和缩小的功能，即向外滚动滚轮相当于放大，向内滚动滚轮相当于缩小。

2.2 平移图形

本节视频教学录像：4 分钟

通常在屏幕上不能看到整个图形，因此，需要通过某种方法来查看位于屏幕外的、当前看不到的部分。

平移就是在不改变图形缩放比例的情况下，通过移动来显示图形。平移这个词实际上就来源于摄像机扫描场景这个动作。做平移操作是为了查看图形的不同部分。

在 AutoCAD 2013 中，打开【平移】命令的方法通常有以下 4 种。

⑴ 选择【视图】➢【平移】命令，选择一个子菜单命令进行平移图形。

⑵ 在命令行输入“pan”后按【Enter】键。

⑶ 单击【视图】选项卡下【二维导航】面板中的【平移】按钮 。

(4) 在绘图平面单击鼠标右键选择【平移】命令。

当选择实时平移时光标形状变为手形。按住定点设备上的拾取键可以锁定光标于相对视口坐标系的当前位置。图形显示随光标向同一方向移动。

到达逻辑范围（图纸空间的边缘）时，将在此边缘上的手形光标上显示边界栏。根据此逻辑范围处于图形顶部、底部还是两侧，将相应地显示出水平（顶部或底部）或垂直（左侧或右侧）边界栏。

释放拾取键，平移将停止。可以释放拾取键，将光标移动到图形的其他位置，然后再按拾取键，接着从该位置平移显示。要随时停止平移，请按【Enter】键或【Esc】键。

❶ 打开光盘中的“素材\ch02\摩托车.dwg”文件。

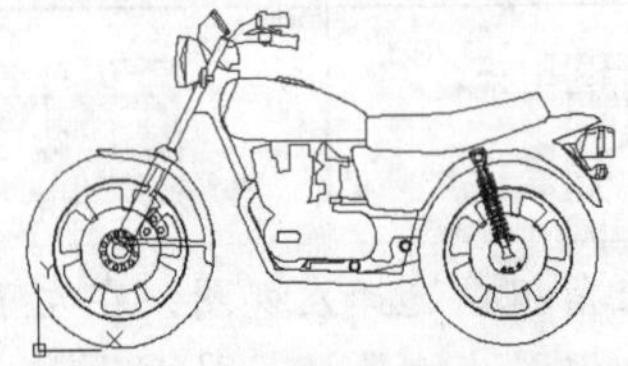

❷ 选择【视图】➢【平移】➢【实时】命令。

❸ 单击鼠标左键向上拖动图形，直到拖动到出现，如图所示。

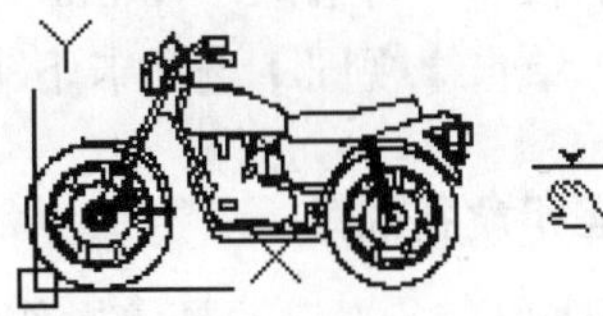

❹ 重复步骤❸，向左拖动图形，直到拖动到出现，如下图所示。

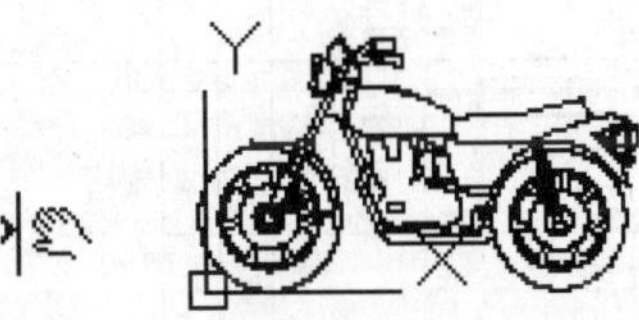

❺ 重复步骤❸，向下拖动图形，直到拖动到出现，如下图所示。

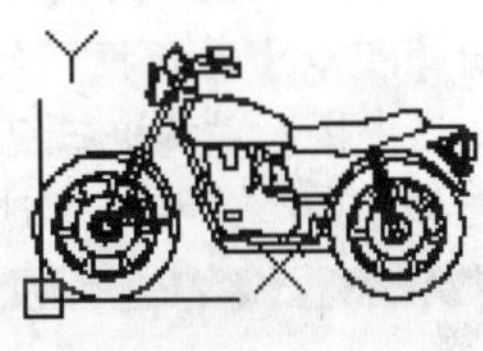

❻ 重复步骤❸，向右拖动图形，直到拖动到出现，如下图所示。

2.3 视口

本节视频教学录像：4分钟

视口允许将屏幕划分成若干个矩形区域。然后可以同时在每个视口中显示不同的视图。

在 AutoCAD 2013 中，打开视口命令的方法通常有以下 3 种。

(1) 选择【视图】➢【视口】命令，选择一个子菜单命令。

(2) 在命令行输入“vports”后按【Enter】键。

(3) 单击【视图】选项卡下【视口】面板中的【命名】按钮。

1．新建和命名视口

新建和命名视口的具体操作如下。

❶ 打开光盘中的“素材\ch02\新建和命名视口.dwg”文件。

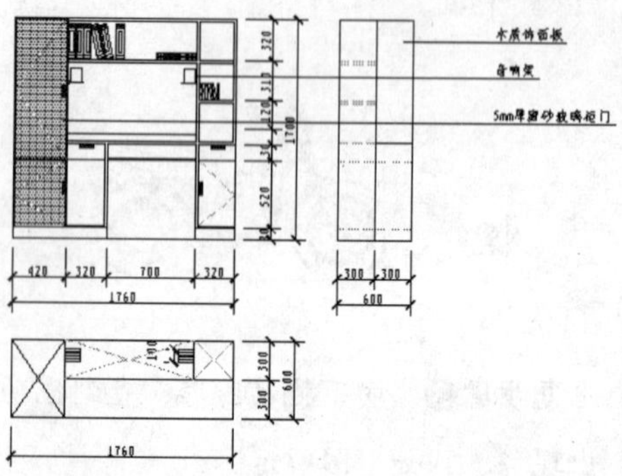

❷ 选择【视图】➢【视口】➢【新建视口】命令，弹出【视口】对话框。然后在【新名称】文本框中输入“书柜三视图”，并在对话框中选择【四个：相等】选项。

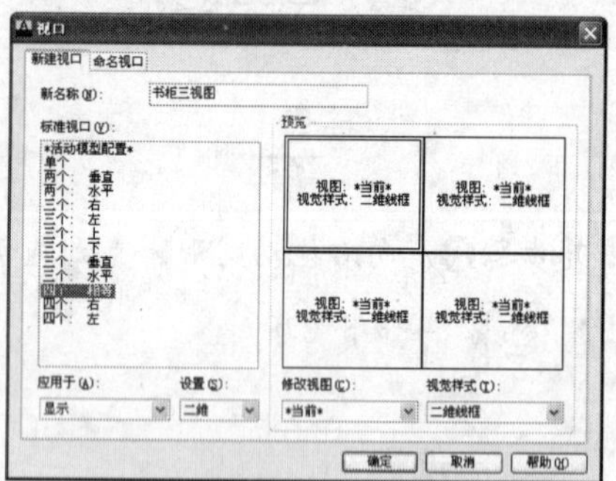

❸ 单击【确定】按钮后，图形窗口变成 4 个视口，如下图所示。

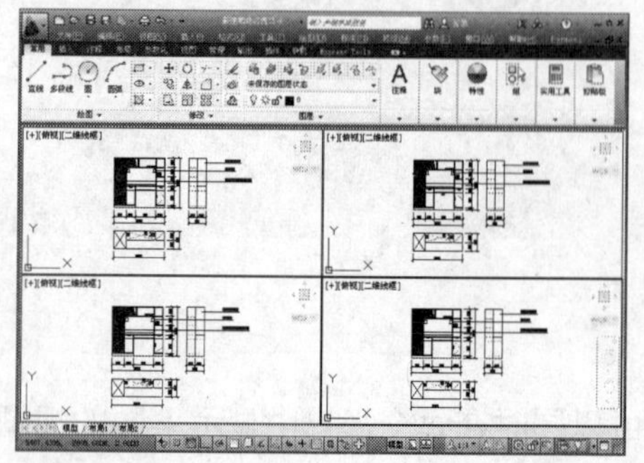

❹ 单击左上角的视口。选择【视图】➢【缩放】➢【窗口】命令，选择左上角视口中的主视图。

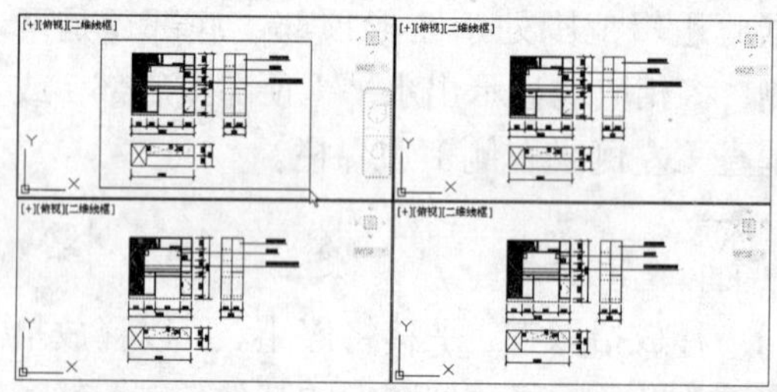

❺ 单击确定对角点后，整个绘图窗口如下图所示。

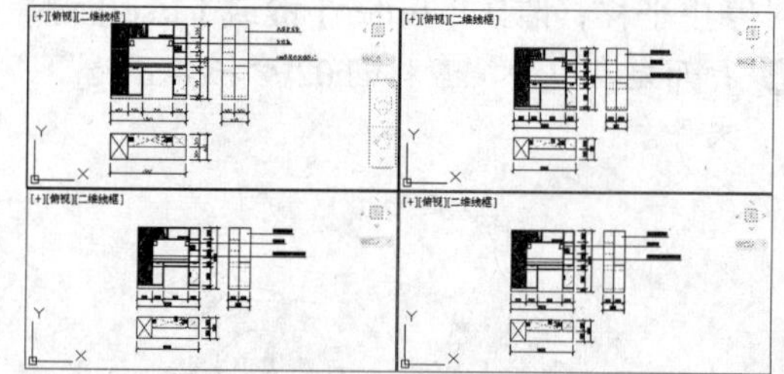

❻ 在右上角视口选择左视图，在左下角视口选择仰视图，结果如下图所示。

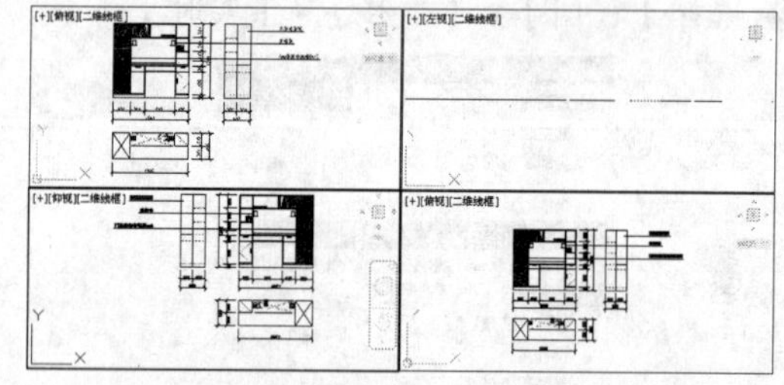

2．合并视口

合并视口的具体操作如下。

❶ 打开光盘中的“素材\ch02\合并视口.dwg”文件。

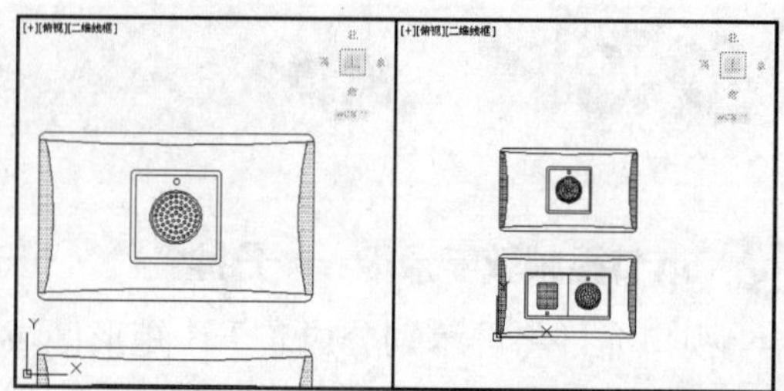

❷ 选择【视图】➢【视口】➢【合并】命令，根据 AutoCAD 命令行提示，单击选择主视口（如左侧视口）和要合并的视口（如右侧视口）。

❸ 合并视口后的最终效果如图所示。

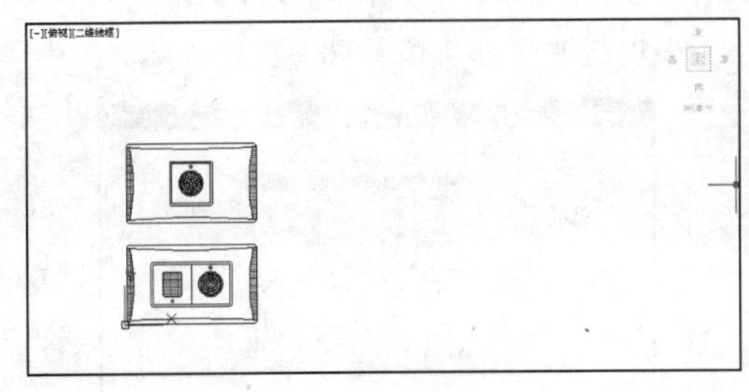

2.4 使用命名视图

本节视频教学录像：6 分钟

对某个图形做了许多平移和缩放之后，可能会发现自己需要多次地返回到图中的相同部分，特别是在对图形进行大量修改时。对于大型图形来说，即便只将其中一部分内容显示出来也要花费很多时间，特别是当 AutoCAD 需要重新生成图形的时候。但是通过保存视图可以提高图形的显示速度。

视图就是图形在屏幕上的一种显示。一个视图可以以任意比例显示图形的任何部分。当所需的视图显示出来之后，可以为该视图命名并将其保存。在需要时就可以随时返回视图，而不用再对图形进行缩放或平移。

在 AutoCAD 2013 中，打开视图命令的方法通常有以下 3 种。

(1) 选择【视图】➢【命名视图】命令。

(2) 在命令行输入“view”后按【Enter】键。

(3) 单击【视图】选项卡➢【视图】面板➢【视图管理器】按钮。

1．命名视图

选择【视图】➢【命名视图】命令，打开【视图管理器】对话框。

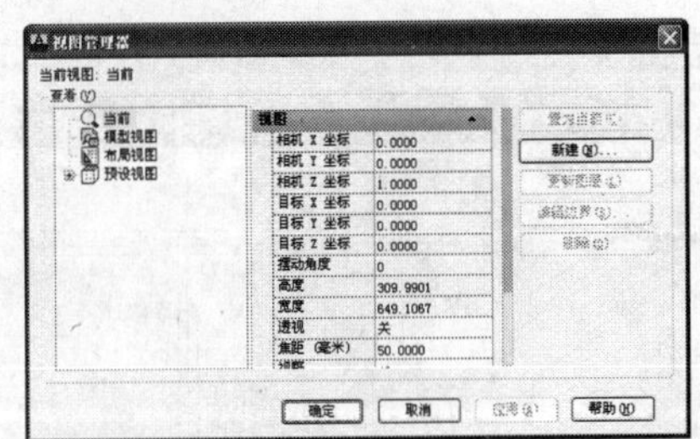

在【查看】区中列出了以下几种类型的视图。

【当前】：显示当前的视图。

【模型视图】：模型空间中所有的命名视图（包括相机视图）。

【布局视图】：在布局（图纸空间）中创建的所有命名视图。布局是为了出图或打印作准备而对图形进行布置的机制。

【预设视图】：预设视图中的视图与选择【视图】➢【三维视图】命令时看到的视图相同。

2．应用命名视图

应用命名视图的具体操作如下。

❶ 打开光盘中的“素材\ch02\应用命名视图.dwg”文件。

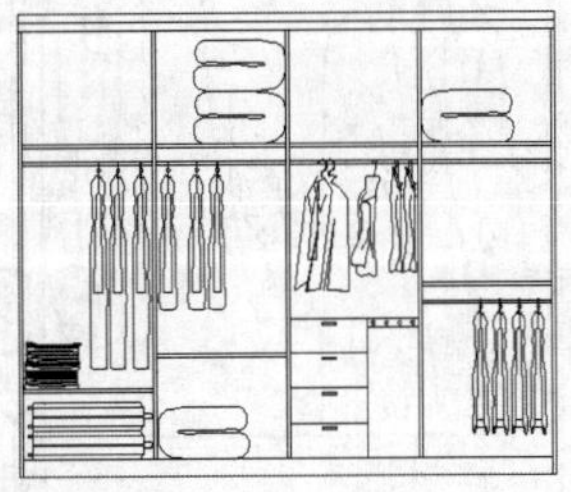

❷ 选择【视图】>【命名视图】命令，弹出【视图管理器】对话框。

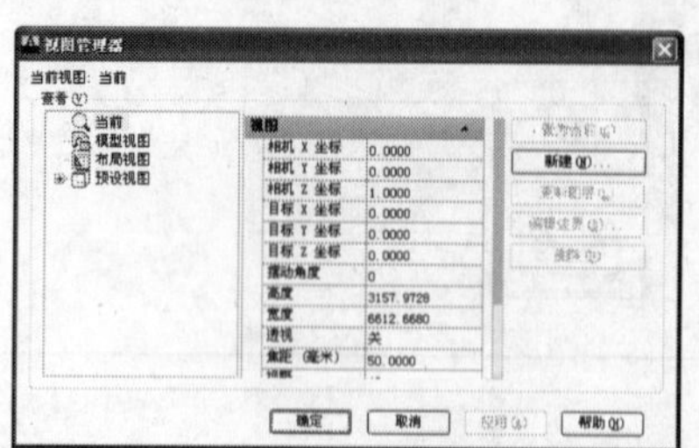

❸ 单击【新建】按钮，打开新建视图对话框，并在【视图名称】文本框中输入“衣服”，单击【定义窗口】单选按钮。

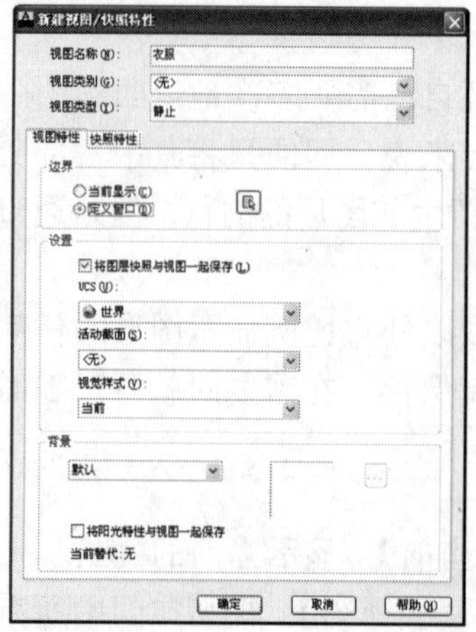

❹ 在图形上拾取一点。

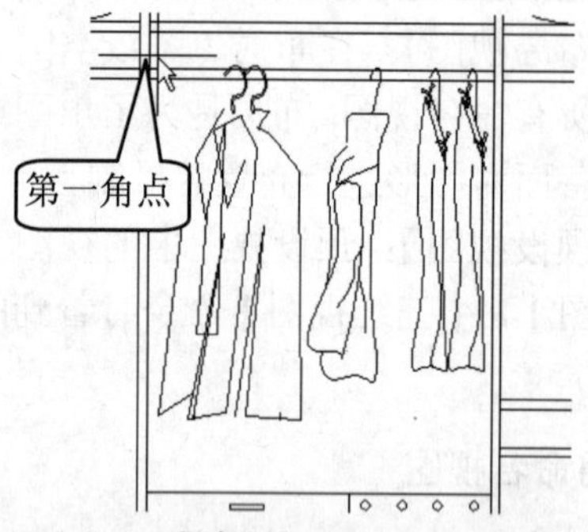

❺ 拖动鼠标并单击指定第二角点。

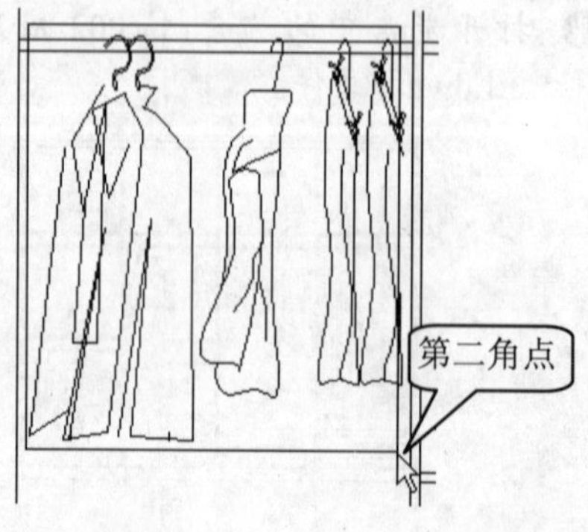

❻ 按【Enter】键回到【新建视图】对话框，单击【确定】按钮，此时【视图管理器】对话框的【模型视图】树型列表下多了一个名字为“衣服”的视图。

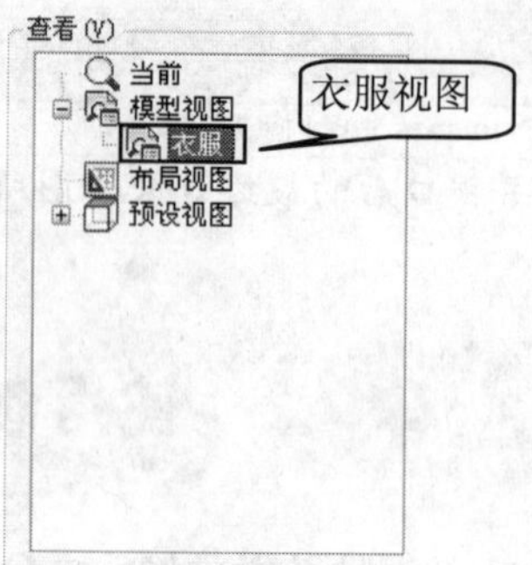

❼ 重复步骤❸~❻，在图形中选择下图作为棉被视图的图形。

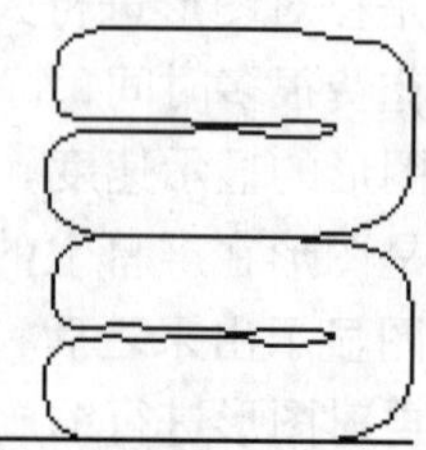

❽ 此时【视图管理器】对话框的【模型视图】下多了两个名字为“衣服”和“棉被”的视图。

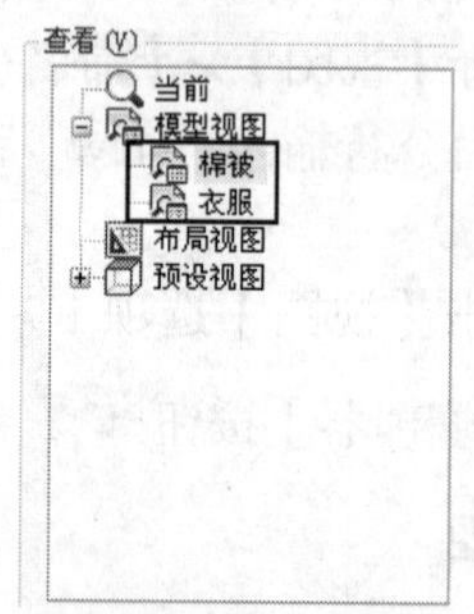

❾ 选择【模型视图】下的衣服视图，并单击【置为当前】按钮，将衣服视图置为当前，单击【确定】按钮后如下图所示。

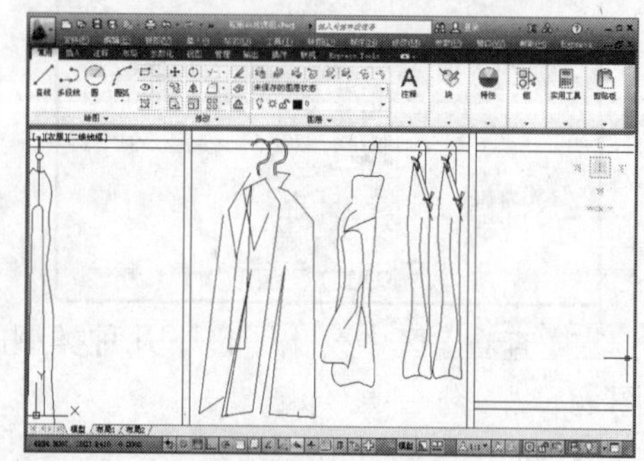

2.5 模型空间与图纸空间

本节视频教学录像：6 分钟

在 AutoCAD 中绘图和编辑时，可以采用不同的工作空间，即模型空间和图纸（又称为布局）空间。在不同的工作空间可以完成不同的操作，如绘图操作和编辑操作、安排、注释和显示控制等。

2.5.1 模型空间与图纸空间的概念

在使用AutoCAD绘图时，多数的设计和绘图工作都是在模型空间完成二维或三维图形。模型空间和图纸空间的区别主要在于：模型空间是针对图形实体的空间，是放置几何模型的三维坐标空间；而图纸空间则是针对图纸布局而言的，是模拟图纸的平面空间，它的所有坐标都是二维的。需要指出的是：两者采用的坐标系是一样的。

通常在绘图工作中，无论是对二维还是三维图形的绘制与编辑，都是在模型空间这个三维坐标空间下进行的。

模型空间就是创建工程模型的空间，它为用户提供了一个广阔的绘图区域。用户在模型空间中所需考虑的只是单个的图形是否绘出或正确与否，而不用担心绘图空间是否足够大。包含模型特定视图和注释的最终布局则位于图纸空间。也就是说，图纸空间侧重于图纸创建最终的打印布局，而不用于绘图或设计工作，只需将模型空间的图形按照不同的比例搭配，再加以文字注释，最终构成一个完整的图形即可。在这个空间里，用户几乎不需要再对任何图形进行修改编辑，所要考虑的只是图形在整张图纸中如何布局。因此建议用户在绘图时，应先在模型空间进行绘制和编辑，在上述工作完成之后再进入图纸空间进行布局调整，直到最终出图。

在模型空间和图纸空间中，AutoCAD 都允许使用多个视图。但在两种绘图空间中多视图的性质与作用是不同的。在模型空间中，多视图只是为了便于观察和绘图，因此其中的各个视图与原绘图窗口类似。

在图纸空间中，多视图的主要目的是为了便于进行图纸的合理布局，用户可以对其中的任何一个视图本身进行如复制和移动等基本的编辑操作。

> *Tips*
>
> 模型空间与图纸空间的概念较为抽象，初学者只需简单了解即可。它们的细微之处可以在以后的使用中逐步体会。需要注意的是：在模型空间与图纸空间中 UCS 图标是不同的，但均是三维图标。

2.5.2 模型空间和图纸空间的切换

在 AutoCAD 2013 中，模型空间与图纸空间的切换可以通过以下几种方法来实现。

(1) 在绘图区下部的切换选项卡中，单击【模型】选项卡即可进入模型空间，单击【布局】选项卡则可进入图纸空间。

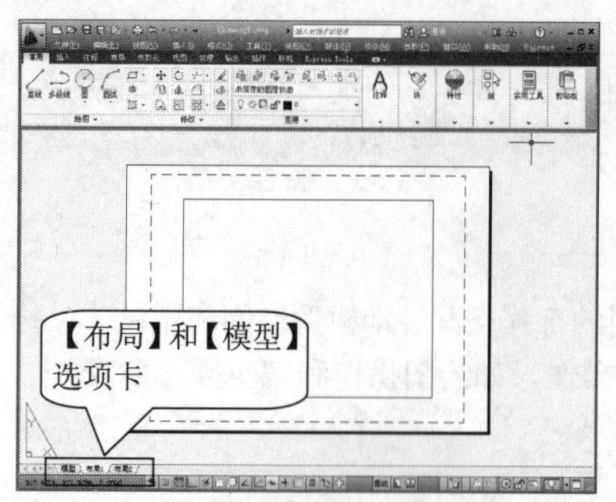

(2) 在状态栏上单击【快速查看布局】按钮，在弹出的模型或布局页面上单击即可实现两者之间的相互切换。

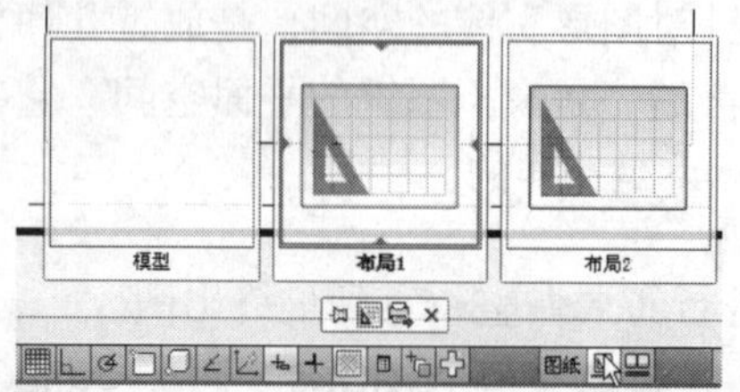

> **Tips**
>
> 如果【布局】和【模型】选项卡的名称不显示在绘图区域下方，可以通过在绘图区域右击，在弹出的快捷菜单中选择【选项】选项，在弹出的【选项】对话框的【显示】选项卡中的【布局元素】栏中选中【显示布局和模型选项卡】选项将其显示出来。

默认状态下，AutoCAD 2013 将引导用户进入模型空间。但在实际操作时，用户尚需进行一些图纸布局方面的设置，具体的操作步骤如下。

❶ 右击【布局 1】选项卡，在弹出的快捷菜单中选择【页面设置管理器】菜单命令，弹出【页面设置管理器】对话框。

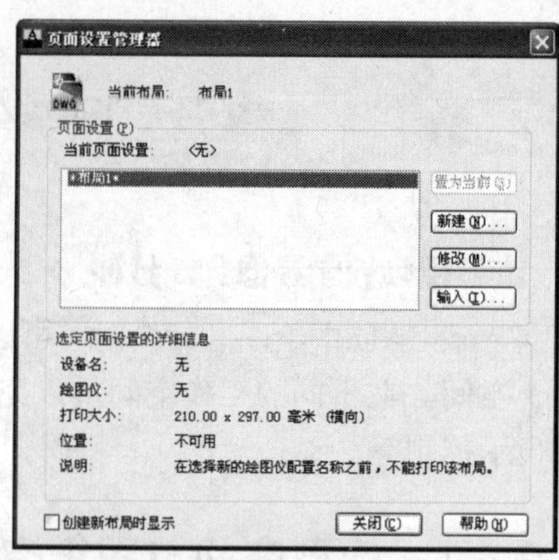

❷ 单击【修改】按钮，弹出【页面设置－布局 1】对话框，从中可以进行图纸大小、打印范围和打印比例等方面的设置，设置完毕单击【确定】按钮，使用 AutoCAD 的默认选项即可进入图纸空间。

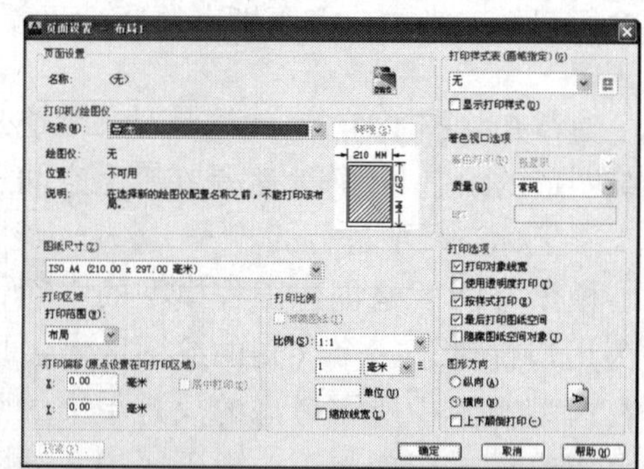

> **Tips**
>
> 如果希望每次创建新的图形布局时都显示【页面设置管理器】，可以在【选项】对话框的【显示】选项卡的【布局元素】选项中选择【新建布局时显示页面设置管理器】选项。如果不需要为每个新布局都自动创建视口，可以在【选项】对话框的【显示】选项卡的【布局元素】选项中撤选【在新布局中创建视口】选项。

2.6 技能演练——合并视口并命名视图

本节视频教学录像：4 分钟

本实例利用合并视口和命名视图对本章学习的内容进行总结。通过该实例的练习，读者应熟练掌握合并视口以及命名视图的操作过程。

实例名称：合并两个视口并命名视图	
主要命令：视口和命名视图	
素材：素材\ch02\合并视口并命名视图.dwg	
结果：无	
难易程度：★★	常用指数：★★★

❶ 打开光盘中的"素材\ch02\合并视口并命名视图.dwg"文件。

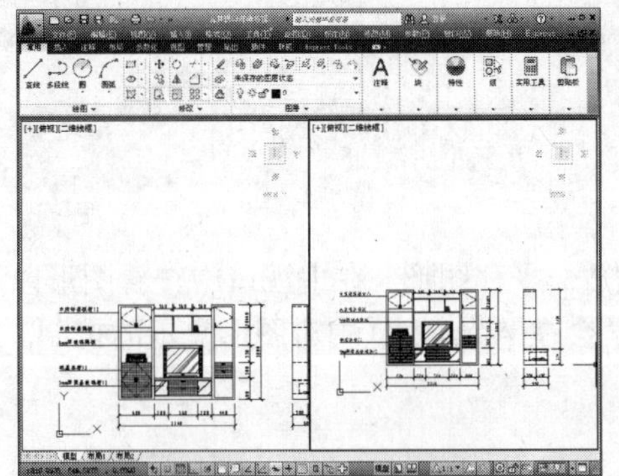

❷ 选择【视图】➢【视口】➢【合并】命令，AutoCAD 命令行提示选择合并窗口。

❸ 选择右侧视口为主视口，左侧视口为要合并的视口，结果如下图所示。

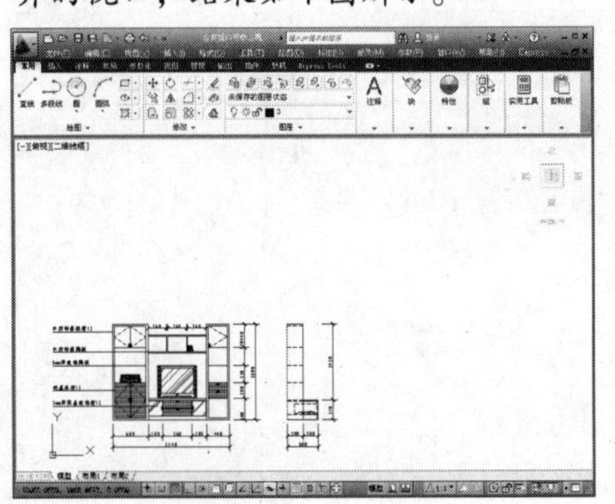

❹ 选择【视图】➢【命名视图】命令，弹出【视图管理器】对话框。

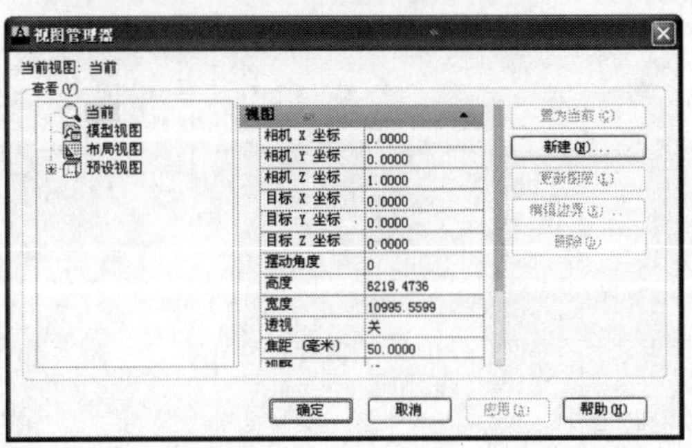

❺ 单击【新建】按钮，打开新建视图对话框，在【视图名称】文本框中输入"电视机"，并将边界选为【定义窗口】。结果如图所示。

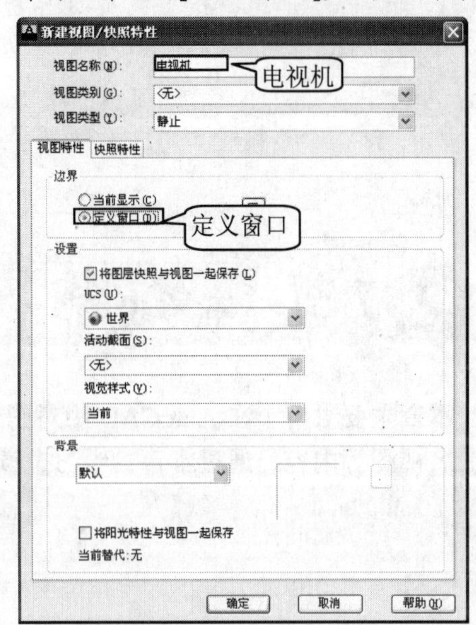

❻ 在图形上拾取第一角点。拖动鼠标并单击指定第二角点。

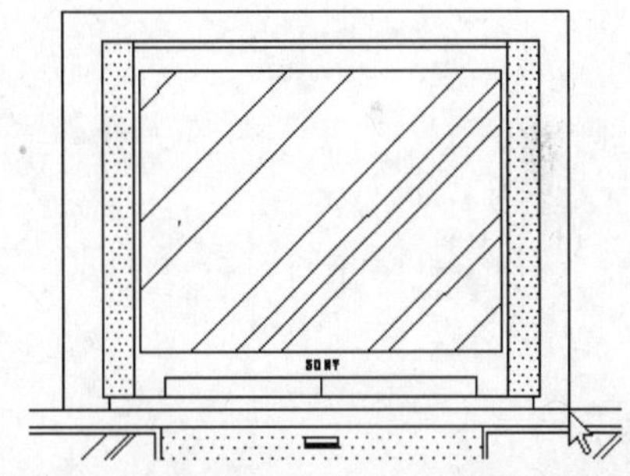

❼ 按【Enter】键回到【新建视图】对话框，单击【确定】按钮，此时【视图管理器】对话框的【模型视图】树型列表下多了一个名字为"电视机"的视图。

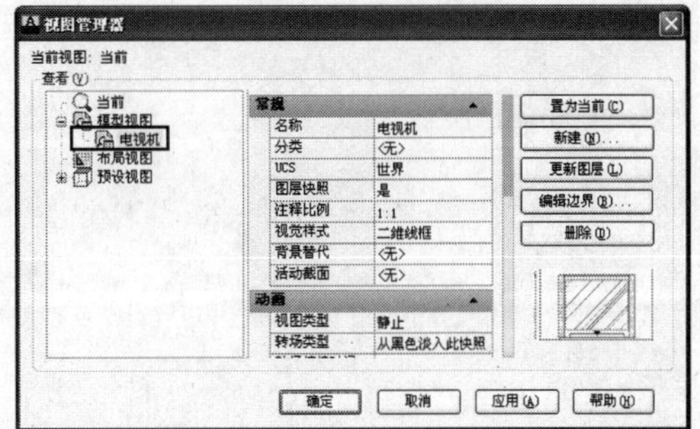

❽ 选择【模型视图】下的电视机视图，并单击【置为当前】按钮，将电视机视图置为当前，单击【确定】按钮后如图所示。

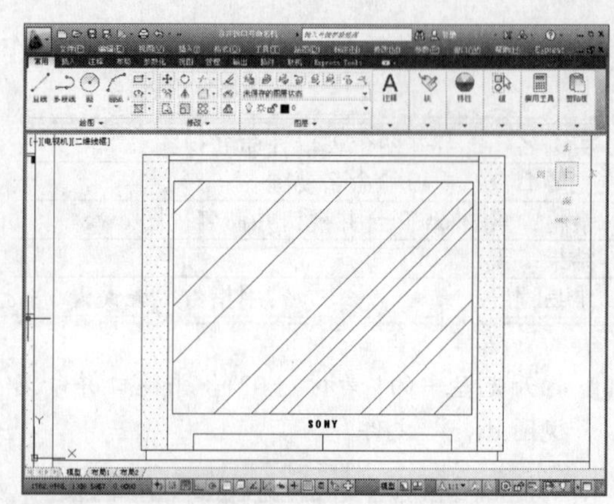

2.7 本章小结

本章主要讲解了在 AutoCAD 中对图形进行缩放、平移图形，在主视口中查看图形以及重命名视图等内容。通过本章的学习，读者可以学会在 AutoCAD 中对图形显示的控制。

第 3 章　精确绘图的辅助工具

本章引言

在使用 AutoCAD 绘图前，首先需要了解精确绘图的辅助工具。通过使用这些绘图工具，用户可以很精确、很方便地绘制图形，并且达到事半功倍的效果。

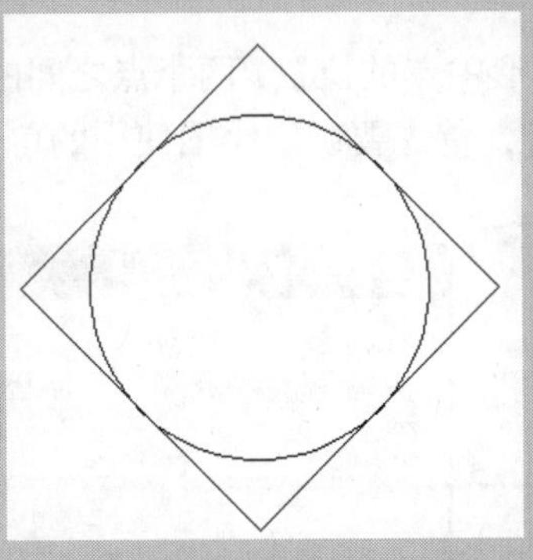

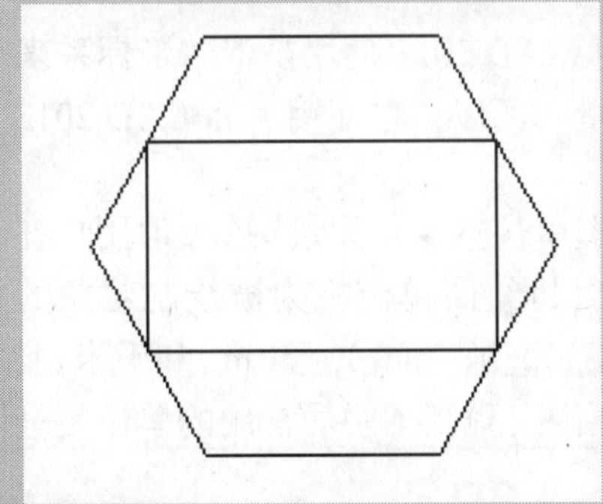

3.1 设置绘图区域和度量单位

本节视频教学录像：5 分钟

设置图形界限是把 AutoCAD 2013 默认绘图区域的边界设置为工作时所需要的区域边界，让用户在设置好的区域内绘图，以避免所绘制的图形超出该边界。

对图形单位的设置主要是长度类型、精度、角度和方向等。

3.1.1 设置绘图区域大小

例如，设置图形区域大小为 3000×3000 的具体步骤如下。

❶ 选择【格式】➢【图形界限】命令。

❷ 执行命令后根据命令行的提示输入“0,0”，以指定左下角点的坐标。

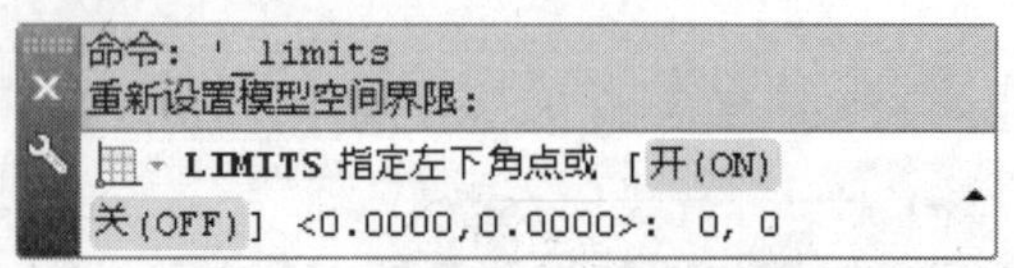

❸ 按【Enter】键确定后，在命令行输入“3000,3000”，以指定右上角点。

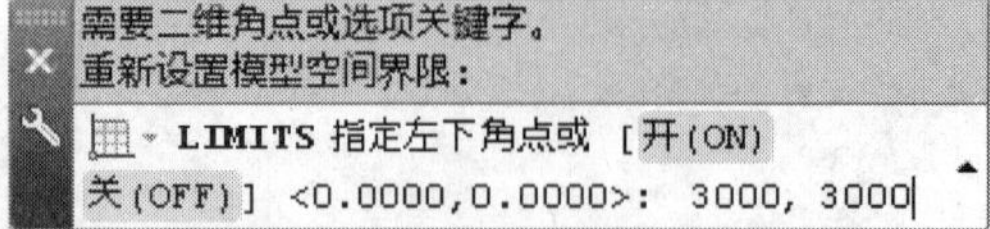

Tips

输入屏幕右上角点时，可根据所绘制图形的大小进行合理设定。

❹ 按【Enter】键确定后，就为图纸设定了大小为 3000×3000 的绘图区域。

还可以通过以下方法设置图形界限。在命令行输入“limits”后按【Enter】键。

3.1.2 设置图形度量单位

AutoCAD 2013 使用笛卡尔坐标系来确定图形中点的位置，两个点之间的距离以绘图单位来度量。所以，在使用 AutoCAD 2013 绘图时，首先要确定绘图使用的单位。

绘图单位本身是无量纲的，但用户在绘图时可以将绘图单位视为被绘制对象的实际单位，如毫米（mm）、米（m）和千米（km）等，在国内工程制图中最常用的单位是毫米（mm）。

一般情况下，AutoCAD 2013 采用实际的测量单位来绘制图形，等完成图形绘制后，再按一定的缩放比例来输出图形。具体操作方法如下。

❶ 选择【格式】➢【单位】菜单命令。

❷ 打开【图形单位】对话框。

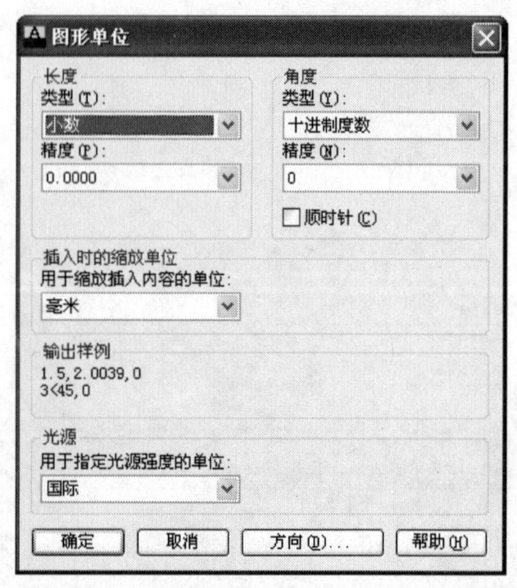

❸ 在【长度】区的【类型】下拉列表中选择需要的数据类型，如【小数】，在【精度】下拉列表中选择数据的精度值，如【0.0】选项，在【用于缩放插入内容的单位】下拉列表中选择要插入内容的单位，如【毫米】选项。单击【确定】按钮，即可完成绘图单位的设置。

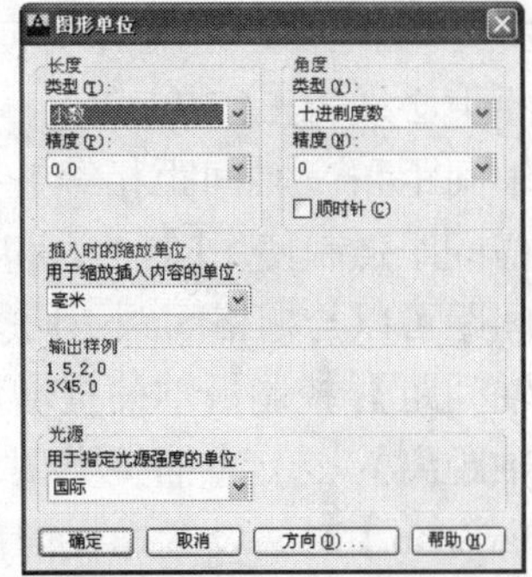

3.2 使用辅助工具定位

本节视频教学录像：8 分钟

在绘制图形时，往往难以使用光标准确定位，这时可以使用 AutoCAD 2013 提供的捕捉、栅格功能、正交辅助功能来辅助定位。

3.2.1 使用捕捉和栅格功能

使用捕捉和栅格辅助定位的具体操作如下。

❶ 打开光盘中的“素材\ch03\捕捉和栅格.dwg”文件。选择【工具】➤【绘图设置】命令。

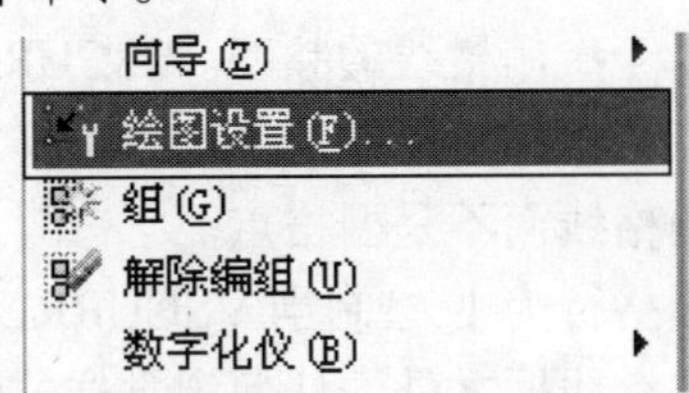

❷ 弹出【草图设置】对话框，选择【捕捉和栅格】选项卡。

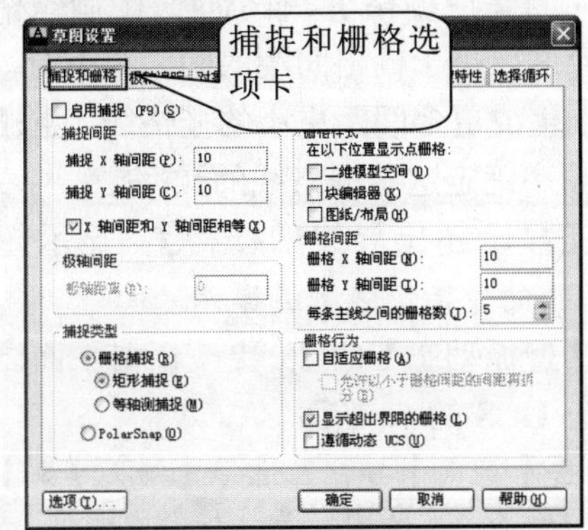

❸ 选中【启用捕捉】复选框。

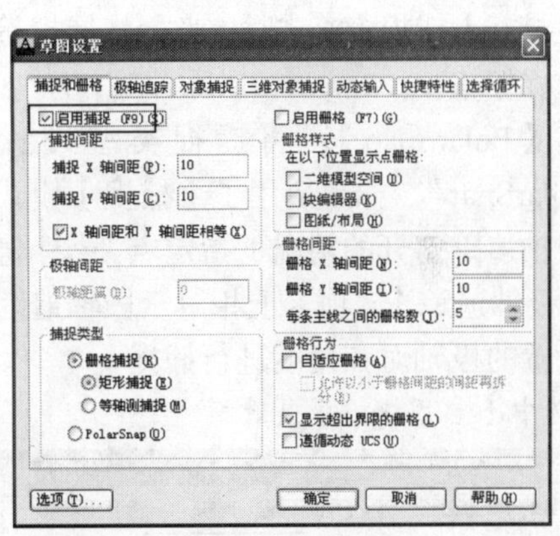

其中各个选项的含义如下。

【启用捕捉】：打开或关闭捕捉模式。也可以通过单击状态栏上的【捕捉模式】按钮或按【F9】键，来打开或关闭捕捉模式。

【捕捉间距】：控制捕捉位置的不可见矩形栅格，以限制光标仅在指定的 x 和 y 间隔内移动。

【捕捉 X 轴间距】：指定 x 方向的捕捉间距。间距值必须为正实数。

【捕捉 Y 轴间距】：指定 y 方向的捕捉间距。间距值必须为正实数。

【X 轴间距和 Y 轴间距相等】：为捕捉间距和栅格间距强制使用同一 x 和 y 间距值。捕捉间距可以与栅格间距不同。

【极轴间距】：控制极轴捕捉增量距离。

【极轴距离】：选定【捕捉类型和样式】下的【PolarSnap】时，设置捕捉增量距离。如果该值为 0，则 PolarSnap 距离采用【捕捉 X 轴间距】的值。【极轴距离】设置与极坐标追踪和（或）对象捕捉追踪结合使用。如果两个追踪功能都未启用，则【极轴距离】设置无效。

【矩形捕捉】：将捕捉样式设置为标准“矩形”捕捉模式。当捕捉类型设置为“栅格”并且打开【捕捉】模式时，光标将捕捉矩形捕捉栅格。

【等轴测捕捉】：将捕捉样式设置为“等轴测”捕捉模式。当捕捉类型设置为“栅格”并且打开【捕捉】模式时，光标将捕捉等轴测捕捉栅格。

【PolarSnap】：将捕捉类型设置为“PolarSnap”。如果启用了【捕捉】模式并在极轴追踪打开的情况下指定点，光标将沿在【极轴追踪】选项卡上相对于极轴追踪起点设置的极轴对齐角度进行捕捉。

❹ 选中【启用栅格】复选框。

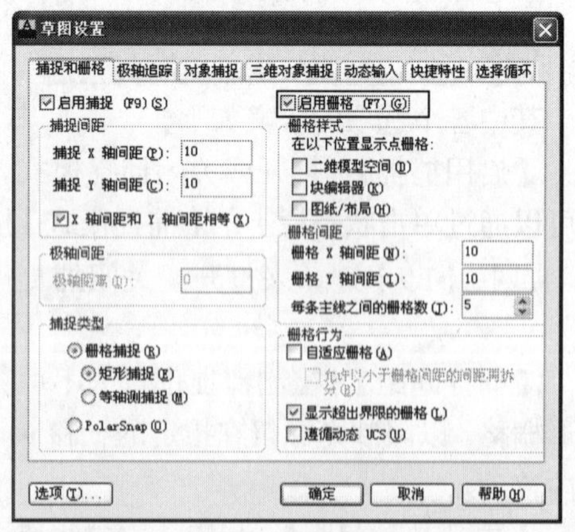

其中各个选项的含义如下。

【启用栅格】：打开或关闭栅格。也可以通过单击状态栏上的按钮、【F7】键或使用 GRID 命令，来打开或关闭栅格模式。

【栅格样式】：控制“二维模型空间”、“块编辑器”、“图纸”和“布局”选项卡显示的栅格样式。

【二维模型空间】：将二维模型空间的栅格样式设定为点栅格。

【块编辑器】：将块编辑器的栅格样式设定为点栅格。

【图纸/布局】：将图纸和布局的栅格样式设定为点栅格。

【栅格间距】：控制栅格的显示，有助于形象化显示距离。

注意：LIMITS 命令和 GRIDDISPLAY 系统变量可控制栅格的界限。

【栅格 X 轴间距】：指定 x 方向上的栅格间距。如果该值为 0，则栅格采用【捕捉 X 轴间距】的值。

【栅格 Y 轴间距】：指定 y 方向上的栅格间距。如果该值为 0，则栅格采用【捕捉 Y 轴间距】的值。

【每条主线之间的栅格数】：指定主栅格线相对于次栅格线的频率。VSCURRENT 设置为除二维线框之外的任何视觉样式时，将显示栅格线而不是栅格点。

【栅格行为】：控制当 VSCURRENT 设置为除二维线框之外的任何视觉样式时，所显示栅格线的外观。

【自适应栅格】：缩小时，限制栅格密度。允许以小于栅格间距的间距再拆分。放大时，生成更多间距更小的栅格线。主栅格线的频率确定这些栅格线的频率。

【显示超出界线的栅格】：显示超出 LIMITS 命令指定区域的栅格。

【遵循动态 UCS】：更改栅格平面以跟随动态 UCS 的 xy 平面。

❺ 单击【确定】按钮，选择【绘图】➤【直线】命令，在绘图区单击指定直线第一点。

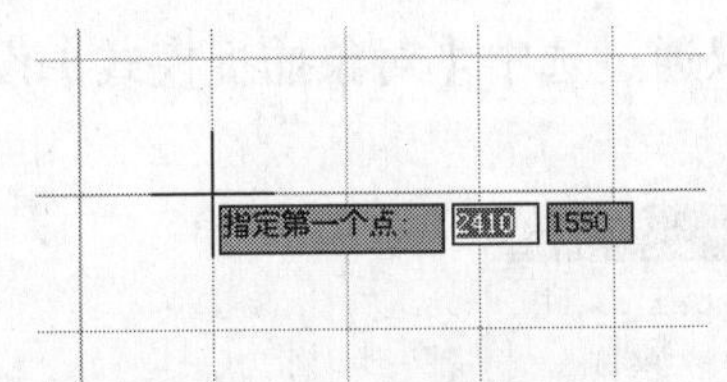

❻ 在绘图区拖动鼠标并单击指定直线的第二点。

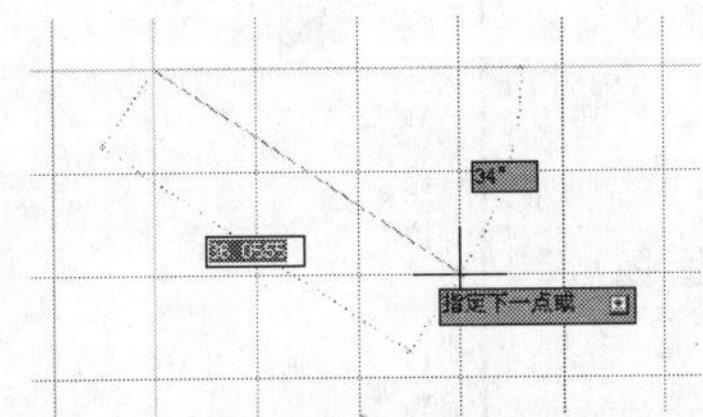

❼ 在绘图区拖动鼠标并单击指定直线的另一点，然后单击封闭图形后按【Enter】键结束操作，最终效果如图所示。

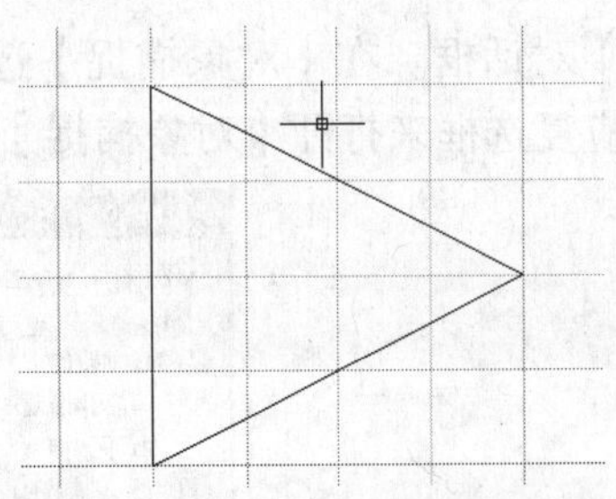

Tips

还可以通过以下方法调用【捕捉和栅格】对话框。

在命令行输入“dsettings”后按【Enter】键。在AutoCAD 2013 打开捕捉和栅格后，绘制直线时光标会自动捕捉到栅格点上。

3.2.2 使用正交模式

开启正交功能可以在图纸上绘制水平或垂直的直线，在状态栏中单击【正交模式】按钮，即可开启正交模式。

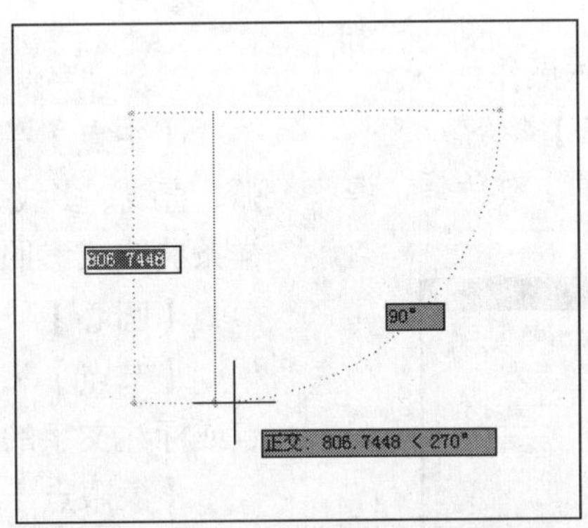

3.3 对象捕捉

本节视频教学录像：6分钟

在 AutoCAD 中，使用对象捕捉可以将指定点快速、精确地限制在现有对象的确切位置上（例如中点或交点），而不必知道坐标或绘制构造线。

3.3.1 对象捕捉模式详解

在 AutoCAD 2013 界面中，选择菜单栏中的【工具】➢【绘图设置】菜单命令，弹出【草图设置】对话框。在【对象捕捉】选项卡中，用户可以通过选中【对象捕捉模式】设置区中的相应复选框来打开【对象捕捉】模式。

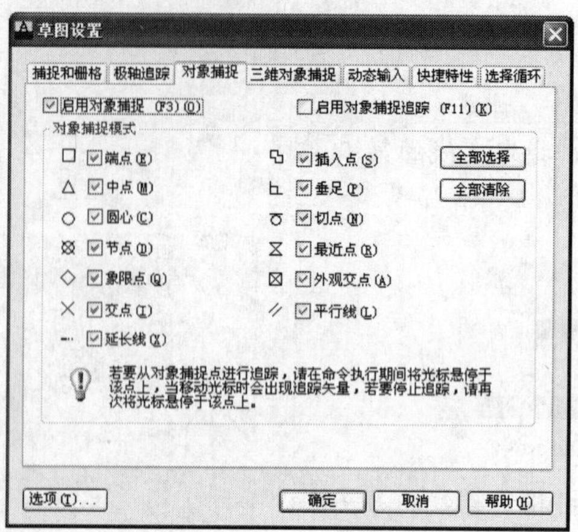

另外，也可以使用【对象捕捉】工具栏中的按钮随时打开捕捉。单击【工具】➤【工具栏】➤【AutoCAD】➤【对象捕捉】选项，调用【对象捕捉】工具栏。

【对象捕捉】工具栏如下图所示。

3.3.2 设置对象捕捉参数

设置对象捕捉模式的具体操作如下。

❶ 选择【工具】➤【绘图设置】命令。

❷ 执行命令后弹出【草图设置】对话框，选择【对象捕捉】选项卡。

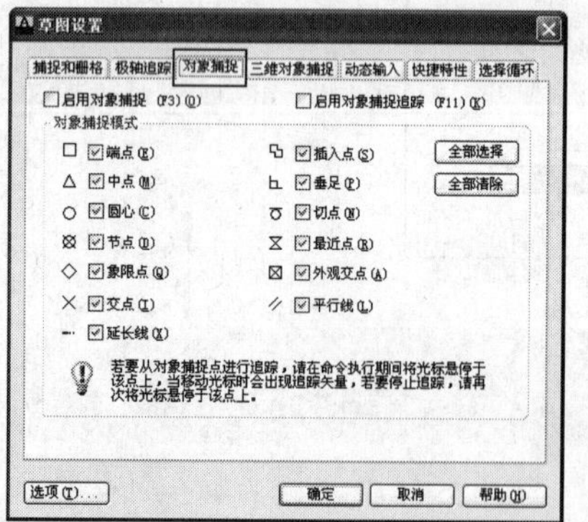

❸ 在【对象捕捉模式】列表中，选中要启用捕捉的对象名称前的复选按钮后，单击【确定】按钮。

【对象捕捉】选项卡各参数含义如下。

【端点】□：捕捉到圆弧、椭圆弧、直线、多线、多段线线段或样条曲线等最近的点。

【中点】△：捕捉到圆弧、椭圆、椭圆弧、直线、多线、多段线线段、面域、实体、样条曲线或参照线的中点。

【圆心】○：捕捉到圆心。

【节点】⊠：捕捉到点对象、标注定义点或标注文字的起点。

【象限点】◇：捕捉到圆弧、圆、椭圆或椭圆弧的象限点。

【交点】×：捕捉到圆弧、圆、椭圆、椭圆弧、直线、多线、多段线、射线、面域、样条曲线或参照线的交点。

【延长线】--：当光标经过对象的端点时，显示临时延长线或圆弧，以便用户在延长线或圆弧上指定点。

【插入点】：捕捉到属性、块、形或文字的插入点。

【垂足】⊾：捕捉圆弧、圆、椭圆、椭圆弧、直线、多线、多段线、射线、面域、实体、样条曲线或参照线的垂足。

【切点】ʘ：捕捉到圆弧、圆、椭圆、椭圆弧或样条曲线的切点。

【最近点】⧖：捕捉到圆弧、圆、椭圆、椭圆弧、直线、多线、点、多段线、射线、样条曲线或参照线的最近点。

【外观交点】⊠：捕捉到不在同一平面但是可能看起来在当前视图中相交的两个对象的外观交点。

【平行线】⫽：将直线段、多段线线段、射线或构造线限制为与其他线性对象平行。

3.3.3 开启对象捕捉模式

开启对象捕捉模式的具体操作如下。

❶ 打开光盘中的“素材\ch03\对象捕捉.dwg”文件。选择【直线】工具，并将光标放置于图形上，此时没有出现捕捉点。

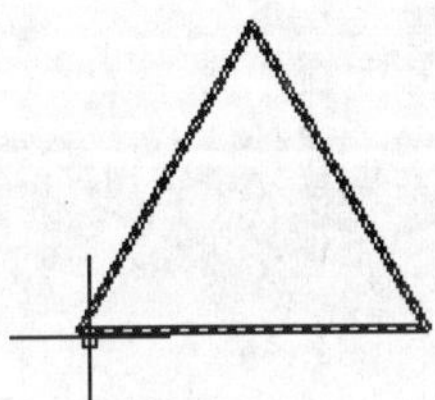

❷ 选择【工具】➤【绘图设置】命令。弹出【草图设置】对话框，选择【对象捕捉】选项卡。

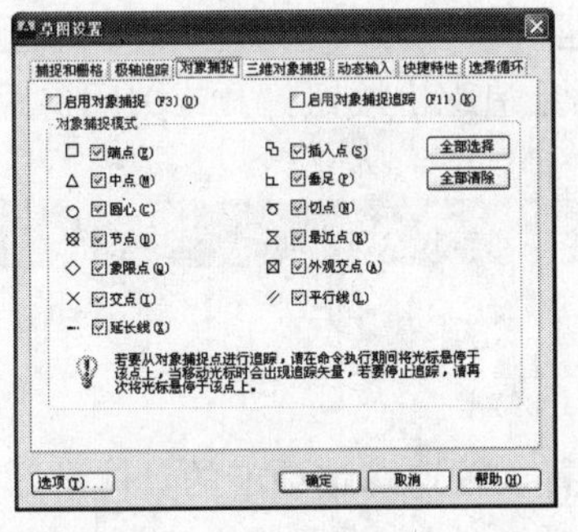

❸ 选择捕捉点并选中“启用对象捕捉”复选框，然后单击【确定】按钮完成对象捕捉设置。

❹ 再次选择【直线】工具，并将光标放置在图像端点，即可看到出现捕捉点。

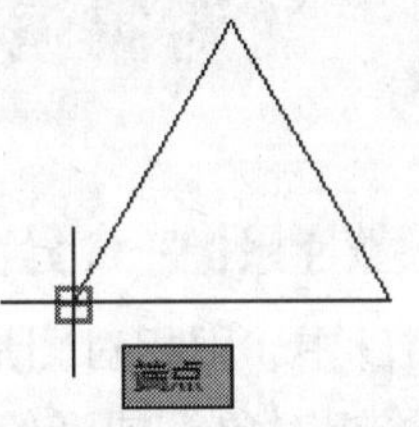

> *Tips*
>
> 还可以通过以下方法调用【对象捕捉】命令。
>
> (1) 单击【对象捕捉】按钮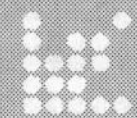。
>
> (2) 按下快捷键【F3】。

3.4 三维对象捕捉

本节视频教学录像：2 分钟

使用三维对象捕捉功能可以控制三维对象的执行对象捕捉设置。使用执行对象捕捉设置，可以在对象上的精确位置指定捕捉点。选择多个选项后，将应用选定的捕捉模式，以返回距离靶框中心最近的点。

选择菜单栏中的【工具】➢【绘图设置】菜单命令，弹出【草图设置】对话框。在【三维对象捕捉】选项卡中可以启用三维对象捕捉，以及设置对象捕捉的模式。

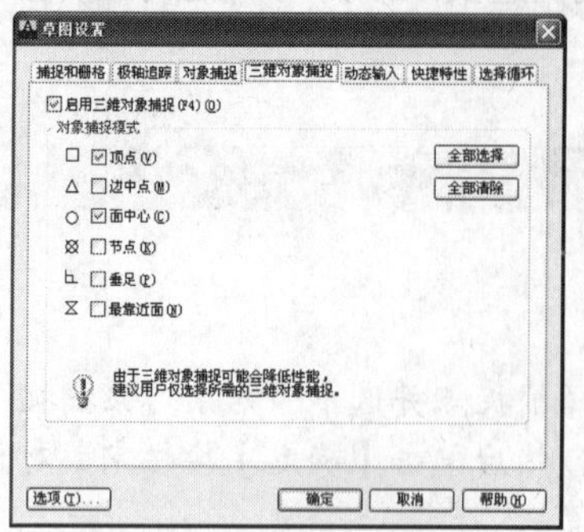

在【三维对象捕捉】选项卡下各参数含义如下。

【顶点】：捕捉到三维对象的最近顶点。

【边中心】：捕捉到面边的中心。

【面中心】：捕捉到面的中心。

【节点】：捕捉到样条曲线上的节点。

【垂足】：捕捉到垂直与面的点。

【最靠近面】：捕捉到最靠近三维对象面的点。

【全部选择】按钮：打开所有三维对象捕捉模式。

【全部清除】按钮：关闭所有三维对象捕捉模式。

3.5 对象追踪

本节视频教学录像：6 分钟

在 AutoCAD 中，用相对图形中的其他点来定位点的方法称为追踪。使用自动追踪功能可按指定角度绘制对象，或者绘制与其他对象有特定关系的对象。当自动追踪打开时，可以利用屏幕上出现的追踪线在精确的位置和角度上创建对象。自动追踪包含极轴追踪和对象捕捉追踪，可以通过单击状态栏上的【极轴】或【对象追踪】按钮打开或关闭追踪模式。

3.5.1 极轴追踪

使用极轴追踪的具体操作如下所示。

❶ 选择【工具】➢【绘图设置】命令。

❷ 弹出【草图设置】对话框，选择【极轴追踪】选项卡。

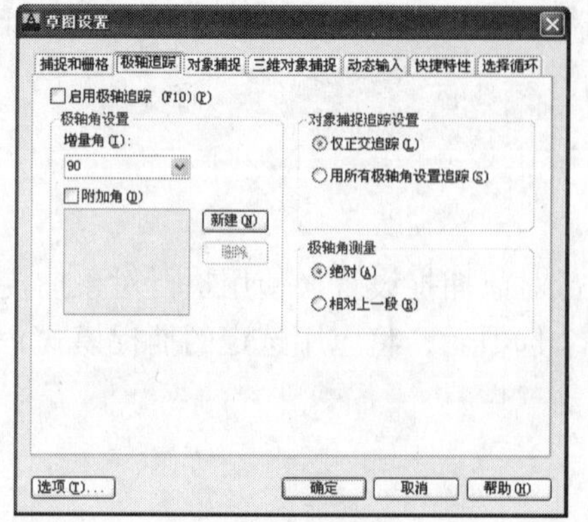

设置极轴追踪选项卡的具体参数如下。

【增量角】：设置用来显示极轴追踪对齐路径的极轴角增量。

【附加角】：对极轴追踪使用列表中的任何一种附加角度。

【角度列表】：如果选中【附加角】复选框，将列出可用的附加角度。要添加新的角度，需单击【新建】按钮。

【新建】：最多可以添加 10 个附加极轴追踪对齐角度。

【删除】：删除选定的附加角度。

【仅正交追踪】：当对象捕捉追踪打开

时，仅显示已获得的对象捕捉点的正交（水平/垂直）对象捕捉追踪路径。

【用所有极轴角设置追踪】：将极轴追踪设置应用于对象捕捉追踪。

【相对上一段】：根据上一个绘制线段确定极轴追踪角度。

> *Tips*
>
> 还可以通过以下方法调用【极轴追踪】命令。
>
> (1) 单击【极轴追踪】按钮。
>
> (2) 快捷键【F10】。

3.5.2 对象捕捉追踪

使用对象捕捉追踪在命令行中指定点时，光标可以沿基于其他对象的捕捉点的对齐路径进行追踪。要使用对象捕捉追踪，必须打开一个或多个对象捕捉。

❶ 打开光盘中的“素材\ch03\对象捕捉追踪.dwg”文件。

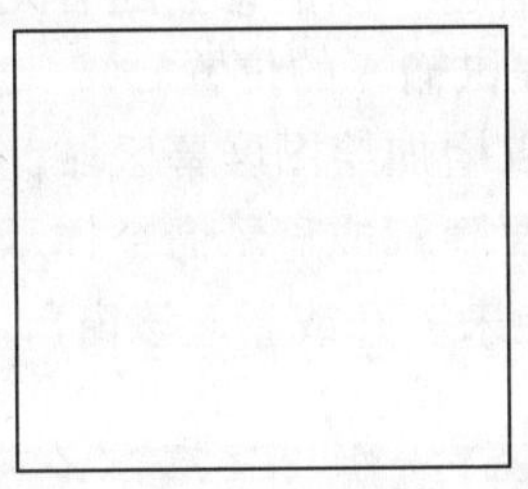

❷ 选择【工具】➤【绘图设置】命令。

❸ 选择【极轴追踪】选项卡，设置极轴追踪增量角为90°，对象捕捉路径设置为“用所有极轴角设置追踪”，并选中【启用极轴追踪】复选框。

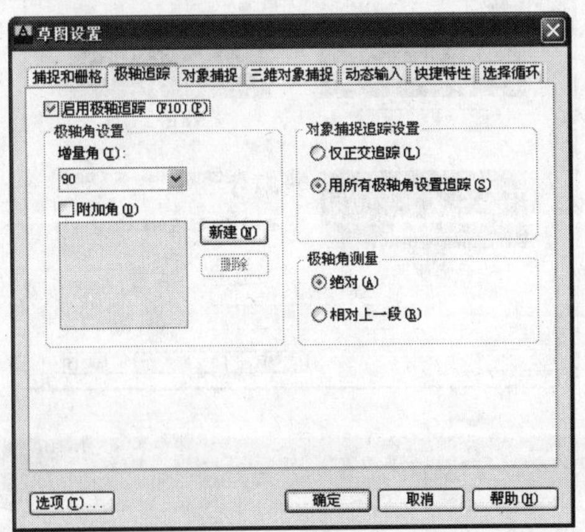

❹ 选择【对象捕捉】选项卡，进行如图所示的设置，选中【启用对象捕捉】和【启用对象捕捉追踪】复选框。

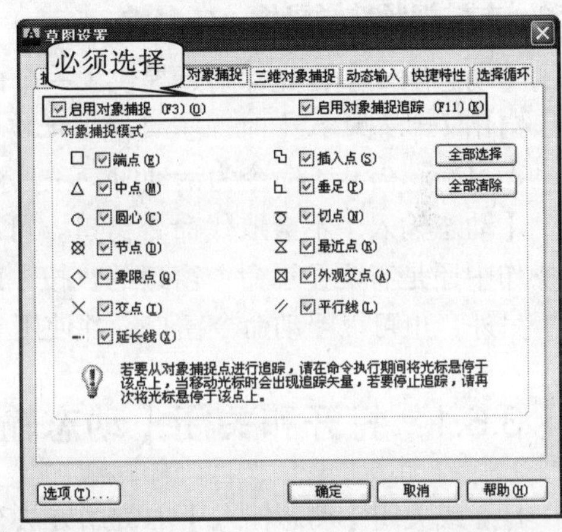

❺ 单击【确定】按钮，回到绘图界面。

❻ 选择【绘图】➤【圆】命令。利用对象捕捉追踪，捕捉长方形一条边的中点作为圆心。

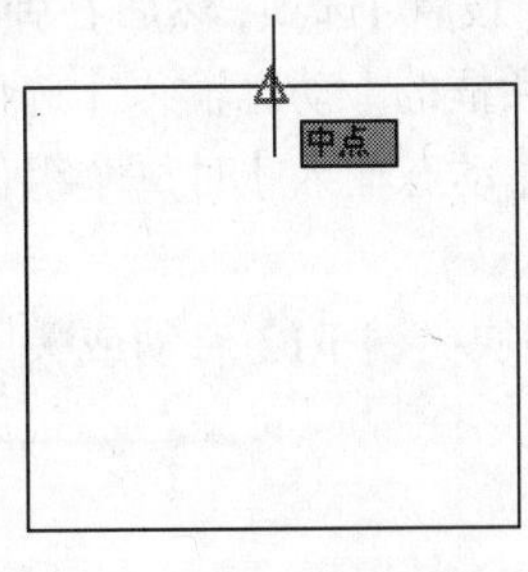

❼ 单击确定圆心，然后拖动鼠标将长方形的一条边作为直径。单击鼠标左键确定后，最终结果如下图所示。

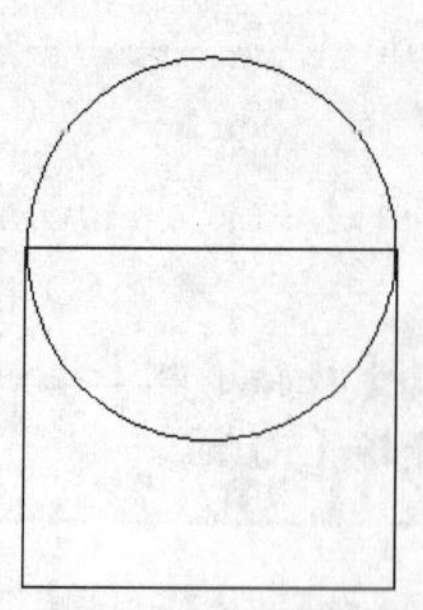

> *Tips*
>
> 还可以通过以下方法调用【对象捕捉追踪】命令。
>
> (1) 单击状态栏中的【对象捕捉追踪】按钮⊿。
>
> (2) 快捷键【F11】。

3.6 动态输入

本节视频教学录像：5 分钟

【动态输入】在光标附近提供了一个命令界面，以帮助用户专注于绘图区域。

启用【动态输入】时，工具栏提示将在光标附近显示信息，该信息会随着光标的移动而动态更新。当某条命令为活动时，工具栏提示将为用户提供输入的位置。

【动态输入】不会取代命令窗口。可以隐藏命令窗口以增加绘图屏幕区域，但是在有些操作中还是需要显示命令窗口的。按【F2】键可根据需要隐藏或显示命令提示和错误消息。另外，也可以浮动命令窗口，并使用【自动隐藏】功能来展开或卷起该窗口。

3.6.1 打开和关闭【动态输入】

打开或关闭【动态输入】的常用方法有以下两种。

(1) 可以单击状态栏上的【动态输入】按钮⊦来打开和关闭【动态输入】。在状态栏上的【动态输入】按钮上右击，在弹出的菜单中选择【设置】选项，然后在弹出的【草图设置】对话框的【动态输入】选项卡中可以控制启用【动态输入】时每个组件所显示的内容。

(2) 使用快捷键 F12 启动或关闭【动态输入】。

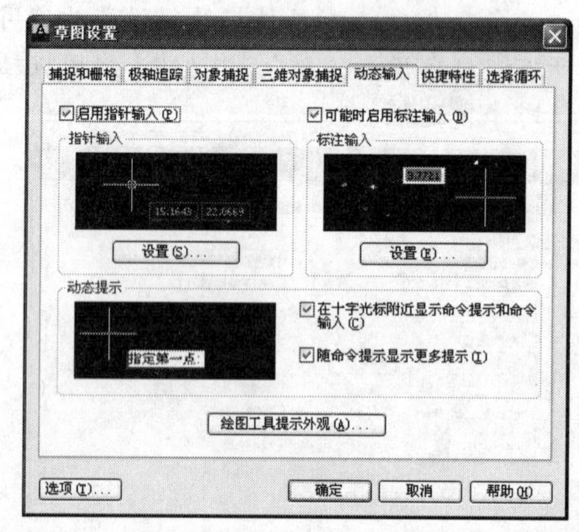

3.6.2 使用动态输入

除了可以在状态栏上右击启用【草图设置】对话框外，还可以通过选择菜单栏中的【工具】➤【草图设置】菜单命令，打开【草图设置】对话框。在【动态输入】选项卡中可以启用【指针输入】，可能时还可启用【标注输入】和【动态提示】。

【动态输入】有【指针输入】、【标注输入】和【动态提示】3个组件。

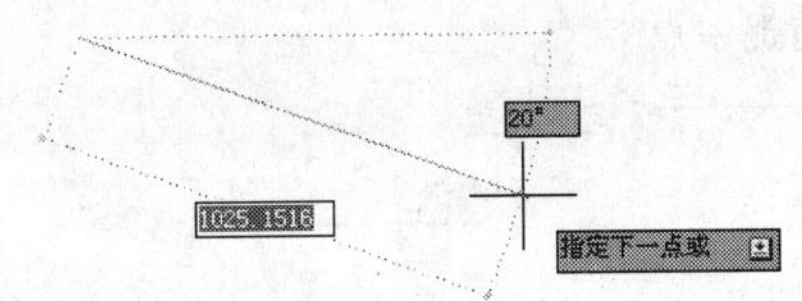

1. 指针输入

当启用【指针输入】且有命令在执行时，十字光标的位置将在光标附近的工具栏提示中显示为坐标。可以在工具栏提示中输入坐标值，而不用在命令行中输入。

使用【指针输入】设置可以修改坐标的默认格式，以及控制指针输入工具栏提示何时显示。

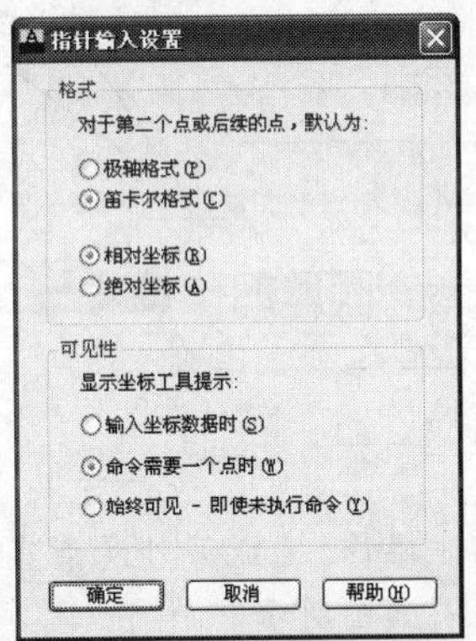

2. 标注输入

启用【标注输入】时，当命令提示输入第 2 点时，工具栏提示将显示距离和角度值。在工具栏提示中的值将随着光标的移动而改变。按【Tab】键可以移动到要更改的值。【标注输入】可用于 ARC、CIRCLE、ELLIPSE、LINE 和 PLINE 等命令。

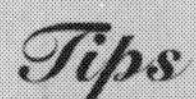

对于【标注输入】，在输入字段中输入值并按【Tab】键后，该字段将显示一个锁定图标，并且光标会受输入的值的约束。

3. 动态提示

启用【动态提示】时，提示会显示在光标附近的工具栏提示中。用户可以在工具栏提示（而不是在命令行）中输入响应。按【↓】键可以查看和选择选项。按【↑】键可以显示最近的输入。

要在【动态提示】工具栏提示中使用 PASTECLIP，可以键入字母然后在粘贴输入之前用【BackSpace】键将其删除。否则，输入将作为文字粘贴到图形中。

3.7 技能演练——使用极轴追踪方式创建矩形

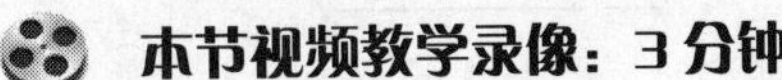

本节视频教学录像：3分钟

本小节将通过实例的形式对本章所学的知识进行练习。

下面通过极轴追踪的方式，利用【直线】命令，绘制一个矩形。通过该实例的练习，读者应熟练掌握使用极轴追踪的方式创建矩形的绘制过程。

实例名称：使用极轴追踪的方式创建一个矩形	
主要命令：直线命令	
素材：素材\ch03\使用极轴追踪的方式创建一个矩形.dwg	
结果：结果\ch03\使用极轴追踪的方式创建一个矩形.dwg	
难易程度：★★	常用指数：★★★

❶ 打开光盘中的"素材\ch03\使用极轴追踪的方式创建一个矩形.dwg"文件。

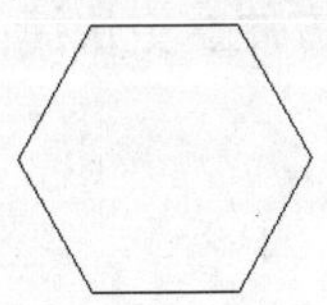

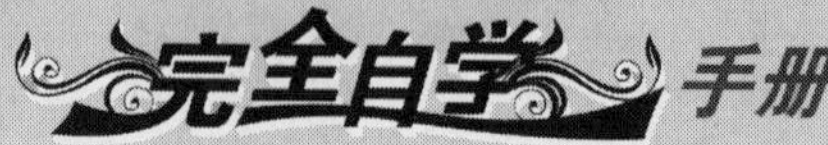

❷ 选择【工具】➤【绘图设置】菜单命令。

❸ 弹出【草图设置】对话框，选择【极轴追踪】选项卡。

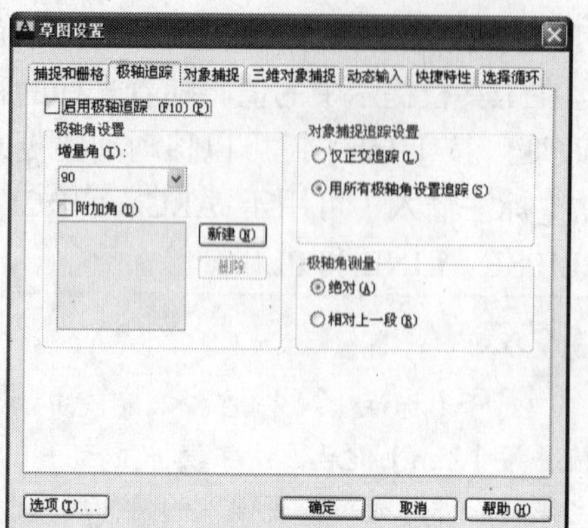

❹ 选中【启用极轴追踪】复选框，【增量角】设置为 90，【对象捕捉追踪设置】设置为【用所有极轴角设置追踪】。

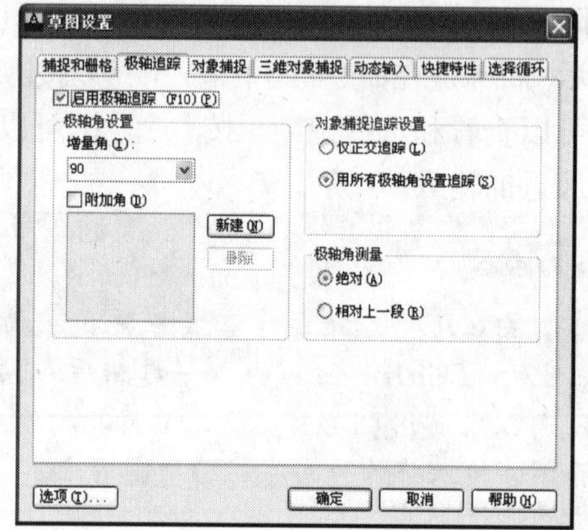

❺ 单击【确定】按钮，返回绘图区，选择【绘图】➤【直线】菜单命令，如图选择直线第一点。

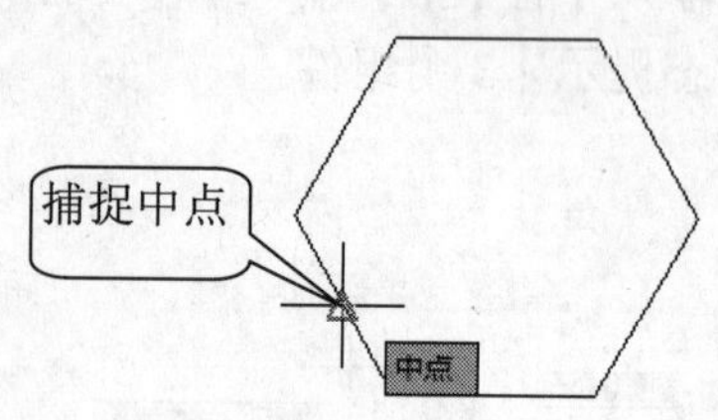

❻ 拖动鼠标，选择直线第二点。

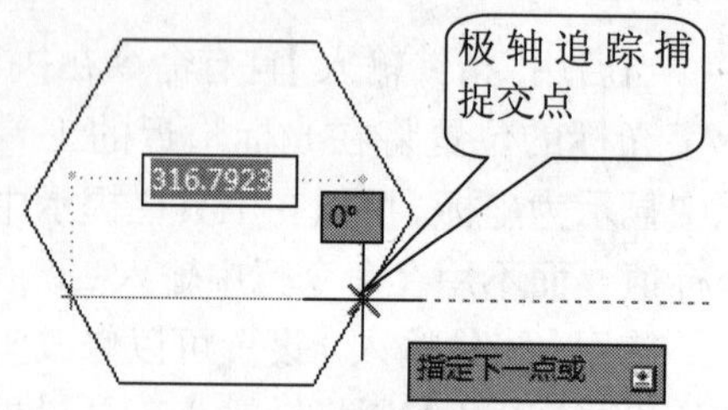

❼ 拖动鼠标，选择直线第三点。

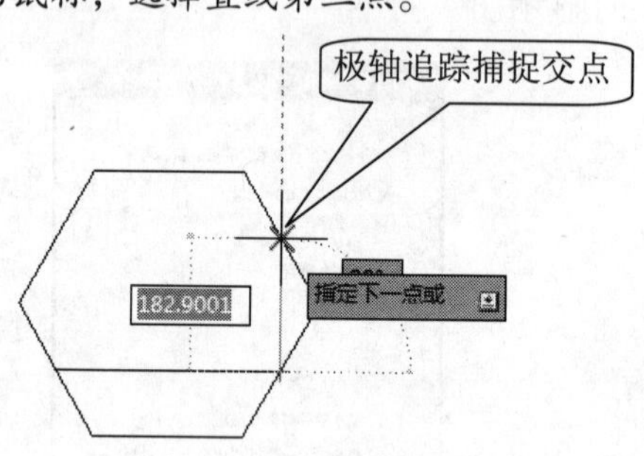

❽ 重复上述操作，完成另外两条直线的绘制，最终结果如图所示。

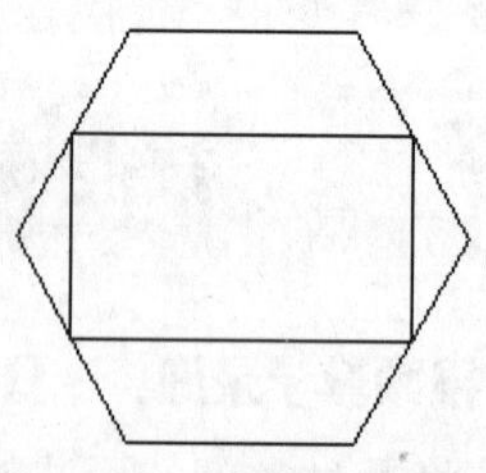

3.8 本章小结

绘图前的设置是读者了解 AutoCAD 的一个切入点。使用精确绘图的辅助工具，才可为用户更好、更方便、更快捷的绘图工作打下良好的基础。

第 2 篇　二维绘图篇

- 第 4 章　绘制基本二维图形
- 第 5 章　绘制复杂的二维图形
- 第 6 章　编辑图形对象

二维图形是绘制所有图形的基础，掌握好各种二维图形的绘制方法和编辑技巧是学好 AutoCAD 2013 的关键。本篇主要讲解绘制和编辑二维图形。通过本篇的学习，读者可以独立的绘制二维图形。

第 4 章　绘制基本二维图形

本章引言

在学习 AutoCAD 2013 绘图时应该按照由简到繁的步骤进行学习，先学习基本绘图命令，再学习复杂的绘图命令，最后才能做出准确美观的图形。

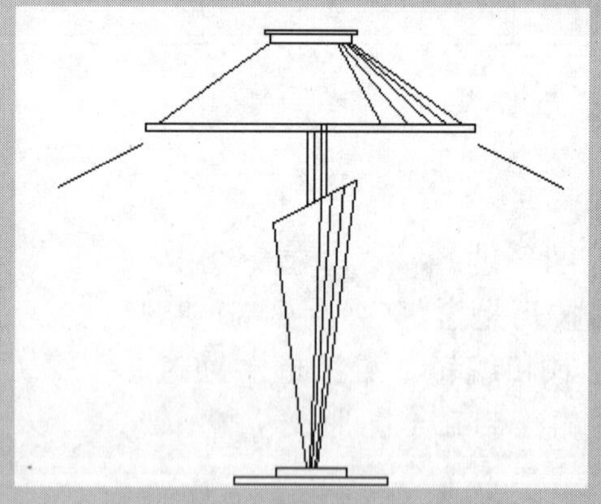

4.1 绘制二维图形

本节视频教学录像：7 分钟

AutoCAD 2013 提供了多种方法调用绘图命令，用户可根据工作需要从菜单、工具选项卡、工具栏和命令行调用各种绘图命令。比如，【直线】命令可以从【绘图】菜单、选项卡和命令行来调用。

4.1.1 绘制单点与多点

绘制单点的操作步骤如下。

❶ 选择【绘图】➢【点】➢【单点】命令。

❷ 在绘图区单击完成点的绘制。

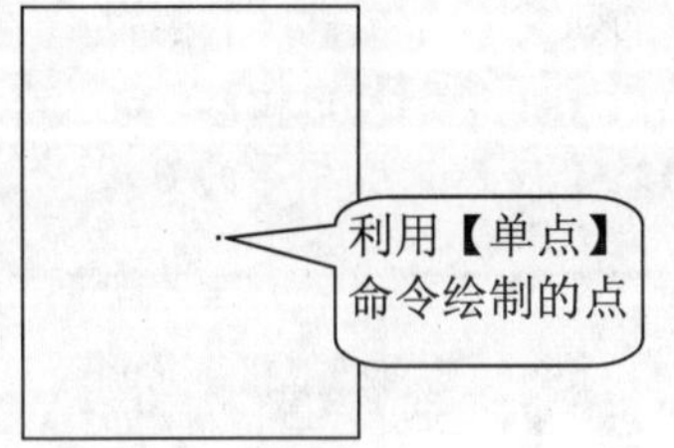

绘制多点的具体步骤如下。

❶ 选择【绘图】➢【点】➢【多点】命令。

❷ 在绘图区单击完成点的绘制。

Tips

还可以通过以下方法绘制点。

(1) 在命令行输入“point”后按【Enter】键。

(2) 单击【常用】选项卡➢【绘图】面板➢【多点】按钮。

4.1.2 设置点样式

更改点样式的设置，有利于观察点在图形中的位置，可以使用相对于屏幕或绝对单位设置点的样式和大小。

❶ 选择【格式】➢【点样式】命令，弹出【点样式】对话框。

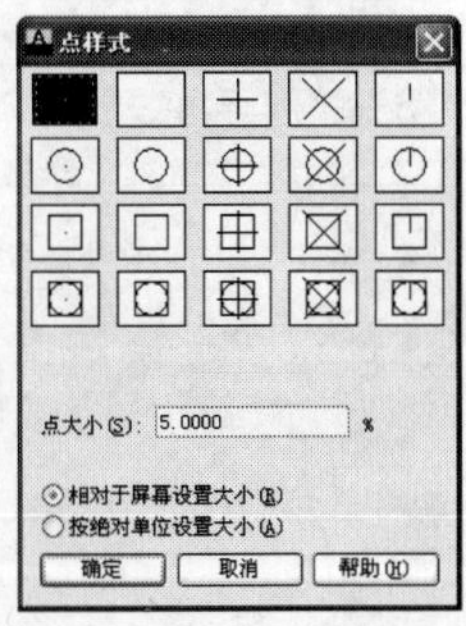

❷ 在该对话框中单击需要的点样式。

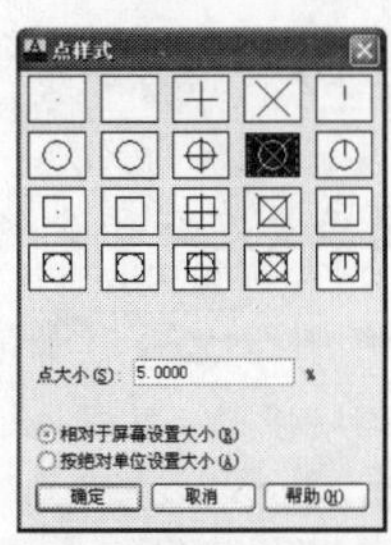

❸ 设置点的大小后单击【确定】按钮完成操作。

4.1.3 绘制定数等分点

定数等分点可以将点对象或块沿对象的长度或周长等间隔排列。

❶ 打开光盘中的“素材\ch04\定数等分.dwg”文件。

❷ 选择【绘图】➢【点】➢【定数等分】命令。

❸ 在绘图区选择要定数等分的对象。

❹ 在命令行输入线段数目“6”，并按【Enter】键确定。

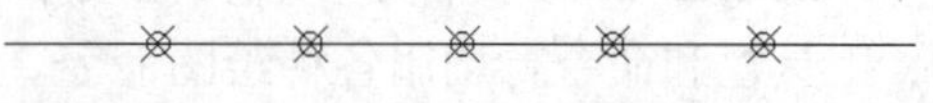

> **Tips**
>
> 还可以通过以下方法绘制定数等分点。
>
> (1) 在命令行输入“divide”后按【Enter】键。
>
> (2) 单击【常用】选项卡➢【绘图】面板➢【定数等分】按钮。
>
> 在命令行中输入“6”，表示可以将直线等分为长度相等的6段。

4.1.4 绘制定距等分点

通过定距等分可以从选定对象的一个端点划分出相等长度的线段。

❶ 打开光盘中的“素材\ch04\定距等分.dwg”文件。

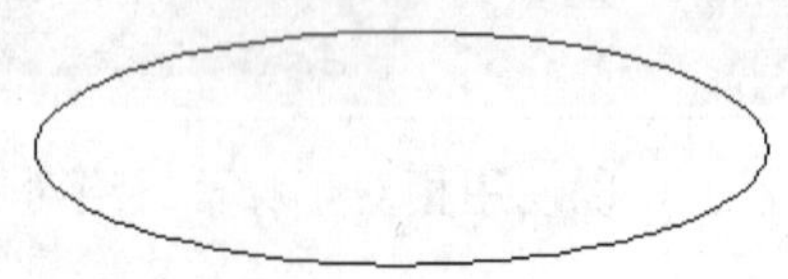

❷ 选择【绘图】➢【点】➢【定距等分】命令。

❸ 在绘图区选择要定距等分的对象。

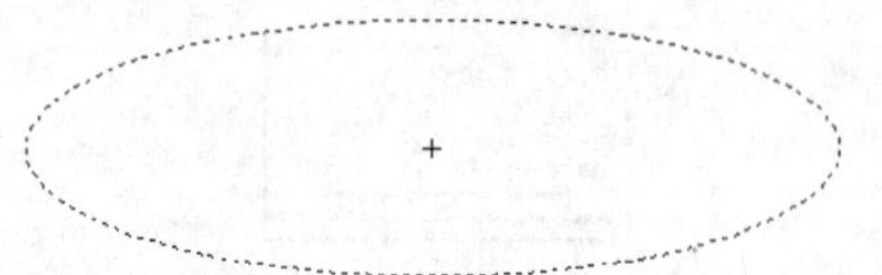

❹ 在命令行输入线段长度并按【Enter】键确定。

```
命令:
MEASURE
选择要定距等分的对象:
MEASURE 指定线段长度或 [块(B)]: 50
```

> **Tips**
>
> 在命令行中输入线段长度为50，表示将线段按每50mm（单位根据系统设置而定）划分出相等长度的线段。

❺ 最终结果如图所示。

> **Tips**
>
> 还可以通过以下方法绘制定距等分点。
>
> (1) 在命令行输入“measure”后按【Enter】键。
>
> (2) 单击【常用】选项卡➢【绘图】面板➢【定距等分】按钮。

4.2 绘制直线段

本节视频教学录像：3 分钟

使用【直线】命令，可以创建一系列连续的线段，在一条由多条线段连接而成的简单直线中，每条线段都是一个单独的直线对象。

可以单独编辑一系列线段中的所有单个线段而不影响其他线段。可以闭合一系列线段，将第一条线段和最后一条线段连接起来。

绘制直线段的具体步骤如下。

❶ 选择【绘图】➢【直线】命令。

❷ 在绘图区单击以指定直线的第一点。

❸ 在绘图区拖动鼠标并单击以指定直线的下一点。

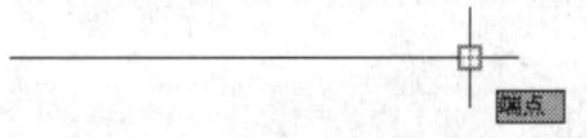

❹ 按【Esc】键退出命令。

> *Tips*
>
> 还可以通过以下方法调用直线命令。
>
> (1) 在命令行输入 “line” 后按【Enter】键。
>
> (2) 单击【常用】选项卡➢【绘图】面板➢【直线】按钮。

4.3 绘制射线

本节视频教学录像：4 分钟

射线是一端固定，另一端无限延伸的直线。使用【射线】命令，可以创建一系列始于一点并继续无限延伸的直线。

绘制射线的具体步骤如下。

❶ 选择【绘图】➢【射线】命令。

❷ 在绘图区单击以指定射线的第一点。

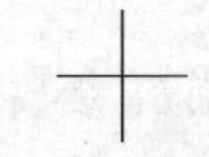

❸ 在绘图区拖动鼠标并单击以指定射线通过点。

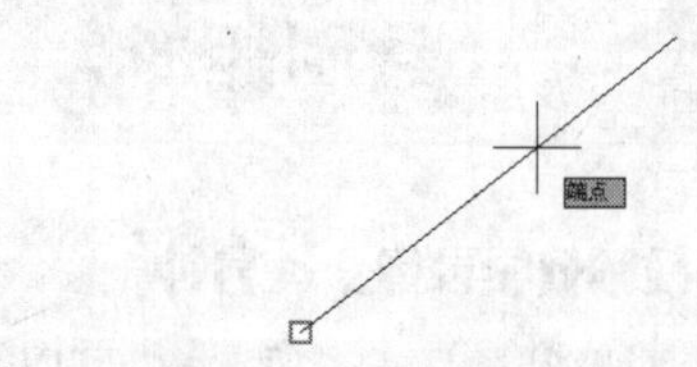

❹ 按【Esc】键退出命令。

Tips

还可以通过以下方法调用【射线】命令。

(1) 在命令行输入“ray”后按【Enter】键。

(2) 单击【常用】选项卡➢【绘图】面板➢【射线】按钮。

4.4 绘制构造线

本节视频教学录像：3 分钟

构造线是两端无限延伸的直线，可以用来作为创建其他对象时的参考线，在执行一次【构造线】命令时，可以连续绘制多条通过一个公共点的构造线。

绘制构造线的具体步骤如下。

❶ 选择【绘图】➢【构造线】命令。

❷ 在绘图区单击以指定构造线的中点。

❸ 在绘图区拖动鼠标并单击以指定构造线通过点。

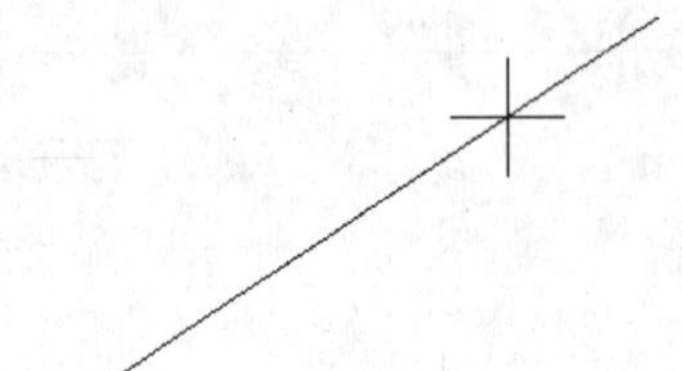

❹ 按【Esc】键退出命令。

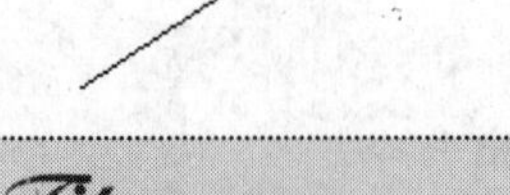

Tips

还可以通过以下方法调用【构造线】命令。

(1) 在命令行输入“xline”后按【Enter】键。

(2) 单击【常用】选项卡➢【绘图】面板➢【构造线】按钮。

4.5 绘制矩形

本节视频教学录像：4 分钟

创建矩形形状的闭合多段线。可以指定长度、宽度、面积和旋转参数，还可以控制矩形上角点的类型，如圆角、倒角或直角。

绘制矩形的具体步骤如下。

❶ 选择【绘图】➤【矩形】命令。

❷ 在命令行输入“f ”并按【Enter】键。

```
命令: _rectang
RECTANG 指定第一个角点或 [倒角(C) 标高(E) 圆角(F) 厚度(T) 宽度(W)]: f
```

❸ 在命令行输入圆角半径“50”并按【Enter】键。

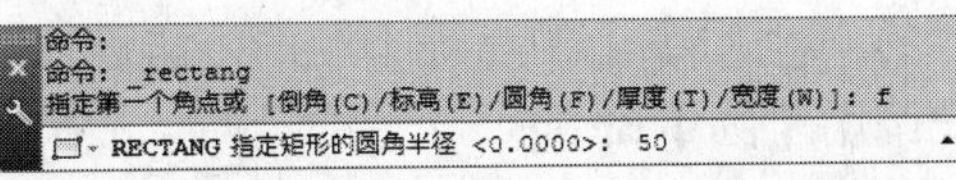

```
命令:
命令: _rectang
指定第一个角点或 [倒角(C)/标高(E)/圆角(F)/厚度(T)/宽度(W)]: f
RECTANG 指定矩形的圆角半径 <0.0000>: 50
```

❹ 在命令行输入坐标值“100,100”并按【Enter】键确定，以确定矩形的第一个角点坐标。

```
指定矩形的圆角半径 <0.0000>: 50
RECTANG 指定第一个角点或 [倒角(C) 标高(E) 圆角(F) 厚度(T) 宽度(W)]: 100,100
```

❺ 在命令行输入矩形的对角点“800,600”并按【Enter】键确定。

```
100,100
RECTANG 指定另一个角点或 [面积(A) 尺寸(D) 旋转(R)]: 800,600
```

❻ 绘制结果如图所示。

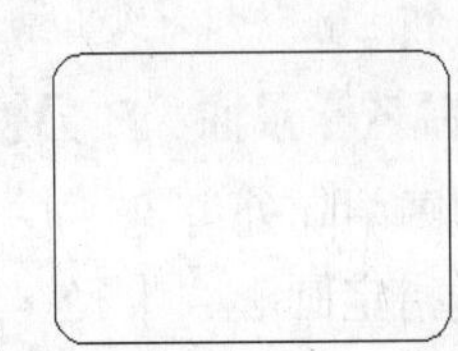

Tips

还可以通过以下方法调用【矩形】命令。

(1) 在命令行输入“rectang”后按【Enter】键。

(2) 单击【常用】选项卡➤【绘图】面板➤【矩形】按钮。

4.6 绘制正多边形

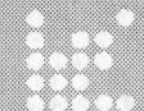

本节视频教学录像：4分钟

绘制正多边形即创建闭合的等边多段线。绘制正多边形的具体步骤如下。

❶ 选择【绘图】➤【多边形】命令。

❷ 在命令行输入正多边形的边数“6”并按【Enter】键确定。

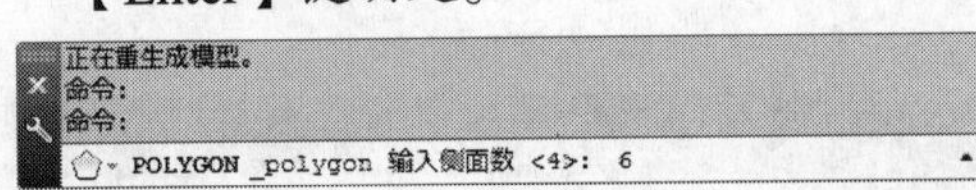

```
正在重生成模型。
命令:
命令:
POLYGON _polygon 输入侧面数 <4>: 6
```

❸ 在命令行输入边的参数“e”并按【Enter】键确认。

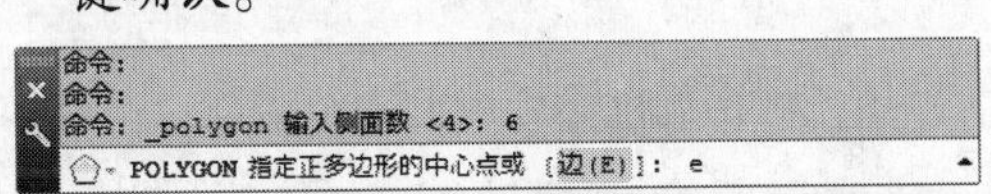

```
命令:
命令:
命令: _polygon 输入侧面数 <4>: 6
POLYGON 指定正多边形的中心点或 [边(E)]: e
```

❹ 在绘图区单击以指定边的第一个端点。

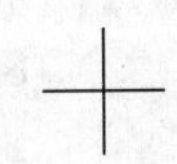

❺ 在绘图区拖动鼠标并单击以指定边的第二个端点。

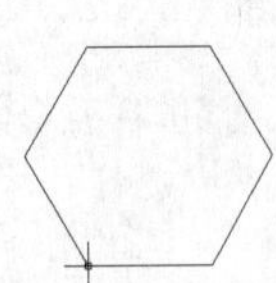

❻ 最终结果如图所示。

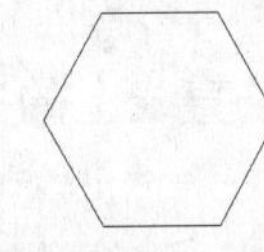

Tips

还可以通过以下方法调用【正多边形】命令。

(1) 在命令行输入“polygon”后按【Enter】键。

(2) 单击【常用】选项卡➤【绘图】面板➤【多边形】按钮。

4.7 绘制圆

本节视频教学录像：8 分钟

圆在工程图中随处可见，在 AutoCAD 2013 中可以利用【圆】命令绘制圆。

可以通过指定圆心、半径、直径、圆周上的点或其他对象上的点等不同的方法进行结合绘制，在使用任意一种方法绘制圆之前，需要先调用【圆】命令。

在 AutoCAD 2013 中有 3 种方法可以调用【圆】命令。

(1) 选择【绘图】➢【圆】命令，选择一种方法进行绘制圆。

(2) 在命令行输入“circle”后按【Enter】键。

(3) 单击【常用】选项卡➢【绘图】面板➢【圆】按钮。

4.7.1 用圆心、半径方式画圆

下面利用定义圆心和半径的方式详细讲解绘制圆的步骤。

❶ 选择【绘图】➢【圆】➢【圆心、半径】命令。

❷ 在绘图区单击以指定圆的圆心。

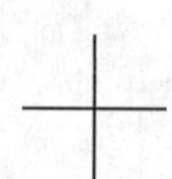

❸ 在命令行输入圆的半径“800”并按【Enter】键确定。

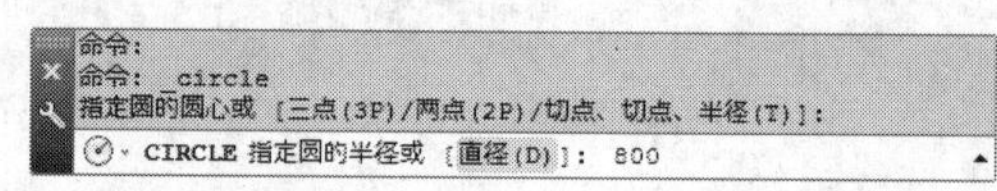

❹ 完成后效果如图所示。

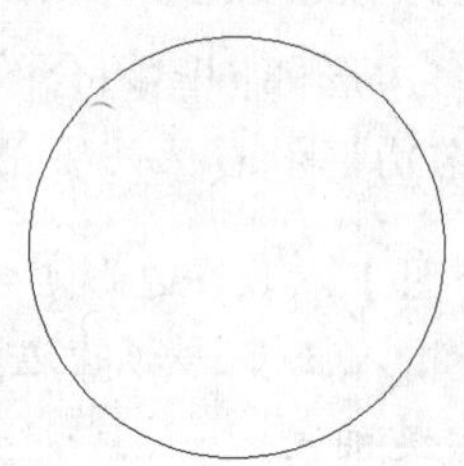

4.7.2 用三点画圆

任意不在一条直线上的三点都能绘制一个圆。下面以定义三点的方式详细讲解绘制圆的步骤。

❶ 选择【绘图】➢【圆】➢【三点】命令。

❷ 在绘图区单击以指定圆直径上的第一点。

❸ 在绘图区单击指定圆直径上的第二点。

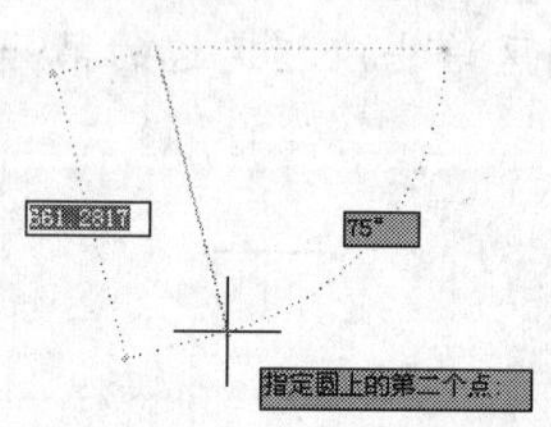

❹ 在绘图区单击指定圆直径上的第三点。

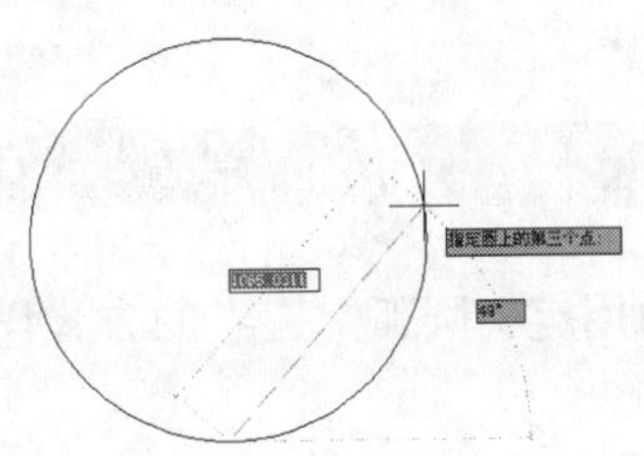

❺ 完成后效果如图所示。

4.7.3 用相切、相切、相切方式画圆

下面用定义相切、相切和相切的方式详细讲解绘制圆的步骤。

❶ 打开光盘中的“素材\ch04\相切圆.dwg”文件。

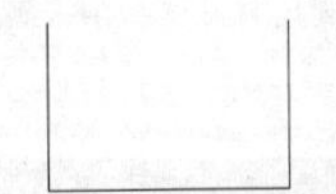

❷ 选择【绘图】➢【圆】➢【相切、相切、相切】命令。

❸ 在绘图区单击以指定对象与圆的第一个切点。

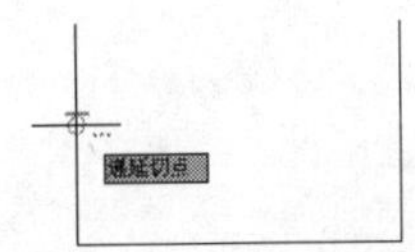

❹ 在绘图区单击以指定对象与圆的第二个切点。

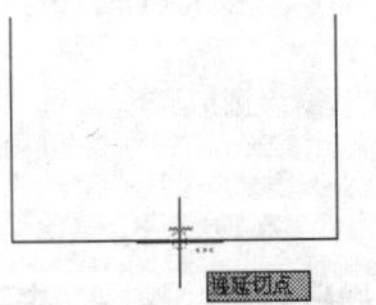

❺ 在绘图区单击以指定对象与圆的第三个切点。

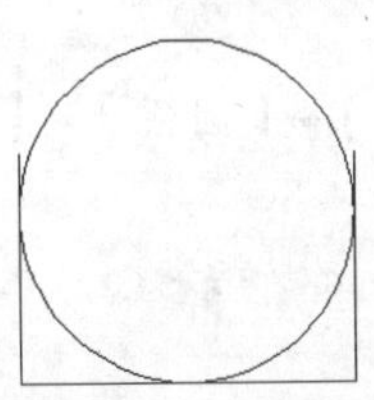

Tips

绘图之前先将对象捕捉打开，并将捕捉模式设置为“切点”。

4.8 绘制圆弧

本节视频教学录像：9 分钟

圆弧是圆的一部分，是构成图形的一个最基本的图元。

绘制圆弧的方法有 10 种，其中默认的方法是通过确定三点来绘制圆弧。圆弧可以通过设置起点、方向、中点、角度和弦长等参数来绘制。

在 AutoCAD 2013 中有 3 种方法可以调用【圆弧】命令。

(1) 选择【绘图】➢【圆弧】命令，然后选择一种方法进行圆弧绘制。

(2) 在命令行输入“arc”后按【Enter】键。

(3) 单击【常用】选项卡➢【绘图】面板➢【圆弧】按钮。

4.8.1 用三点画弧

三点绘制圆弧是 CAD 默认的绘制圆弧的方法。下面用定义圆弧上三点的方式详细讲解绘制圆弧的步骤。

❶ 选择【绘图】➢【圆弧】➢【三点】命令。

❷ 在绘图区单击以指定圆弧的起点。

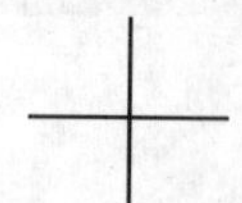

❸ 在绘图区拖动鼠标并单击以指定圆弧的第二个点。

❹ 在绘图区拖动鼠标并单击以指定圆弧的端点，最终结果如图所示。

4.8.2 用圆心、起点、端点方式画圆弧

下面用定义圆心、起点、端点的方式详细讲解绘制圆弧的步骤。

❶ 选择【绘图】➢【圆弧】➢【圆心、起点、端点】命令。

❷ 在绘图区单击以指定圆弧的圆心。

❸ 在绘图区拖动鼠标并单击以指定圆弧的起点。

❹ 在绘图区拖动鼠标并单击以指定圆弧的端点。

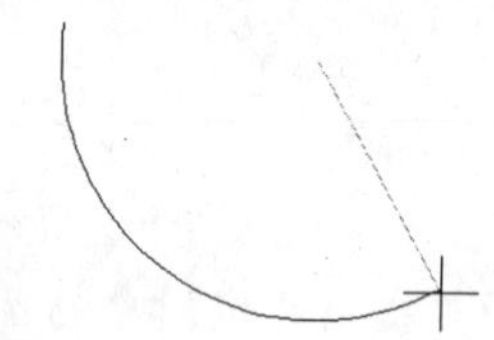

❺ 最终结果如图所示。

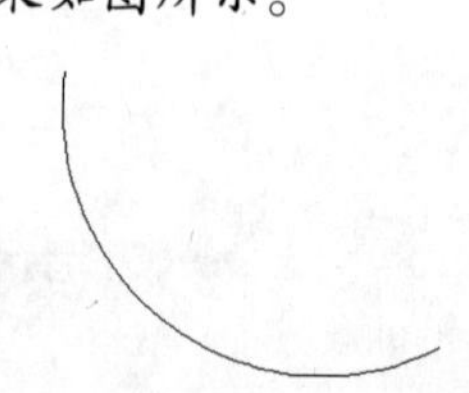

4.8.3 用圆心、起点、角度方式画圆弧

下面用定义圆心、起点和角度的方式详细讲解绘制圆弧的步骤。

❶ 选择【绘图】➢【圆弧】➢【圆心、起点、角度】命令。

❷ 在绘图区单击以指定圆弧的圆心。

❸ 在绘图区拖动鼠标并单击以指定圆弧的起点。

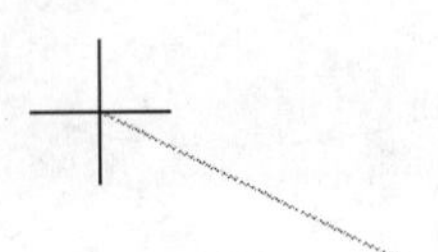

❹ 在命令行输入圆弧包含角度“150”并按【Enter】键确认。

4.8.4 用圆心、起点、长度方式画圆弧

下面用定义圆心、起点和长度的方式详细讲解绘制圆弧的步骤。

❶ 选择【绘图】➤【圆弧】➤【圆心、起点、长度】命令。

❷ 在绘图区单击以指定圆弧的圆心。

❸ 在绘图区拖动鼠标并单击以指定圆弧的起点。

❹ 在命令行输入“500”以指定圆弧的弦长，按【Enter】键确认。

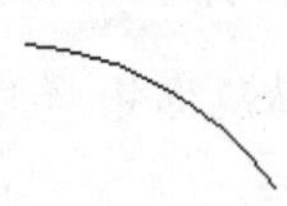

4.9 绘制椭圆

本节视频教学录像：5 分钟

椭圆由定义其长度和宽度的两条轴决定，较长的轴称为长轴，较短的轴称为短轴。

在 AutoCAD 2013 中有 3 种方法可以调用【椭圆】命令。

(1) 选择【绘图】➤【椭圆】命令，选择一种方法进行椭圆绘制。

(2) 在命令行输入“ellipse”后按【Enter】键。

(3) 单击【常用】选项卡➤【绘图】面板➤ （圆心方式绘制椭圆）按钮。

4.9.1 定义中心和两轴端点绘制椭圆

下面用定义中心点和两轴端点的方式详细讲解绘制椭圆的步骤。

❶ 选择【绘图】➤【椭圆】➤【圆心】命令。

❷ 在绘图区单击指定椭圆的中心点。

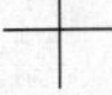

❸ 在绘图区拖动鼠标并单击以指定轴的端点。

若需要精确控制椭圆的轴端点，可在命令行提示“指定轴的端点”时输入数字以精确控制。

❹ 在绘图区拖动鼠标并单击以指定另一条半轴长度。

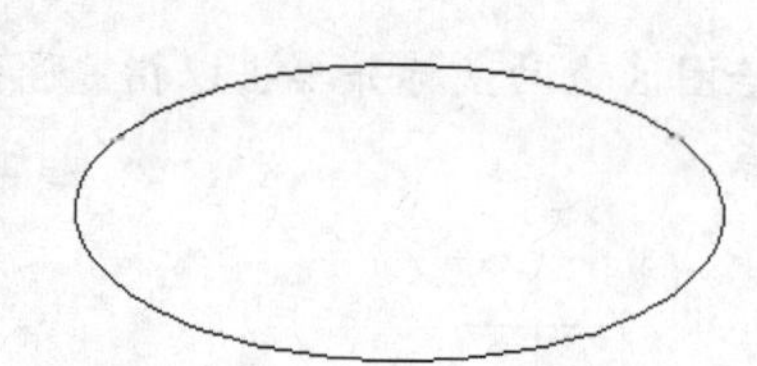

4.9.2 定义两轴绘制椭圆

下面用定义两轴端点的方式详细讲解绘制椭圆的步骤。

❶ 选择【绘图】➢【椭圆】➢【轴、端点】命令。

❷ 在绘图区单击指定椭圆的轴端点。

❸ 在绘图区拖动鼠标并单击以指定轴的另一端点。

❹ 在绘图区拖动鼠标并单击以指定另一条半轴长度。

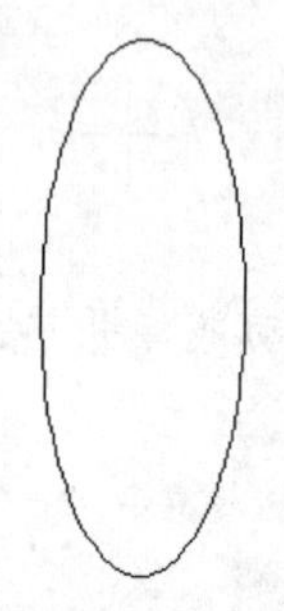

4.10 绘制椭圆弧

本节视频教学录像：5 分钟

椭圆弧为椭圆上某一角度到另一角度的一段，在绘制椭圆弧前必须先绘制一个椭圆。在 AutoCAD 2013 中有 3 种方法可以调用【椭圆弧】命令。

(1) 选择【绘图】➢【椭圆】➢【圆弧】命令。

(2) 在命令行输入“ellipse”后按【Enter】键，然后在命令行输入“a”。

(3) 单击【常用】选项卡➢【绘图】面板➢【椭圆弧】按钮。

具体操作步骤如下。

❶ 选择【绘图】➢【椭圆】➢【圆弧】命令。

❷ 在绘图区单击指定椭圆弧的轴端点。

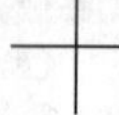

❸ 在绘图区拖动鼠标并单击以指定轴的另一端点。

❹ 在绘图区拖动鼠标并单击以指定另一条半轴长度。

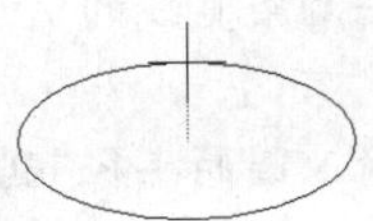

❺ 在绘图区拖动鼠标并单击以指定椭圆弧的起始角度。

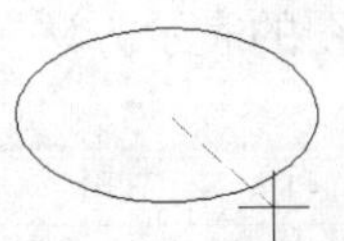

❻ 在绘图区拖动鼠标并单击以指定圆弧的终止角度，最终结果如图所示。

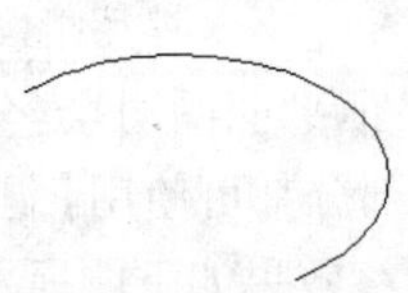

4.11 绘制圆环

本节视频教学录像：4 分钟

圆环是填充环或实体填充圆，即带有宽度的闭合多段线。

在 AutoCAD 2013 中有 3 种方法可以调用【圆环】命令。

(1) 选择【绘图】➢【圆环】命令，选择一种方法进行椭圆绘制。

(2) 在命令行输入“donut”后按【Enter】键。

(3) 单击【常用】选项卡➢【绘图】面板➢【圆环】按钮◎。

绘制圆环的具体步骤如下。

❶ 选择【绘图】➢【圆环】命令。

❷ 在命令行输入圆环的内径“500”并按【Enter】键确认。

命令:
命令:
命令: _donut
DONUT 指定圆环的内径 <0.5000>: 500

❸ 在命令行输入圆环的外径“600”并按【Enter】键确认。

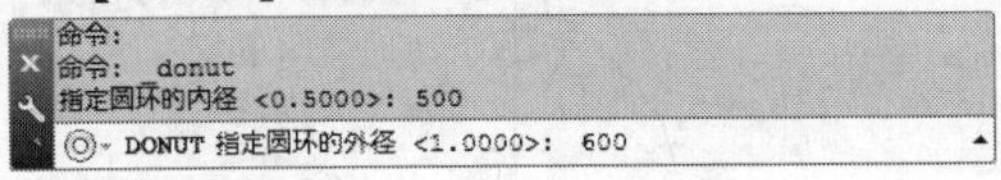
命令:
命令: _donut
指定圆环的内径 <0.5000>: 500
DONUT 指定圆环的外径 <1.0000>: 600

❹ 在绘图区单击以指定圆环的中心点。

❺ 按【Esc】键退出命令。

4.12 技能演练

本节视频教学录像：26 分钟

本小节将以实例的形式对本章所学的知识进行练习。

4.12.1 绘制灯具平面图

本实例利用【圆】和【直线】命令绘制灯具平面图。通过该实例的练习，读者应熟练掌握灯具平面图的表示方法及绘制过程。

实例名称：绘制灯具平面图	
主要命令：圆命令和直线命令	
素材：无	
结果：结果\ch04\灯具平面.dwg	
难易程度：★★	常用指数：★★★

在绘制吊顶平面图时会经常用到灯具图块，其组成部分都可使用【圆】和【直线】命令绘制，最终效果如下图所示。

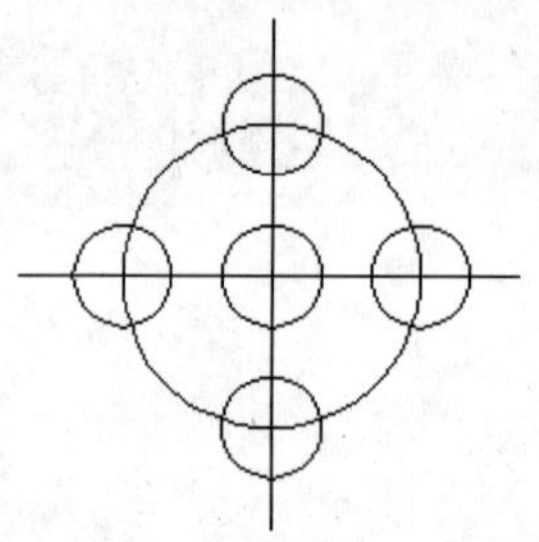

结果\ch04\灯具平面.dwg

❶ 选择【绘图】➢【直线】命令并在绘图区任意一点单击，以指定直线第一点。

❷ 在命令行输入直线的长度“600”并按【Enter】键确认。

❸ 按【Esc】键退出，结果如图所示。

❹ 重复步骤❶~❸，绘制一条长度为600的竖直直线。

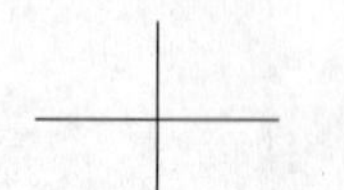

❺ 选择【绘图】➢【圆】➢【圆心、半径】命令并单击两条直线的交点，以指定圆的圆心。

❻ 在命令行输入圆的半径“60”并按【Enter】键确认。

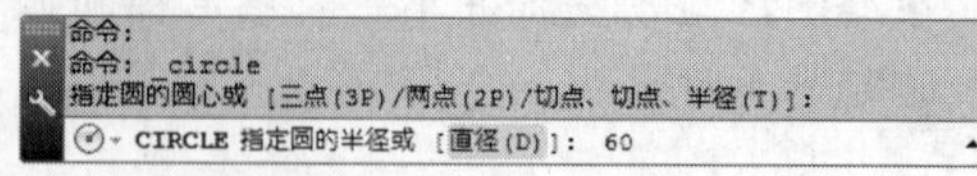

❼ 结果如图所示。

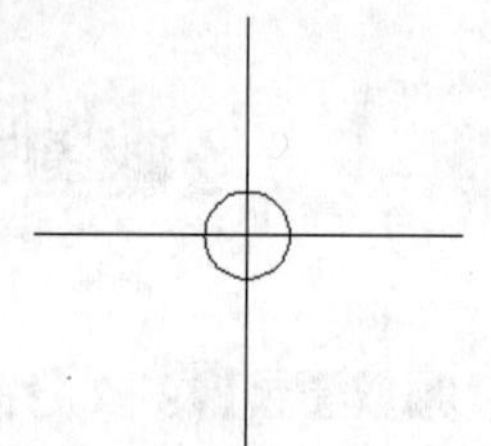

❽ 重复步骤❺~❼，绘制另外一个半径为180的同心圆。

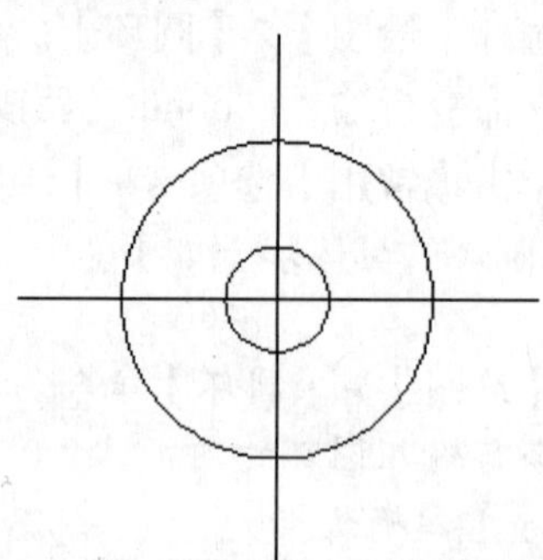

❾ 重复步骤❺~❼，分别以大圆和直线的交点为圆心，绘制半径为60的圆。

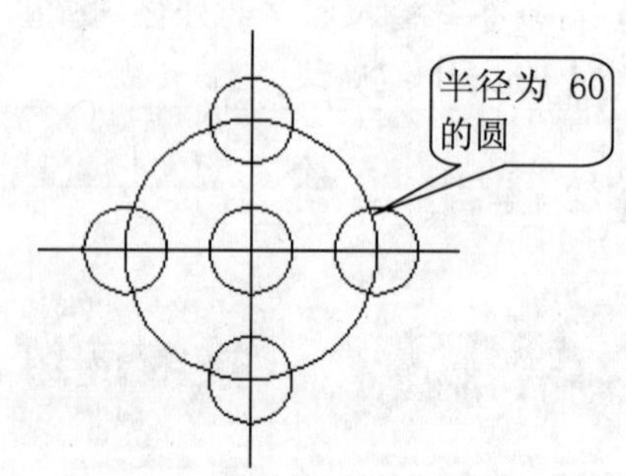

4.12.2 绘制电视立面图

本实例是利用矩形、圆命令绘制电视立面图。通过学习本实例，使读者能熟练掌握电视立面图的绘制过程。

实例名称：绘制电视立面图	
主要命令：圆命令、矩形命令	
素材：素材\ch04\电视立面图	
结果：结果\ch04\电视立面图.dwg	
难易程度：★★★	常用指数：★★★★

图纸分析：在绘制立面图时会经常用到电视机的立面图块，其组成部分都可使用圆和矩形绘制。

第 1 步：绘制电视机控制区及控制区按钮

❶ 打开光盘中的"素材\ch04\电视立面图.dwg"文件。

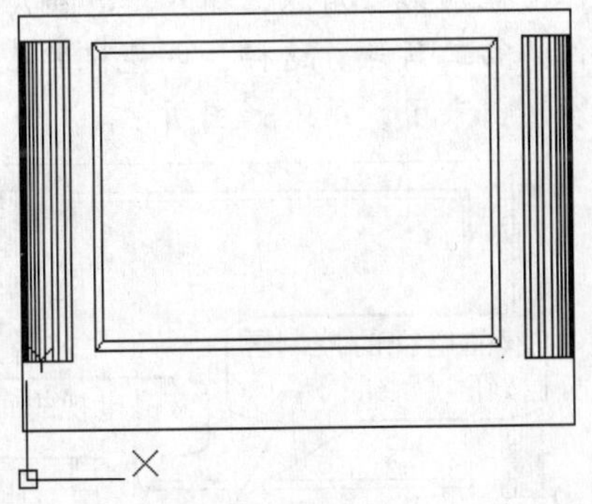

❷ 选择【绘图】➤【矩形】菜单命令，在命令行输入"28,137"作为第一角点。

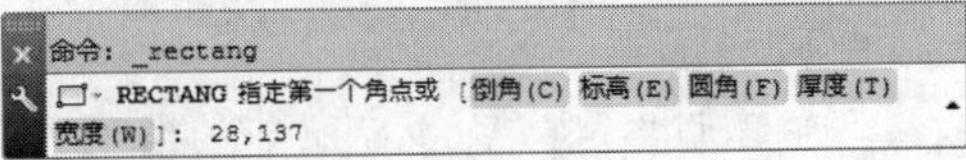

❸ 在命令行输入"@79,43"作为第二角点。

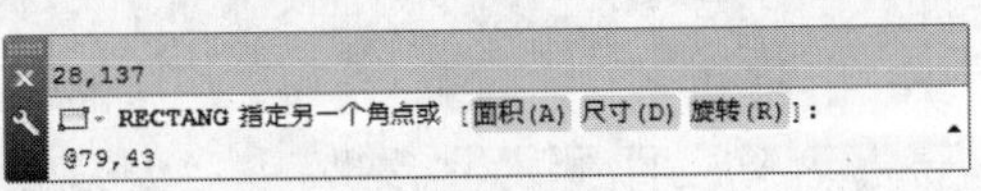

❹ 结果如图所示。

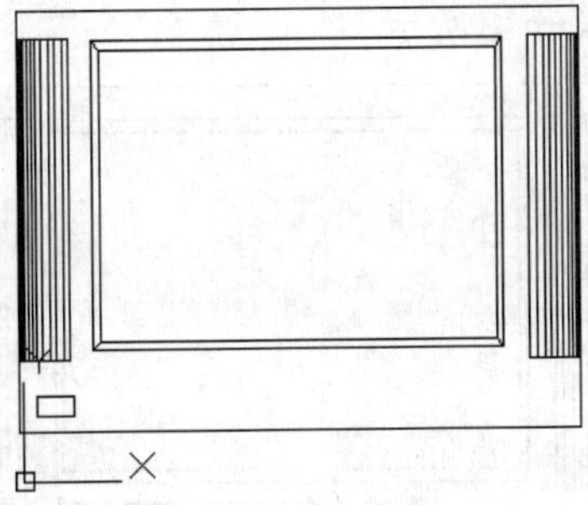

❺ 重复【矩形】命令，在命令行分别输入"549,133"作为矩形第一角点，输入"@480,102"作为矩形第二角点，结果如图所示。

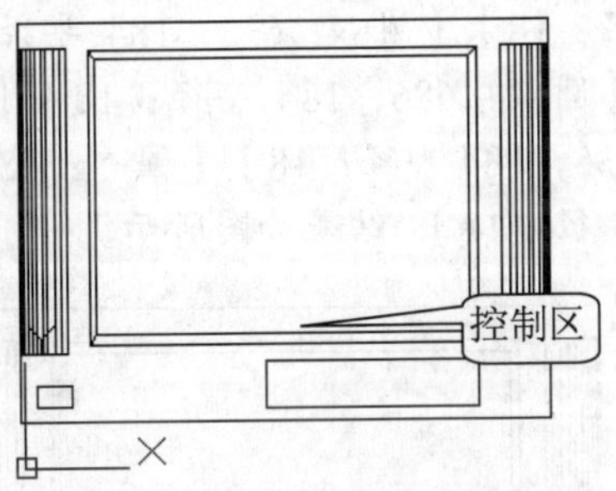

❻ 重复❷~❸的步骤，在命令行分别输入"1080,137"作为矩形第一角点，输入"@79,43"作为矩形第二角点。这样，电视机的控制区就绘制完成了，结果如图所示。

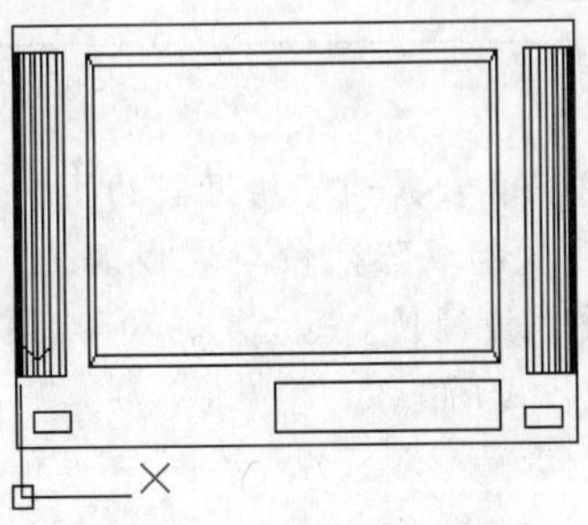

❼ 接下来绘制电视机控制区按钮，选择【绘图】➤【圆】➤【圆心、半径】菜单命令，在命令行输入"983,184"作为圆心。

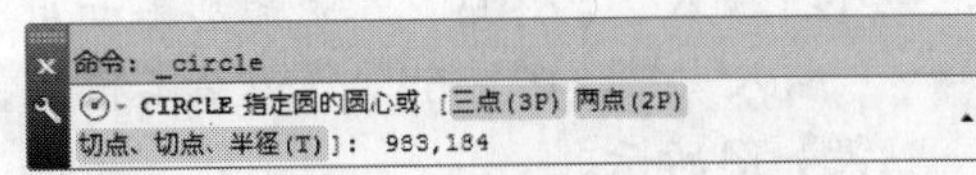

❽ 在命令行输入"18"作为半径。

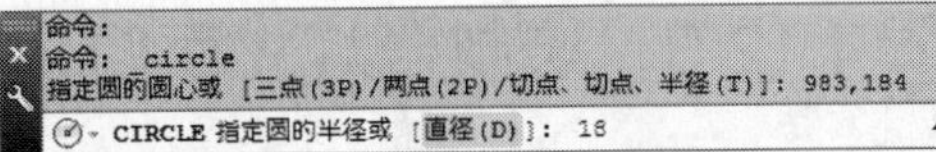

❾ 结果如图所示。

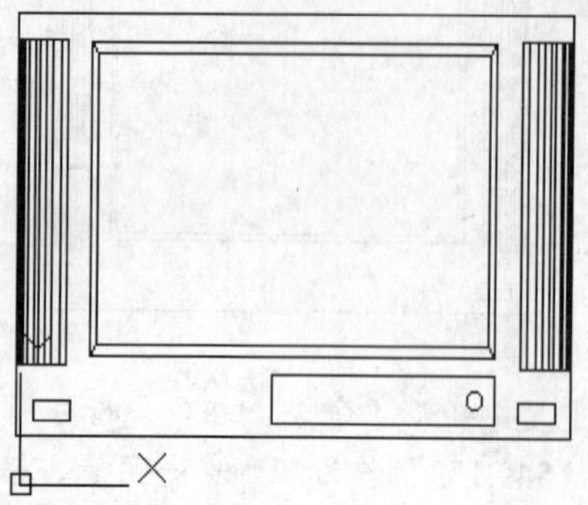

❿ 重复❼~❽的操作，再绘制5个圆。其圆心和半径分别为【圆心：582，184 半径：18】、【圆心：632，184 半径：18】、【圆心：686，184 半径：18】、【圆心：735，184 半径：18】、【圆心：787，184 半径：18】，结果如图所示。

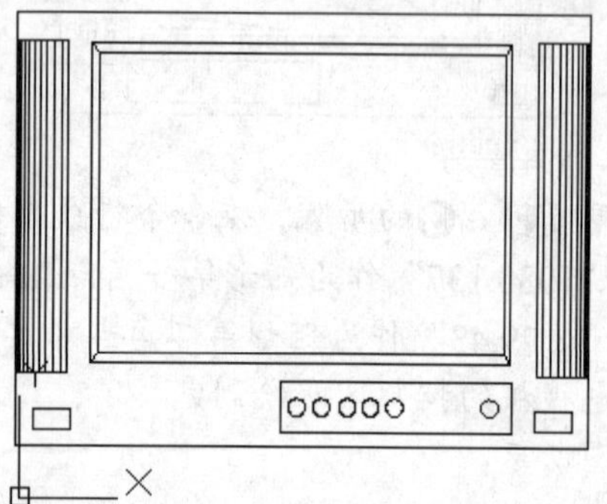

Tips

这里主要是为了练习圆的绘制命令，其实用复制或阵列命令完成其他圆的绘制会更快捷简便。关于复制和阵列将在第6章进行讲解。

第2步：绘制电视底座

❶ 选择【绘图】➢【矩形】菜单命令，在命令行输入“19,103”作为矩形第一角点，输入“@1146,－64”作为第二角点，结果如图所示。

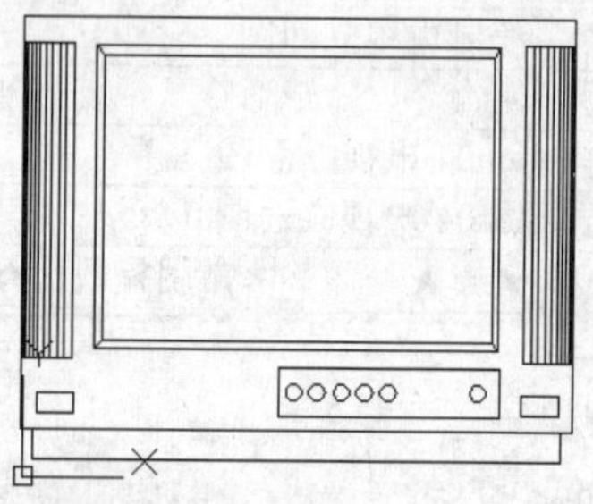

❷ 再次调用【矩形】命令绘制矩形，在命令行输入“0,0”作为矩形第一角点，输入“@267,38.5”作为第二角点，结果如图所示。

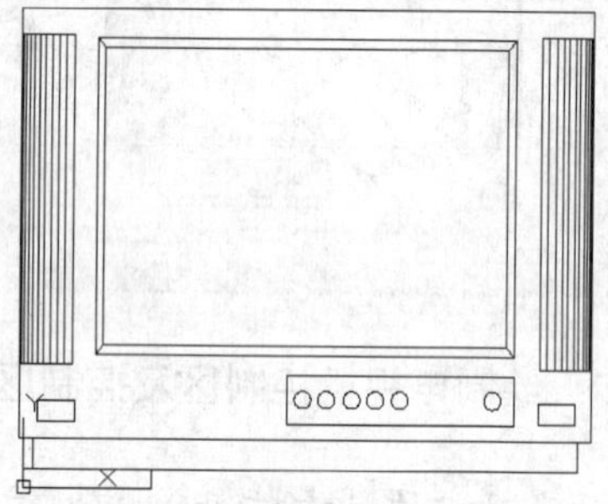

❸ 重复【矩形】命令，在命令行输入“908,0”作为矩形第一角点，输入“@267,38.5”作为第二角点。这样，电视机的底座就绘制出来了，结果如图所示。

Tips

这里主要是为了练习矩形的绘制命令，其实用镜像或复制命令完成其他矩形的绘制会更快捷简便。关于镜像和复制将在第6章进行讲解。

4.12.3 绘制台灯立面图

本实例是利用矩形和直线命令绘制台灯立面图。通过学习本实例，使读者能掌握基本绘图命令的综合运用。

实例名称：绘制台灯立面图	
主要命令：直线命令和矩形命令	
素材：素材\ch04\台灯立面图	
结果：结果\ch04\台灯立面图.dwg	
难易程度：★★★	常用指数：★★★★

图纸分析：台灯是由灯罩、灯柱和底座组成。其组成部分都可使用直线和矩形绘制。

❶ 打开光盘中的“素材\ch04\台灯立面图.dwg”文件。

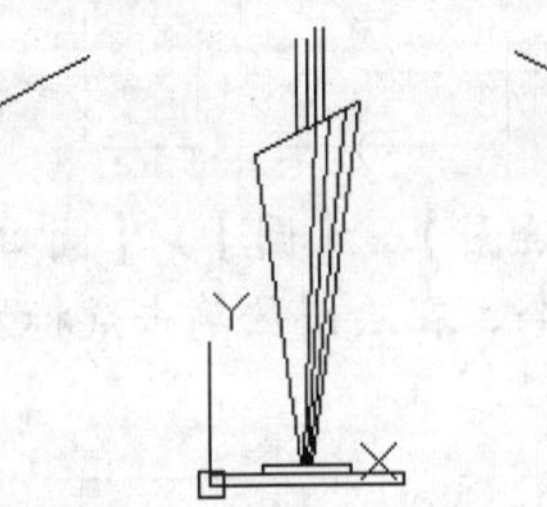

❷ 选择【绘图】➢【矩形】菜单命令，在命令行输入“－100,378”作为矩形第一角点。

```
命令: _rectang
RECTANG 指定第一个角点或 [倒角(C) 标高(E) 圆角(F) 厚度(T) 宽度(W)]: -100,378
```

❸ 在命令行输入“@365,9”作为矩形第二角点。

```
-100,378
RECTANG 指定另一个角点或 [面积(A) 尺寸(D) 旋转(R)]: @365,9
```

❹ 结果如图所示。

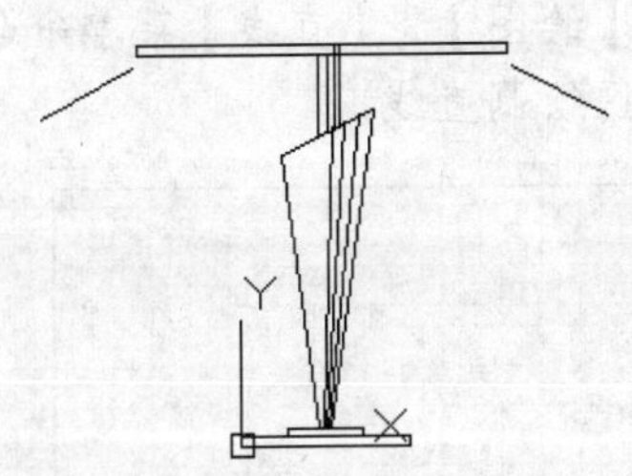

❺ 重复【矩形】命令，在命令行输入“37,474”作为第一角点，输入“@91,9”作为第二角点，结果如图所示。

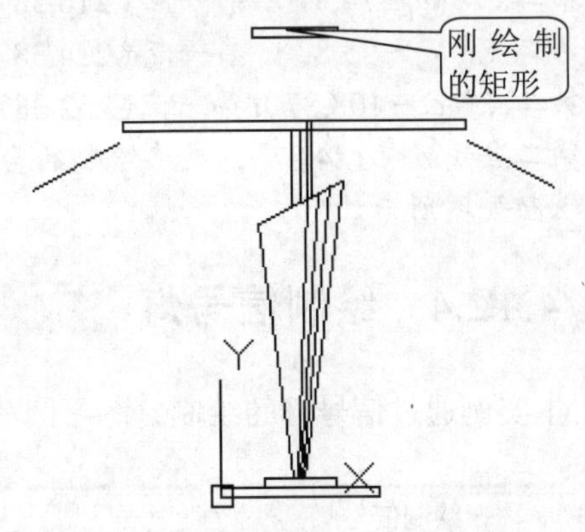

❻ 重复【矩形】命令，在命令行输入“32,483”作为第一角点，输入“@100,4.5”作为第二角点，结果如图所示。

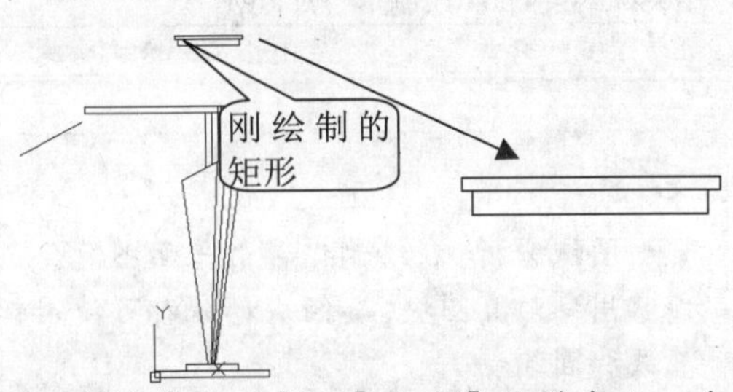

❼ 选择【绘图】➢【直线】菜单命令，在命令行输入“－87,387”作为直线第一点。

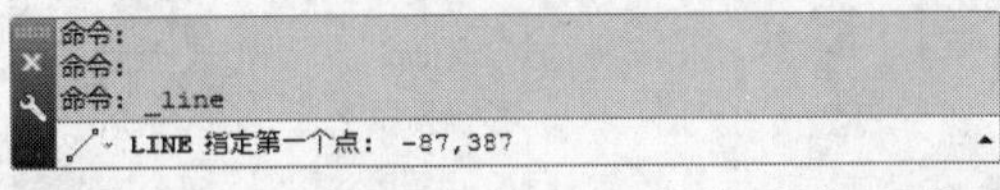

```
命令:
命令:
命令: _line
LINE 指定第一个点: -87,387
```

❽ 在命令行输入“@124,87”作为直线第二点。

```
命令:
命令: _line
指定第一个点: -87,387
LINE 指定下一点或 [放弃(U)]: @124,87
```

❾ 结果如图所示。

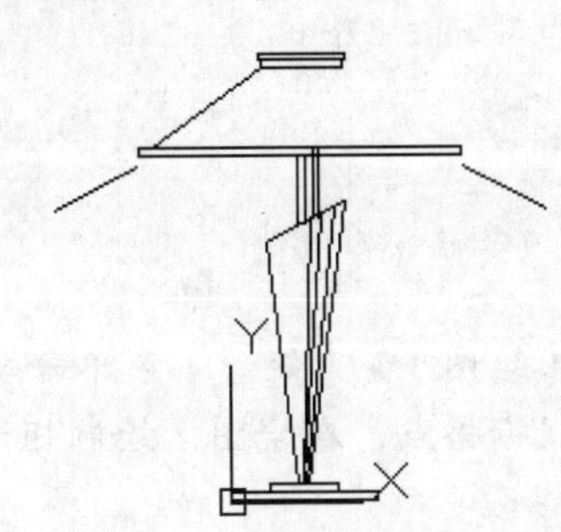

⑩ 重复【直线】命令，绘制 5 条不同的直线。其直线的两点分别为第一点（160,387）、第二点（@－49,87）；第一点（190,387）、第二点（@－74,87）；第一点（216,387）、第二点（@－95,87）；第一点（234,387）、第二点(@－108,87)；第一点(252,387)、第二点（@－124,87），最终绘制的台灯立面如图所示。

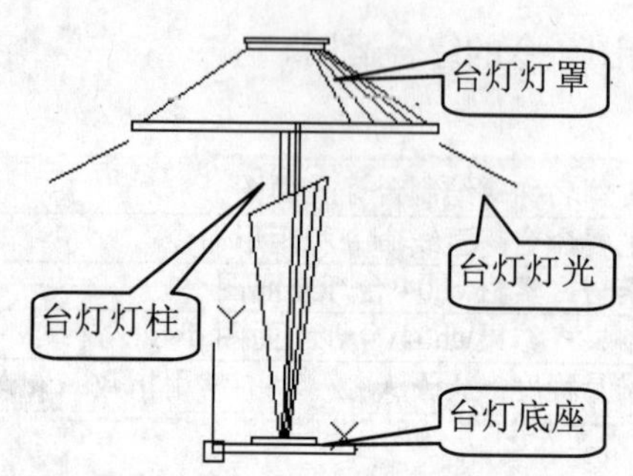

4.12.4 绘制信号灯

本实例通过信号灯的绘制，练习圆命令的使用方法。

实例名称：绘制信号灯	
主要命令：正交命令、捕捉命令、直线命令和圆形命令等	
素材：素材\ch04\绘制信号灯.dwg	
结果：结果\ch04\绘制信号灯.dwg	
难易程度：★★	常用指数：★★★★

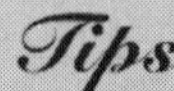

Tips

图纸分析：在绘制信号灯平面图时会经常用到灯具图块，其组成部分都可使用直线和圆绘制。

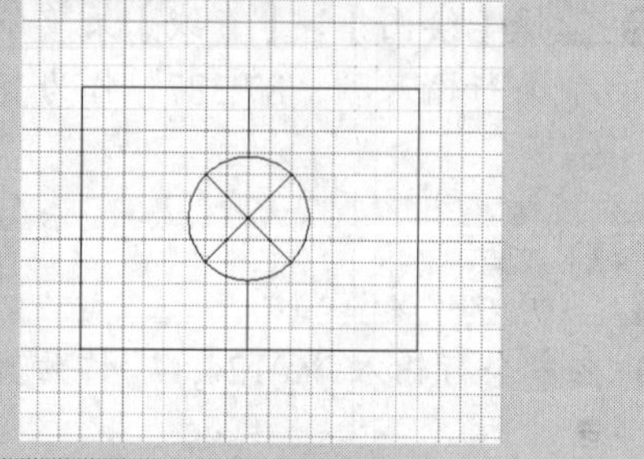

❶ 打开光盘中的“素材\ch04 绘制信号灯.dwg”文件。

❷ 选择【绘图】➤【矩形】菜单命令，通过捕捉栅格点，在绘图区绘制矩形。

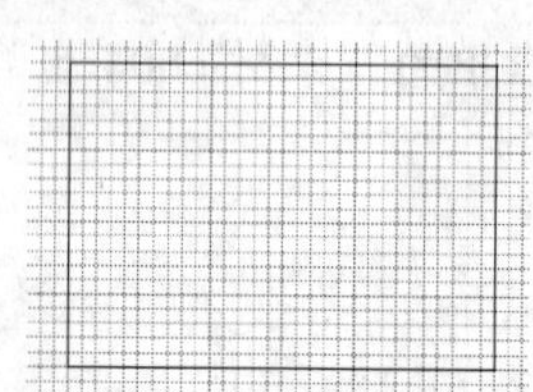

❸ 选择【绘图】➤【圆】➤【圆心、半径】菜单命令，在绘图区单击鼠标左键指定圆的圆心。

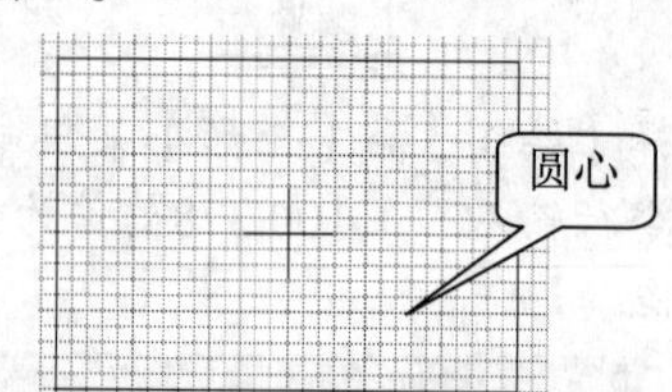

❹ 拖曳鼠标并单击以指定圆的半径。

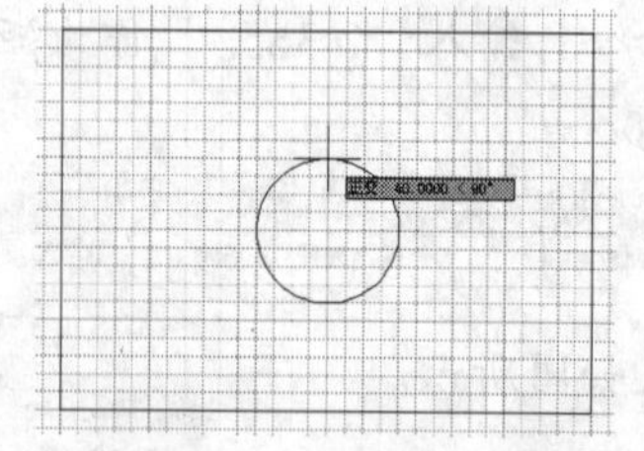

❺ 选择【绘图】➤【直线】菜单命令，在绘图区绘制直线。

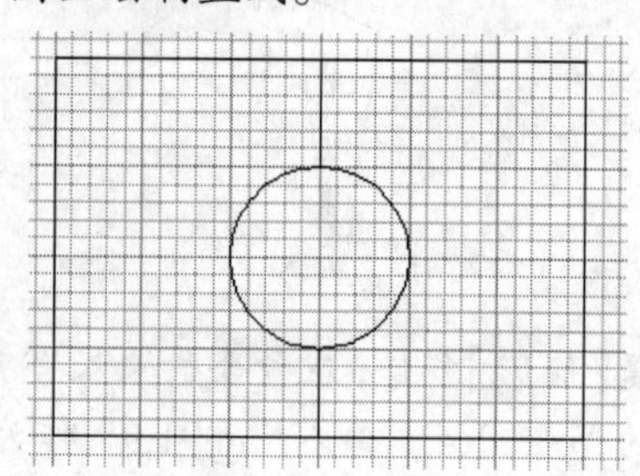

❻ 选择【绘图】➢【直线】菜单命令，在绘图区绘制如图所示直线。

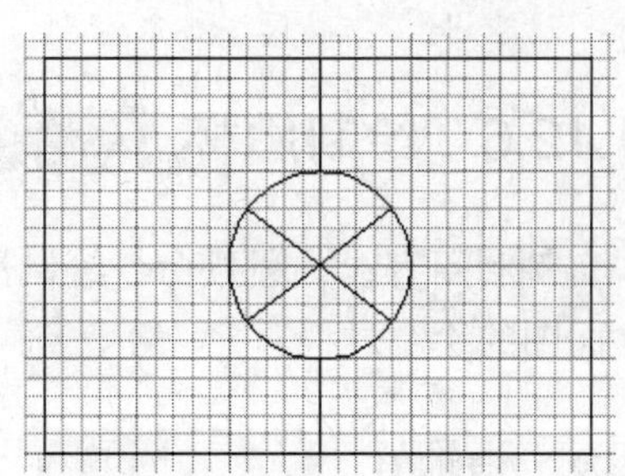

4.12.5 绘制二极管

本实例是利用正多边形和直线命令绘制二极管平面图。通过该实例的练习，读者可以熟练掌握二极管平面图的表示方法及绘制过程。

在绘制电气平面图时会经常用到二极管图块，其组成部分都可使用直线命令和多边形命令绘制，最终效果如下图所示。

实例名称：绘制二极管	
主要命令：直线命令和正多边形命令	
素材：素材\ch04\二极管平面图.dwg	
结果：结果\ch04\二极管平面图.dwg	
难易程度：★★	常用指数：★★★

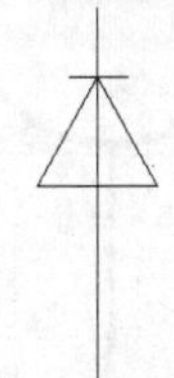

结果\ch04\二极管平面图.dwg

❶ 打开光盘中的“素材\ch04\二极管平面图.dwg”文件。

❷ 选择【绘图】➢【多边形】命令，在命令行输入正多边形的边数“3”，并按【Enter】键确定。

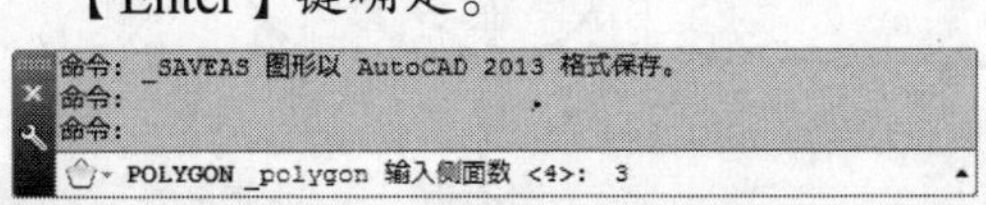

❸ 在绘图区任意一点单击以确定正多边形的中心点，并在命令行中输入“c”按【Enter】键确定。

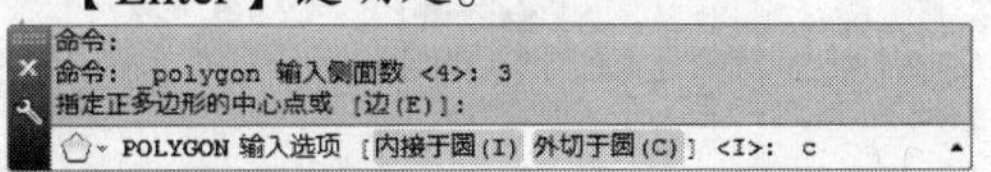

❹ 拖动鼠标并单击指定正三角形的外切圆半径。

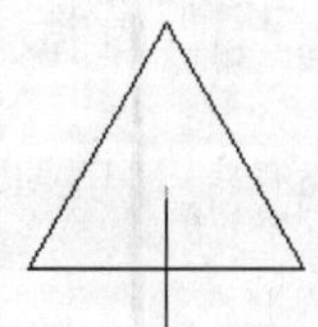

❺ 选择【绘图】➢【直线】命令，并单击指定直线的第一点。

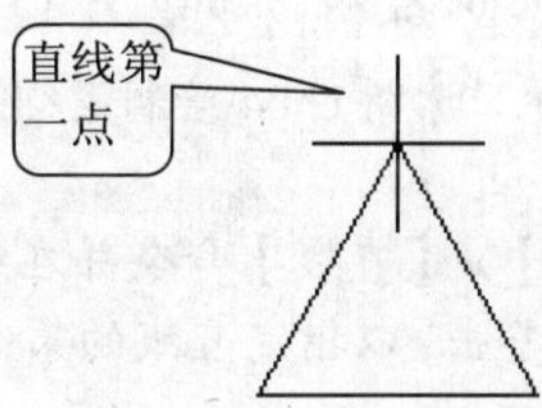

❻ 拖动鼠标并单击指定直线第二点，按【Esc】键退出。

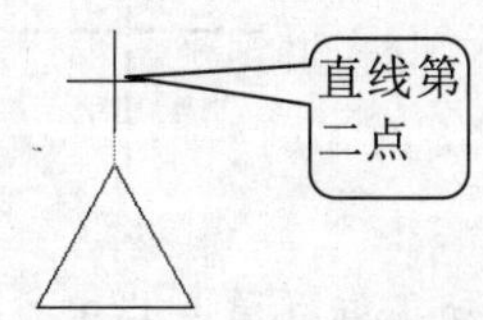

❼ 重复步骤❺~❻，绘制另外两条直线。

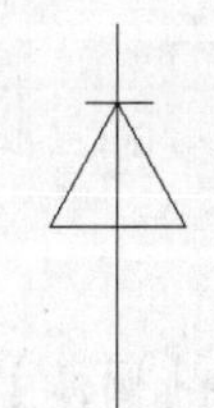

4.12.6 绘制酒杯

本实例利用直线、圆弧命令绘制酒杯立面图。通过该实例的练习，读者可以熟练掌握酒杯立面图的绘制过程。

实例名称：绘制酒杯	
主要命令：直线命令、圆弧命令	
素材：素材\ch04\绘制酒杯.dwg	
结果：结果\ch04\绘制酒杯.dwg	
难易程度：★★	常用指数：★★★

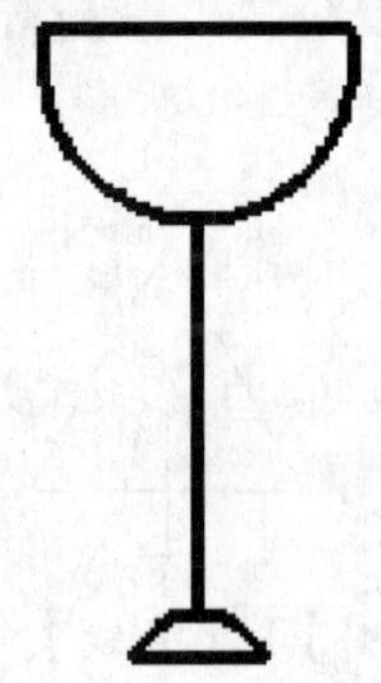

结果\ch04\绘制酒杯.dwg

❶ 打开光盘中的“素材\ch04\绘制酒杯.dwg”文件。

❷ 选择【绘图】➢【直线】命令并在绘图区任意一点单击，以指定直线的第一点。

❸ 拖动鼠标并单击指定直线第二点。

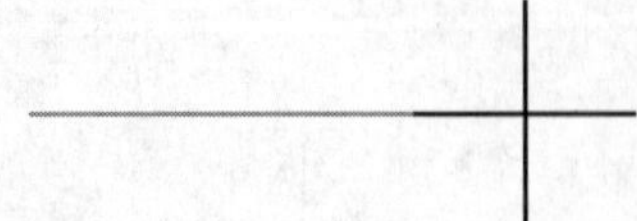

❹ 选择【绘图】➢【圆弧】➢【起点、端点、方向】命令，以所绘制直线的一端作为圆弧的起点，直线的另一端作为圆弧的端点，以直线的长度作为圆弧的直径绘制圆弧。

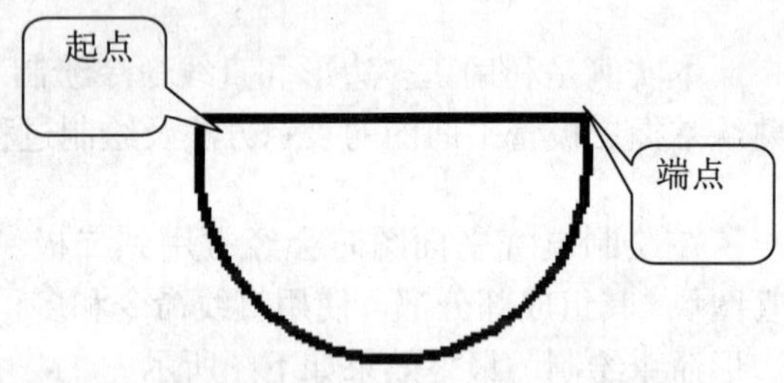

❺ 选择【绘图】➢【直线】命令绘制直线，如图所示。

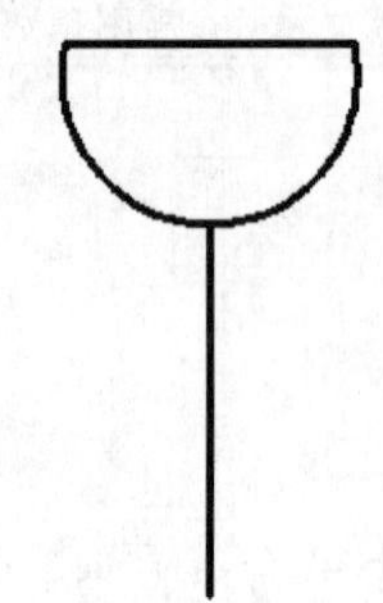

❻ 重复上述步骤，绘制圆弧和直线。最终酒杯效果如下图所示。

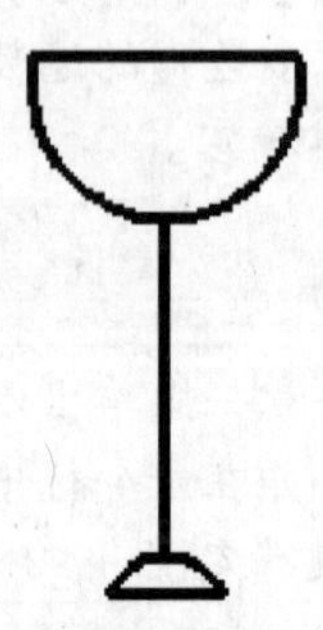

4.13 本章小结

绘制基本二维图形，是 AutoCAD 绘图工作的基础，正所谓万丈高楼平地起，只有学好了这些基本的知识，才能为以后的学习以及工作奠定一个良好的基础，为以后事半功倍的效果作一个铺垫。

第 5 章　绘制复杂的二维图形

本章引言

AutoCAD 2013 可以满足用户多种绘图需要，一种图形可以由多种绘制方式来绘制，如平行线可以用两条直线来绘制，也可以用多线来绘制，但是用多线绘制会更为快捷准确，本章将讲解如何绘制复杂的二维图形。

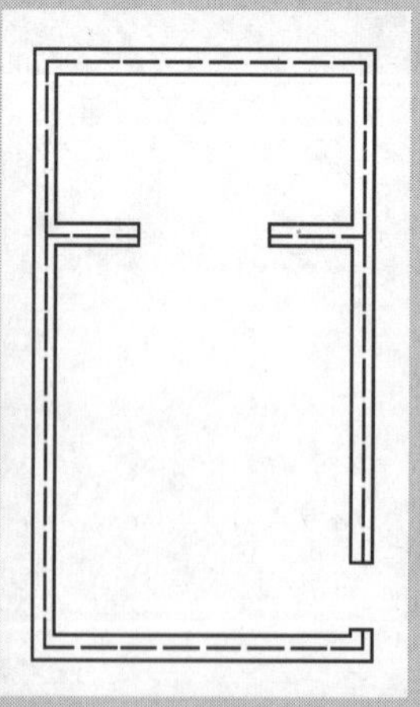

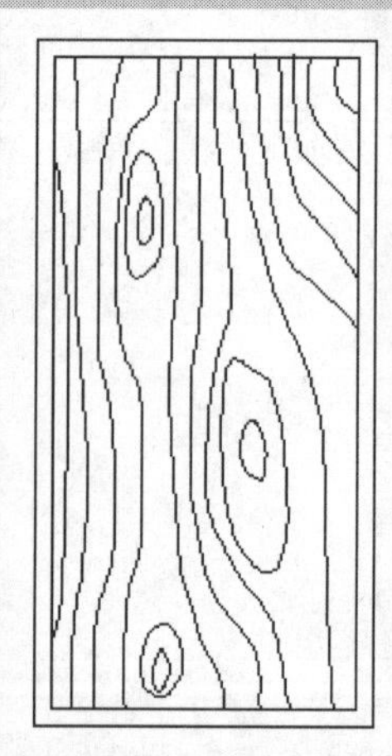

5.1 绘制与编辑多线

本节视频教学录像：10分钟

多线是指由多条平行线组成的线型。绘制多线与绘制直线相似的地方是指定一个起点和端点，与直线不同的是一条多线可以由两条或多条平行线直线线段组成。

5.1.1 绘制多线

下面通过具体实例来讲解绘制多线的步骤。

❶ 选择【绘图】➢【多线】命令，或者直接在命令行中输入“mline”后按【Enter】键。

❷ 在绘图区单击以指定多线的第一点。

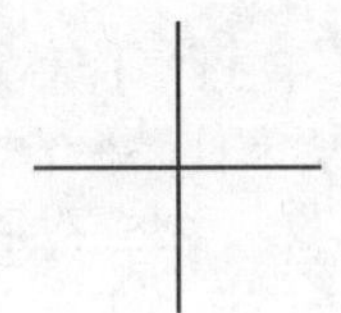

❸ 在绘图区拖动鼠标并单击以指定多线的下一点。

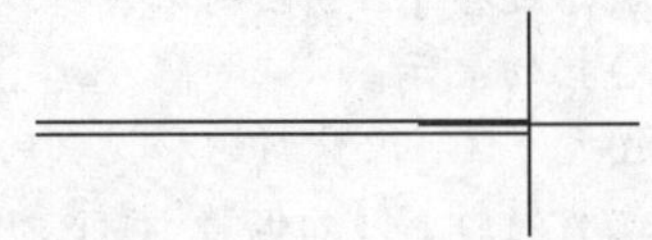

❹ 继续拖动鼠标并单击以指定多线的下一点。

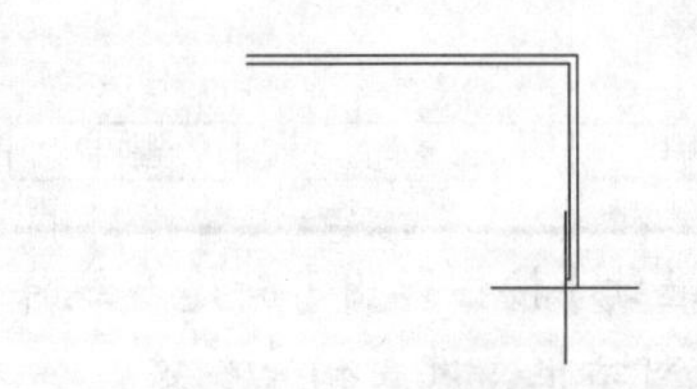

❺ 继续拖动鼠标并单击以指定多线的下一点。

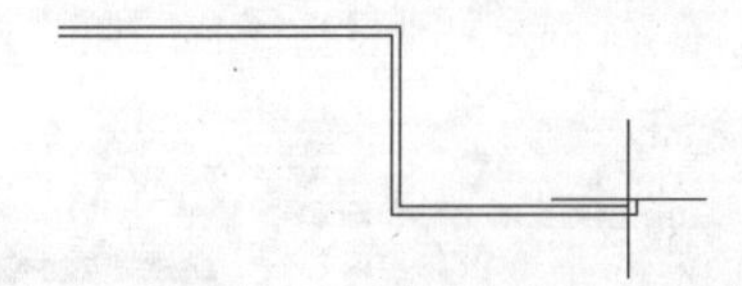

❻ 绘制完成后，按【Esc】键即可退出命令。

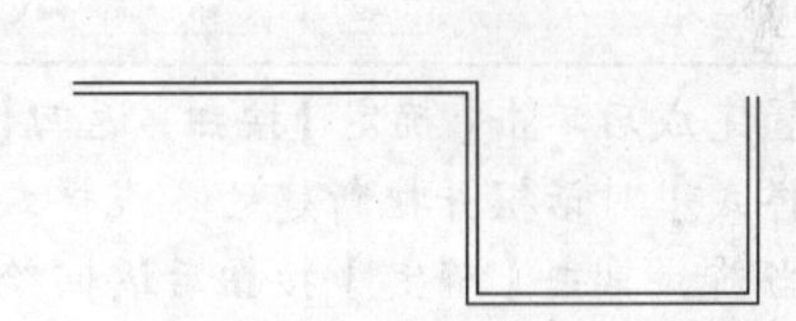

5.1.2 设置多线

设置多线是通过【多线样式】对话框来设定的。

❶ 选择【格式】➢【多线样式】命令后弹出【多线样式】对话框。

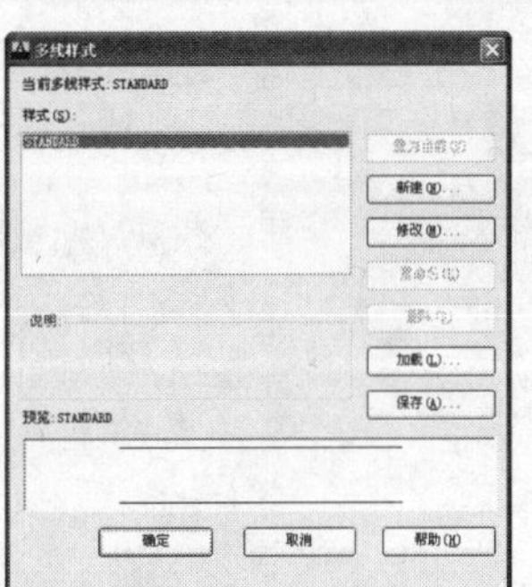

> *Tips*
>
> 在【多线样式】对话框中可以单击【修改】按钮修改当前样式，也可以单击【加载】按钮打开【加载多线样式】对话框，加载更多的多线样式，还可以单击【新建】按钮新建一种多线样式。

❷ 单击【新建】按钮弹出【创建新的多线样式】对话框，输入样式名称“new”。

❸ 单击【继续】按钮弹出【新建多线样式：NEW】对话框，设置相关参数。

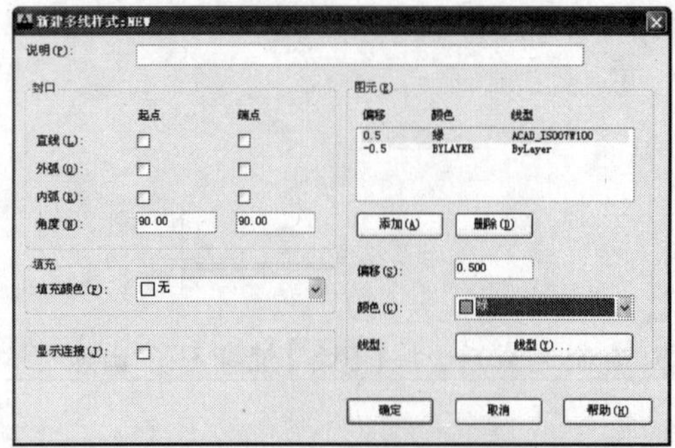

❹ 设置完成后单击【确定】按钮，返回【多线样式】对话框并把新建的多线样式置为当前，单击【确定】按钮后返回绘图区并再绘制一次多线，可看到绘制后的效果。

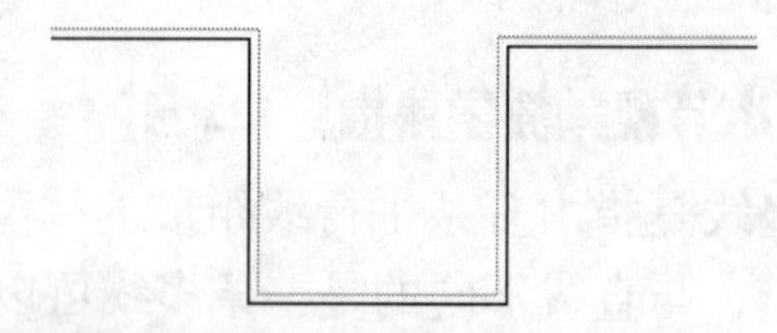

> *Tips*
>
> 还可以通过以下方法设置多线样式。
>
> 在命令行输入“mlstyle”后按【Enter】键。

在【新建多线样式】对话框中可设置多线是否封口、多线角度以及填充颜色等。

> *Tips*
>
> 【说明】文本框：为多线样式添加说明，最多可以输入 255 个字符（包括空格）。
>
> 【封口】区：控制多线起点和端点封口。
>
> 【填充】区：控制多线的背景填充。
>
> 【显示连接】区：控制每条多线线段顶点处连接的显示。
>
> 【图元】区：设置新的和现有的多线元素的元素特性，例如偏移、颜色和线型等。

5.1.3 编辑多线

编辑多线是通过【多线编辑工具】对话框来设定的。

❶ 打开光盘中的“素材\ch05\编辑多线.dwg”文件。

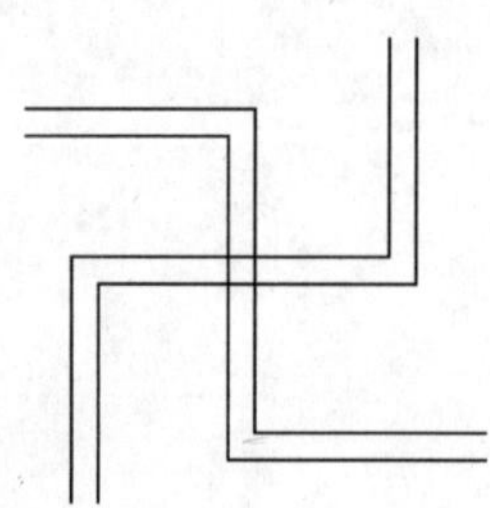

❷ 选择【修改】➢【对象】➢【多线】命令，弹出【多线编辑工具】对话框，单击【十字打开】按钮。

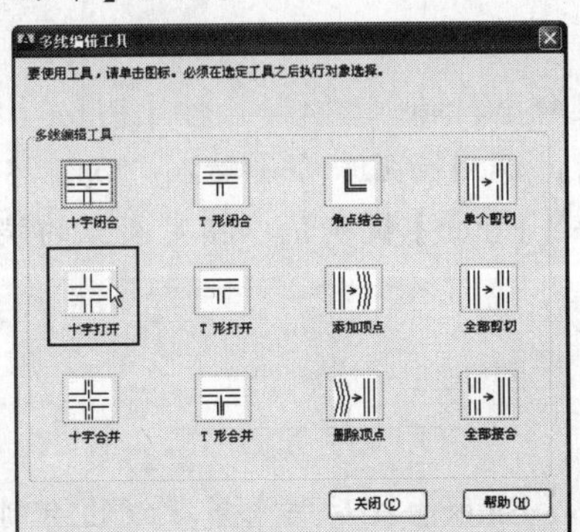

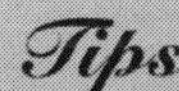

从该对话框中可以看出，第一列是控制交叉的多线，第二列是控制T形相交的多线，第三列是控制角点结合和顶点，第四列是控制多线中的打断。

❸ 在绘图区选择一条多线。

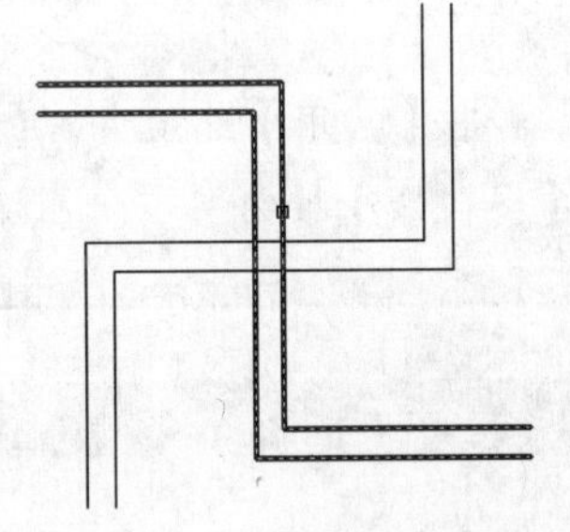

❹ 在绘图区选择第二条多线。

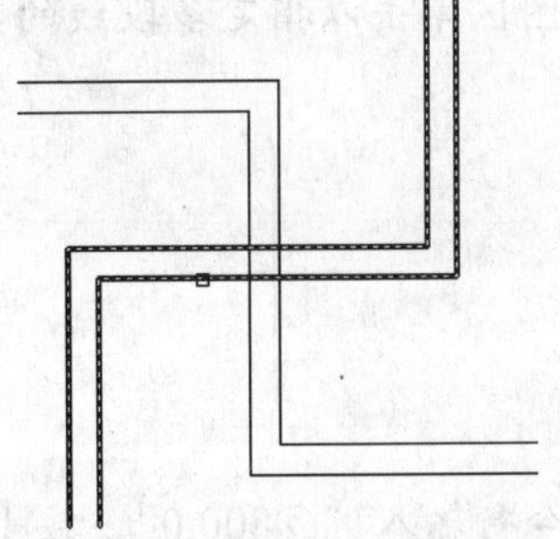

❺ 完成后的结果如图所示。

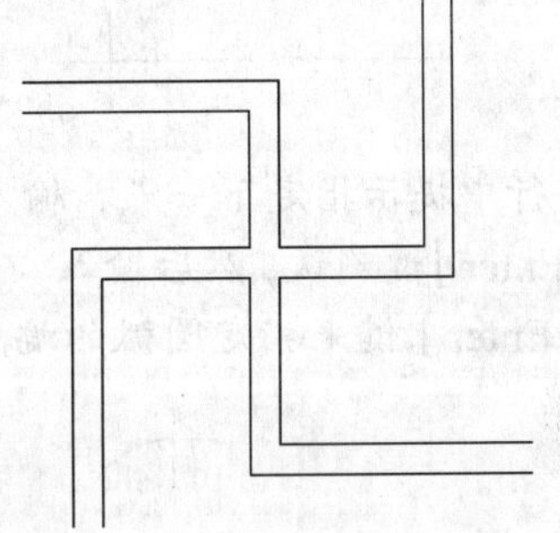

❻ 按【Esc】键退出命令完成操作。

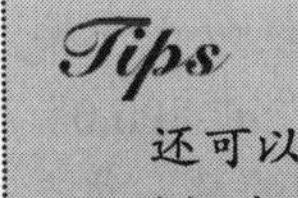

还可以通过以下方法编辑多线。

(1) 在命令行中输入“mledit”后按【Enter】键。

(2) 在要编辑的对象上双击。

5.2 绘制与编辑多段线

本节视频教学录像：7 分钟

多段线是作为单个对象创建的相互连接的序列线段。可以创建直线段、弧线段或两者的组合线段。多段线提供单个直线所不具备的编辑功能，例如，可以调整多段线的宽度和曲率；创建多段线之后，可以使用 PEDIT 命令对其进行编辑，或者使用 EXPLODE 命令将其转换成单独的直线段和弧线段。

5.2.1 绘制多段线

下面通过具体实例来讲解绘制多段线的步骤。

❶ 选择【绘图】➤【多段线】命令。

❷ 在绘图区单击以指定多段线的第一点。

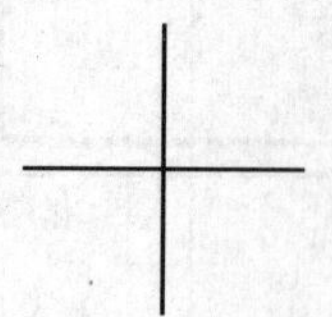

❸ 在命令行输入“@800,0”，按【Enter】键确认。

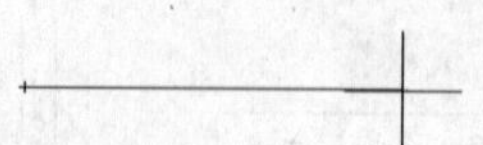

❹ 命令行中提示指定下一点，输入“A”按【Enter】键确认，然后输入“@0,500”，按【Enter】键来指定圆弧的端点。

❺ 在命令行输入“L”调用直线命令，按【Enter】键确认，并输入“@–800,0”按【Enter】键确认，指定直线的另一端点。

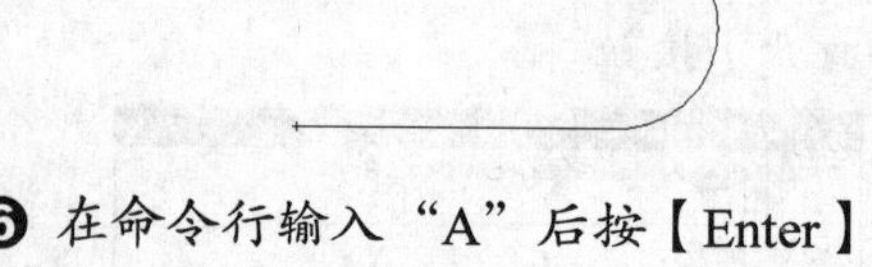

❻ 在命令行输入“A”后按【Enter】键确认，调用圆弧命令。输入“@0, –500”，按【Enter】键确认以指定圆弧的端点。

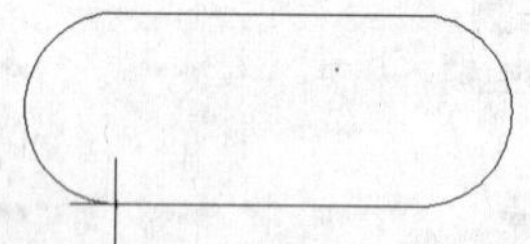

❼ 按【Enter】键后结束多段线的绘制，最终效果图如下。

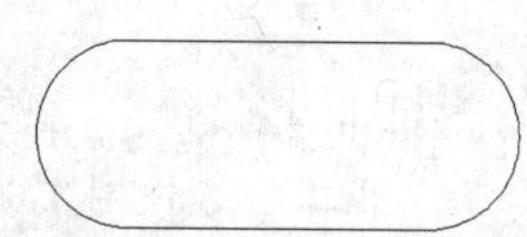

Tips

还可以通过以下方法绘制多段线。

(1) 在命令行输入“pline”后按【Enter】键。

(2) 单击【常用】选项卡➤【绘图】面板➤【多段线】按钮。

5.2.2 编辑多段线

编辑多段线的具体操作如下。

❶ 打开光盘中的“素材\ch05\编辑多段线.dwg”文件。

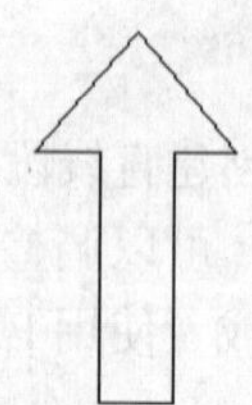

❷ 选择【修改】➤【对象】➤【多段线】命令。

❸ 在绘图区单击选择多段线。

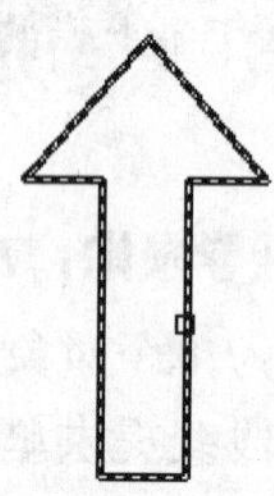

❹ 在命令行输入“S”将多段线转换为样条曲线，按【Enter】键确认后最终结果如图所示。

PEDIT 输入选项 [打开(O) 合并(J) 宽度(W) 编辑顶点(E) 拟合(F) 样条曲线(S) 非曲线化(D) 线型生成(L) 反转(R) 放弃(U)]: s

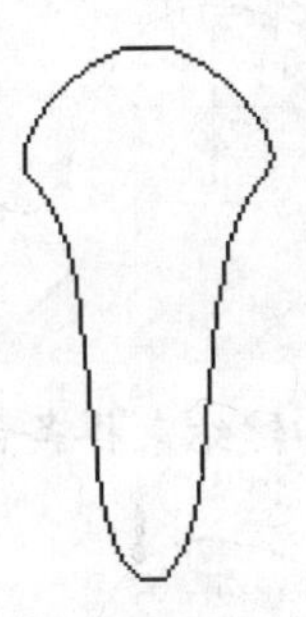

❺ 按【Esc】键退出命令。

> **Tips**
>
> 还可以通过以下方法编辑多段线。
>
> (1) 在命令行输入“pedit”后按【Enter】键。
>
> (2) 在要编辑的对象上双击。
>
> (3) 单击【常用】选项卡➤【修改】面板➤【编辑多段线】按钮。

5.3 绘制与编辑样条曲线

本节视频教学录像：6 分钟

样条曲线是经过或接近一系列给定点的光滑曲线，可以控制曲线与点的拟合程度。一般用于绘制园林景观。

5.3.1 平滑多段线与样条曲线的区别

使用 SPLINE 命令创建的曲线称为样条曲线。与那些包含类似图形的样条曲线拟合多段线的图形相比，包含样条曲线的图形占用较少的内存和磁盘空间。

多段线是作为单个对象创建的相互连接的序列线段。可以创建直线段、弧线段或两者的组合线段。使用 SPLINE 命令将样条拟合多段线转换为真正的样条曲线。

5.3.2 绘制样条曲线

在绘制样条曲线时，根据用户使用拟合点绘图还是控制点绘图，会有不同的可用绘图选项。

> **Tips**
>
> 拟合点绘图：指定节点参数化和公差设置，但不指定阶数设置，在绘图时始终会创建阶数为 3 的样条曲线。
>
> 控制点绘图：用户在绘图时，可以自己指定公差和阶数设置，但不能对节点参数进行设置。

下面通过具体实例来讲解绘制拟合点样条曲线的操作步骤。

❶ 选择【绘图】➤【样条曲线】➤【拟合点】命令。

❷ 在绘图区单击以指定样条曲线的第一点。

❸ 在绘图区拖动鼠标并单击指定样条曲线的下一点。

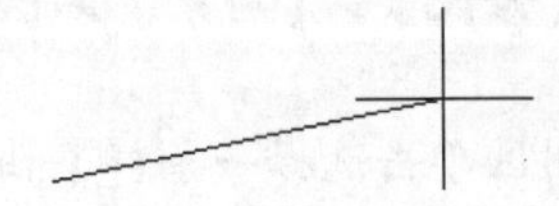

❹ 在绘图区拖动鼠标确定曲线的曲率后单击确定下一点。

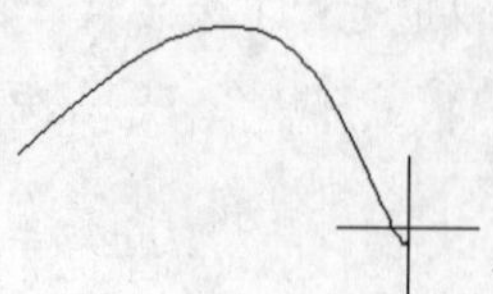

❺ 在绘图区指定下一点，单击确认后拖动鼠标确定曲线的曲率。

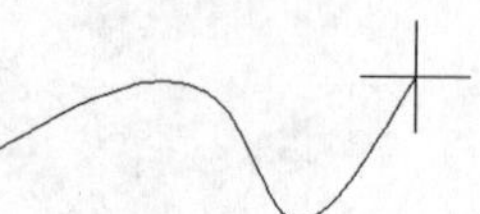

❻ 在绘图区指定下一点，单击确认后拖动鼠标确定曲线的曲率。

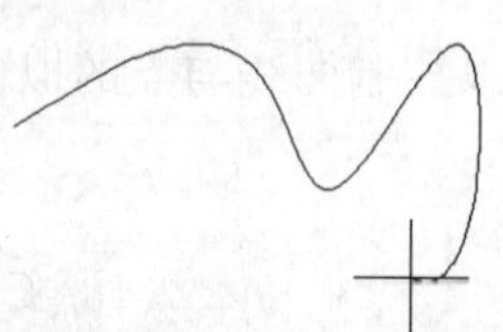

❼ 在绘图区指定下一点，单击确认后拖动鼠标确定曲线的曲率。

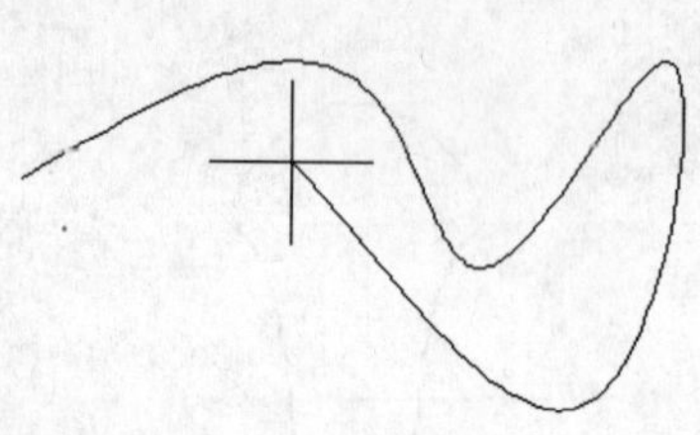

❽ 按【Enter】键结束样条曲线绘制。

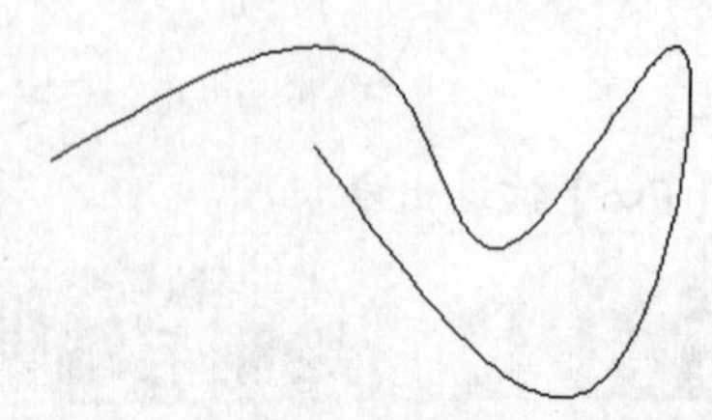

Tips

还可以通过以下方法绘制样条曲线。

(1) 在命令行输入“spline”后按【Enter】键。

(2) 单击【常用】选项卡➢【绘图】面板➢【样条曲线拟合】按钮或【样条曲线控制点】。

5.3.3 编辑样条曲线

编辑样条曲线的具体操作如下。

❶ 打开光盘中的“素材\ch05\编辑样条曲线.dwg”文件。

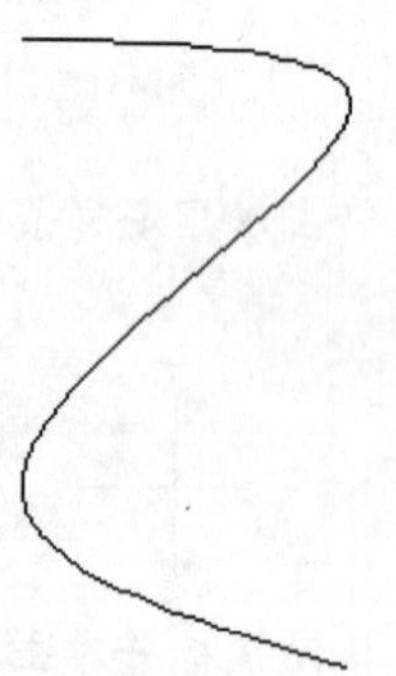

❷ 选择【修改】➢【对象】➢【样条曲线】命令。

❸ 在绘图区单击选择一条样条曲线。

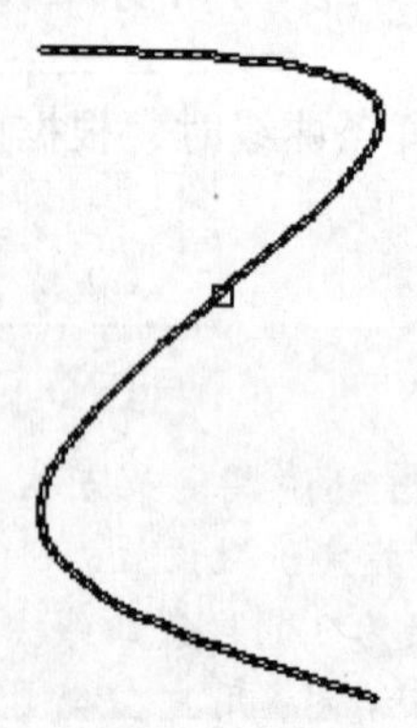

❹ 在命令行输入闭合参数“C”，然后按【Enter】键，结果如下图所示。

```
SPLINEDIT 输入选项 [闭合(C) 合并(J) 拟合数据(F) 编辑顶点(E) 转换为多段线(P) 反转(R) 放弃(U) 退出(X)] <退出>: C
```

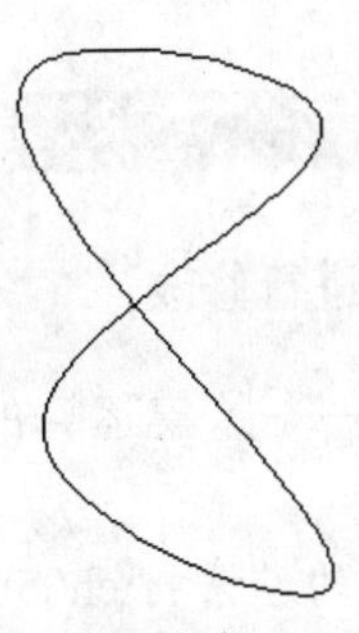

❺ 按【Enter】键结束命令。

> **Tips**
>
> 还可以通过以下方法编辑样条曲线。
>
> (1) 在命令行输入“splinedit”后按【Enter】键。
>
> (2) 在要编辑的对象上双击。
>
> (3) 单击【常用】选项卡➤【修改】面板➤【编辑样条曲线】按钮。

5.4 创建与编辑面域

本节视频教学录像：8 分钟

面域是具有物理特性（例如形心或质量中心）的二维封闭区域，可以将现有面域组合成单个或复杂的面域来计算面积。

面域可以是直线、多段线、圆、圆弧、椭圆、椭圆弧和样条曲线的组合。面域组成环的对象必须闭合或通过与其他对象首尾相接而形成闭合的区域。

5.4.1 创建面域

面域的边界由端点相连的曲线组成，曲线上的每个端点仅连接两条边。

❶ 打开光盘中的“素材\ch05\面域.dwg”文件，选择下部三条直线组成的多边形。

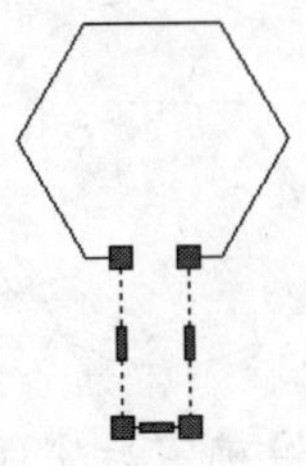

❷ 选择【绘图】➤【面域】命令。

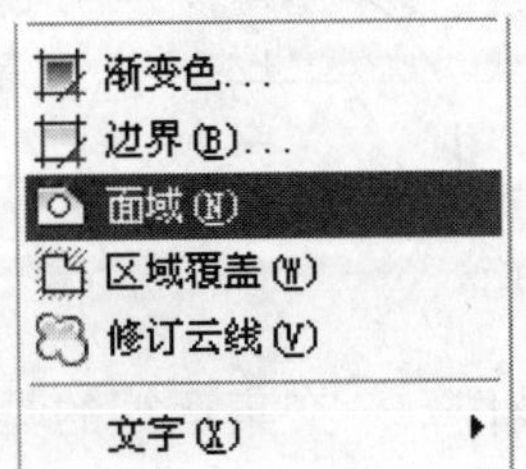

❸ 在绘图区选择组成面域的对象。

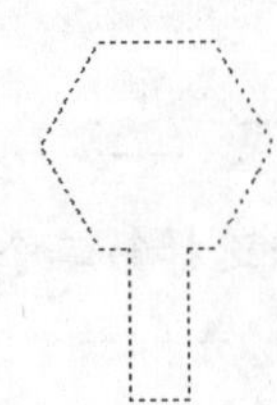

❹ 按【Enter】键确认选择对象，完成面域的创建。在命令行中提示“已创建 1 个面域”。

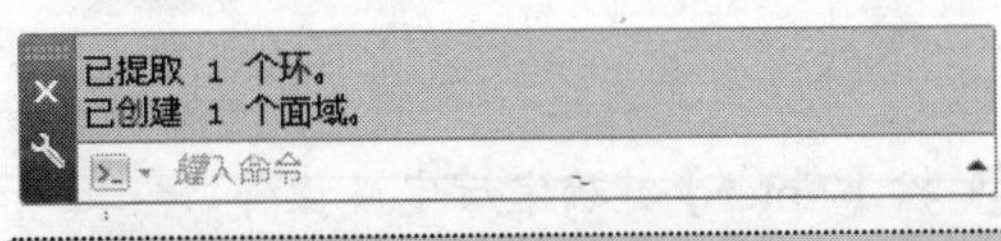

> **Tips**
>
> 还可以通过以下方法创建面域。
>
> (1) 在命令行输入“region”后按【Enter】键。
>
> (2) 单击【常用】选项卡➤【绘图】面板➤【面域】按钮。

5.4.2 面域操作

通过【并集】、【差集】或【交集】等布尔运算可以对面域进行修改。

面域操作——并集运算的具体操作步骤如下。

❶ 打开光盘中的“素材\ch05\并集.dwg”文件。

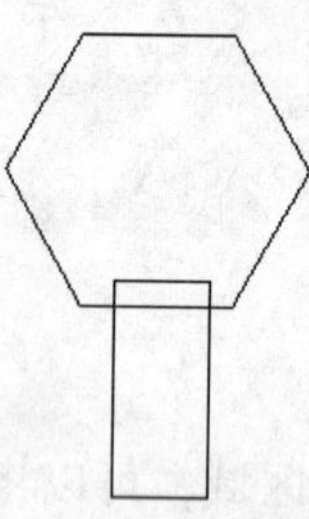

❷ 选择【修改】➤【实体编辑】➤【并集】命令。

❸ 在绘图区单击选择第一个对象。

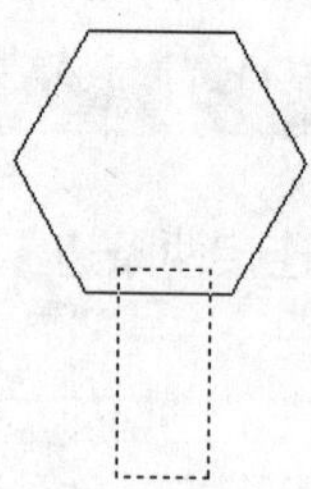

❹ 在绘图区单击选择第二个对象。

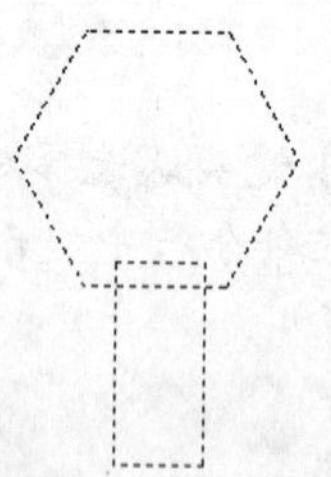

❺ 按【Enter】键确定后完成操作。

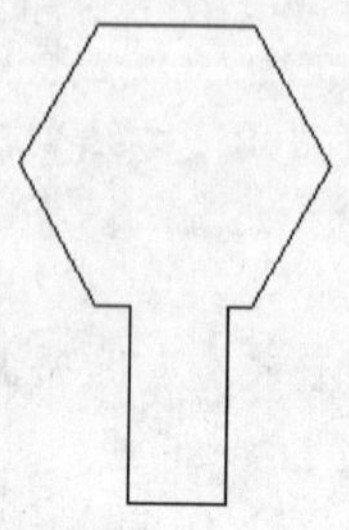

面域操作——差集运算的具体操作步骤如下。

❶ 打开光盘中的“素材\ch05\差集.dwg”文件。

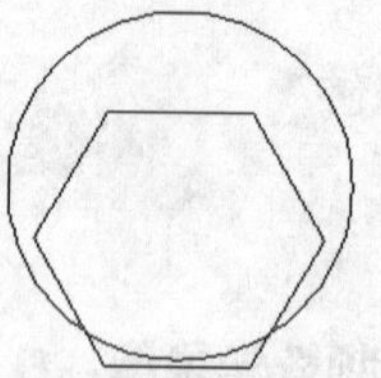

❷ 选择【修改】➤【实体编辑】➤【差集】命令。

❸ 在绘图区选择要从中减去的实体或面域，并按【Enter】键确定。

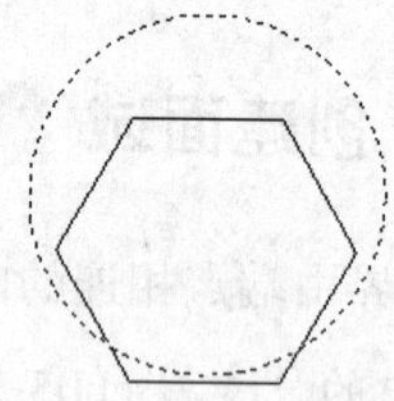

❹ 在绘图区选择要减去的实体或面域。

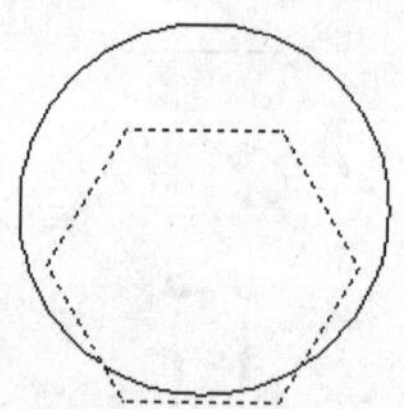

❺ 按【Enter】键确定后完成操作。

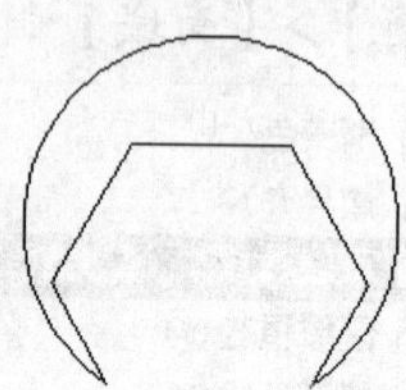

面域操作——交集运算的具体操作步骤如下。

❶ 打开光盘中的“素材\ch05\交集.dwg”文件。

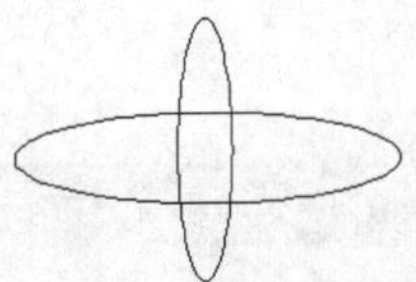

❷ 选择【修改】➤【实体编辑】➤【交集】命令。

❸ 在绘图区单击选择第一个对象。

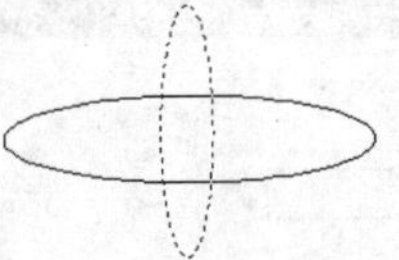

❹ 在绘图区单击选择第二个对象。

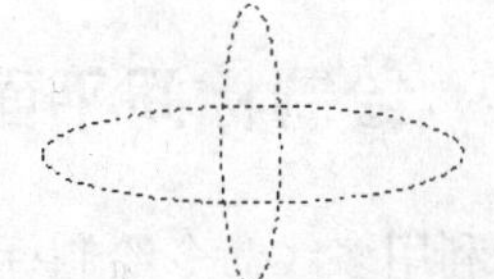

❺ 按【Enter】键确定后完成操作。

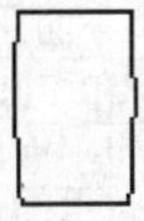

5.4.3 从面域中获取文本数据

在 AutoCAD 2013 中可以计算和显示点序列的面积和周长，也可以获取几种任意类型对象的面积、周长和质量特性。

❶ 打开光盘中的“素材\ch05\文本数据. dwg”文件。

❷ 选择【工具】➤【查询】➤【面域/质量特性】命令。

❸ 在绘图区单击选择对象。

❹ 按【Enter】键确定选择对象，打开文本数据信息，然后在命令行中输入“N”。

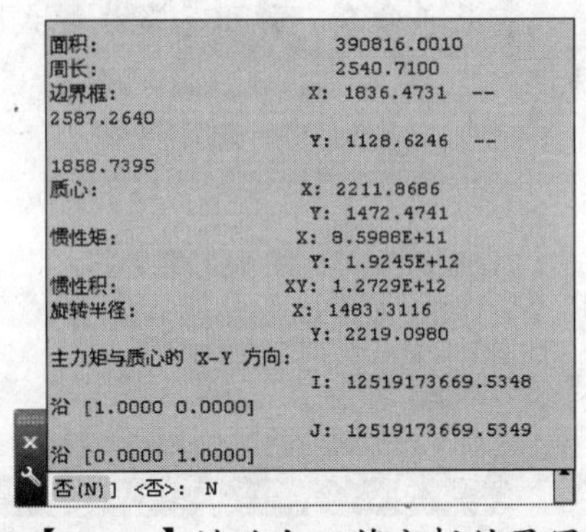

```
面积:                     390816.0010
周长:                     2540.7100
边界框:               X: 1836.4731  --
2587.2640
                      Y: 1128.6246  --
1858.7395
质心:                 X: 2211.8686
                      Y: 1472.4741
惯性矩:               X: 8.5986E+11
                      Y: 1.9245E+12
惯性积:              XY: 1.2729E+12
旋转半径:             X: 1483.3116
                      Y: 2219.0980
主力矩与质心的 X-Y 方向:
                      I: 12519173669.5348
沿 [1.0000 0.0000]
                      J: 12519173669.5349
沿 [0.0000 1.0000]
否(N)] <否>: N
```

❺ 按【Enter】键确定不将分析结果写入文件。

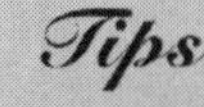

还可以通过以下方法调用面域/质量特性命令。

在命令行输入“massprop”后按【Enter】键。

5.5 技能演练

本节视频教学录像：13 分钟

本节学习绘制标间平面图、桌面木纹和办公桌等内容。通过本实例的学习，读者应熟

练掌握多线、样条曲线等命令的使用方法。

5.5.1 绘制标间平面图

本实例利用多线命令绘制标间平面图。通过本实例的学习，读者应熟练掌握多线命令的使用方法。

实例名称：绘制标间平面图
主要命令：多线命令和多线编辑工具
素材：素材\ch05\标间平面图.dwg
结果：结果\ch05\标间平面图.dwg
难易程度：★★　　常用指数：★★★★

第 1 步：设置多线样式

❶ 打开光盘中的"素材\ch05\标间平面图.dwg"文件。选择【格式】➢【多线样式】菜单命令，弹出【多线样式】对话框。

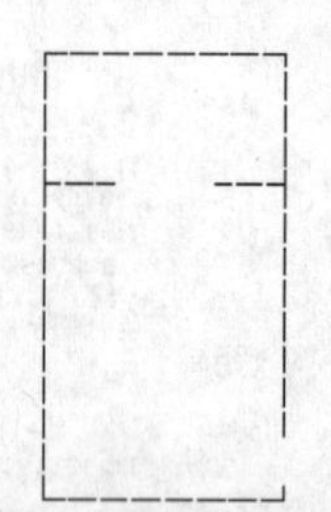

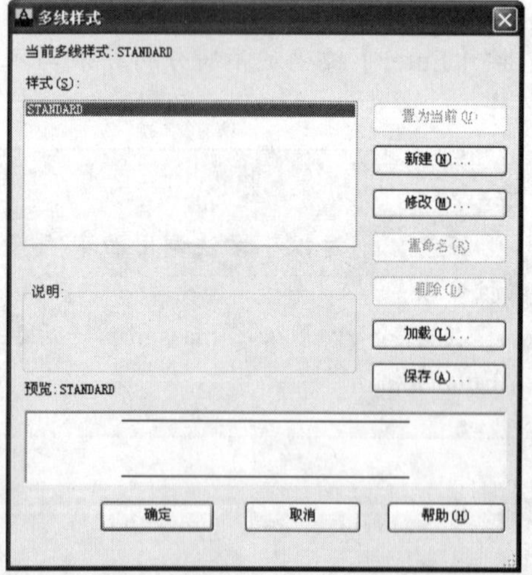

❷ 单击【修改】按钮，弹出【修改多线样式：STANDARD】对话框，然后复选直线的起点和端点。

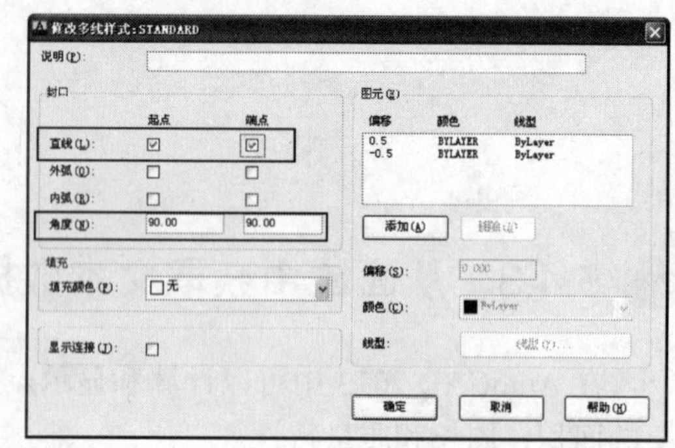

❸ 单击【确定】按钮完成设置。

第 2 步：绘制多线

❶ 选择【绘图】➢【多线】命令，在绘图区单击鼠标左键指定起点。

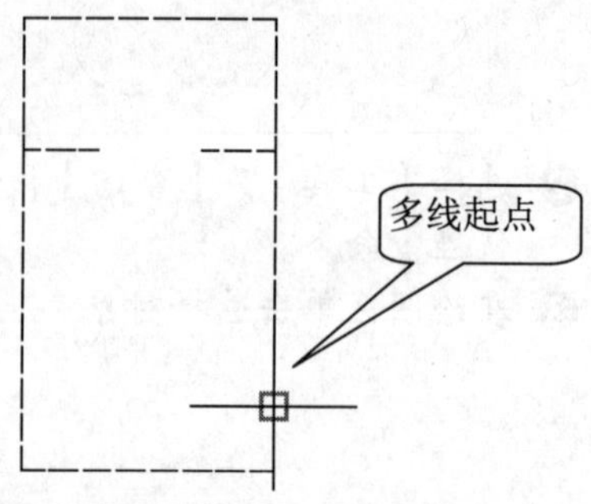

❷ 在绘图区单击鼠标左键指定下一点。

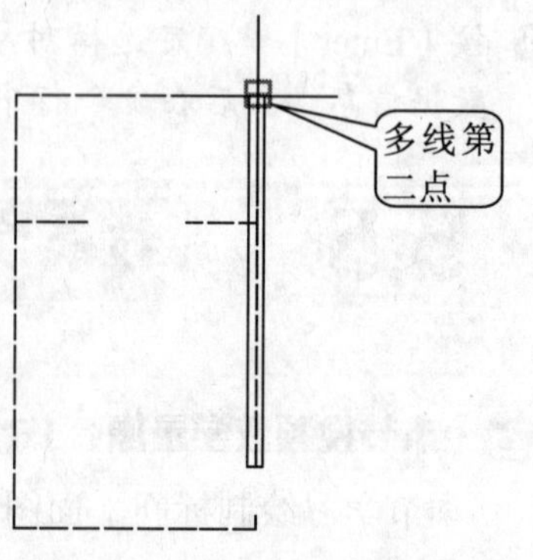

❸ 重复步骤❶~❷，结果如下图所示。

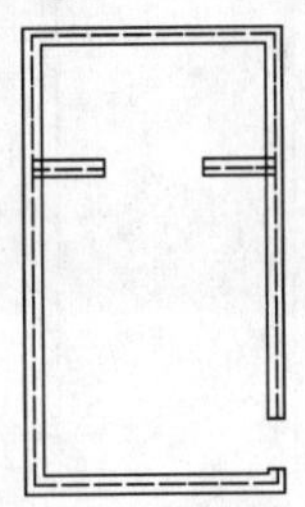

第 3 步：编辑多线

❶ 选择【修改】➢【对象】➢【多线】菜单命令后弹出【多线编辑工具】对话框，单击【T 形打开】工具。

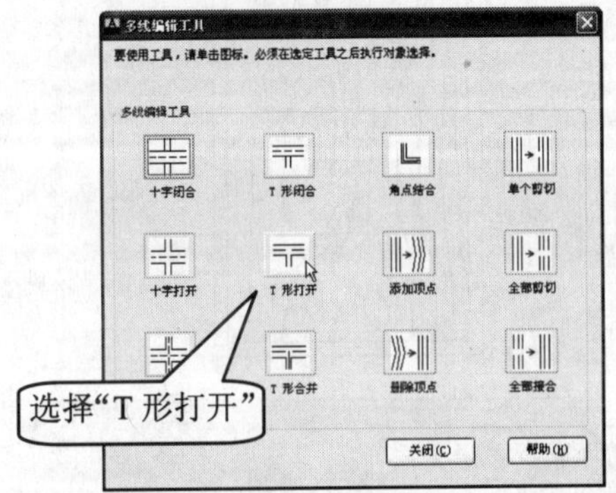

❷ 在绘图区选择对象，结果如下图所示。

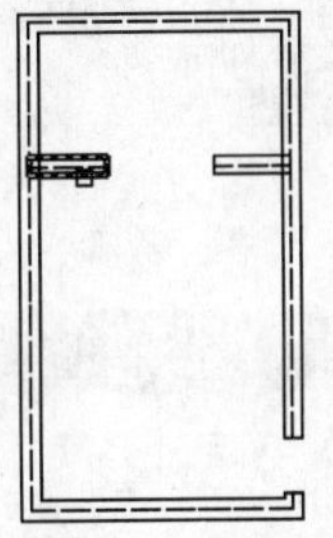

❸ 在绘图区选择另一条对象。

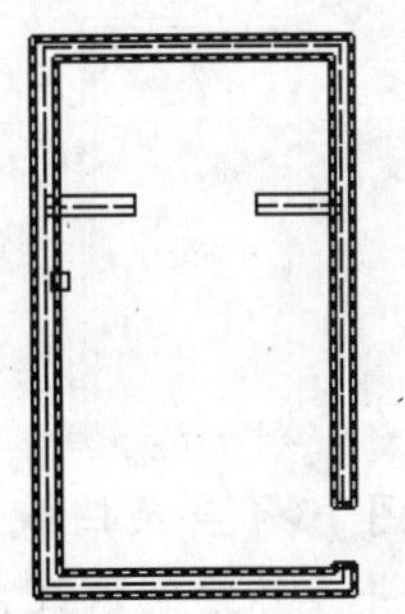

❹ 结果如下图所示。

❺ 重复上述步骤，最终效果如下图所示。

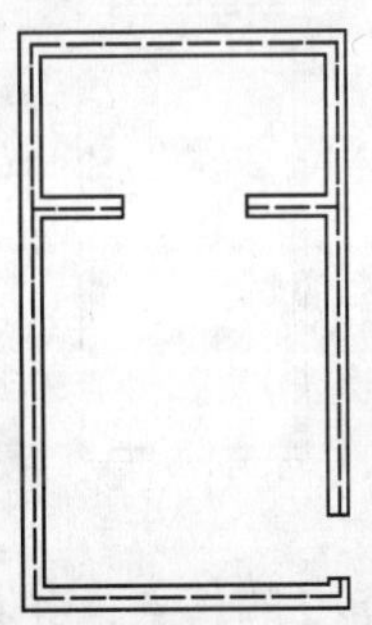

Tips

"T 形打开"与选择多线的顺序和位置有关，选择的顺序和位置不同，打开的效果也不相同。

5.5.2 绘制桌面木纹

本实例利用样条曲线绘制桌面木纹。通过本实例的学习读者应熟练掌握样条曲线的使用方法。

实例名称：绘制桌面木纹	
主要命令：样条曲线命令	
素材：素材\ch05\木纹.dwg	
结果：结果\ch05\木纹.dwg	
难易程度：★★★	常用指数：★★★

❶ 打开光盘中的"素材\ch05\木纹.dwg"文件。

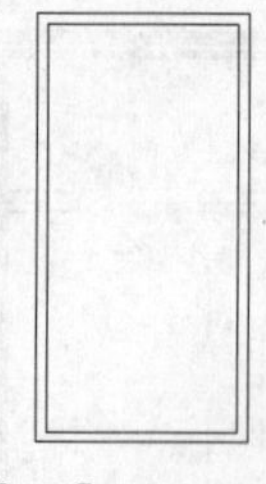

❷ 选择【绘图】➤【样条曲线】➤【拟合点】菜单命令并开始绘制木纹，在图中合适的位置指定第一点。

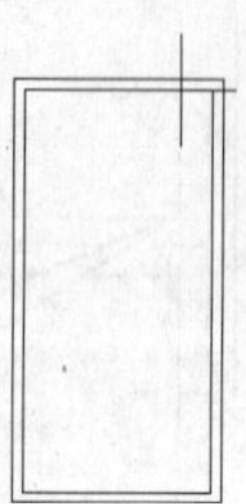

❸ 单击鼠标指定第二点。

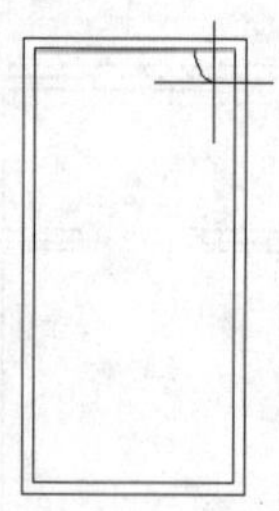

❹ 单击鼠标指定第三点，并按【Enter】键结束第一条样条曲线的绘制。

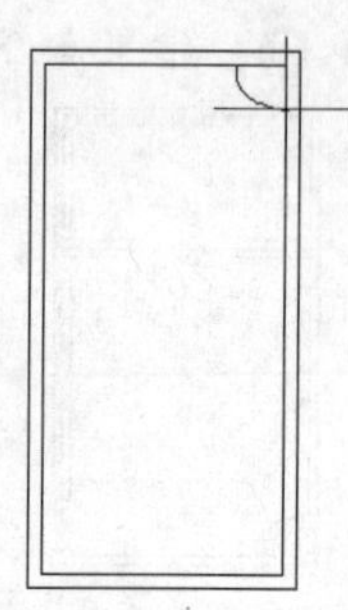

❺ 重复❸～❹的步骤，最终效果如图所示。

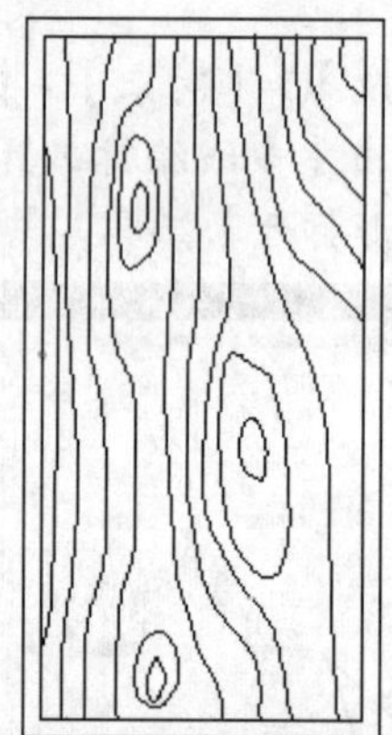

Tips

本实例中木纹本身为不规则图案，所以绘制时也不需要指定具体的位置，只要大致形状差不多即可。

5.5.3 绘制办公桌

本实例通过办公桌的绘制，具体讲解多线命令的使用方法。

实例名称：绘制办公桌	
主要命令：多线命令	
素材：无	
结果：结果\ch05\绘制办公桌.dwg	
难易程度：★★	常用指数：★★★★

第 1 步：绘制办公桌的外侧轮廓线

❶ 选择【格式】➤【多线样式】，弹出【多线样式】对话框。

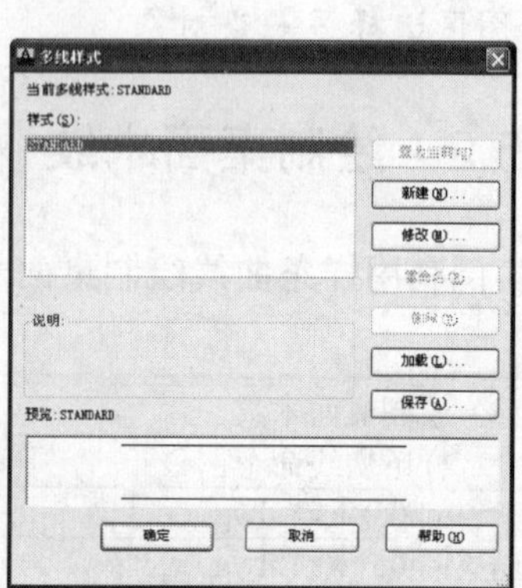

❷ 单击【新建】按钮，并将【新样式名】

设置为 new。

❸ 单击【继续】按钮，弹出【新建多线样式对话框】，将【图元】偏移设置为“1”和“-1”。

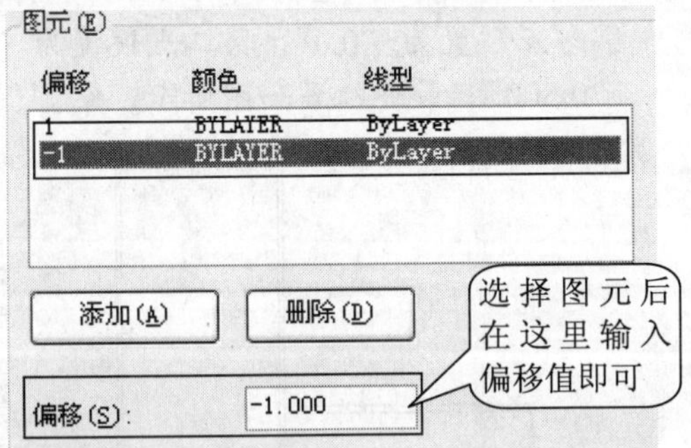

❹ 单击【确定】按钮，将“STANDARD”多线样式设置为【置为当前】，单击【确定】按钮，回到绘图区域。

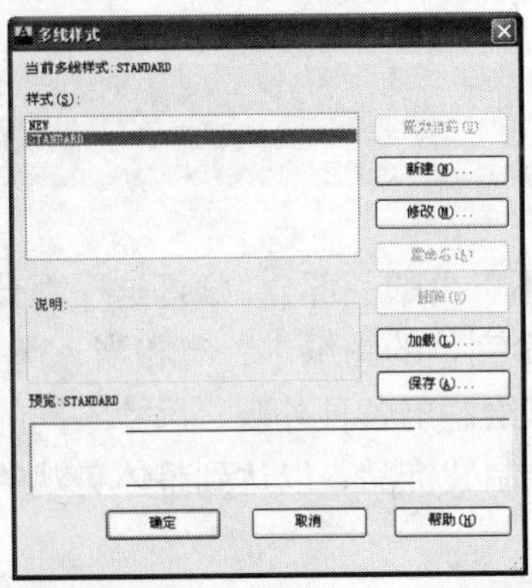

❺ 选择【绘图】➢【多线】命令，在绘图区绘制多线。多线起点设置为“0,20”。

❻ 指定多线第二点为“@1455,0”。

❼ 指定多线第三点为“@0,1380”。

❽ 按【Enter】键结束第一条多线的绘制。

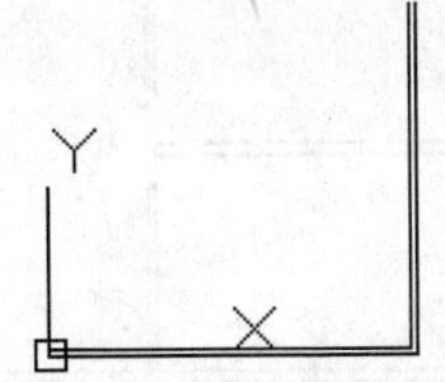

第 2 步：绘制办公桌的内侧轮廓线

❶ 选择【格式】➢【多线样式】，弹出多线样式对话框，将样式【new】置为当前。

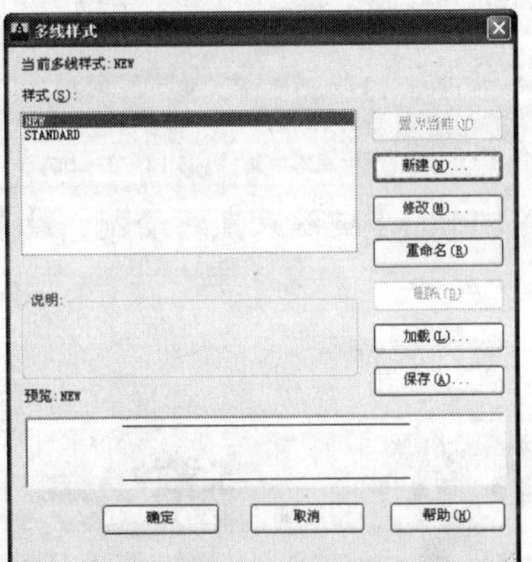

❷ 单击【确定】按钮返回绘图区域，选择【绘图】➢【多线】，重复步骤 1 的❺~❽，将多线起点设置为“875,20”，终点设置为“@0,1380”，结果如图所示。

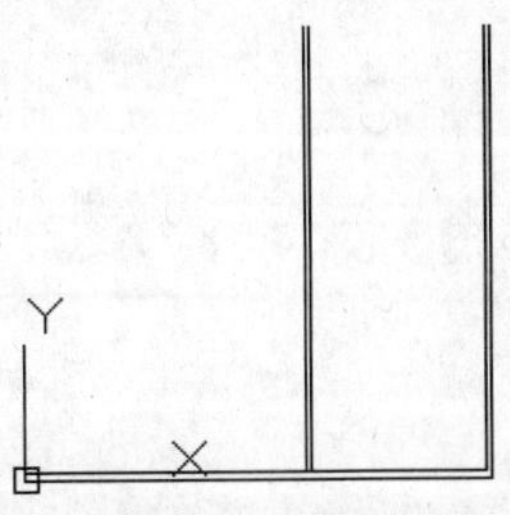

❸ 重复步骤 1 的❺~❽，将多线起点设置为“0,500”，终点设置为“875,500”，结果如图所示。

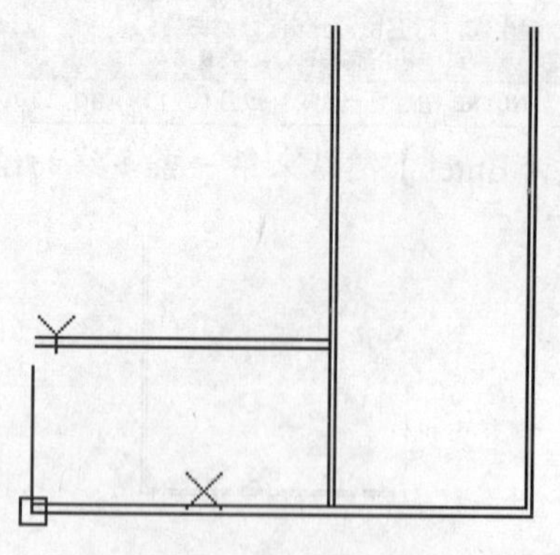

❹ 选择【绘图】➢【直线】命令，将直线第一点设置为“1475,1400”。

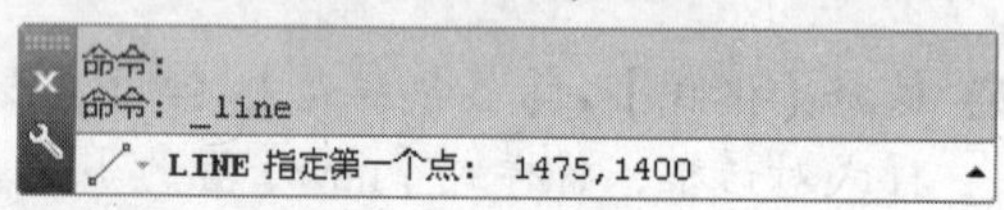

❺ 第二点设置为“@-600,0”。

❻ 按【Enter】键结束直线绘制，结果如图所示。

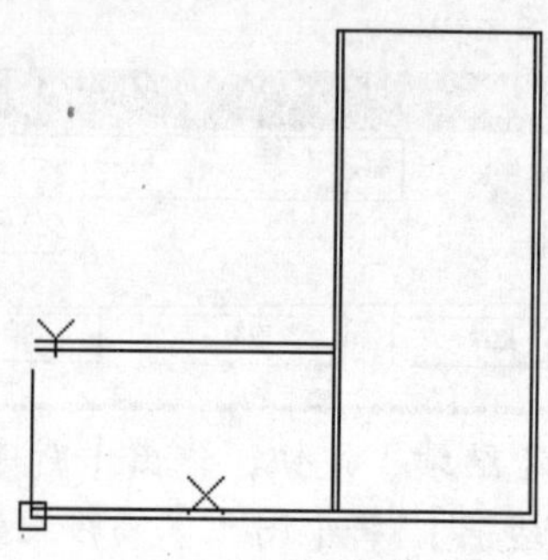

❼ 选择【绘图】➢【直线】命令，将直线第一点设置为“0,0”，第二点设置为“0,500”。最终结果如图所示。

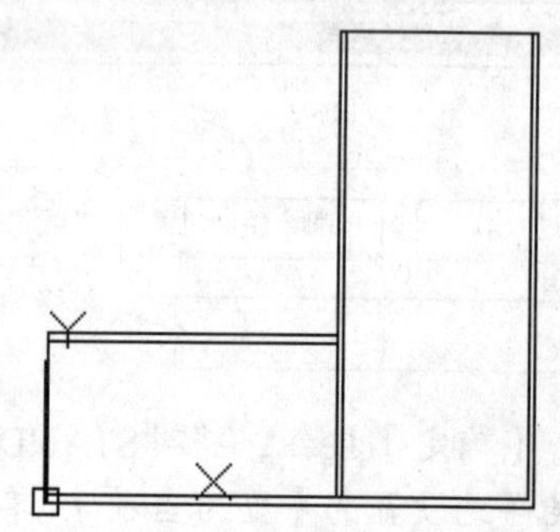

5.6 本章小结

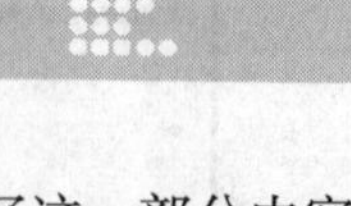

复杂二维图形的绘制，是 AutoCAD 绘图过程中必不可少的一部分，学好这一部分内容，将有助于绘图工作的顺利进行，提高绘图效率。在一份完整的图纸中，有相当一部分内容是由复杂的二维图形组成的，复杂的二维图形功能可以绘制出各种外观、尺寸不同的图形，不但可以表示出某个物体的结构，还可以为某个区域绘制装饰品，以达到整体美观的效果。

第 6 章　编辑图形对象

本章引言

在绘图时单纯地使用绘图命令，只能创建一些基本的图形对象。而如果要绘制复杂的图形，在很多情况下必须借助图形编辑命令。AutoCAD 2013 提供了强大的图形编辑功能，可以帮助用户合理地构造和组织图形，保证绘图的精确性，简化绘图操作，从而极大提高了绘图效率。

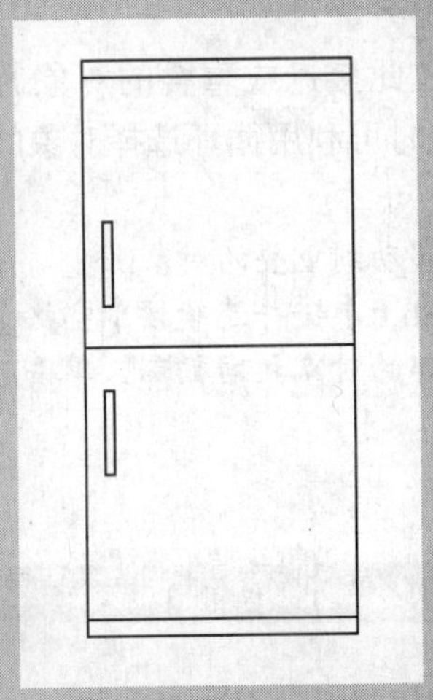

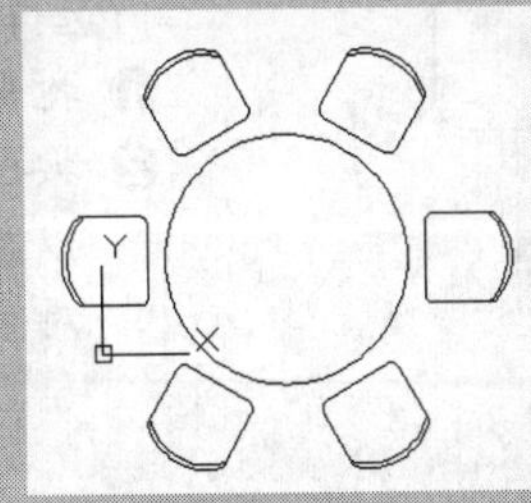

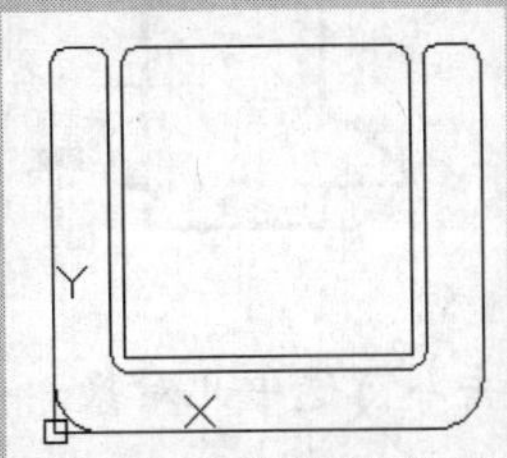

通过对 AutoCAD 2013 编辑命令的讲解，读者能在短时间内了解什么是 AutoCAD 2013 的编辑命令，利用 AutoCAD 2013 的编辑命令能做些什么。本章将学习如何在 AutoCAD 2013 中编辑对象。

6.1 选择对象

本节视频教学录像：6 分钟

在 AutoCAD 2013 中创建的每个几何图形都是一个 AutoCAD 对象类型。AutoCAD 对象类型具有很多形式。在 AutoCAD 2013 中，选择对象是一个非常重要的环节，无论执行任何编辑命令都必须选择对象或先选择对象再执行编辑命令，因此选择命令会频繁使用。

6.1.1 单个选取对象

单个选取对象的具体方法如下。

1. 单击选择对象

❶ 打开光盘中的“素材\ch06\选择单个对象.dwg”文件。

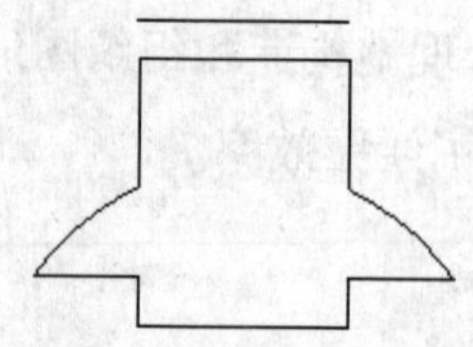

❷ 移动光标到要选择的对象上。

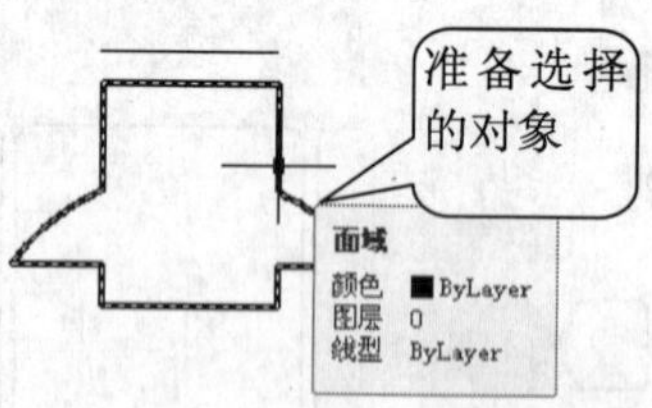

❸ 单击即可选中此对象。

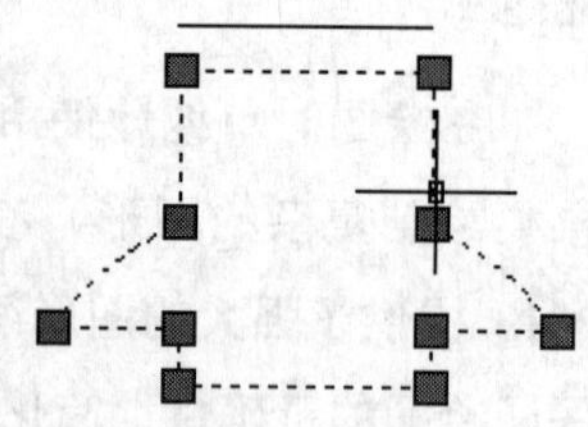

❹ 按【Esc】键结束对象选择。

2. 重叠对象的选择

选择彼此接近或重叠的对象通常是很困难的，这时可利用循环选择对象的方法进行选择。

❶ 把光标移动到重叠的对象上。

❷ 按住【Shift】键并连续按【空格】键，可以在相邻的对象之间循环，单击后可选择对象。

6.1.2 框选对象

在 AutoCAD 2013 中，有时候需要选择多个对象进行编辑操作，而这时如果还一个一个地单击选择对象将是一件很麻烦的事情，不仅花费时间和精力而且影响工作效率，这时如果能同时选择多个对象就显得非常有必要了。

1. 窗口选择

❶ 打开光盘中的“素材\ch06\选择多个对象.dwg”文件。在绘图区左边空白处单击鼠标，确定矩形窗口第一点。

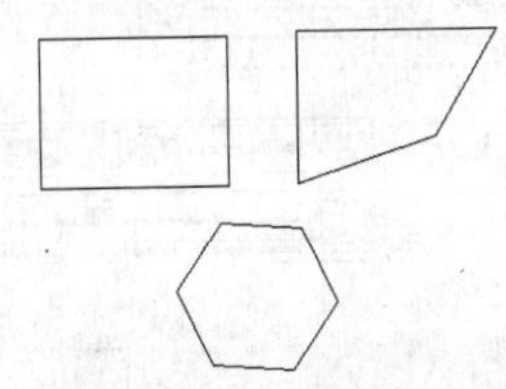

❷ 从左向右拖动鼠标，展开一个矩形窗口。

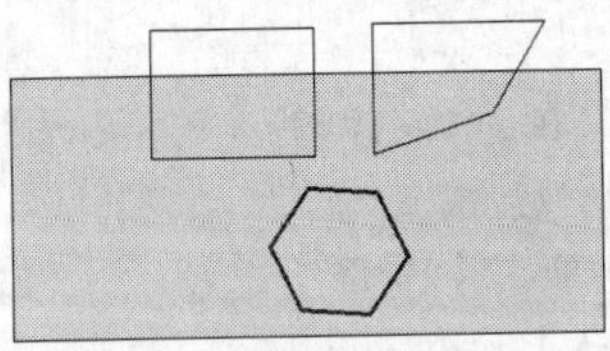

❸ 单击鼠标后，完全位于窗口内的对象即被选中。

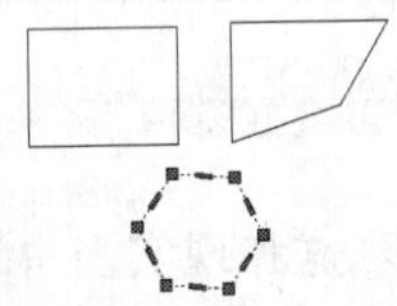

2. 交叉选择

❶ 在绘图区右边空白处单击鼠标，确定矩形窗口第一点。

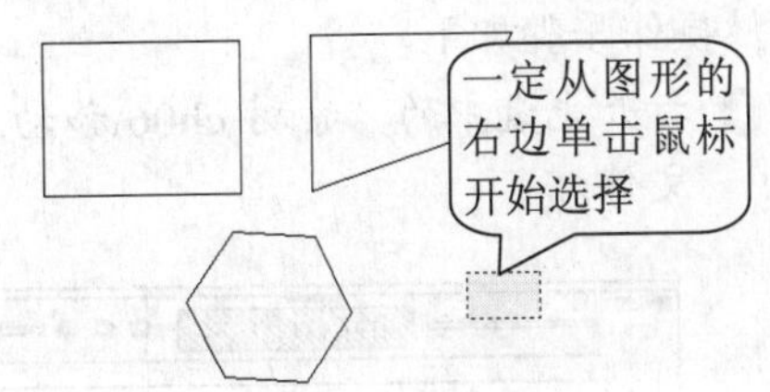

❷ 从右向左拖动鼠标，展开一个矩形窗口。

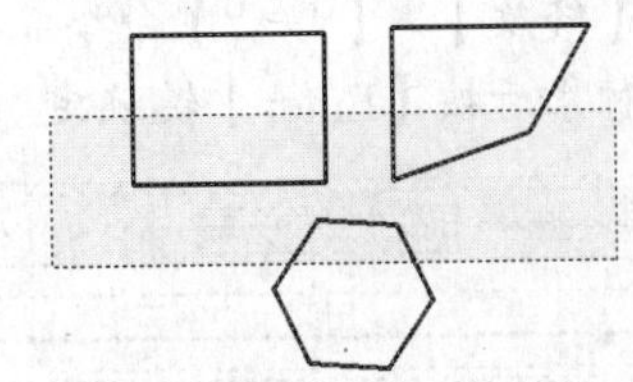

❸ 单击鼠标，选择矩形窗口包围和相交的对象。

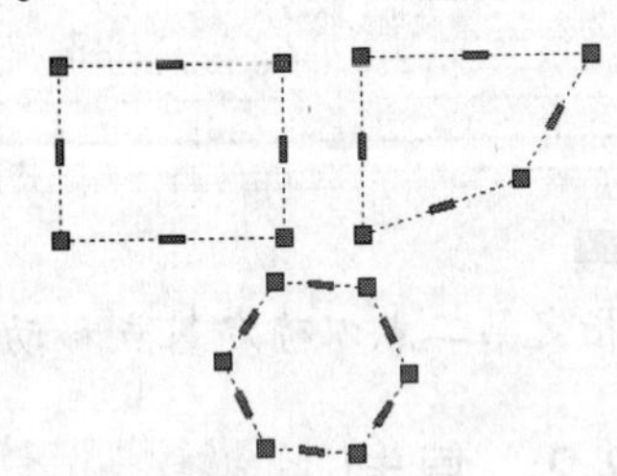

Tips

用窗口选择选择对象时，只有整个图形都在选择框内时该图形才会被选中。

用交叉选择选择对象时，只要对象的一部分在选择框内，整个图形都将被选中。

6.2 移动和复制

本节视频教学录像：9 分钟

使用【移动】命令可以将原对象以指定的角度和方向移动到任何位置，从而实现对象的组合以形成一个新的对象。【复制】命令则可以从原对象以指定的角度和方向创建对象的副本。

6.2.1 移动

移动，顾名思义就是把一个或多个对象从一个位置移动到另一个位置。移动对象的具体操作步骤如下。

❶ 打开光盘中的“素材\ch06\移动.dwg”文件。

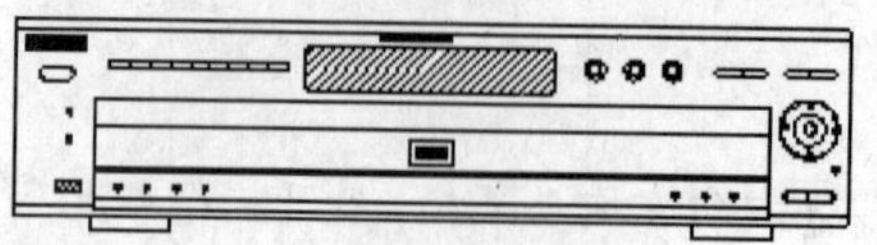

❷ 选择【修改】➤【移动】命令。

❸ 选择对象后按【Enter】键确定。

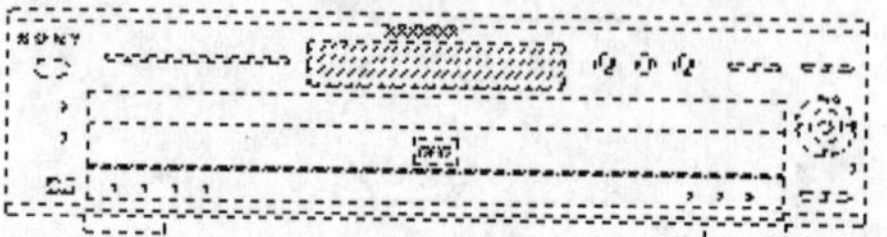

❹ 单击以指定一点作为移动对象的基点。

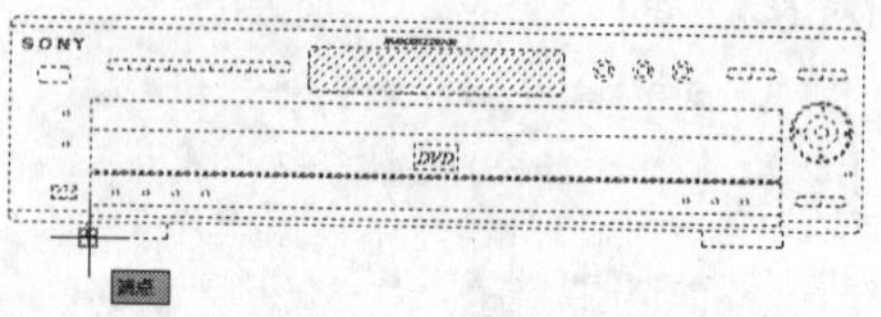

❺ 单击指定第二点以确定基点移动后的位置。虚线部分是原始对象，实线部分是移动后的对象。

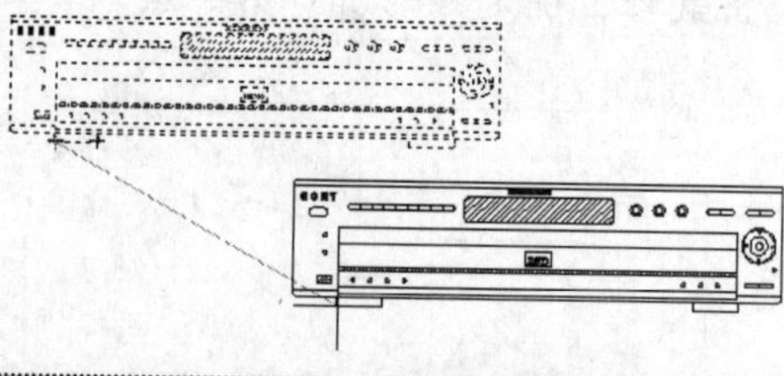

Tips

还可以通过以下方法调用【移动】命令。

(1) 在命令行输入“move”后按【Enter】键。

(2) 单击【常用】选项卡【修改】面板【移动】按钮。

(3) 选择要移动的对象并右击，在弹出的快捷菜单中选择【移动】命令。

6.2.2 复制

复制，通俗地讲就是把原对象变成多个完全一样的对象。这和现实当中复印身份证和求职简历是一个道理。通过【复制】命令，可以很轻松地将单个图形复制出多个图形以达到快速创建多个相同对象的效果。

复制对象的具体操作步骤如下。

❶ 打开光盘中的“素材\ch06\老爷车.dwg”文件。

❷ 选择【修改】➤【复制】命令。

❸ 单击鼠标，用交叉选择的方法选择大车轮。

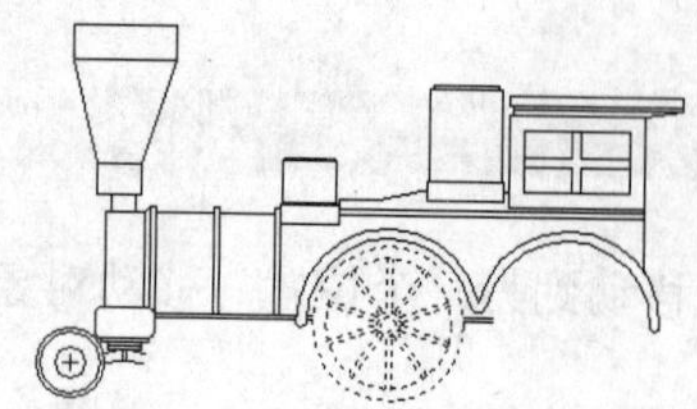

❹ 按【Enter】键确定，单击鼠标指定大车轮的圆心为复制对象的基点。

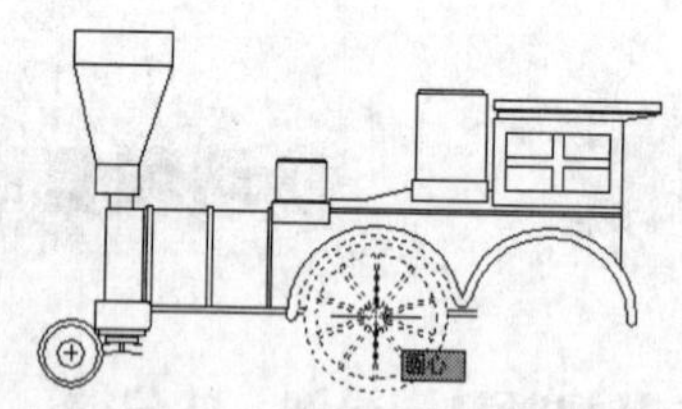

❺ 拖动鼠标并以圆弧的圆心为第二点，确定基点的位移。

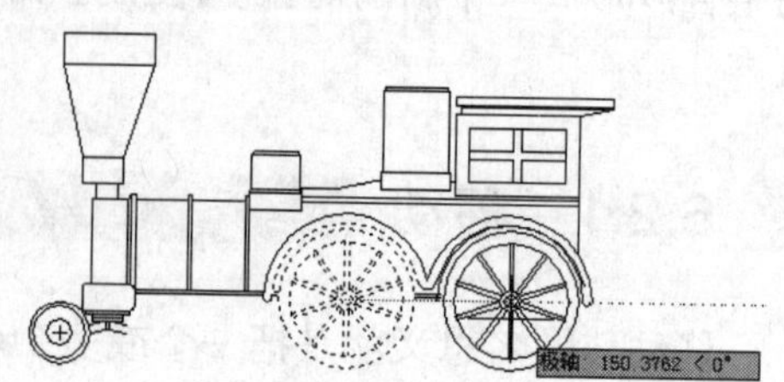

❻ 按【Enter】键确认。

❼ 重复步骤❷~❹，选择小车轮并以小车轮的圆心为基点进行复制。

❽ 向右侧水平拖动鼠标，然后按【Enter】键确认后如下图所示。

Tips

还可以通过以下方法调用【复制】命令。

(1) 在命令行中输入“copy”后按【Enter】键。

(2) 单击【常用】选项卡【修改】面板【复制】按钮。

(3) 选择要移动的对象并右击，在弹出的快捷菜单中选择【复制】命令。

6.3 旋转和缩放

本节视频教学录像：9分钟

【旋转】和【缩放】的主要功能是对对象进行旋转操作和放大或缩小操作。

6.3.1 旋转

旋转是指绕指定基点旋转图形中的对象，具体操作方法如下。

❶ 打开光盘中的“素材\ch06 办公椅.dwg”文件。

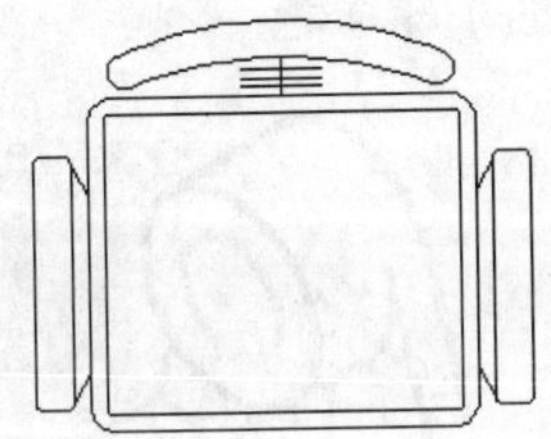

❷ 选择【修改】➤【旋转】命令。

❸ 拖动鼠标选择对象并单击结束选择。

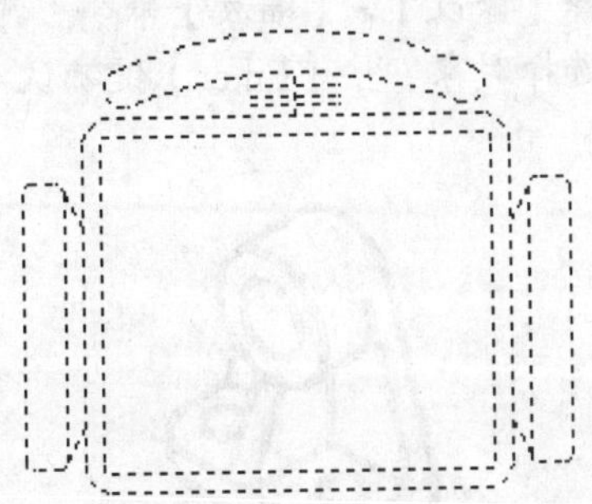

❹ 按【Enter】键确认选择对象。

❺ 单击确定底部中点为旋转基点。

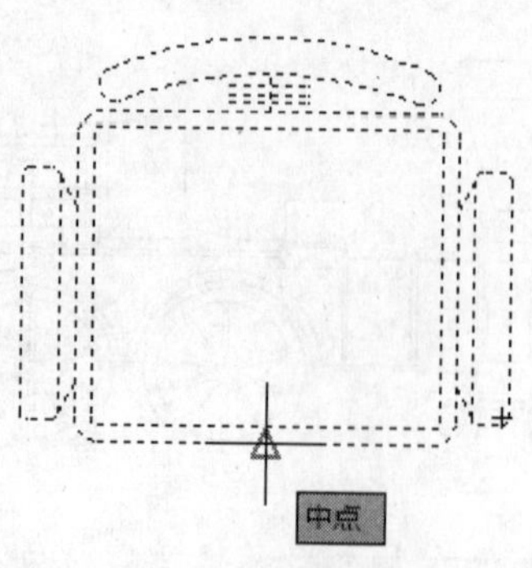

❻ 在命令行中输入“90”以指定对象旋转的角度。

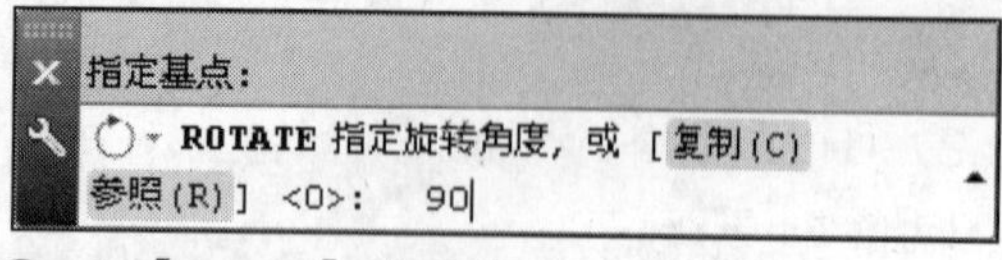

❼ 按【Enter】键确定。

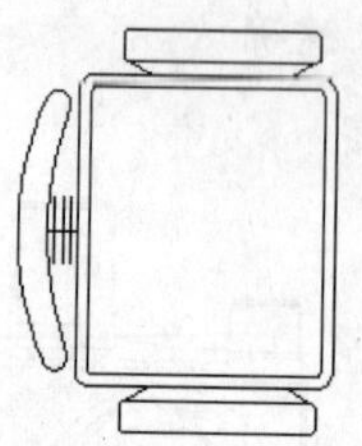

Tips

还可以通过以下方法调用【旋转】命令。

(1) 在命令行中输入“rotate”后按【Enter】键。

(2) 单击【常用】选项卡➢【修改】面板➢【旋转】按钮。

(3) 选择要移动的对象并右击，在弹出的快捷菜单中选择【旋转】命令。

6.3.2 比例缩放

【缩放】命令可以在 x、y 和 z 坐标上同比放大或缩小对象，最终符合设计要求。在对对象进行缩放操作时，对象的比例保持不变，但其在 x、y、z 坐标上的数值将发生改变。

❶ 打开光盘中的“素材\ch06\比例缩放.dwg”文件。

❷ 选择【修改】➢【缩放】命令。拖动鼠标选择对象，按【Enter】键确认对象选择。

❸ 单击选择缩放基点，在命令行中输入“5”，确定对象需缩放的比例。

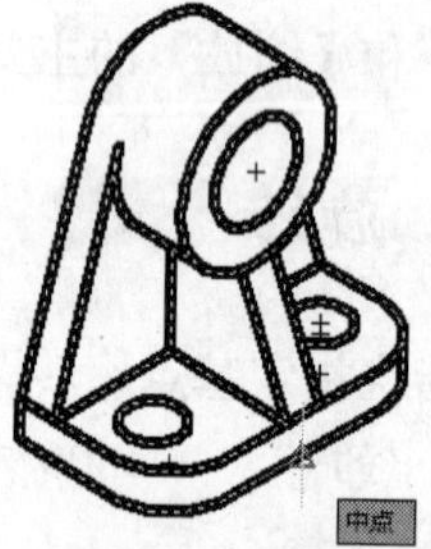

❹ 按【Enter】键确定。

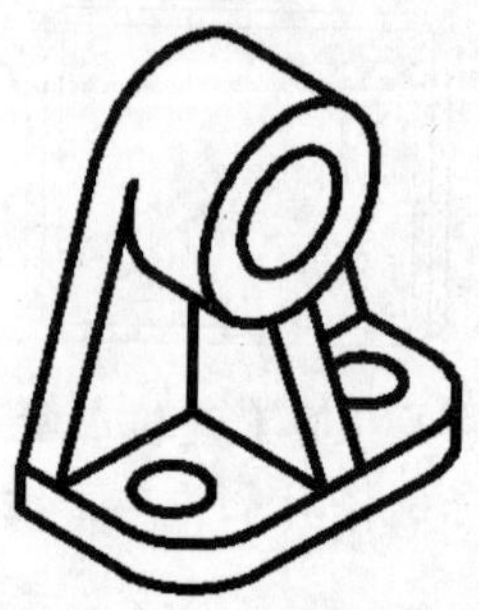

> ***Tips***
>
> 还可以通过以下方法调用【缩放】命令。
>
> (1) 在命令行中输入“scale”后按【Enter】键。
>
> (2) 单击【常用】选项卡➤【修改】面板➤【缩放】按钮。
>
> (3) 选择要移动的对象并右击，在弹出的快捷菜单中选择【缩放】命令。

> ***Tips***
>
> 在缩放对象时，对象的尺寸发生变化，但是对象的形状并没有发生变化，所以缩放后的对象和原来的对象外观是一样的。读者可用测量工具来测量其具体尺寸。
>
> 有些编辑命令 2D 和 3D 是通用的，比如：缩放比例、复制和移动等。

6.4 修剪和延伸

本节视频教学录像：7 分钟

【修剪】命令和【延伸】命令可以缩短或拉长对象，使对象与其他对象的边相连接。这两个命令在制图过程中用得非常频繁。

6.4.1 修剪

修剪对象可使对象精确地终止于由其他对象定义的边界。

❶ 打开光盘中的“素材\ch06\修剪平面图.dwg”文件。

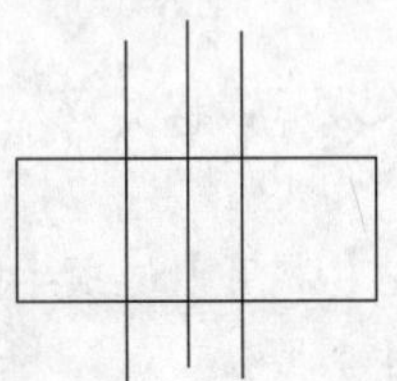

❷ 选择【修改】➤【修剪】命令。单击以指定要修剪的对象，按【Enter】键确认要修剪的对象。

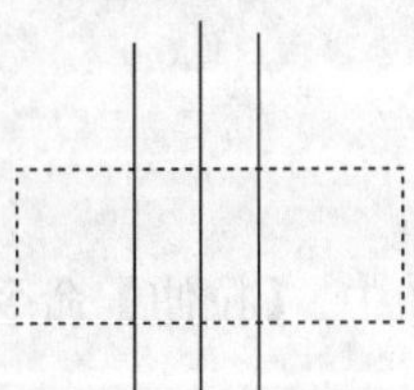

❸ 单击要被修建剪掉的部分。

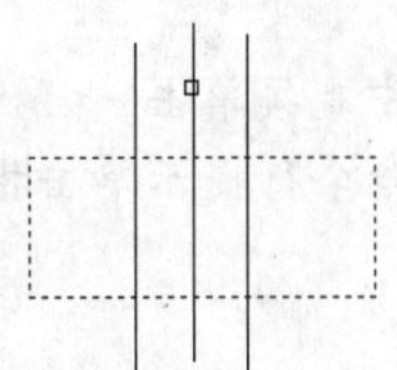

❹ 效果图如图所示。

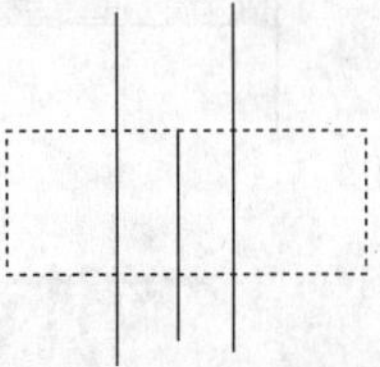

❺ 继续单击其他要被修剪掉的地方，最终效果图如下所示。

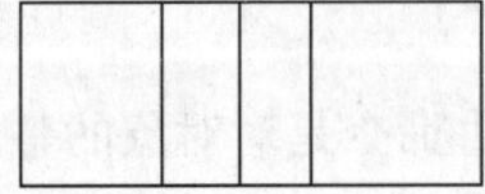

Tips

还可以通过以下方法调用【修剪】命令。

(1) 在命令行中输入“trim”后按【Enter】键。

(2) 单击【常用】选项卡➢【修改】面板➢【修剪】按钮。

6.4.2 延伸

【延伸】命令与【修剪】命令虽然作用相反，但是它们的操作方法基本相同。

❶ 打开光盘中的“素材\ch06\延伸平面图.dwg”文件。

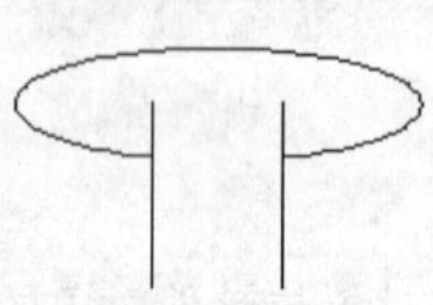

❷ 选择【修改】➢【延伸】命令。

❸ 选择椭圆弧为延伸的边界，然后按【Enter】键确认边界选择。

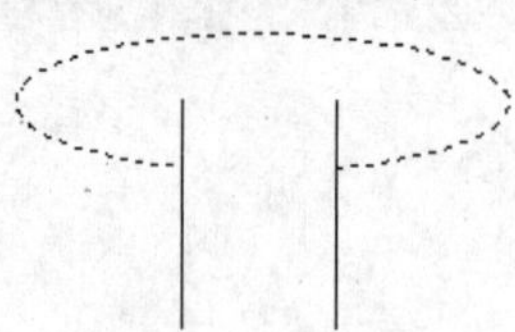

❹ 在命令行中直接单击“栏数（F）”命令，然后根据命令行提示单击指定第一个栏选点。

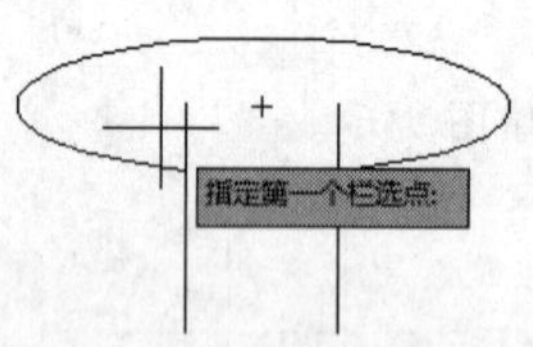

❺ 拖动鼠标并单击指定第二个栏选点。

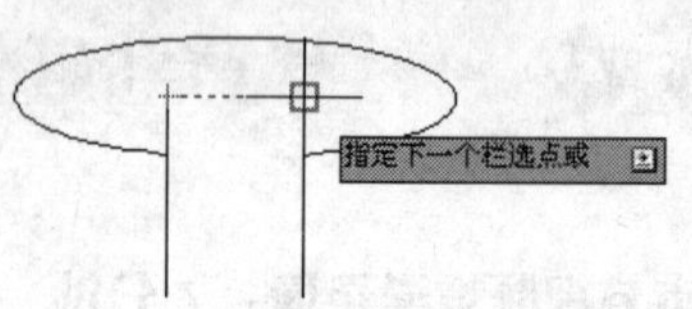

❻ 按【Enter】键确认延伸，然后按【Esc】键退出。

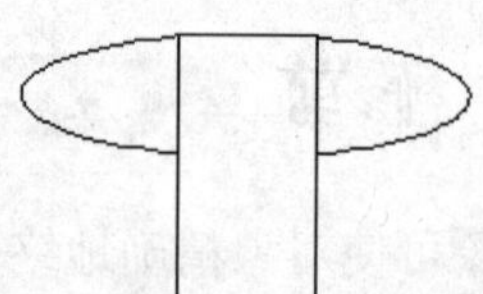

Tips

还可以通过以下方法调用【延伸】命令。

(1) 在命令行中输入“extend”后按【Enter】键。

(2) 单击【常用】选项卡➢【修改】面板➢【延伸】按钮。

6.5 拉伸

本节视频教学录像：4分钟

通过【拉伸】命令可改变对象的形状，在 AutoCAD 2013 中，【拉伸】命令主要用于非等比缩放。

【缩放】命令是对对象的整体进行放大或缩小，也就是说，缩放前后对象的大小发生改变，但其比例和形状保持不变。【拉伸】命令可以对对象进行形状或比例上的改变。

❶ 打开光盘中的“素材\ch06\拉伸平面图.dwg”文件。

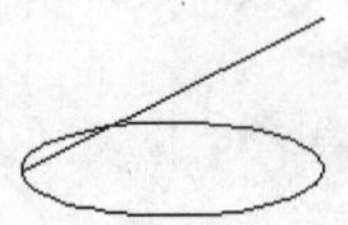

❷ 选择【修改】➤【拉伸】命令。

❸ 在空白处单击一点，指定第一角点。

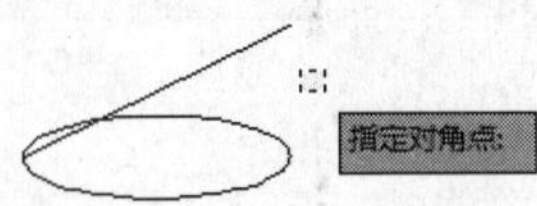

❹ 拖动鼠标，指定第二角点。

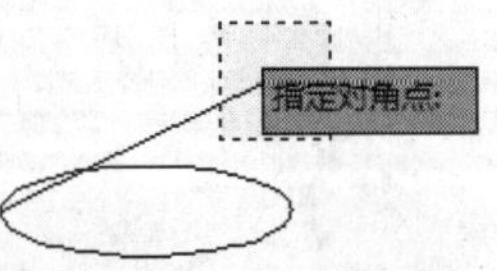

❺ 选择直线对象后，按【Enter】键确认选择对象，单击确定拉伸基点。

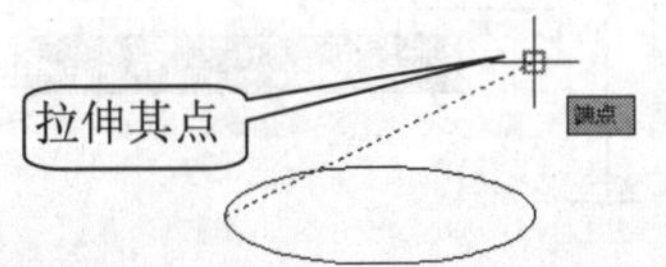

❻ 拖动鼠标使直线端点到达椭圆对象上合适的位置。

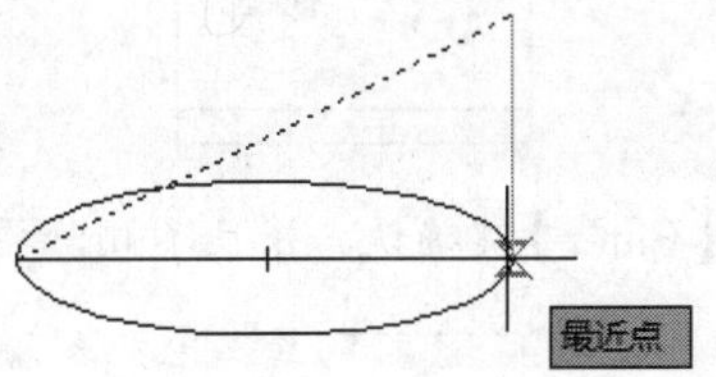

❼ 单击鼠标确定拉伸，结果如图所示。

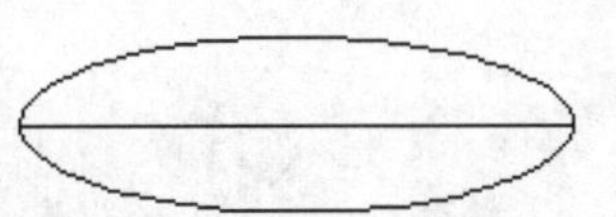

Tips

还可以通过以下方法调用【拉伸】命令。

(1) 在命令行中输入“stretch”后按【Enter】键。

(2) 单击【常用】选项卡➤【修改】面板➤【拉伸】按钮。

6.6 镜像

本节视频教学录像：5分钟

通过镜像，可以绕指定轴线翻转对象创建对称的图像。镜像对创建对称的对象非常有用，因此，可以快速地绘制半个对象，然后将其镜像，而不必绘制整个对象。

❶ 打开光盘中的“素材\ch06\镜像平面图.dwg”文件。

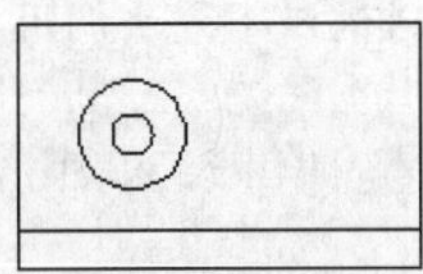

❷ 选择【修改】➤【镜像】命令。拖动鼠标选择对象，按【Enter】键确认。

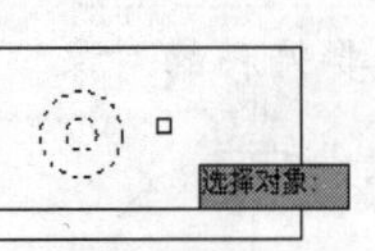

❸ 单击指定镜像线第一点。

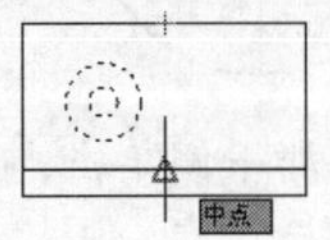

❹ 单击指定镜像线第二点。

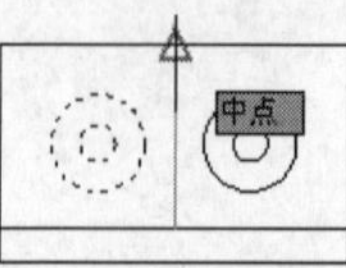

❺ 按【Enter】键确认，并且不删除源对象。

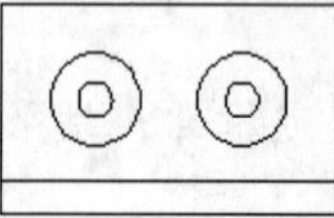

Tips

还可以通过以下方法调用【镜像】命令。

(1) 在命令行中输入“mirror”后按【Enter】键。

(2) 单击【常用】选项卡➤【修改】面板➤【镜像】按钮。

6.7 偏移

本节视频教学录像：5分钟

偏移对象是创建其造型与原对象造型平行的新对象。

❶ 打开光盘中的“素材\ch06\偏移平面图.dwg”文件。

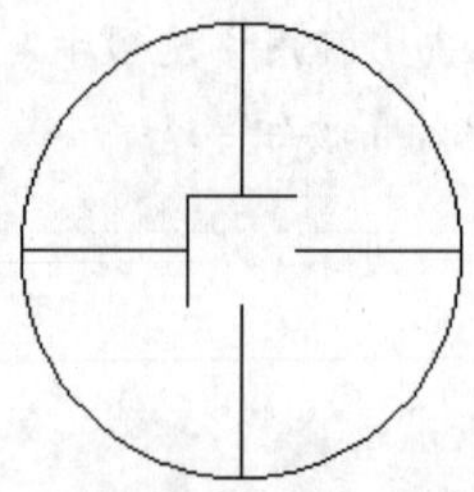

❷ 选择【修改】➤【偏移】命令。

❸ 在命令行中输入“185”以指定偏移距离，并按【Enter】键确定。

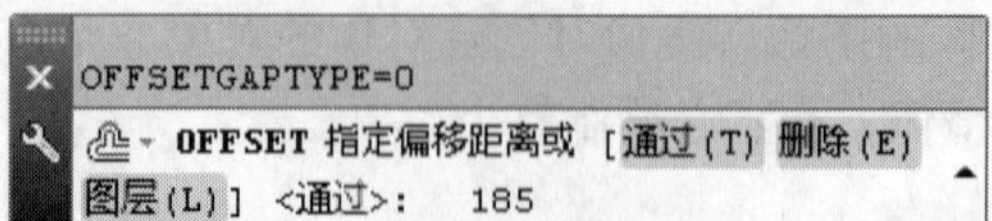

❹ 单击选定要偏移的对象。

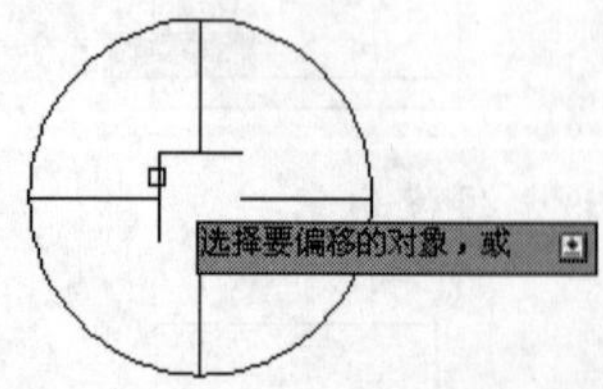

❺ 在要偏移的那一侧单击，确定偏移方向，结果如图所示。

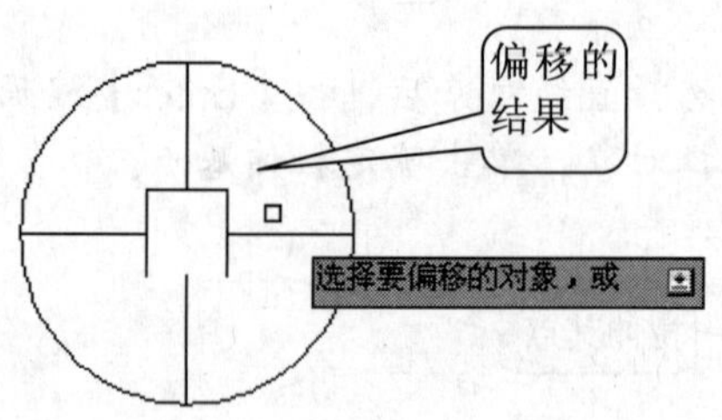

❻ 重复【偏移】命令，将水平线向下侧偏移185，最终结果如图所示。

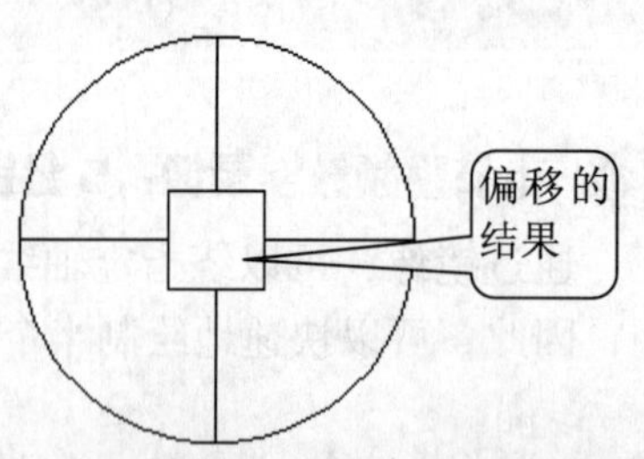

Tips

还可以通过以下方法调用【偏移】命令。

(1) 在命令行中输入“offset”后按【Enter】键。

(2) 单击【常用】选项卡➤【修改】面板➤【偏移】按钮。

6.8 阵列

本节视频教学录像：10分钟

AutoCAD 2013 的阵列形式有 3 种，即矩形阵列、环形阵列和路径阵列。

矩形阵列可以创建对象的多个副本，并可控制副本之间的数目和距离。环形阵列也可创建对象的多个副本并可对副本是否旋转以及旋转角度进行控制。在路径阵列中，项目将均匀地沿路径或部分路径分布。

6.8.1 矩形阵列

使用矩形阵列的具体操作如下。

❶ 打开光盘中的“素材\ch06\矩形阵列平面图.dwg”文件。

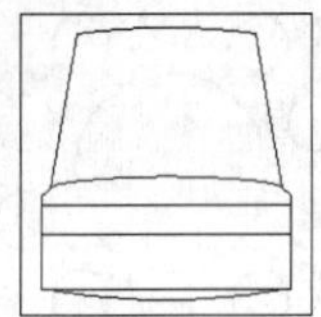

❷ 选择【修改】➤【阵列】➤【矩形阵列】命令。

❸ 拖动鼠标选择整个图形对象，并按【Enter】键结束选择。

❹ 在命令行直接单击“计数（COU）” 命令选项。

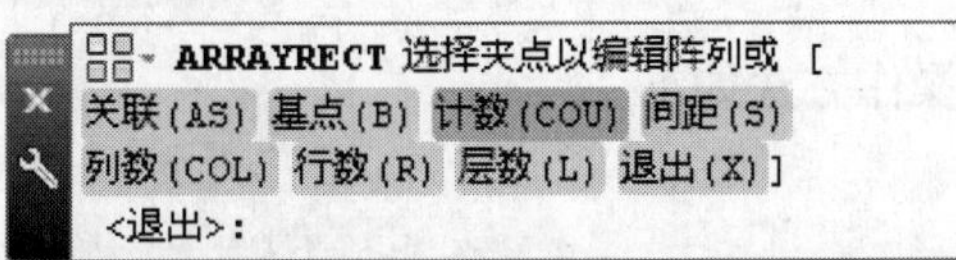

❺ 在命令行输入行数为“3”，按【Enter】键确认。

❻ 在命令行输入列数为“4”，按【Enter】键确认。

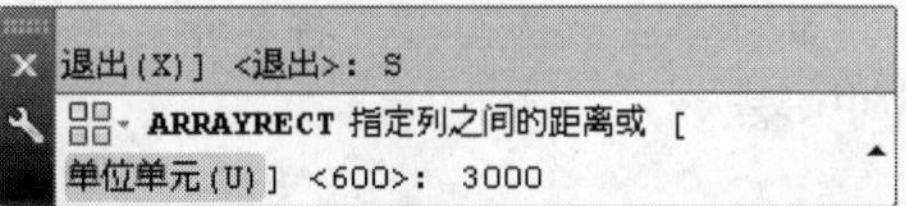

❼ 然后在命令行中单击“间距（S）”命令选项，输入间隔值数为“3000”。

❽ 按【Enter】键后指定行的间距为“3000”，然后按【Enter】键结

❾ 按【Esc】键结束命令，最终结果如图所示。

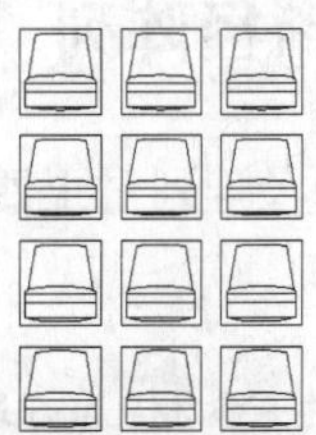

通过使用【矩形阵列】命令，可以很轻松地把其他显示器复制出来，并且可以严格控制其在 x 轴和 y 轴上的距离。相比较【复制】命令而言要简单得多。

6.8.2 环形阵列

下面利用环形阵列将小圆绕大圆中心旋转一周，具体操作方法如下。

❶ 打开光盘中的“素材\ch06\环形阵列.dwg”文件。

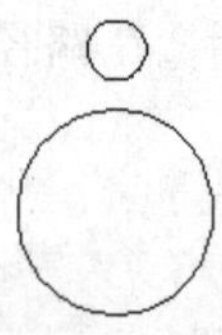

❷ 选择【修改】➤【阵列】➤【环形阵列】命令。

❸ 拖动鼠标选择整个小圆对象，并按【Enter】键结束选择。

❹ 用鼠标单击大圆圆心，将其指定为阵列中心点。

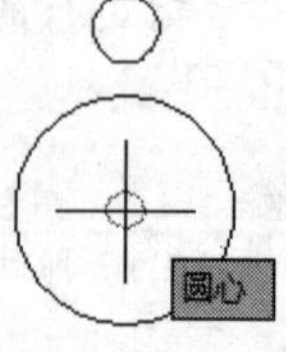

❺ 在命令行单击“项目间角度（A）”命令选项，然后输入阵列数目为“10”。

(L)/旋转项目(ROT)/退出(X)] <退出>: A
ARRAYPOLAR 指定项目间的角度或 [
表达式(EX)] <60>: 10

❻ 然后在命令行中单击“填充角度（F）”命令选项，指定填充角度为360°。

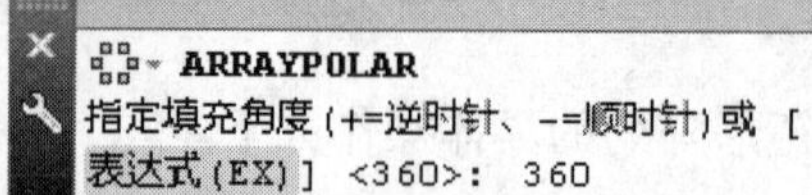

❼ 按【Enter】键确定并退出。最终结果如图所示。

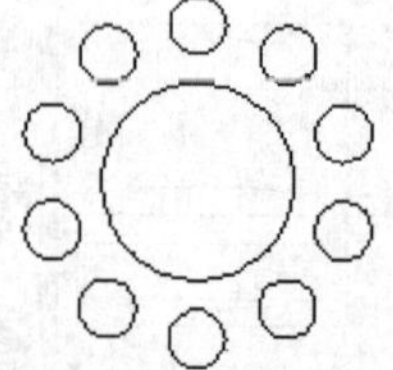

Tips

还可以通过以下方法调用【阵列】命令。

(1) 在命令行中输入“arraypolar”后按【Enter】键。

(2) 单击【常用】选项卡➤【修改】面板➤【阵列】按钮。

6.8.3 路径阵列

下面利用路径阵列对正四边形进行阵列，具体操作方法如下。

❶ 打开光盘中的“素材\ch06\路径阵列.dwg”文件。

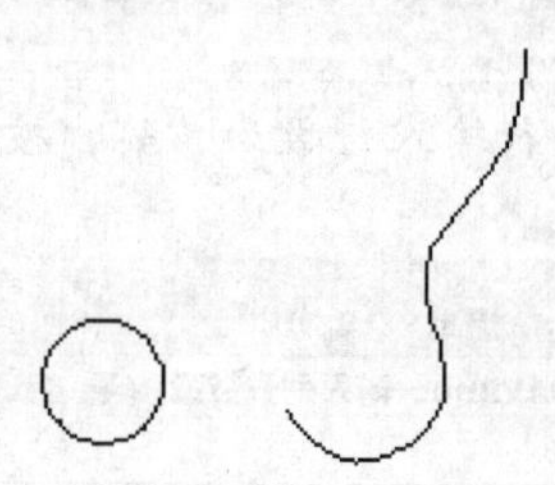

❷ 选择【修改】➤【阵列】➤【路径阵列】命令。拖动鼠标选择圆形，并按【Enter】键结束选择。

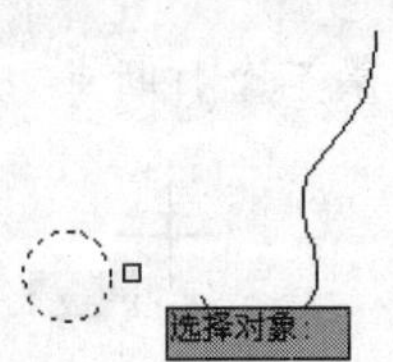

❸ 单击选择样条曲线，将其指定为路径曲线。

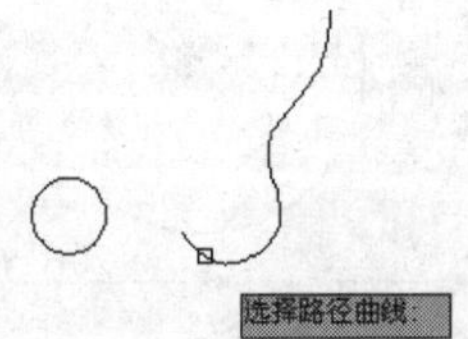

❹ 在命令行单击选择“切向（T）”命令选项，然后单击曲线上一点作为切向矢量的第一点。

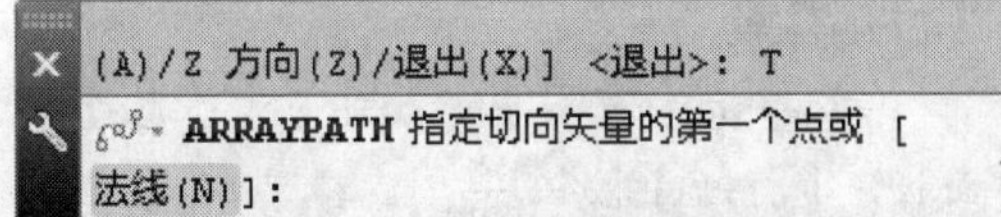

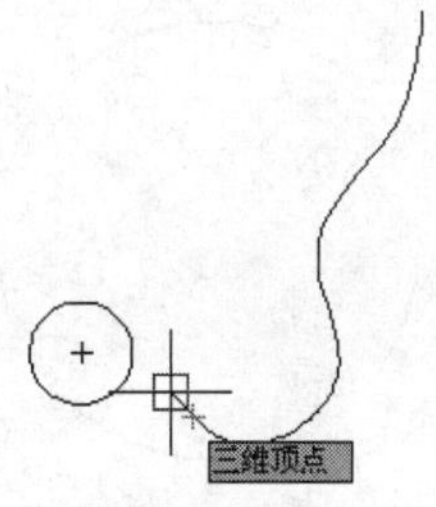

❺ 单击指定切向的第 2 点。

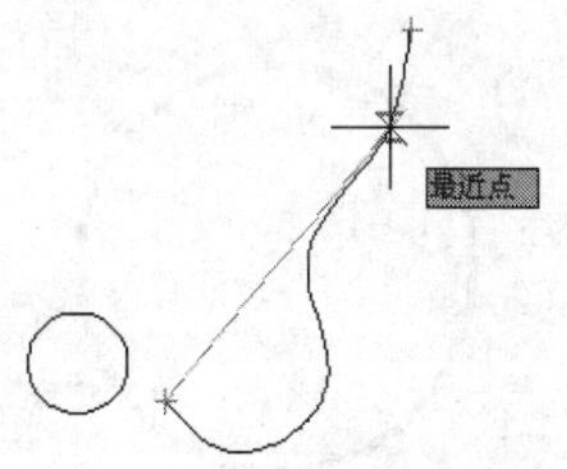

❻ 单击【Enter】键退出操作，最终效果图如下所示。

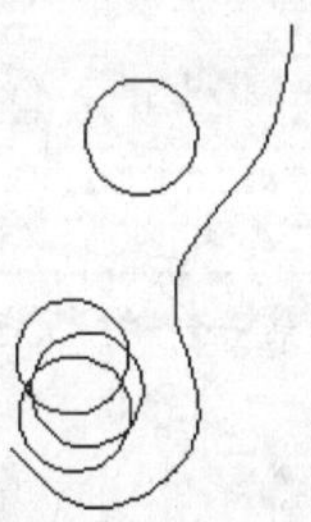

6.9 打断

本节视频教学录像：5 分钟

打断操作可以将一个对象打断为两个对象，对象之间可以有间隙，也可以没有间隙。

要打断对象而不创建间隙，可以在相同的位置指定两个打断点，也可以在提示输入第二点时输入“@0,0”。

6.9.1 打断（在两点之间打断对象）

在两点之间打断对象的基本操作步骤如下。

❶ 打开光盘中的“素材\ch06\打断.dwg”文件。

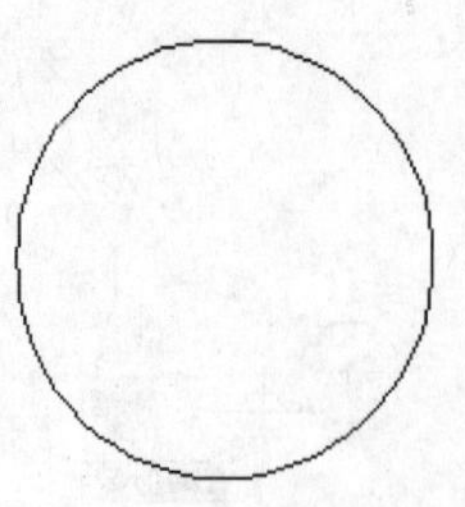

❷ 选择【修改】➢【打断】命令。

❸ 单击选择要打断的对象。

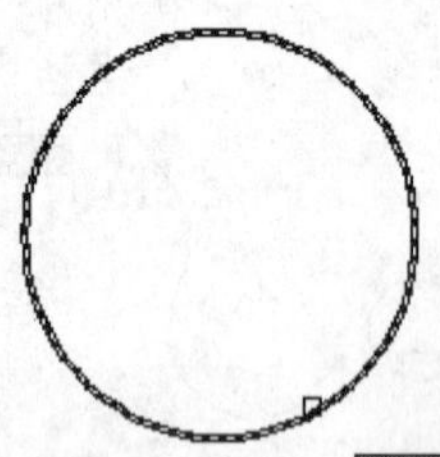

❹ 在命令行中输入“f ”，并按【Enter】键确定。

选择对象：
BREAK 指定第二个打断点 或 [第一点(F)]：
f

❺ 单击以指定第一个打断点。

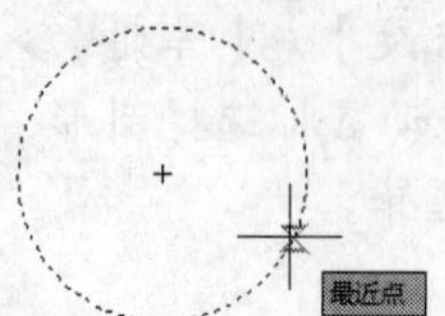

❻ 单击以指定第二个打断点。

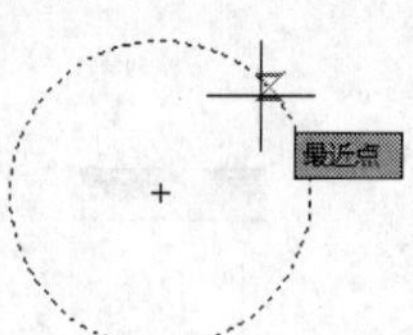

❼ 最终结果如图所示。

Tips

还可以通过以下方法调用【打断】命令。

(1) 在命令行中输入“break”后按【Enter】键。

(2) 单击【常用】选项卡➢【修改】面板➢【打断】按钮。

6.9.2 打断于点（在一点打断选定的对象）

在 AutoCAD 2013 中可以单击【常用】选项卡下【修改】面板中的【打断于点】按钮，调用【打断于点】命令，其具体操作如下。

❶ 打开光盘中的“素材\ch06\打断于点.dwg”文件。

❷ 选择【常用】选项卡➢【修改】面板➢【打断于点】按钮。

❸ 单击选择要打断的对象。

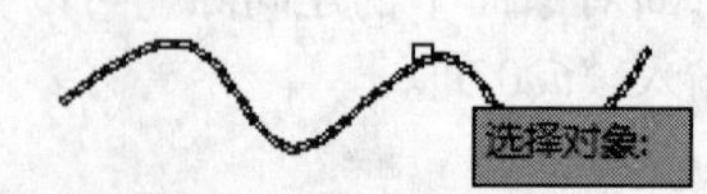

❹ 在命令行中提示指定第一个打断点，单击选择曲线的中点作为第一个打断点。

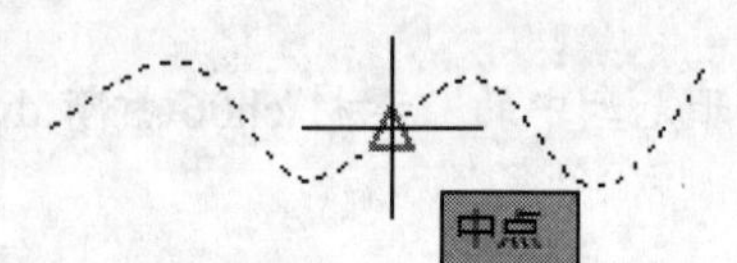

❺ 最终结果如图所示，在线段一端单击鼠标选择线段，可以看到线段显示为两段。

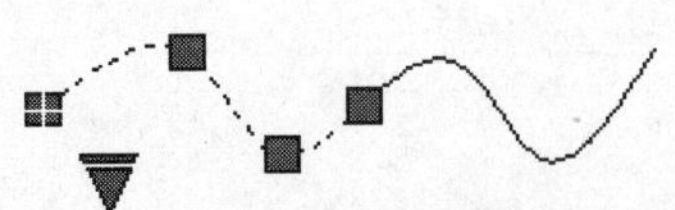

6.10 合并

本节视频教学录像：7 分钟

使用【合并】命令可以将相似的对象合并为一个完整的对象，还可以将圆弧和椭圆弧创建成完整的圆和椭圆。

6.10.1 合并直线

在合并直线时，对象必须位于同一条直线上。

❶ 打开光盘中的“素材\ch06\合并直线.dwg”文件。

❷ 选择【修改】➤【合并】命令。

❸ 单击选择合并源对象。

❹ 依次单击选择要合并到源的对象，并按【Enter】键确认。

❺ 最终结果如图所示。

6.10.2 合并多段线

在合并多段线时对象之间不能有间隙，并且必须位于同一个平面上。

❶ 打开光盘中的“素材\ch06\合并多段线.dwg”文件。

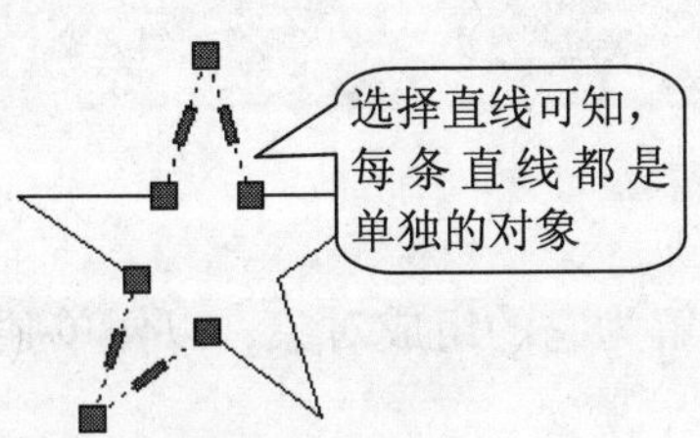

❷ 选择【修改】➤【合并】命令。

❸ 单击选择合并的源对象。

❹ 依次单击选择要合并到源的对象，并按【Enter】键确认。

❺ 最终结果如图所示。

从结果图上可以看出，几条多段线合并为一条完整的多段线。

6.10.3 合并圆弧

要合并的圆弧对象必须位于同一个假想的圆上。

❶ 打开光盘中的“素材\ch06\合并圆弧.dwg”文件。

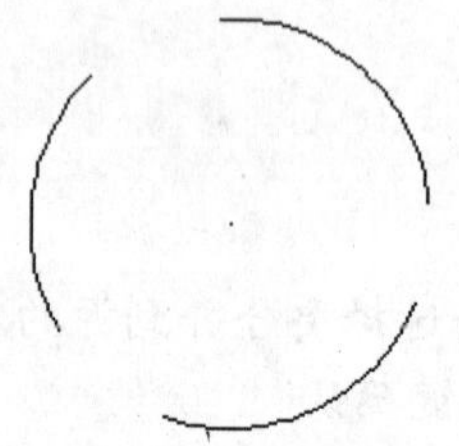

❷ 选择【修改】➤【合并】命令。

❸ 单击选择合并的源对象。

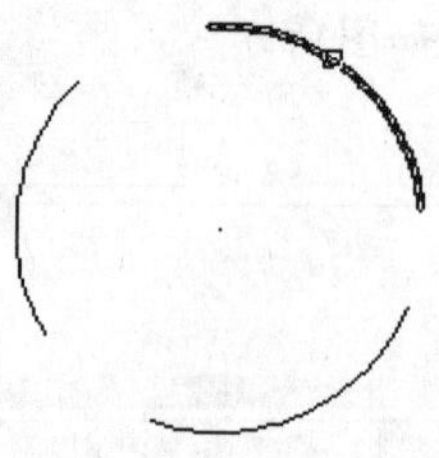

❹ 依次单击选择要合并到源的对象，并按【Enter】键确认。

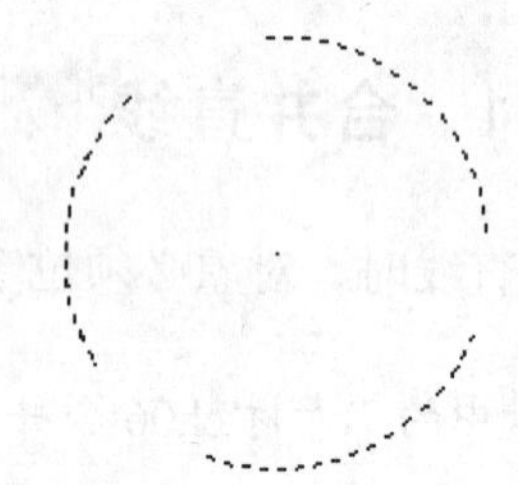

❺ 最终结果如图所示。

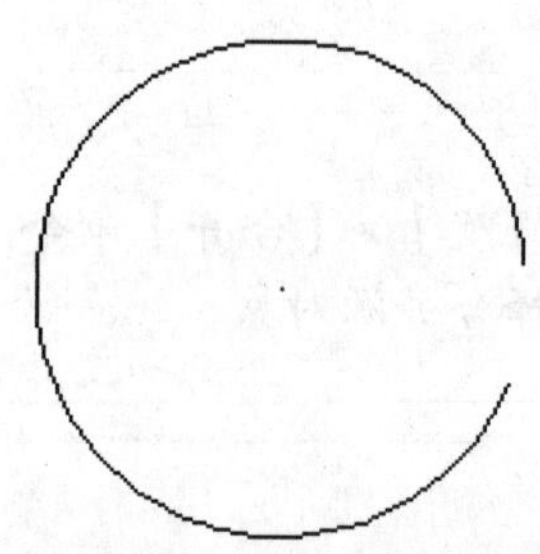

Tips

合并两条或多条圆弧时，将从原对象开始按逆时针方向合并圆弧。

6.11 分解

本节视频教学录像：3 分钟

通过分解操作可以将块、面域、多段线等分解为它的组成对象，以便单独修改一个或多个对象。

【分解】命令主要是把单个组合的对象重新分解成多个单独的对象，以便对各个单独对象进行编辑。

❶ 打开光盘中的“素材\ch06\分解.dwg”文件。

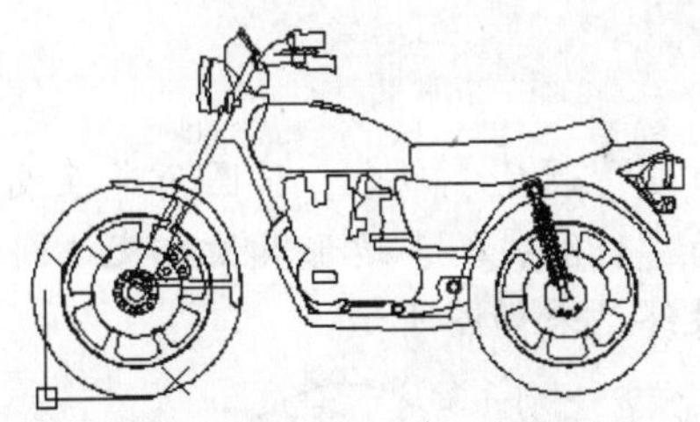

❷ 选择【修改】➤【分解】命令。

❸ 拖动鼠标选择对象。

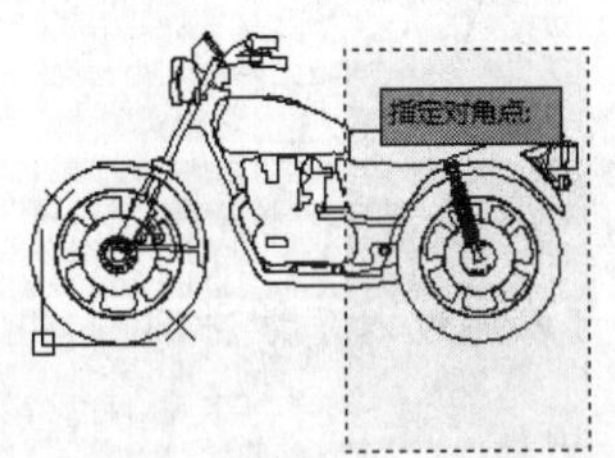

❹ 单击以确定选择。

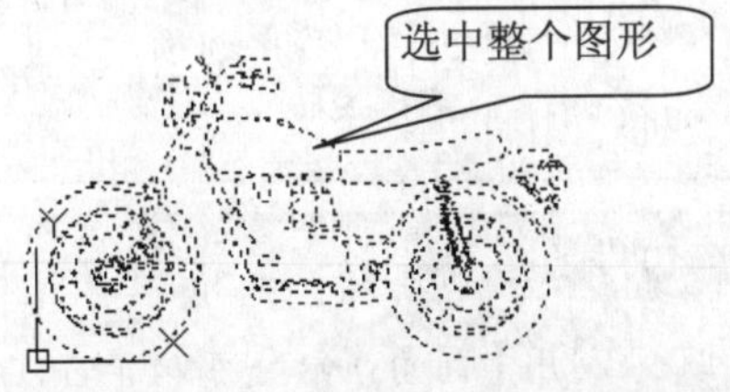

❺ 按【Enter】键确认后退出【分解】命令。

❻ 选中“摩托车前轮”并按【Delete】键删除。

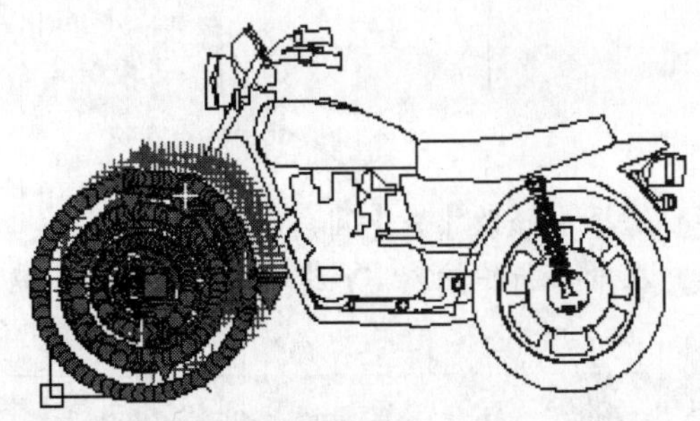

❼ 最终结果如图所示。

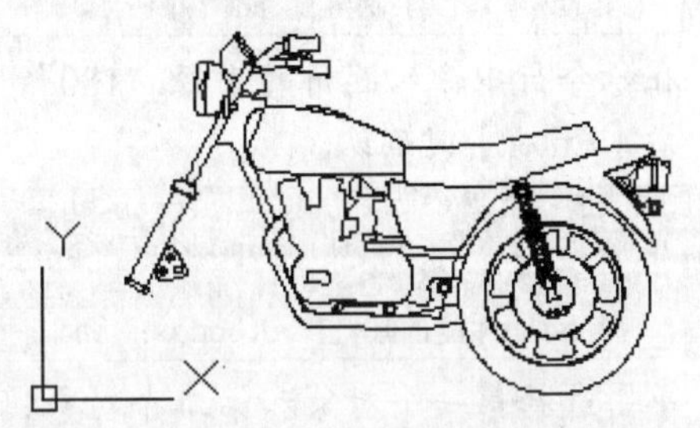

> **Tips**
>
> 还可以通过以下方法调用【分解】命令。
>
> (1) 在命令行中输入“explode”后按【Enter】键。
>
> (2) 单击【常用】选项卡➤【修改】面板➤【分解】按钮。

6.12 圆角和倒角

本节视频教学录像：9 分钟

利用【圆角】和【倒角】命令可以使两条平行或相交的直线用圆角或倒角连接起来。

6.12.1 圆角

【圆角】命令可以使两条平行或相交的直线用一个圆弧连接起来，此命令常用于绘制一些圆角矩形对象，比如体育场的跑道、圆形窗户和其他圆形造型对象。

❶ 打开光盘中的“素材\ch06\圆角.dwg”文件。

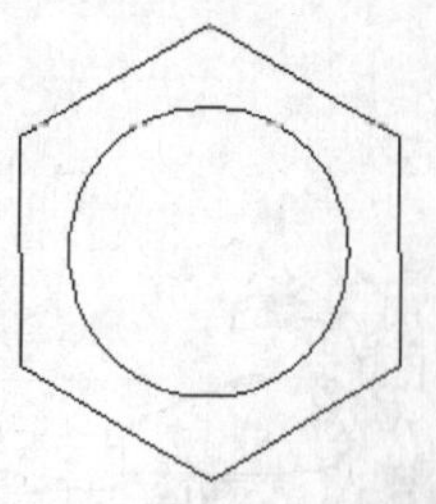

❷ 选择【修改】➢【圆角】命令。

❸ 在命令行中输入“r ”并按【Enter】键确认。

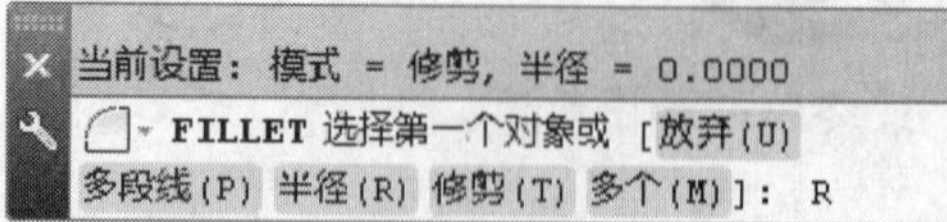

❹ 在命令行中输入圆角的半径“180”，并按【Enter】键确认。

当前设置：模式 = 修剪，半径 = 0.0000
选择第一个对象或 [放弃(U)/多段线(P)/半径(R)/修剪(T)/多个(M)]: R
FILLET 指定圆角半径 <0.0000>: 180

❺ 单击选择第一个对象和第二个对象，分别选择正多边形的两条边。

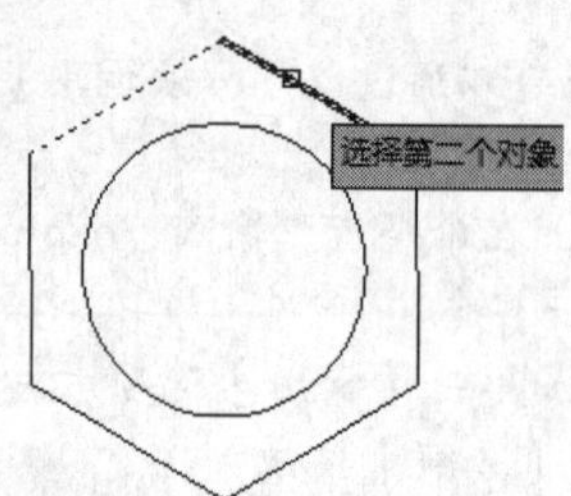

❻ 结果如图所示。

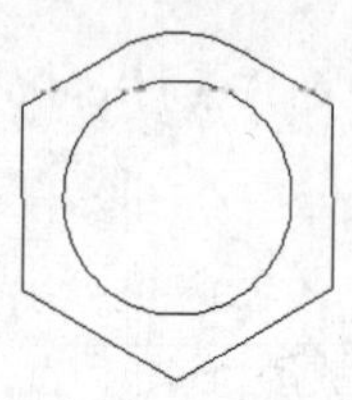

❼ 重复【圆角】命令，将圆角半径设置均为“180”，给多边形其他相交边圆角，最终结果如图所示。

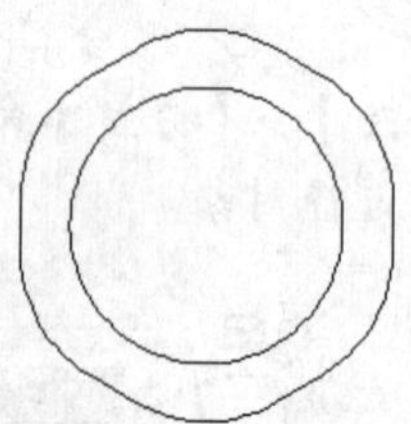

Tips

还可以通过以下方法调用【圆角】命令。

(1) 在命令行中输入“fillet”后按【Enter】键。

(2) 单击【常用】选项卡➢【修改】面板➢【圆角】按钮。

Tips

利用【圆角】命令可以非常方便地做出圆弧的效果。当圆角的半径设为 0 时还可以封闭两条不相连的直线，如果是两条平行线，则以两条平行线间的距离为直径进行半圆全圆角。

6.12.2 倒角

倒角操作用于连接两个对象，使它们以平角或倒角相接。

❶ 打开光盘中的“素材\ch06\倒角.dwg”文件。

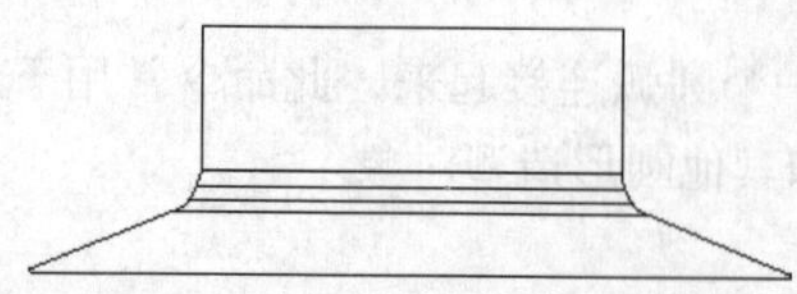

❷ 选择【修改】➢【倒角】命令。

❸ 在命令行中输入“d”，并按【Enter】键确认。

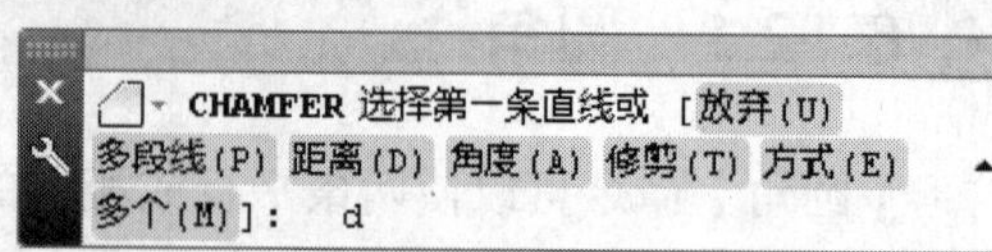

❹ 在命令行中输入第一个倒角距离“30”，并按【Enter】键确认。

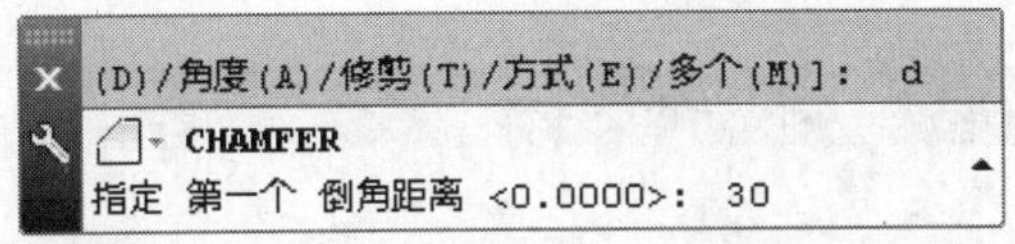

❺ 在命令行中输入第二个倒角距离“30”，并按【Enter】键确认。

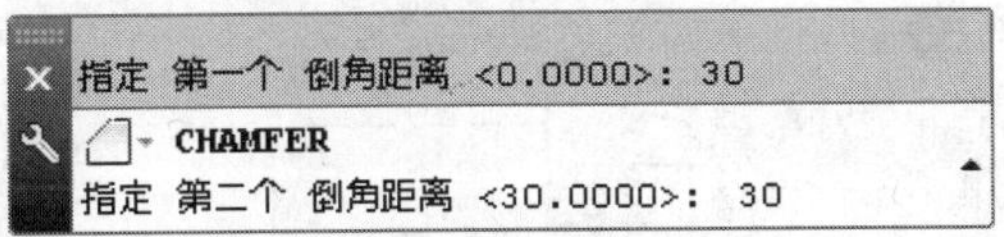

❻ 选择要倒角的第一条直线。

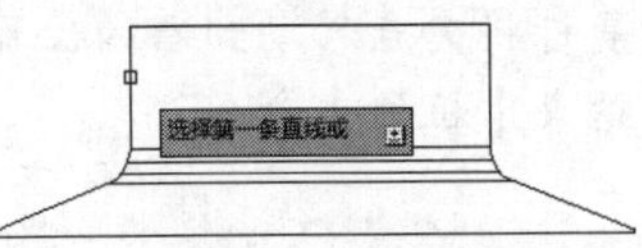

❼ 选择要倒角的第二条直线。

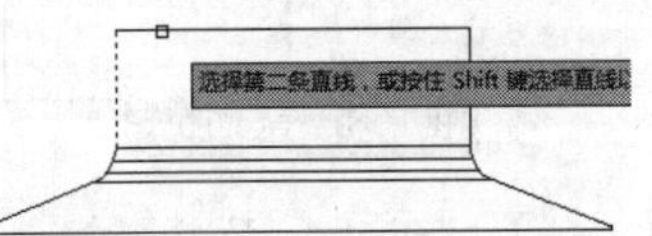

❽ 结果如图所示。

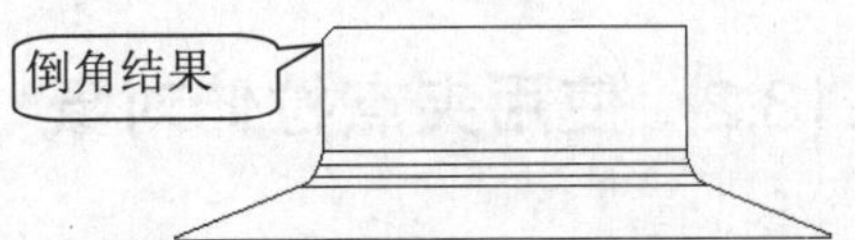

❾ 重复【倒角】命令，对另一侧进行倒角。最终结果如图所示。

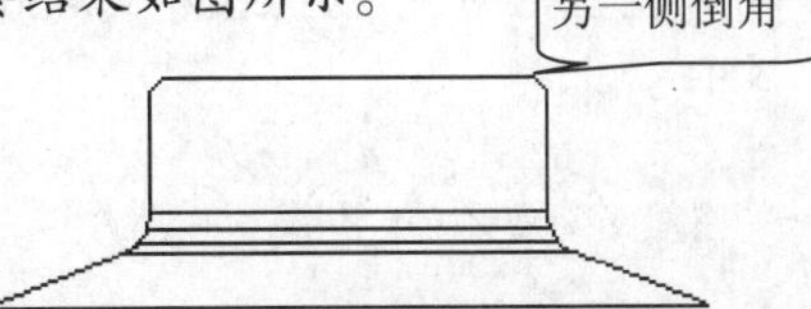

Tips

还可以通过以下方法调用【倒角】命令。

(1) 在命令行中输入“chamfer”后按【Enter】键。

(2) 单击【常用】选项卡➢【修改】面板➢【倒角】按钮。

6.13 使用夹点编辑对象

本节视频教学录像：8 分钟

夹点是一些实心的小方块，默认蓝色显示，可以对夹点来执行拉伸、移动、旋转、缩放或镜像操作。

6.13.1 夹点的显示与关闭

夹点的显示与关闭的具体操作步骤如下。

❶ 选择【工具】➢【选项】命令，弹出【选项】对话框。

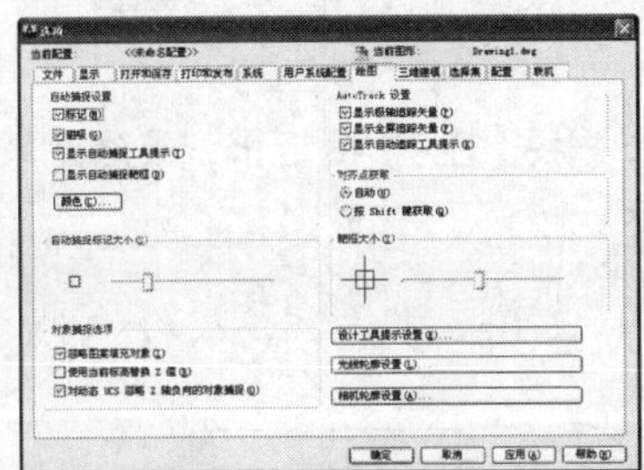

❷ 选择【选择集】选项卡，选中【夹点】区的【显示夹点提示】复选框，可以显示夹点。

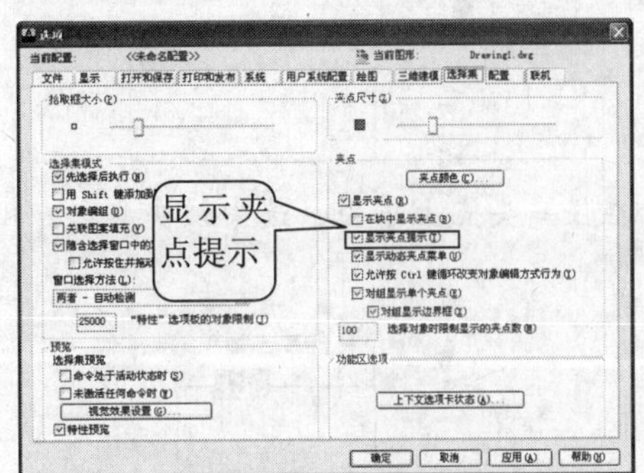

6.13.2 使用夹点拉伸对象

通过移动选定的夹点，可以拉伸对象。

❶ 打开光盘中的“素材\ch06\夹点.dwg”文件。

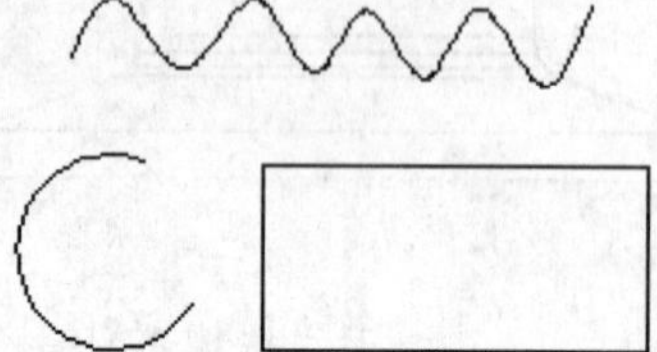

❷ 拖动鼠标并单击选择对象。

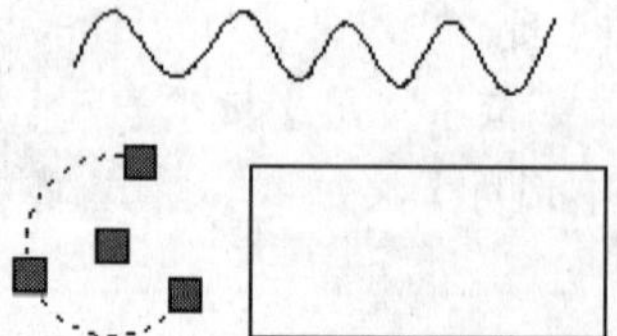

❸ 单击夹点。

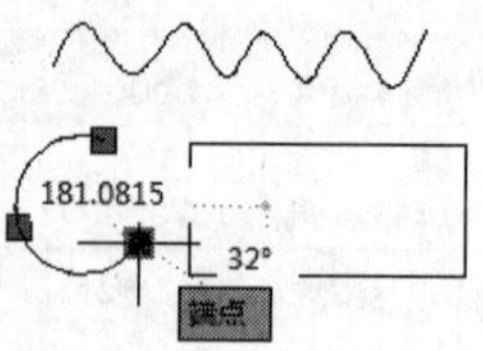

❹ 拖动鼠标将夹点移动到新的位置并单击确定结束【拉伸】命令。

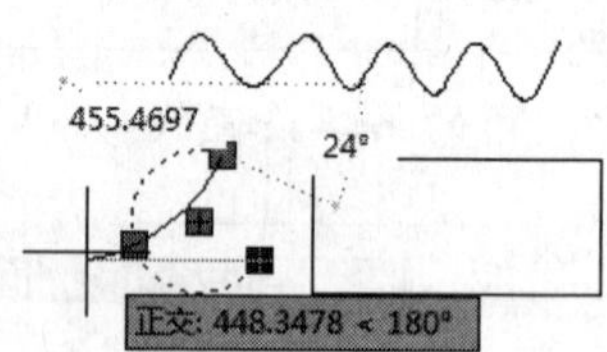

❺ 按【Esc】键退出，最终结果如图所示。

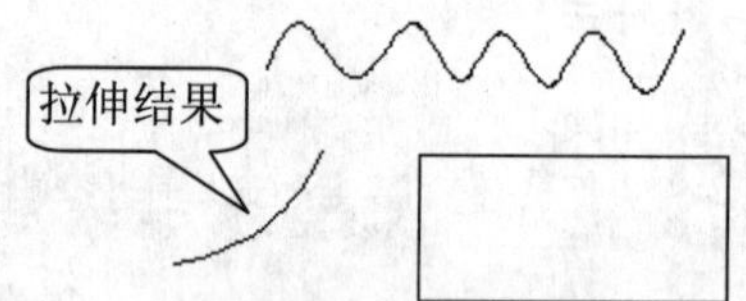

6.13.3 使用夹点移动对象

使用夹点移动对象和使用【移动】命令移动对象的结果是一样的。

❶ 打开光盘中的“素材\ch06\夹点.dwg”文件。

❷ 单击选择要移动的对象。

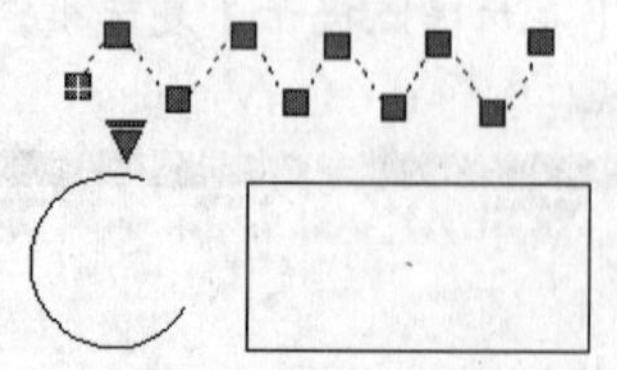

❸ 在任一夹点上单击，选中该夹点。

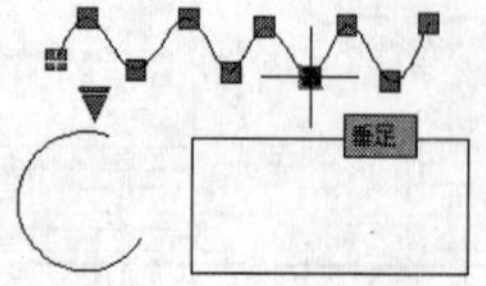

❹ 单击鼠标右键，在弹出的快捷列表中，选择夹点模式为“移动”。

❺ 拖动鼠标移动选择的对象。

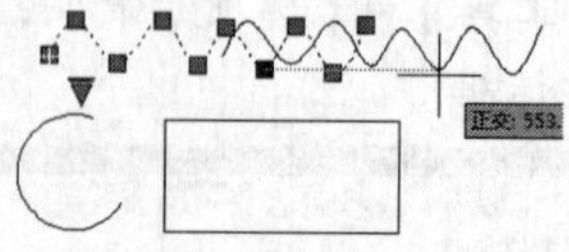

❻ 单击并按【Esc】键退出，最终结果如图所示。

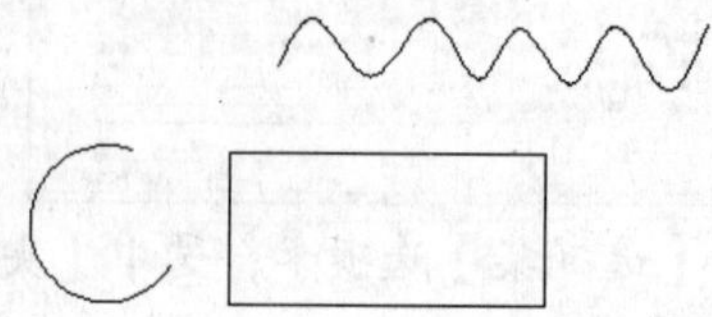

6.13.4 使用夹点旋转对象

使用夹点旋转对象和使用【旋转】命令旋转对象的结果是一样的。

❶ 打开光盘中的“素材\ch06\夹点.dwg”文件。

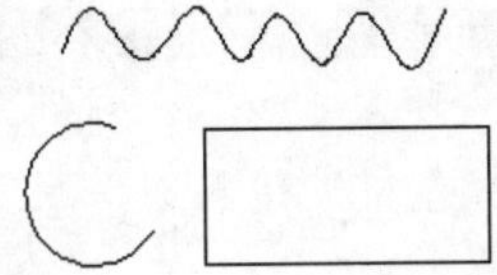

❷ 单击选择要旋转的对象。

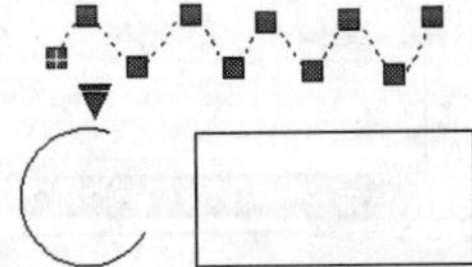

❸ 在任一夹点上单击作为旋转基点。

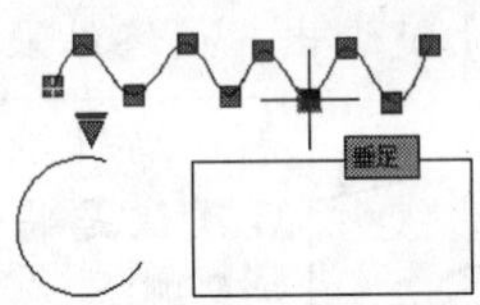

❹ 单击鼠标右键，在弹出的快捷列表中，选择夹点模式为“旋转”。

❺ 单击指定旋转基点后，在命令行中输入旋转的角度“90”并按【Enter】键确认。

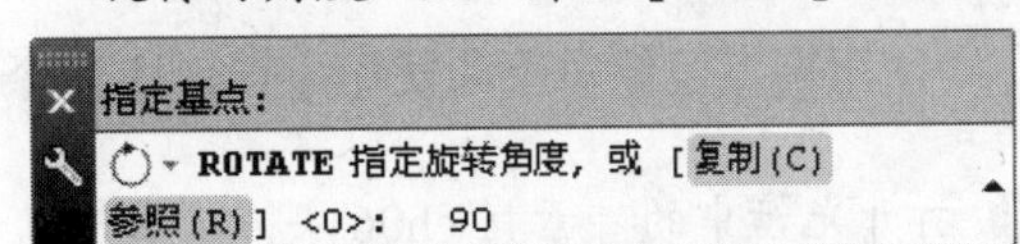

❻ 按【Esc】键退出，最终结果如图所示。

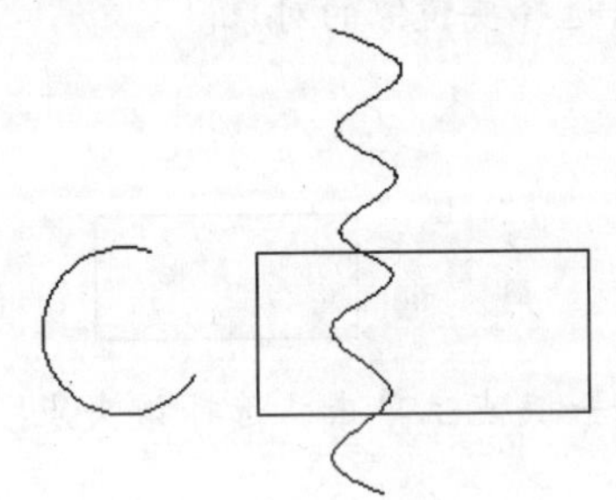

6.13.5 使用夹点缩放对象

使用夹点缩放对象和使用【缩放】命令的结果是一样的。

❶ 打开光盘中的“素材\ch06\夹点.dwg”文件。

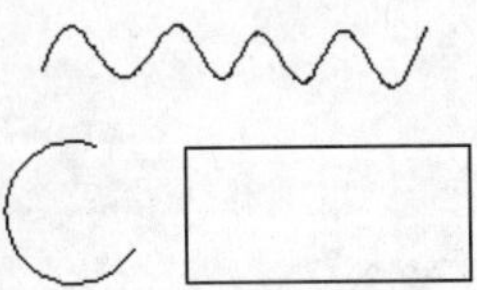

❷ 单击选择要缩放的对象。

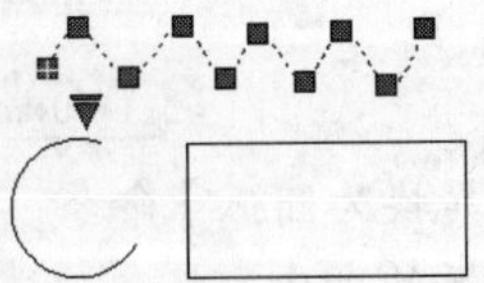

❸ 在任一夹点上单击，选中该夹点。

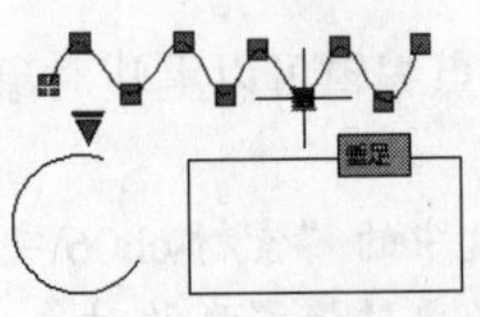

❹ 单击鼠标右键，选择夹点模式为“缩放”。

❺ 命令行中提示指定基点，单击曲线左侧顶点作为缩放基点。

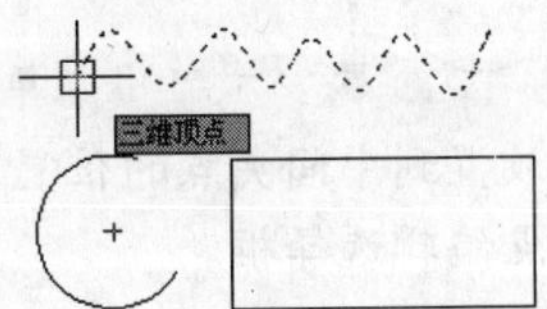

❻ 在命令行中输入缩放的比例因子“2”并按【Enter】键确认。

```
× 指定基点:
  SCALE 指定比例因子或 [复制(C) 参照(R)]
  : 2
```

❼ 按【Esc】键退出。

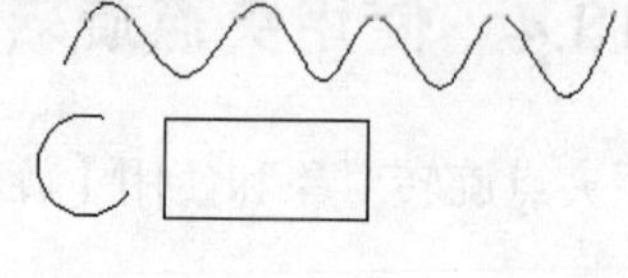

6.13.6 使用夹点镜像对象

使用夹点镜像对象和使用【镜像】命令的结果是一样的。

❶ 打开光盘中的“素材\ch06\夹点.dwg”文件。

❷ 单击选择要镜像的对象。

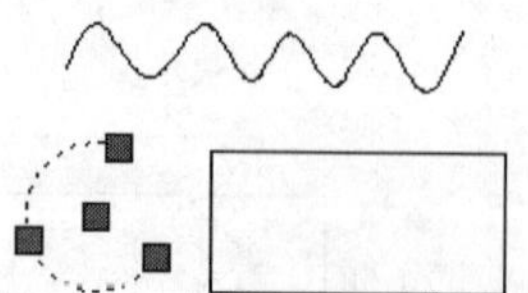

❸ 在任一夹点上单击，选择该夹点。

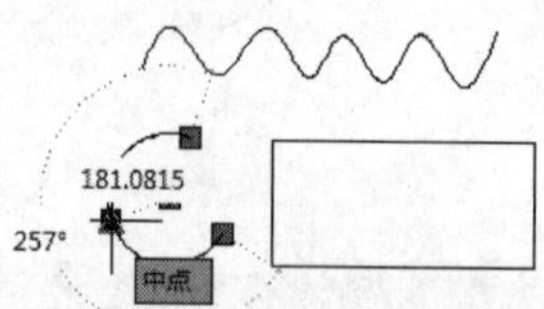

❹ 单击鼠标右键，选择夹点模式为“镜像”。

❺ 单击指定镜像第二点。

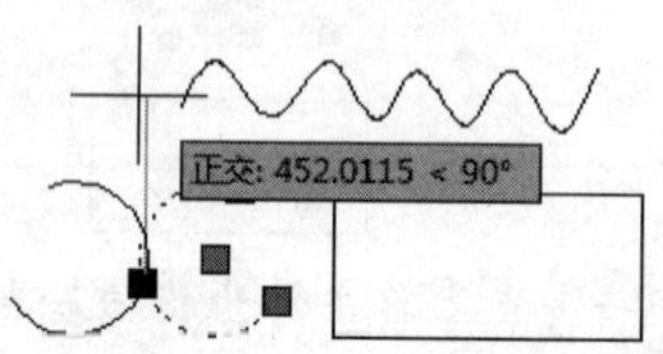

❻ 按【Esc】键退出，最终结果如图所示。

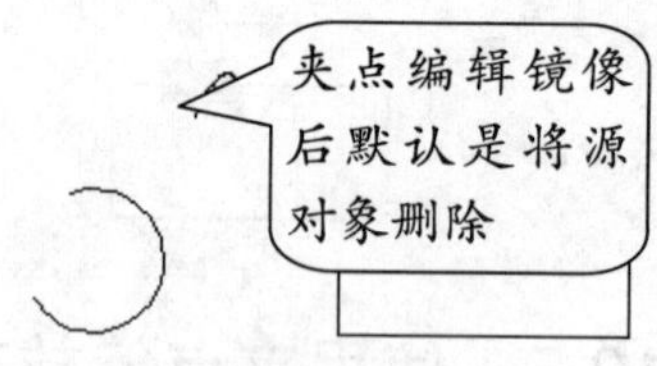

6.13.7 使用夹点转换线段类型

使用夹点编辑可以重塑对象的形状。可以编辑顶点、拟合点、控制点、线段类型和相切方向。

❶ 打开光盘中的“素材\ch06\夹点.dwg”文件。

❷ 单击选择要转换类型的对象。

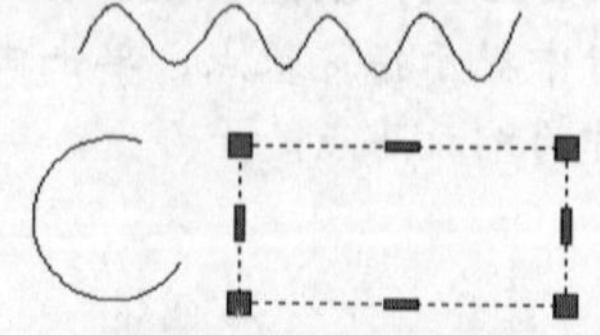

❸ 将光标放置到中间夹点的位置，将自动弹出夹点编辑选择框。

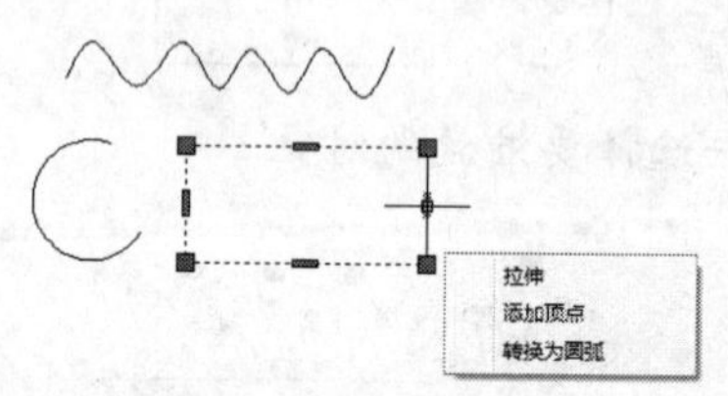

❹ 选择【转换为圆弧】命令，并移动光标显示圆弧的大小。

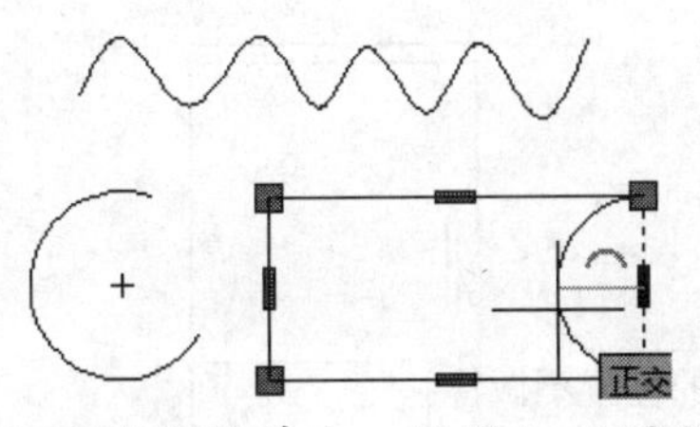

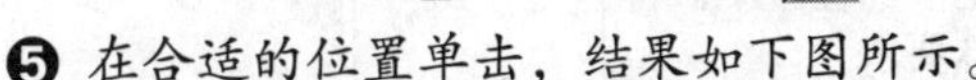

❺ 在合适的位置单击，结果如下图所示。

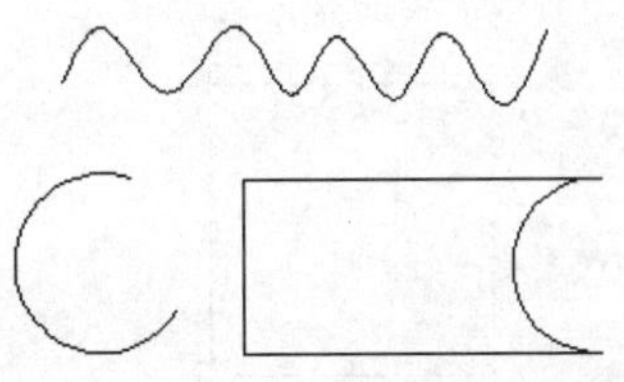

6.14 技能演练

本节视频教学录像：33 分钟

本节以实例的形式对本章所学的知识进行练习。

6.14.1 绘制冰箱

本实例利用【矩形】命令和【镜像】命令来绘制电冰箱。最终效果如下图所示。通过本实例的学习读者应能初步掌握电冰箱的绘制。

实例名称：绘制冰箱	
主要命令：镜像命令和矩形命令	
素材：无	
结果：结果\ch06\电冰箱平面图.dwg	
难易程度：★★	常用指数：★★★

❶ 选择【绘图】➤【矩形】命令，并在绘图区单击以指定矩形的第一角点。

❷ 在命令行中输入尺寸参数“d”并按【Enter】键确认。

```
厚度(T)/宽度(W)]:
RECTANG 指定另一个角点或 [面积(A) 尺寸(D) 旋转(R)]: D
```

❸ 在命令行中输入矩形的长度“800”并按【Enter】键确认。

❹ 在命令行中输入矩形的宽度“50”，按【Enter】键确认，并在绘图区单击指定另一个角点，结果如图所示。

❺ 以上步骤中绘制的矩形的左下角点作为新矩形的第一个角点绘制一个长 800、宽 800 的矩形。

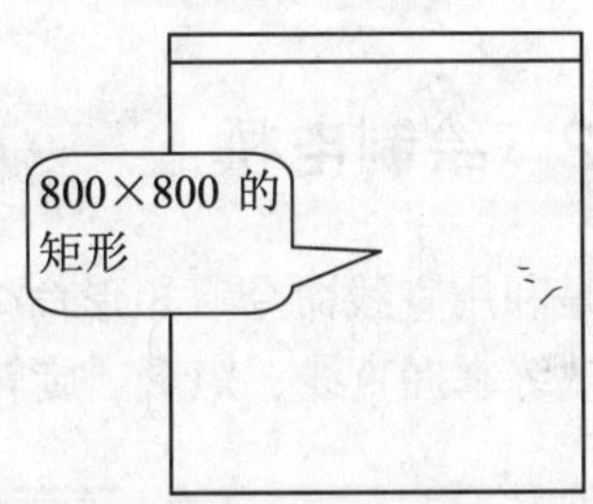

❻ 选择【修改】➤【镜像】命令，拖动鼠标选择要镜像的对象。

❼ 按【Enter】键确认，单击两点指定镜像线的位置，如图（上）所示，按【Enter】键确认后，如图（下）所示。

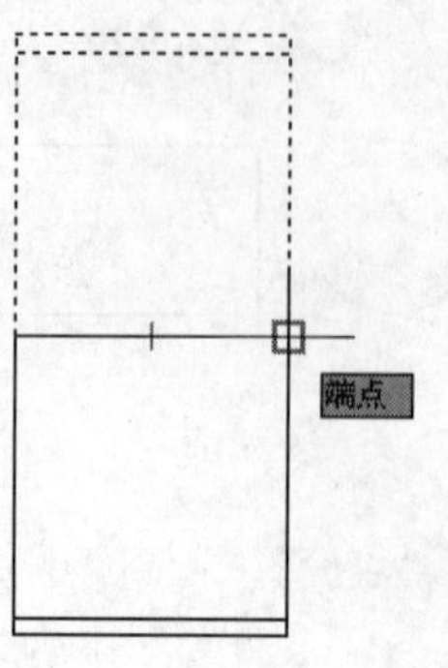

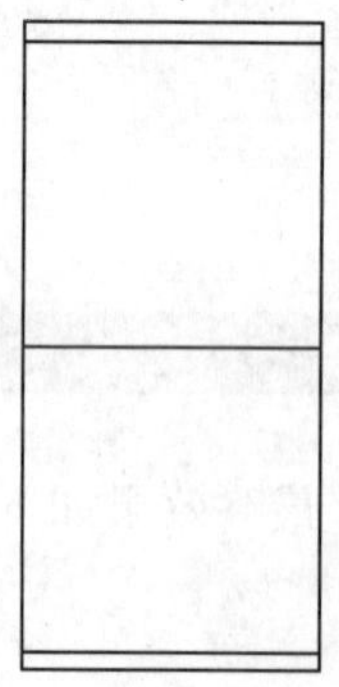

❽ 重复【矩形】命令，绘制一个长30、宽250的矩形作为冰箱的把手。

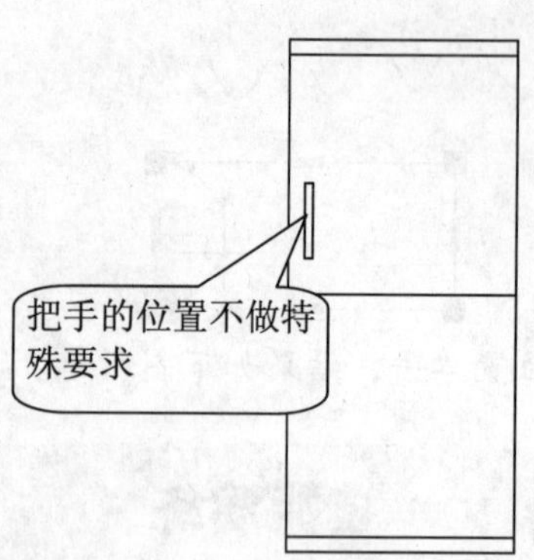

❾ 重复【镜像】命令，绘制下半部分冰箱的把手。绘制完成后最终效果图如下。

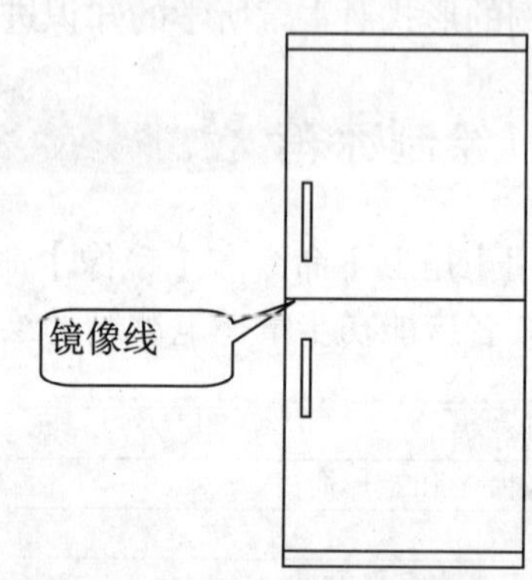

6.14.2 绘制电桥

本实例是利用直线命令、矩形命令、旋转命令和镜像命令绘制电桥。通过该实例的练习，读者应熟练掌握直线、矩形、旋转和镜像命令的使用方法。

实例名称：绘制电桥	
主要命令：直线命令、矩形命令、旋转命令和镜像命令	
素材：素材\ch06\电桥符号图.dwg	
结果：结果\ch06\电桥符号图.dwg	
难易程度：★★	常用指数：★★★

❶ 打开光盘中的“素材\ch06\电桥符号图.dwg”。

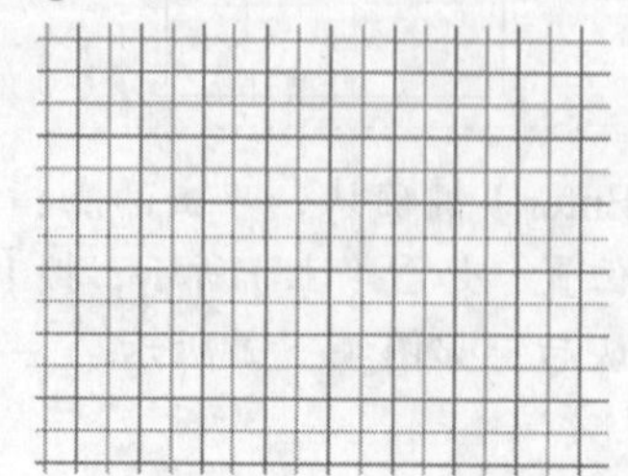

❷ 选择【绘图】➢【矩形】菜单命令，绘制矩形的形状如图所示。

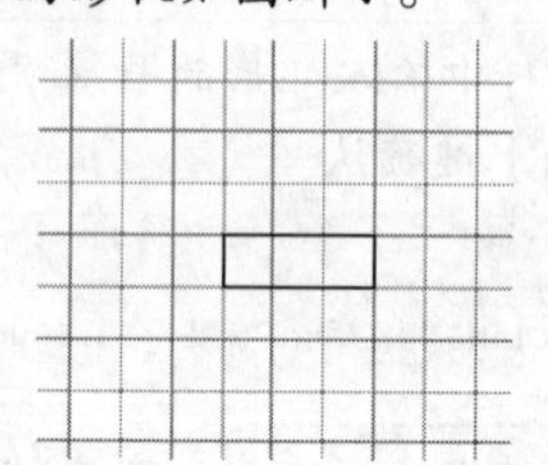

❸ 选择【绘图】➢【直线】菜单命令，在绘图区绘制如下图所示直线。

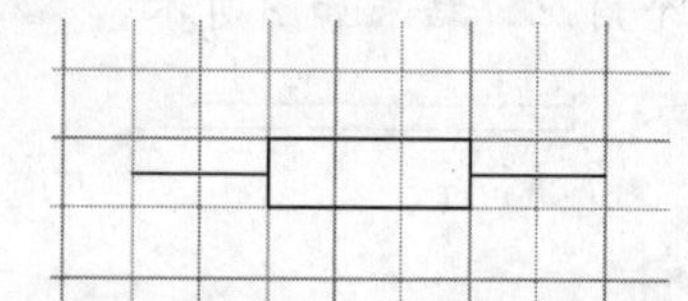

❹ 选择【修改】➢【旋转】菜单命令，在绘图区选择要旋转的对象。

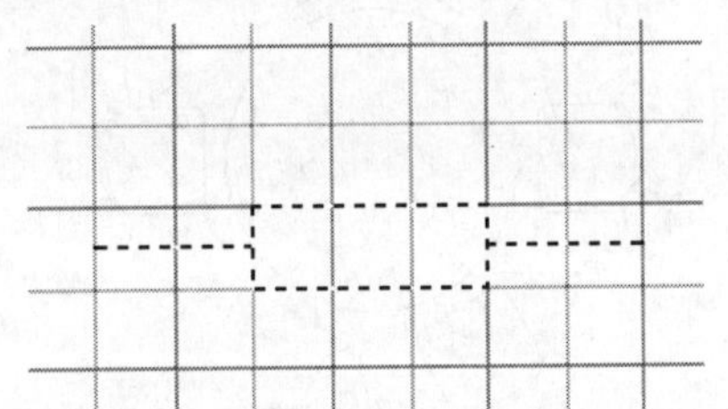

❺ 按【Enter】键确定，并指定直线的端点为旋转基点。

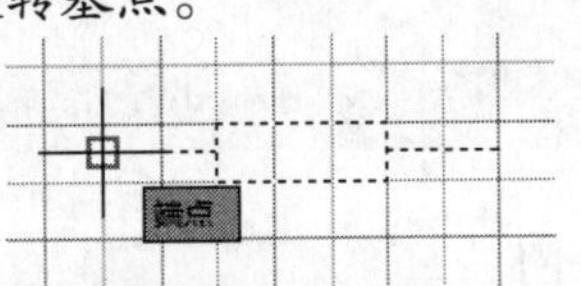

❻ 在命令行输入复制参数“C”，然后按【Enter】键确定。

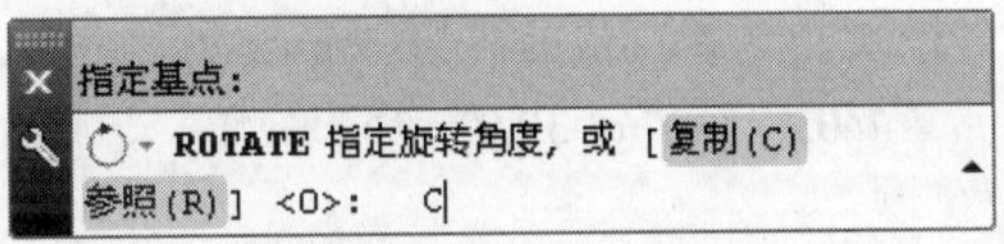

❼ 输入旋转角度“－90”并按【Enter】键确定，结果如下图所示。

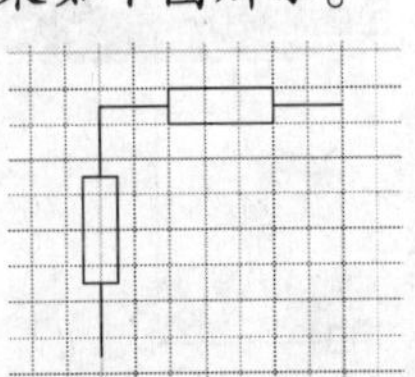

❽ 选择【修改】➢【镜像】菜单命令，对现有对象进行镜像操作，结果如下图所示。

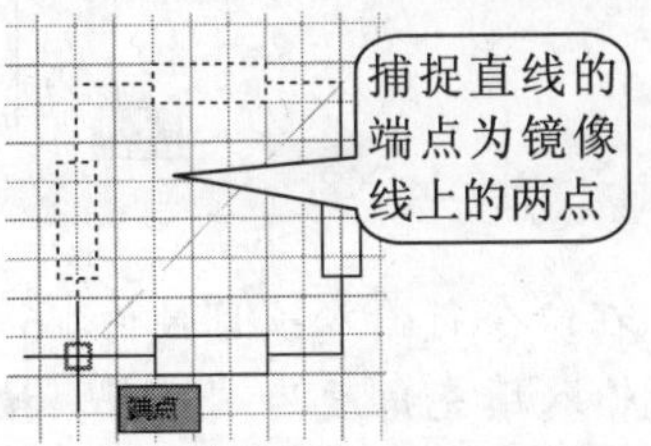

❾ 选择【修改】➢【旋转】菜单命令，选中所有对象，输入旋转角度“45”。

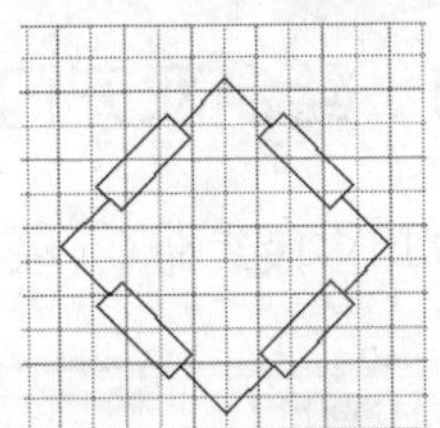

❿ 选择【绘图】➢【直线】菜单命令，在绘图区绘制直线。最终结果如图所示。

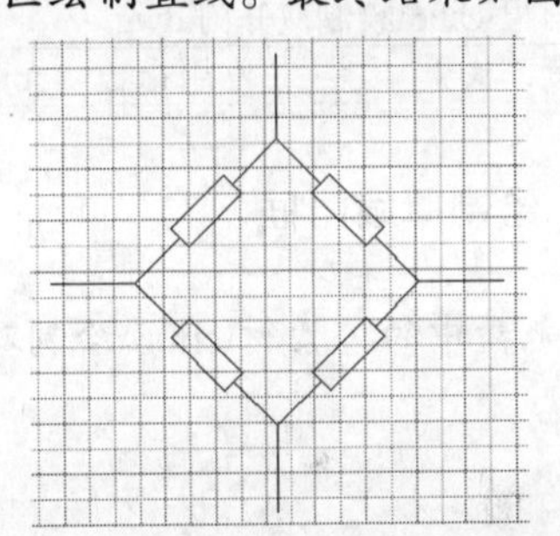

6.14.3 增加座椅

本实例利用环形阵列命令为圆桌增加座椅。

实例名称：增加座椅	
主要命令：环形阵列命令	
素材：素材\ch06\增加座椅.dwg	
结果：结果\ch06\增加座椅.dwg	
难易程度：★★	常用指数：★★★

❶ 打开光盘中的“素材\ch06\增加座椅.dwg”文件。

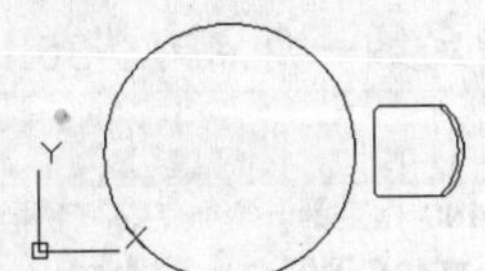

❷ 选择【修改】➢【阵列】➢【环形阵列】命令，单击选择需要阵列的对象。

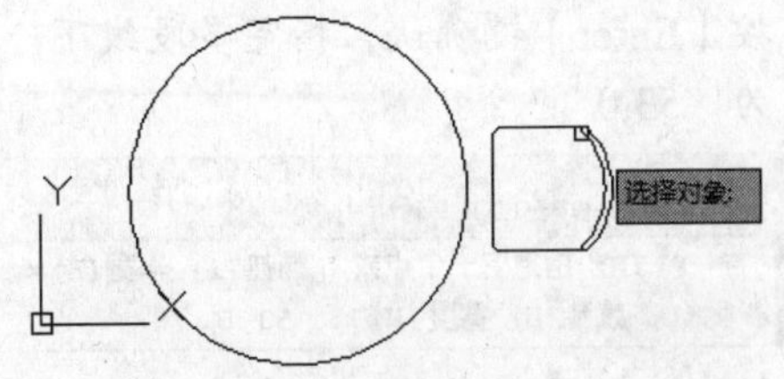

❸ 按【Enter】键结束选择，单击圆的中心点作为环形阵列的中心点。

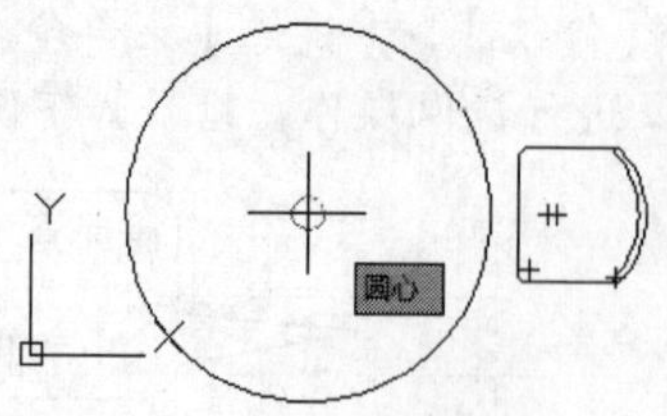

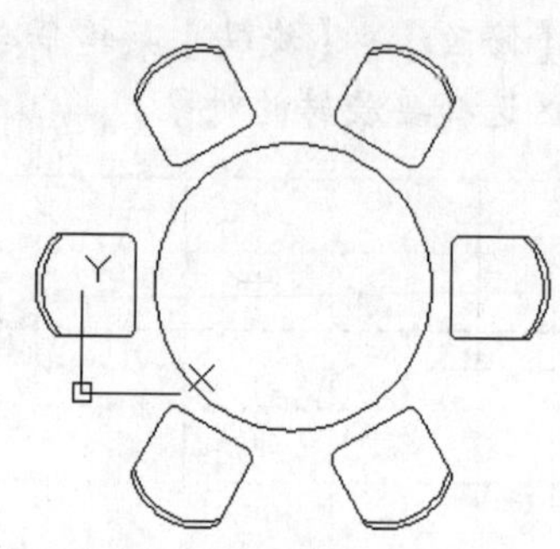

❹ 在命令行输入项目数为“6”，在命令行输入填充角度为“360”，按【Enter】键确认后，并按【Esc】键退出。最终结果如图所示。

6.14.4 绘制双开门

本实例利用多段线命令、矩形命令和镜像命令绘制双开门。

实例名称：绘制双开门	
主要命令：多段线命令、矩形命令和镜像命令	
素材：素材\ch06\绘制双开门.dwg	
结果：结果\ch06\绘制双开门.dwg	
难易程度：★★	常用指数：★★★

第 1 步：绘制单扇门框

❶ 打开光盘中的“素材\ch06\绘制双开门.dwg”。

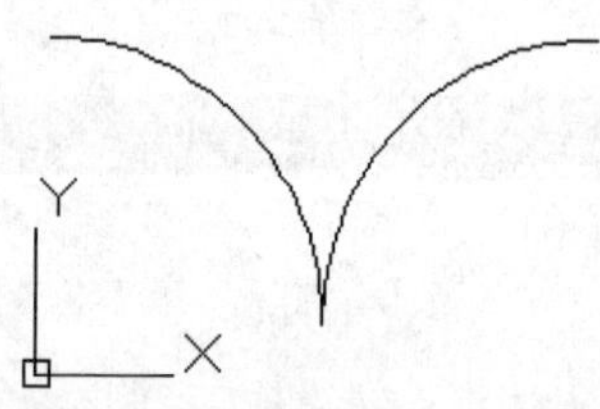

❷ 选择【绘图】➤【多段线】菜单命令，在命令行指定多段线第一点为“0,0”。

❸ 按【Enter】键确认，指定多段线下一点为“53,0”。

当前线宽为 0.0000
PLINE 指定下一个点或 [圆弧(A) 半宽(H) 长度(L) 放弃(U) 宽度(W)]: 53,0

❹ 按【Enter】键确认，指定多段线下一点为“@0,63”。

弃(U)/宽度(W)]: 53,0
PLINE 指定下一点或 [圆弧(A) 闭合(C) 半宽(H) 长度(L) 放弃(U) 宽度(W)]: @0, 63

❺ 按【Enter】键确认，持续执行此操作，依次指定多段线的点为“@-23,0”、“@0,47”、“@-30,0”结果如图。

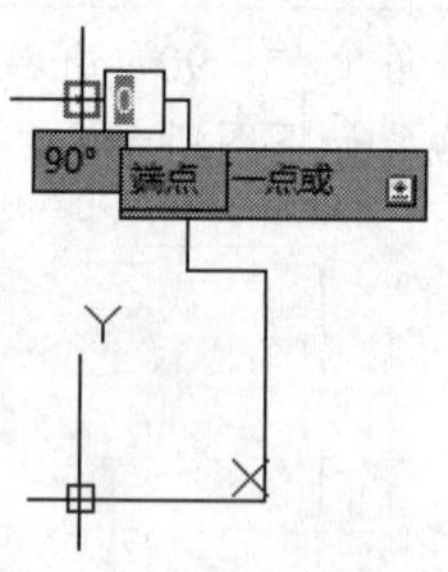

❻ 在命令行输入“C”。

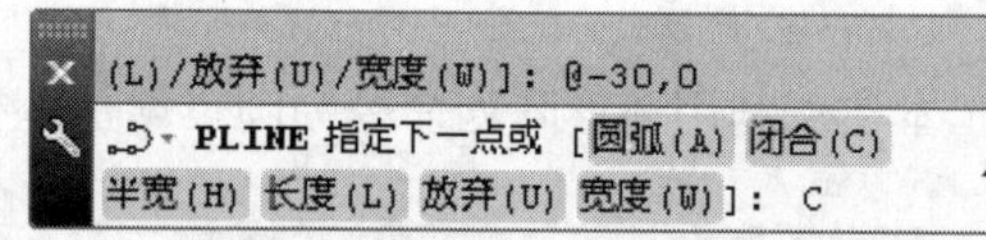

❼ 按【Enter】键确认，结果如图所示。

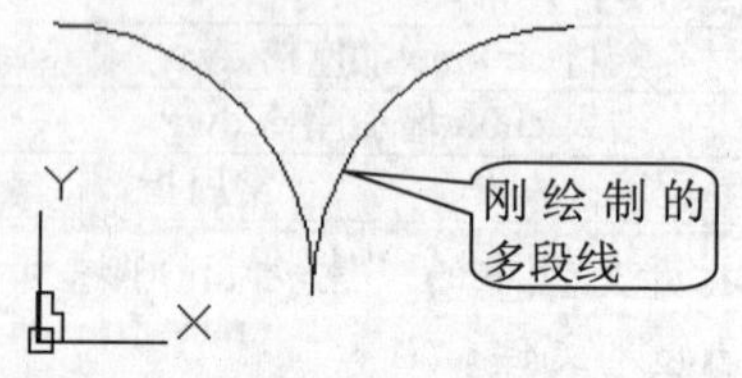

❽ 选择【绘图】➤【矩形】菜单命令，在命令行指定第一角点为“30,110”。

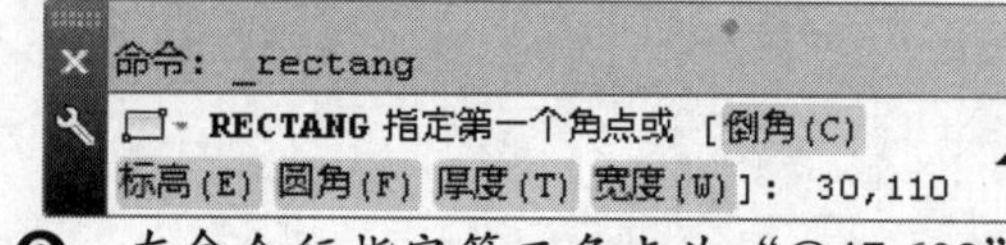

❾ 在命令行指定第二角点为“@47,603”。

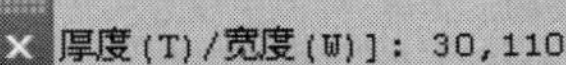

⑩ 结果如图所示。

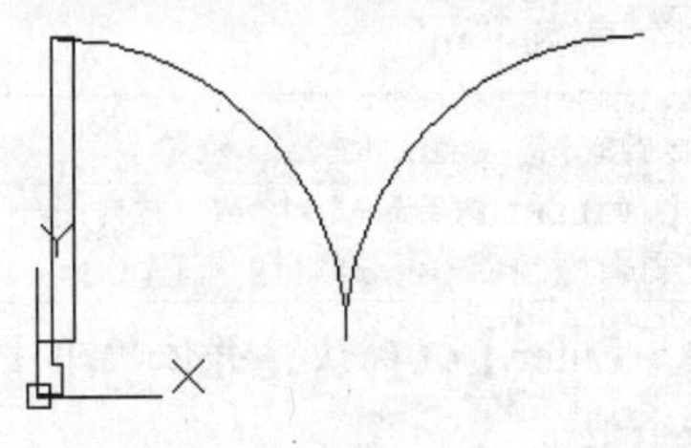

第 2 步：镜像另一半门框

❶ 选择【修改】➤【镜像】菜单命令，选择需要镜像的对象。

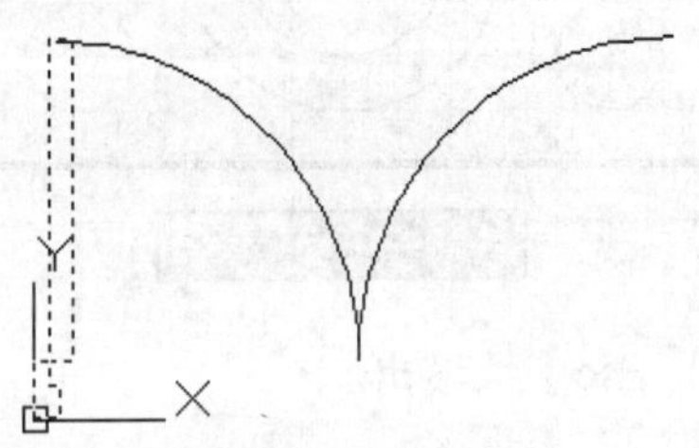

❷ 指定镜像第一点。

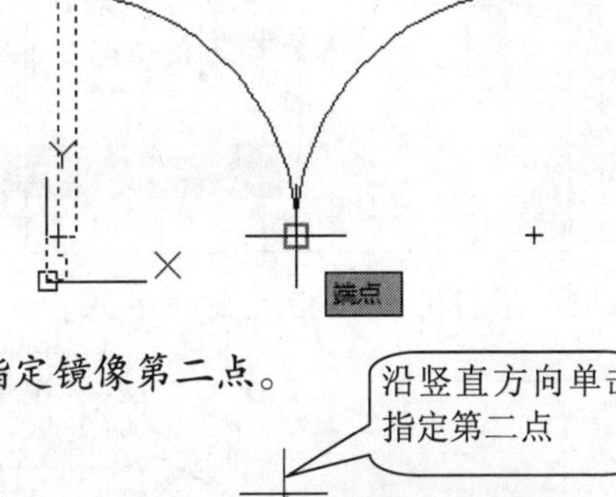

❸ 指定镜像第二点。

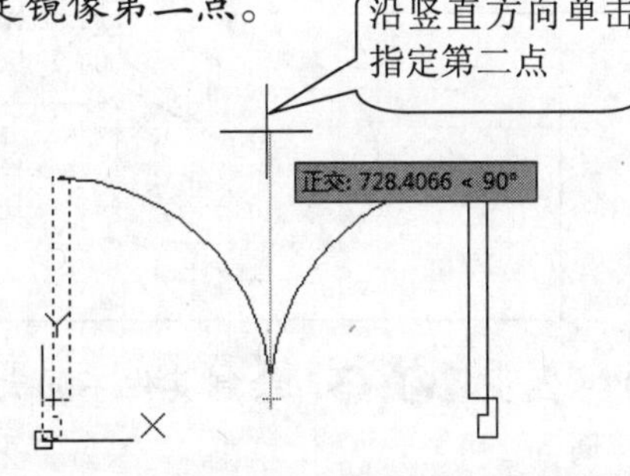

❹ 在命令行选择不删除源对象，最终效果如图所示。

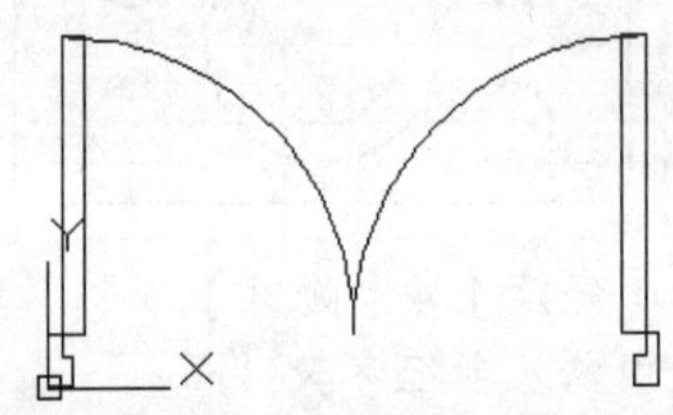

6.14.5 绘制底座平面图

在机械零件的绘制过程中经常要使用到底座图块，最终效果如下图所示。常见的底座一般可用【圆】、【矩形】和【圆角】命令来绘制。

实例名称：绘制底座	
主要命令：圆角命令、矩形命令和圆命令	
素材：素材\ch06\底座平面图.dwg	
结果：结果\ch06\底座平面图.dwg	
难易程度：★★	常用指数：★★★

❶ 打开光盘中的“素材\ch06\底座平面图.dwg”文件。

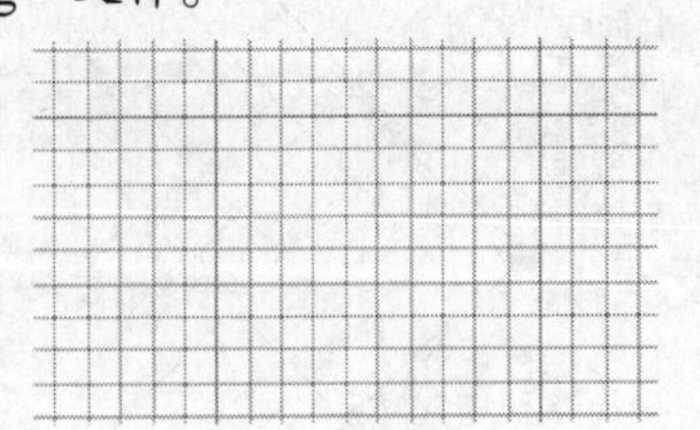

❷ 选择【绘图】➤【矩形】命令，在绘图区单击两点指定矩形的两个角点后绘制矩形。

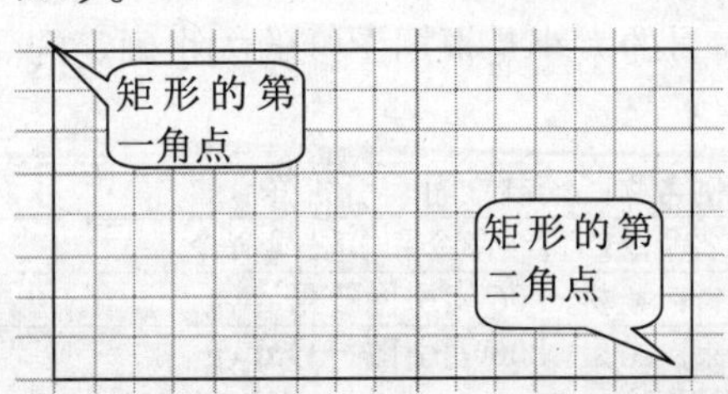

❸ 选择【绘图】➤【圆】➤【圆心，半径】命令，并在绘图区单击指定圆的圆心。

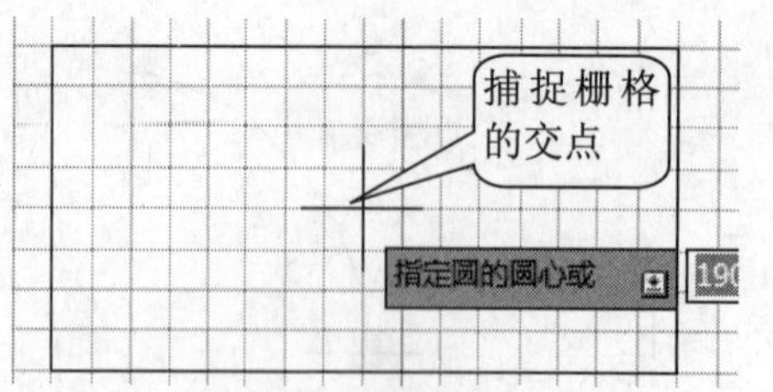

❹ 拖动鼠标并单击指定圆的半径。

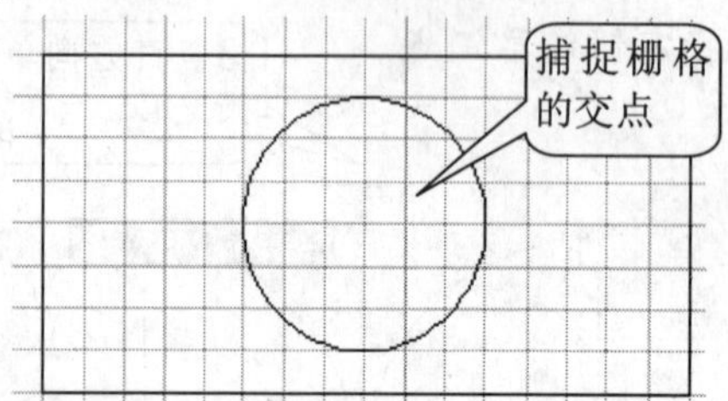

❺ 重复步骤❸~❹，绘制其他不同大小的圆。

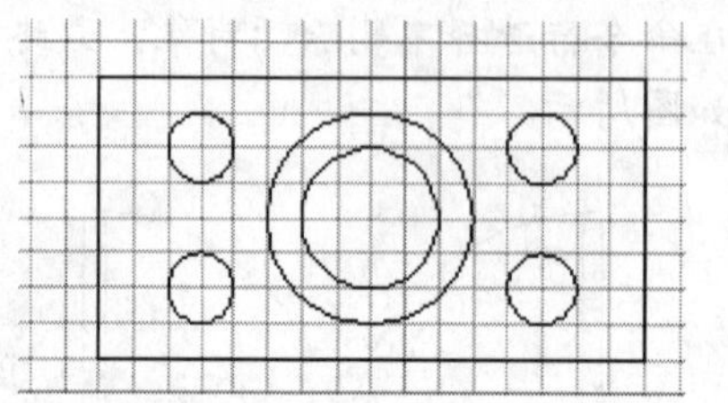

❻ 选择【修改】➢【圆角】命令，并在命令行中输入半径参数"r"。

当前设置：模式 = 修剪，半径 = 220.0000
FILLET 选择第一个对象或 [放弃(U)
多段线(P) 半径(R) 修剪(T) 多个(M)]： R

❼ 按【Enter】键确认，并在命令行中输入圆角半径"220"。

❽ 按【Enter】键确认，并在命令行中输入多个参数"m"。

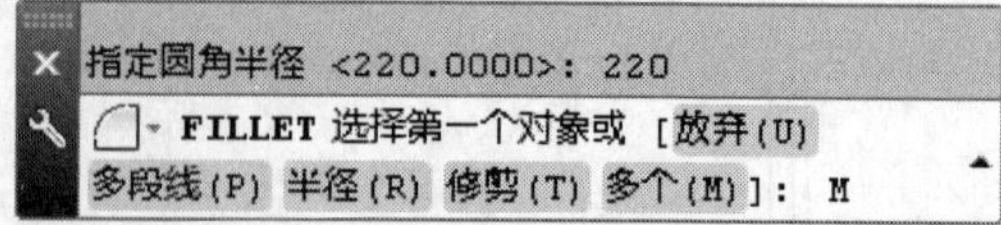

❾ 按【Enter】键确认，并依次单击矩形的每个边。

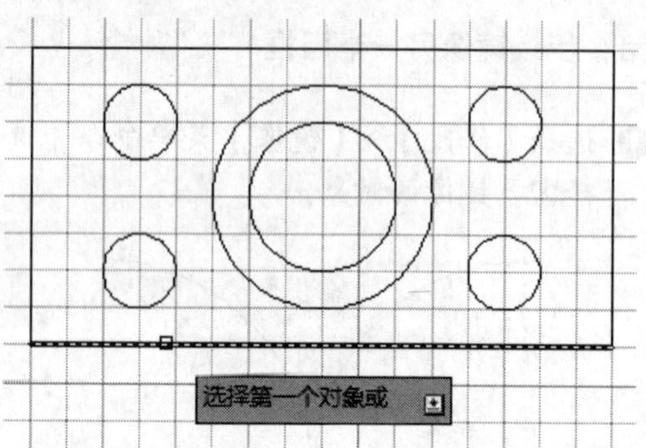

❿ 按【Esc】键退出。

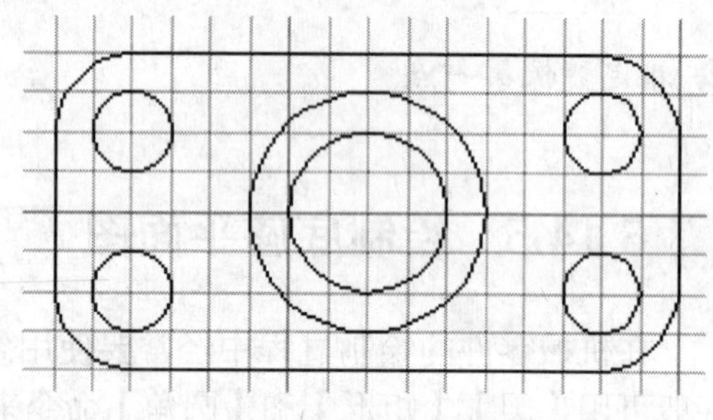

6.14.6 绘制立面索引图符号外框

本实例是利用直线命令和多段线命令绘制立面索引图符号。在绘制该符号时一定要注意符号的大小是根据图纸的大小确定的。

实例名称：绘制立面索引图符号	
主要命令：直线命令和多段线命令	
素材：素材\ch06\索引图符号 dwg	
结果：结果\ch06\索引图符号.dwg	
难易程度：★★	常用指数：★★★

第 1 步：绘制直线

❶ 打开光盘中的"素材\ch06\索引图符号.dwg"文件。

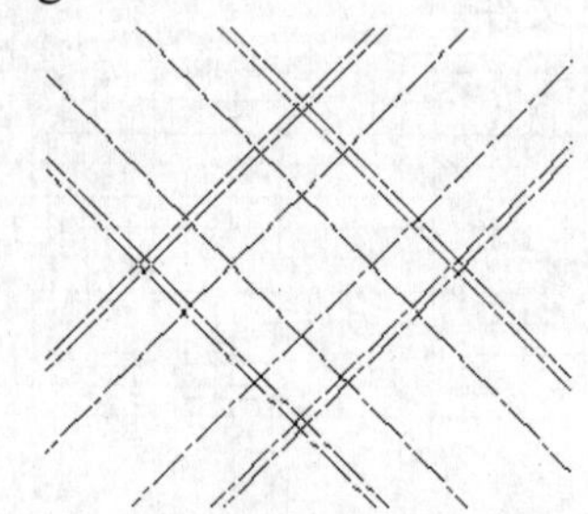

❷ 选择【绘图】➢【直线】命令，并在绘图区单击鼠标左键确定直线第一点。

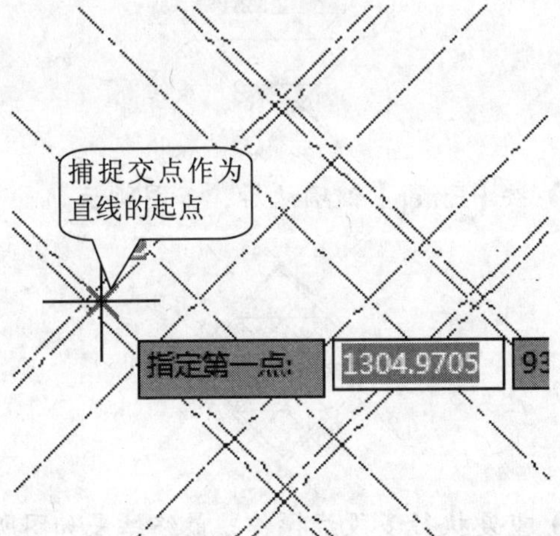

❸ 拖动鼠标并单击指定直线第二点。

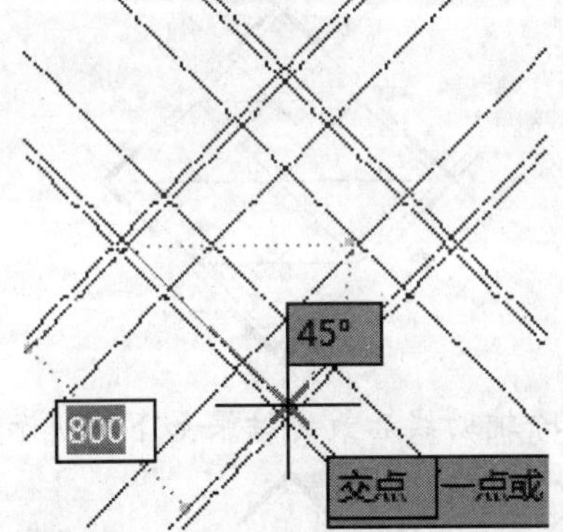

❹ 拖动鼠标并单击指定直线第三点。

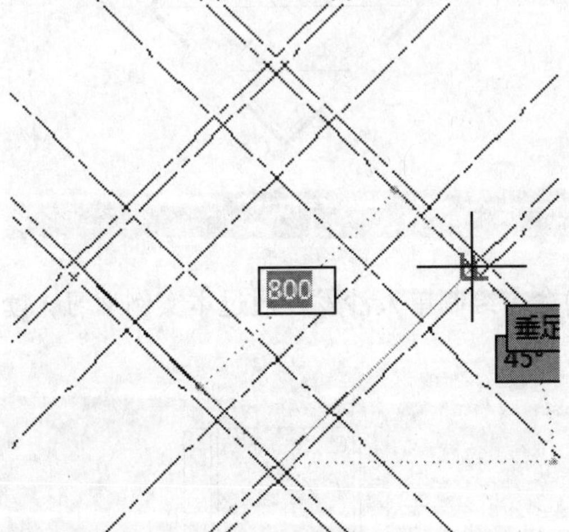

❺ 拖动鼠标并单击指定直线第四点。

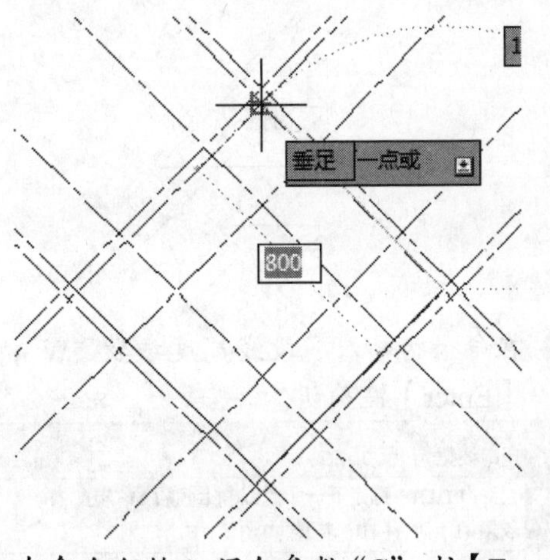

❻ 在命令行输入闭合参数“C”，按【Enter】键确认。这样就绘制了一个闭合的图形。

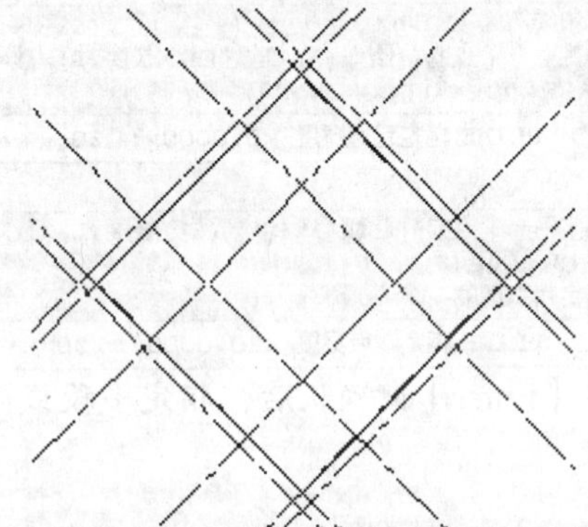

❼ 重复步骤❷~❻，绘制如下图直线。

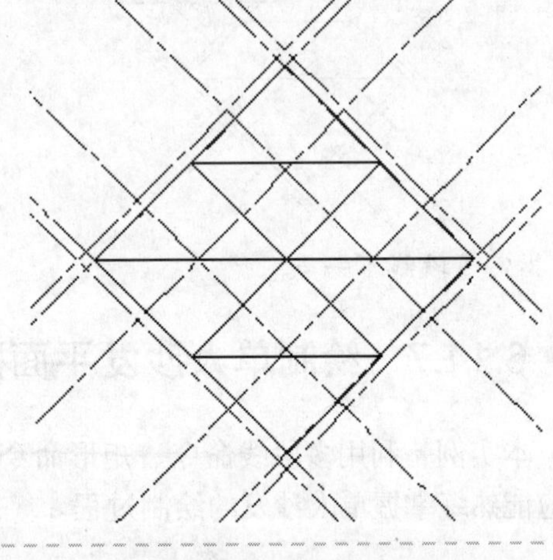

第2步：绘制多段线

❶ 选择【绘图】➢【多段线】菜单命令，在绘图区单击以确定多段线的第一点。

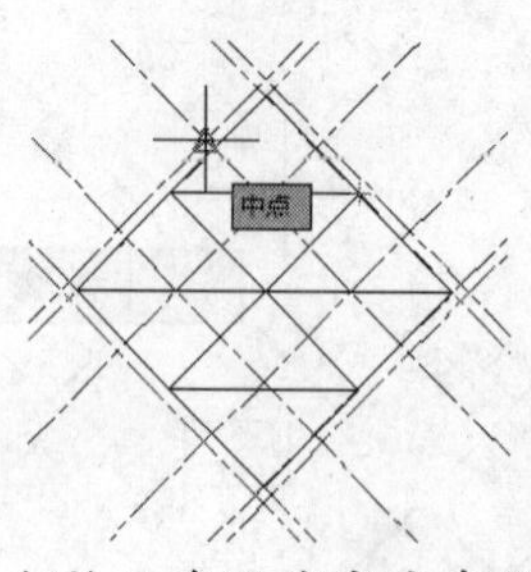

❷ 在命令行输入多段线宽度参数“W”，按【Enter】键确认。

```
当前线宽为 0.0000
PLINE 指定下一个点或 [圆弧(A) 半宽(H) 长度(L) 放弃(U) 宽度(W)]: W
```

❸ 在命令行输入多段线起点宽度和端点宽度均为“20”。

```
当前线宽为 0.0000
指定下一个点或 [圆弧(A)/半宽(H)/长度(L)/放弃(U)/宽度(W)]: W
PLINE 指定起点宽度 <0.0000>: 20
```

```
指定下一个点或 [圆弧(A)/半宽(H)/长度(L)/放弃(U)/宽度(W)]: W
指定起点宽度 <0.0000>: 20
PLINE 指定端点宽度 <20.0000>: 20
```

❹ 按【Enter】键确认后，指定多段线下一点。

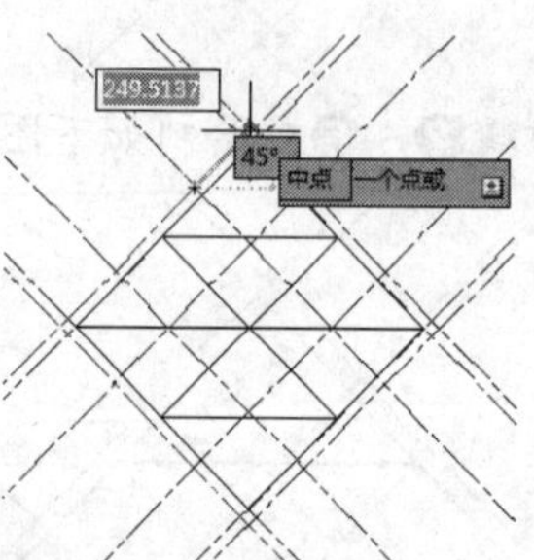

❺ 指定多段线下一点。

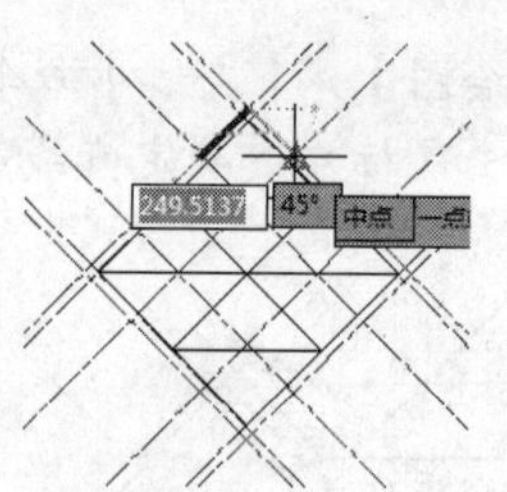

❻ 按【Enter】键确认后，如图所示。

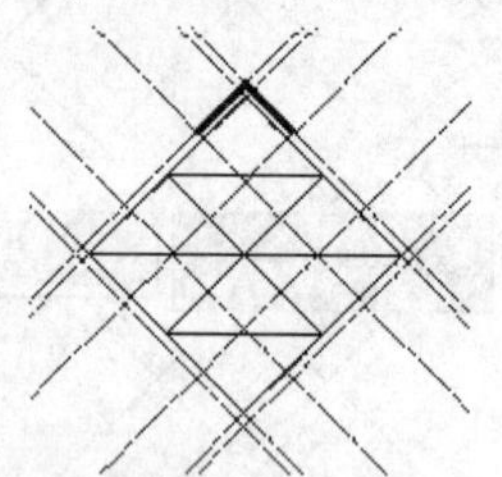

❼ 重复执行多段线操作，最终结果如图所示。

❽ 删除辅助线后最终结果如下图所示。

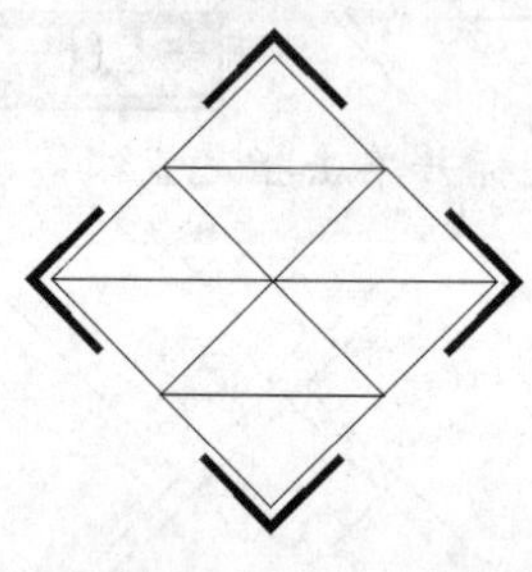

6.14.7 绘制单人沙发平面图

本实例是利用多段线命令、矩形命令和圆角命令绘制单人沙发，通过本实例学习，读者应能熟练掌握单人沙发的绘制过程。

实例名称：绘制单人沙发	
主要命令：多段线命令、矩形命令和圆角命令	
素材：无	
结果：结果\ch06\单人沙发.dwg	
难易程度：★★	常用指数：★★★

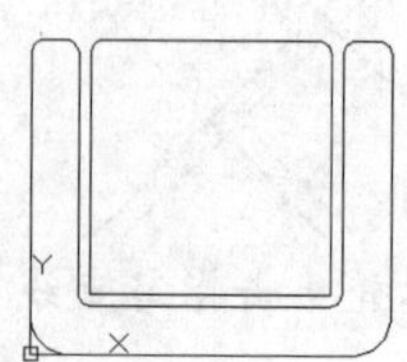

结果\ch06\单人沙发.dwg

第 1 步：绘制沙发靠背和扶手

❶ 选择【绘图】➤【多段线】菜单命令，在命令行输入多段线的起点为“0,0”。

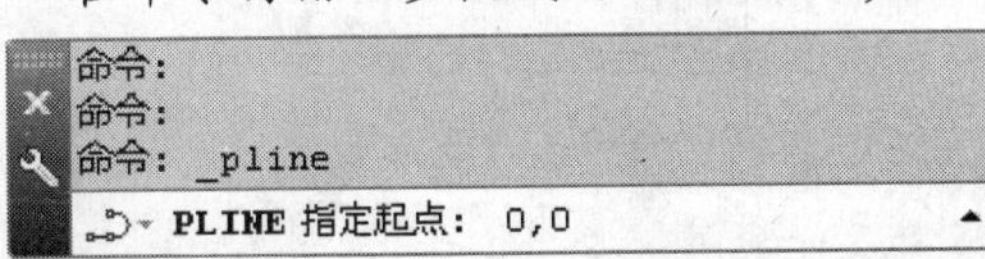

❷ 按【Enter】键后，在命令行输入下一点“0,650”。

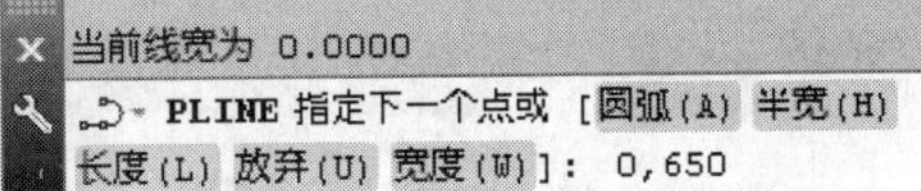

❸ 按【Enter】键后，在命令行输入下一点为“@100,0”。

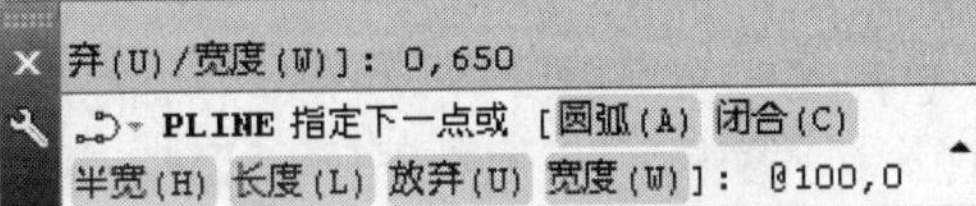

❹ 重复执行此操作，在命令行分别输入多段线的下一点为“@0,-550”、“@550,0”、“@0,550”、“@100,0”、“@0,-650”。

❺ 在命令行输入“C”按【Enter】键。

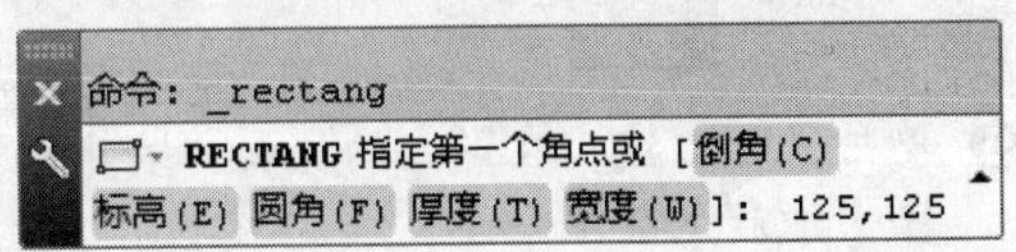

❻ 结果如图所示。

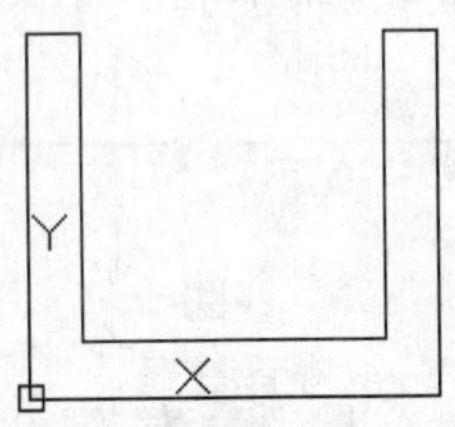

第 2 步：绘制沙发的坐垫

❶ 选择【绘图】➤【矩形】菜单命令，在命令行输入第一角点“125,125”。

❷ 按【Enter】键确认后，在命令行输入另一角为“@500,525”，结果如下图所示。

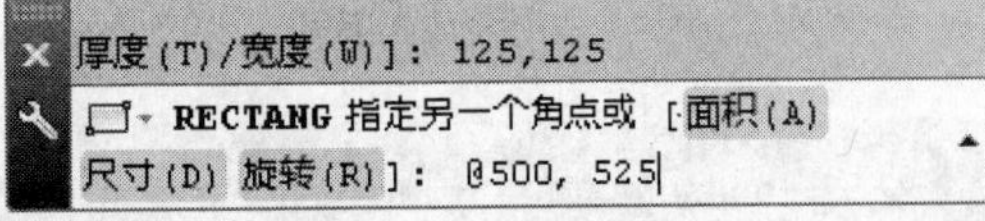

❸ 选择【修改】➤【圆角】命令，在命令行输入“r”，按【Enter】键。

❹ 指定圆角半径为“30”，并按【Enter】键确认。

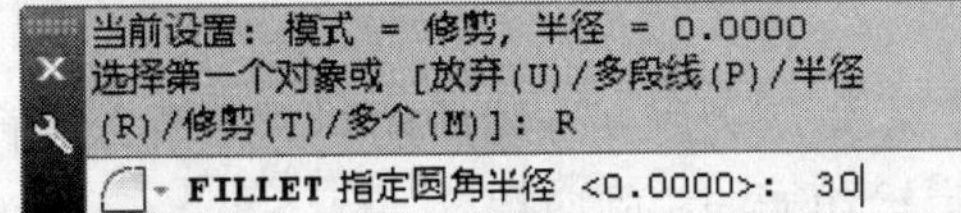

❺ 选择需要倒角的两条边。

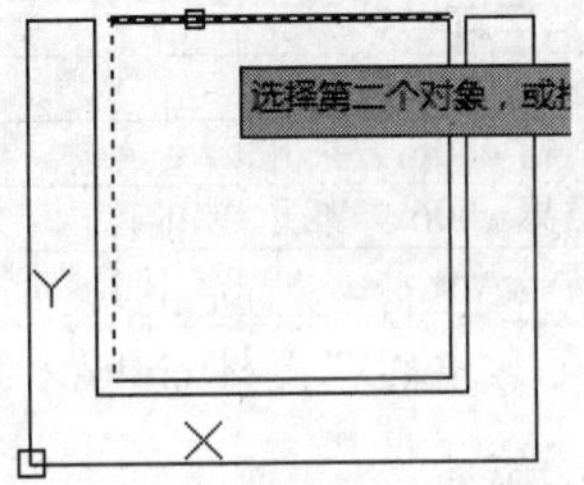

❻ 结果如图所示。

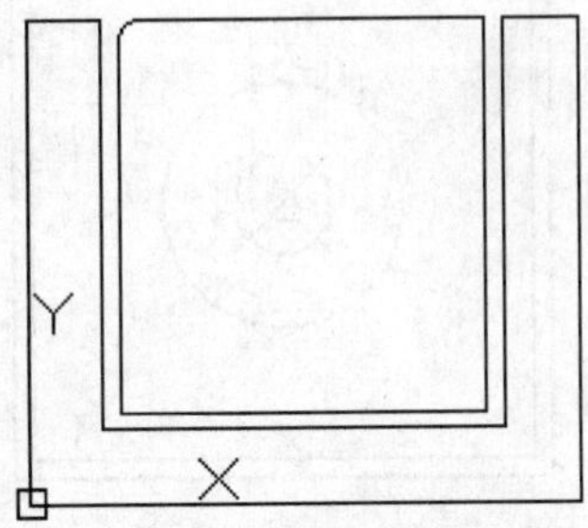

❼ 重复执行【圆角】命令，结果如图所示。

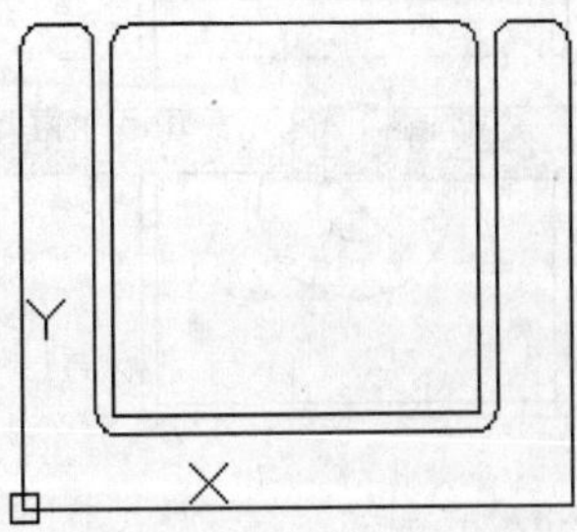

❽ 选择【修改】➤【圆角】命令，在命令

行输入“r”，按【Enter】键。指定圆角半径为“80”，并按【Enter】键确认。

❾ 执行圆角命令，结果如图所示。

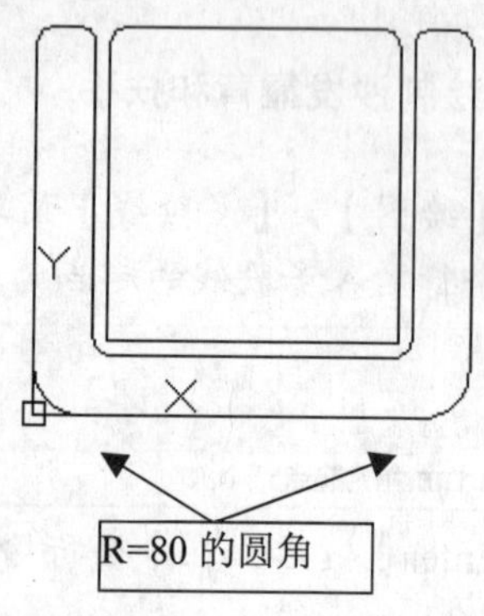

6.14.8 修改方茶几

本实例利用夹点缩放功能对方茶几进行修改，通过本实例学习，读者应能熟练掌握夹点编辑功能的实际应用。

实例名称：修改方茶几	
主要命令：夹点缩放	
素材：素材\ch06\方茶几.dwg	
结果：结果\ch06\方茶几.dwg	
难易程度：★★	常用指数：★★★

❶ 打开光盘中的“素材\ch06\方茶几.dwg”文件。

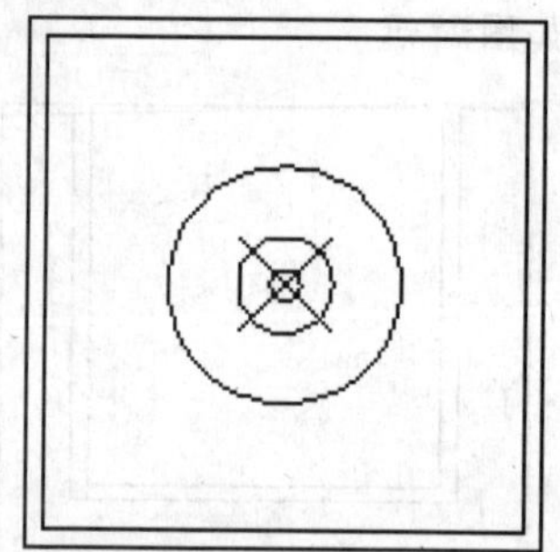

❷ 拖动鼠标，对图形对象进行全部选择。

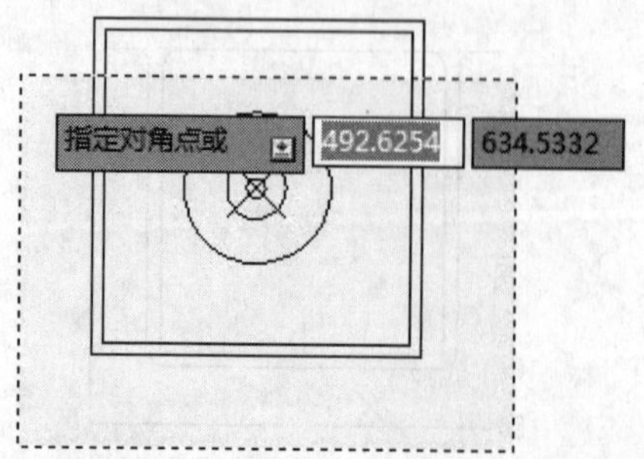

❸ 选择完成后，结果如图所示。

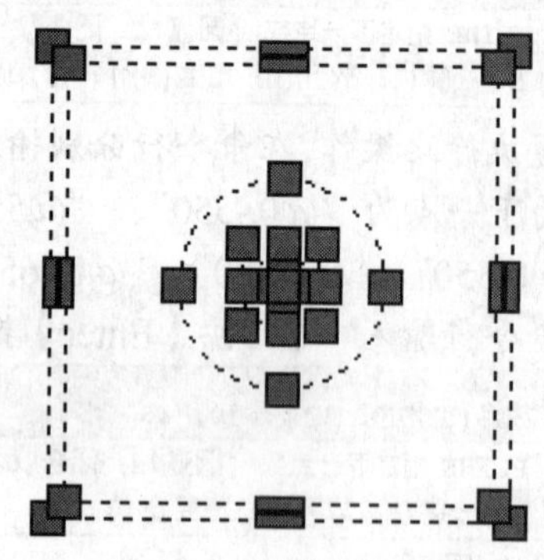

❹ 用鼠标单击选择任意一个夹点。

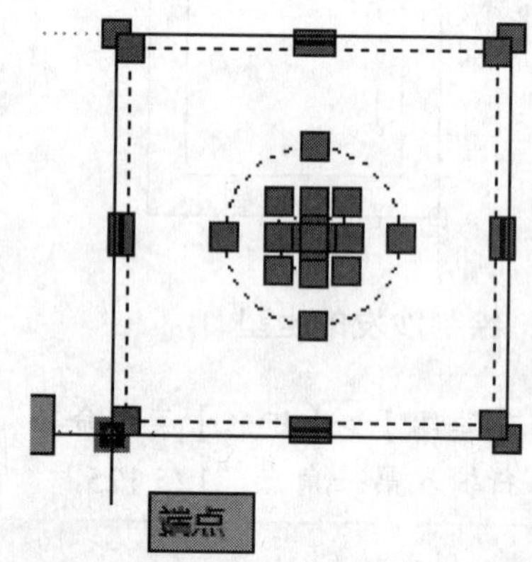

❺ 单击鼠标右键，在弹出的快捷列表中选择【缩放】菜单命令。

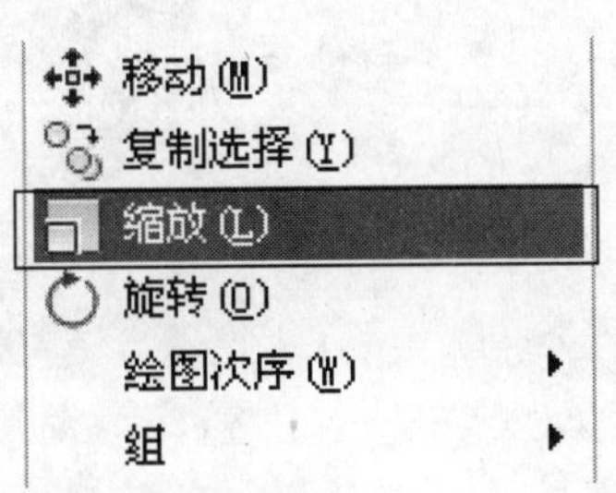

❻ 命令行中提示指定基点，单击图形左上角顶点作为缩放基点。

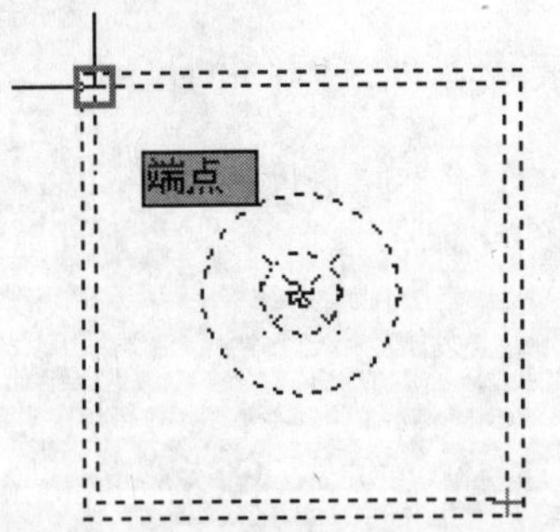

❼ 在命令行中，将比例因子输入为“0.5”。

❽ 按【Enter】键确认后，如图所示。

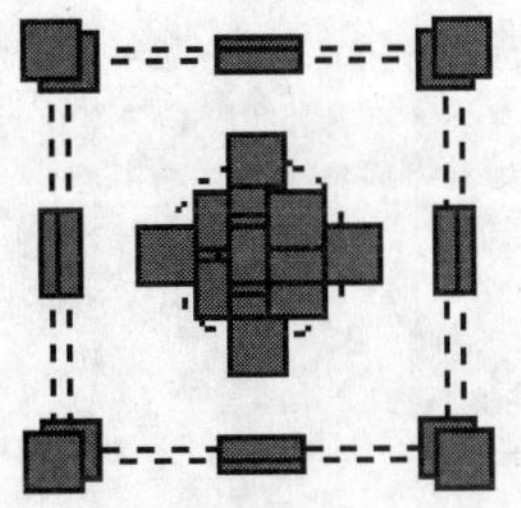

❾ 按【Esc】键取消选择，最终结果如图所示。

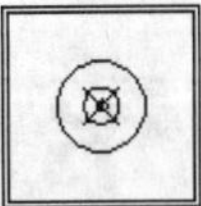

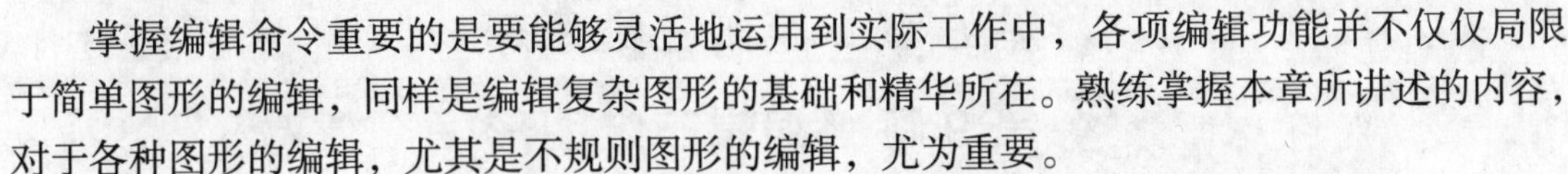

6.15 本章小结

掌握编辑命令重要的是要能够灵活地运用到实际工作中，各项编辑功能并不仅仅局限于简单图形的编辑，同样是编辑复杂图形的基础和精华所在。熟练掌握本章所讲述的内容，对于各种图形的编辑，尤其是不规则图形的编辑，尤为重要。

第 3 篇　三维绘图篇

三维图形能给人更加直观的感觉，本篇主要讲述三维绘图基础、绘制三维图形、编辑三维图形以及三维图形的显示效果。通过本篇的学习，读者可以利用 AutoCAD 2013 绘制三维对象和三维模型，包括建筑、机械等方面的综合图纸。

第 7 章　三维绘图基础

本章引言

AutoCAD 2013 不仅有强大的平面绘图功能，还具有强大的三维绘图功能。通过绘制三维图形，可以立体地展现图形的轮廓，便于对图形进行绘制和观察。本章将介绍最基本的三维绘图方法。

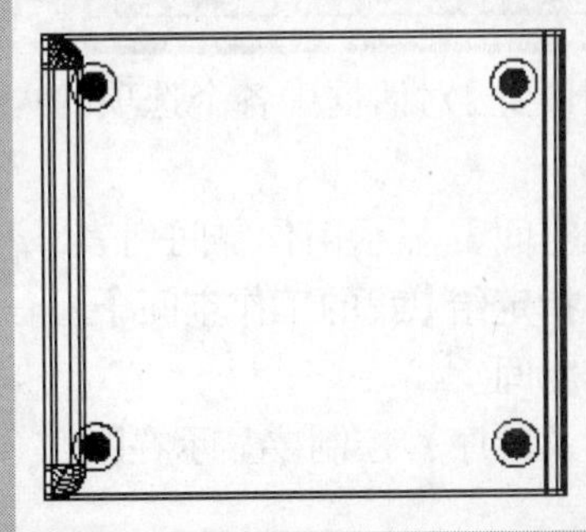

7.1 三维建模工作空间

本节视频教学录像：5 分钟

工作空间设置的具体步骤如下。

❶ 选择【工具】➤【工作空间】➤【工作空间设置】命令。

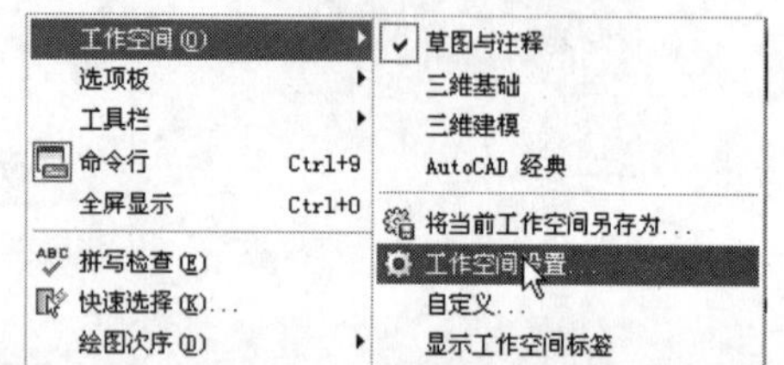

❷ 单击后弹出【工作空间设置】对话框。

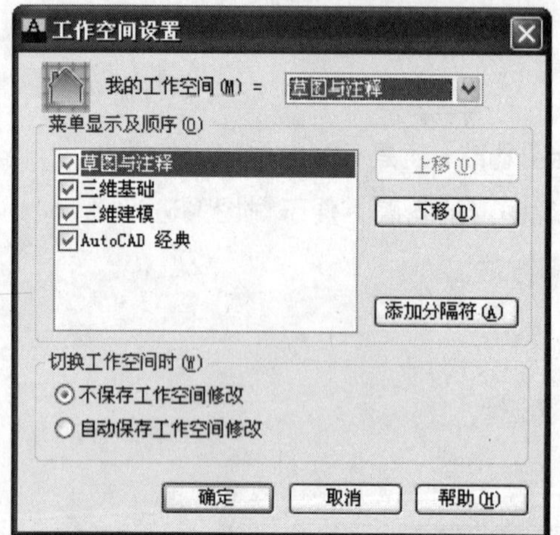

【工作空间设置】对话框中各个选项的含义如下。

【我的工作空间】：显示工作空间列表，从中可以选择要指定给【我的工作空间】工具栏按钮的工作空间。

【菜单显示及顺序】：控制要显示在【工作空间】工具栏和菜单中的工作空间名称，工作空间名称的顺序，以及是否在工作空间名称之间添加分隔符。无论如何设置显示，此处以及【工作空间】工具栏和菜单中显示的工作空间均包括当前工作空间（在工具栏和菜单中显示有复选标记）以及在【我的工作空间】下拉列表中定义的工作空间。

【上移】：在显示顺序中上移工作空间名称。

【下移】：在显示顺序中下移工作空间名称。

【添加分隔符】：在工作空间名称之间添加分隔符。

【不保存工作空间修改】：切换到另一个工作空间时，不保存对工作空间所做的更改。

【自动保存工作空间修改】：切换到另一工作空间时，将保存对工作空间所做的更改。

> **Tips**
>
> 还可以通过以下方法调用【工作空间设置】命令。
>
> 在命令行中输入“wssettings”后按【Enter】键。

7.2 视觉样式

本节视频教学录像：3 分钟

调用视觉样式管理器的具体操作步骤如下。

❶ 打开光盘中的“素材\ch07\视觉样式.dwg”文件。

❷ 选择【工具】➤【选项板】➤【视觉样式】命令。

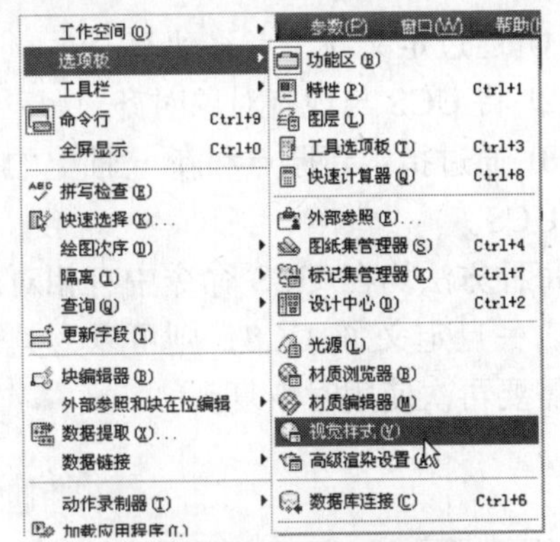

❸ 弹出【视觉样式管理器】。

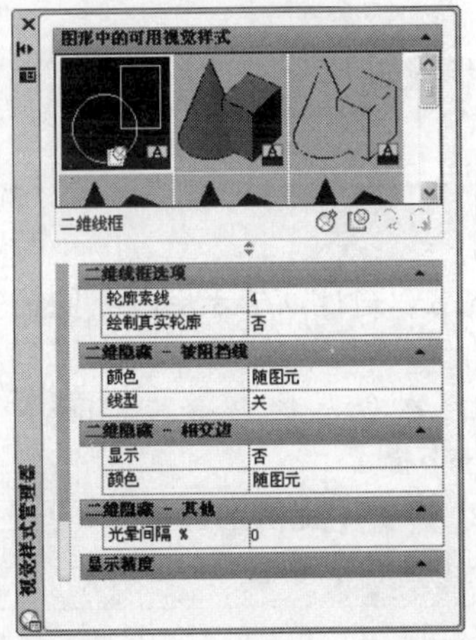

❹ 设置【二维线框选项】下的【轮廓素线】值为“10”，然后选择【绘图】➤【建模】➤【圆锥体】命令，在绘图区绘制一个圆锥体。

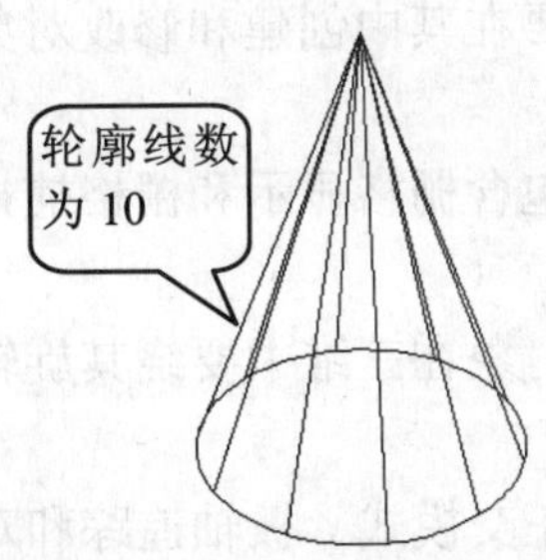

❺ 设置【二维线框选项】下的【轮廓素线】值为“50”，然后选择【绘图】➤【建模】➤【圆锥体】命令，在绘图区绘制一个圆锥体。

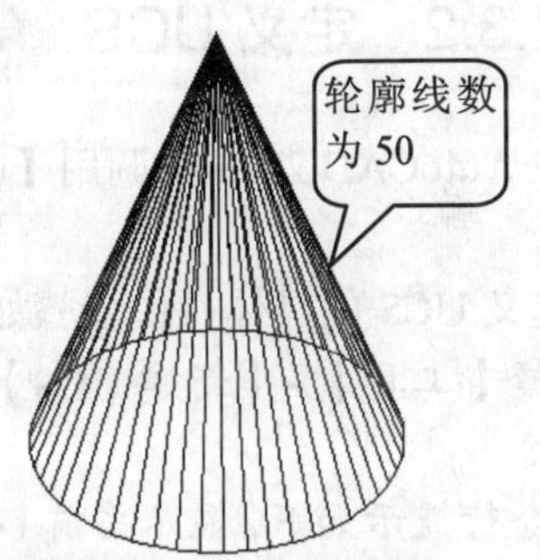

Tips

还可以通过以下方法调用【视觉样式】命令。

在命令行中输入“visualstyles”后按【Enter】键。

7.3 用户坐标系

本节视频教学录像：7 分钟

在三维环境中工作时，用户坐标系对于输入坐标、在二维工作平面上创建三维对象以及在三维中旋转对象很有用。

7.3.1 基本概念

在三维环境中创建或修改对象时，可以在三维模型空间中移动和重新定向 UCS 以简化工作。UCS 的 *xy* 平面称为工作平面。

在三维环境中，基于 UCS 的位置和方向对对象进行的重要操作包括如下内容。

(1) 建立要在其中创建和修改对象的工作平面。

(2) 建立包含栅格显示和栅格捕捉的工作平面。

(3) 建立对象在三维中要绕其旋转的新 UCS z 轴。

(4) 确定正交模式、极轴追踪和对象捕捉追踪的上下方向、水平方向和垂直方向。

(5) 使用 plan 命令将三维视图直接定义在工作平面中。

(6) 移动或旋转 UCS 可以更容易地处理图形的特定区域。

用户可以使用以下方法重新定位用户坐标系。

(1) 通过定义新原点移动 UCS。

(2) 将 UCS 与现有对象对齐。

(3) 通过指定新原点和新 x 轴上的一点旋转 UCS。

每种方法均在 UCS 命令中有相对应的选项。一旦定义了 UCS，则可以为其命名并在需要再次使用时恢复。

7.3.2 定义 UCS

在 AutoCAD 2013 中调用【UCS】命令的具体操作步骤如下。

定义 UCS 的具体操作步骤如下。

❶ 选择【工具】➢【新建 UCS】➢【世界】命令。

❷ 命令行提示如下，显示当前 UCS 名称为“世界”。

```
当前 UCS 名称: *世界*
指定 UCS 的原点或 [面(F)/命名(NA)/对象(OB)/上一个(P)/视图(V)/
世界(W)/X/Y/Z/Z 轴(ZA)] <世界>: _w
键入命令
```

> **Tips**
>
> 还可以通过以下方法调用【UCS】命令。
>
> (1) 在命令行中输入“ucs”后按【Enter】键。
>
> (2) 单击【视图】选项卡➢【坐标】面板➢【世界】按钮。

7.3.3 命名 UCS

在 AutoCAD 2013 中调用【UCS】命令的具体操作步骤如下。

❶ 打开光盘中的“素材\ch07\命名 UCS.dwg”文件，选择【工具】➢【命名 UCS】命令。弹出【UCS】对话框。

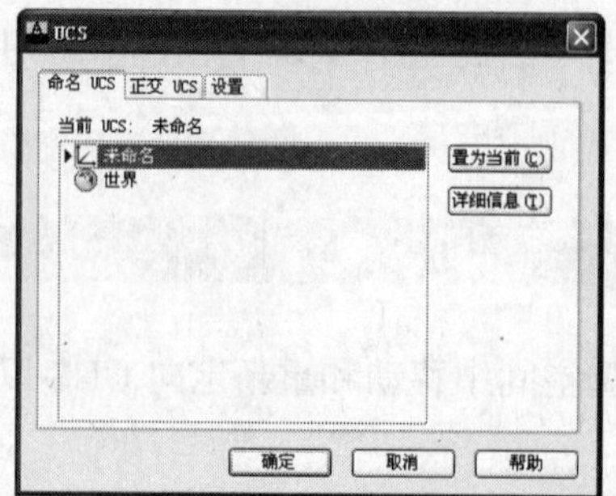

【命名 UCS】选项卡中各个选项的含义如下。

【当前 UCS】：显示当前 UCS 的名称。如果该 UCS 未被保存和命名，则显示为 UNNAMED。

【UCS 名称列表】：在该列表中列出当前图形中定义的坐标系。如果有多个视口和多个未命名 UCS 设置，列表将仅包含当前视口的未命名 UCS。锁定到其他视口的未命名 UCS 定义不在当前视口中列出，指针指向当前的 UCS。如果当前 UCS 未被命名，则 UNNAMED 始终是第一个条目。列表中始终包含“世界”，它既不能被重命名，也不能被删除。如果在当前编辑任务中为活动视口定义了其他坐标系，则下一条目为“上一个”。重复单击【上一个】和【置为当前】按钮，可逐步返回到这些坐标系。要向此列表中添加 UCS 名称，可使用 UCS 命令的【保存】选项。要重命名或删除自定义 UCS，则在列表中的 UCS 名称上单击鼠标右键并选择快捷菜单中的命令。

【置为当前】：恢复选定的坐标系。要恢复选定的坐标系，可以在列表中双击坐标系的名称，或在此名称上单击鼠标右键，然后选择【置为当前】命令，当前 UCS 文字将被更新。

【详细信息】：在选定坐标系的名称上单击鼠标右键，然后选择【详细信息】命令来查看该坐标系的详细信息。

❷ 在【未命名】上右击，在弹出的快捷菜单中选择【重命名】命令。

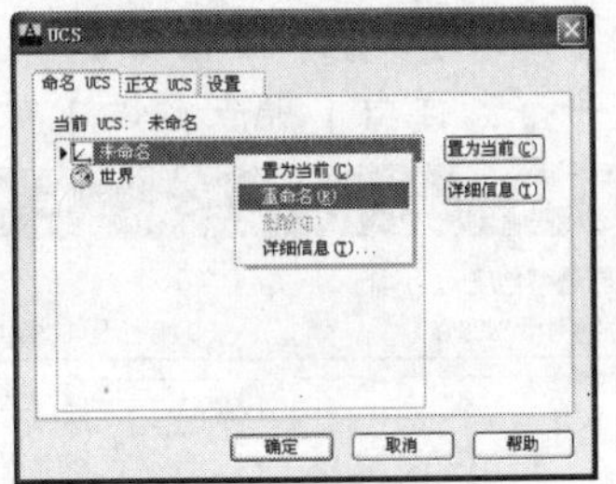

❸ 输入新的名称“新建 UCS”，单击【确定】按钮完成操作。

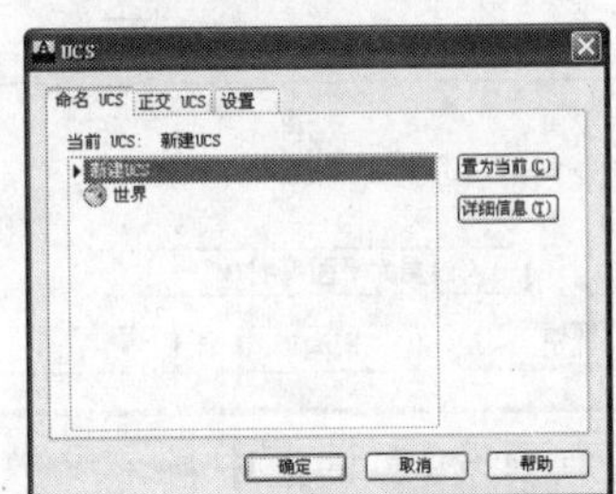

Tips

还可以通过以下方法调用【命名 UCS】命令。

(1) 在命令行中输入“ucsman”后按【Enter】键。

(2) 单击【视图】选项卡➤【坐标】面板右下角的↘按钮，在弹出【UCS】对话框中，单击【命名 UCS】选项卡。

7.4 视点

本节视频教学录像：7 分钟

AutoCAD 2013 提供了多种显示三维图形的方法。在模型空间中，可以从任何方向观察图形，观察图形的方向叫视点。建立三维视图，离不开观察视点的调整，通过不同的视点，可以观察立体模型的不同侧面和效果。

7.4.1 设置视点

设置视点的具体操作步骤如下。

❶ 打开光盘中的“素材\ch07\设置视点.dwg”文件。

❷ 选择【视图】➤【三维视图】➤【视点预设】命令，弹出【视点预设】对话框。

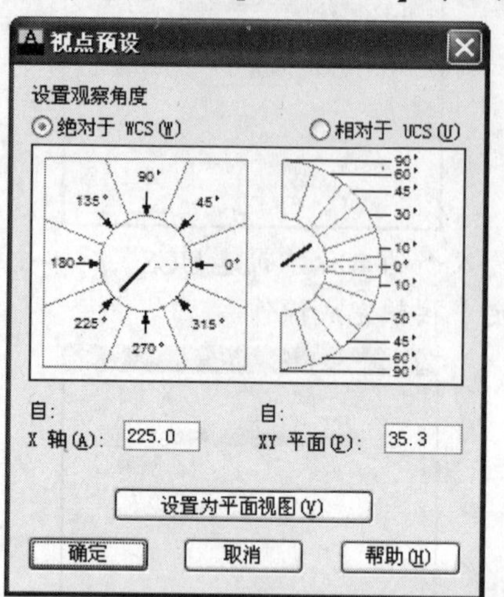

【视点预设】对话框中各个参数含义如下。

【绝对于 WCS】：相对于 WCS 设置查看方向。

【相对于 UCS】：相对于当前 UCS 设置查看方向。

【X 轴】：指定与 x 轴的角度。【XY 平面】：指定与 xy 平面的角度。

【设置为平面视图】：设置查看角度以相对于选定坐标系显示平面视图（xy 平面）。

❸ 更改 x 轴参数为“90”，xy 平面为“50”，单击【确定】按钮，效果如图所示。

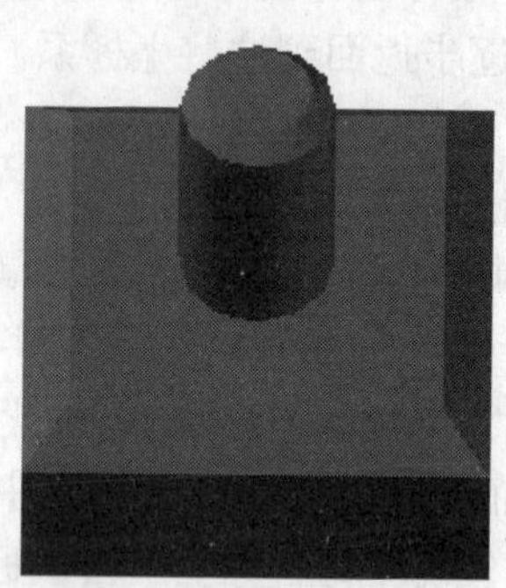

Tips

还可以通过以下方法调用【视点预设】对话框。

在命令行中输入“ddvpoint”后按【Enter】键。

7.4.2 设置 UCS 平面视图

设置 UCS 平面视图的具体操作步骤如下。

❶ 打开光盘中的“素材\ch07\设置 UCS 平面视图.dwg”文件。

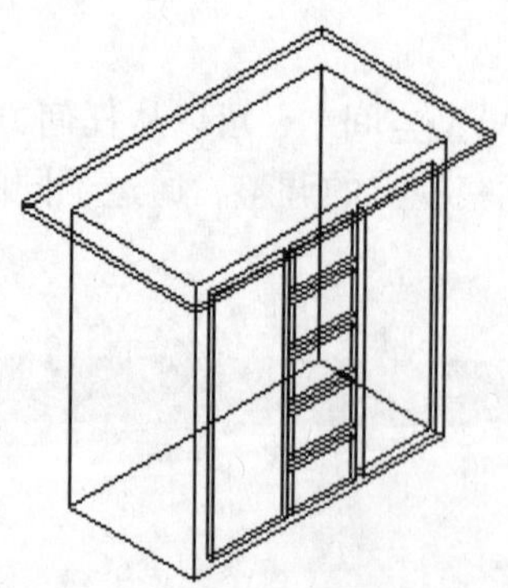

❷ 选择【视图】➤【三维视图】➤【视点预设】命令，弹出【视点预设】对话框。

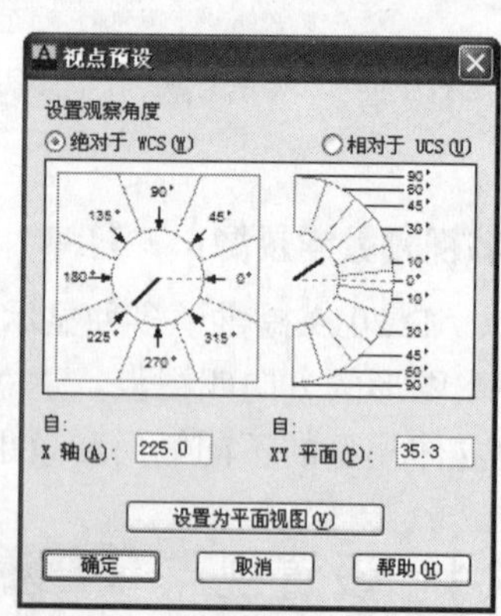

❸ 单击【设置为平面视图】按钮，并单击【确定】按钮。

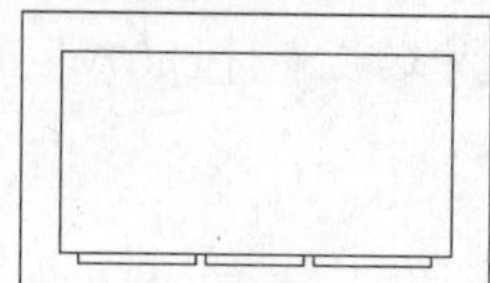

7.4.3 快速设置特殊视点

快速设置特殊视点的具体操作步骤如下。

❶ 打开光盘中的“素材\ch07\快速设置特殊视点.dwg”文件。

❷ 选择【视图】➤【三维视图】➤【左视】命令，显示左视视点，效果如图所示。

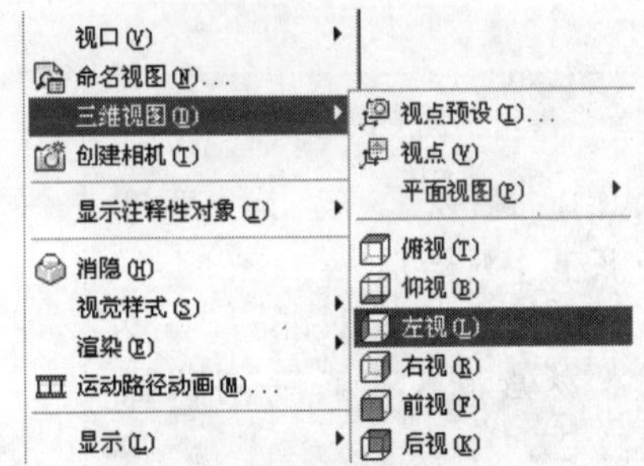

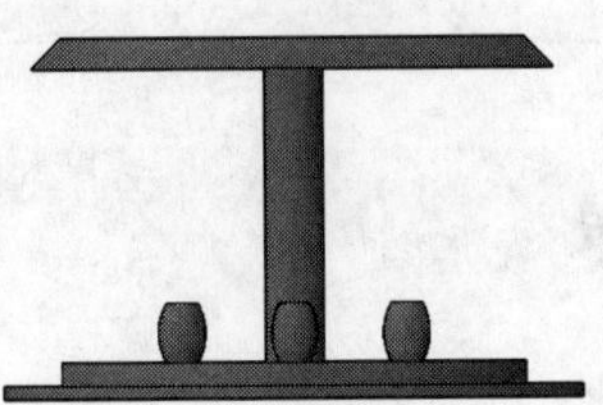

❸ 选择【视图】➤【三维视图】➤【东北等轴测】命令，显示东北等轴测视点。

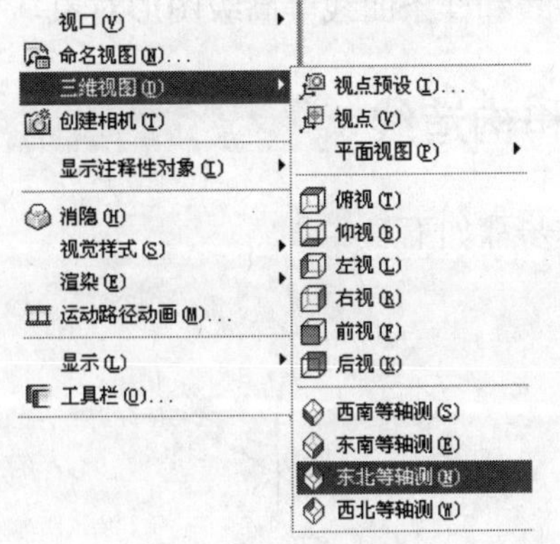

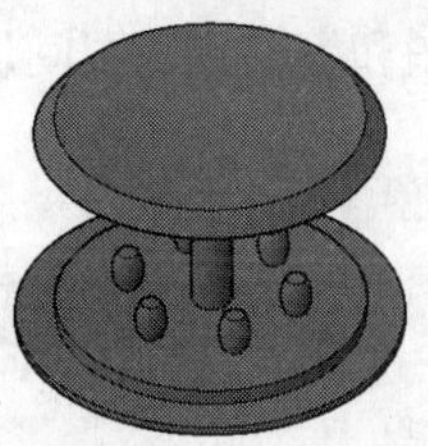

❹ 选择【视图】➤【三维视图】➤【俯视】命令，显示俯视视点。

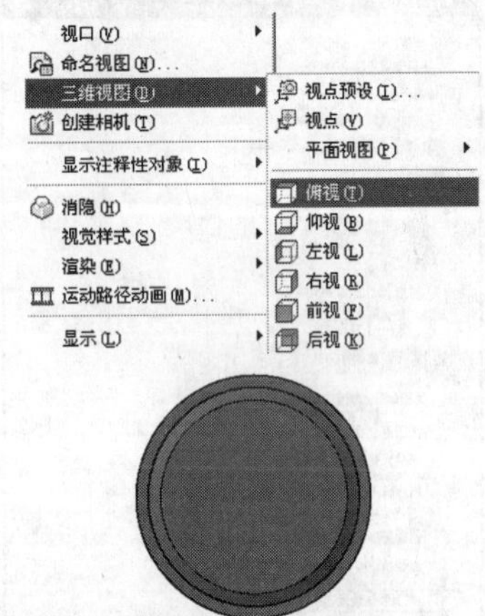

❺ 选择【视图】➤【三维视图】➤【西南等轴测】命令，显示西南等轴测视点。

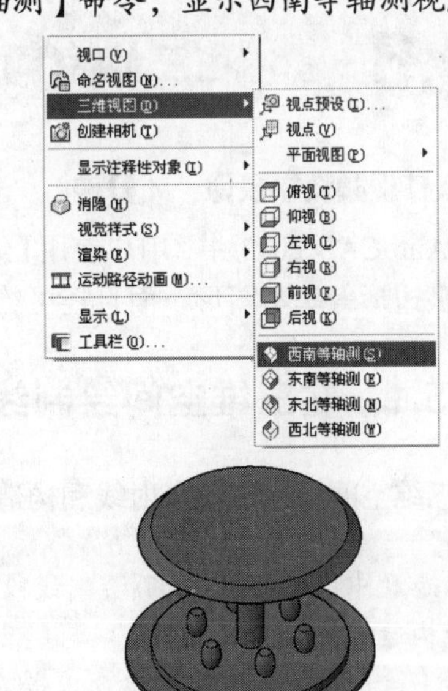

7.4.4 ViewCube

ViewCube 是启用三维图形系统时显示的三维导航工具。通过使用 ViewCube，用户可以在标准视图和等轴测视图间切换。

❶ 选择【视图】➤【显示】➤【ViewCube】➤【设置】命令。

❷ 弹出【ViewCube 设置】对话框。

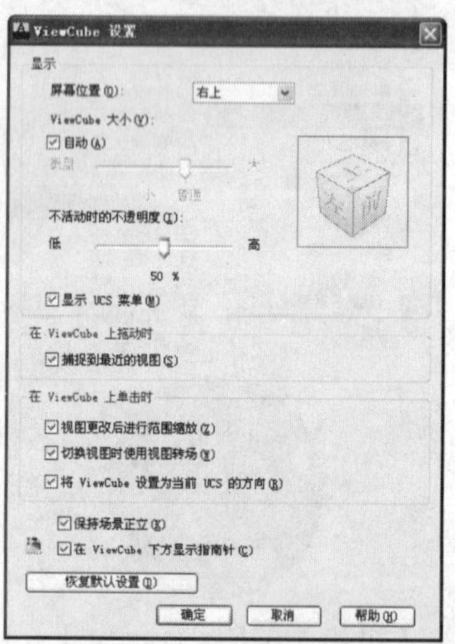

> *Tips*
>
> 还可以通过以下方法调用【ViewCube 设置】对话框。
>
> 在命令行中输入“navvcube”并按【Enter】键，然后输入“s”并再次按【Enter】键确定。

7.5 在三维空间绘制简单对象

本节视频教学录像：7 分钟

在 AutoCAD 2013 中，用户使用【绘图】菜单中的命令不仅可以绘制三维中的直线、圆、圆弧和多边形等基本图形，而且还可绘制多段线、多线和样条曲线等高级图形对象。

7.5.1 在三维空间绘制线段、射线和构造线

在三维空间绘制线段、射线和构造线的具体操作步骤如下。

❶ 打开光盘中的“素材\ch07\绘制线段、射线和构造线.dwg”文件。

❷ 选择【绘图】➤【直线】命令，并在绘图区单击以指定直线的第一点。

❸ 在绘图区拖动鼠标并单击以指定直线的下一点，并按【Enter】键确定直线的终点。

❹ 选择【绘图】➤【射线】命令，在绘图区单击以指定射线的起点。

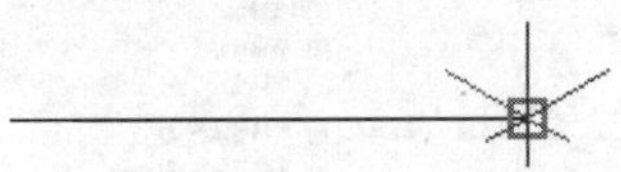

❺ 在绘图区拖动鼠标并单击以指定射线的通过点，按【Enter】键完成绘制。

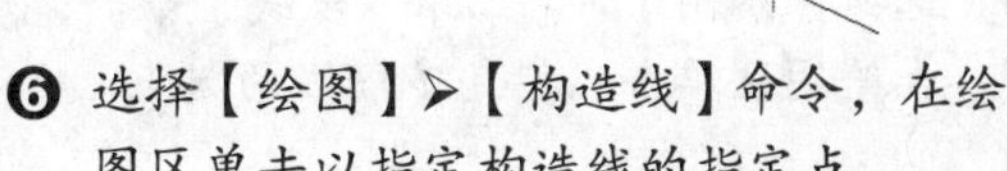

❻ 选择【绘图】➤【构造线】命令，在绘图区单击以指定构造线的指定点。

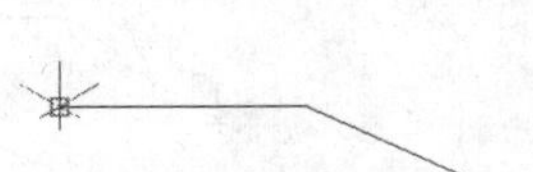

❼ 在绘图区拖动鼠标并单击以指定构造线的通过点，按【Enter】键完成绘制。

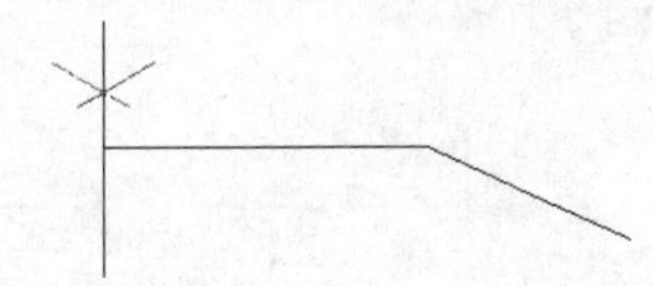

7.5.2 在三维空间绘制其他二维图形

在三维空间绘制其他二维图形的具体操作步骤如下。

❶ 打开光盘中的“素材\ch07\绘制其他二维图形.dwg”文件。

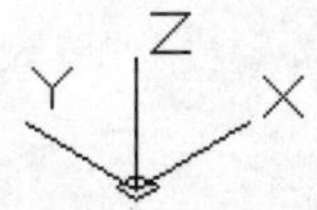

❷ 选择【绘图】➤【多边形】命令，在命令行中输入多边形的边数“10”并按【Enter】键确认。

❸ 在命令行中输入“e”并按【Enter】键确认。

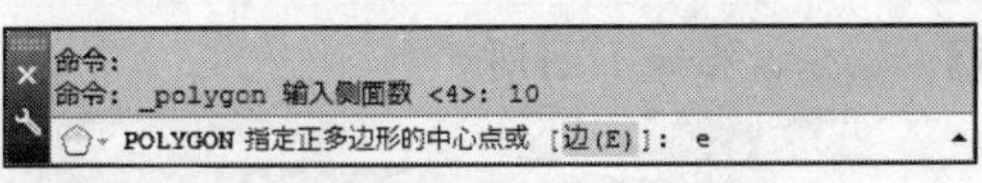

❹ 在绘图区单击以指定边的第一个端点。

❺ 在绘图区拖动鼠标并单击以指定边的第二个端点。

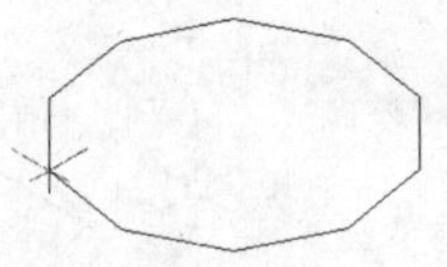

❻ 最终效果如图所示。

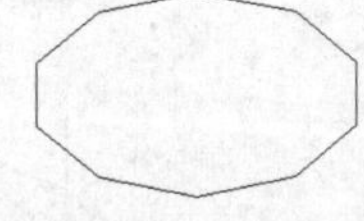

> ***Tips***
>
> 在使用该命令绘制其他边数的正多边形时，只需要在命令行中输入正多边形的边数即可。

7.5.3 绘制三维多段线

设置三维多线段的具体操作步骤如下。

❶ 打开光盘中的“素材\ch07\绘制三维多段线.dwg”文件。

❷ 选择【绘图】➢【三维多段线】命令，在绘图区单击以指定多段线的起点。

❸ 在绘图区拖动鼠标并单击以指定直线的端点。

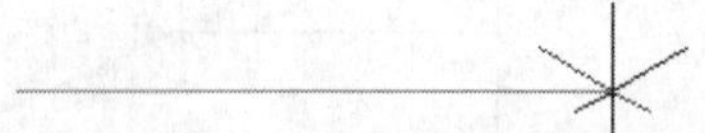

❹ 继续绘制三维多段线，效果如下图所示。

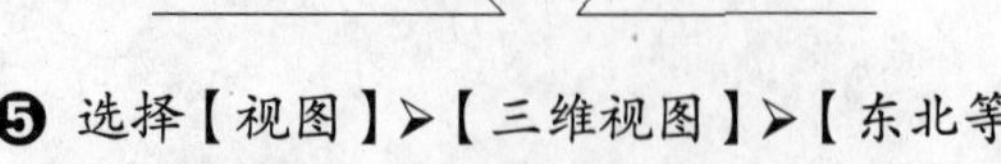

❺ 选择【视图】➢【三维视图】➢【东北等轴测】命令，显示东北等轴测视点。

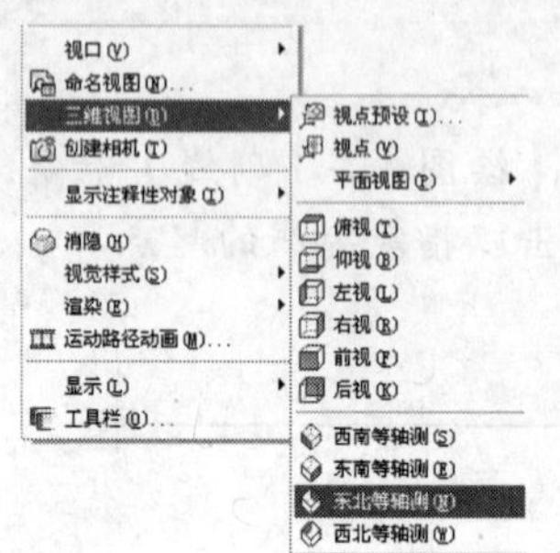

❻ 效果如下图所示。

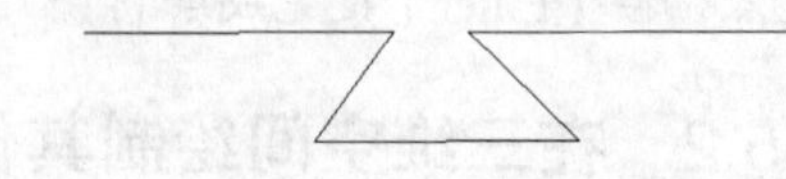

7.5.4 绘制三维样条曲线

绘制三维样条曲线的具体操作步骤如下。

❶ 打开光盘中的“素材\ch07\绘制三维样条曲线.dwg”文件。

❷ 选择【绘图】➢【样条曲线】➢【拟合点】命令，在绘图区单击以指定样条曲线的起点。

❸ 在绘图区拖动鼠标并单击以指定样条曲线的下一点。

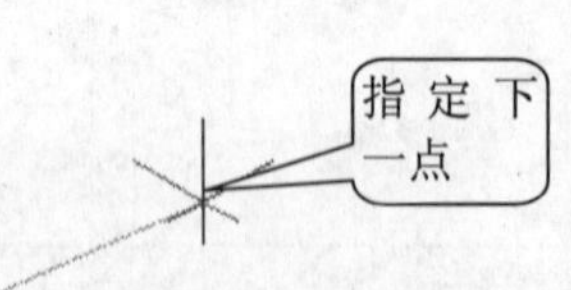

❹ 在绘图区拖动鼠标并单击以指定样条曲线的下一点。

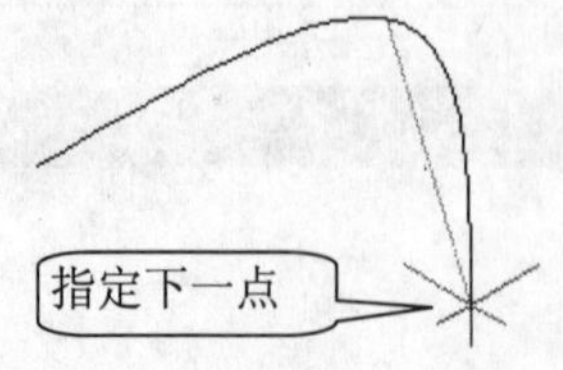

❺ 在绘图区拖动鼠标并单击以指定样条曲线的下一点。

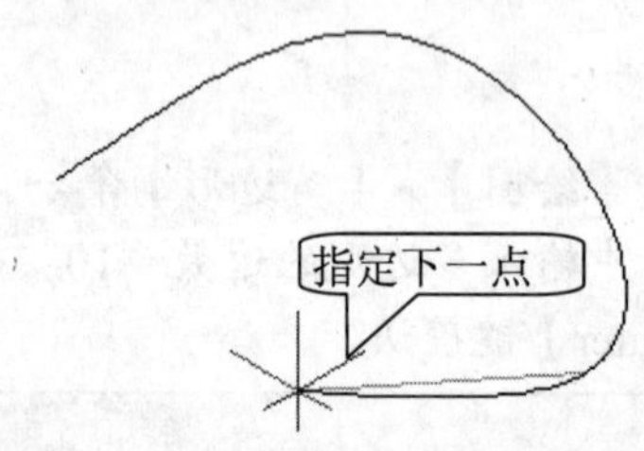

❻ 在命令行中输入“c”，并按【Enter】键确定。

❼ 最终结果如下图所示。

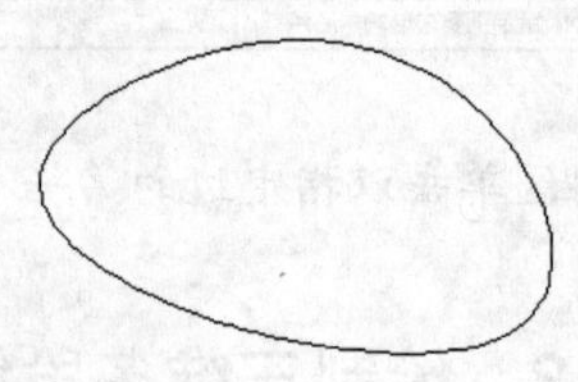

7.6 技能演练

本节视频教学录像：6 分钟

通过本节的练习，用户可以掌握【螺旋】命令和【俯视】命令的使用方法。

7.6.1 绘制三维螺旋线

利用 AutoCAD 绘制三维螺旋线的方法很简单，下面将详细讲述使用螺旋命令绘制三维螺旋线的方法和技巧。

实例名称：绘制三维螺旋线	
主要命令：螺旋命令	
素材：素材\ ch07\绘制三维螺旋线.dwg	
结果：结果\ch07\绘制三维螺旋线.dwg	
难易程度：★★	常用指数：★★★★

结果\ch07\绘制三维螺旋线.dwg

❶ 打开光盘中的“素材\ch07\绘制三维螺旋线.dwg”文件。

❷ 选择【绘图】➤【螺旋】命令，在绘图区单击以指定底面的中心点。

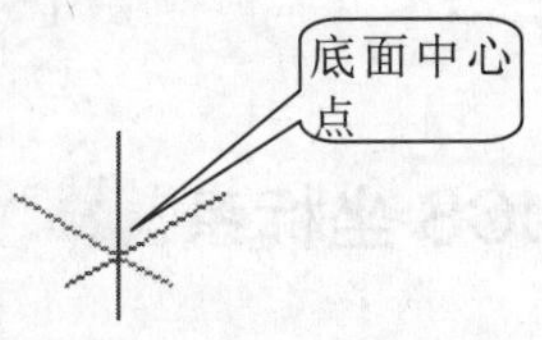

❸ 在命令行中输入“20”，以指定底面半径，并按【Enter】键确认。

❹ 在命令行中输入“50”，以指定顶面半径，按【Enter】键确认。

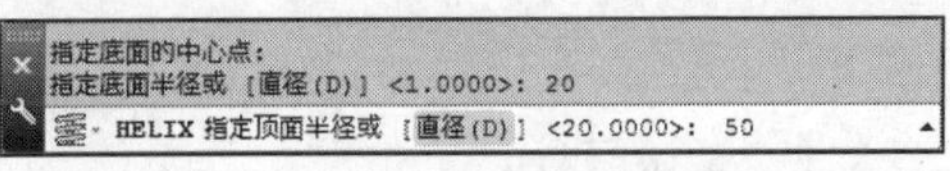

❺ 在绘图区拖动鼠标并单击以指定螺旋线的方向。

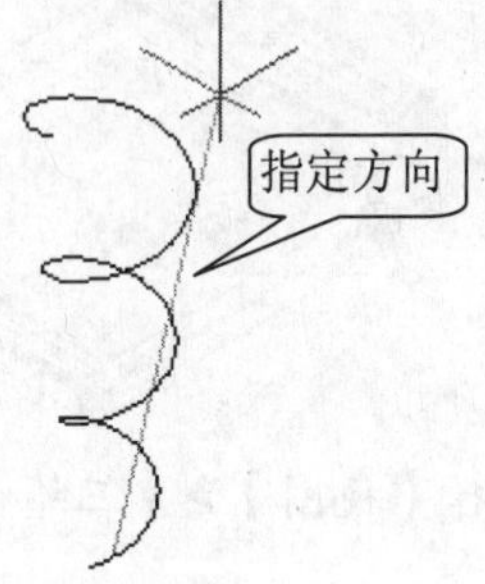

❻ 最终效果如下图所示。

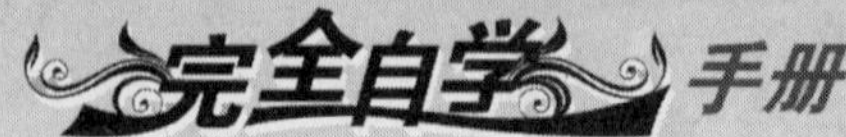

7.6.2 设置并保存三维正交投影视图

使用【俯视】命令设置并保存三维正交投影视图的具体操作步骤如下。

实例名称：设置并保存三维正交投影视图	
主要命令：俯视命令	
素材：素材\ch07\设置并保存三维正交投影视图.dwg	
结果：结果\ch07\设置并保存三维正交投影视图.dwg	
难易程度：★★	常用指数：★★★★

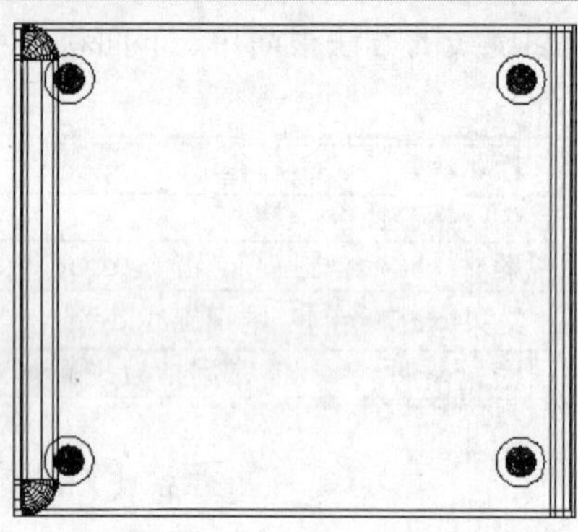

结果\ch07\设置并保存三维正交投影视图.dwg

❶ 打开光盘中的“素材\ch07\设置并保存三维正交投影视图.dwg”文件。

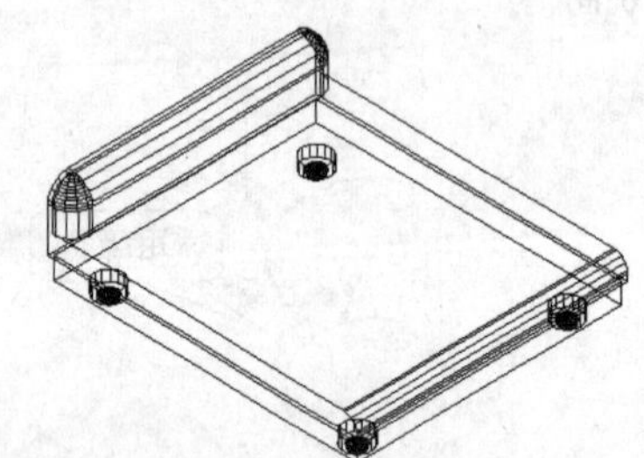

❷ 选择【视图】➢【三维视图】➢【俯视】命令。

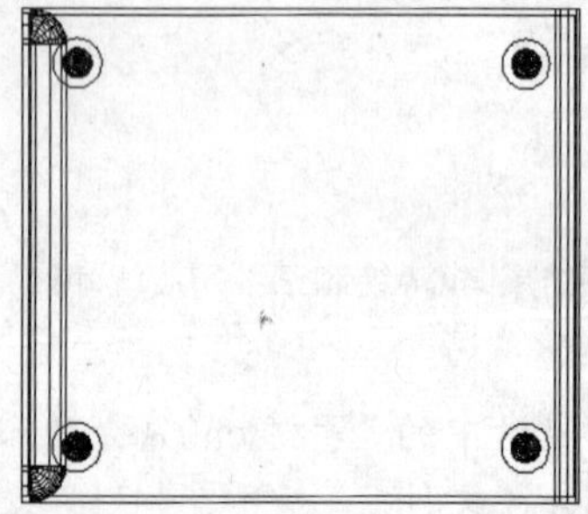

❸ 选择【文件】➢【另存为】命令，可以对图形文件进行保存。

7.6.3 用三点方式创建一个新的 UCS 坐标系

使用三点方式创建新的 UCS 坐标系的具体操作步骤如下。

实例名称：用三点方式创建一个新的 UCS 坐标系	
主要命令：UCS 命令	
素材：素材\ch07\创建 UCS.dwg	
结果：结果\ch07\创建 UCS.dwg	
难易程度：★★	常用指数：★★★★

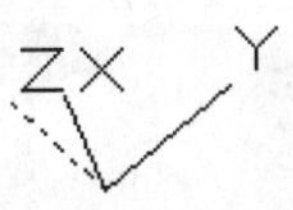

结果\ch07\创建 UCS.dwg

❶ 打开光盘中的“素材\ch07\创建 UCS.dwg”文件。

❷ 选择【工具】➤【新建 UCS】➤【三点】命令。

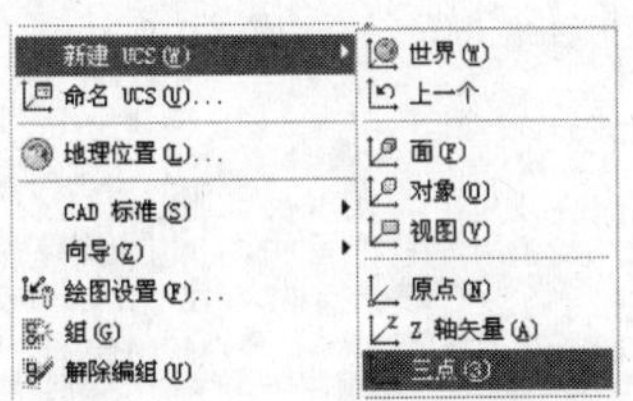

❸ 在绘图区任意单击一点，作为 UCS 坐标系的新原点。

❹ 在命令行输入“0,0,500”作为正 x 轴范围上的点，按【Enter】键确认。

```
指定新原点 <0,0,0>:
UCS 在正 X 轴范围上指定点 <216.4216,37.7520,0.0000>:
0,0,500
```

❺ 在命令行输入“500,0,0”作为正 y 轴范围上的点，按【Enter】键确认。

❻ 最终结果如图所示。

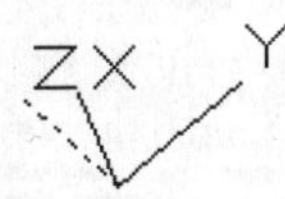

7.6.4 快速修改 UCS

快速修改 UCS 的操作步骤如下。

实例名称：快速修改 UCS	
主要命令：UCS 命令	
素材：素材\ch07\修改 UCS.dwg	
结果：结果\ch07\修改 UCS.dwg	
难易程度：★★	常用指数：★★★★

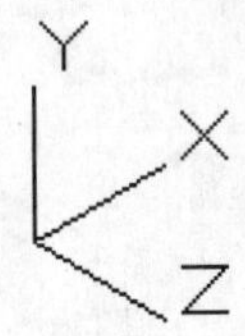

结果\ch07\修改 UCS.dwg

❶ 打开光盘中的“素材\ch07\修改 UCS.dwg”文件。

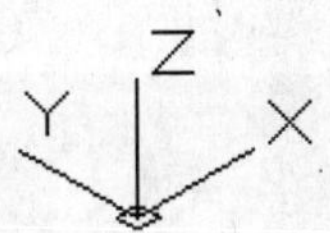

❷ 在命令行输入“UCS”并按【Enter】键确认。

```
UCS
```

❸ 在命令行输入“X”并按【Enter】键确认。

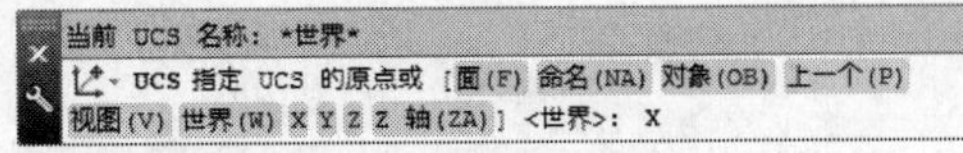

❹ 在命令行输入绕 x 轴的旋转角度为“90”，按【Enter】键确认。

❺ 最终结果如图所示。

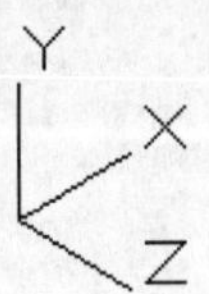

7.7 本章小结

本章是绘制三维图形的基础，利用本章所学的知识，可以快速地融入到三维模型空间中，使读者可以在较短时间内，对三维模型空间有一个充足的认识，从而在感观上对物体生成一种空间感，这对以后熟练掌握三维图形的绘制，将会起到非常积极的作用。

第 8 章　绘制三维图形

本章引言

绘图时，在三维界面内，除了可以绘制简单的三维图形外，还可以绘制三维曲面和三维实体。AutoCAD 2013 提供了强大的三维图形绘制功能，用户可以在三维界面内绘制三维曲面和三维实体。

8.1 绘制三维曲面

本节视频教学录像：22 分钟

曲面模型主要定义了三维模型的边和表面的相关信息，它可以解决三维模型的消隐、着色、渲染和计算表面等问题。

8.1.1 绘制长方体表面

绘制长方体表面的具体操作步骤如下。

❶ 选择【视图】➢【三维视图】➢【东南等轴测】命令以切换到三维视图。

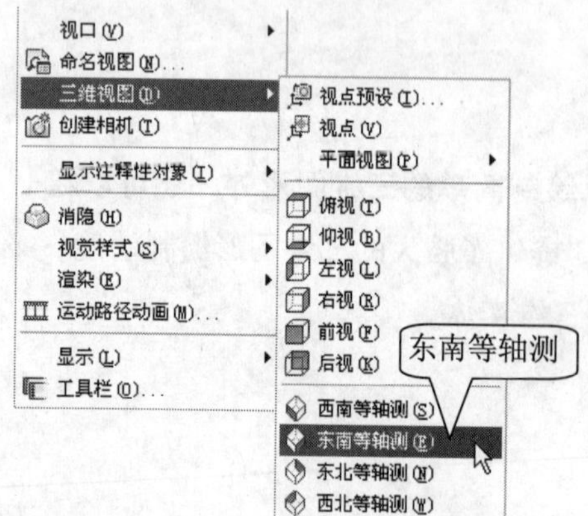

❷ 在命令行中输入“MESH”后按【Enter】键确认，命令行提示如下。

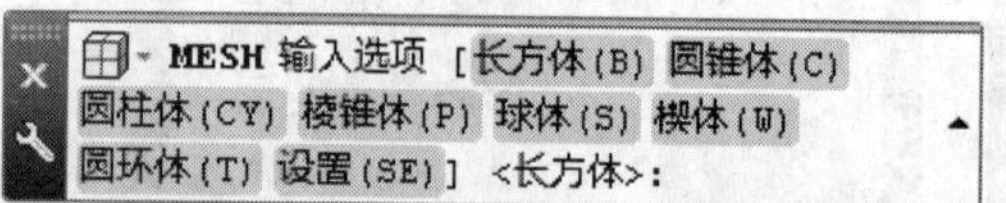

❸ 在命令行中输入长方体表面参数“b”后按【Enter】键确认，在绘图区单击指定长方体表面的角点。

❹ 在绘图区拖曳鼠标并单击以指定长方体的其他角点。

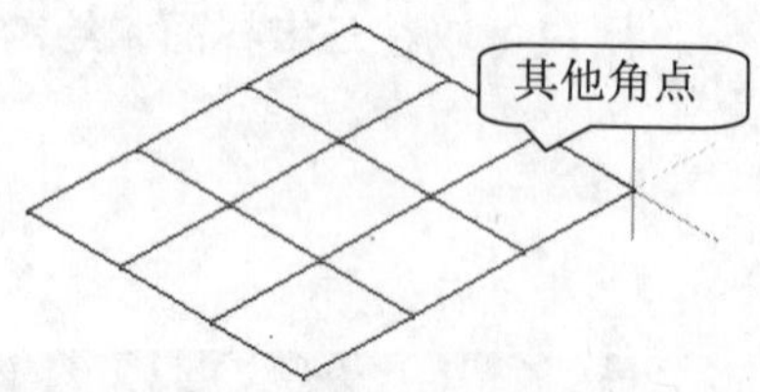

❺ 在命令行中输入数值“50”并按【Enter】键确认，以指定长方体表面的高度。

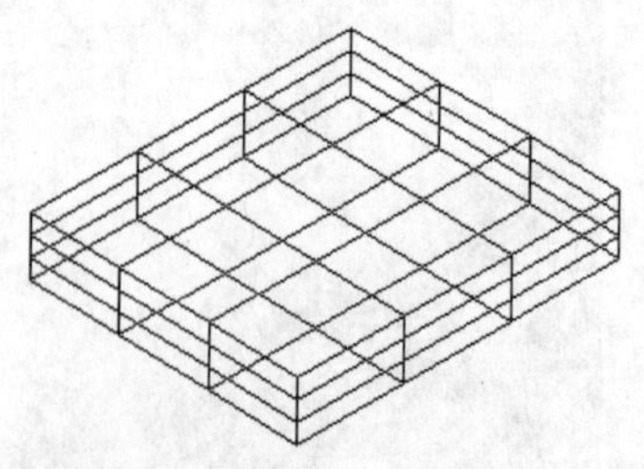

8.1.2 绘制楔体表面

绘制楔体表面的具体操作步骤如下。

❶ 选择【视图】➢【三维视图】➢【东南等轴测】命令以切换到三维视图。

❷ 在命令行中输入“MESH”后按【Enter】键确认，命令行提示如下。

MESH 输入选项 [长方体(B) 圆锥体(C) 圆柱体(CY) 棱锥体(P) 球体(S) 楔体(W) 圆环体(T) 设置(SE)] <长方体>:

❸ 在命令行中输入楔体表面参数“w”后按【Enter】键确认，在绘图区单击给楔体表面指定角点。

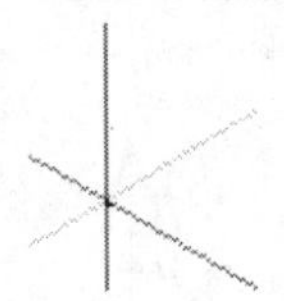

❹ 在绘图区拖曳鼠标并单击以指定楔体表面的其他角点。

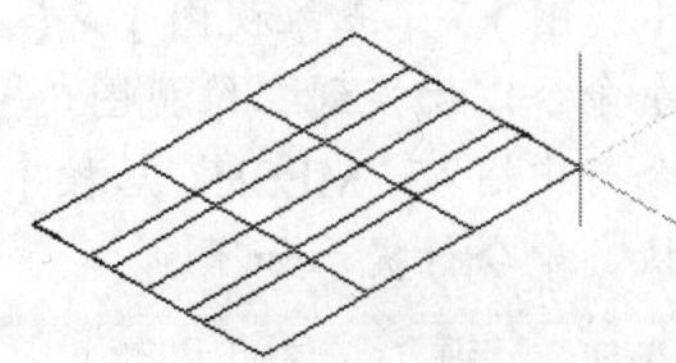

❺ 在命令行中输入数值“50”并按【Enter】键确认，以指定楔体表面的高度。

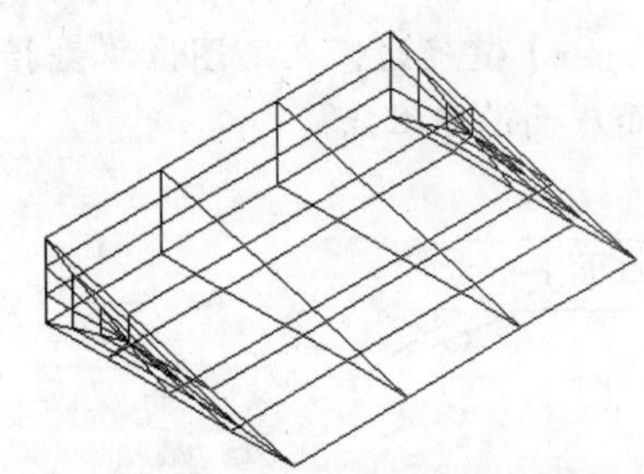

8.1.3 绘制棱锥体表面

绘制棱锥体表面的具体操作步骤如下。

❶ 选择【视图】➤【三维视图】➤【东南等轴测】命令以切换到三维视图。

❷ 在命令行中输入“MESH”后按【Enter】键确认，命令行提示如下。

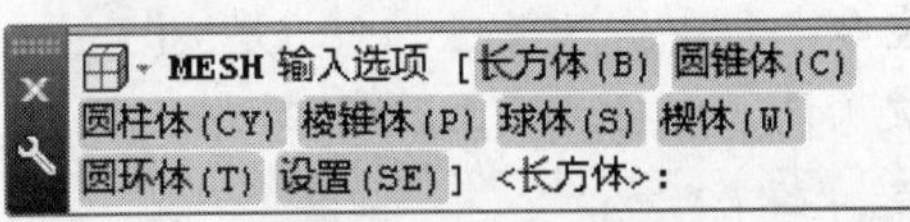

MESH 输入选项 [长方体(B) 圆锥体(C) 圆柱体(CY) 棱锥体(P) 球体(S) 楔体(W) 圆环体(T) 设置(SE)] <长方体>:

❸ 在命令行中输入棱锥面参数“p”后按【Enter】键确认。在绘图区单击指定棱锥面底面的中心点。

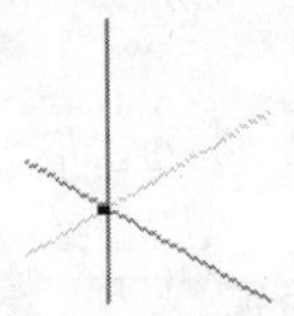

❹ 在绘图区拖曳鼠标并单击以指定棱锥面底面的半径。

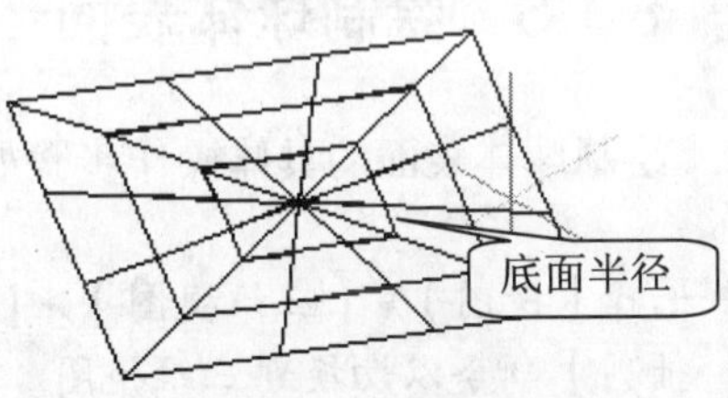

❺ 在命令行中输入数值“250”并按【Enter】键确认，以指定棱锥体表面的高度。

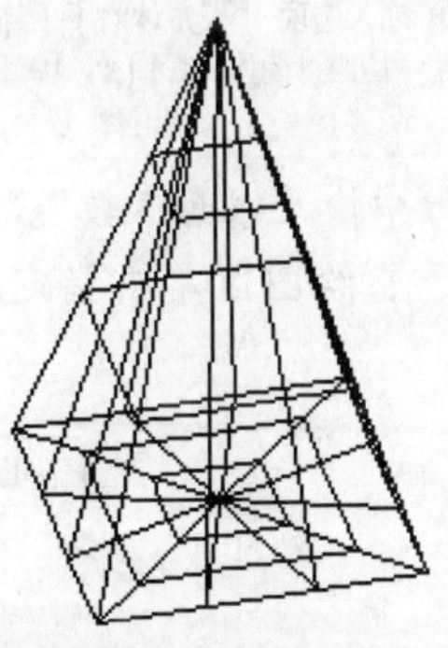

8.1.4 绘制圆锥体表面

绘制圆锥体表面的具体操作步骤如下。

❶ 选择【视图】➢【三维视图】➢【东南等轴测】命令以切换到三维视图。

❷ 在命令行中输入“MESH”后按【Enter】键确认，命令行提示如下。

MESH 输入选项 [长方体(B) 圆锥体(C) 圆柱体(CY) 棱锥体(P) 球体(S) 楔体(W) 圆环体(T) 设置(SE)] <长方体>:

❸ 在命令行中输入圆锥面参数“c”后按【Enter】键确认，在绘图区单击指定圆锥面底面的中心点。

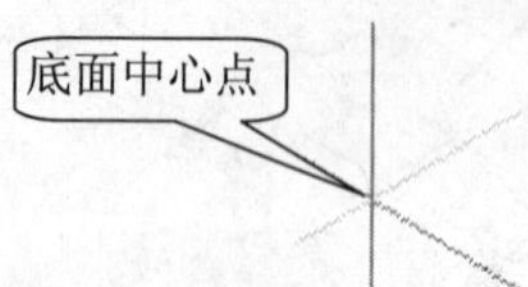

❹ 在命令行中输入“50”并按【Enter】键确认，以指定圆锥面底面的半径。

指定底面的中心点或 [三点(3P)/两点(2P)/切点、切点、半径(T)/椭圆(E)]:
MESH 指定底面半径或 [直径(D)]: 50

❺ 在命令行中输入数值“150”并按【Enter】键确认，以指定圆锥面的高度。

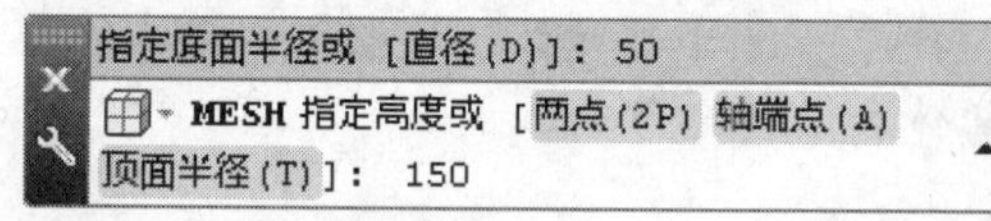
指定底面半径或 [直径(D)]: 50
MESH 指定高度或 [两点(2P) 轴端点(A) 顶面半径(T)]: 150

❻ 最终效果如图所示。

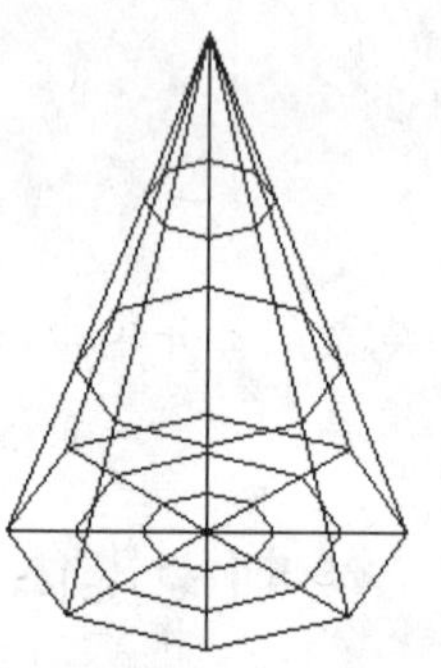

8.1.5 绘制球体表面

绘制球体表面的具体操作步骤如下。

❶ 选择【视图】➢【三维视图】➢【东南等轴测】命令以切换到三维视图。

❷ 在命令行中输入“MESH”后按【Enter】键确认，命令行提示如下。

MESH 输入选项 [长方体(B) 圆锥体(C) 圆柱体(CY) 棱锥体(P) 球体(S) 楔体(W) 圆环体(T) 设置(SE)] <圆锥体>:

❸ 在命令行中输入球面参数“s”后按【Enter】键确认，在绘图区单击指定球面的中心点。

❹ 在命令行中输入数值“150”并按【Enter】键确认，以指定球面的半径。

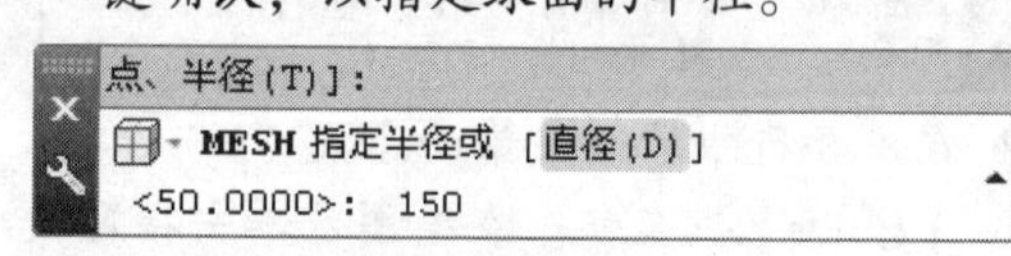
点、半径(T)]:
MESH 指定半径或 [直径(D)] <50.0000>: 150

❺ 最终结果如图所示。

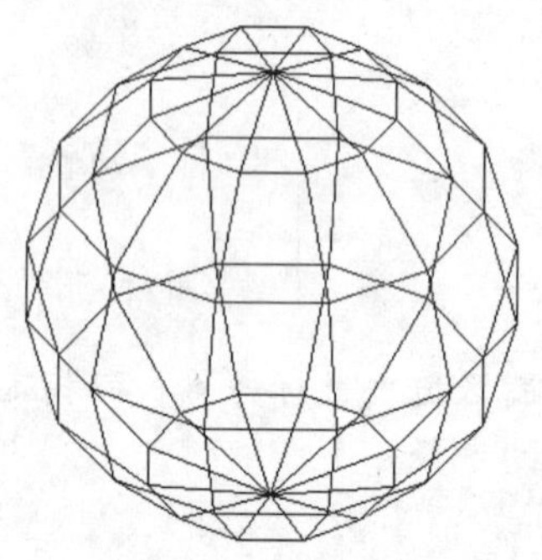

8.1.6 绘制圆柱体表面

绘制圆柱体表面的具体操作步骤如下。

❶ 选择【视图】➤【三维视图】➤【东南等轴测】命令以切换到三维视图。

❷ 在命令行中输入"MESH"后按【Enter】键确认，命令行提示如下。

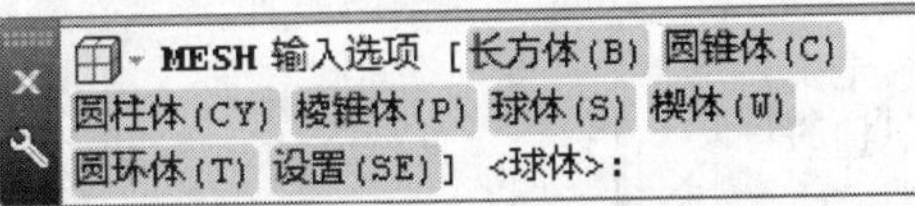

❸ 在命令行中输入上半球面参数"cy"后按【Enter】键确认，在绘图区单击指定底面的中心点。

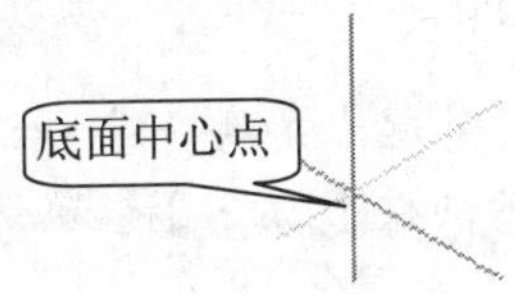

❹ 在命令行中输入数值"75"并按【Enter】键，以指定底面的半径。

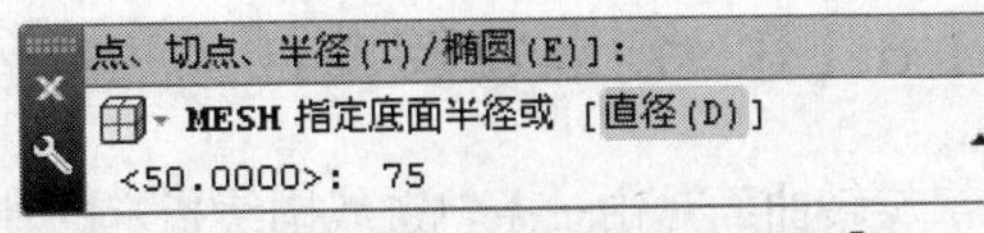

❺ 在命令行中输入数值"200"并按【Enter】键，以指定圆柱体表面的高度。

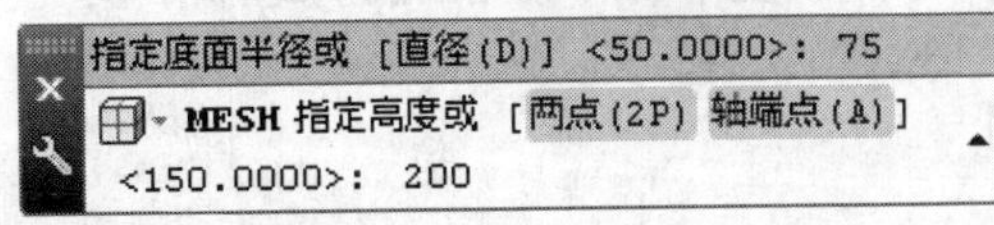

❻ 最终效果如图所示。

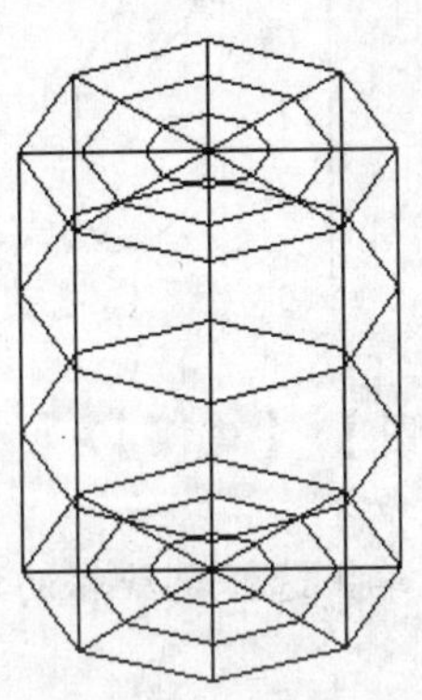

8.1.7 绘制圆环面

绘制圆环面的具体操作步骤如下。

❶ 选择【视图】➤【三维视图】➤【东南等轴测】命令以切换到三维视图。

❷ 在命令行中输入"MESH"后按【Enter】键确认，命令行提示如下。

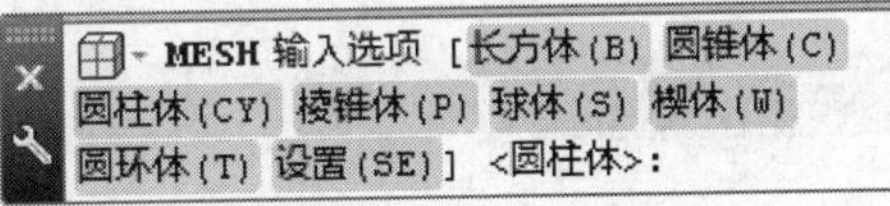

❸ 在命令行中输入圆环面参数"T"后按【Enter】键确认，在绘图区单击指定圆环面的中心点。

❹ 在命令行中输入数值"50"并按【Enter】键，以指定圆环面的半径。

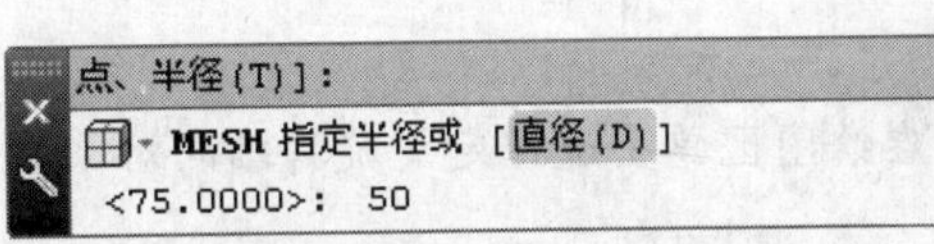

❺ 在命令行中输入数值"5"并按【Enter】键，以指定圆管的半径。

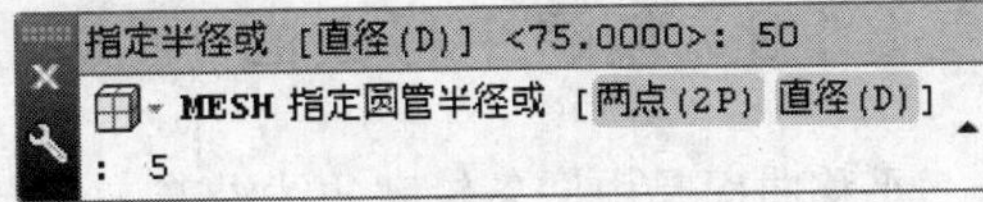

❻ 最终效果如图所示。

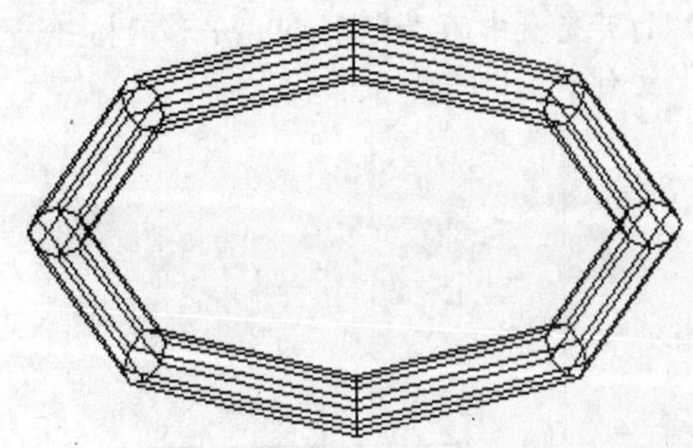

8.1.8 创建旋转曲面

旋转曲面是由一条轨迹线围绕指定的轴线旋转生成的曲面模型。

❶ 打开光盘中的"素材\ch08\旋转网格.dwg"文件。

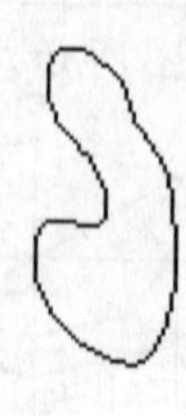

❷ 选择【绘图】➤【建模】➤【网格】➤【旋转网格】命令。

❸ 在绘图区单击选择要旋转的对象。

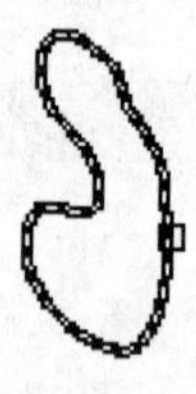

❹ 在绘图区单击选择定义旋转轴的对象。

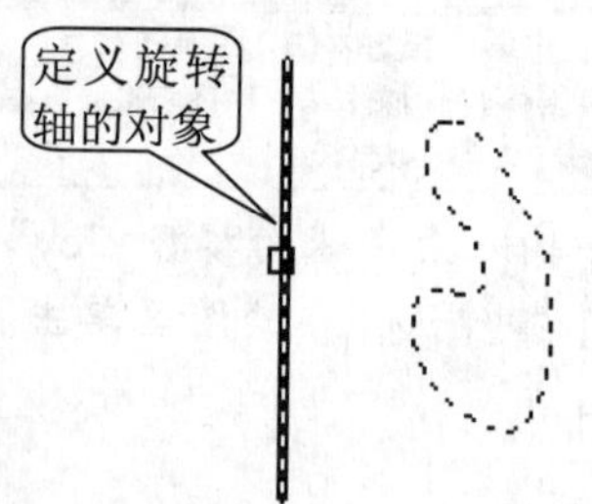

❺ 在命令行中输入起点角度"0"和旋转角度"360"，分别按【Enter】键确认。

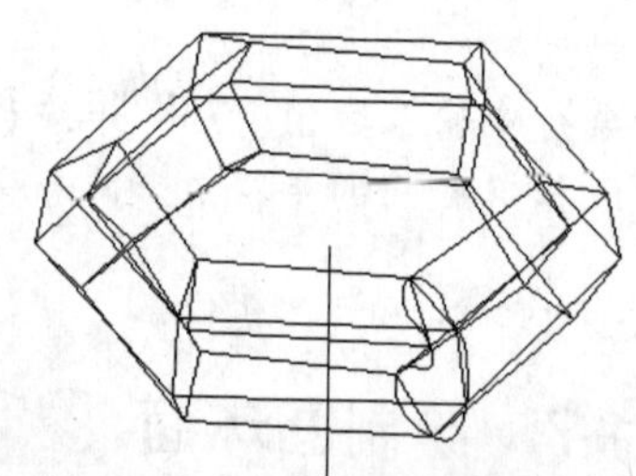

> **Tips**
>
> 还可以通过以下方法调用【旋转网格】命令。
>
> 在命令行中输入"revsurf"后按【Enter】键。

8.1.9 创建平移曲面

平移曲面是由一条轮廓曲线沿着一条指定方向的矢量直线拉伸而形成的曲面模型。

❶ 打开光盘中的"素材\ch08\平移网格.dwg"文件。

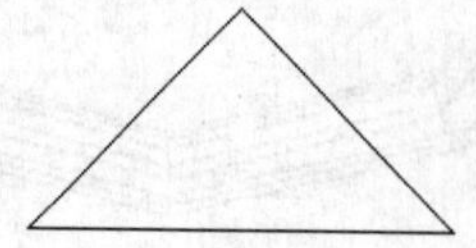

❷ 选择【绘图】➤【建模】➤【网格】➤【平移网格】命令。

❸ 在绘图区单击选择用作轮廓曲线的对象。

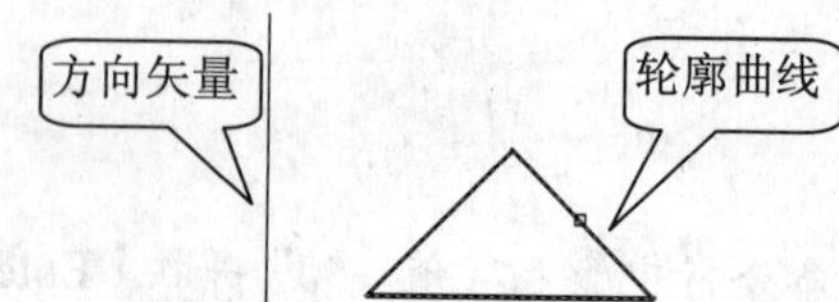

❹ 在绘图区单击选择用作方向矢量的对象。

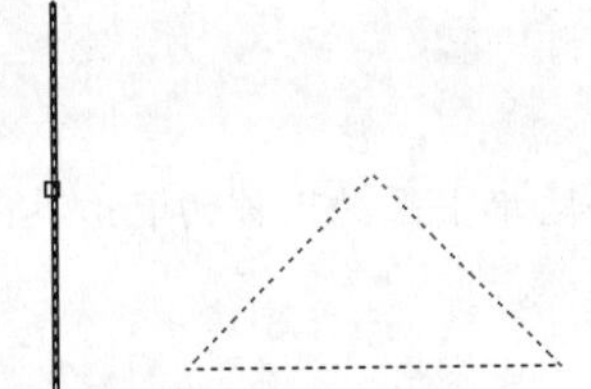

❺ 最终效果如图所示。

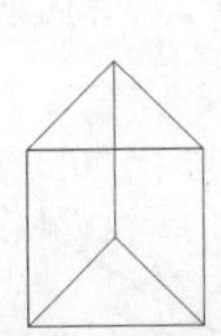

> *Tips*
>
> 还可以通过以下方法调用【平移网格】命令。
>
> 在命令行中输入“tabsurf”后按【Enter】键。

8.1.10 创建直纹曲面

直纹曲面是由若干条直线连接两条曲线时，在曲线之间形成的曲面建模。

❶ 打开光盘中的“素材\ch08\直纹网格.dwg”文件。

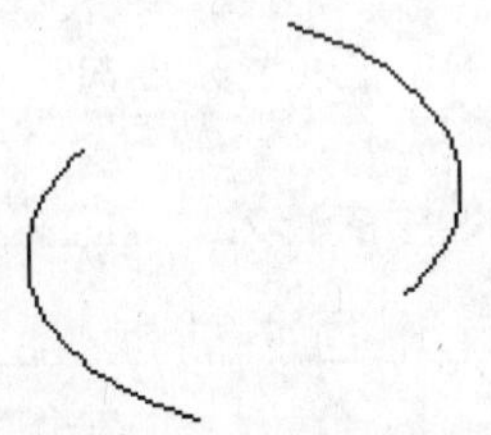

❷ 选择【绘图】➤【建模】➤【网格】➤【直纹网格】命令。

❸ 在绘图区单击选择第一条定义曲线。

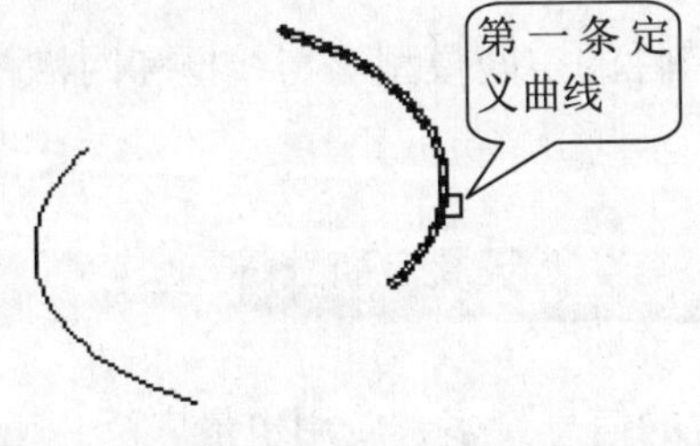

❹ 在绘图区单击选择第二条定义曲线。

❺ 最终效果如图所示。

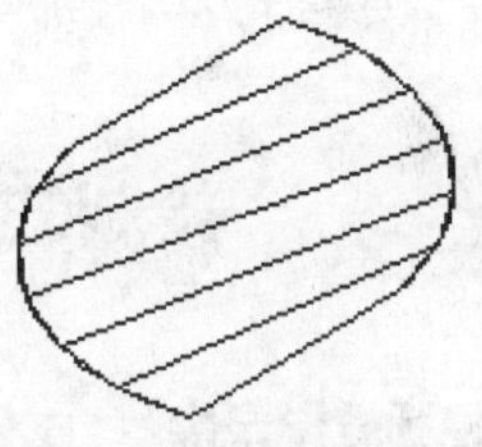

> *Tips*
>
> 还可以通过以下方法调用【直纹网格】命令。
>
> 在命令行中输入“rulesurf”后按【Enter】键。

8.1.11 创建边界曲面

边界曲面是由指定的4个首尾相连的曲线边界之间形成一个指定密度的三维网格。

❶ 打开光盘中的“素材\ch08\边界网格.dwg”文件。

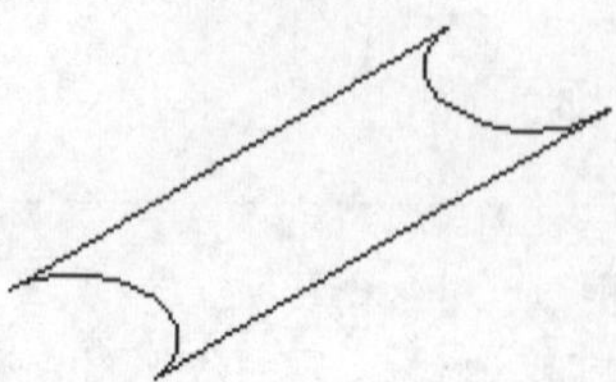

❷ 选择【绘图】➢【建模】➢【网格】➢【边界网格】命令。

❸ 在绘图区单击选择用作曲面边界的对象1。

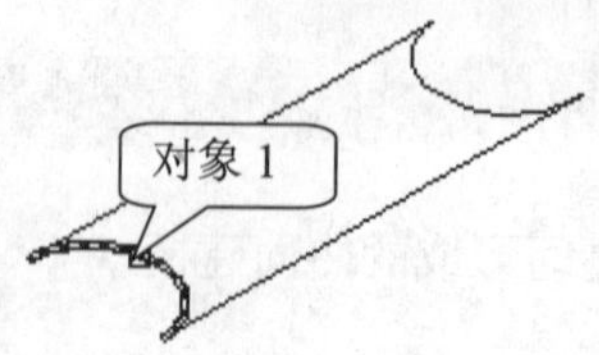

❹ 在绘图区单击选择用作曲面边界的对象2。

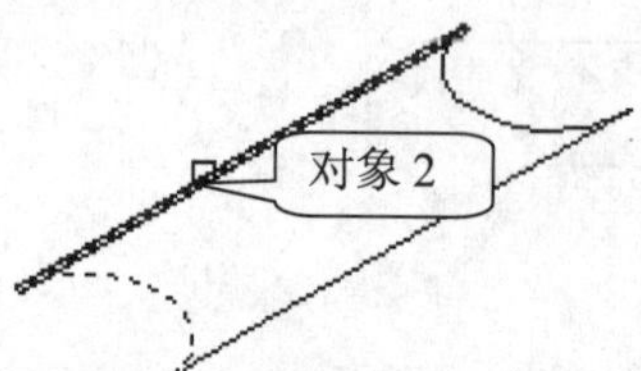

❺ 在绘图区单击选择用作曲面边界的对象3。

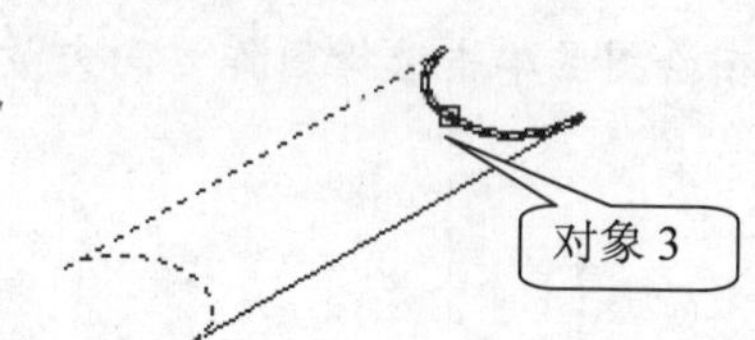

❻ 在绘图区单击选择用作曲面边界的对象4。

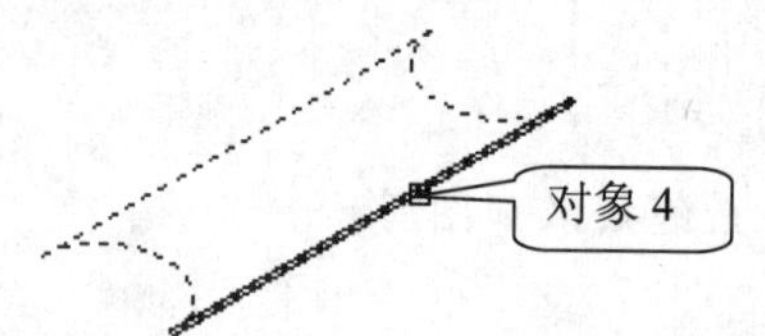

❼ 最终效果如图所示。

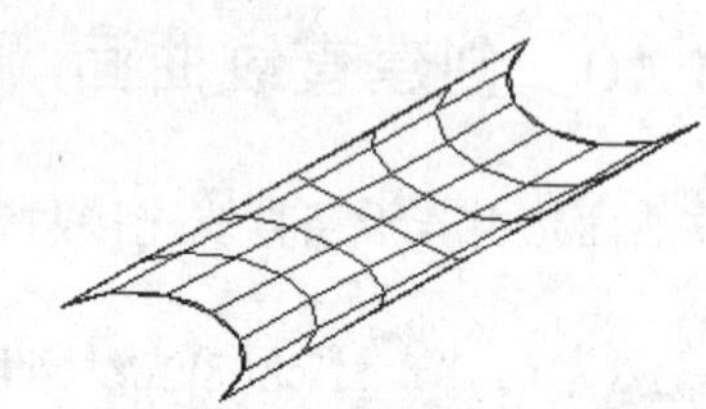

Tips

还可以通过以下方法调用【边界网格】命令：

在命令行中输入“edgesurf”后按【Enter】键。

8.2 绘制三维实体

本节视频教学录像：16 分钟

实体是能够完整表达对象几何形状和物体特性的空间模型。与线框和网格相比，实体的信息最完整，也最容易构造和编辑。

8.2.1 绘制基本实体对象

实体模式是一种高级的三维模型，它所包含的信息量多，应用也最广泛。

在绘制三维标准实体之前，需要进行如下设置。

❶ 在 AutoCAD 2013 的任务栏中单击【切换工作空间】按钮，在弹出的快捷菜单中选择【三维建模】命令。

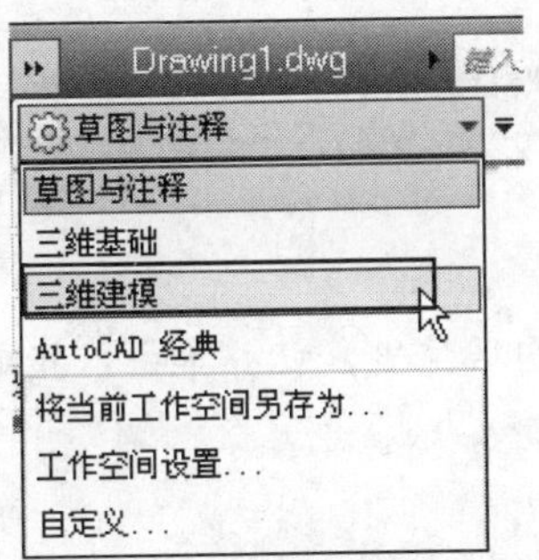

❷ 主界面将切换到三维建模视图模式。

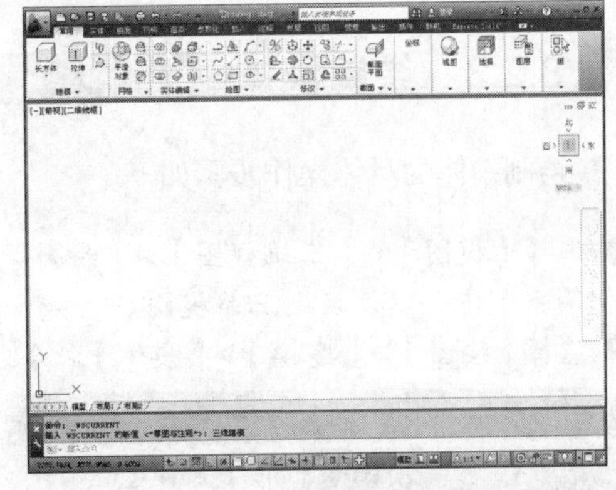

8.2.2 绘制长方体

绘制长方体的具体操作步骤如下。

❶ 选择【视图】➢【三维视图】➢【西南等轴测】命令以切换到三维视图。

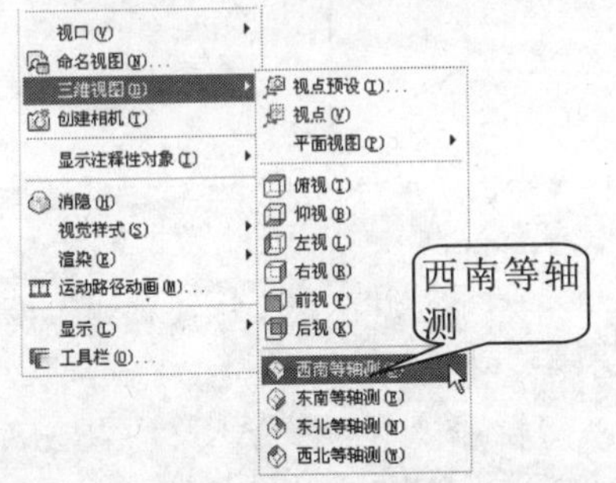

❷ 选择【绘图】➢【建模】➢【长方体】命令。

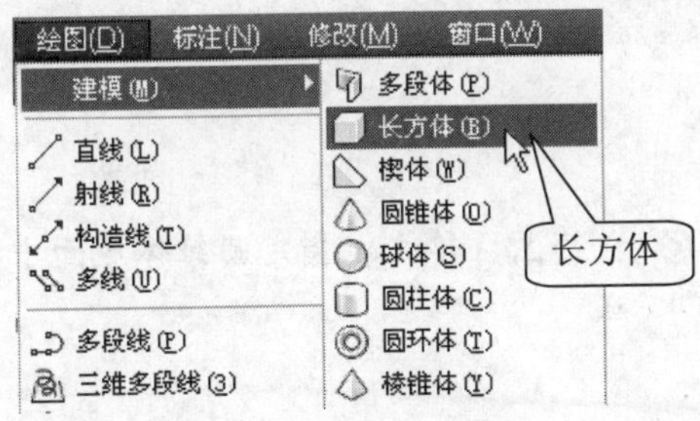

❸ 在绘图区单击以指定长方体的第一个角点。

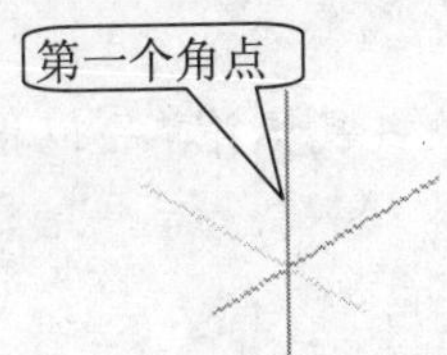

❹ 在绘图区拖曳鼠标并单击以指定对角点。

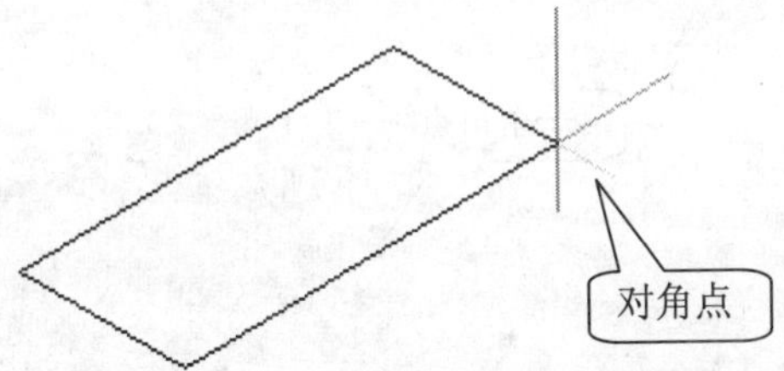

❺ 在命令行中输入数值“100”并按【Enter】键，以确定长方体的高度。

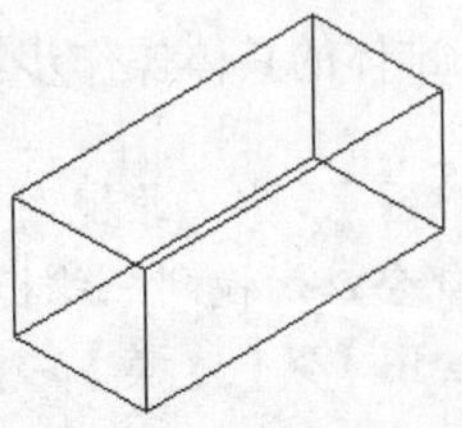

Tips

还可以通过以下方法调用【长方体】命令。

(1) 在命令行中输入“box”后按【Enter】键。

(2) 单击【常用】选项卡➢【建模】面板➢【长方体】按钮。

8.2.3 绘制楔体

绘制楔体的具体操作步骤如下。

❶ 选择【视图】>【三维视图】>【西南等轴测】命令以切换到三维视图。

❷ 选择【绘图】>【建模】>【楔体】命令。

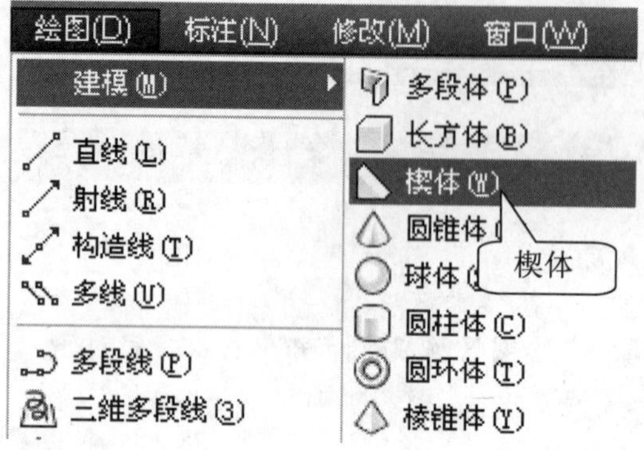

❸ 在绘图区单击以指定楔体的第一个角点。

❹ 在绘图区拖曳鼠标并单击以指定对角点。

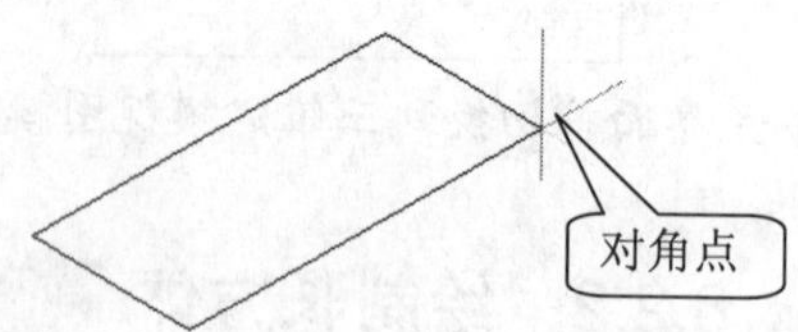

❺ 在命令行中输入数值“150”并按【Enter】键，以确定楔体的高度。

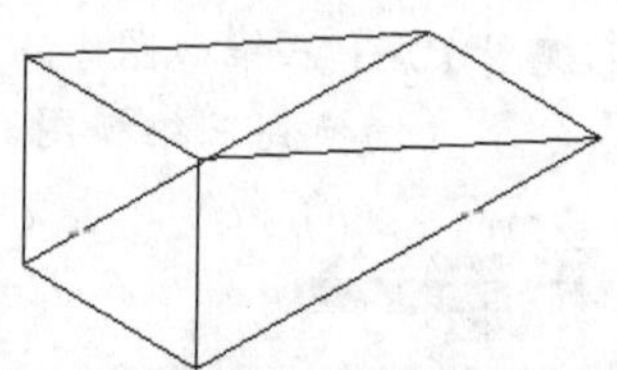

Tips

还可以通过以下方法调用【楔体】命令。

在命令行中输入“wedge”后按【Enter】键。

8.2.4 绘制圆锥体

绘制圆锥体的具体操作步骤如下。

❶ 选择【视图】>【三维视图】>【西南等轴测】命令以切换到三维视图。

❷ 选择【绘图】>【建模】>【圆锥体】命令。

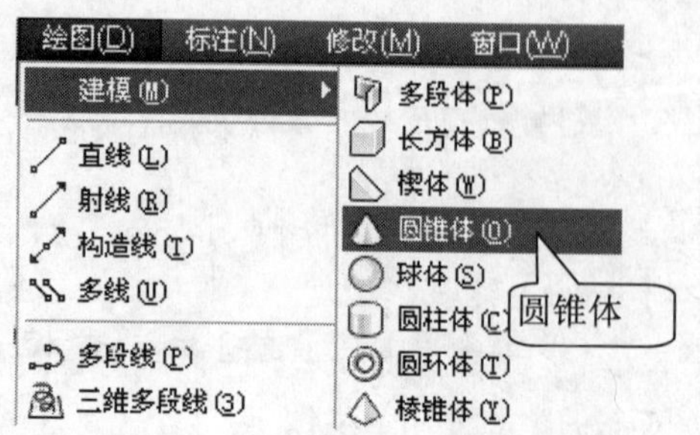

❸ 在绘图区单击以指定圆锥体底面中心点。

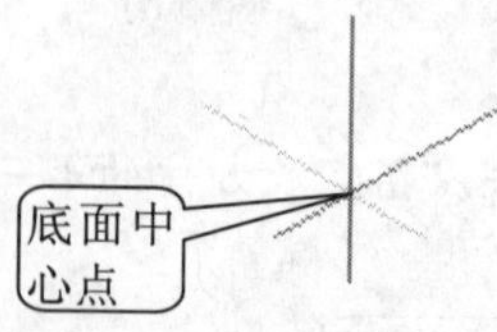

❹ 在绘图区拖曳鼠标并单击以指定圆锥体底面半径。

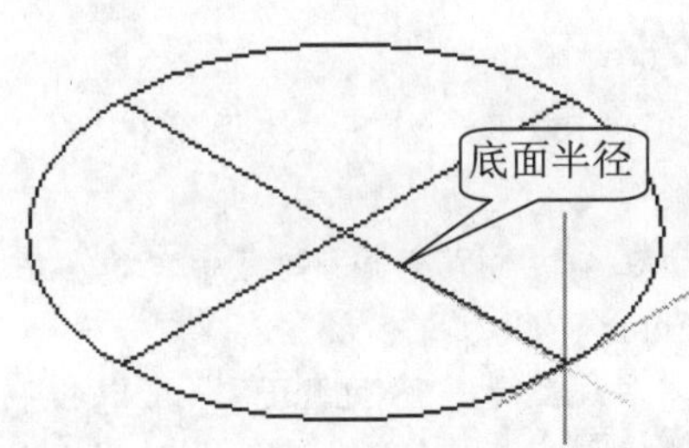

Tips

在命令行中输入数值可精确控制圆锥体底面半径。

❺ 在绘图区拖曳鼠标并单击以指定圆锥体高度。

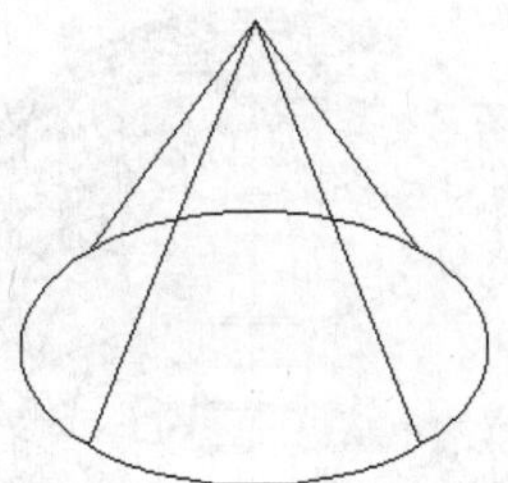

Tips

还可以通过以下方法调用【圆锥体】命令。

在命令行中输入“cone”后按【Enter】键。

8.2.5 绘制球体

绘制球体的具体操作步骤如下。

❶ 选择【视图】➤【三维视图】➤【西南等轴测】命令以切换到三维视图。

❷ 选择【绘图】➤【建模】➤【球体】命令。

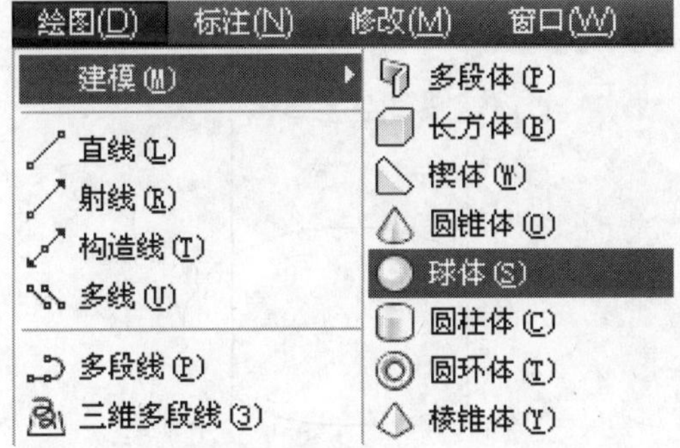

❸ 在绘图区单击以指定球体的中心点。

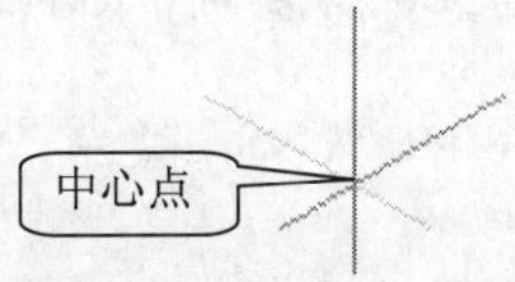

❹ 在命令行中输入数值“150”并按【Enter】键，以确定球体的半径。

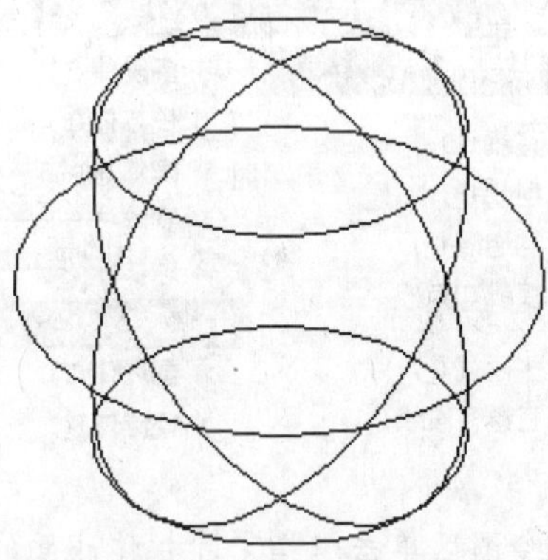

❺ 如果想更改球体的密度，可以在命令行中输入“ISOLINES”命令，输入“32”，按【Enter】键确认。

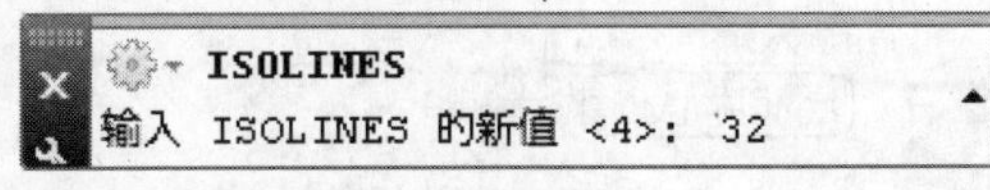

❻ 选择【绘图】➤【建模】➤【球体】命令，在绘图区绘制球体。

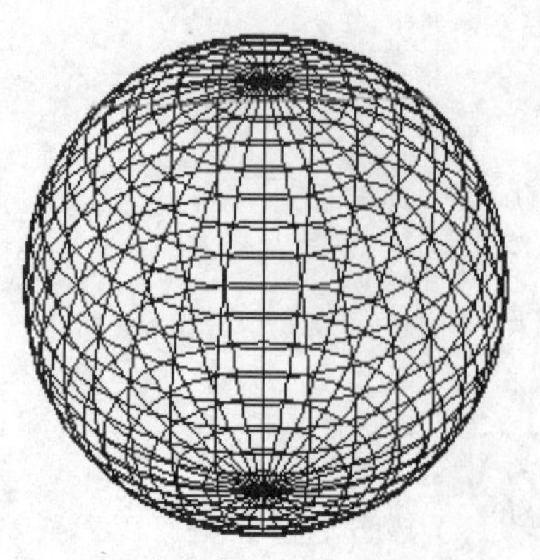

> **Tips**
>
> 还可以通过以下方法调用【球体】命令。
>
> 在命令行中输入“sphere”后按【Enter】键。
>
> 系统变量“ISOLINES”可以控制球体的线框密度，它只决定球体的显示效果并不能影响球体表面的平滑度。

8.2.6 绘制圆柱体

绘制圆柱体的具体操作步骤如下。

❶ 选择【视图】➤【三维视图】➤【西南等轴测】命令以切换到三维视图。

❷ 选择【绘图】➤【建模】➤【圆柱体】命令。

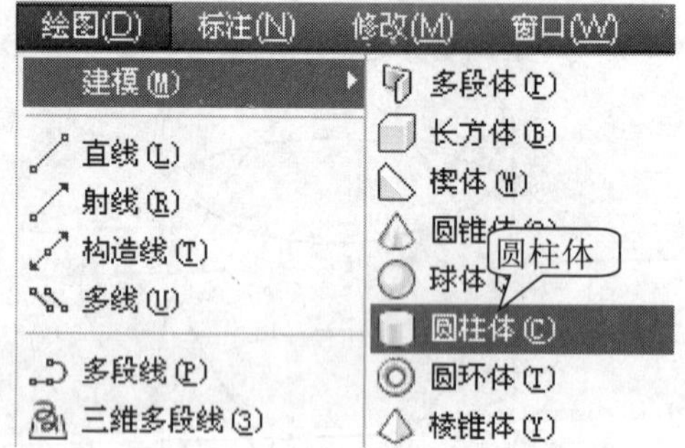

❸ 在绘图区单击以指定圆柱体底面的中心点。

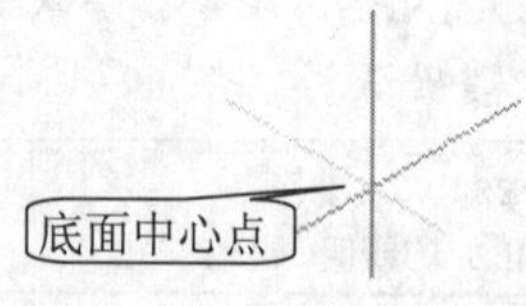

❹ 在命令行中输入数值“120”并按【Enter】键，以确定圆柱体底面半径。

❺ 在命令行中输入数值“260”并按【Enter】键，以确定圆柱体的高度。

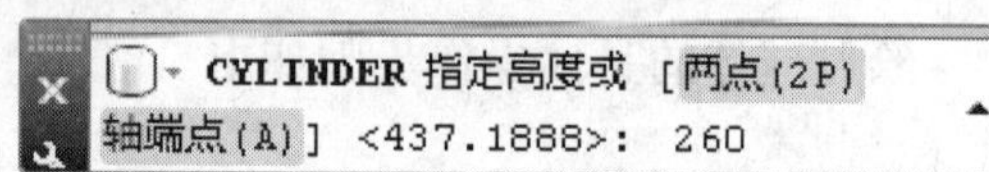

❻ 最终效果如图所示。

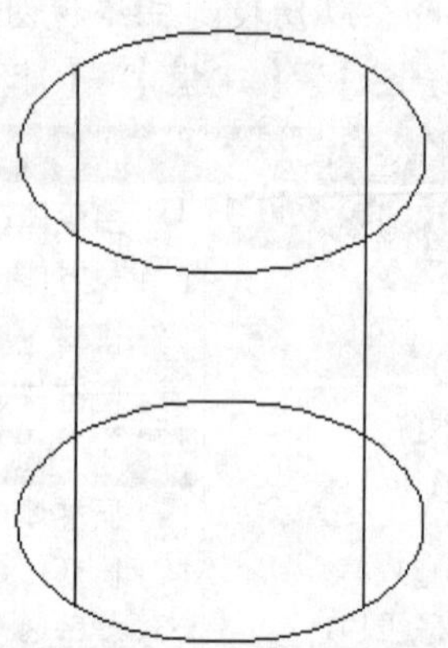

> **Tips**
>
> 还可以通过以下方法调用【圆柱体】命令。
>
> 在命令行中输入“cylinder”后按【Enter】键。

8.2.7 绘制圆环体

绘制圆环体的具体操作步骤如下。

❶ 选择【视图】➤【三维视图】➤【西南等轴测】命令以切换到三维视图。

❷ 选择【绘图】➤【建模】➤【圆环体】命令。

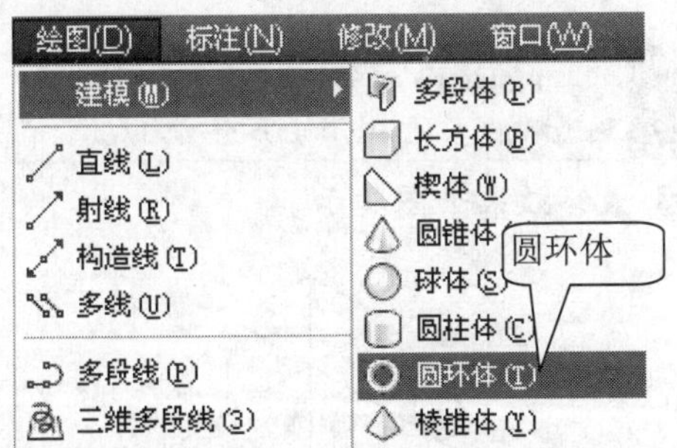

❸ 在绘图区单击以指定圆环体的中心点。

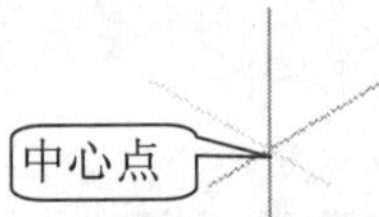

❹ 在绘图区拖曳鼠标并单击以指定圆环体的半径。

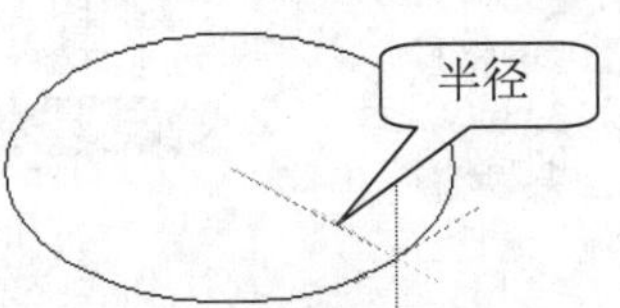

❺ 在绘图区拖曳鼠标并单击以指定圆管半径。

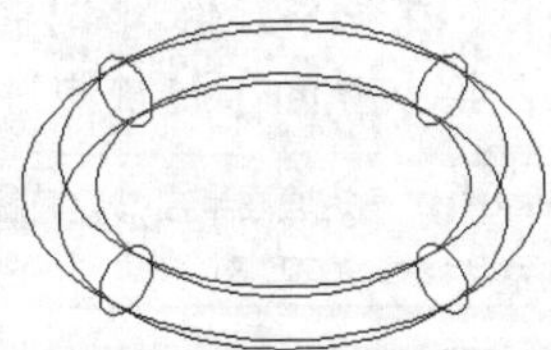

Tips

还可以通过以下方法调用【圆环体】命令。

在命令行中输入“torus”后按【Enter】键。

8.3 技能演练

本节视频教学录像：23 分钟

本节通过实际的操作，对三维实体的绘制进行了进一步的阐述，通过本节的学习，读者应能熟练掌握三维实体的绘制。

8.3.1 绘制四棱台模型

通过学习本实例，读者可以熟练掌握四棱台模型的制作过程。

实例名称：绘制四棱台模型
主要命令：【棱锥体】命令
素材：素材\ch08\四棱台模型.dwg
结果：结果\ch08\四棱台模型.dwg
难易程度：★★　　常用指数：★★★

❶ 打开光盘中的“素材\ch08\四棱台模型.dwg”文件。

❷ 选择【绘图】➤【建模】➤【棱锥体】命令，在绘图区域任意单击一点，作为四棱台的底面中心点。

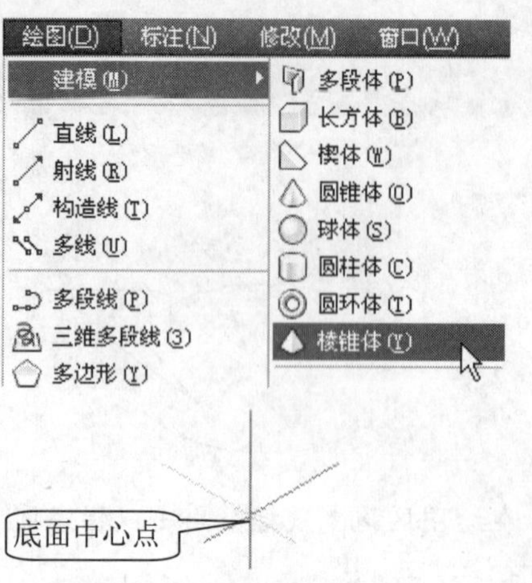

❸ 拖曳鼠标，在命令行输入“150”作为底面半径，按【Enter】键确定。

❹ 在命令行输入“T”，按【Enter】键确定。

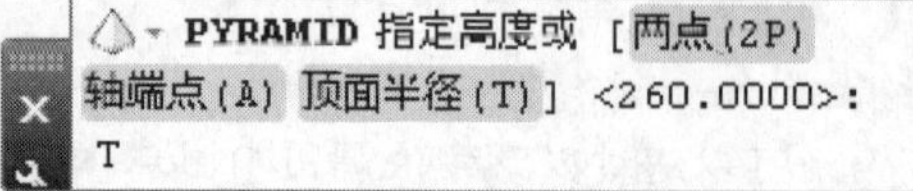

❺ 在命令行输入“50”作为顶面半径，按【Enter】键确定。

❻ 在命令行输入“200”作为四棱台高度，按【Enter】键确定。

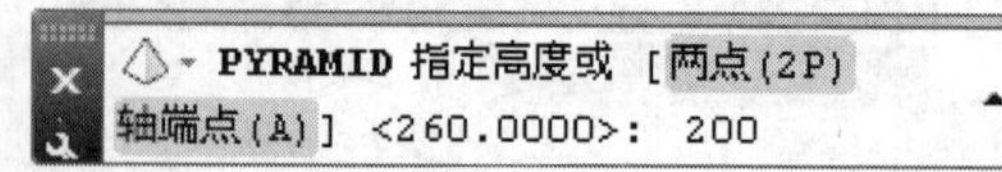

❼ 最终效果如图所示。

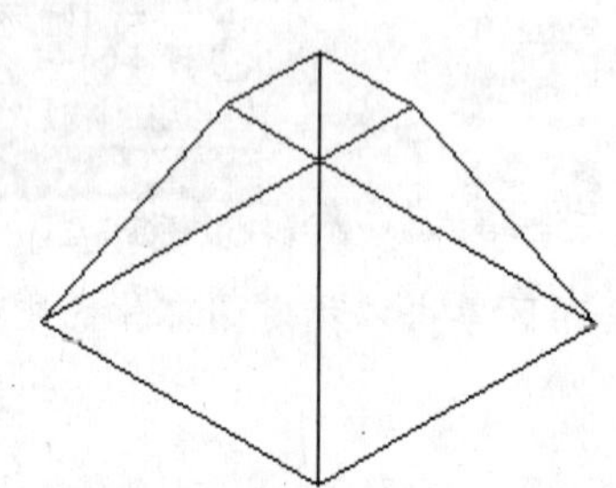

8.3.2 绘制沙发模型

本实例利用【长方体】命令和【圆角】命令等绘制沙发模型，在绘制之前应将工作界面切换到三维建模模式，并设置合适的视点。

实例名称：绘制沙发模型	
主要命令：【长方体】命令	
素材：无	
结果：结果\ch08\沙发.dwg	
难易程度：★★	常用指数：★★★

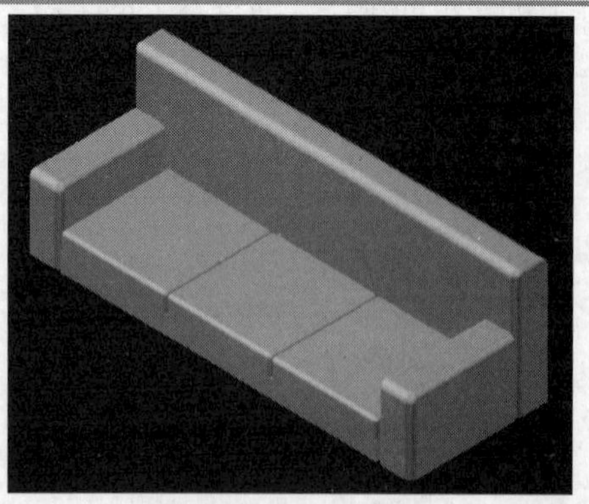

结果\ch08\沙发.dwg

> *Tips*
>
> 图纸分析：绘制该模型时可利用【长方体】命令和捕捉工具绘制出沙发的基本轮廓，然后利用【圆角】命令对其进行修饰。

第 1 步：绘制沙发底座

❶ 选择【视图】➢【三维视图】➢【东南等轴测】菜单命令切换到三维视图，然后选择【绘图】➢【建模】➢【长方体】菜单命令。

❷ 在命令行输入“－900,－300”，按【回车】键确定。

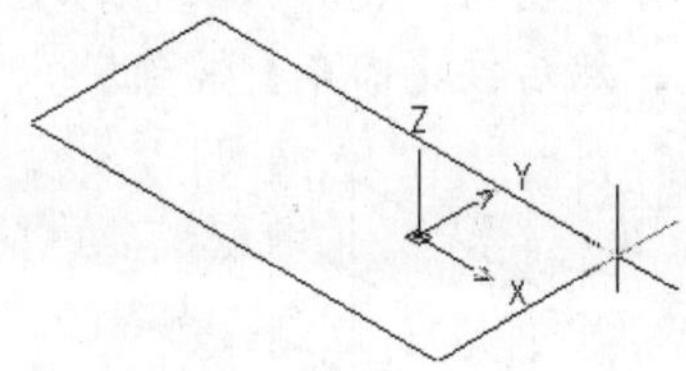

❸ 在命令行输入“900,300”，按【回车】键确定。

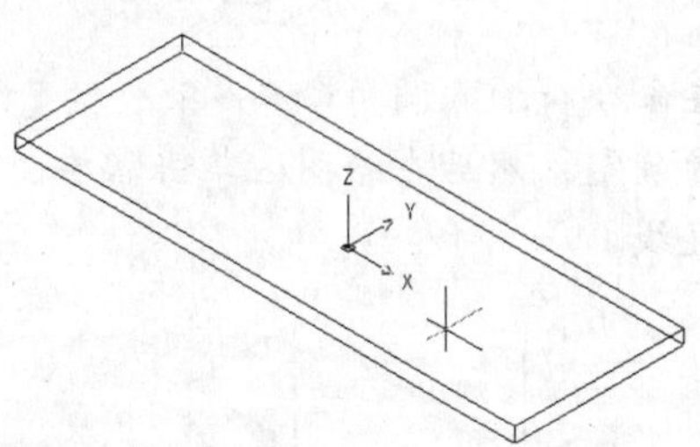

❹ 在命令行输入“100”，以确定沙发底座高度，然后按【回车】键确定。

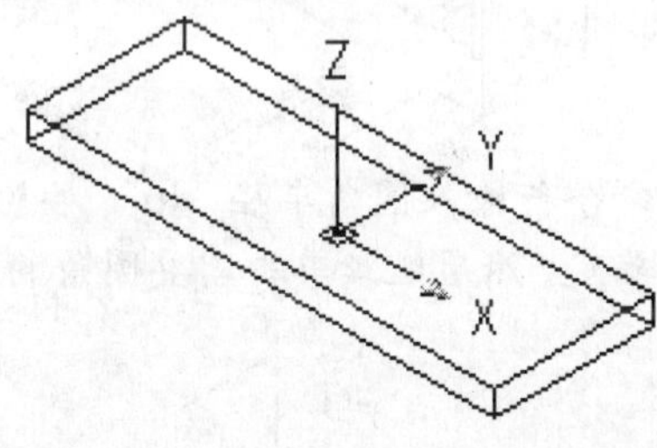

第 2 步：绘制沙发坐垫

❶ 选择【绘图】➢【建模】➢【长方体】菜单命令，在如图所示的位置单击。

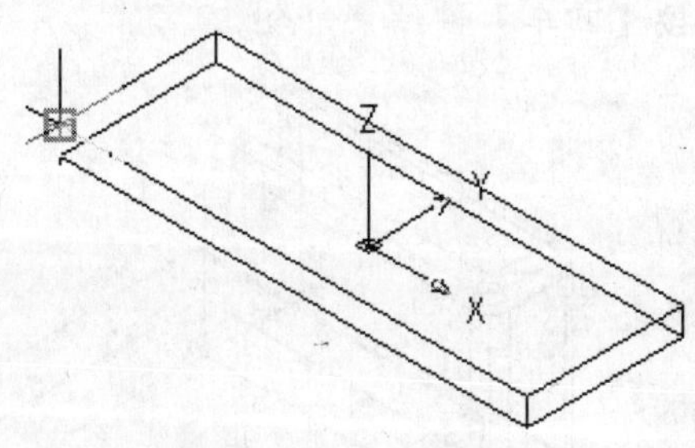

❷ 在命令行输入“－300,300”，按【回车】键确定。

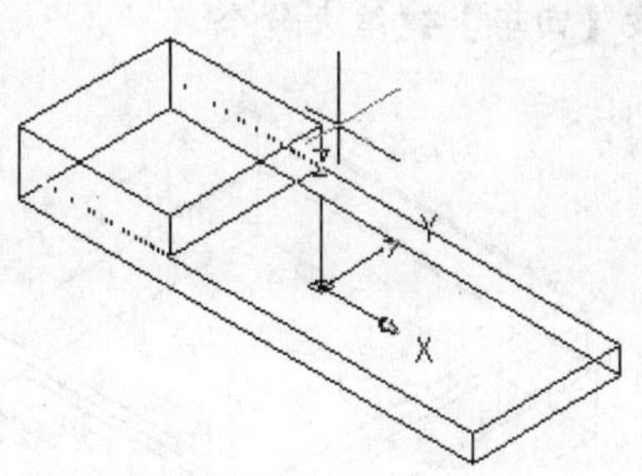

❸ 在命令行输入“100”，以确定沙发坐垫高度，然后按【回车】键确定。

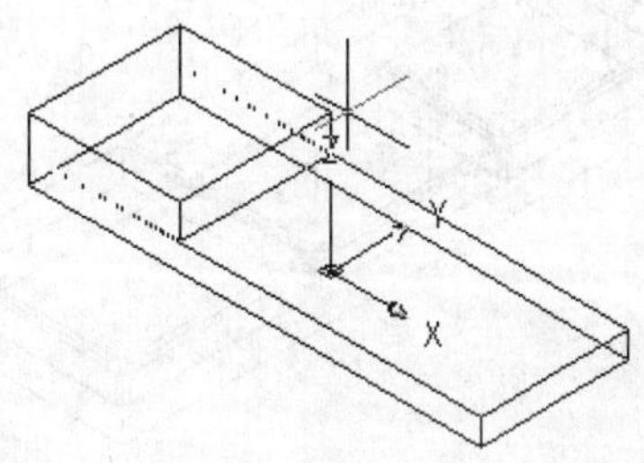

❹ 在命令行输入圆角命令“F”，按【回车】键确定，然后在绘图区单击需要圆角的直线。

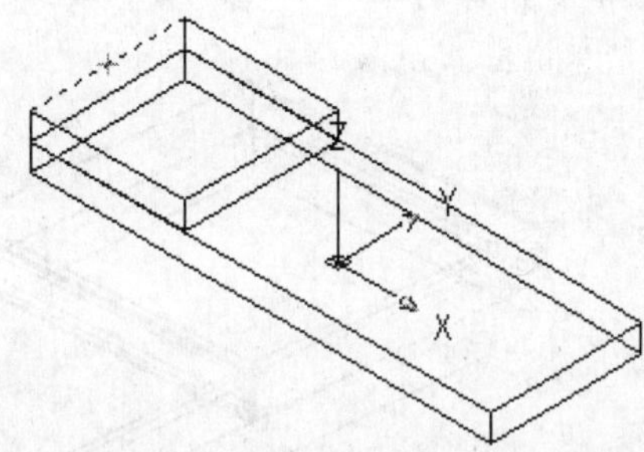

❺ 在命令行输入圆角半径“20”，按【回车】键确定，然后继续单击需要圆角的直线。

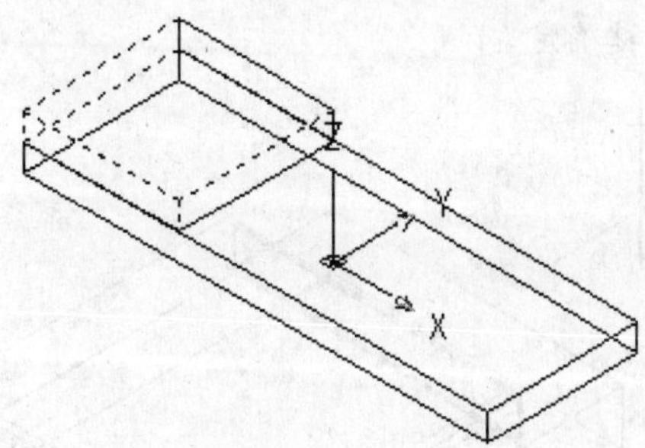

❻ 按【回车】键结束命令。

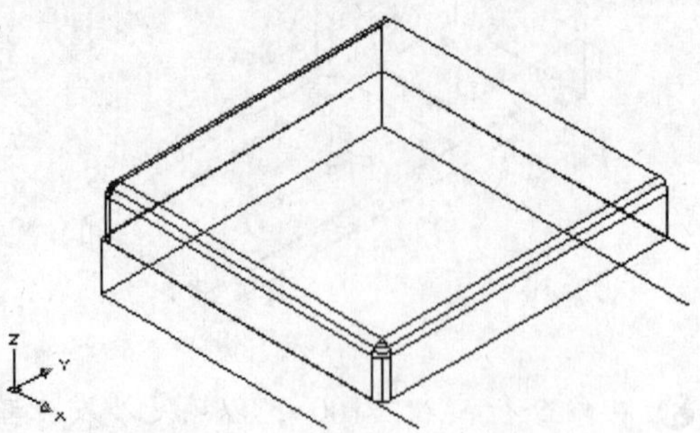

❼ 利用【复制】命令绘制其他坐垫。

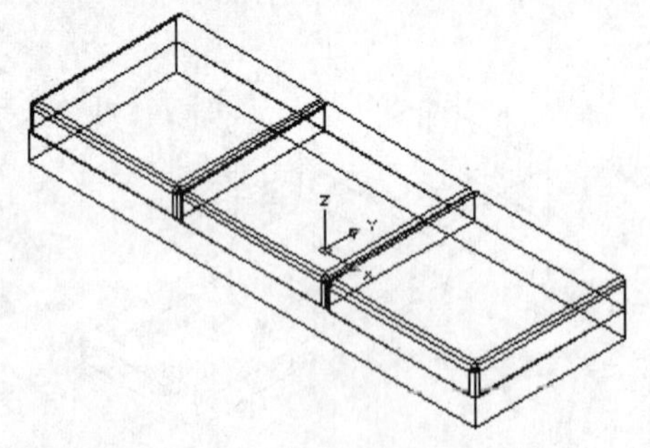

第 3 步：绘制沙发扶手

❶ 选择【绘图】➤【建模】➤【长方体】菜单命令，在如图所示的位置单击。

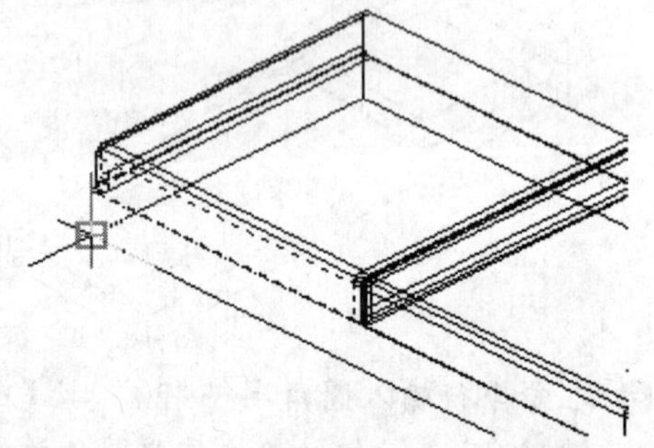

❷ 在命令行输入“@－200,600”，按【回车】键确定。

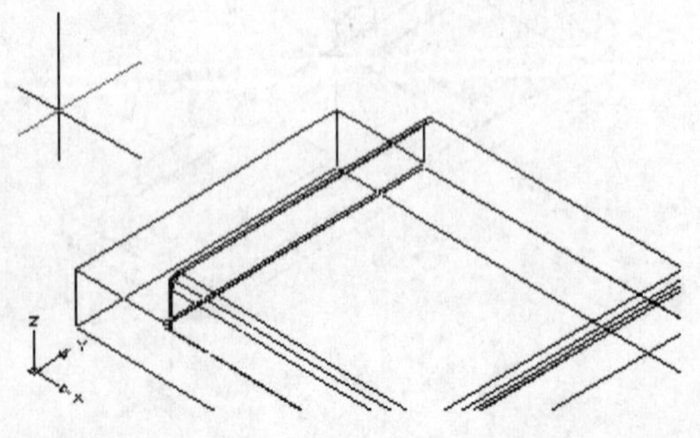

❸ 在命令行输入“400”，以确定沙发扶手高度，然后按【回车】键确定。

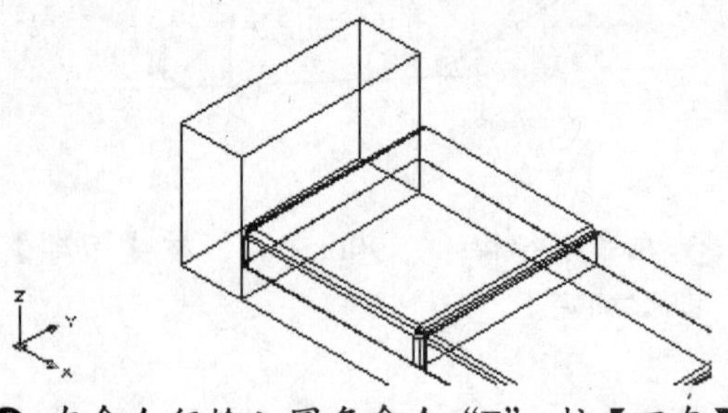

❹ 在命令行输入圆角命令“F”，按【回车】键确定，然后在绘图区单击需要圆角的直线。

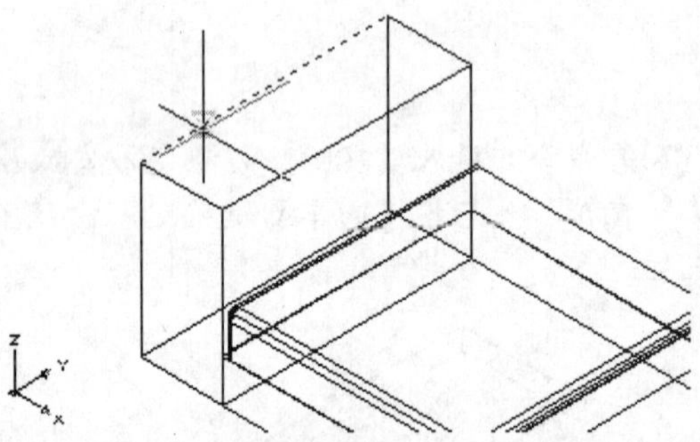

❺ 在命令行输入圆角半径“40”，按【回车】键确定，然后继续单击需要圆角的直线。

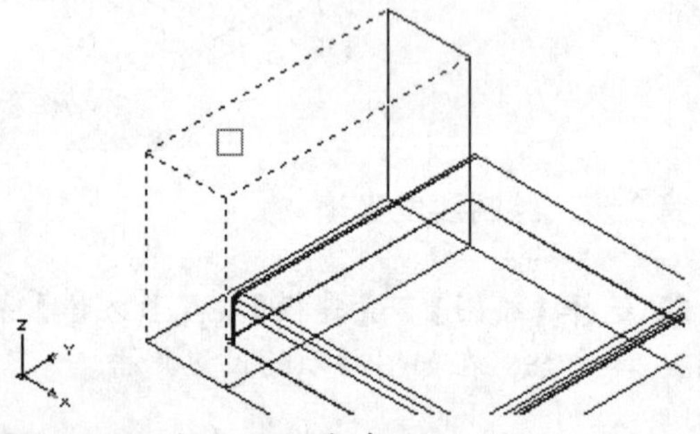

❻ 按【回车】键结束命令。

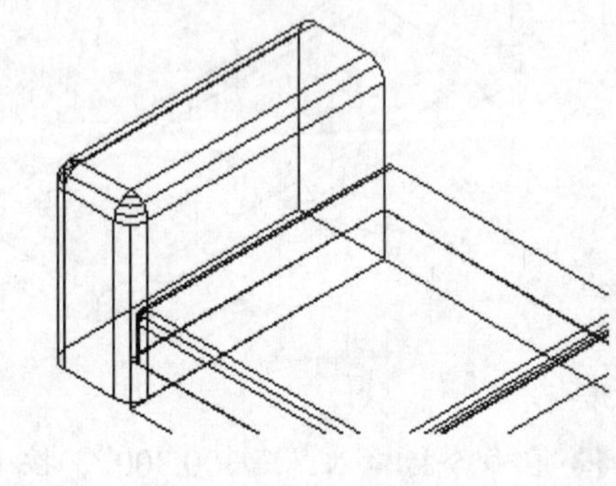

❼ 利用【复制】命令做出其他扶手。

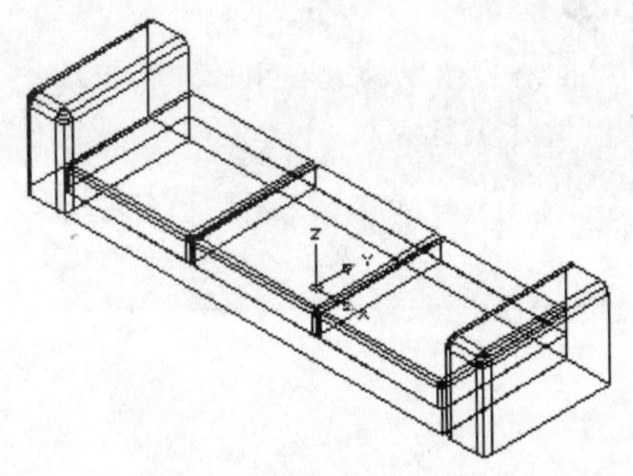

第 4 步：绘制沙发靠背

❶ 选择【绘图】➢【建模】➢【长方体】菜单命令，在如图所示的位置单击。

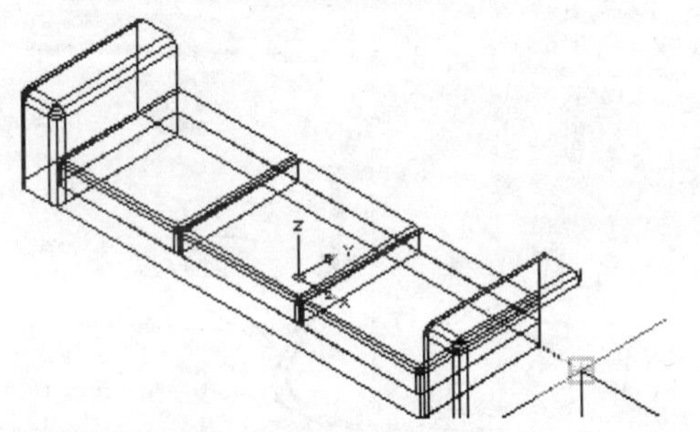

❷ 在命令行输入“@－2200,180”，按【回车】键确定。

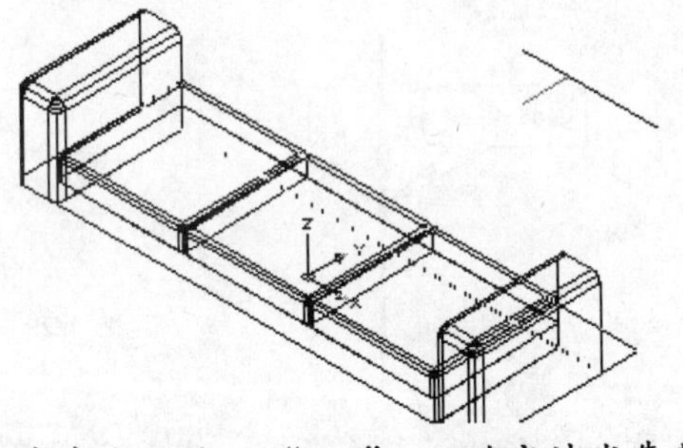

❸ 在命令行输入“700”，以确定沙发靠背高度，然后按【回车】键确定。

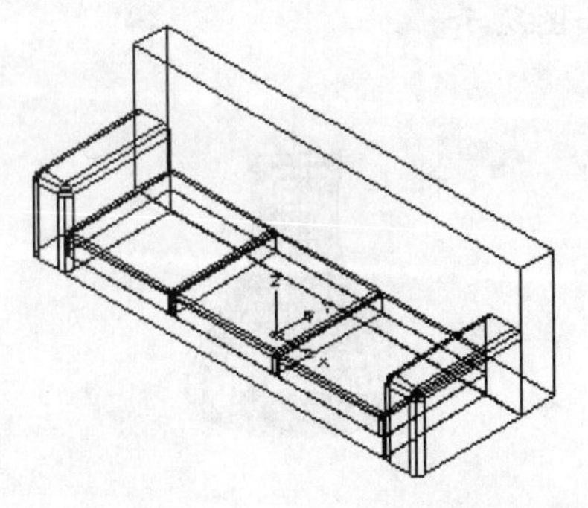

❹ 在命令行输入圆角命令“F”，按【回车】键确定，然后在绘图区单击需要圆角的直线。

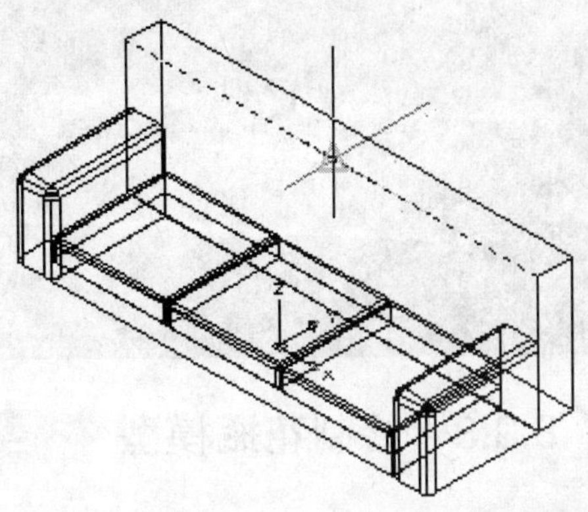

❺ 在命令行输入圆角半径“40”，按【回车】键确定，然后继续单击需要圆角的直线。

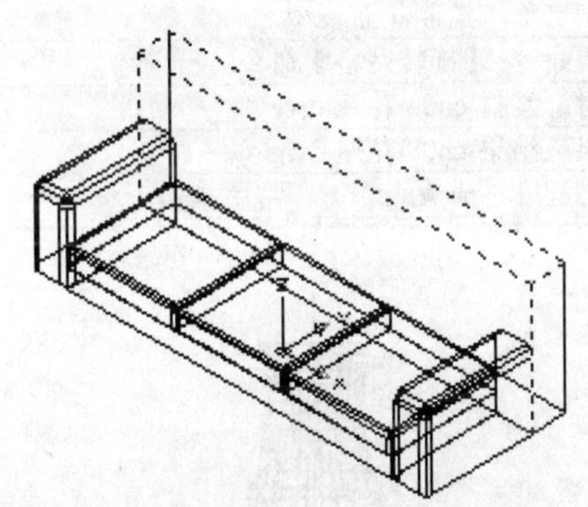

❻ 按【回车】键结束命令。

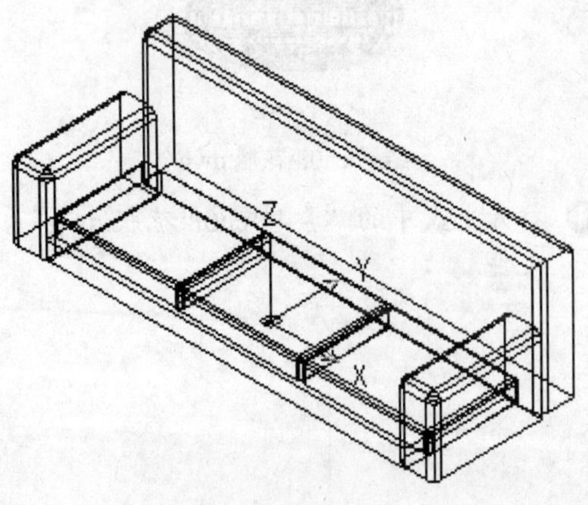

❼ 选择【视图】➢【渲染】➢【渲染】菜单命令，对视图进行渲染即可。

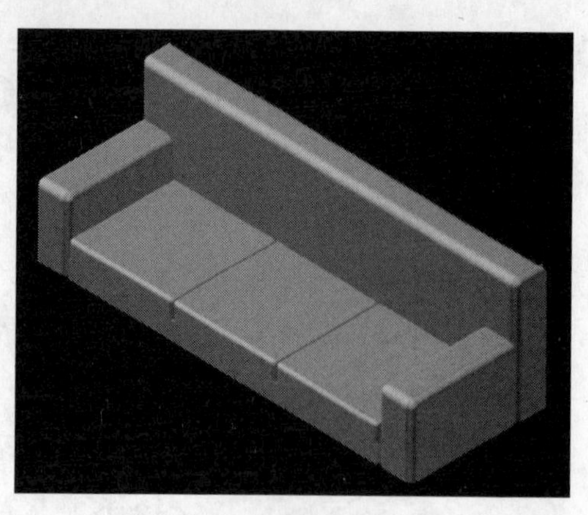

Tips

在绘制沙发的过程中，可利用捕捉工具和相对坐标系统精确控制模型的位置和大小。

8.3.3 绘制花瓶模型

本实例是利用旋转网格绘制花瓶模型。通过学习本实例，读者应熟练掌握三维实体的编辑方法及花瓶的制作过程。

实例名称：绘制花瓶模型	
主要命令：【旋转网格】命令	
素材：素材\ch08\花瓶.dwg	
结果：结果\ch08\花瓶.dwg	
难易程度：★★	常用指数：★★★

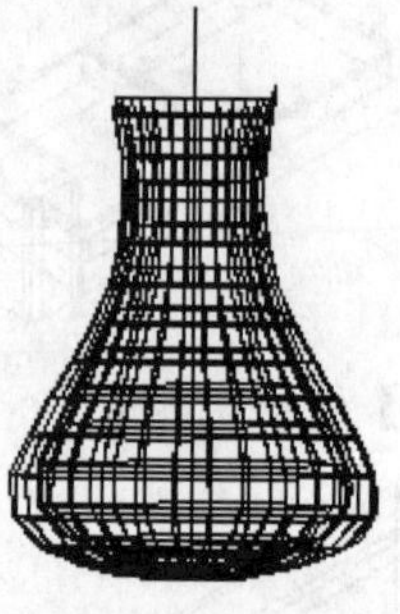

结果\ch08\花瓶.dwg

❶ 打开光盘中的“素材\ch08\花瓶.dwg”文件。

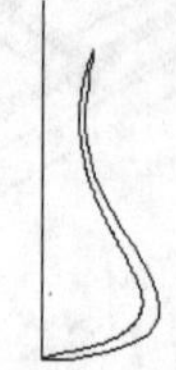

❷ 选择【绘图】➤【建模】➤【网格】➤【旋转网格】菜单命令，在绘图区单击选择要旋转的对象。

❸ 在绘图区单击选择定义旋转轴的对象。

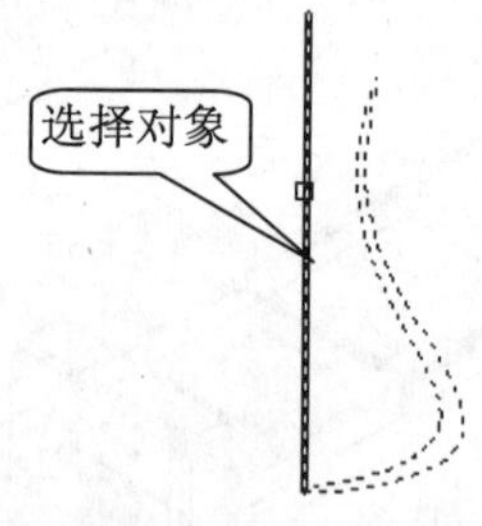

❹ 在命令行输入起点角度“0”和旋转角度“360”并分别按【回车】键，最终效果如图所示。

8.3.4 绘制楼梯模型

本实例是利用长方体命令和复制命令绘制楼梯模型。通过学习本实例，读者应熟练掌握三维实体的制作方法及楼梯模型的制作过程。

实例名称：绘制楼梯模型	
主要命令：【长方体】和【复制】等命令	
素材：素材\ch08\楼梯.dwg	
结果：结果\ch08\楼梯.dwg	
难易程度：★★	常用指数：★★★

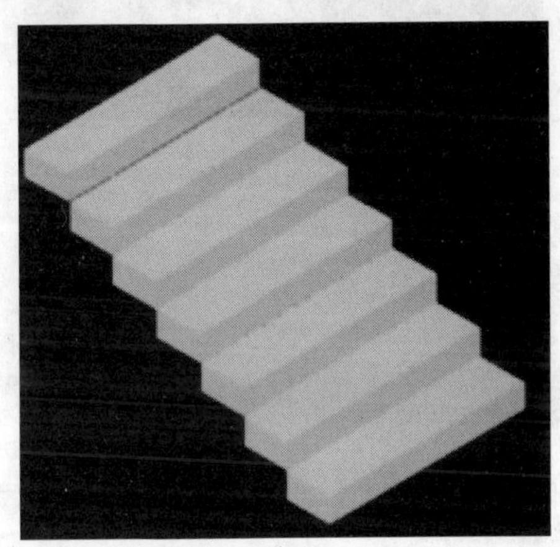

结果\ch08\楼梯.dwg

❶ 打开光盘中的“素材\ch08\楼梯.dwg”文件。

❷ 选择【绘图】➢【建模】➢【长方体】命令。

❸ 在命令行输入第一角点“0,0”并按【Enter】键确认结果如图所示。

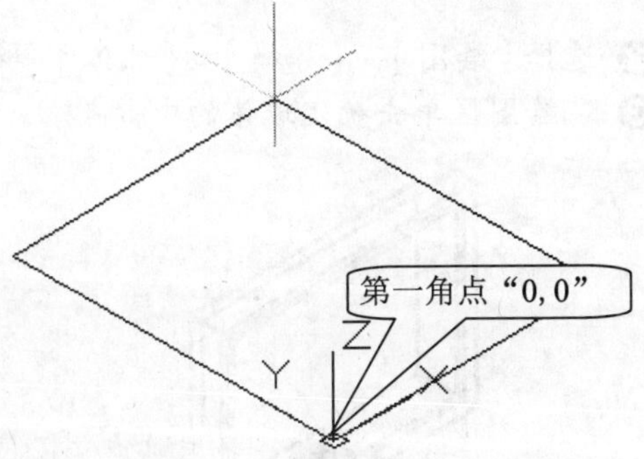

❹ 在命令行输入第二角点“1200,270”并按【Enter】键确认，结果如图所示。

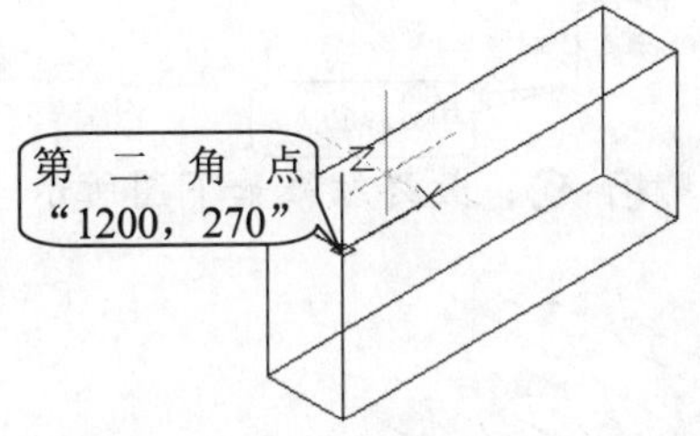

❺ 在命令行输入楼梯的高度“150”并按【Enter】键确认，结果如图所示。

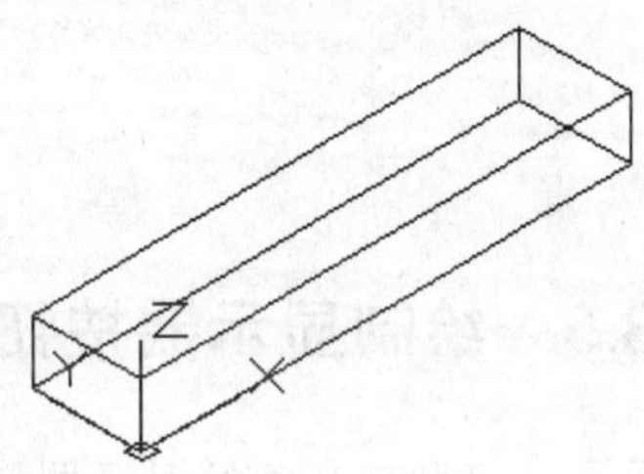

❻ 选择【修改】➢【复制】菜单命令，在绘图区单击选择对象。

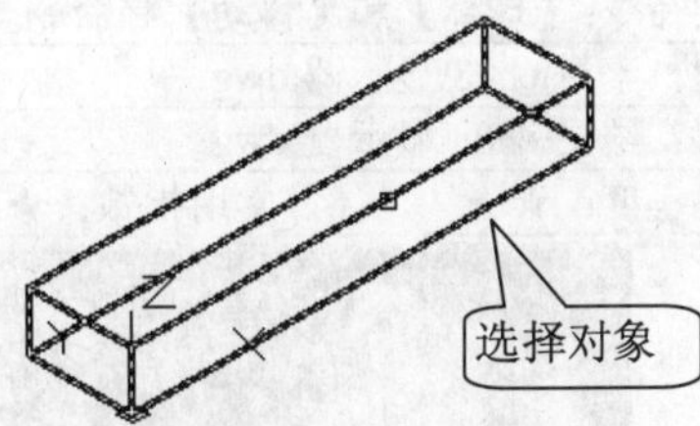

❼ 按【Enter】键确定，在绘图区单击鼠标左键制定基点。

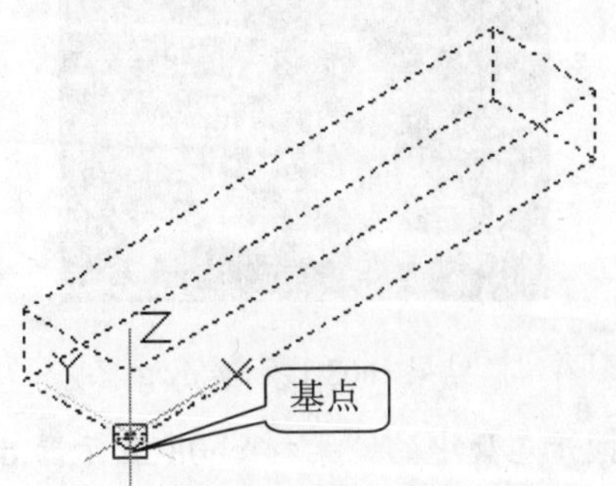

❽ 拖曳鼠标并单击复制对象。

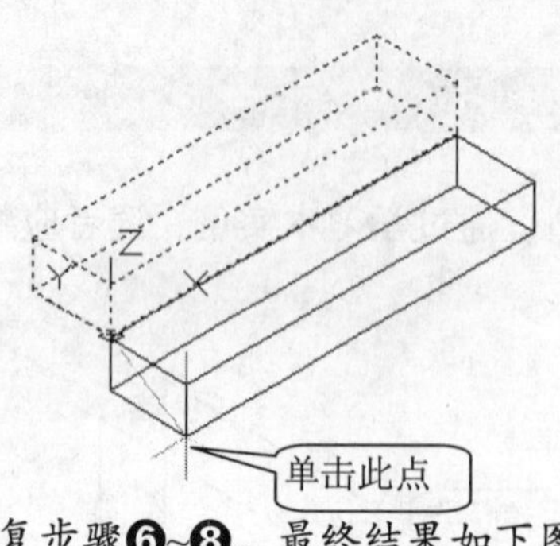

❾ 重复步骤❻~❽，最终结果如下图所示。

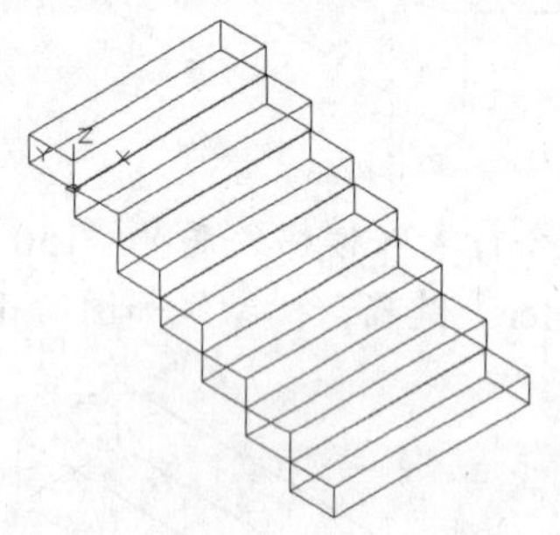

❿ 选择【视图】➢【渲染】➢【渲染】菜单命令对视图渲染，最终结果如图所示。

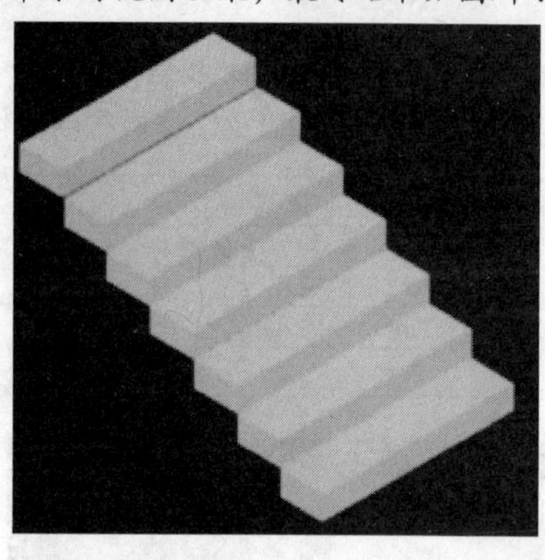

8.3.5 绘制显示器按钮

原图是一幅没有开关的显示器，现在利用【球体】和【移动】命令为显示器添加开关。

实例名称：绘制显示器模型	
主要命令：【球体】和【移动】等命令	
素材：素材\ch08\显示器.dwg	
结果：结果\ch08\显示器.dwg	
难易程度：★★	常用指数：★★★

结果\ch08\显示器.dwg

❶ 打开光盘中的“素材\ch08\显示器.dwg”文件。

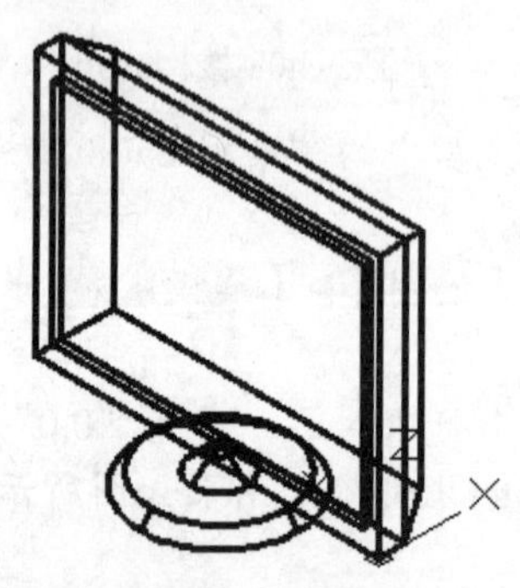

❷ 选择【绘图】➢【建模】➢【球体】命令。

❸ 在绘图区单击确定球体的中心点。

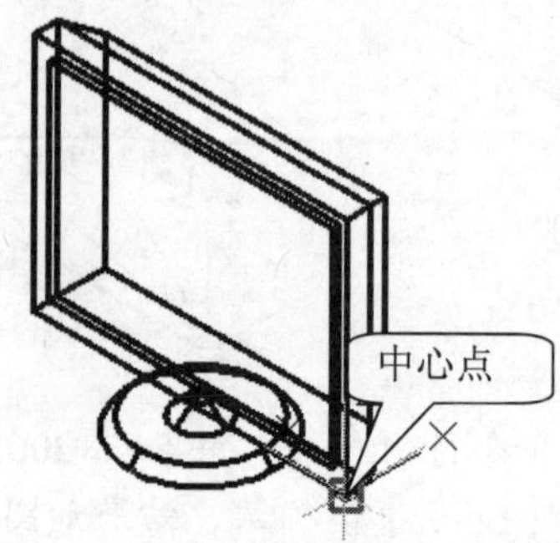

❹ 在命令行中输入球体半径为“0.5”并按【Enter】键确认。

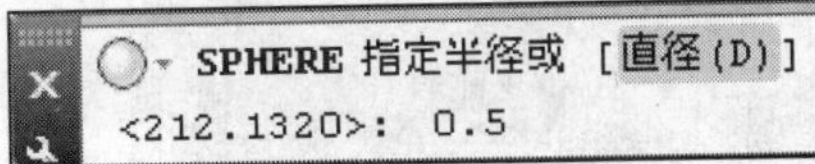

❺ 结果如图所示。

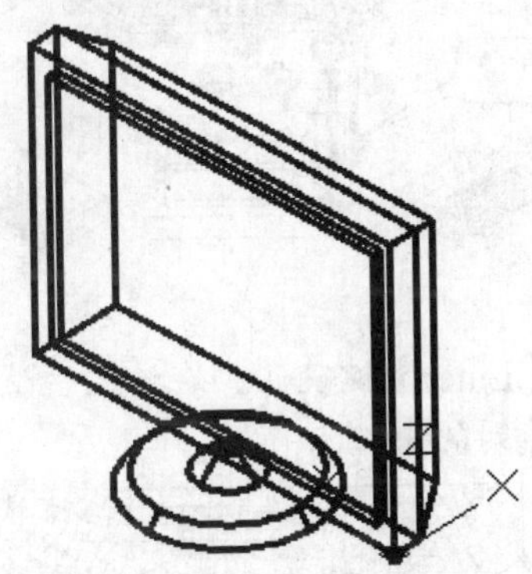

❻ 选择【修改】➤【移动】命令，选择刚才绘制的球体，并按【Enter】键确认。

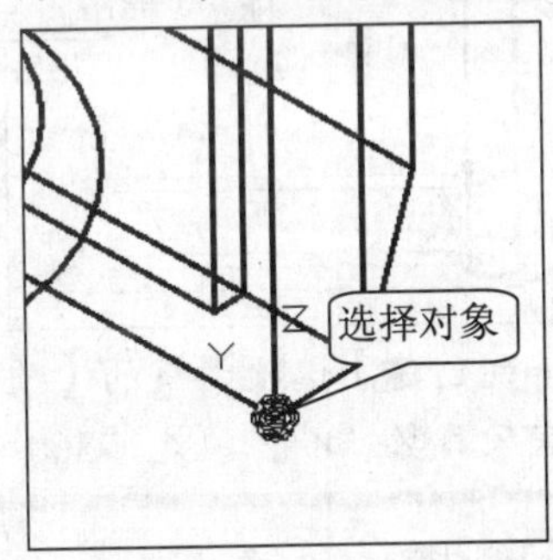

❼ 在命令行指定基点为“0,0”，第二点指定为“0,1,1”并分别按【Enter】键确认。结果如图所示。

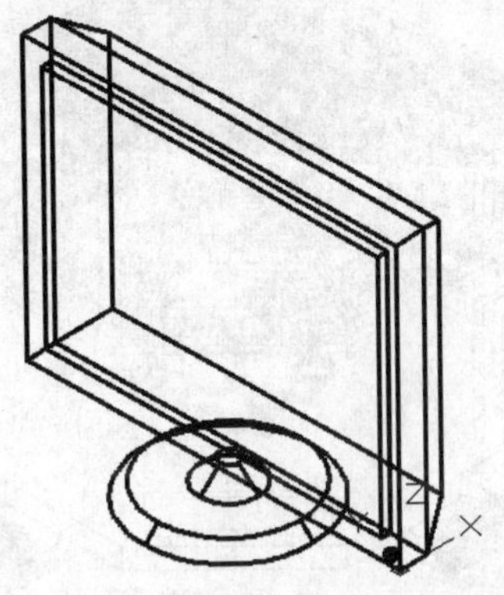

❽ 选择【视图】➤【渲染】➤【渲染】菜单命令对视图渲染，最终结果如下图所示。

8.3.6 绘制凉亭立柱

原图是一幅没有立柱的凉亭，现在利用【圆柱体】、【环形阵列】命令对该图进行立柱的创建。

实例名称：绘制凉亭立柱	
主要命令：【圆柱体】、【环形阵列】和【渲染】等命令	
素材：素材\ch08\凉亭.dwg	
结果：结果\ch08 凉亭.dwg	
难易程度：★★	常用指数：★★★

结果\ch08\凉亭.dwg

❶ 打开光盘中的“素材\ch08\凉亭.dwg”文件。

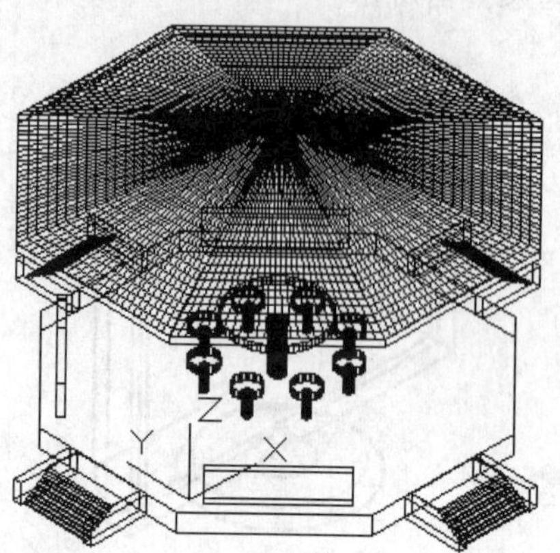

❷ 选择【绘图】➢【建模】➢【圆柱体】命令，在命令行输入“0,0”作为圆柱体底面中心点，并按【Enter】键确认。

❸ 在命令行中输入“150”作为圆柱体的底面半径，并按【Enter】键确认。

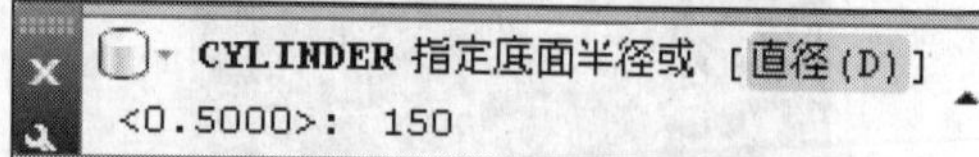

❹ 在命令行中输入“2000”作为圆柱体的高度，并按【Enter】键确认，结果如图所示。

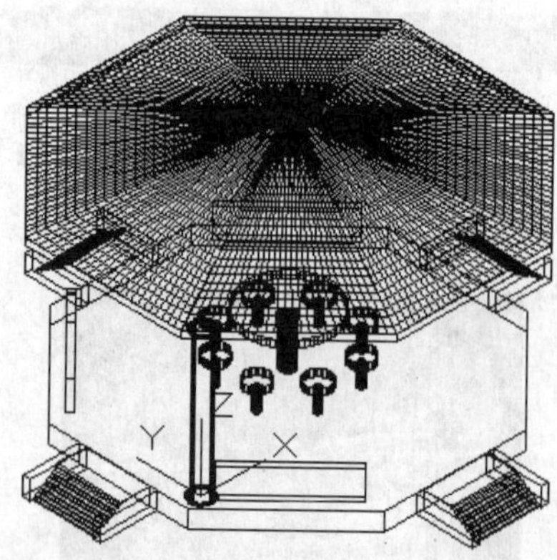

❺ 选择【修改】➢【阵列】➢【环形阵列】菜单命令，选择对象选择刚才创建的圆柱体。

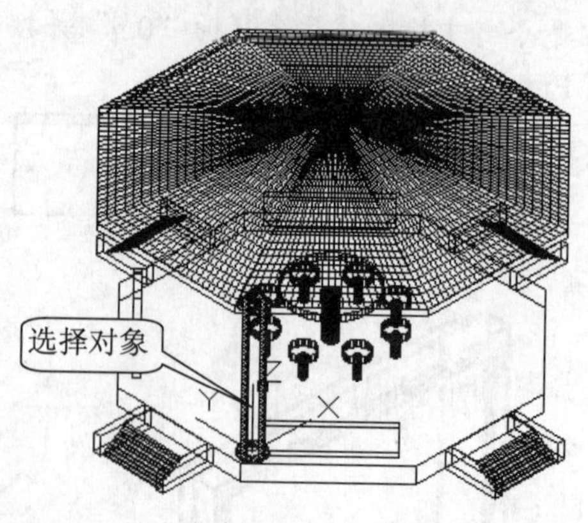

❻ 按【Enter】键确认，在绘图区域单击指定阵列的中心点。

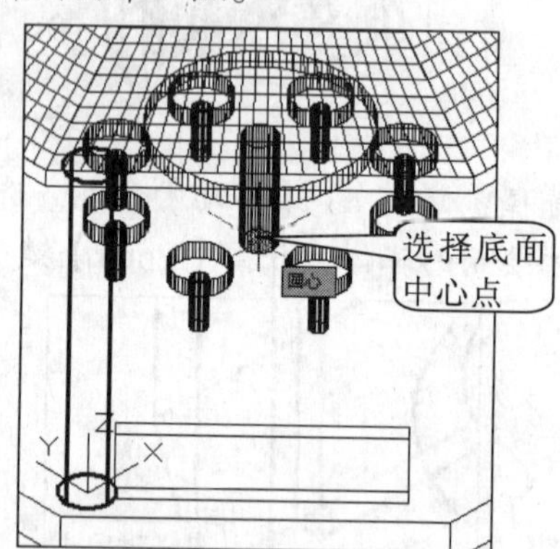

❼ 在【阵列创建】选项卡下的【项目】组中指定项目数“8”，填充“360”。

项目数:	8
介于:	45
填充:	360
项目	

❽ 按【Enter】键退出阵列命令后，结果如图所示。

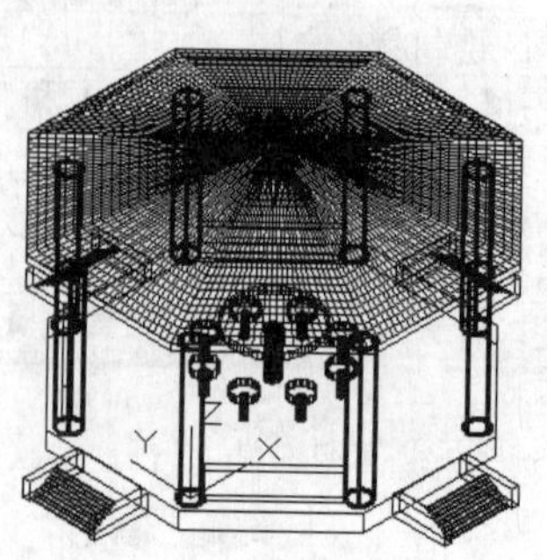

❾ 选择【视图】➢【渲染】➢【渲染】命令对视图进行渲染，最终结果如图。

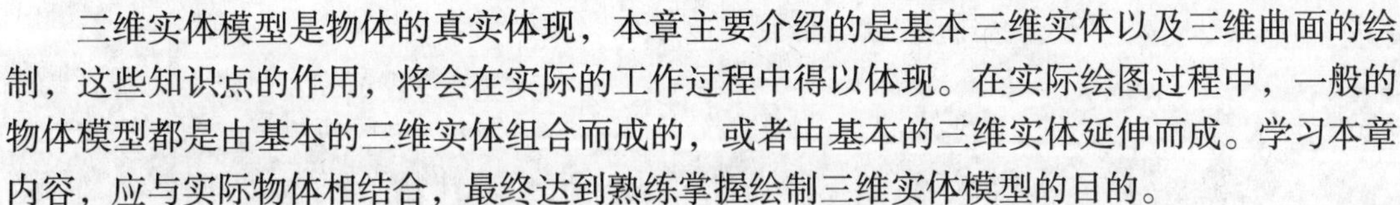

8.4 本章小结

三维实体模型是物体的真实体现，本章主要介绍的是基本三维实体以及三维曲面的绘制，这些知识点的作用，将会在实际的工作过程中得以体现。在实际绘图过程中，一般的物体模型都是由基本的三维实体组合而成的，或者由基本的三维实体延伸而成。学习本章内容，应与实际物体相结合，最终达到熟练掌握绘制三维实体模型的目的。

第 9 章　编辑三维图形

本章引言

在绘图时，用户可以对图形进行三维图形编辑。三维图形编辑就是对图形对象进行移动、复制、旋转、缩放、镜像及阵列等修改操作的过程。AutoCAD 2013 提供了强大的三维图形编辑功能，可以帮助用户合理地构造和组织图形。

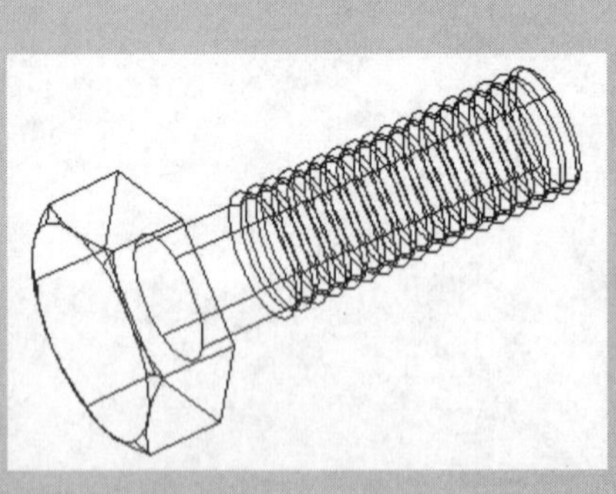

本章将学习如何在 AutoCAD 2013 中编辑三维对象。通过对 AutoCAD 2013 编辑命令的讲解，读者可以了解什么是 AutoCAD 2013 的编辑命令，并能利用 AutoCAD 2013 的编辑命令编辑三维对象。

9.1 布尔运算

本节视频教学录像：10分钟

在 AutoCAD 2013 中，利用布尔运算可以对多个面域和三维实体进行并集、差集和交集运算。

9.1.1 并集运算

并集运算可以在图形中选择两个或两个以上的三维实体，系统将自动删除实体相交的部分，并将不相交部分保留下来合并成一个新的组合体。

❶ 打开光盘中的“素材\ch09\并集运算.dwg”文件。

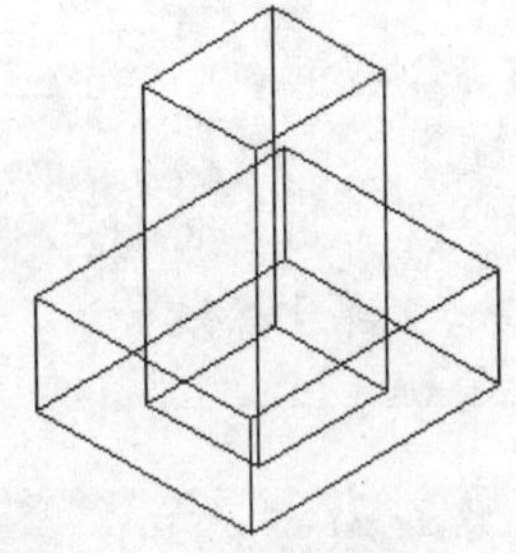

❷ 选择【修改】➤【实体编辑】➤【并集】命令，并在绘图区单击第一个选择对象。

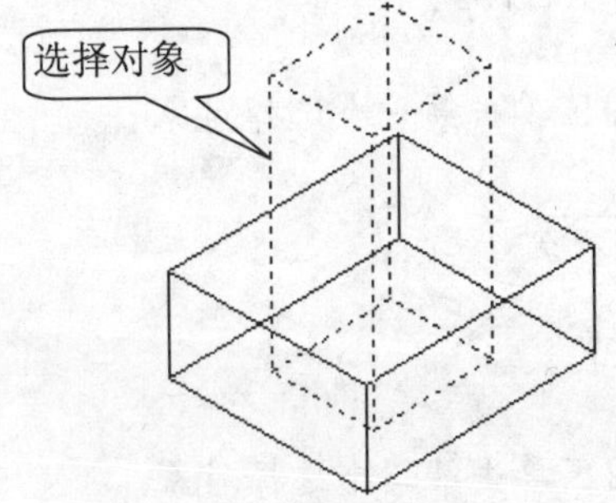

❸ 在绘图区单击第二个选择对象。

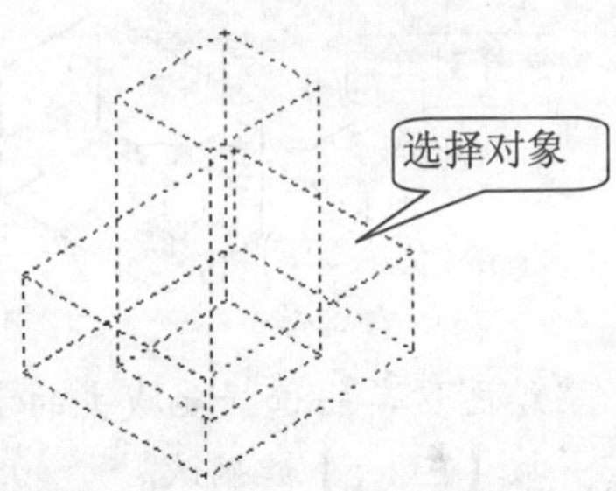

❹ 按【Enter】键确认完成操作，效果如图所示。

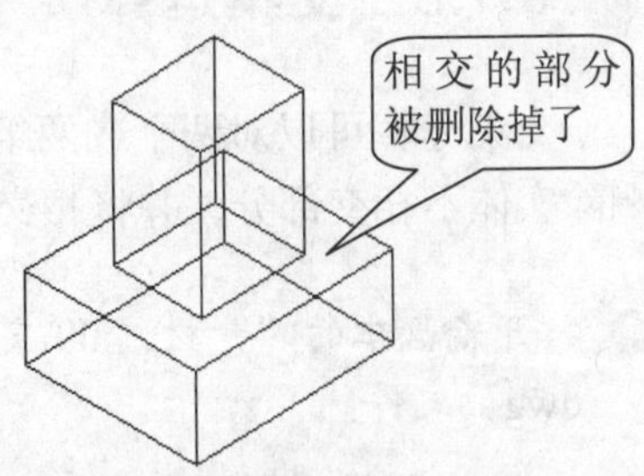

Tips

还可以通过以下方法调用【并集】命令。

(1) 在命令行中输入“union”后按【Enter】键。

(2) 单击【常用】选项卡➤【实体编辑】面板➤【并集】按钮。

9.1.2 差集运算

差集运算可以对两个或两组实体进行相减运算。

❶ 打开光盘中的“素材\ch09\差集运算.dwg”文件。

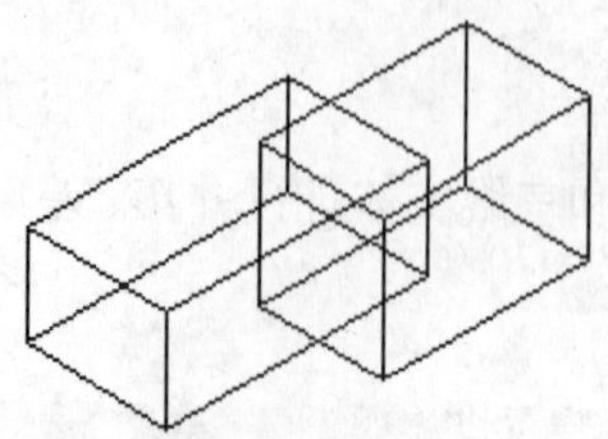

❷ 选择【修改】➤【实体编辑】➤【差集】命令。

❸ 在绘图区单击选择要从中减去的实体或面域并按【Enter】键确认。

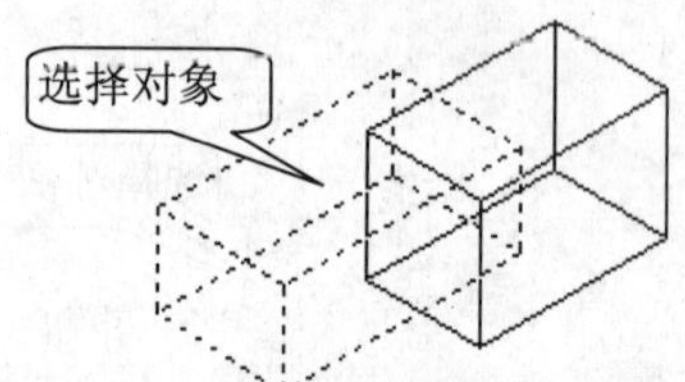

❹ 在绘图区单击选择要减去的实体或面域并按【Enter】键确认。

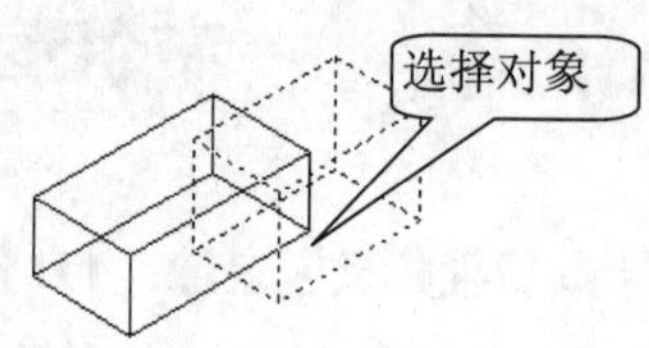

❺ 完成后的效果如图所示。

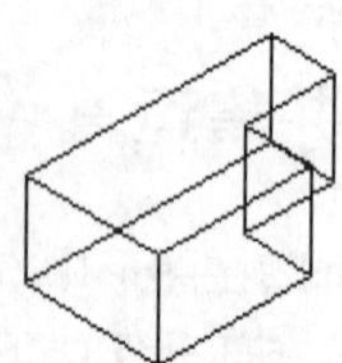

Tips

还可以通过以下方法调用【差集】命令。

(1) 在命令行中输入“subtract”后按【Enter】键。

(2) 单击【常用】选项卡➤【实体编辑】面板➤【差集】按钮。

9.1.3 交集运算

交集运算可以对两个或两组实体进行相交运算。当对多个实体进行交集运算后，它会删除实体不相交部分，并将相交部分保留下来生成一个新组合体。

❶ 打开光盘中的“素材\ch09\交集运算.dwg”文件。

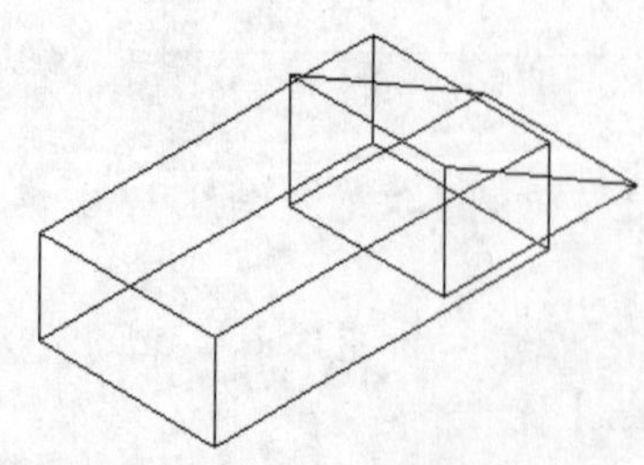

❷ 选择【修改】➤【实体编辑】➤【交集】命令。

❸ 在绘图区单击第一个选择对象。

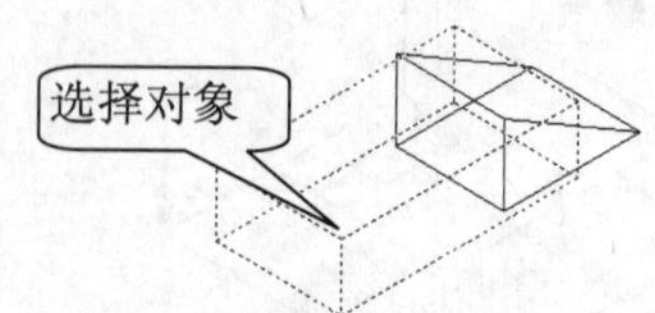

❹ 在绘图区单击第二个选择对象。

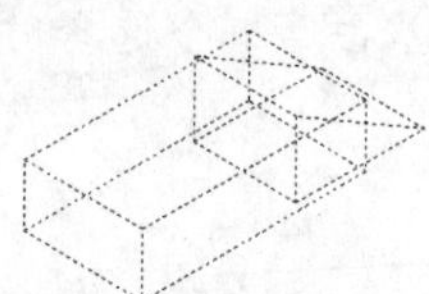

❺ 按【Enter】键确认完成操作，效果如图所示。

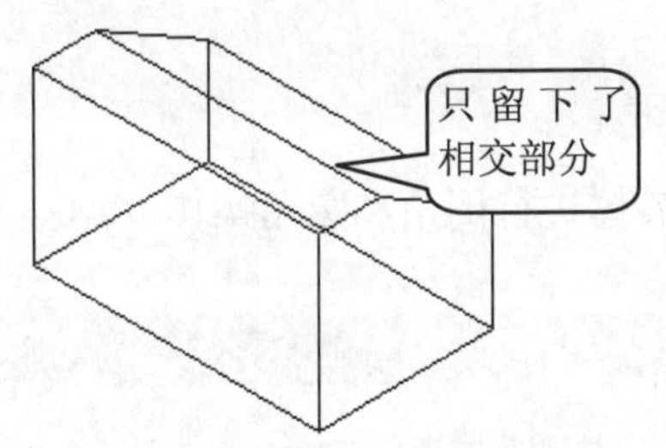

> **Tips**
>
> 还可以通过以下方法调用【交集】命令。
>
> (1) 在命令行中输入“intersect”后按【Enter】键。
>
> (2) 单击【常用】选项卡➤【实体编辑】面板➤【交集】按钮。

9.1.4 干涉运算

干涉运算是指把实体保留下来，并用两个实体的交集生成一个新实体。

❶ 打开光盘中的“素材\ch09\干涉运算.dwg”文件。

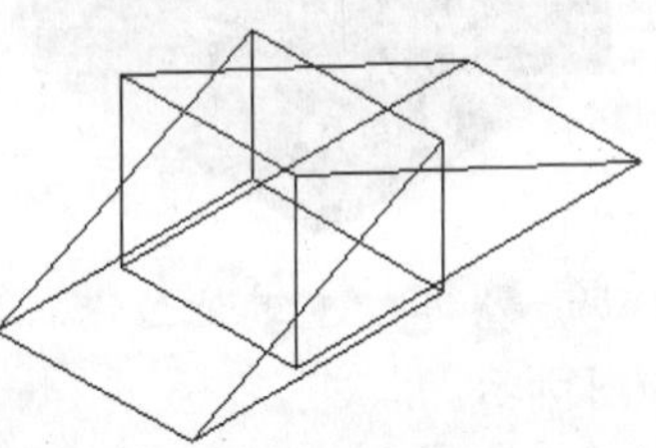

❷ 选择【修改】➤【三维操作】➤【干涉检查】命令。

❸ 在绘图区单击选择第一组对象并按【Enter】键确认。

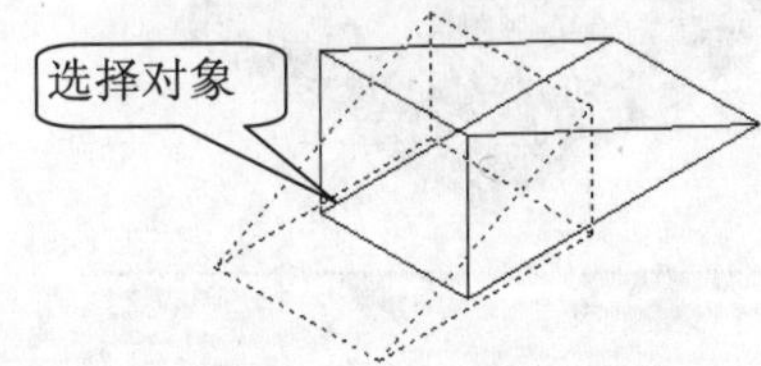

❹ 在绘图区单击选择第二组对象。

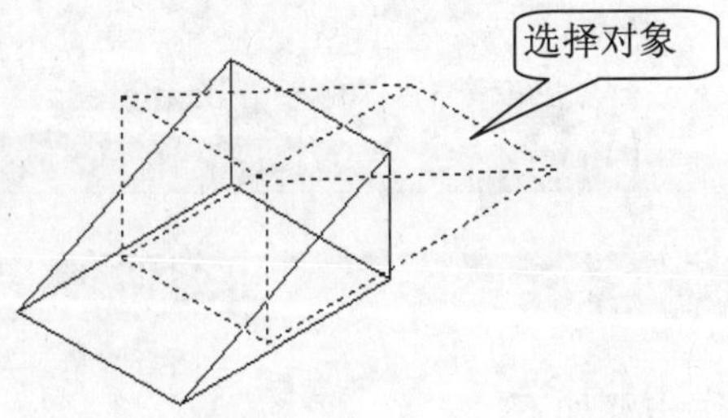

❺ 按【Enter】键确认，弹出【干涉检查】对话框。

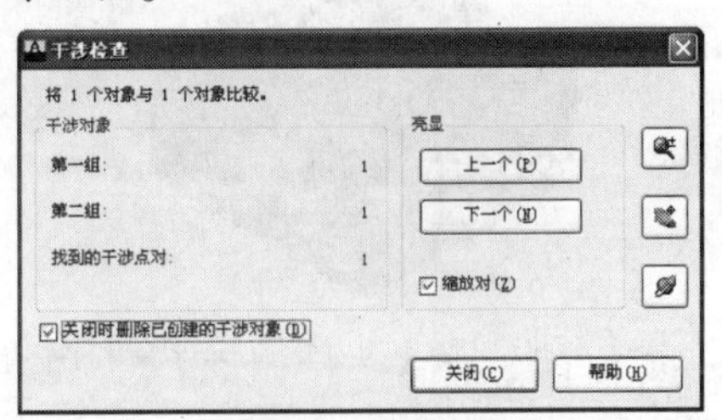

❻ 把对话框移到一边，效果如图所示。

> **Tips**
>
> 还可以通过以下方法调用【干涉检查】命令。
>
> (1) 在命令行中输入“interfere”后按【Enter】键。
>
> (2) 单击【常用】选项卡➤【实体编辑】面板➤【干涉】按钮。

9.2 倒角边与圆角边

本节视频教学录像：5 分钟

使用倒角边和圆角边用户可以轻松地对三维实体进行倒角和圆角操作。

9.2.1 倒角边

使用【倒角边】命令制作倒角边的具体操作步骤如下。

❶ 打开光盘中的“素材\ch09\倒角边.dwg”文件。

❷ 选择【修改】➤【实体编辑】➤【倒角边】命令。

❸ 在命令行中输入“D”，并将倒角距离设定为“5”。

```
选择一条边或 [环(L)/距离(D)]: d
指定距离 1 或 [表达式(E)] <1.0000>: 5
CHAMFEREDGE 指定距离 2 或 [表达式(E)] <1.0000>: 5
```

❹ 选择倒角边。

❺ 按【Enter】键确定再按【Enter】键接受倒角距离，结果如下图所示。

❻ 重复步骤❷~❺，对其他边进行倒角，效果如图所示。

Tips

还可以通过以下方法调用【倒角边】命令。

在命令行中输入“chamferedge”后按【Enter】键。

9.2.2 圆角边

使用【圆角边】命令制作圆角边的具体操作步骤如下。

❶ 打开光盘中的“素材\ch09\圆角边.dwg”文件。

❷ 选择【修改】➢【实体编辑】➢【圆角边】命令。

❸ 根据命令行提示输入“R”，按【Enter】键，并将圆角半径改为“10”。

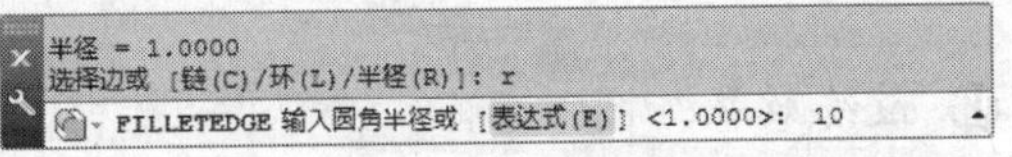

❹ 按【Enter】键确认后在绘图区中选择要圆角的 3 条边。

❺ 按【Enter】键确认再按【Enter】键接受圆角后的效果如图所示。

Tips

还可以通过以下方法调用【圆角边】命令。

在命令行中输入“filletedge”后按【Enter】键。

9.3 三维图形的操作

本节视频教学录像：11 分钟

在三维空间中编辑对象时，可以直接使用以前所学的【移动】、【镜像】和【阵列】等编辑命令。另外，AutoCAD 2013 还提供了专门用于编辑三维图形的编辑命令。

9.3.1 三维阵列

根据对象的分布形式，三维阵列分为矩形和环形阵列。矩形阵列是指对象按照等行距、等列距和等层高进行排列分布，环形阵列是指生成的相同结构等间距地分布在圆周或圆弧上。

❶ 打开光盘中的“素材\ch09\三维阵列.dwg”文件。

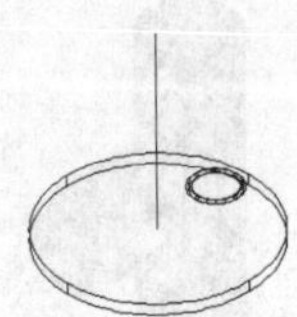

❷ 选择【修改】➢【三维操作】➢【三维阵列】命令。

❸ 在绘图区单击选择需要阵列的对象并按【Enter】键确认。

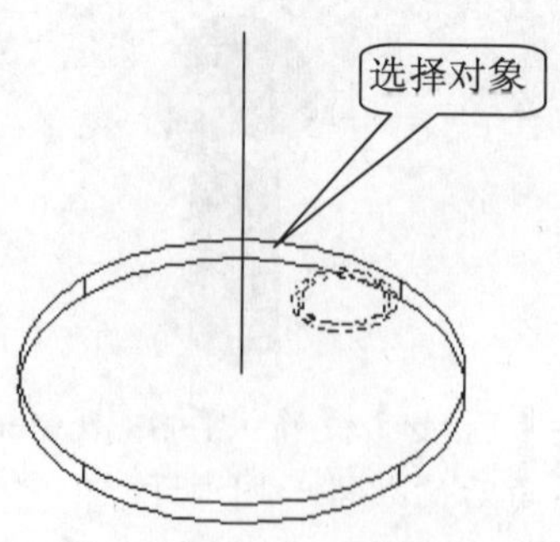

❹ 在命令行中输入环形阵列参数“P”，并按【Enter】键确认。

❺ 在命令行中输入需要阵列的数目“6”，并按【Enter】键确认。

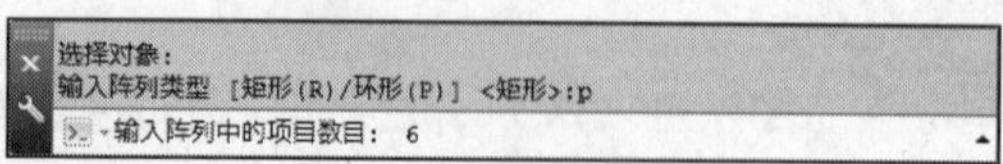

❻ 在命令行中输入需要填充的角度“360”，并按【Enter】键确认。

输入阵列类型 [矩形(R)/环形(P)] <矩形>:p
输入阵列中的项目数目： 6
- 指定要填充的角度 (+=逆时针, -=顺时针) <360>: 360

❼ 在命令行中输入“Y”并按【Enter】键确认。

输入阵列中的项目数目： 6
指定要填充的角度 (+=逆时针, -=顺时针) <360>:360
- 旋转阵列对象？ [是(Y) 否(N)] <Y>: y

❽ 在绘图区单击指定阵列的中心点。

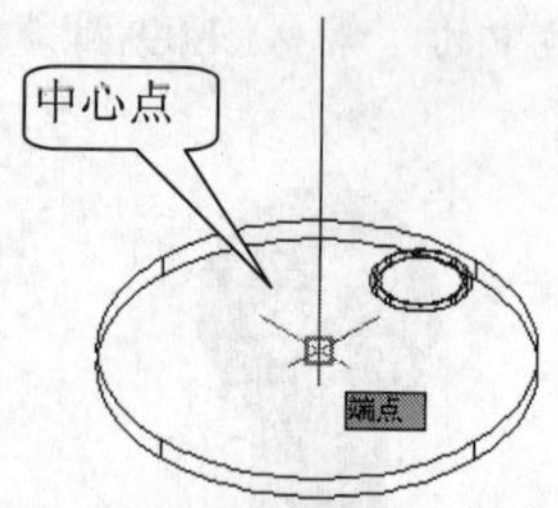

❾ 在绘图区拖动鼠标并单击指定旋转轴上的第二点。

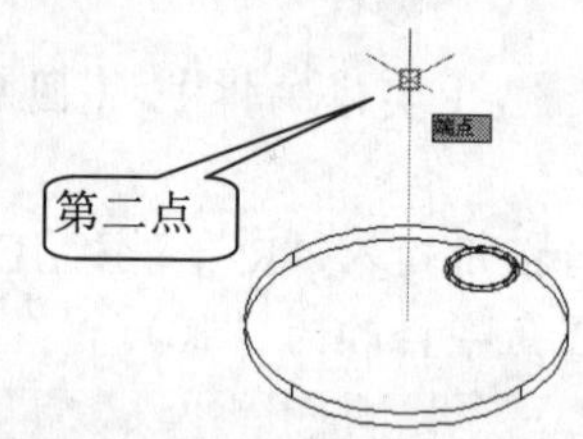

❿ 最终效果如图所示。

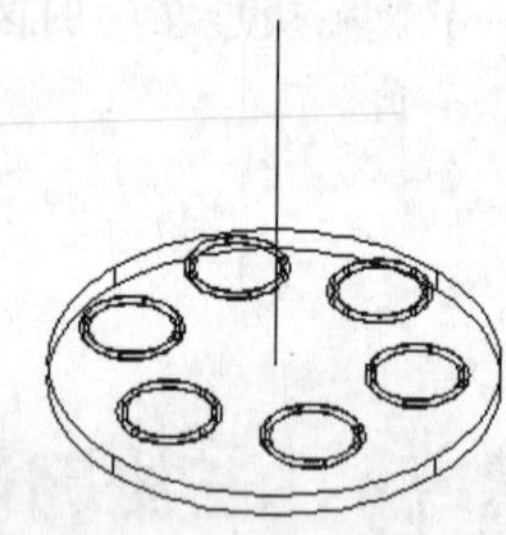

Tips

还可以通过以下方法调用【三维阵列】命令。

在命令行中输入“3darray”后按【Enter】键。

9.3.2 三维镜像

三维镜像命令可以用于创建以镜像平面为对称面的三维对象。

❶ 打开光盘中的“素材\ch09\三维镜像.dwg”文件。

❷ 选择【修改】➢【三维操作】➢【三维镜像】命令。

❸ 在绘图区单击选择需要镜像的对象并按【Enter】键确认。

❹ 在命令行中输入“ZX”并按【Enter】键以确定绕 *zx* 平面进行镜像。

```
指定镜像平面 (三点) 的第一个点或
MIRROR3D [对象(O) 最近的(L) Z 轴(Z) 视图(V) XY 平面(XY)
YZ 平面(YZ) ZX 平面(ZX) 三点(3)] <三点>: zx
```

❺ 在绘图区单击以指 *zx* 平面上的点。

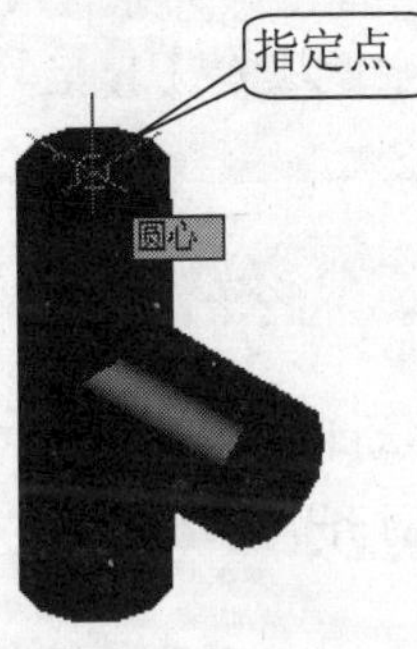

❻ 按【Enter】键确认不删除源对象，最终结果如图所示。

> ***Tips***
>
> 还可以通过以下方法调用【三维镜像】命令。
>
> (1) 在命令行中输入“mirror3d”后按【Enter】键。
>
> (2) 单击【常用】选项卡➢【修改】面板➢【三维镜像】按钮。

9.3.3 三维旋转

使用【三维旋转】命令能够绕指定基点旋转基点图形中的对象。

❶ 打开光盘中的“素材\ch09\三维旋转.dwg”文件。

❷ 选择【修改】➢【三维操作】➢【三维旋转】命令。

❸ 在绘图区单击选择需要旋转的对象并按【Enter】键确认。

❹ 在绘图区单击指定旋转基点。

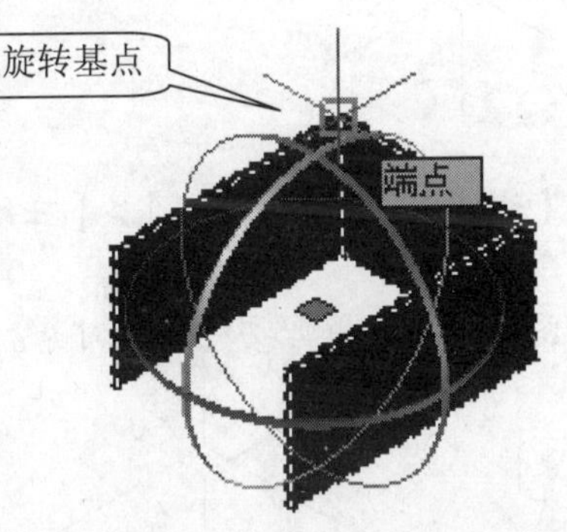

❺ 从旋转基点向水平方向平移十字光标到一点处单击以指定旋转轴。

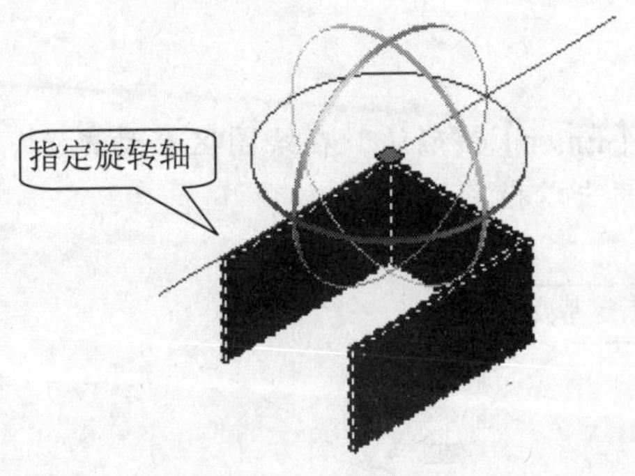

❻ 在命令行中输入旋转角度“60”，按

【Enter】键确认后的效果如图所示。

Tips

还可以通过以下方法调用【三维旋转】命令。

(1) 在命令行中输入“rotate3d”后按【Enter】键。

(2) 单击【常用】选项卡➢【修改】面板➢【三维旋转】按钮。

9.3.4 三维对齐

在 AutoCAD 2013 中，【三维对齐】命令具有旋转、移动和缩放等多种功能，它可以指定源对象和目标对象的对齐点，从而使源对象与目标对象对齐。

❶ 打开光盘中的“素材\ch09\三维对齐.dwg”文件。

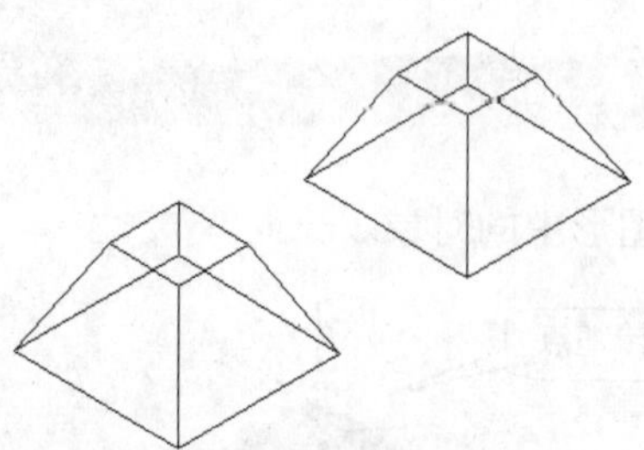

❷ 选择【修改】➢【三维操作】➢【三维对齐】命令。

❸ 在绘图区单击选择需要对齐的对象。

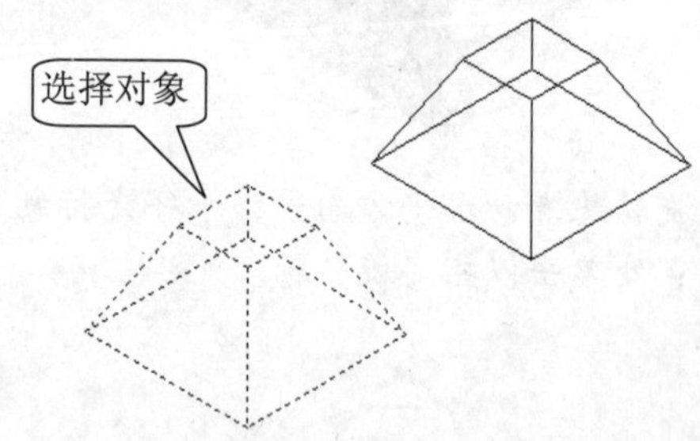

❹ 按【Enter】键确认，在绘图区移动光标并单击以指定基点。

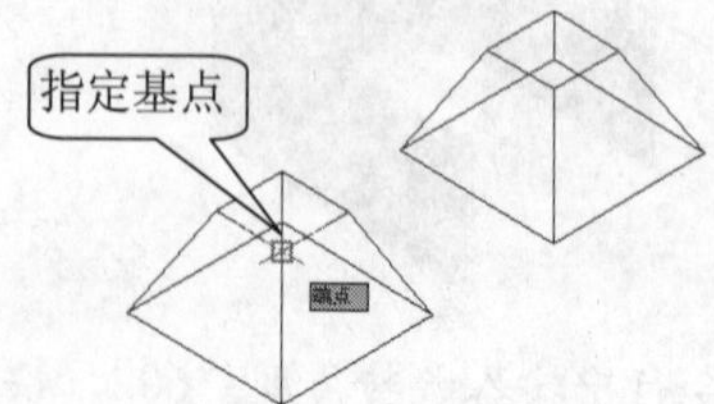

❺ 在绘图区移动鼠标并单击以指定第二个点。

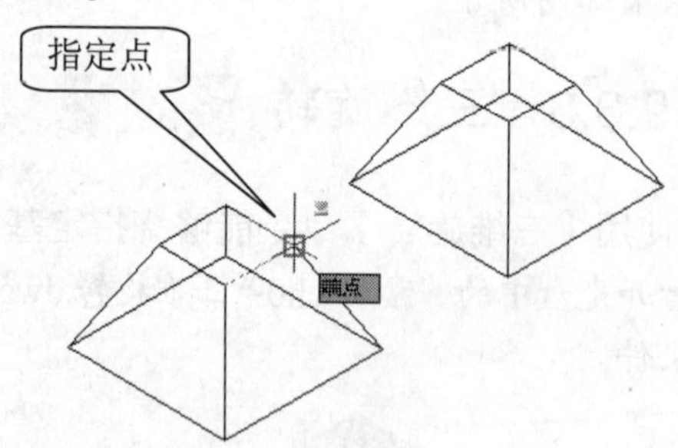

❻ 在绘图区移动光标并单击以指定第三个点。

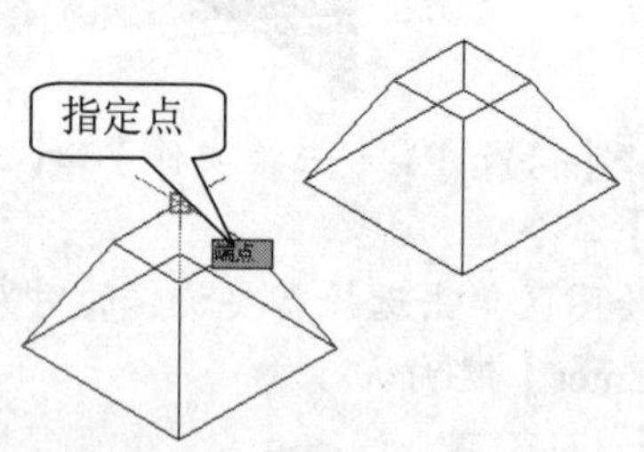

❼ 在绘图区移动鼠标并单击以指定第一个目标点。

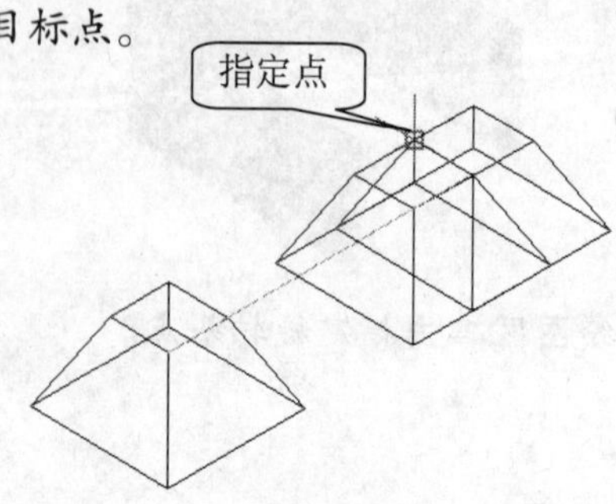

❽ 在绘图区移动光标并单击指定以第二个目标点。

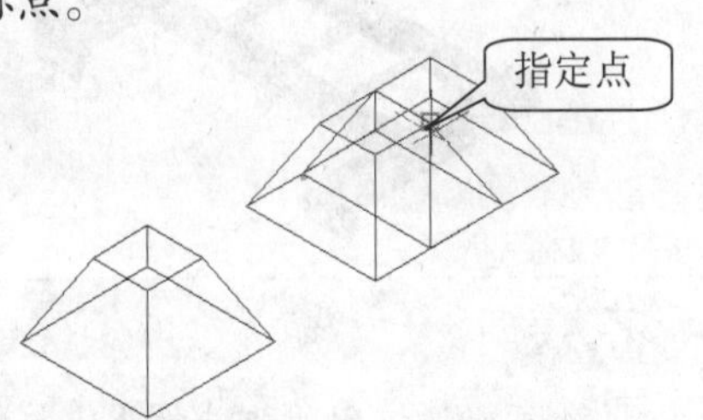

❾ 在绘图区移动光标并单击以指定第三个目标点。

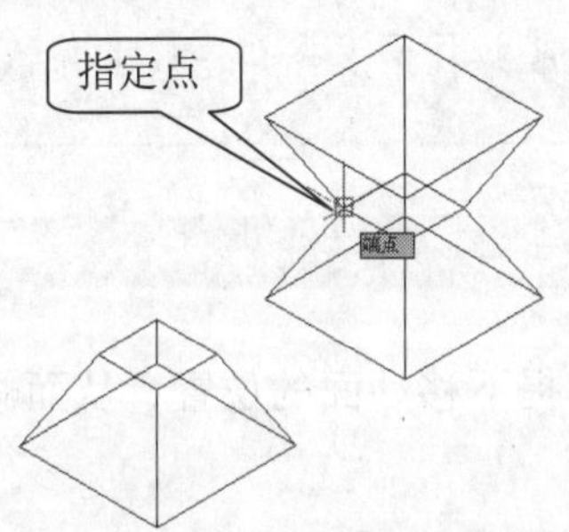

❿ 最终效果如图所示。

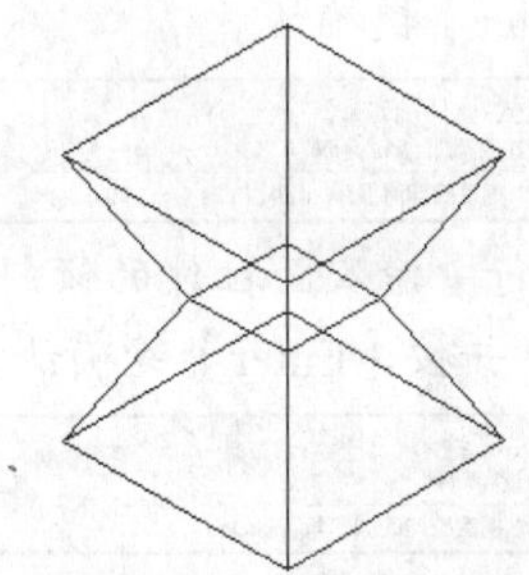

Tips

还可以通过以下方法调用【三维对齐】命令。

(1) 在命令行中输入“3dalign”后按【Enter】键。

(2) 单击【常用】选项卡➢【修改】面板➢【三维对齐】按钮。

9.4 编辑三维图形的表面

本节视频教学录像：13 分钟

AutoCAD 2013 提供了一系列专门针对三维实体对象编辑的命令，其中【solidedit】(实体编辑)命令具有功能强大的实体编辑功能，该命令可编辑三维实体的面、边和体。

9.4.1 拉伸面

【拉伸面】命令可以根据指定的距离拉伸平面，或者将平面沿着指定的路径进行拉伸。【拉伸面】命令只能拉伸平面，对球体表面、圆柱体或圆锥体的曲面均无效。

❶ 打开光盘中的“素材\ch09\拉伸面.dwg”文件。

❷ 选择【修改】➢【实体编辑】➢【拉伸面】命令。

❸ 在绘图区单击选择要拉伸的面并按【Enter】键确认。

❹ 在命令行中输入面拉伸的高度"30"并按【Entcr】键确认。

```
删除面或 [放弃(U)/添加(A)/全部(ALL)]:
删除面或 [放弃(U)/添加(A)/全部(ALL)]:
SOLIDEDIT 指定拉伸高度或 [路径(P)]: 30
```

❺ 在命令行中输入面拉伸的倾斜角度"–30"并按【Enter】键确认。

```
删除面或 [放弃(U)/添加(A)/全部(ALL)]:
指定拉伸高度或 [路径(P)]: 30
SOLIDEDIT 指定拉伸的倾斜角度 <0>: -30
```

❻ 按【Esc】键退出编辑，最终结果如图所示。

Tips

还可以通过以下方法调用【拉伸面】命令。

单击【常用】选项卡➢【实体编辑】面板➢【拉伸面】按钮。

9.4.2 移动面

【移动面】命令可以在保持面的法线方向不变的前提下移动面的位置，从而修改实体的尺寸或更改实体中槽和孔的位置。

❶ 打开光盘中的"素材\ch09\移动面.dwg"文件。

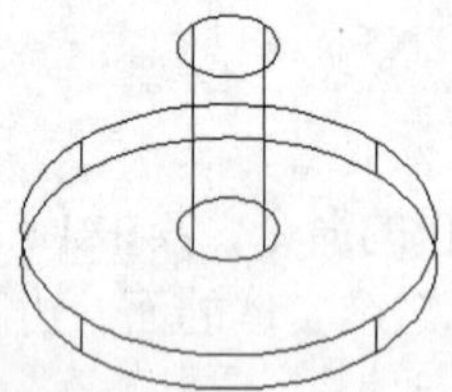

❷ 选择【修改】➢【实体编辑】➢【移动面】命令。

❸ 在绘图区单击要移动的面并按【Enter】键确认。

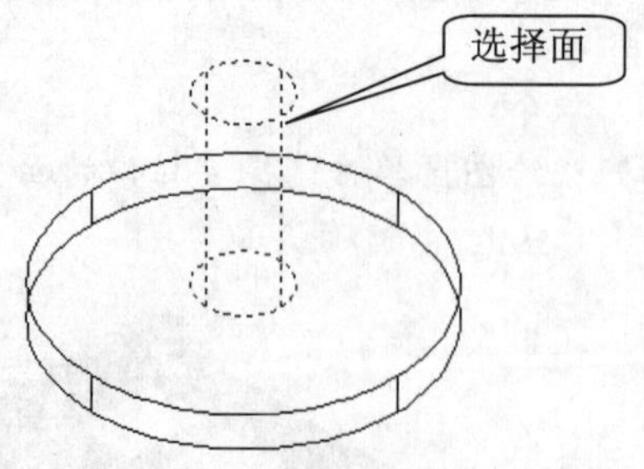

❹ 在绘图区单击以指定基点或位移。

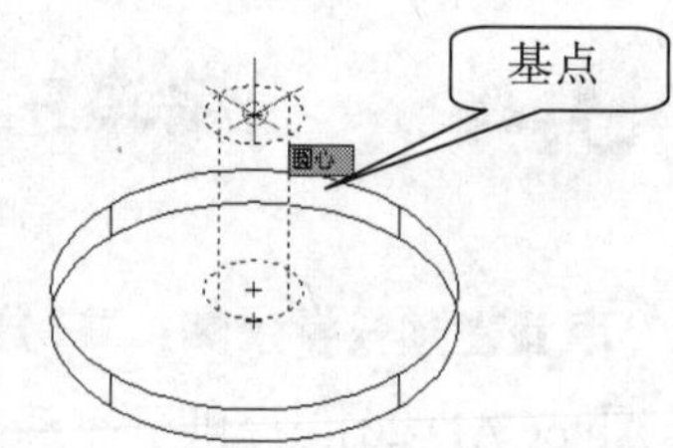

❺ 在命令行中输入"@200,0,0"，以确定位移的第二点，按【Enter】键确认并按【Esc】键退出编辑。

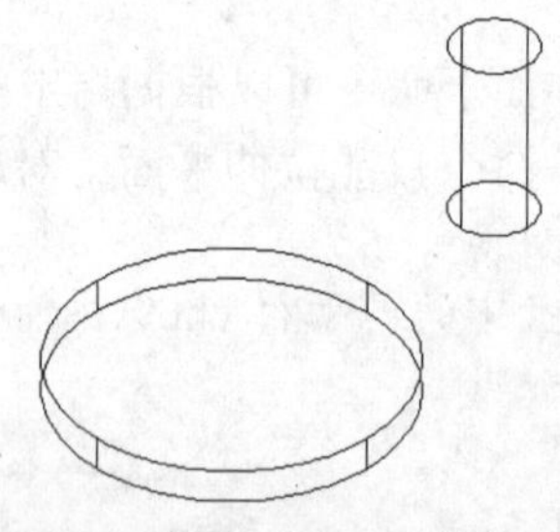

Tips

还可以通过以下方法调用【移动面】命令。

单击【常用】选项卡➢【实体编辑】面板➢【移动面】按钮。

9.4.3 偏移面

【偏移面】命令不具备复制功能，它只能按照指定的距离或通过点均匀地偏移实体表面。在偏移面时，如果偏移面是实体轴，则正偏移值使得轴变大，如果偏移面是一个孔，正的偏移值将使得孔变小，因为它将最终使得实体体积变大。

❶ 打开光盘中的“素材\ch09\偏移面.dwg”文件。

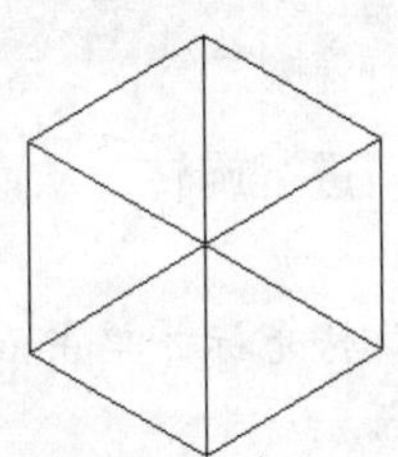

❷ 选择【修改】➤【实体编辑】➤【偏移面】命令。

❸ 在绘图区单击要偏移的面并按【Enter】键确认。

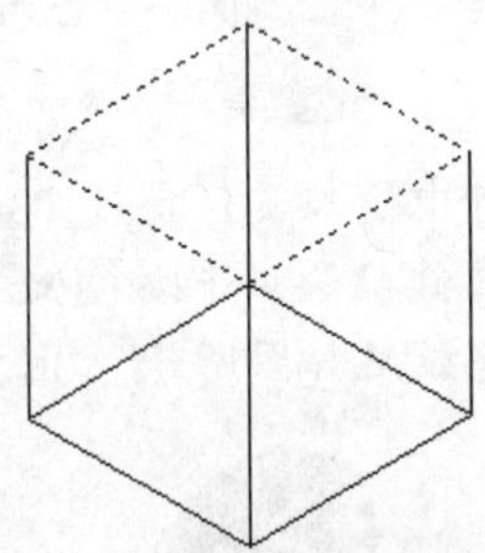

❹ 在命令行中输入将要偏移的距离“30”，并按【Enter】键确认，并按【Esc】键退出编辑。最终效果如图所示。

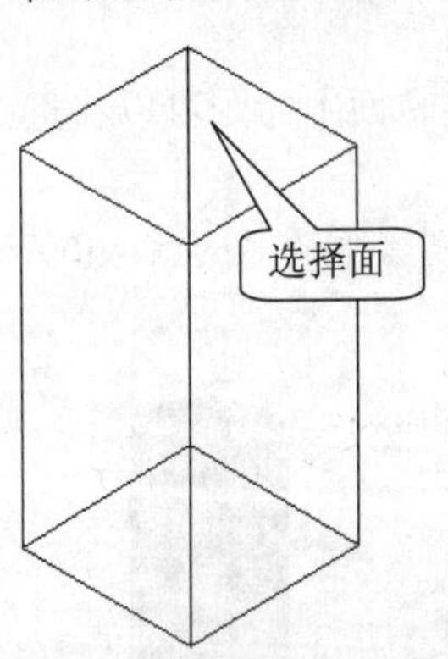

Tips

还可以通过以下方法调用【偏移面】命令。

单击【常用】选项卡➤【实体编辑】面板➤【偏移面】按钮 。

9.4.4 删除面

使用【删除面】命令可以从选择集中删除以前选择的面。

❶ 打开光盘中的“素材\ch09\删除面.dwg”文件。

❷ 选择【修改】➤【实体编辑】➤【删除面】命令。

❸ 在绘图区单击选择要删除的面。

❹ 按【Enter】键确认，并按【Esc】键退出编辑，最终效果如图所示。

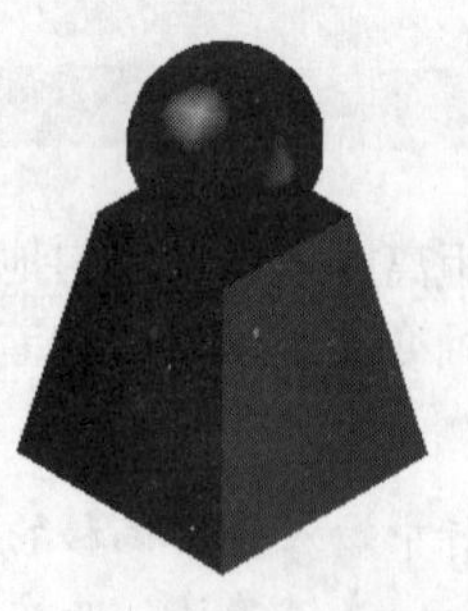

> **Tips**
>
> 还可以通过以下方法调用【删除面】命令。
>
> 单击【常用】选项卡➢【实体编辑】面板➢【删除面】按钮。

9.4.5 旋转面

【旋转面】命令可以将选择的面沿着指定的旋转轴和方向进行旋转，从而改变实体的形状。

❶ 打开光盘中的"素材\ch09\旋转面.dwg"文件。

❷ 选择【修改】➢【实体编辑】➢【旋转面】命令。

❸ 在绘图区单击要旋转的面并按【Enter】键确认。

❹ 在绘图区单击以指定旋转的轴点。

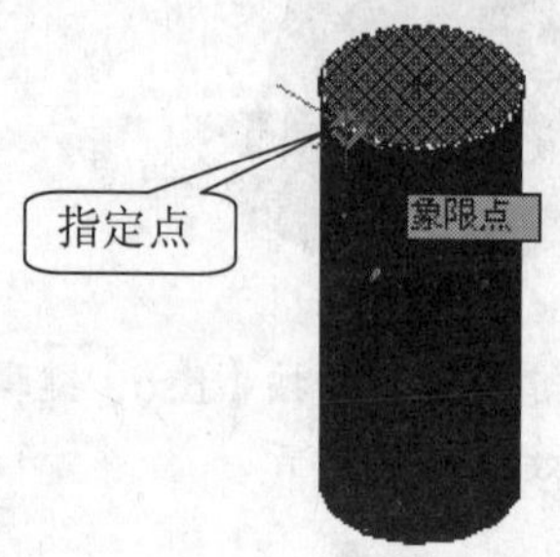

❺ 在绘图区旋转光标并单击以指定旋转轴上的第二点。

❻ 在命令行中输入旋转角度"30"，然后按【Enter】键确认，并按【Esc】键退出编辑。最终效果如图所示。

> **Tips**
>
> 还可以通过以下方法调用【旋转面】命令。
>
> 单击【常用】选项卡➢【实体编辑】面板➢【旋转面】按钮。

9.4.6 倾斜面

【倾斜面】命令可以使实体表面产生倾斜和锥化效果。

❶ 打开光盘中的"素材\ch09\倾斜面.dwg"文件。

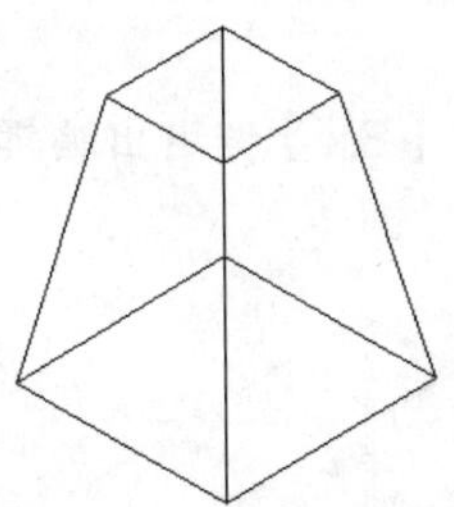

❷ 选择【修改】➢【实体编辑】➢【倾斜面】命令。

❸ 在绘图区单击要倾斜的面并按【Enter】键确认。

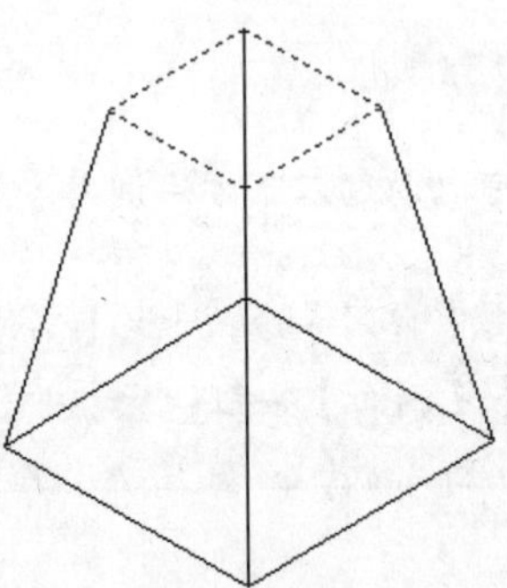

❹ 在绘图区单击指定基点。

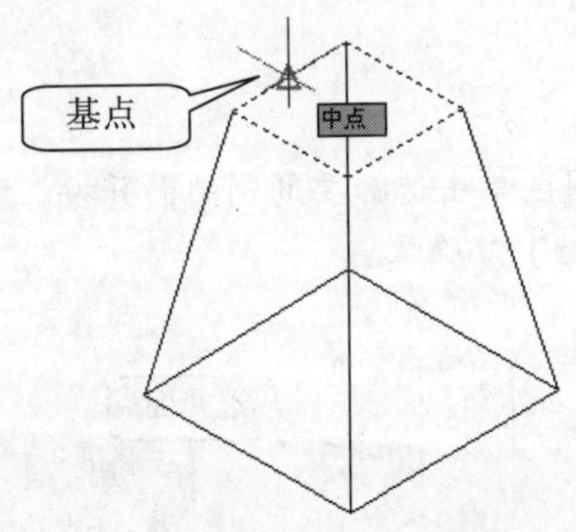

❺ 在绘图区单击指定沿倾斜轴的另一个点。

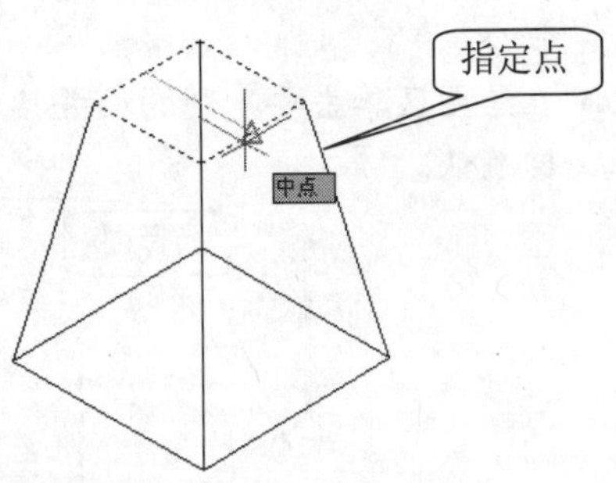

❻ 在命令行中输入倾斜角度"30"，然后按【Enter】键确认，并按【Esc】键退出编辑。最终效果如图所示。

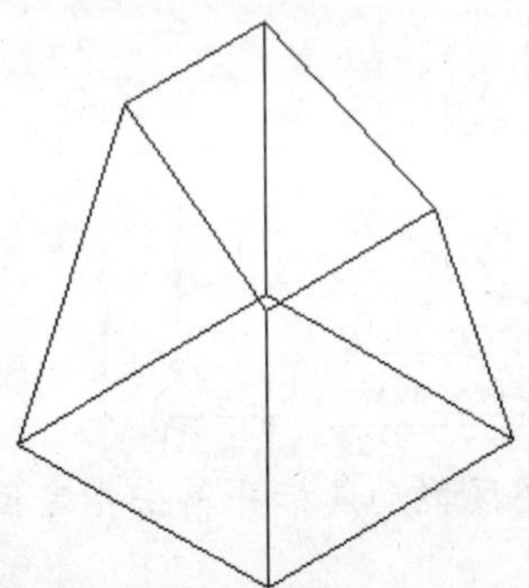

Tips

还可以通过以下方法调用【倾斜面】命令。

单击【常用】选项卡➢【实体编辑】面板➢【倾斜面】按钮。

9.4.7 复制面

【复制面】命令可以将实体中的平面和曲面分别复制生成面域和曲面模型。

❶ 打开光盘中的“素材\ch09\复制面.dwg”文件。

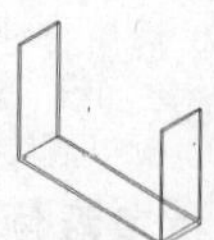

❷ 选择【修改】➢【实体编辑】➢【复制面】命令。

❸ 在绘图区单击要复制的面并按【Enter】键确认。

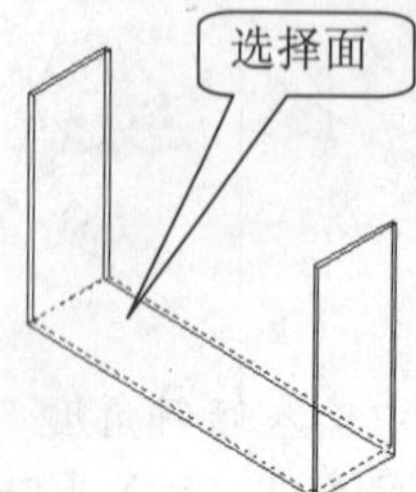

❹ 在绘图区单击指定基点或位移。

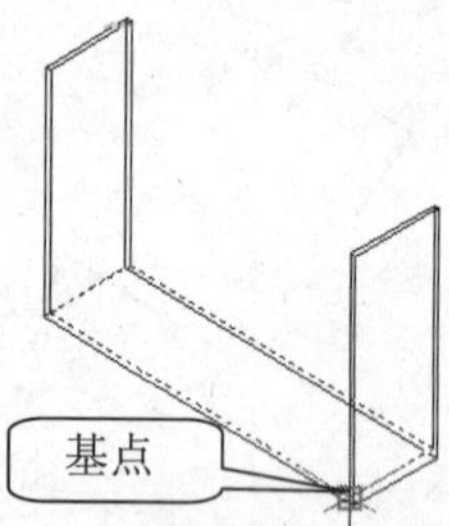

❺ 在绘图区拖动鼠标并单击指定位移的第二点。

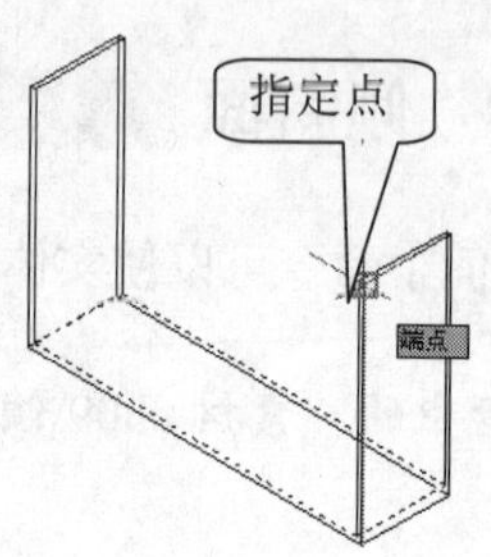

❻ 单击后按【Esc】键退出编辑。最终效果如图所示。

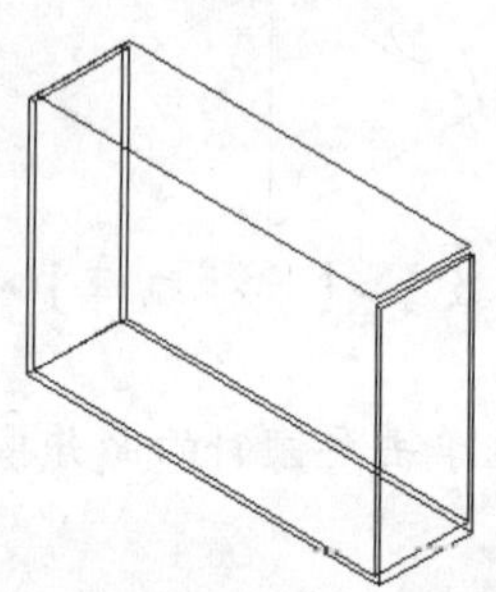

Tips

还可以通过以下方法调用【复制面】命令。

单击【常用】选项卡➢【实体编辑】面板➢【复制面】按钮。

9.4.8 着色面

【着色面】命令可以更改三维实体中选择面的颜色。

❶ 打开光盘中的“素材\ch09\着色面.dwg”文件。

❷ 选择【修改】➢【实体编辑】➢【着色面】命令。

❸ 在绘图区单击选择要复制的面并按【Enter】键确认。

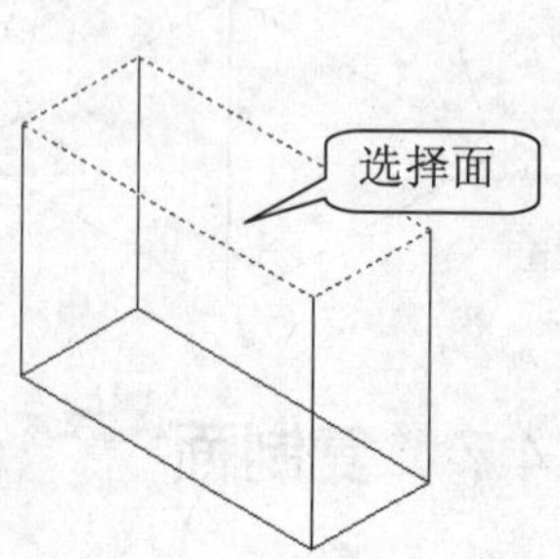

❹ 弹出【选择颜色】对话框，选择一种颜

色后单击【确定】按钮，可以看到所选的颜色改变了。

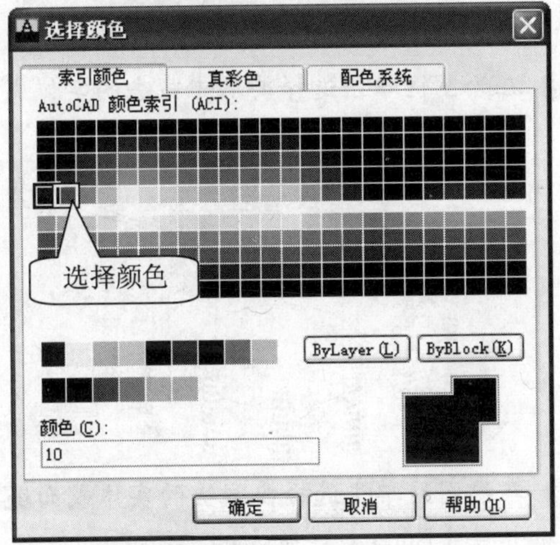

❺ 最终效果如图所示。

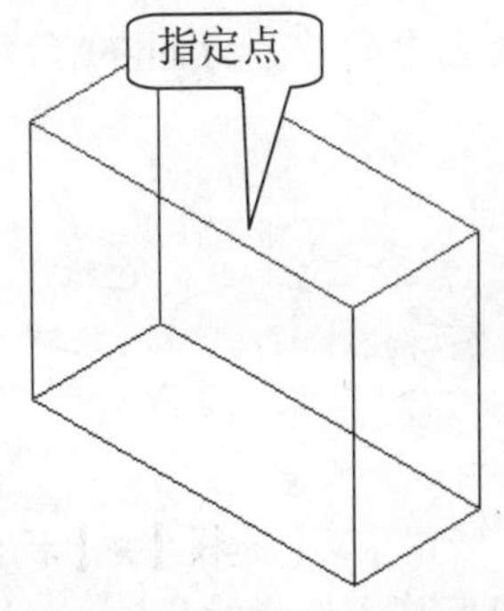

> *Tips*
>
> 还可以通过以下方法调用【着色面】命令。
>
> 单击【常用】选项卡➤【实体编辑】面板➤【着色面】按钮。

9.5 技能演练

本节视频教学录像：14分钟

通过本节的练习，用户可以掌握【三维阵列】命令、【拉伸】命令和布尔运算的使用方法。

9.5.1 绘制齿轮模型

本实例是利用拉伸命令和布尔运算绘制齿轮模型。通过学习本实例，读者应熟练掌握三维实体的编辑方法及齿轮的制作过程。

实例名称：绘制齿轮模型	
主要命令：【拉伸】命令和布尔运算	
素材：素材\ch09\齿轮.dwg	
结果：结果\ch09\齿轮.dwg	
难易程度：★★	常用指数：★★★

结果\ch09\齿轮.dwg

❶ 打开光盘中的“素材\ch09\齿轮.dwg”文件。

❷ 选择【绘图】➤【建模】➤【拉伸】命令，在绘图区单击选择对象。

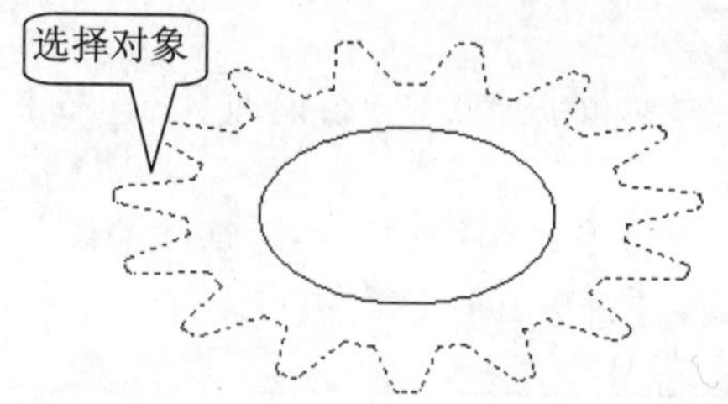

❸ 按【Enter】键确认，并在命令行中输入拉伸高度“200”，按【Enter】键确认，结果如图所示。

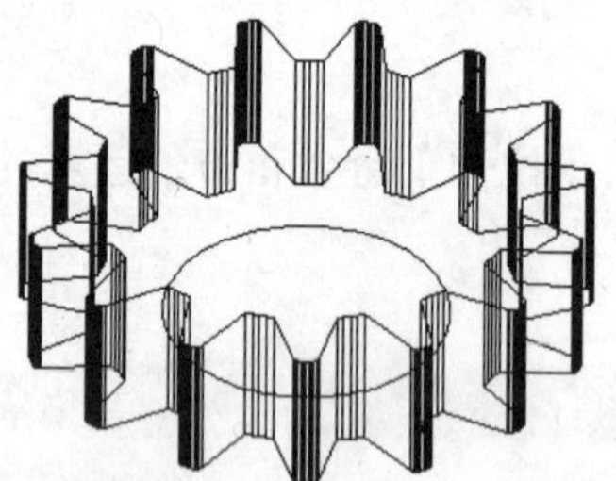

❹ 重复步骤❷~❸，并选中圆形，拉伸高度为“300”，结果如下图所示。

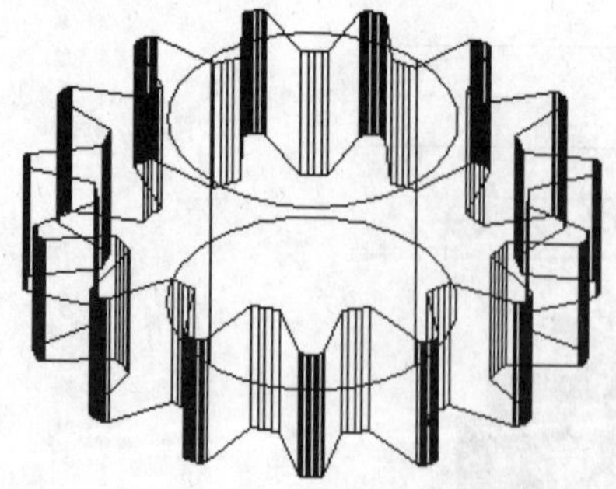

❺ 选择【修改】➤【实体编辑】➤【差集】菜单命令。

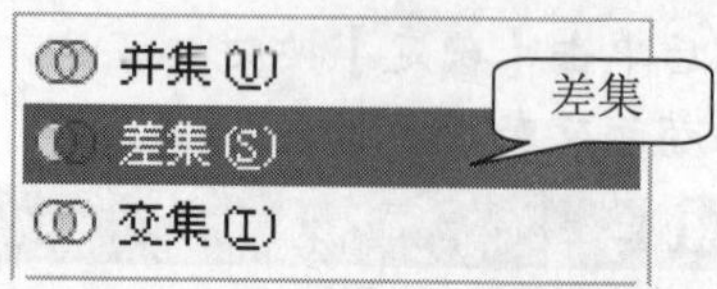

❻ 在绘图区单击选择要从中减去的实体或面域并按【Enter】键确认。

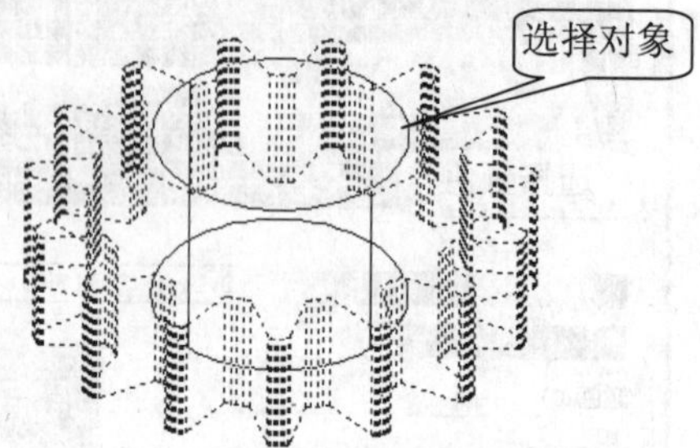

❼ 在绘图区单击选择要减去的实体或面域并按【Enter】键确认。

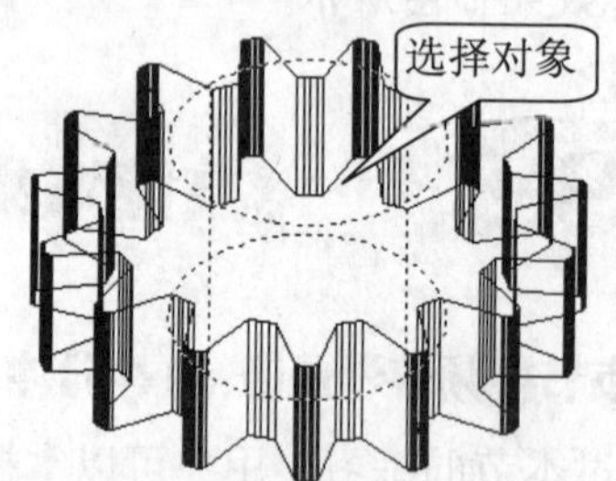

❽ 完成后结果如下图所示。

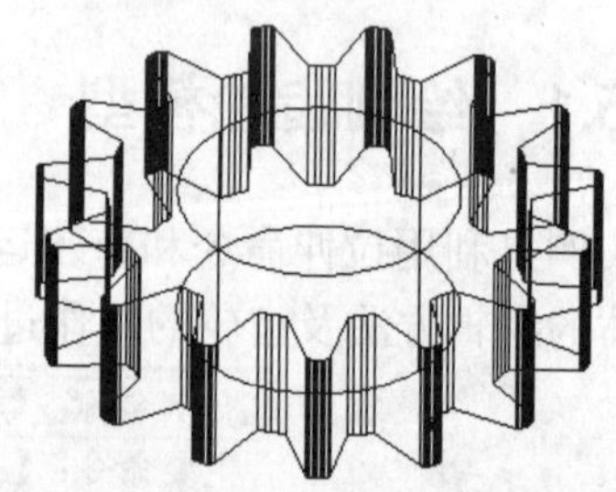

❾ 选择【视图】➤【视觉样式】➤【着色】菜单命令，最终结果显示如下图所示。

9.5.2 绘制螺栓模型

本实例是利用拉伸、缩放、旋转和布尔等命令绘制螺栓模型。通过学习本实例，读者应熟练掌握螺栓模型的制作过程。

实例名称：绘制螺栓模型	
主要命令：【拉伸】、【缩放】、【旋转】、【布尔】	
素材：素材\ch09\螺栓.dwg	
结果：结果\ch09\螺栓.dwg	
难易程度：★★	常用指数：★★★

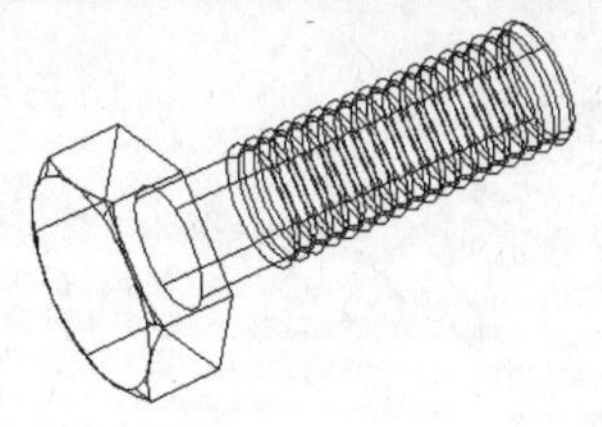

结果\ch09\螺栓.dwg

❶ 打开光盘中的“素材\ch09\螺栓.dwg”文件。

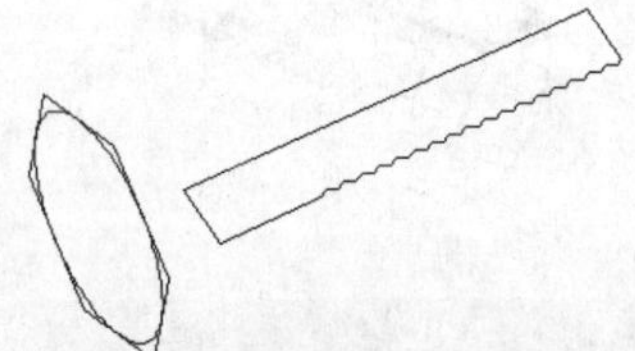

❷ 选择【绘图】➢【建模】➢【拉伸】菜单命令，在绘图区单击选择对象并按【Enter】键确认。

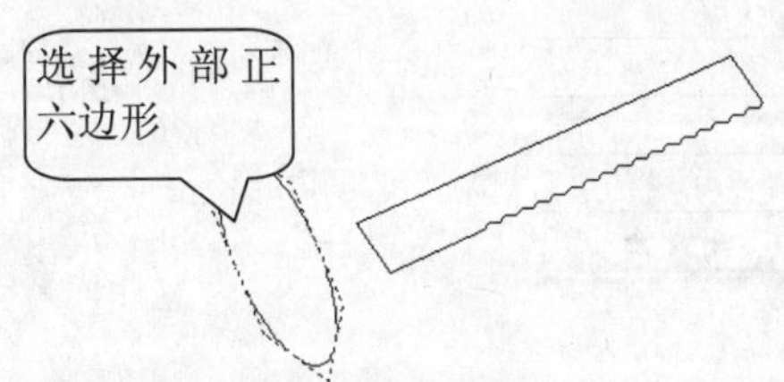

❸ 在命令行输入拉伸高度“4.2”并按【Enter】键确认。

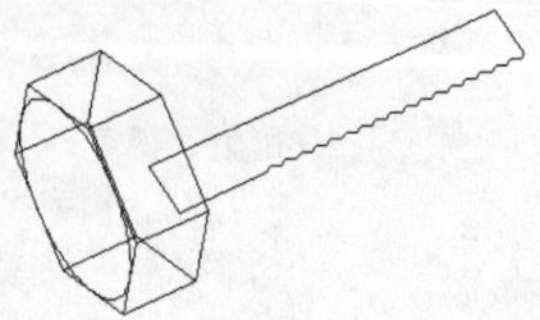

❹ 重复步骤❷~❸，选择【绘图】➢【建模】➢【拉伸】菜单命令，在命令行输入“T”按【Enter】键，根据命令行提示，输入倾斜角度为“60”，并指定拉伸圆的高度为“–10”。

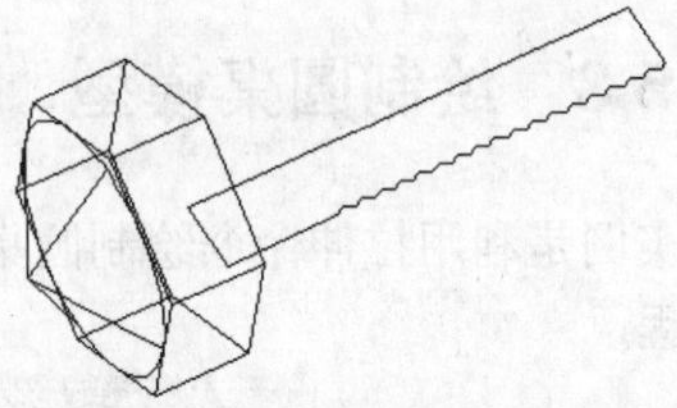

❺ 选择【修改】➢【缩放】菜单命令，在绘图区选择圆锥对象并指定圆锥顶点为缩放基点。

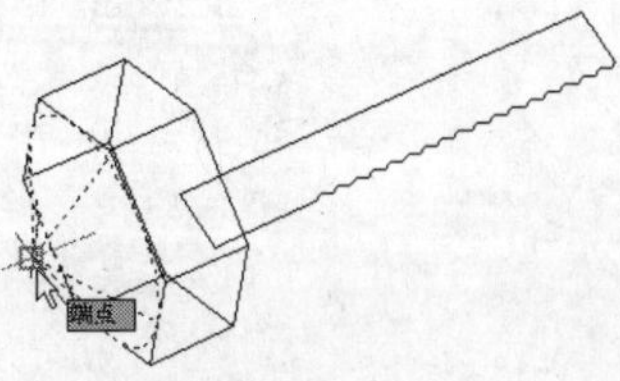

❻ 在命令行输入缩放比例“2.5”，按【Enter】键确认后结果如下图所示。

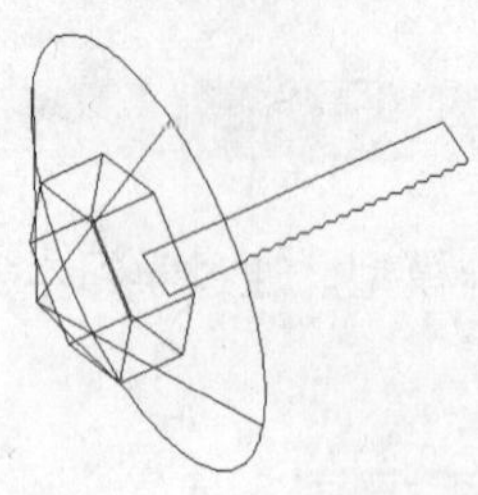

❼ 选择【修改】➤【实体编辑】➤【交集】菜单命令，并依次单击圆锥和正六棱柱，按【Enter】键确认。布尔运算后结果如下图所示。

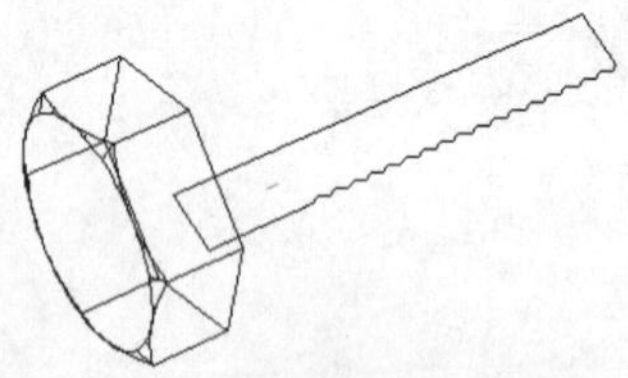

Tips

在进行三维模型的布尔运算时，一定要分清楚源对象与目标对象。

❽ 选择【绘图】➤【建模】➤【旋转】菜单命令并在绘图区单击要旋转的对象，按【Enter】键确认。

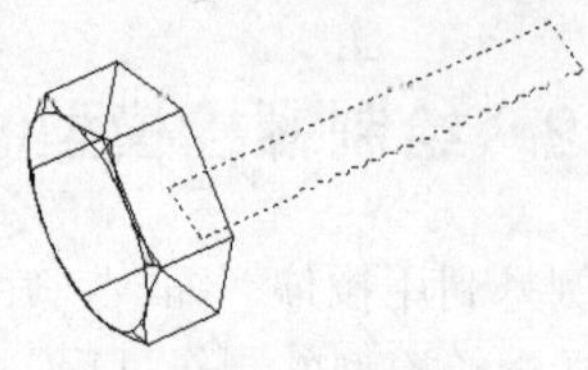

❾ 在绘图区分别单击指定旋转轴的起点和终点。

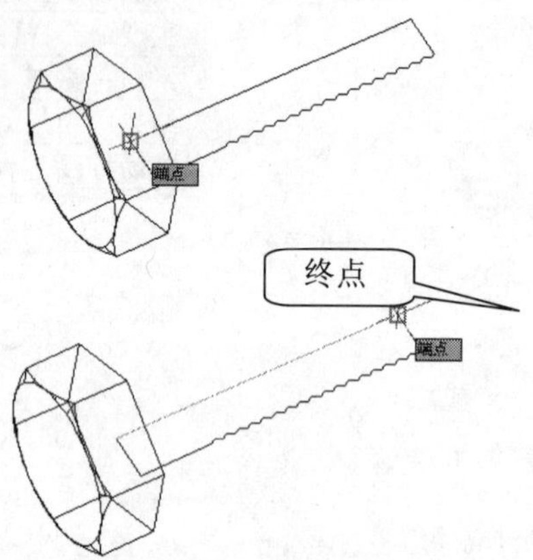

❿ 按【Enter】键确认旋转角度为“360”后结果如下图所示。

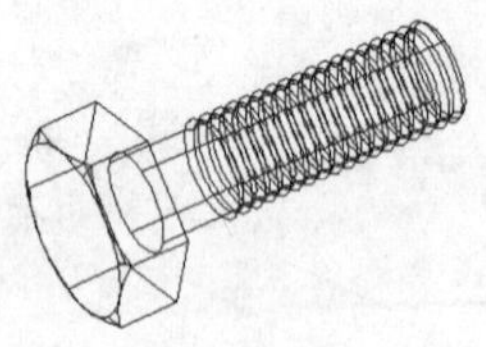

9.5.3 绘制圆桌模型

本实例是利用拉伸命令绘制圆桌模型。通过学习本实例，读者应熟练掌握圆桌模型的制作过程。

实例名称：绘制圆桌模型	
主要命令：【拉伸】命令	
素材：素材\ch09\圆桌	
结果：结果\ch09\圆桌.dwg	
难易程度：★★	常用指数：★★★

结果\ch09\圆桌.dwg

❶ 打开光盘中的“素材\ch09\圆桌.dwg”文件。

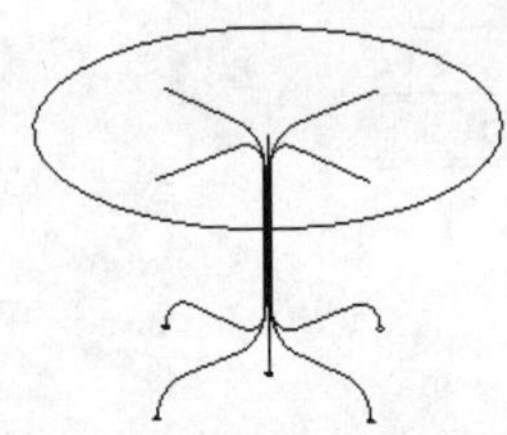

❷ 选择【绘图】➢【建模】➢【拉伸】命令。

❸ 选择底部圆为拉伸对象，并按【Enter】键确认。

❹ 在命令行中输入路径参数“P”并按【Enter】键确认。

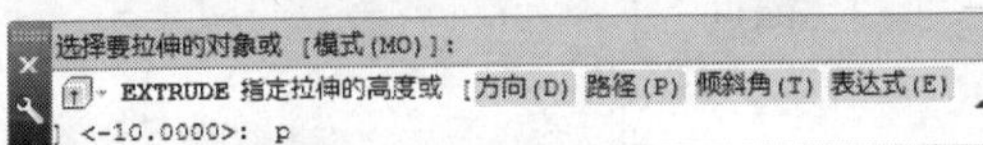

❺ 单击选择拉伸路径。

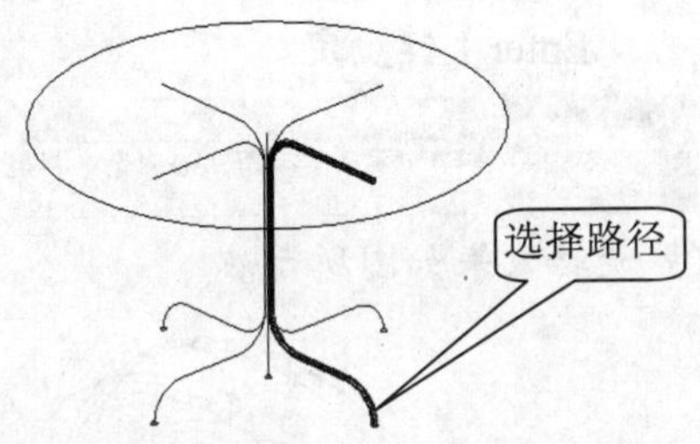

❻ 结果如图所示。

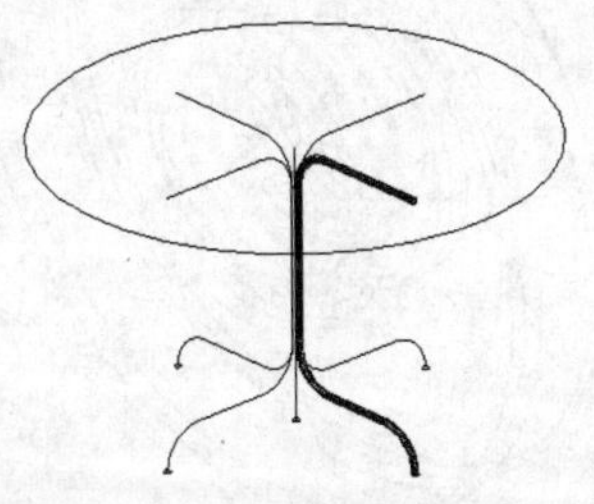

❼ 重复❷～❻的步骤，对其他桌脚进行拉伸，结果如图所示。

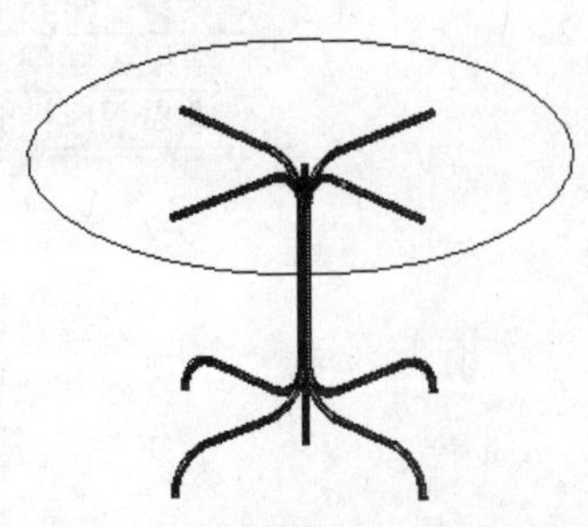

❽ 选择【绘图】➢【建模】➢【拉伸】命令，单击选择上部的圆为拉伸对象。

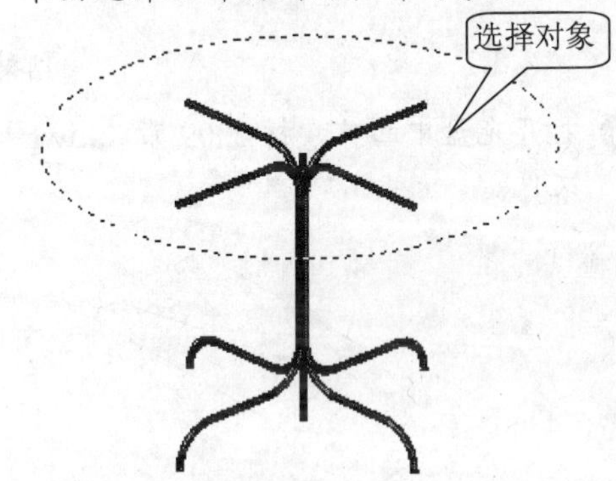

❾ 按【Enter】键确认后，在命令行中输入拉伸高度为“20”，并按【Enter】键确认。

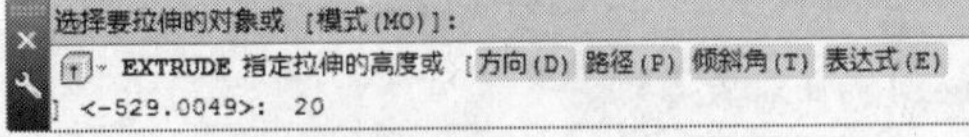

❿ 最终效果如图所示。

9.5.4 绘制带轮模型

在机械设计时会经常用到带轮的模型。绘制该模型时一定要注意带轮自身的比例和尺寸。使用【旋转】命令绘制带轮模型的具体操作步骤如下。

实例名称：绘制带轮模型	
主要命令：【旋转】命令	
素材：素材\ch09\带轮.dwg	
结果：结果\ch09\带轮.dwg	
难易程度：★★	常用指数：★★★

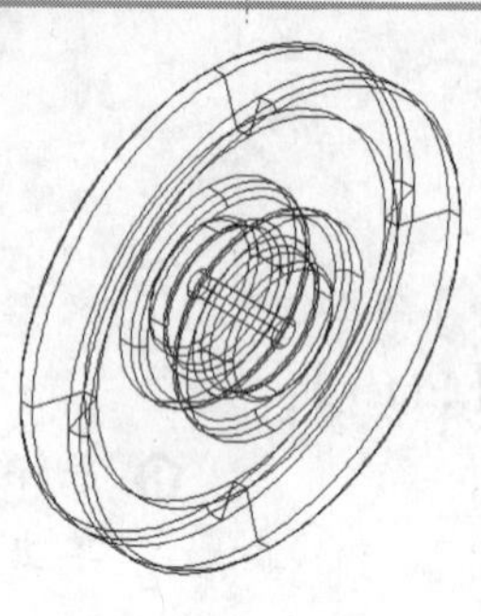

结果\ch09\带轮.dwg

❶ 打开光盘中的“素材\ch09\带轮.dwg”文件。

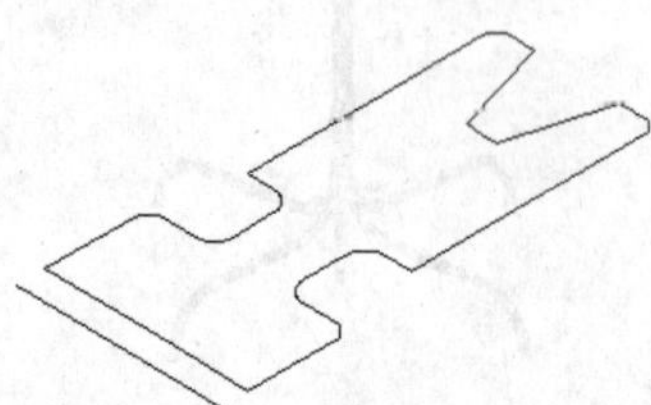

❷ 选择【绘图】➤【建模】➤【旋转】命令，在绘图区单击选择对象。

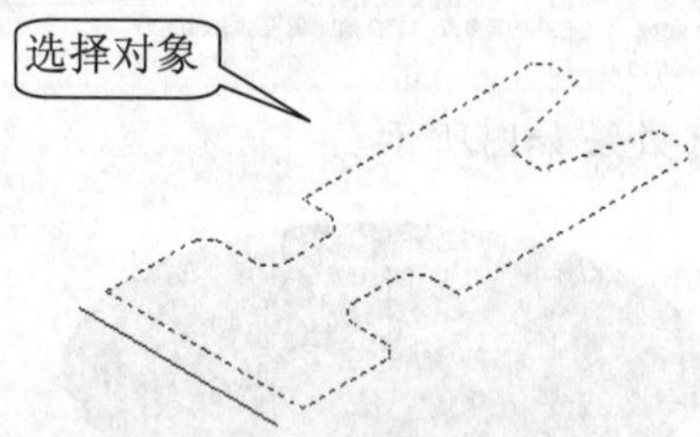

❸ 按【Enter】键确认后在绘图区单击指定旋转轴起点。

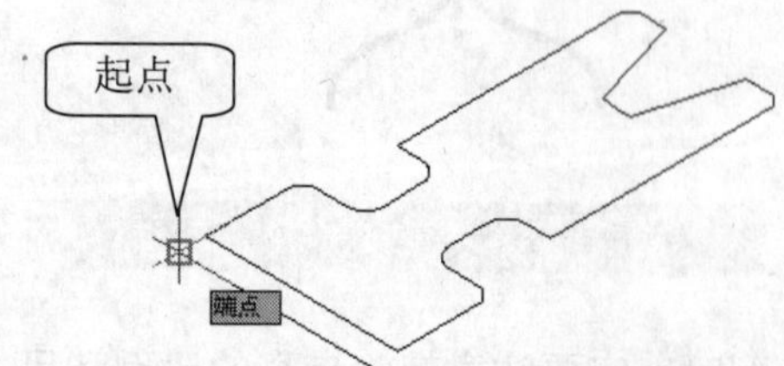

❹ 平移十字光标到旋转轴的另一点处单击，以指定旋转轴端点。

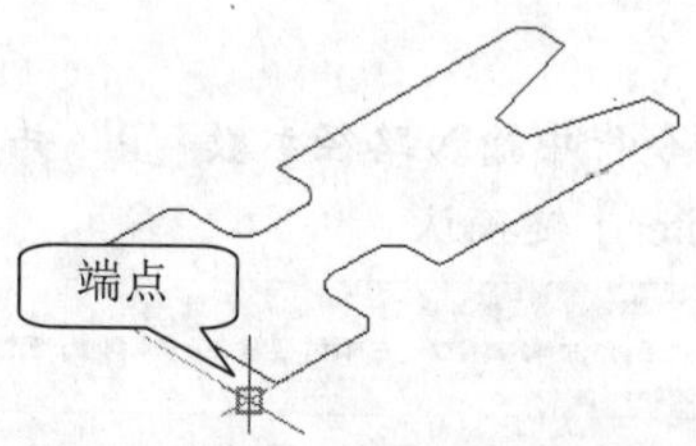

❺ 在命令行中输入旋转角度“360”并按【Enter】键确定。

```
指定轴端点:
REVOLVE 指定旋转角度或 [起点角度(ST) 反转(R) 表达式(EX)]
<360>: 360
```

❻ 旋转效果如图所示。

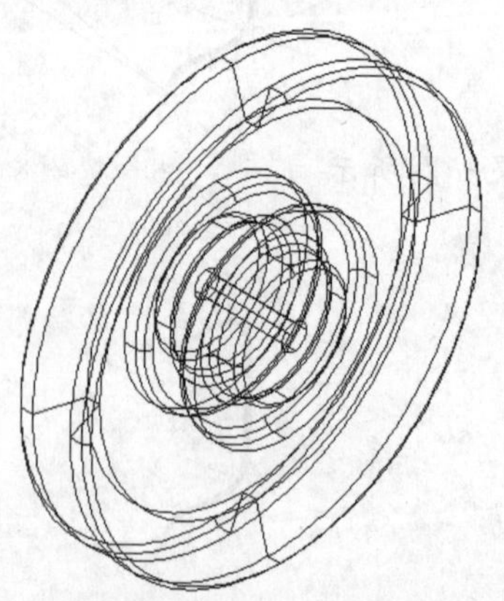

Tips

在绘制带轮时，要注意带轮旋转轴的位置。

9.6 本章小结

三维图形的绘制，离不开图形的编辑功能。在实际的工作过程中，存在着大量的布局图，需要用到三维编辑功能。例如，在某项工程中，一个房间内的物体的摆放，需要用到多个三维实体的模型，同时为了满足房间内各部分空间的有效利用，以及整体美观，对三维实体的模型要求往往是多方面的，也是不规则的，这时候，三维图形的编辑功能就显示出了它的不可缺少的作用。

第 10 章　三维图形的显示效果

本章引言

AutoCAD 2013 提供了强大的三维图形的显示效果功能，可以帮助用户将三维图形消隐、着色和渲染，从而生成具有真实感的物体。

使用 AutoCAD 2013 提供的【渲染】命令可以渲染场景中的三维模型，并且在渲染前可以为其赋予材质、设置灯光、添加场景和背景，从而生成具有真实感的物体。另外，还可以将渲染结果保存成位图格式，以便在 Photoshop 或者 ACDSee 等软件中编辑或查看。

10.1 消隐

本节视频教学录像：3 分钟

消隐的具体操作步骤如下。

❶ 打开光盘中的“素材\ch10\消隐.dwg”文件。

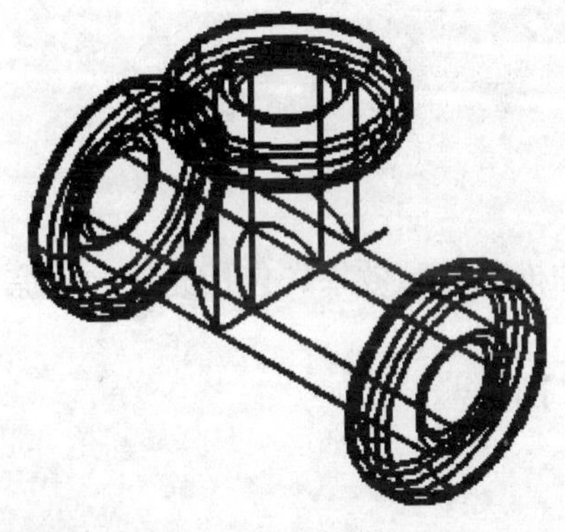

❷ 选择【视图】➢【消隐】命令。

❸ 执行命令后的效果如图所示。

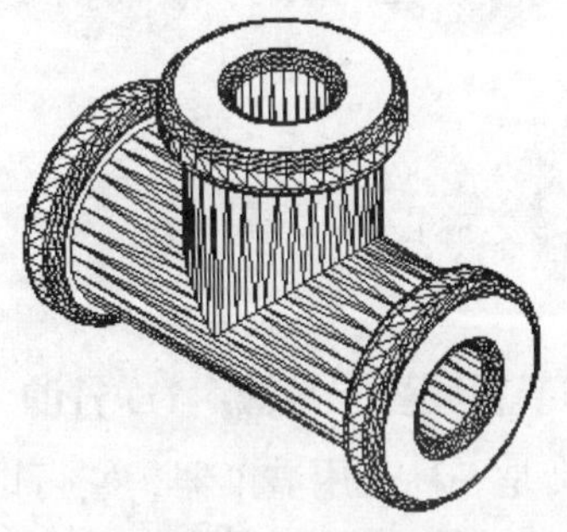

Tips

还可以通过以下方法调用【消隐】命令。

在命令行中输入“hide”后按【Enter】键。

10.2 着色

本节视频教学录像：3 分钟

着色主要包括面样式、光源质量和亮显。

1. 面样式

面样式用于定义面上的着色情况。真实面样式（左下）用于生成真实的效果。古氏面样式（右下）通过缓和加亮区域与阴影区域之间的对比，可以更好地显示细节。加亮区域使用暖色调，而阴影区域使用冷色调。

2. 光源质量

平滑光源可平滑多边形面之间的边（左下），使着色的对象外观较平滑和真实。平滑光源可对多边形面之间的对象进行着色（右下），使对象看上去更加暗淡和粗糙。

3. 亮显

对象上的亮显尺寸会影响反光度感觉（右下）。更小、更强烈的亮显会使对象看上去更亮。在视觉样式中设置的亮显强度不能应用于附着了材质的对象。

10.3 渲染

本节视频教学录像：15 分钟

渲染是一种通用渲染器，它可以生成真实准确的模拟光照效果，包括光线的跟踪、反射、折射以及全局的照明等。

在 AutoCAD 2013 中有 3 种方法可以执行【渲染】命令。

(1) 选择【视图】➢【渲染】➢【渲染】命令。

(2) 在命令行中输入“render”后按【Enter】键。

(3) 单击【渲染】选项卡➢【渲染】面板➢【渲染】按钮 。

10.3.1 设置材质

材质能够详细描述对象如何反射或透射灯光，可使场景更加具有真实感。

❶ 选择【视图】➢【渲染】➢【材质浏览器】命令。

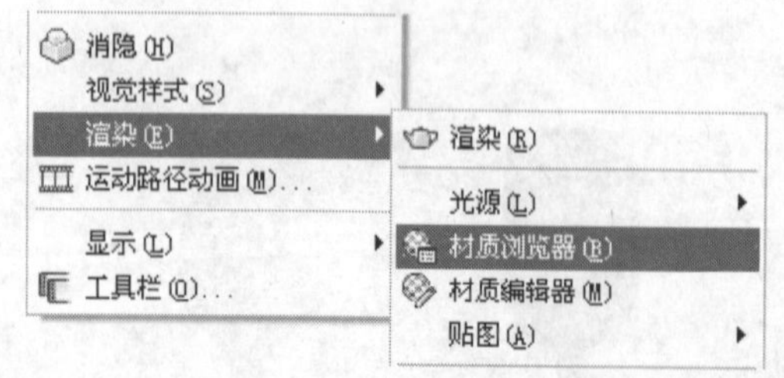

❷ 执行命令后弹出【材质浏览器】面板。

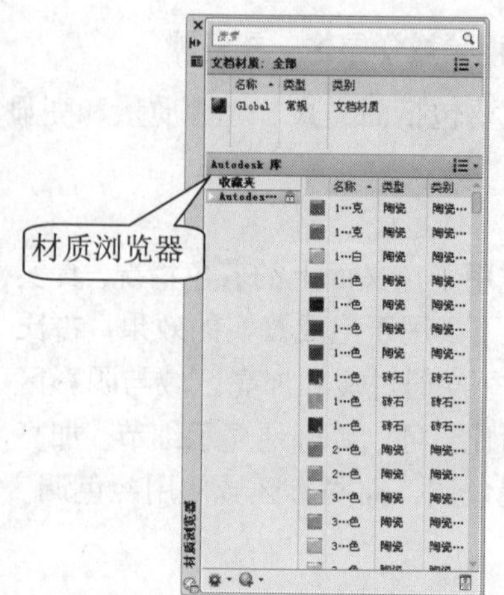

【材质浏览器】面板中各个模块功能如下。

【创建材质】按钮：在图形中创建新材质，主要包含下列材质。

新建使用类型:
陶瓷
混凝土
玻璃
砌石
金属
金属漆
镜子
塑料
实心玻璃
石材
墙面漆
水
木材
新建常规材质...

【库】下拉按钮：包括【库】、【查看类型】、【排序】和【缩略图大小】等选项。单击下拉列表后如下图所示。

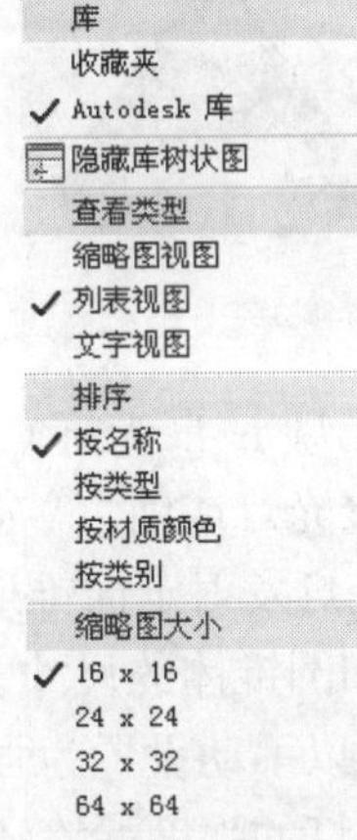

【创建、打开并编辑用户定义的库】按钮下拉列表如下所示。

打开现有库
创建新库
删除库
创建类别
删除类别
重命名

【Autodesk 库】：包含了 Autodesk 提供的所有材质。

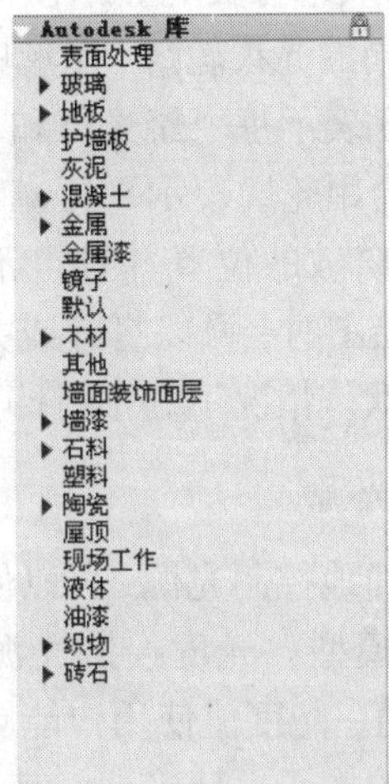

【收藏夹】：自己选定的库中的材质。

> *Tips*
>
> 还可以通过以下方法打开【材质浏览器】面板。
>
> 在命令行中输入“materials”后按【Enter】键。

10.3.2 设置光源

AutoCAD 提供了 3 种光源单位：标准（常规）、国际（国际标准）和美制。标准（常规）光源流程相当于 AutoCAD 2013 之前的版本中 AutoCAD 的光源流程。AutoCAD 2013 的默认光源流程是基于国际（国际标准）光源单位的光度控制流程，此选择将产生真实准确的光源。

1. 默认光源

场景中没有光源时，将使用默认光源对场景进行着色或渲染。来回移动模型时，默认光源来自视点后面的两个平行光源。模型中所有的面均被照亮，以使其可见。可以控制亮度和对比度，但不需要自己创建或放置光源。

插入自定义光源或启用阳光时，将会为用户提供禁用默认光源的选项。另外，用户可以仅将默认光源应用到视口，同时将自定义光源应用到渲染。

2. 标准光源

添加光源可为场景提供真实外观。光源可增强场景的清晰度和三维性。可以创建点光源、聚光灯和平行光以达到的效果。可以移动或旋转光源（使用夹点工具），将其打开或关闭以及更改其特性（例如颜色和衰减）。更改的效果将实时显示在视口中。

使用不同的光线轮廓（图形中显示光源位置的符号）表示每个聚光灯和点光源。在图形中，不会用轮廓表示平行光和阳光，因为它们没有离散的位置并且也不会影响到整个场景。绘图时，可以打开或关闭光线轮廓的显示。默认情况下，不打印光线轮廓。

3. 光度控制光源

要更精确地控制光源，可以使用光度控制光源照亮模型。光度控制光源使用光度（光能量）值，光度值使用户能够按光源在现实中显示的样子更精确地对其进行定义。可以创建具有各种分布和颜色特征，或输入光源制造商提供的特定光域网文件。

光度控制光源可以使用制造商的 IES 标准文件格式。通过使用制造商的光源数据，用户可以在模型中显示商业上可用的光源。然后可以尝试不同的设备，并且通过改变光强度和颜色温度，用户可以设计生成所需结果的光源系统。

4. 阳光与天光

阳光是一种类似于平行光的特殊光源。用户可为模型指定地理位置，并指定该地理位置的当日日期和时间来定义阳光角度。可以更改阳光的强度及其光源的颜色。阳光与天光是自然照明的主要来源。

设置光源的具体操作步骤如下。

❶ 选择【视图】➤【渲染】➤【光源】命令。

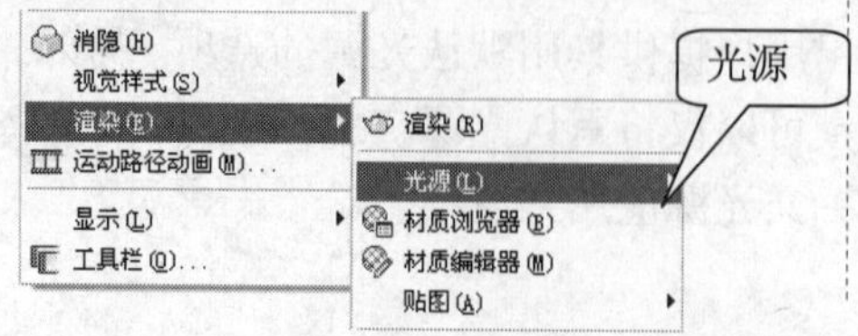

❷ 执行命令后，将显示以下光源类型和参数。

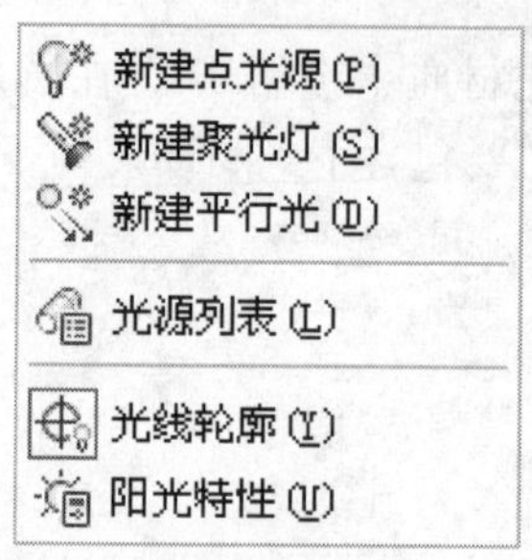

种光源方式分别解释如下。

【新建点光源】：点光源从其所在位置向四周发射光线。点光源不以一个对象为目标。使用点光源以达到基本的照明效果。

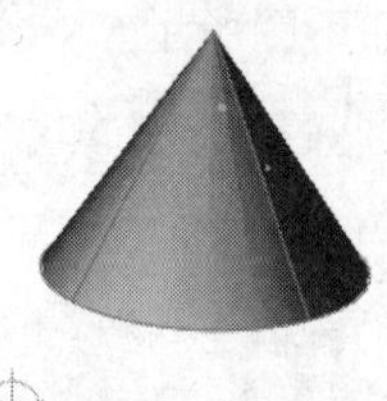

【新建聚光灯】：聚光灯（例如闪光灯、剧场中的跟踪聚光灯或前灯）分布投射一个聚焦光束。聚光灯发射定向锥形光。可以控制光源的方向和圆锥体的尺寸。像点光源一样，聚光灯也可以手动设置为强度随距离衰减。但是，聚光灯的强度始终还是根据相对于聚光灯的目标矢量的角度衰减。此衰减由聚光灯的聚光角角度和照射角角度控制。聚光灯可用于亮显模型中的特定特征和区域。

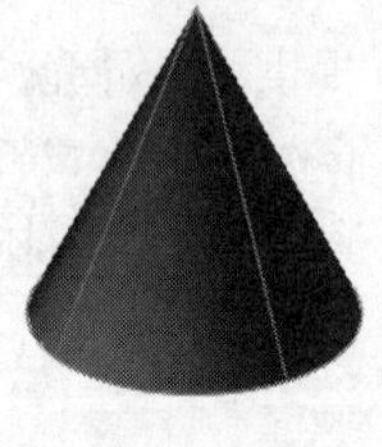

【新建平行光】：平行光仅向一个方向发射统一的平行光光线。可以在视口中的任意位置指定 FROM 点和 TO 点，以定义光线的方向。

10.3.3 设置贴图

将贴图频道和贴图类型添加到材质后，用户可以通过修改相关的贴图特性优化材质。可以使用贴图控件来调整贴图的特性。

❶ 选择【视图】➤【渲染】➤【贴图】命令。

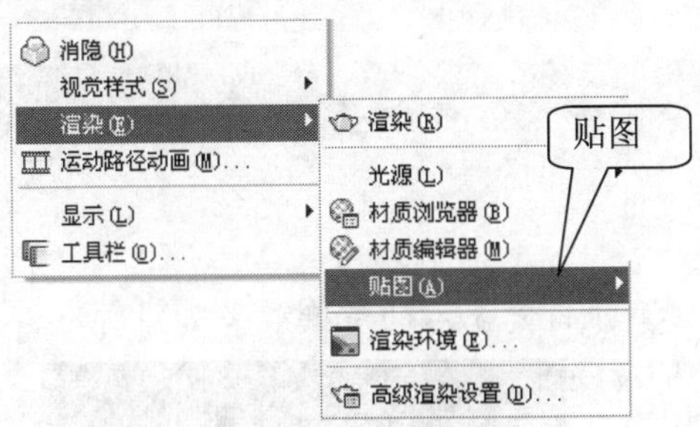

❷ 执行命令后，将显示以下 4 种贴图方式。

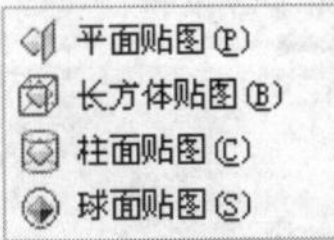

这 4 种贴图方式分别解释如下。

【平面贴图】：将图像映射到对象上，就像将其从幻灯片投影器投影到二维曲面上一样。图像不会失真，但是会被缩放以适应对象。该贴图最常用于面。

【长方体贴图】：将图像映射到类似长方体的实体上。该图像将在对象的每个面上重复使用。

【柱面贴图】：在水平和垂直两个方向上同时使图像弯曲。纹理贴图的顶边在球体的“北极”压缩为一个点。同样，底边在“南极”压缩为一个点。

【球面贴图】：将图像映射到圆柱形对象上，水平边将一起弯曲，但顶边和底边不会弯曲。图像的高度将沿圆柱体的轴进行缩放。

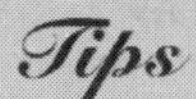

还可以通过以下方法调用【贴图】命令。

在命令行中输入“materialmap”后按【Enter】键。

10.3.4 渲染环境

渲染环境的具体操作步骤如下。

❶ 选择【视图】➤【渲染】➤【渲染环境】命令。

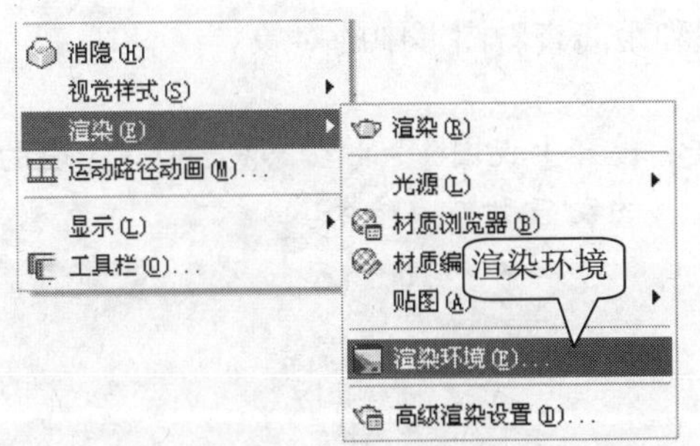

❷ 执行命令后弹出【渲染环境】对话框。

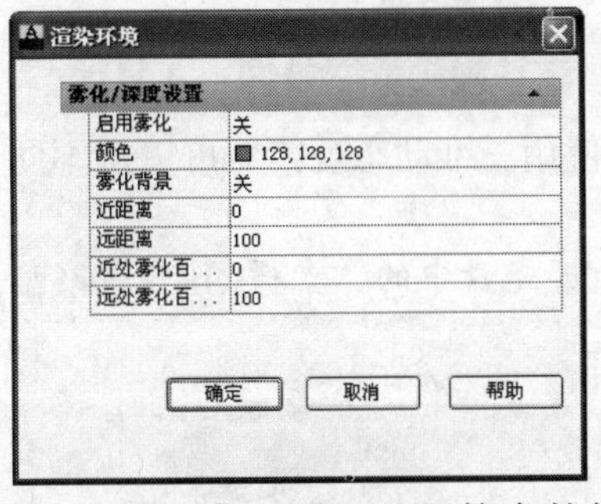

【渲染环境】对话框的具体参数如下。

【启用雾化】：雾化的开关。

【颜色】：设置雾化的颜色，通常设为浅色。

【雾化背景】：雾化背景的开关。

【近距离】：雾化的起始位置。

【远距离】：雾化的结束位置。

【近处雾化百分比】：设置近处雾化的不透明度。

【远处雾化百分比】：设置远处雾化的深度。

Tips

还可以通过以下方法打开【渲染环境】对话框。

在命令行中输入"renderenvironment"后按【Enter】键。

10.3.5 渲染效果图

查看渲染效果图的具体操作步骤如下。

❶ 打开光盘中的"素材\ch10\渲染效果图.dwg"文件。

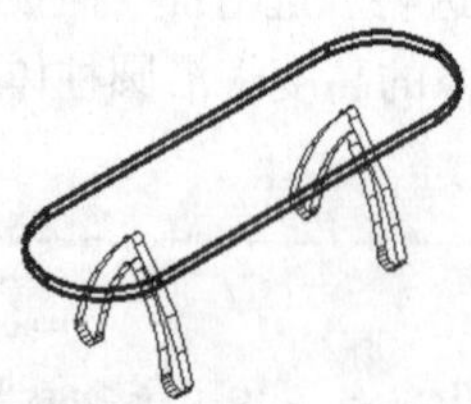

❷ 选择【视图】➤【渲染】➤【渲染】命令。

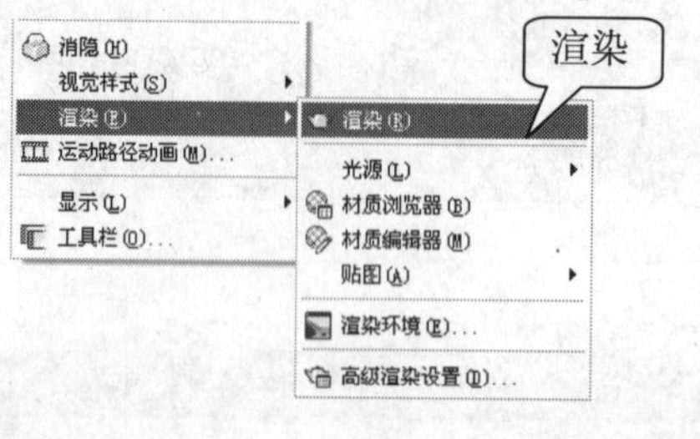

❸ 执行命令后的渲染效果如图所示。

Tips

创建渲染之后，可以保存图像以便以后重新显示。根据已选择的渲染设置和渲染预设，渲染可能是一个耗时的过程。

10.4 使用三维动态观察器观察实体

本节视频教学录像：3 分钟

使用三维动态观察器可以从不同角度、高度和距离查看图形中的对象。

❶ 打开光盘中的"素材\ch10\观察型.dwg"文件。

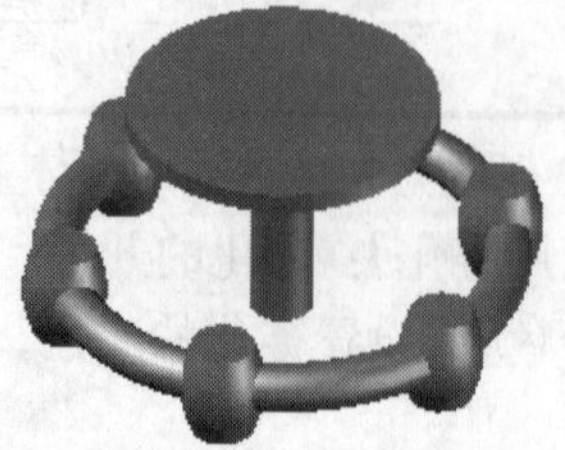

❷ 选择【视图】➤【动态观察】➤【受约束的动态观察】命令。

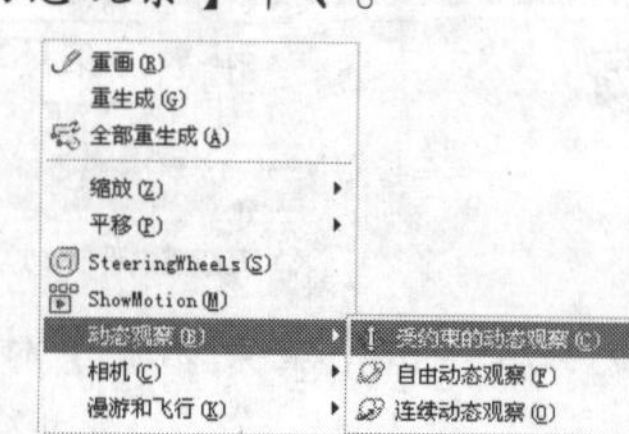

❸ 在绘图区按下左键并拖动，以对模型进行观察。

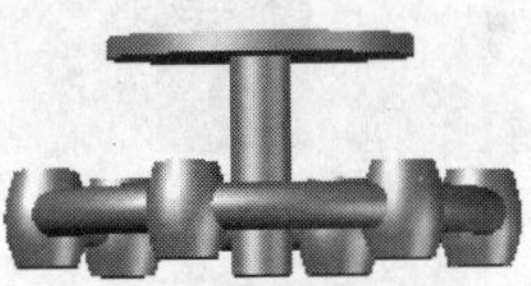

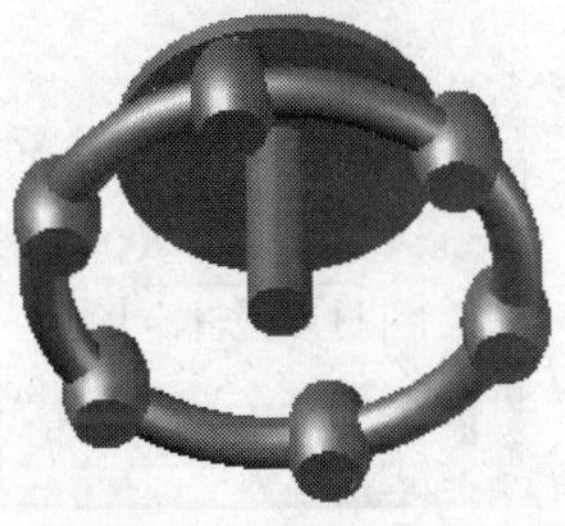

> *Tips*
>
> 还可以通过以下方法打开三维动态观察器。
>
> (1) 在命令行中输入“3dorbit”命令，按【Enter】键确定。
>
> (2) 选择【工具】➢【工具栏】➢【AutoCAD】➢【动态观察】，调出【动态观察】工具栏，然后单击【动态观察】工具栏中的【受约束的动态观察】按钮。
>
> (3) 选择【工具】➢【工具栏】➢【AutoCAD】➢【三维导航】，调出【三维导航】工具栏，然后单击【三维导航】工具栏中的【受约束的动态观察】按钮。

10.5 技能演练

本节视频教学录像：6 分钟

通过本章实例操作的学习可熟练掌握三维动态观察器和【渲染】命令的使用方法。

10.5.1 渲染教堂三维模型

本实例利用【渲染】命令查看教堂模型。通过学习本实例，读者应熟练掌握【渲染】命令的使用方法。

实例名称：渲染教堂三维模型	
主要命令：【渲染】命令	
素材：素材\ch10\教堂三维模型.dwg	
结果：结果\ch10\教堂三维模型.dwg	
难易程度：★★	常用指数：★★★

结果\ch10\教堂三维模型.dwg

❶ 打开光盘中的“素材\ch10\教堂三维模型.dwg”文件。

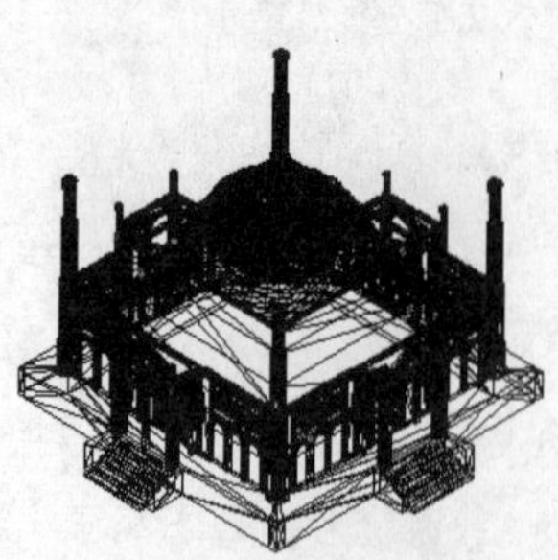

❷ 选择【视图】➤【渲染】➤【材质浏览器】命令。

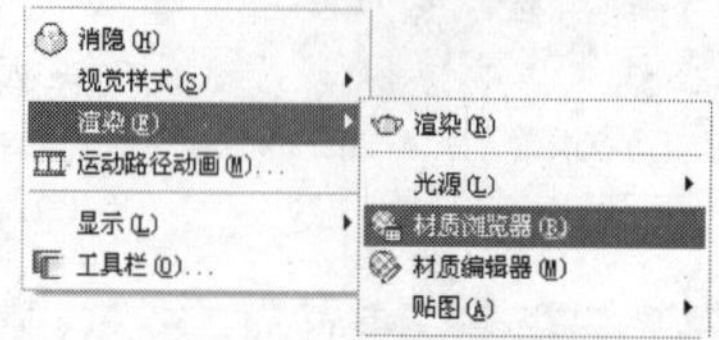

❸ 执行命令后弹出【材质浏览器】面板。

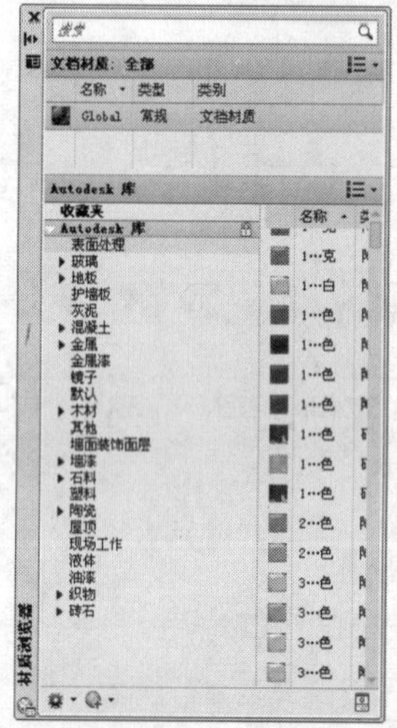

❹ 单击【创建材质】按钮，在下拉列表中选择【墙面漆】选项。

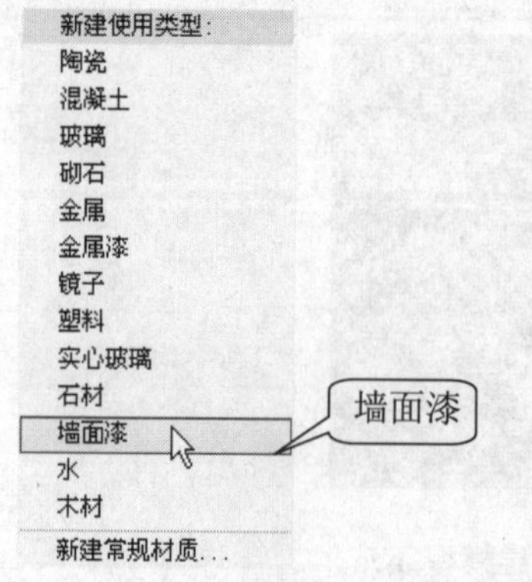

❺ 选中墙面漆材质后弹出【材质编辑器】面板。

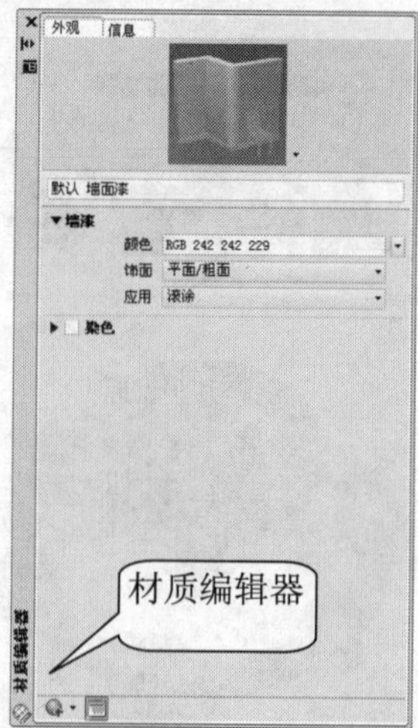

❻ 在【饰面】列表框中选择【珍珠白】选项。

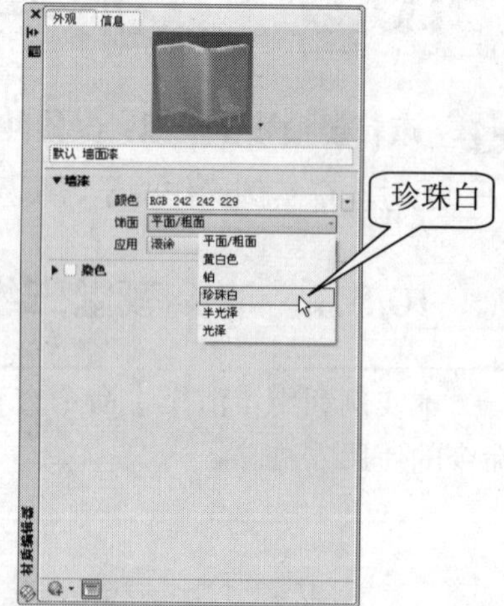

❼ 在【应用】列表框中选择【刷涂】选项。

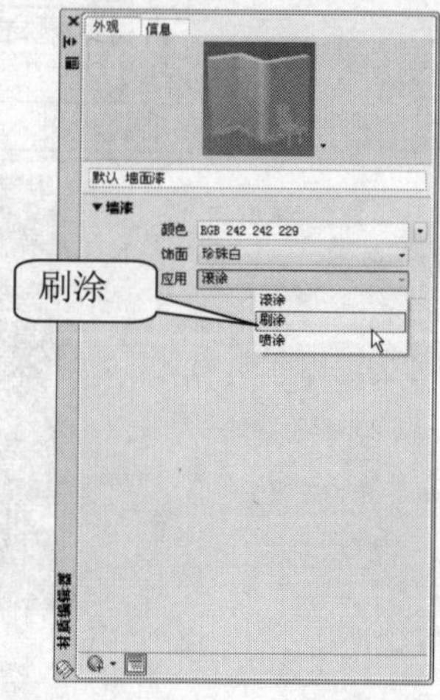

❽ 关闭【材质编辑器】面板。选择需要添加材质的图形。

❾ 单击【材质浏览器】面板，在刚创建的金属材质上单击右键，将它指定给当前选择。

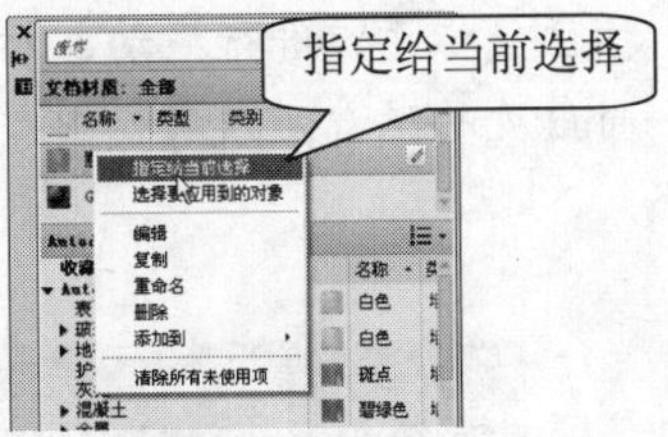

❿ 关闭【材质浏览器】面板。选择【视图】➤【渲染】➤【渲染】命令，渲染效果如图所示。

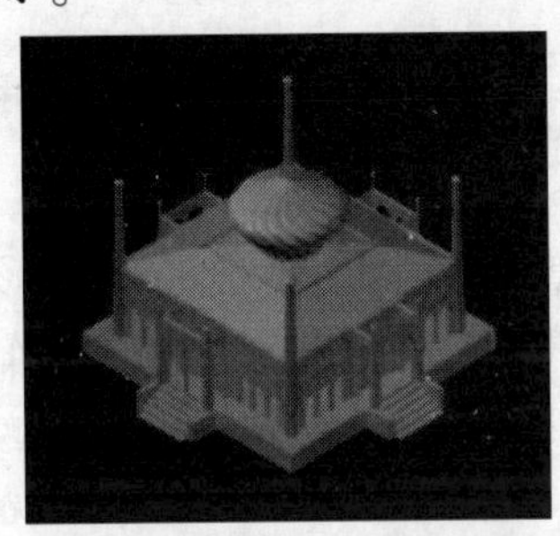

10.5.2 对齿轮模型进行观察

本实例利用三维动态观察器观察齿轮模型。通过学习本实例，读者可以熟练掌握三维动态观察器的使用方法及用该命令观察实体的具体操作步骤。

实例名称：对齿轮模型进行观察	
主要命令：三维动态观察器	
素材：素材\ch10\齿轮模型.dwg	
结果：结果\ch10\齿轮模型.dwg	
难易程度：★★	常用指数：★★★

结果\ch10\齿轮模型.dwg

❶ 打开光盘中的“素材\ch10\齿轮型.dwg”文件。

❷ 选择【视图】➤【动态观察】➤【受约束的动态观察】命令。

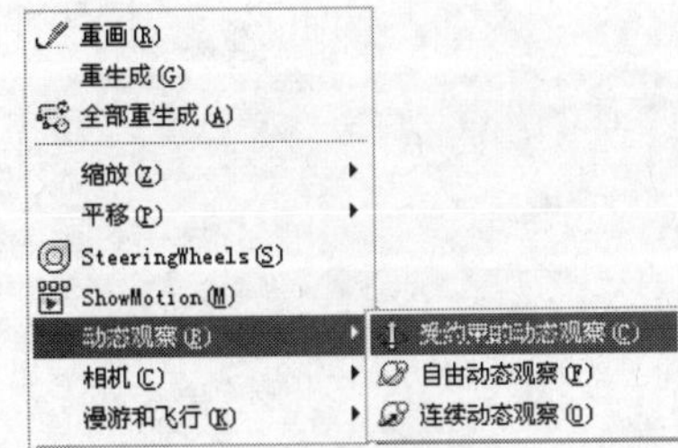

❸ 按住鼠标左键进行拖动，对齿轮进行不同角度的观看，效果如图所示。

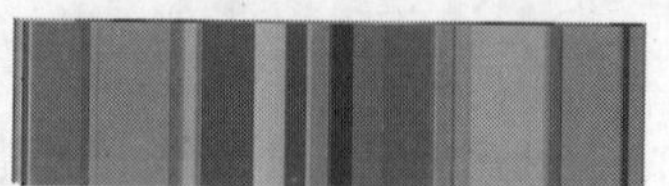

10.6 本章小结

本章介绍的内容是对三维图形的一种真实的视觉上的展示。这对观察三维图形的整体的外观效果，将会起到很直观的作用。例如，某项工程在开展之前，需要对整项工程进行真实感的模拟以及效果的展示，这时就需要对绘制好的三维图形进行各种样式、各种角度的观察，此时，三维图形的各项观察功能也就必不可少了。

第 4 篇　辅助绘图篇

本篇主要讲解图层的应用、块与属性、使用辅助工具、为图形添加文字说明、为图形添加标注以及图纸的打印和输出。利用辅助绘图功能，可以更容易、更快捷地创建各种专业的图纸，并且明了易懂。

第 11 章　图层的创建与设置

本章引言

图层是 AutoCAD 提供的强大功能之一，利用图层可以方便地对图形进行管理。使用图层主要有两个好处：一是便于统一管理图形；二是可以通过隐藏、冻结图层等操作统一隐藏、冻结该图层上所有的图形对象，从而为图形的绘制提供方便。

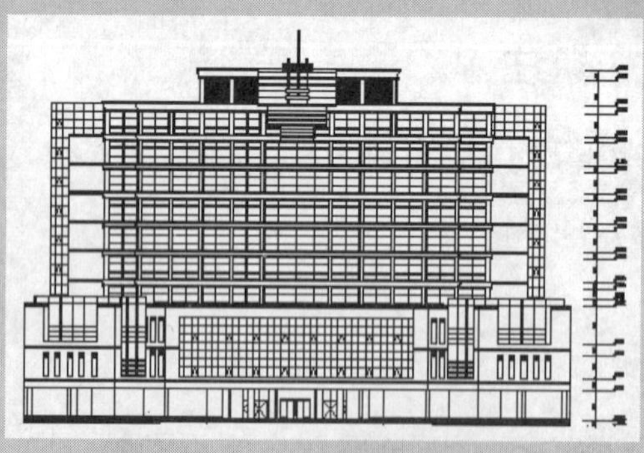

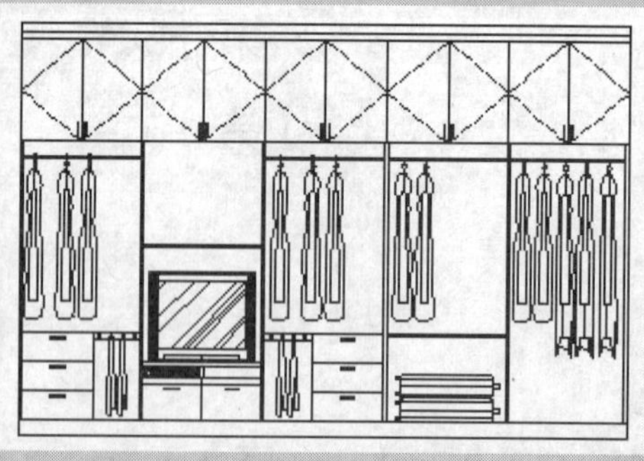

图层相当于一个存放图形各个部件的容器。可以把图层想象成现实生活中透明的玻璃纸，在这些玻璃纸上画出图层的各个部件，而整幅图形是由这些玻璃纸拼合而成。

11.1 图层

本节视频教学录像：13 分钟

图层的操作包括新建图层、复制后自动形成图层、剪切后自动形成图层和删除图层等。

11.1.1 图层特性管理器

图层特性管理器可以显示图形中的图层列表及其特性。可以添加、删除和重命名图层，还可以更改图层特性、设置布局视口的特性替代或添加说明。

❶ 选择【格式】➢【图层】命令。

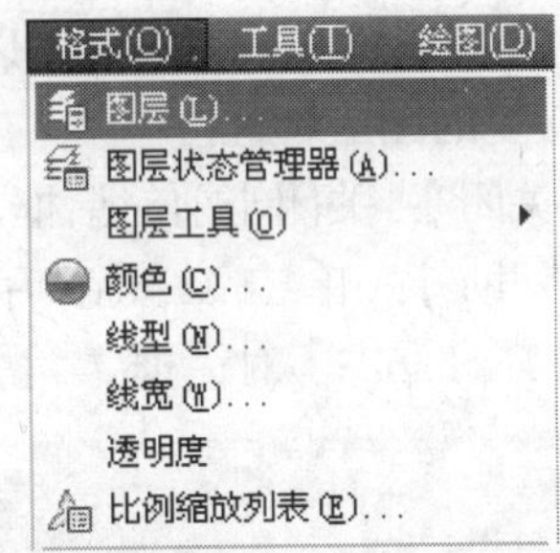

❷ 弹出【图层特性管理器】对话框。

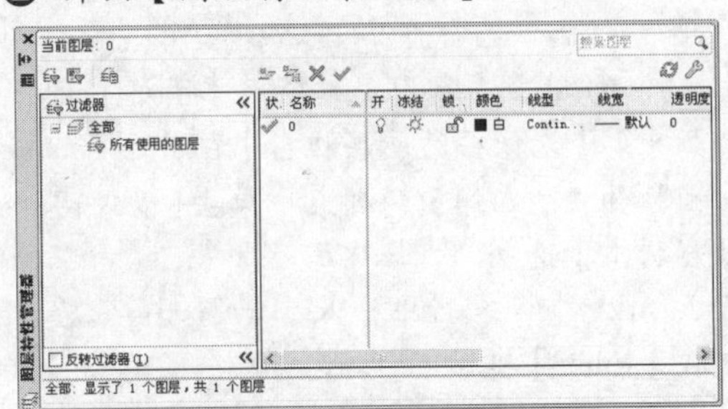

【图层特性管理器】对话框中各按钮含义如下。

(1)【状态】：指示项目的类型（正在使用的图层、空图层或当前图层）。

(2)【名称】：显示图层的名称。按【F2】键可以输入新名称。

(3)【开】：打开和关闭选定图层。当图层打开时，它可见，并且可以打印；当图层关闭时，它不可见，并且不能打印。

(4)【冻结】：冻结所有视口中选定的图层。

(5)【锁定】：锁定和解锁选定图层。无法修改锁定图层上的对象。

(6)【颜色】：更改与选定图层关联的颜色。

(7)【线型】：更改与选定图层关联的线型。

(8)【线宽】：更改与选定图层关联的线宽。

(9)【透明度】：更改整个图形的透明度。

(10)【打印样式】：更改与选定图层关联的打印样式。

(11)【打印】：控制是否打印选定图层。

(12)【新视口冻结】：在当前布局视口中冻结选定的图层。

(13)【说明】：更改整个图形中的说明。

> *Tips*
>
> 还可以通过以下方法打开图层特性管理器。
>
> (1) 单击【常用】选项卡➢【图层】面板➢【图层特性】按钮。
>
> (2) 在命令行中输入“layer”后按【Enter】键。

11.1.2 图层状态管理器

图层状态管理器可以显示图形中已保存的图层状态列表，可以创建、重命名、编辑和删除图层状态。

打开【图层状态管理器】对话框的具体操作步骤如下。

❶ 选择【格式】➢【图层状态管理器】命令。

❷ 弹出【图层状态管理器】对话框。

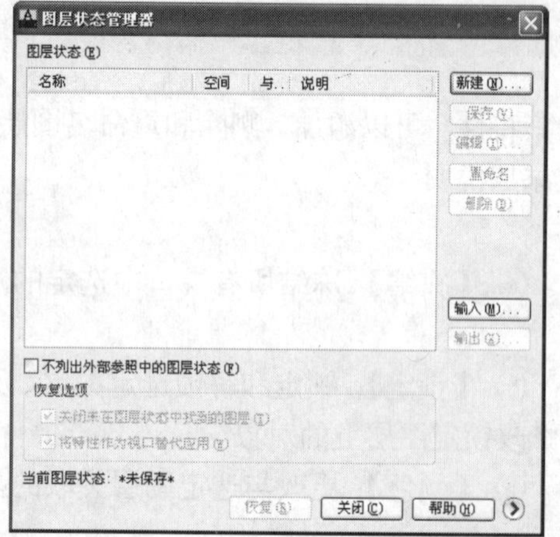

在 AutoCAD 2013 中【图层状态管理器】的具体参数介绍如下。

(1)【新建】：显示【要保存的新图层状态】对话框，从中可以提供新命名图层状态的名称和说明。

(2)【保存】：保存选定的命名图层状态。

(3)【编辑】：显示【编辑图层状态】对话框，从中可以修改选定的命名图层状态。

(4)【重命名】：允许编辑图层状态名。

(5)【删除】：删除选定的命名图层状态。

(6)【输入】：显示【标准文件选择】对话框，从中可以将先前输出的图层状态（LAS） 文件加载到当前图形。

(7)【输出】：显示【标准文件选项】对话框，从中可以将选定的命令图层状态保存在图层状态（LAS）文件中。

(8)【恢复】：将图形中所有图层的状态和特性设置恢复为之前保存的设置。仅恢复使用复选框指定的图层状态和特性设置。单击【帮助】按钮右侧的按钮，可以查看并选择需要恢复的图层特性。

(9)【关闭】：关闭当前对话框。

(10)【帮助】：单击该按钮后，打开【Autodesk Exchange】对话框。

> *Tips*
>
> 还可以通过以下方法打开图层状态管理器。
>
> (1) 单击【常用】选项卡【图层】面板中的【未保存的图层状态】右侧的下三角按钮，在弹出的列表中单击【管理图层状态】选项管理图层状态...。
>
> (2) 在命令行中输入“layerstate”后按【Enter】键。

11.1.3 创建新图层

根据绘图需要，可以在一个工程文件中创建多个图层，而每个图层可以控制相同属性的对象。比如，新建一个标注层和说明层。

创建新图层的具体操作步骤如下。

❶ 选择【格式】➢【图层】命令。

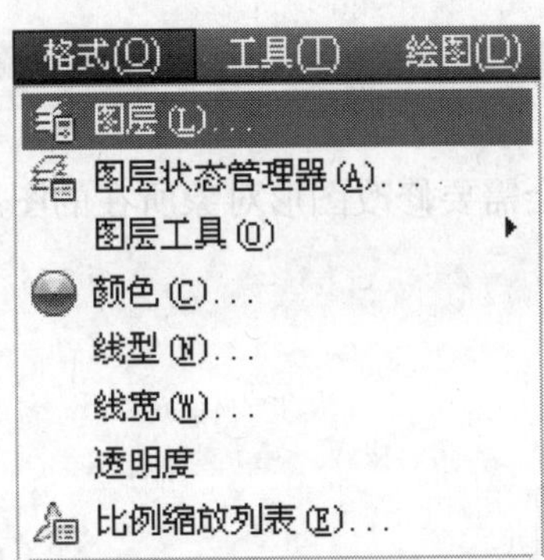

❷ 弹出【图层特性管理器】对话框，在该对话框中单击【新建图层】按钮。

❸ 在亮显的图层名上输入新图层名“图层1”。

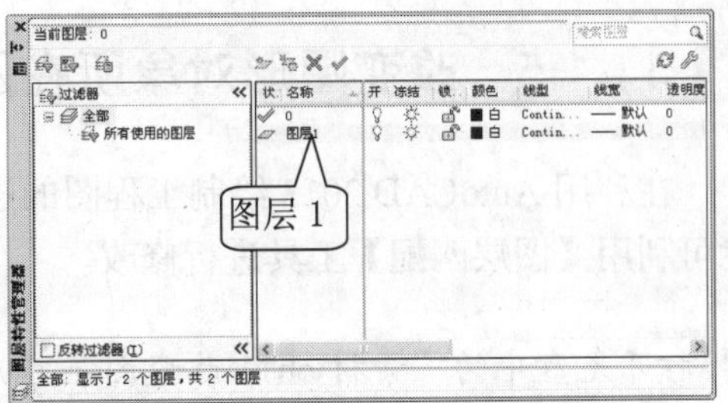

❹ 按【Enter】键完成新图层的创建。

> *Tips*
>
> 在 AutoCAD 2013 中，创建的新图层默认名字为“图层 1”。新图层将继承图层列表中当前选定图层的特性，比如颜色或开关状态等。

11.1.4 切换当前图层

在工作中，需要切换图层，切换当前图层的具体操作步骤如下。

❶ 打开光盘中的“素材\ch11\当前图层.dwg”文件。

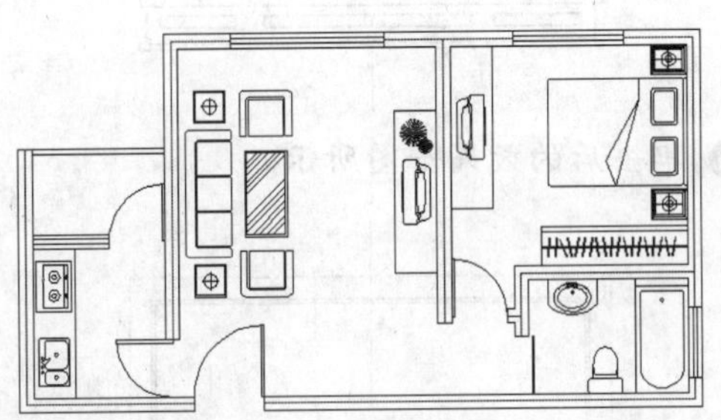

❷ 选择【格式】➤【图层工具】➤【将对象的图层置为当前】命令。

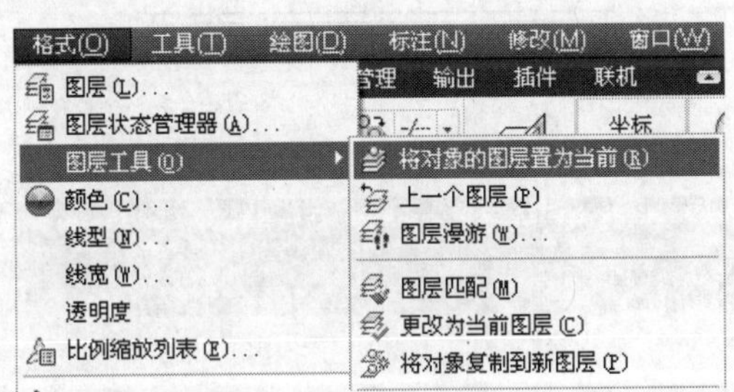

❸ 在绘图区单击选择，使其图层成为当前图层的对象。

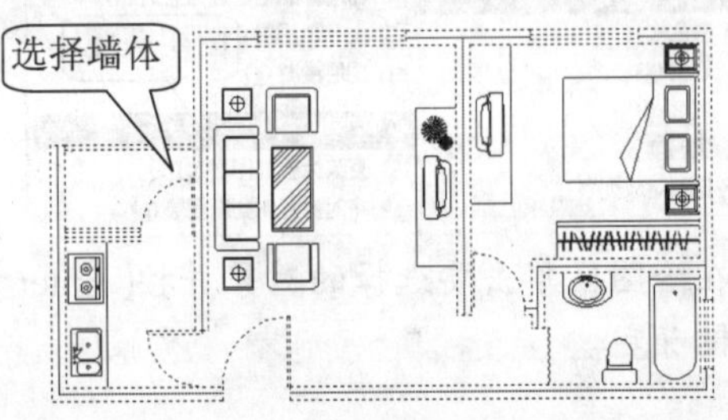

❹ 单击后当前图层由“图层0”变为“墙体”，效果如图所示。

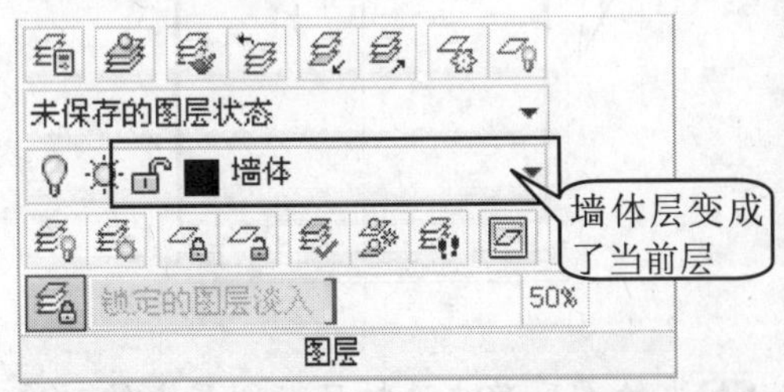

> *Tips*
>
> 还可以通过以下方法切换当前图层。
>
> (1) 单击【常用】选项卡➤【图层】面板➤【将对象的图层设为当前图层】按钮。
>
> (2) 在命令行中输入“laymcur”后按【Enter】键。

11.1.5 改变图形对象所在图层

在利用 AutoCAD 2013 绘制工程图的过程中，有时会需要修改图形对象所在的图层，这时可利用【图层匹配】工具进行修改。

❶ 打开光盘中的“素材\ch11\改变图层.dwg”文件。

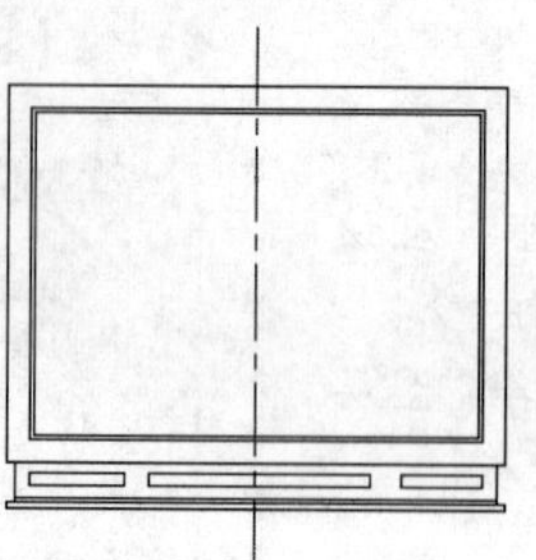

❷ 选择【格式】➢【图层工具】➢【图层匹配】命令。

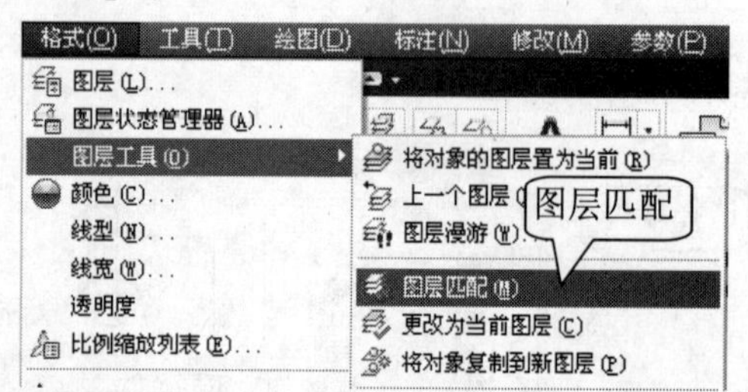

❸ 在绘图区单击要选择的对象并按【Enter】键确定。

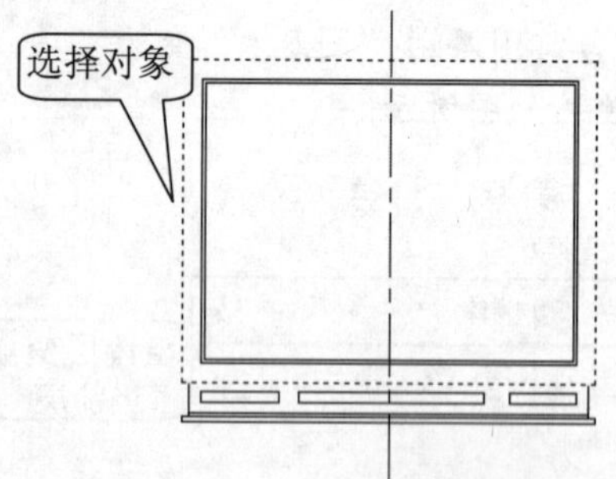

❹ 在绘图区单击选择目标图层上的对象。

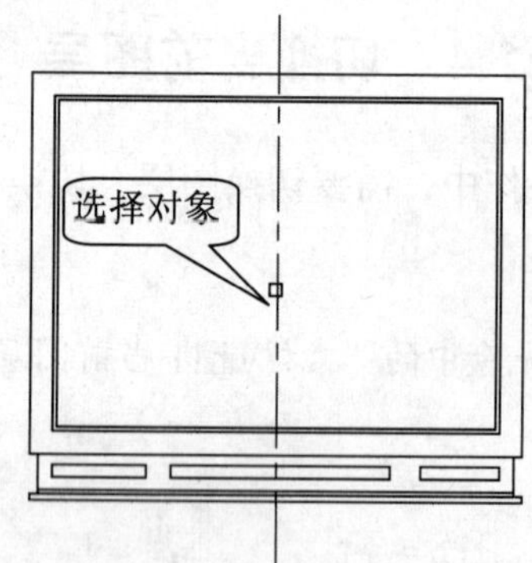

❺ 单击后的效果如图所示。

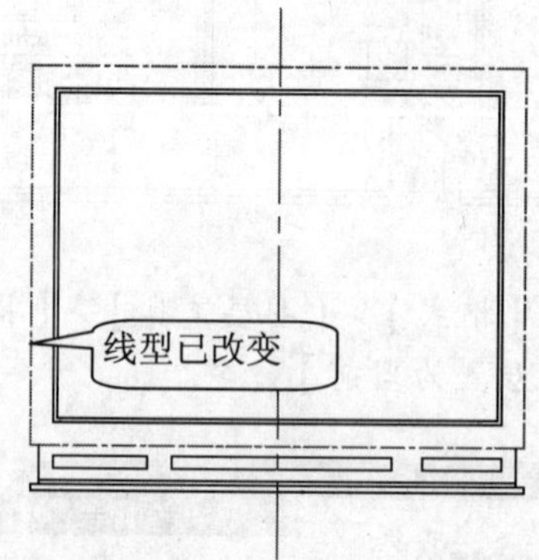

11.2 设置图层

本节视频教学录像：17 分钟

设置图层可以改变图层名和图层的任意特性（包括颜色和线型）。

因为图形中的所有内容都与图层关联，所以在规划和创建图形的过程中首先要设置好需要的图层和各个图层的特性，比如标注层、轮廓层、家具层和说明层。

11.2.1 设置图层名称

为不同的图层设置不同的名称可便于对图层的管理。设置图层名称的具体操作步骤如下。

❶ 打开光盘中的“素材\ch11\设置名称.dwg”文件。

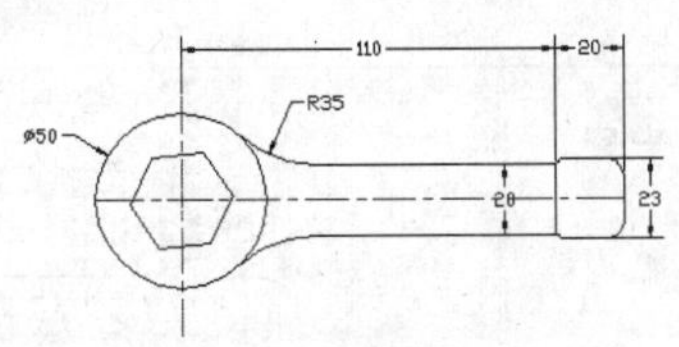

❷ 选择【格式】➤【图层】命令，弹出【图层特性管理器】对话框。

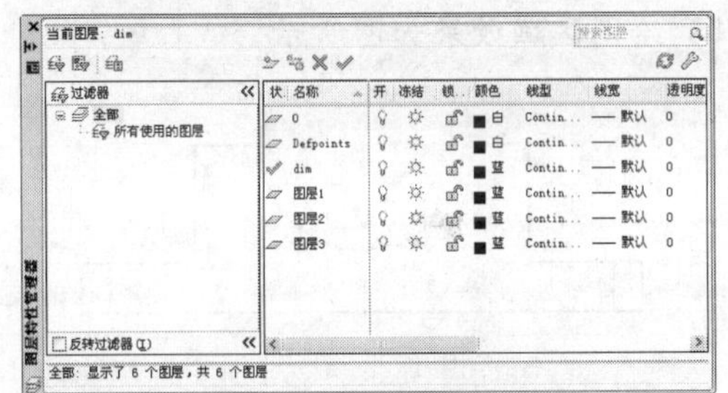

❸ 在“图层1”上右击，弹出快捷菜单，选择【重命名图层】命令。

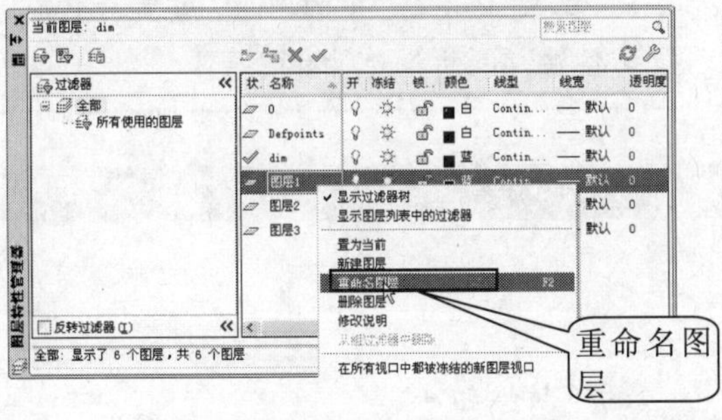

❹ 输入层的名字“半径标注”。

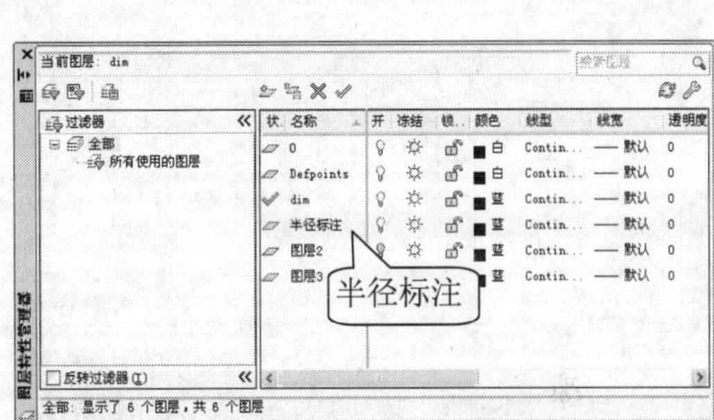

❺ 重复上述步骤，依次更改“图层2”的名字为“直径标注”，“图层3”的名字为“线性标注”，更改后的效果如下图所示。

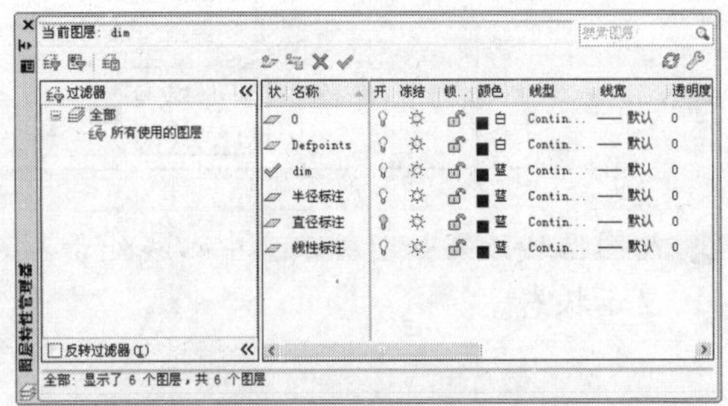

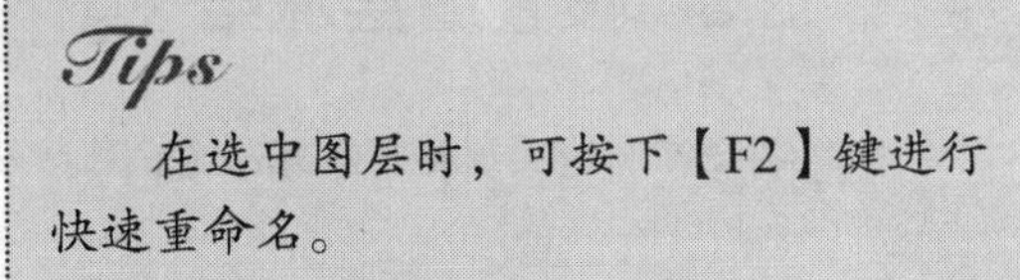

Tips

在选中图层时，可按下【F2】键进行快速重命名。

11.2.2 设置图层开/关

设置图层开关的具体操作步骤如下。

❶ 打开光盘中的“素材\ch11\图层开关.dwg”文件。

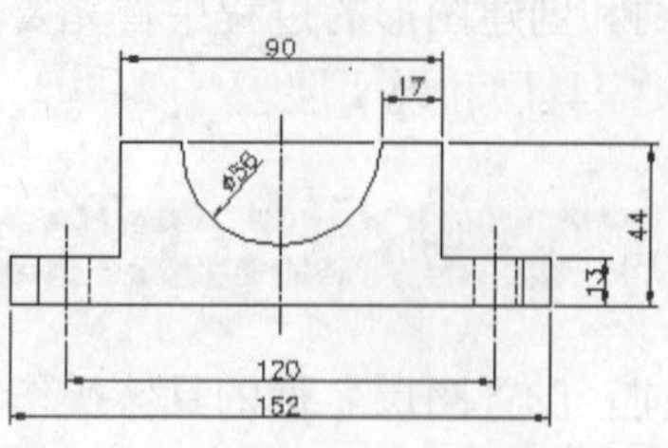

❷ 选择【格式】➢【图层】命令，弹出【图层特性管理器】对话框。

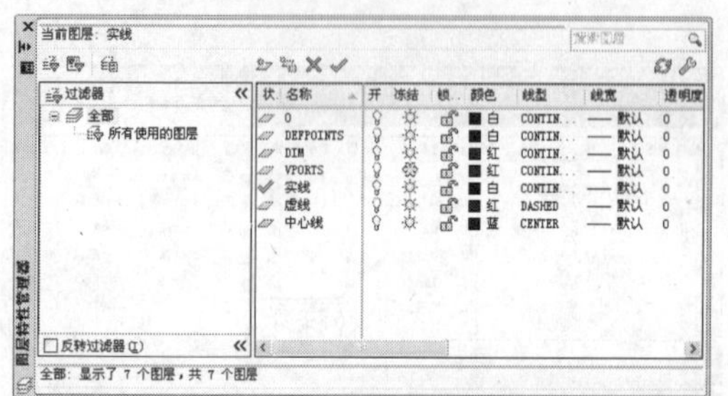

❸ 单击“中心线”后面的灯泡，使当前选择图层关闭。

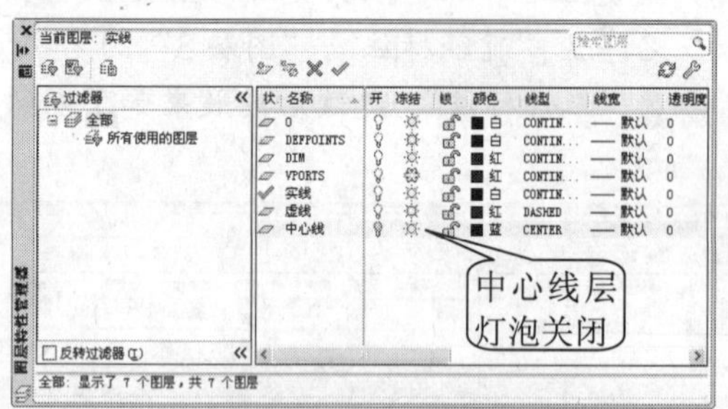

❹ 绘图区域效果如图所示，中心线处于不显示状态。

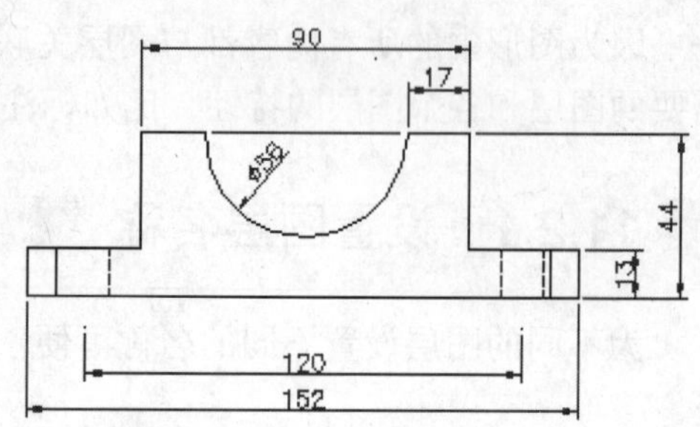

❺ 重复步骤❷~❸，除“实线”层外，将其他图层也关闭。

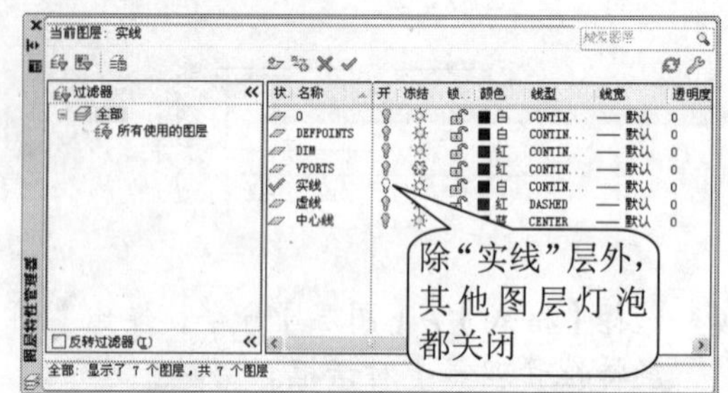

❻ 绘图区域效果如图所示。

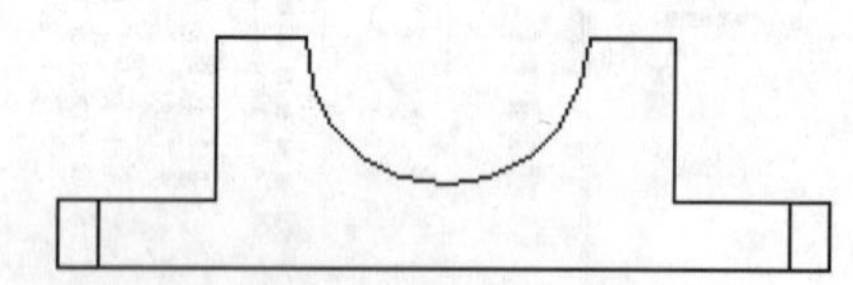

若要显示文件中的图层，可重新单击按钮，以便打开所有图层。

11.2.3 设置图层冻结

设置图层冻结的具体操作步骤如下。

❶ 打开光盘中的“素材\ch11\图层冻结.dwg”文件。

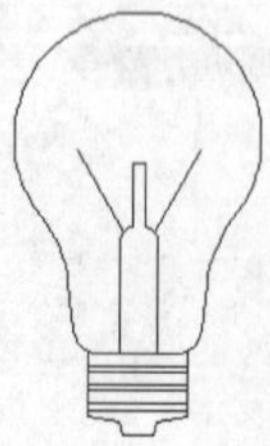

❷ 单击【常用】选项卡➢【图层】面板中的下拉按钮。

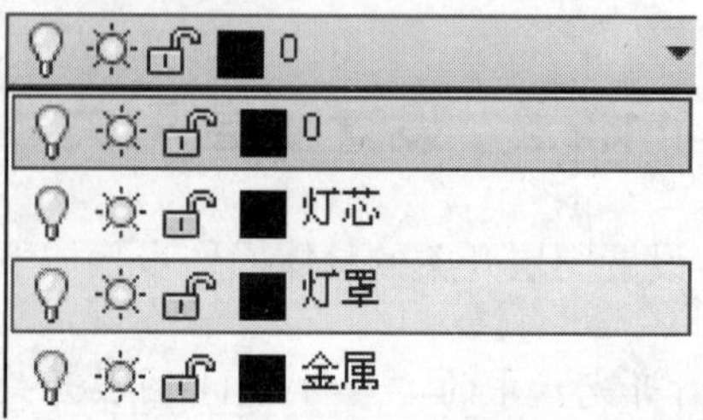

❸ 单击【灯芯】前面的冻结，冻结

"灯芯"层。

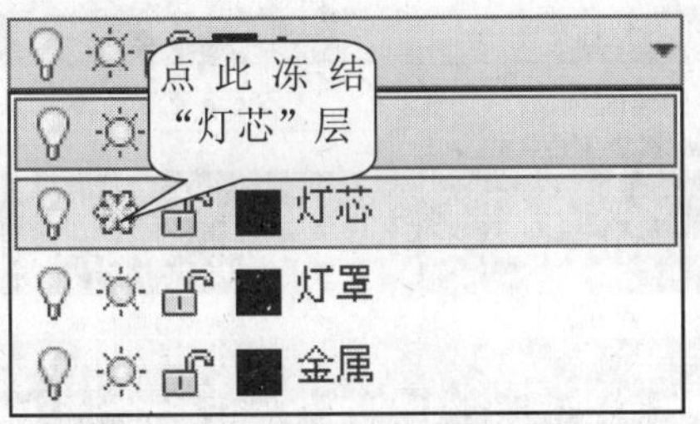

❹ 效果如图所示。

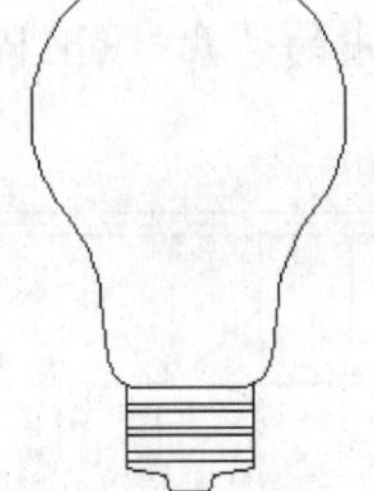

11.2.4 设置图层锁定

原图纸是一幅树木的立面图，可以通过使用图层的【锁定】命令把某图层上的图素锁定，锁定后的图素将不能进行移动、复制或缩放等操作。

设置图层锁定的具体操作步骤如下。

❶ 打开光盘中的"素材\ch11\图层锁定.dwg"文件。

❷ 单击【常用】选项卡➢【图层】面板中的下拉按钮▾。

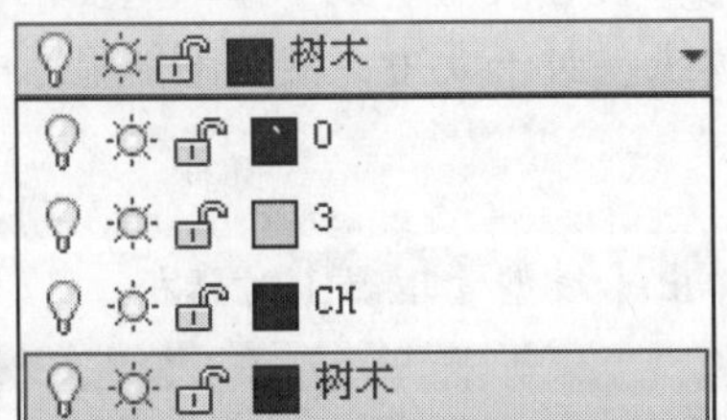

❸ 单击【树木】前面的🔓，使当前选择图层锁定。

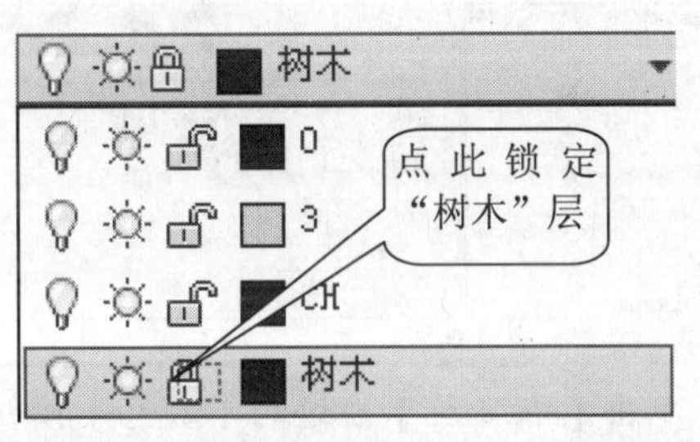

❹ 当把光标放置到树木上时，出现一个🔒图标，表明这个图层上的图形被锁定。

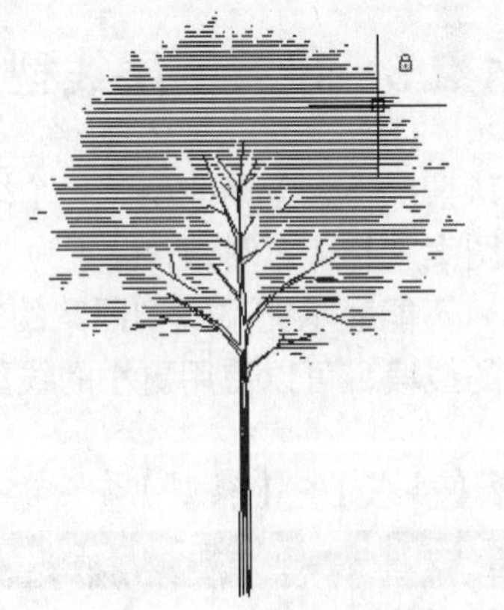

11.2.5 设置图层颜色

原图纸是一个储物柜，可以通过更改图层颜色，达到更改图形颜色的目的。

设置图层颜色的具体操作步骤如下。

❶ 打开光盘中的“素材\ch11\图层颜色.dwg”文件。

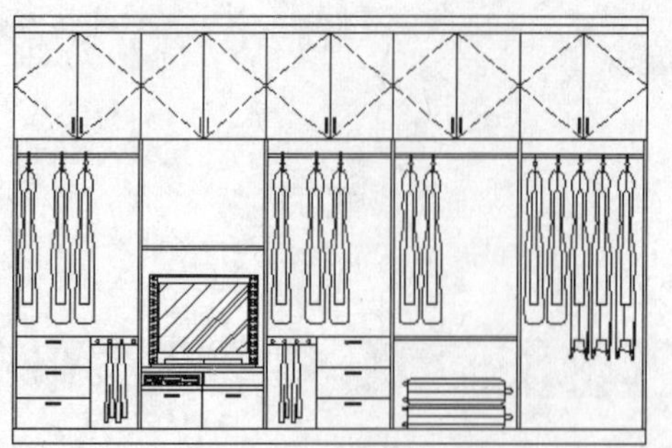

❷ 选择【格式】➤【图层】命令，弹出【图层特性管理器】对话框。

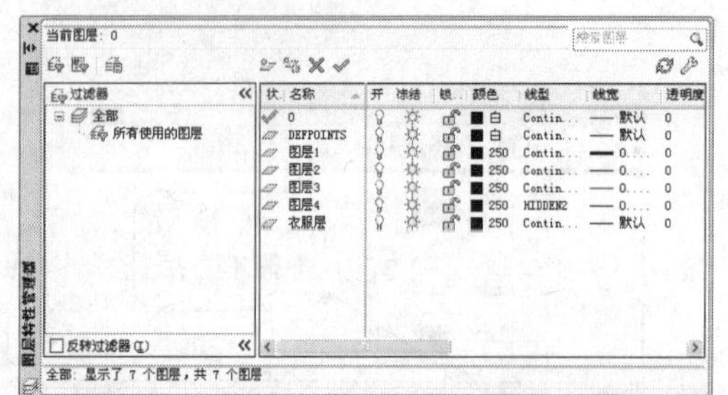

❸ 单击【衣服层】右边的【颜色】按钮■，弹出【选择颜色】对话框，从中选择红色并单击【确定】按钮关闭该对话框。

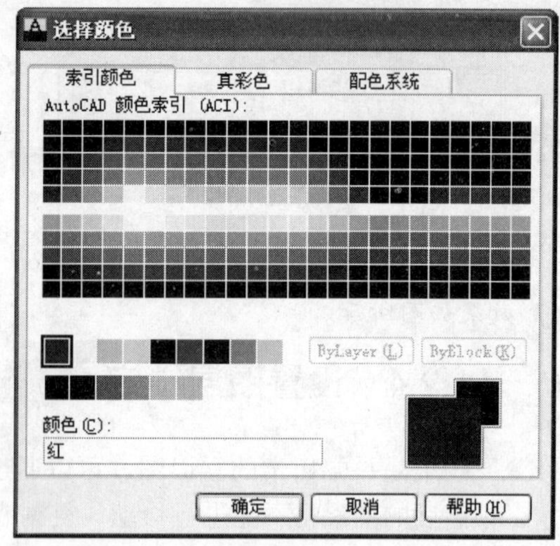

❹ 设置完成后图形的颜色已发生了变化。

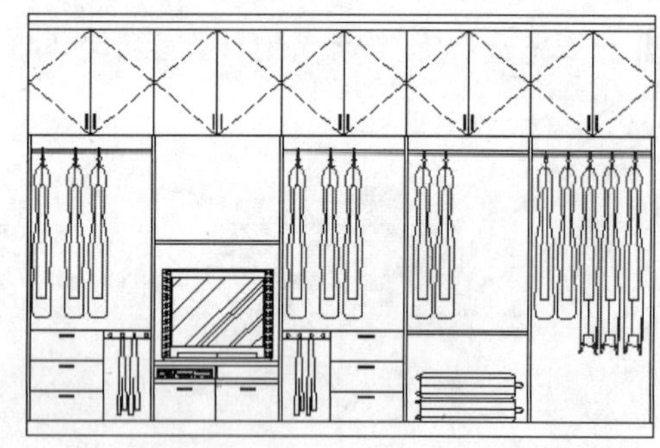

11.2.6 设置图层线型比例

默认情况下，全局线型和单个线型比例均设置为1.0，比例越小，每个绘图单位中生成的重复图案就越多。例如，设置为0.5时，每一个图形单位在线型定义中显示重复两次的同一图案。不能显示完整线型图案的短线段显示为连续线。对于太短，甚至不能显示一个虚线小段的线段，可以使用更小的线型比例。

❶ 选择【格式】➤【线型】命令。

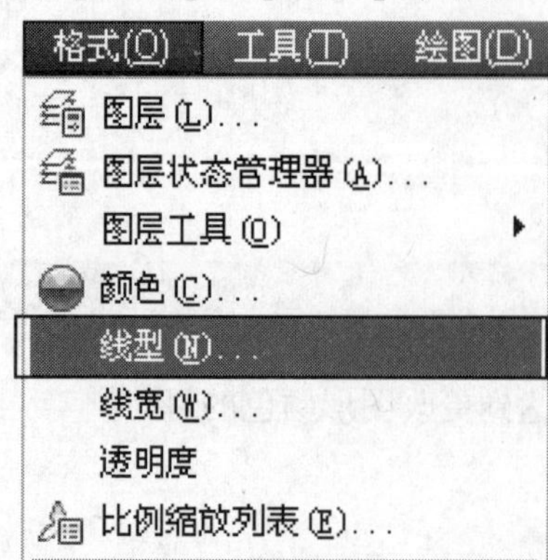

❷ 弹出【线型管理器】对话框。

❸ 单击按钮，如图所示。

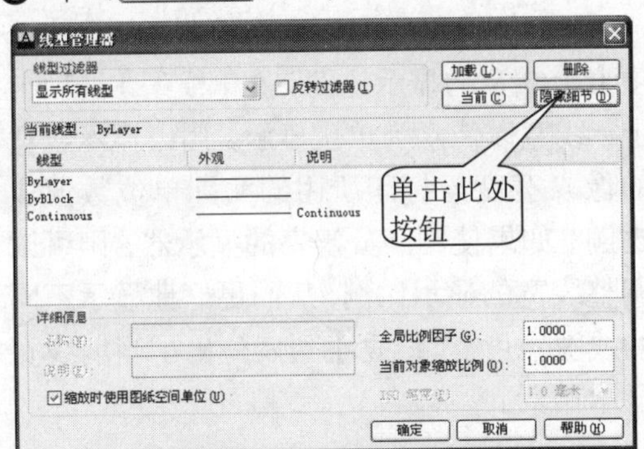

❹ 在【线型管理器】对话框下部的【详细信息】中可设置【全局比例因子】和【当前对象缩放比例】参数。

在 AutoCAD 2013 中【线型管理器】对话框中的具体参数如下。

(1)【当前】：将选定线型设置为当前线型。

(2)【删除】：从图形中删除选定的线型。

(3)【显示细节/隐藏细节】：控制是否显示线型管理器的【详细信息】部分。

(4)【加载】：显示【加载或重载线型】对话框，从中可以将选定的线型加载到图形并将它们添加到线型列表。

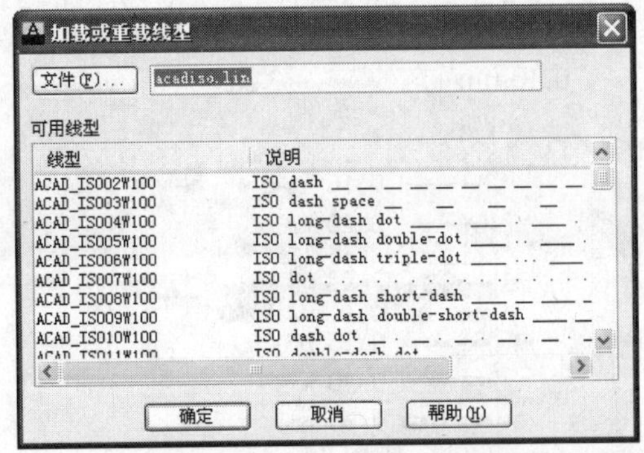

(5)【当前线型】：显示当前线型的名称。

(6)【全局比例因子】：显示用于所有线型的全局缩放比例因子。

(7)【当前对象缩放比例】：设置新建对象的线型比例。生成的比例是全局比例因子与该对象的比例因子的乘积。

> *Tips*
>
> 还可以通过以下方法打开【线型管理器】对话框。
>
> 在命令行中输入“linetype”后按【Enter】键。

11.2.7 设置图层线宽

线宽是指定给图层对象和某些类型的文字的宽度值。

使用线宽，可以用粗线和细线清楚地表现出截面的剖切方式、标高的深度、尺寸线和小标记，以及细节上的不同。例如，通过为不同图层指定不同的线宽，可以很方便地区分新建的、现有的和被破坏的结构。

TrueType 字体、光栅图像、点和实体填充（二维实体）无法显示线宽。

❶ 选择【格式】>【线宽】命令。

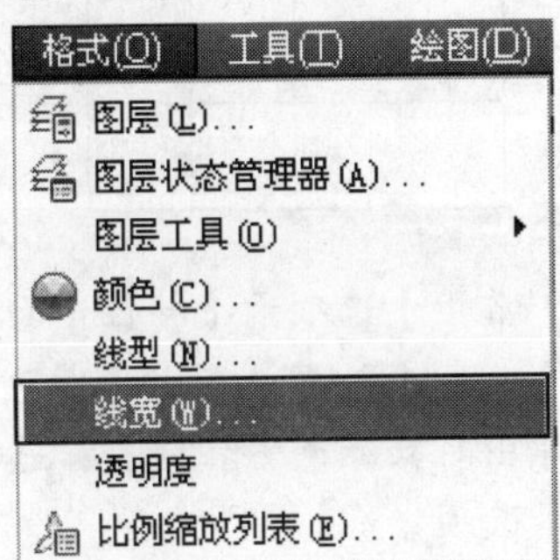

❷ 弹出【线宽设置】对话框。

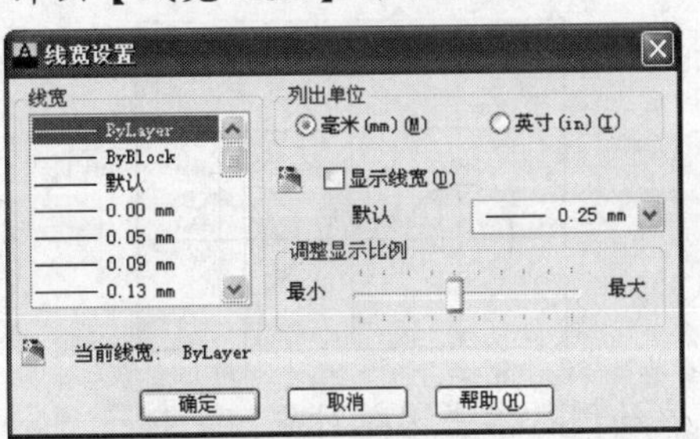

❸ 在【线宽设置】区中可单击相应的线宽

进行设置。如图所示为选择线宽为“0.30mm”。

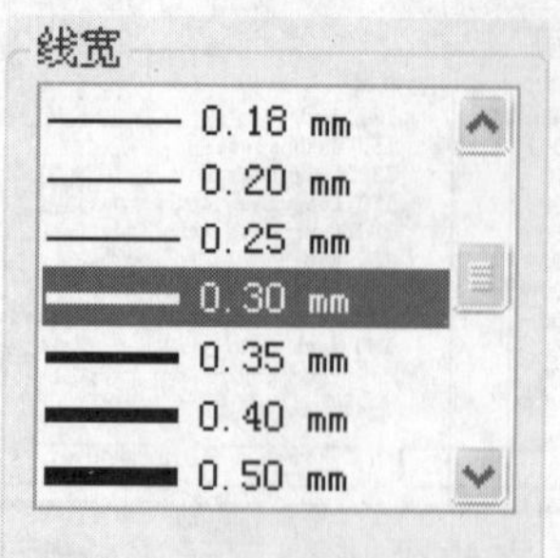

❹ 选择完成后单击【确定】按钮完成操作。

在 AutoCAD 2013 中【线宽设置】对话框中的具体参数如下。

(1)【线宽】：显示可用线宽值。线宽值包括“随层”、“随块”和“默认”。

(2)【列出单位】：指定线宽是以毫米显示还是以英寸显示。

(3)【显示线宽】：控制线宽是否在当前图层中显示。如果选择此选项，线宽将在模型空间和图纸空间中显示。

(4)【调整显示比例】：控制【模型】选项卡上线宽的显示比例。在【模型】选项卡上，线宽以像素为单位显示。用以显示线宽的像素宽度与打印所用的实际单位数值成比例。如果使用高分辨率的显示器，则可以调整线宽的显示比例，从而更好地显示不同的线宽宽度。【线宽】列表列出了当前线宽显示比例。

Tips

还可以通过以下方法打开【线宽设置】对话框。

(1) 在命令行中输入“lweight”后按【Enter】键。

(2) 在状态栏上右击【显示/隐藏线宽】按钮，并选择【设置】命令。

11.3 使用【特性】面板更改对象特性

本节视频教学录像：4分钟

在 AutoCAD 2013 中，绘制的每个对象都具有特性。有些特性是基本特性，适用于多数对象，例如图层、颜色、线型和打印样式；有些特性是专用于某个对象的特性，例如圆的特性包括半径和面积，直线的特性包括长度和角度。多数基本特性可以使用【特性】面板来更改。

下面介绍如何通过【特性】面板更改对象特性。

❶ 打开光盘中的“素材\ch11\使用‘特性’工具栏更改对象特性.dwg”文件。

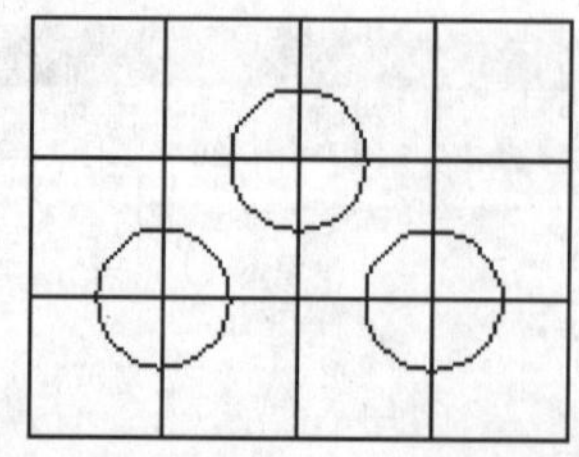

❷ 在绘图区单击选择对象。

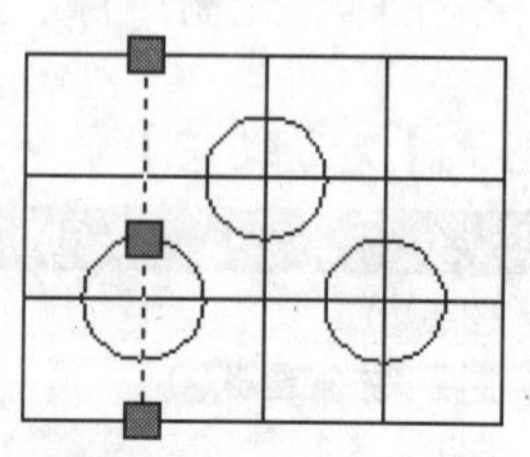

❸ 单击【常用】选项卡【特性】面板中的【对象颜色】按钮后的下拉列表按钮，弹出对象颜色下拉列表，选择颜色【蓝】选项。

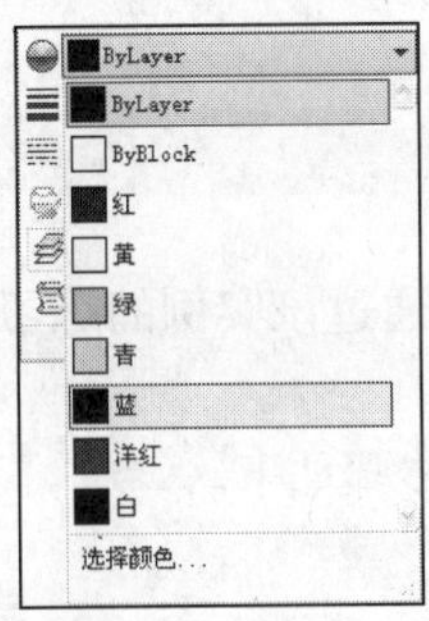

❹ 按【Esc】键取消操作，结果如图所示。

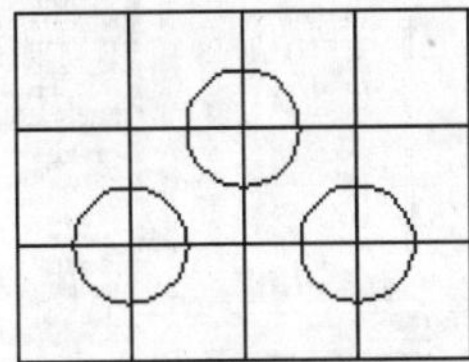

❺ 在绘图区单击选择对象。

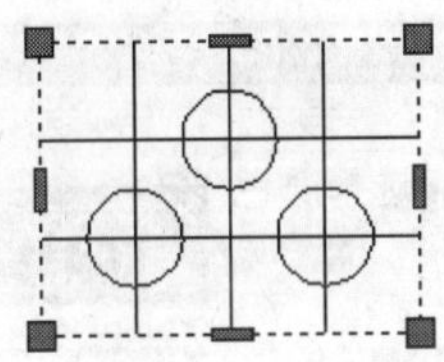

❻ 单击【常用】选项卡【特性】面板的【线宽】按钮后的下拉列表按钮，弹出线宽下拉列表，选择线宽【0.30 毫米】选项。

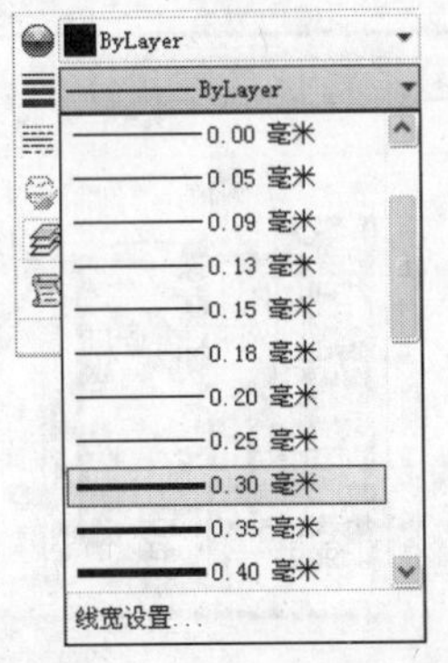

❼ 按【Esc】键取消选中后，结果如下图所示。

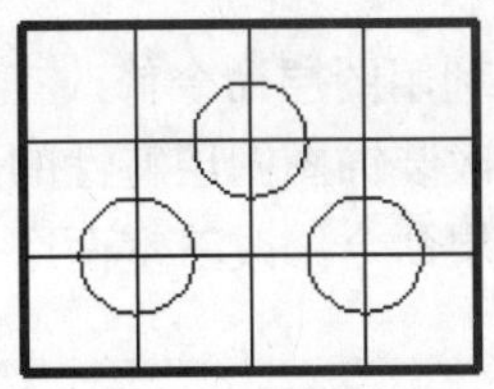

❽ 在绘图区单击选择对象。

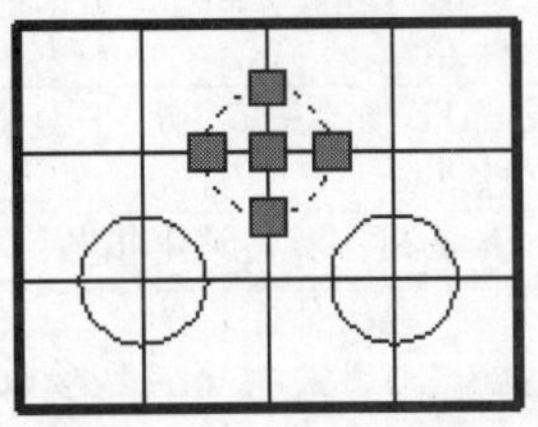

❾ 单击【常用】选项卡【特性】面板的【线型】按钮后的下拉列表按钮，弹出线型下拉列表，选择线型【ACAD_IS003W100】选项。

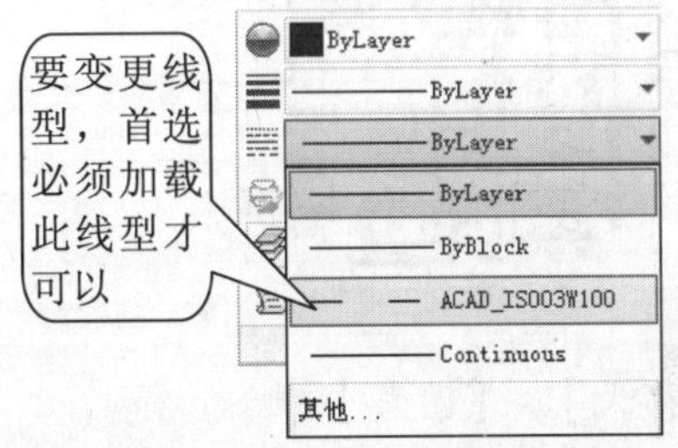

❿ 最终结果如下图所示。

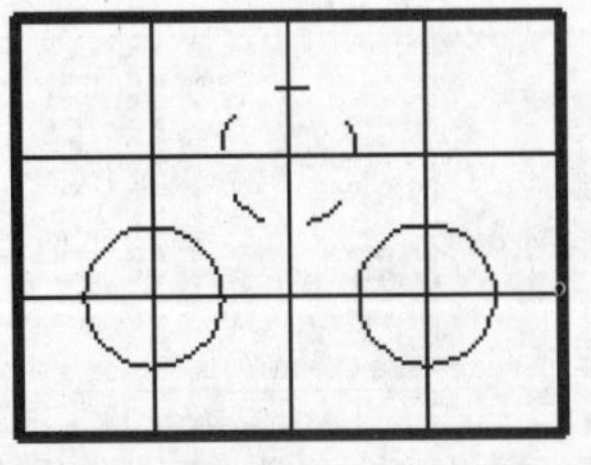

11.4 技能演练

本节视频教学录像：12 分钟

本节以实战为主，将理论与实践相结合，主要利用图层命令来修改实例，通过这些实例，读者可以熟练掌握图层命令的使用，以及掌握隐藏图层和锁定图层的具体运用。

11.4.1 修改三室两厅平面图图层特性

本实例利用图层命令修改三室两厅平面图图层的特性。通过该实例的练习，读者可以熟练掌握修改装饰图图层特性的过程。

使用图层命令修改三室两厅平面图图层特性的具体操作步骤如下。

实例名称：修改三室两厅平面图图层特性	
主要命令：图层命令	
素材：素材\ch11\修改三室两厅平面图图层特性.dwg	
结果：结果\ch11\修改三室两厅平面图图层特性.dwg	
难易程度：★★	常用指数：★★★

❶ 打开光盘中的“素材\ch11\修改三室两厅平面图图层特性.dwg”文件。

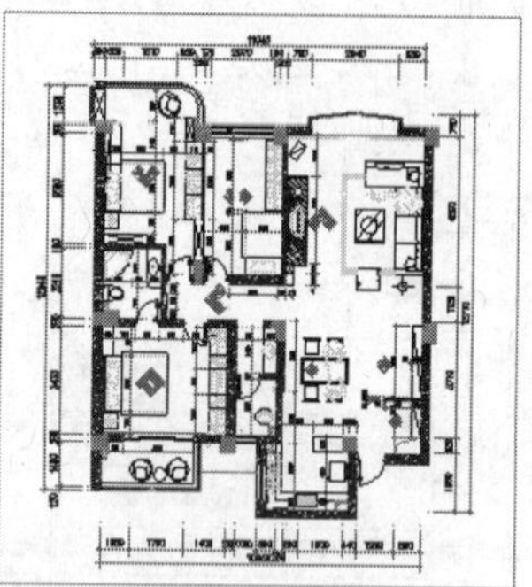

❷ 选择【格式】➢【图层】命令。

❸ 弹出【图层特性管理器】对话框。

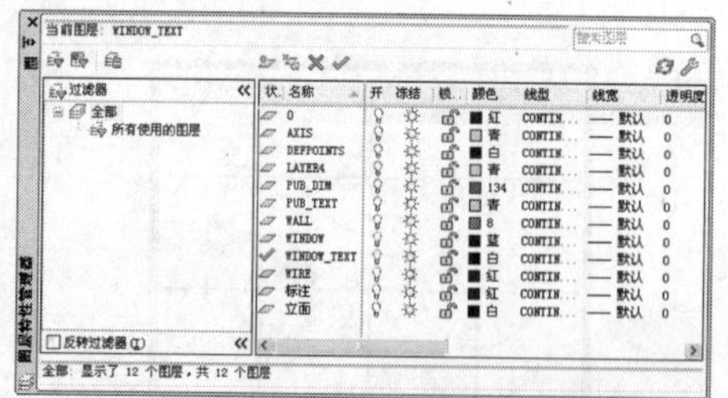

❹ 右击【PUB_TEXT】图层的【颜色】一栏，在弹出的快捷菜单中选择【选择颜色】命令。

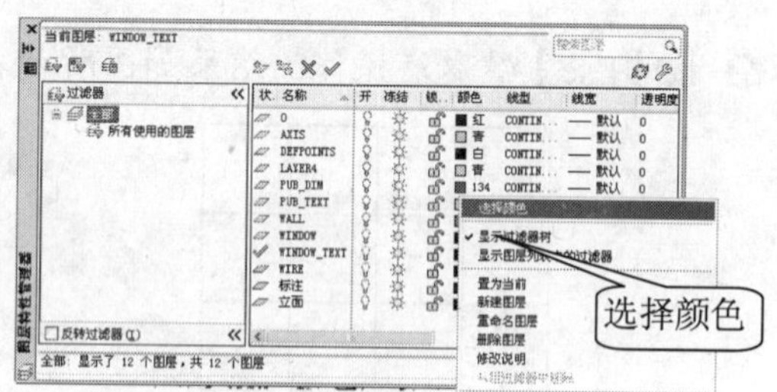

❺ 单击后弹出【选择颜色】对话框，选择【黄】选项并单击【确定】按钮。

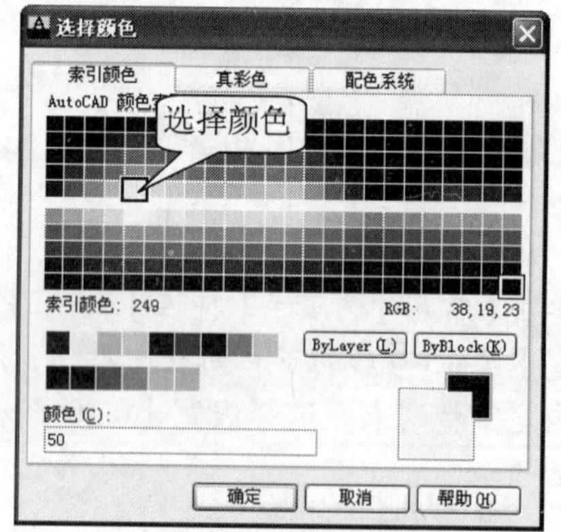

❻ 关闭【图层特性管理器】对话框。

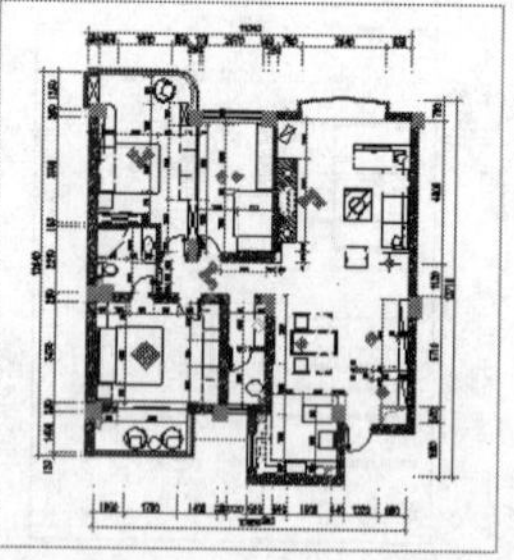

至此，会发现图上的好多图形都由青色变成了新选择的颜色。

11.4.2 修改空调图图层特性

本实例利用图层命令修改原有图层的特性。通过该实例的练习，读者可以熟练掌握修改空调图层特性的过程。

下面介绍如何通过冻结当前图形的图层以防止误删图形。

实例名称：修改空调图图层特性	
主要命令：图层命令	
素材：素材\ch11\修改空调图图层特性.dwg	
结果：结果\ch11\修改空调图图层特性.dwg	
难易程度：★★	常用指数：★★★

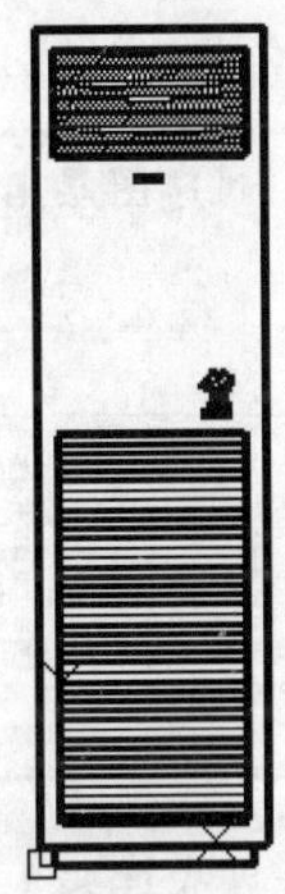

结果\ch11\修改空调图图层特性.dwg

❶ 打开光盘中的“素材\ch11\修改空调图图层特性.dwg”文件。

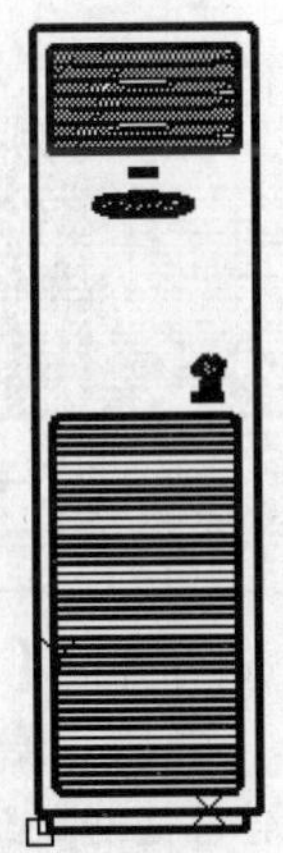

❷ 选择【格式】➤【图层】命令。

❸ 弹出【图层特性管理器】对话框。

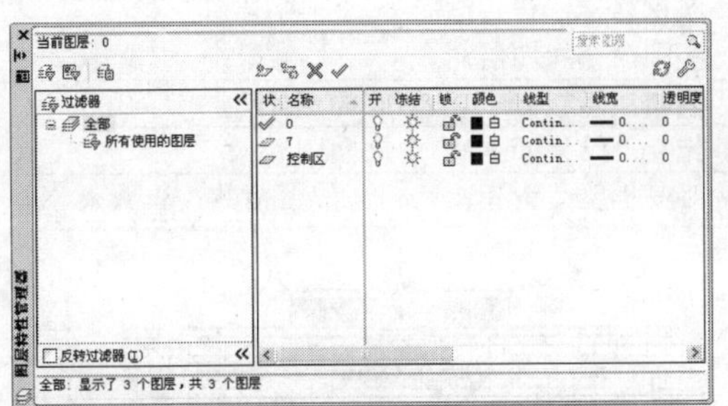

❹ 单击【控制区】图层冻结一栏的【冻结】图标。

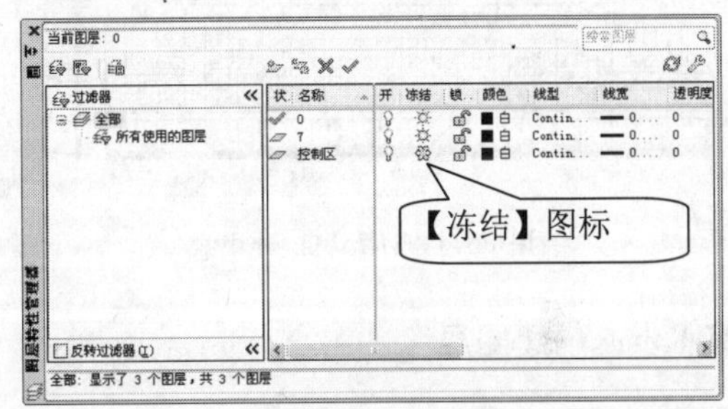

❺ 关闭【图层特性管理器】对话框，最终结果如图所示。

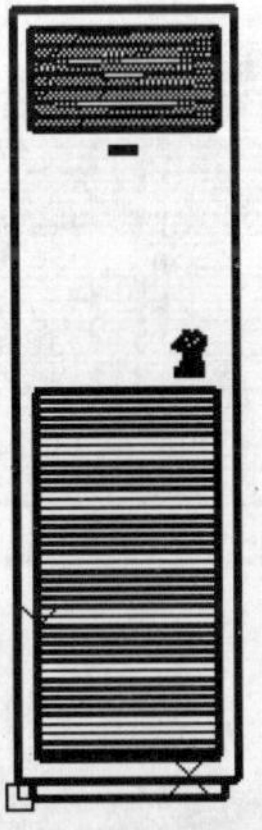

Tips

通过这样的操作，空调的控制区已在绘图区域隐藏，并且在冻结期间不接受编辑，因此可以防止误删图形。

11.4.3 设置酒店外立面图层

利用本章所介绍的知识，对酒店外立面进行分层管理，使图更美观、更方便操作。通过学习本实例，读者应熟练掌握对图形进行分层的步骤及方法。

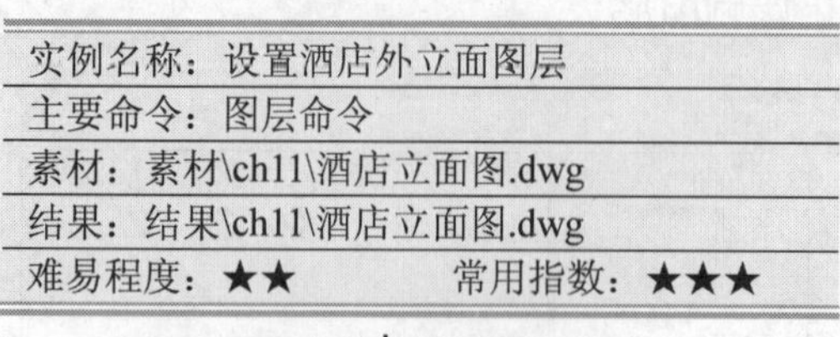

实例名称：设置酒店外立面图层
主要命令：图层命令
素材：素材\ch11\酒店立面图.dwg
结果：结果\ch11\酒店立面图.dwg
难易程度：★★　　常用指数：★★★

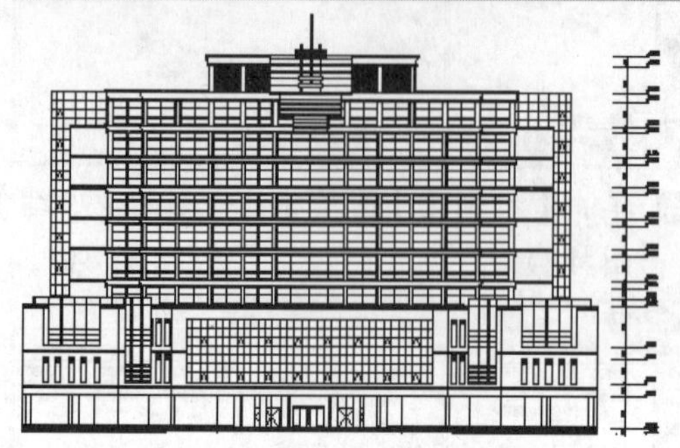

结果\ch11\酒店立面图.dwg

第 1 步：创建图层

❶ 打开光盘中的“素材\ch11\酒店立面图.dwg”文件。

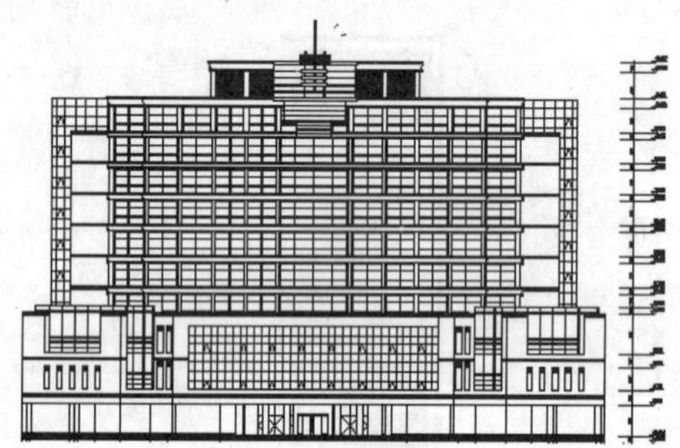

❷ 选择【格式】➤【图层】命令。

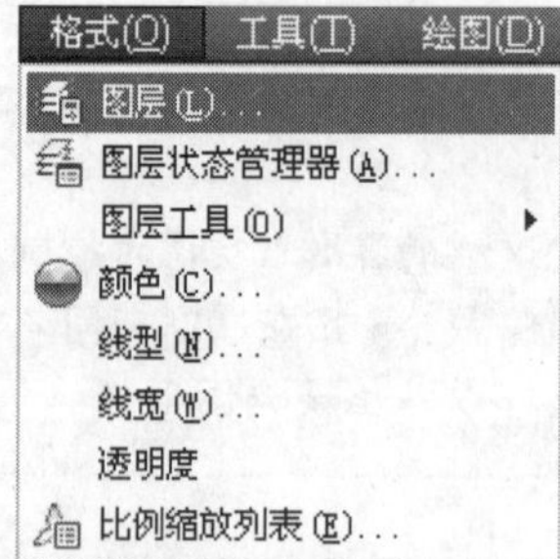

❸ 弹出【图层特性管理器】对话框，单击【新建图层】按扭，输入所创建图层的名称“楼房层”。

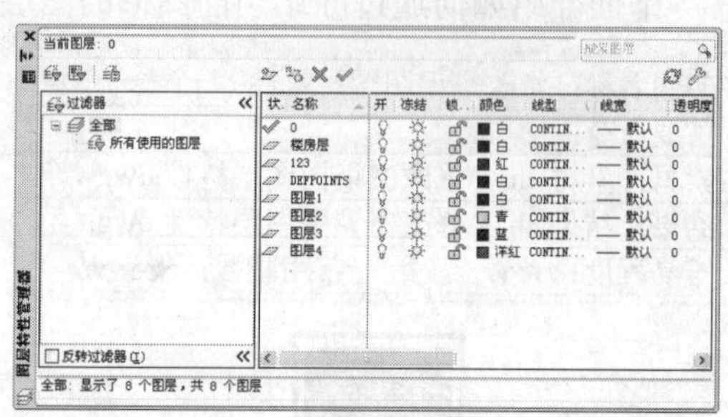

❹ 重复步骤❸，创建图层名为“标注层”的新图层。

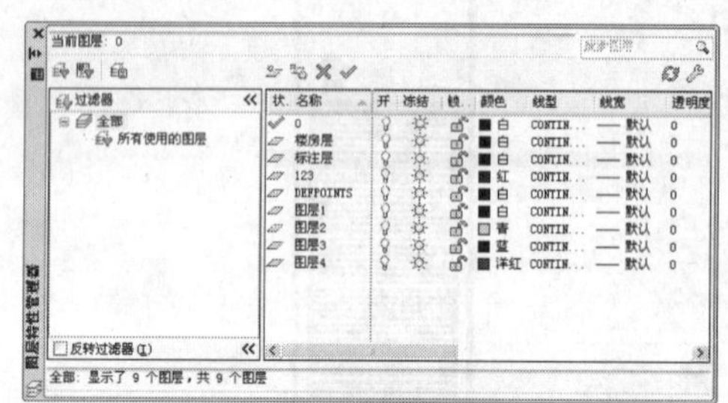

❺ 关闭【图层特性管理器】对话框。

第 2 步：分配图层

❶ 选择绘图区域中的楼房部分。

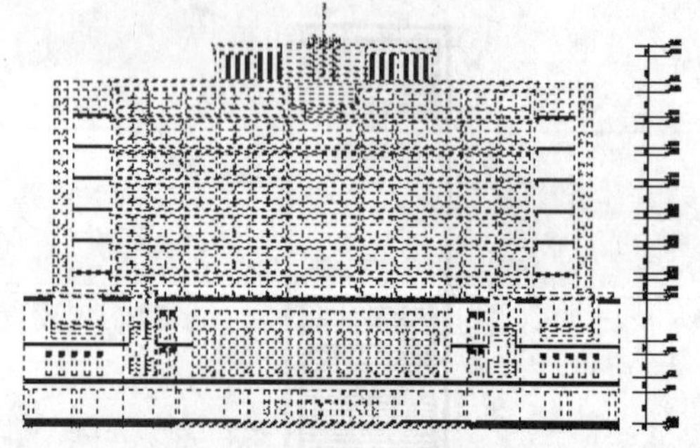

❷ 单击【常用】选项卡➤【图层】面板中的下拉按钮，选择“楼房层”，然后按【Esc】键取消对楼房的选择。

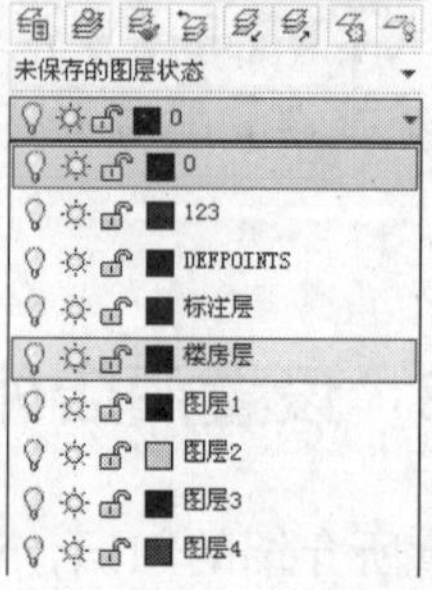

❸ 选择图形右侧的标注部分。

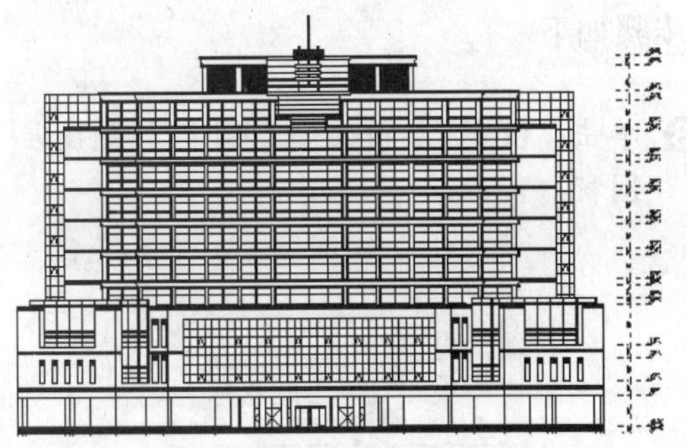

❹ 单击【常用】选项卡➤【图层】面板中的下拉按钮▾，选择“标注层”，然后按【Esc】键取消对楼房的选择。

❺ 设置完成后，如果再次选中图形中的楼房部分（或标注部分），就会显示相应的图层信息。

11.4.4 隐藏扬声器图层

本例的原图纸是一个扬声器的立面图，下面通过更改图层的属性来达到图形的隐藏与打开。通过学习本实例，读者可以熟练掌握隐藏图层的操作步骤。使用隐藏图层命令隐藏扬声器图层的具体操作步骤如下。

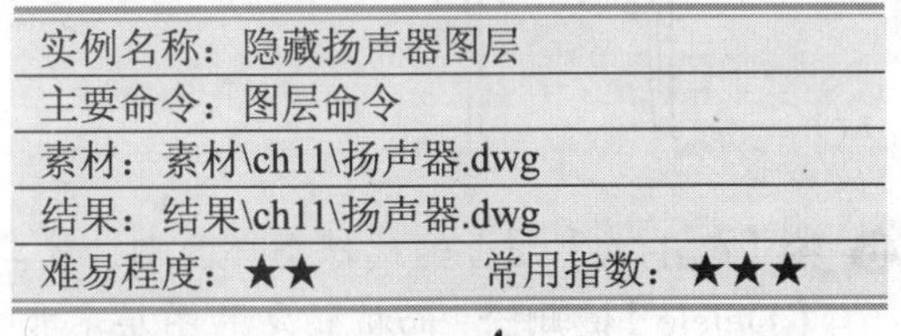

实例名称：隐藏扬声器图层	
主要命令：图层命令	
素材：素材\ch11\扬声器.dwg	
结果：结果\ch11\扬声器.dwg	
难易程度：★★	常用指数：★★★

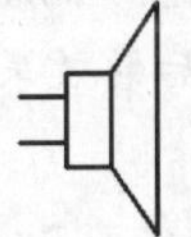

结果\ch11\扬声器.dwg

❶ 打开光盘中的“素材\ch11\扬声器.dwg”文件。

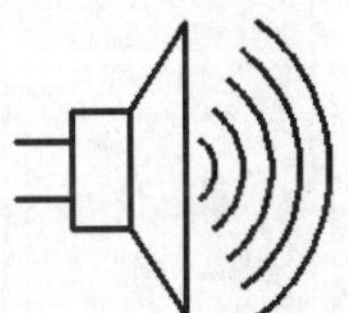

❷ 单击【常用】选项卡➤【图层】面板中的下拉按钮▾，单击【声波】层前面的“开/关图层”图标💡。

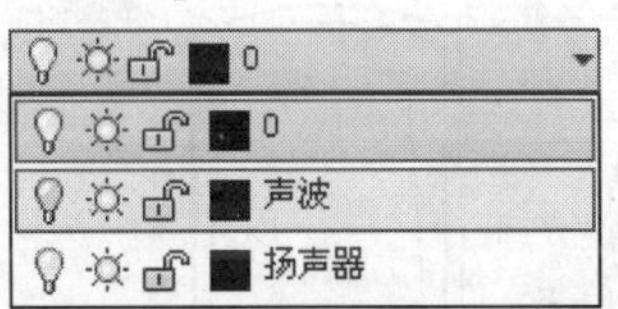

❸ 单击后的效果如图所示。

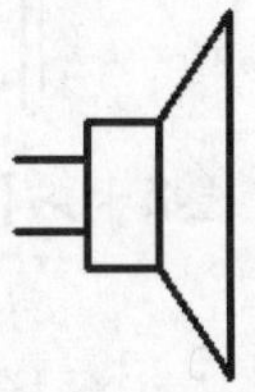

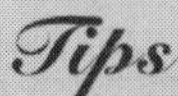

隐藏图层后，视图中将不显示该图层上的所有对象，如需要重新显示图形，可重新打开图层。

11.4.5 锁定已有图层

本例的原图纸是一个装饰门框立面图，下面锁定门框图层然后把其余图层上的对象全部删除掉。通过学习本实例，读者可以熟练掌握锁定图层的操作步骤。

使用锁定图层命令锁定已有图层的具体操作步骤如下。

实例名称：锁定已有图层	
主要命令：图层命令	
素材：素材\ch11\锁定图层.dwg	
结果：结果\ch11\锁定图层.dwg	
难易程度：★★	常用指数：★★★

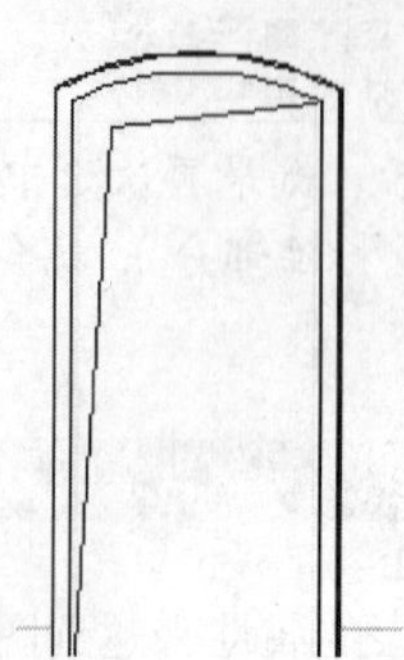

结果\ch11\锁定图层.dwg

❶ 打开光盘中的"素材\ch11\锁定图层.dwg"文件。

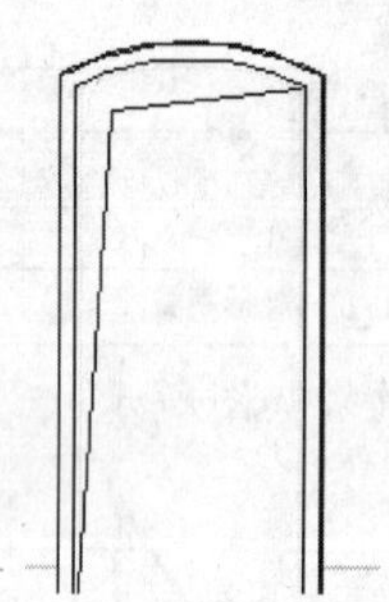

❷ 单击【常用】选项卡➢【图层】面板中的下拉按钮▾。

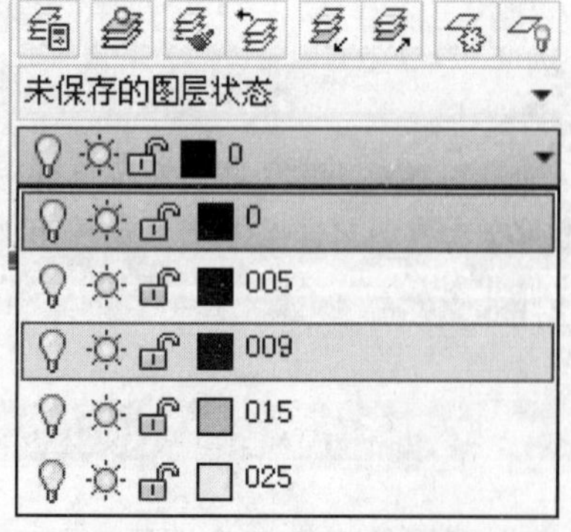

❸ 单击"009"层前面的【锁定/解锁图层】图标。

❹ 单击图形中红色线段时，出现小锁图标，这代表该线段所在的图层被锁定。

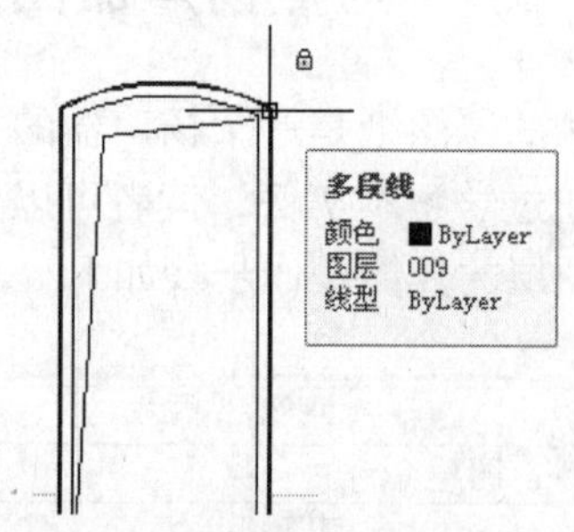

❺ 按【Ctrl+A】组合键选择全部图形，按【Delete】键删除，而被锁定的图层不能被删除。删除后的效果图如下图所示。

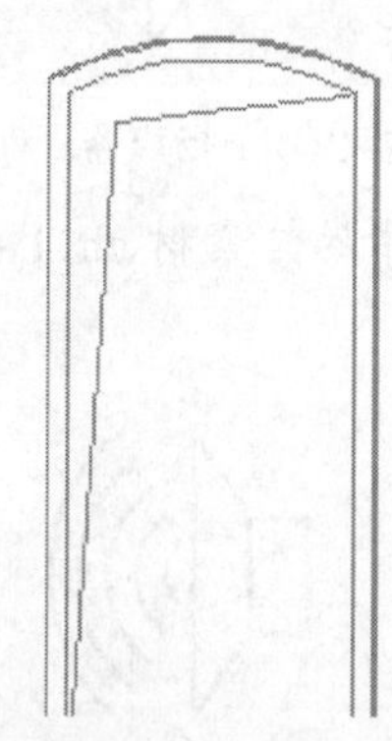

Tips

锁定图层后不能对其进行任何编辑操作。

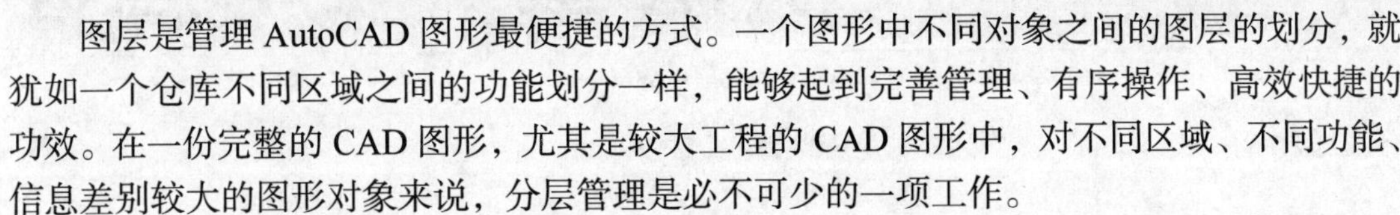

11.5 本章小结

图层是管理 AutoCAD 图形最便捷的方式。一个图形中不同对象之间的图层的划分，就犹如一个仓库不同区域之间的功能划分一样，能够起到完善管理、有序操作、高效快捷的功效。在一份完整的 CAD 图形，尤其是较大工程的 CAD 图形中，对不同区域、不同功能、信息差别较大的图形对象来说，分层管理是必不可少的一项工作。

第 12 章　块与属性

本章引言

在绘图时可以创建块、插入块、设置插入基点、定义属性、修改属性和编辑属性。AutoCAD 2013 提供了强大的块和属性功能，从而极大提高了绘图效率。

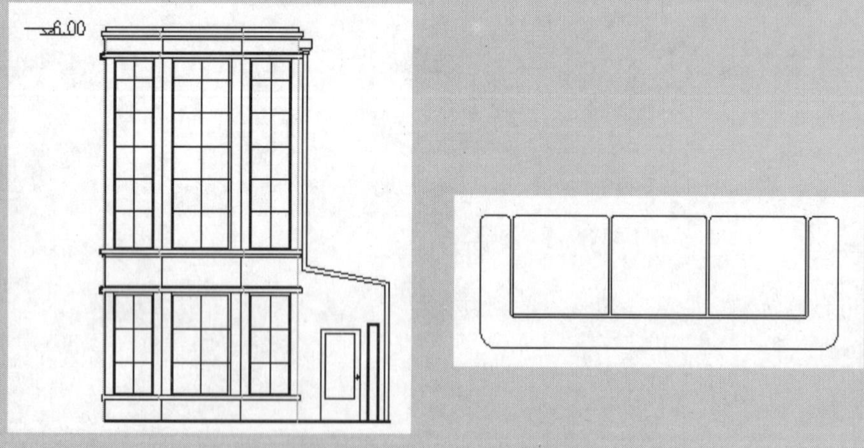

使用块可以将许多对象作为一个部件进行组织和操作，并且可以多次使用，这样可以避免多次绘制相同图形。块在图形中可以多次插入，而且存储的文件容量也只有一个块那么大。

12.1 块

本节视频教学录像：8 分钟

块是将图形中的一个或者几个实例组合成一个整体，并命名保存，以后将其作为一个实体在图形中随时调用和编辑。块分为内部块和外部块两类。

12.1.1 创建块

块可以是绘制在几个图层上的不同颜色、线型和线宽特性的对象的组合。尽管块总是在当前图层上，但块参照保存了有关包含在该块中的对象的原图层、颜色和线型特性的信息。可以控制块中的对象是保留其原特性还是继承当前的图层、颜色、线型或线宽设置。

下面通过两种方法来创建块。

1. 使用对话框创建块

❶ 打开光盘中的“素材\ch12\使用对话框创建块.dwg”文件。

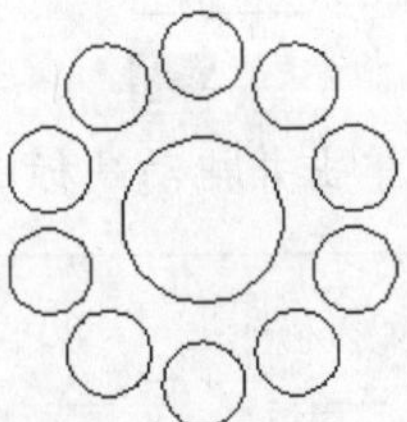

❷ 选择【绘图】➢【块】➢【创建】命令，弹出【块定义】对话框，输入图块名称和说明。

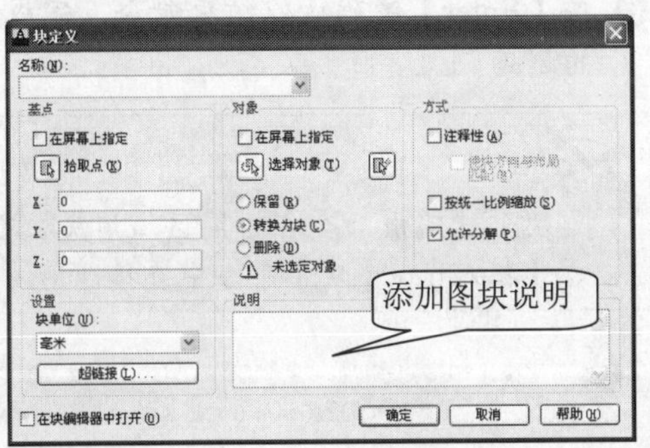

【块定义】对话框中主要参数含义如下。

【名称】文本框：指定块的名称。名称最多可以包含 255 个字符，包括字母、数字、空格，以及操作系统或程序未作他用的任何特殊字符。

【基点】区：指定块的插入基点，默认值是 (0,0,0)。用户可以选中【在屏幕上指定】复选框，也可单击【拾取点】按钮，在绘图区单击指定。

【对象】区：指定新块中要包含的对象，以及创建块之后如何处理这些对象，如是保留还是删除选定的对象，或者是将它们转换成块实例。

【方式】区：指定块的方式。在该区域中可指定块参照是否可以被分解和是否阻止块参照不按统一比例缩放。

【设置】区：指定块的设置。在该区域中可指定块参照插入单位等。

❸ 单击【选择对象】前的按钮以切换到绘图区选择对象。

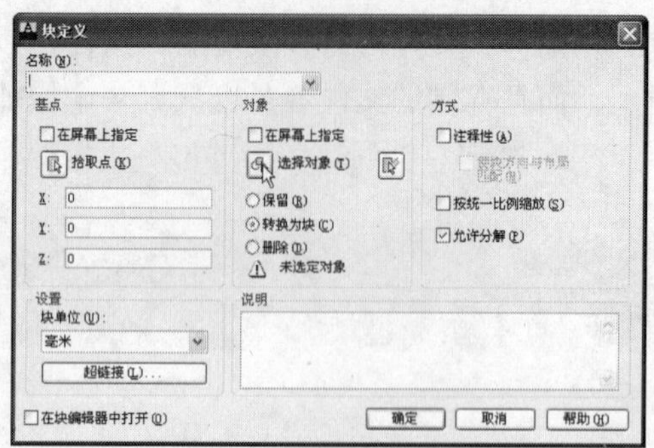

❹ 在绘图区单击选择组成块的对象。

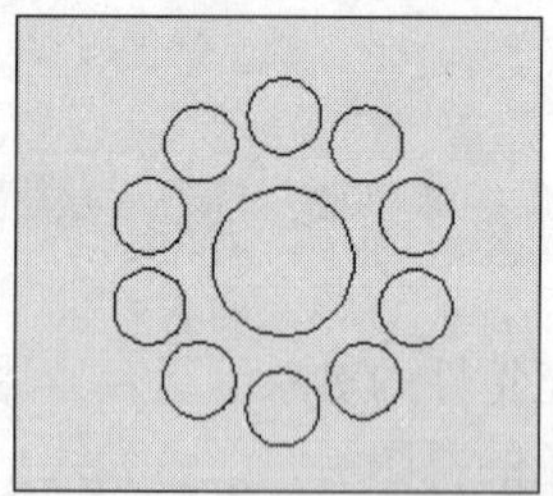

❺ 按【Enter】键以确认，返回【块定义】对话框，为块添加名称“使用对话框创建块”并单击【确定】按钮完成操作。

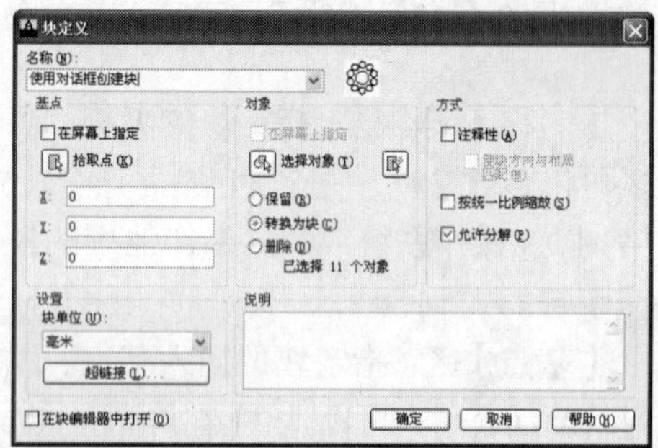

Tips

还可以通过以下方法创建块。

单击【常用】选项卡>【块】面板>【创建】按钮。

2. 使用命令行创建块

❶ 打开光盘中的“素材\ch12\使用命令行创建块.dwg”文件。

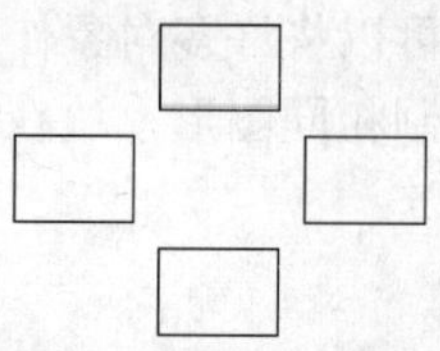

❷ 在命令行中输入“–B”并按【Enter】键确认。

❸ 在命令行中输入块名称“使用命令行创建块”并按【Enter】键确认。

❹ 命令行中提示指定插入基点，在绘图区单击以指定基点。

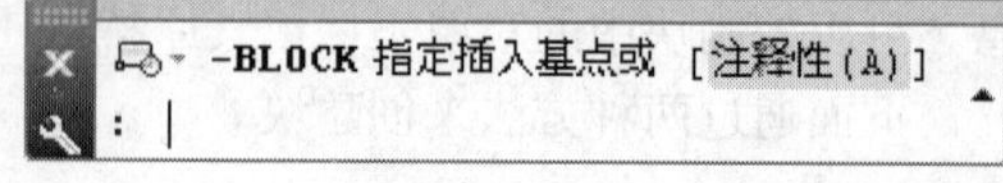

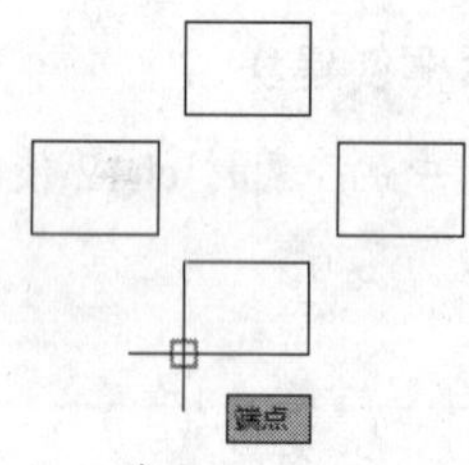

❺ 在绘图区单击并拖动鼠标以选择对象。

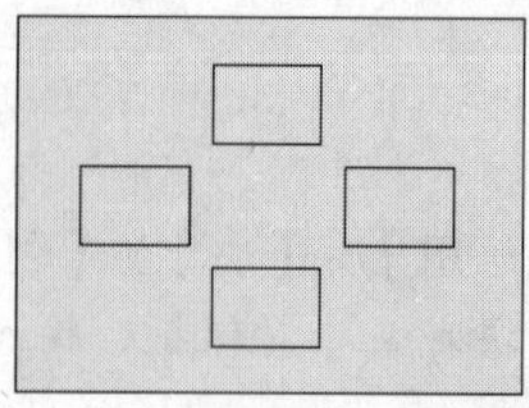

❻ 按【Enter】键确认以结束命令，完成块的创建。

Tips

块创建完成后会在绘图区域消失，可以在【插入】>【块】命令中直接调用。

12.1.2 创建外部块

创建外部块的具体操作步骤如下。

❶ 打开光盘中的“素材\ch12\创建外部块.dwg”文件。

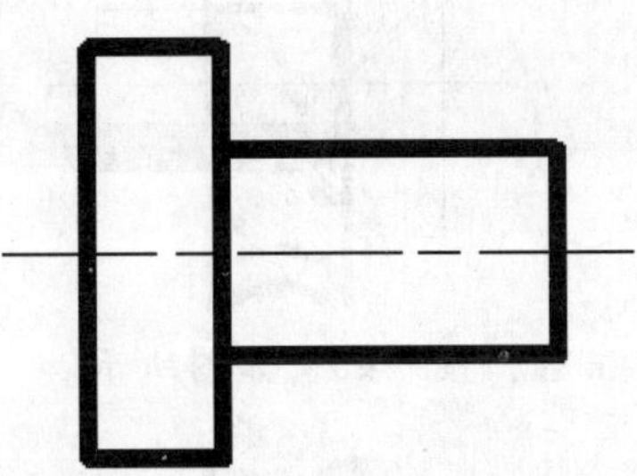

❷ 在命令行中输入“wblock”命令后按【Enter】键，弹出【写块】对话框。

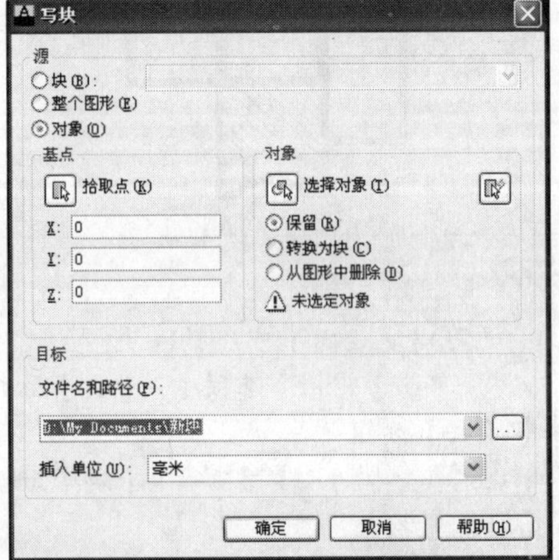

❸ 单击【选择对象】前的按钮，在绘图区选择对象。按【Enter】键以确认。

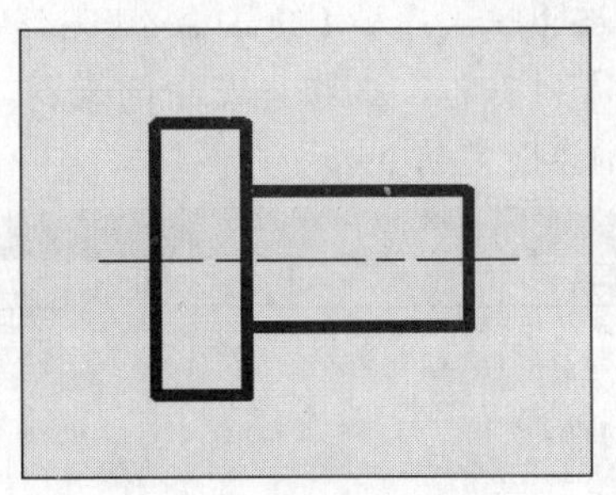

❹ 返回到【写块】对话框，单击【拾取点】前的按钮，在绘图区选择如下点作为插入基点。

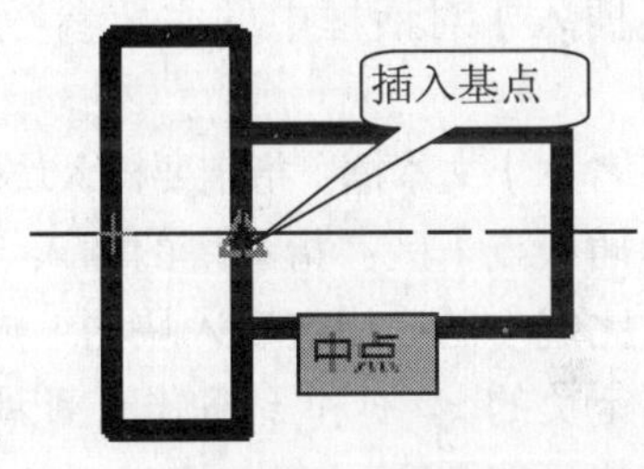

❺ 在【文件名和路径】栏中可以设置保存路径。

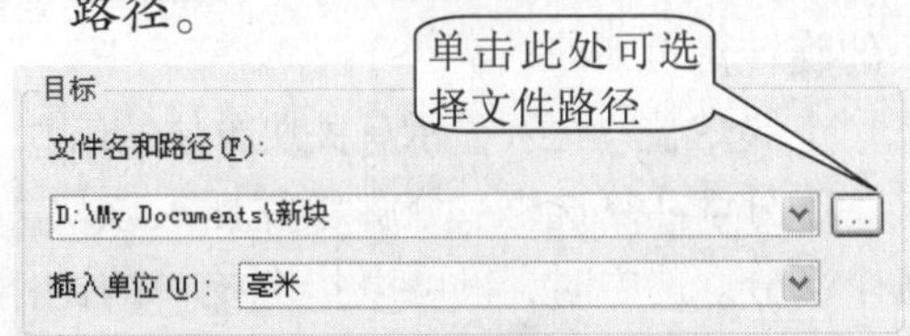

❻ 设置完成后单击【确定】按钮。

12.2 插入块

本节视频教学录像：3 分钟

插入块时可指定它的位置、缩放比例和旋转度。

如果插入的块所使用的图形单位与当前图形单位不同，则块将自动按照两种单位相比的等价比例因子进行缩放。

❶ 打开光盘中的“素材\ch12\插入块.dwg”文件。

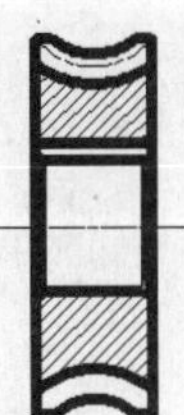

❷ 选择【插入】➤【块】命令，弹出【插入】对话框，选择光盘中的素材“素材\ch12\固定销.dwg”。

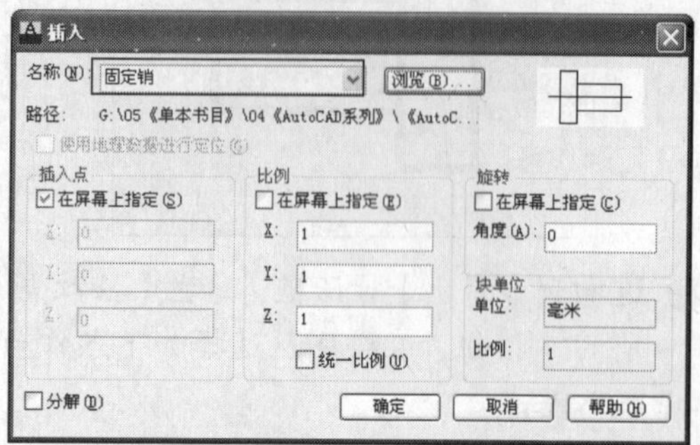

【插入】对话框中的主要参数含义如下。

【名称】文本框：指定要插入块的名称。

【插入点】区：指定块的插入点。

【比例】区：指定插入块的缩放比例。如果指定负的 *x*、*y* 和 *z* 缩放比例因子，则插入块的镜像图像。

【旋转】区：在当前 UCS 中指定插入块的旋转角度。

【块单位】区：显示有关块单位的信息。

【分解】复选框：分解块并插入该块的各个部分。选中时，只可以指定统一的比例因子。

❸ 单击【确定】按钮，在绘图区指定插入点。

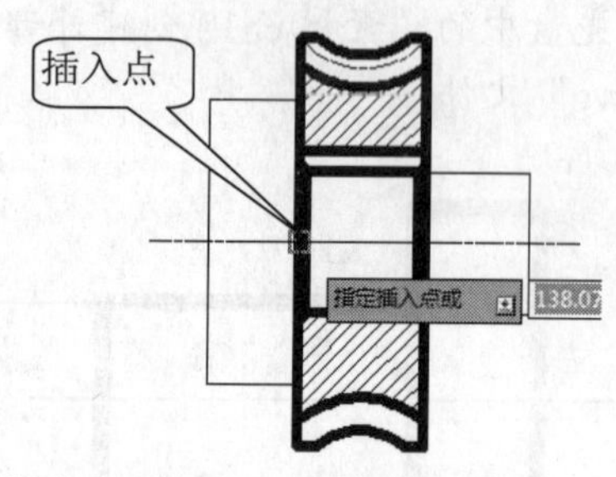

❹ 单击后，最终效果如图所示。

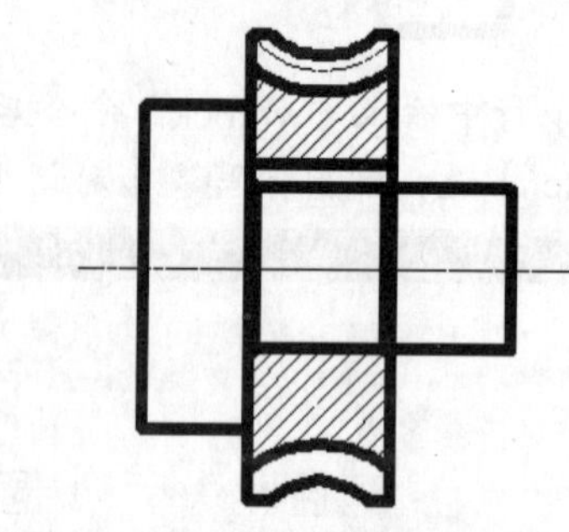

Tips

还可以通过以下方法插入块。

(1) 单击【常用】选项卡➤【块】面板➤【插入】按钮

(2) 单击【插入】选项卡➤【块】面板➤【插入】按钮

(3) 在命令行中输入“insert”后按【Enter】键。

12.3 设置插入基点

本节视频教学录像：3 分钟

通过插入基点的设置能够确定要插入对象的插入点的位置。设置插入基点的具体操作步骤如下。

❶ 打开光盘中的“素材\ch12\设置插入基点.dwg”文件。

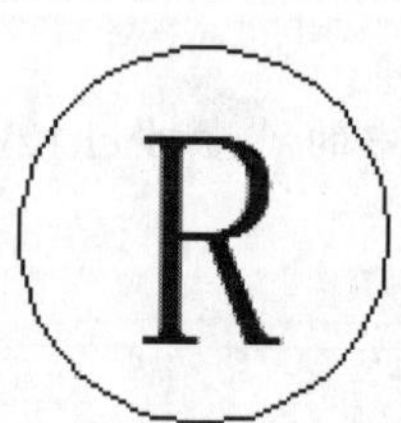

❷ 选择【绘图】➢【块】➢【创建】命令，弹出【块定义】对话框，输入块名称为“新块”。

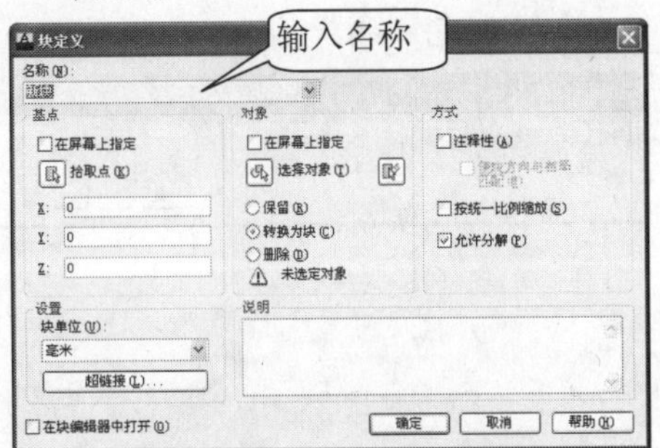

❸ 单击【选择对象】前的按钮。

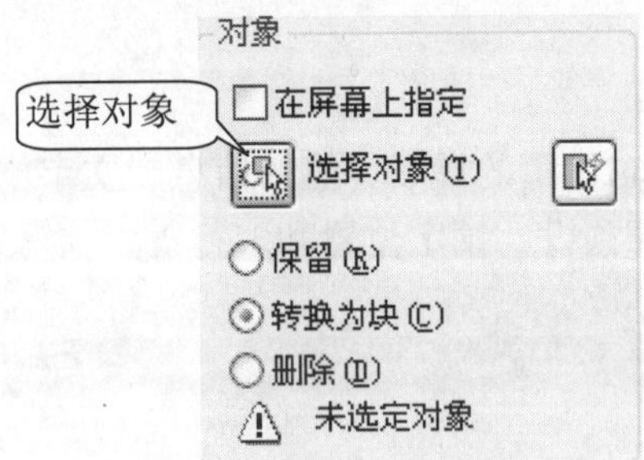

❹ 在绘图区选择对象，按【Enter】键确认。

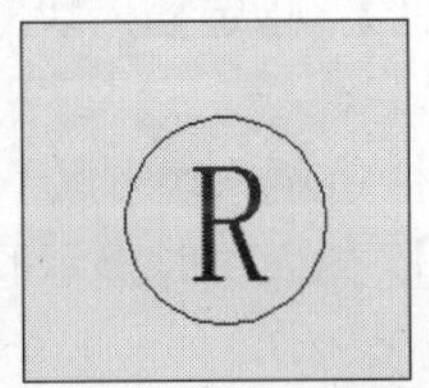

❺ 返回【块定义】对话框。单击【拾取点】前的按钮。

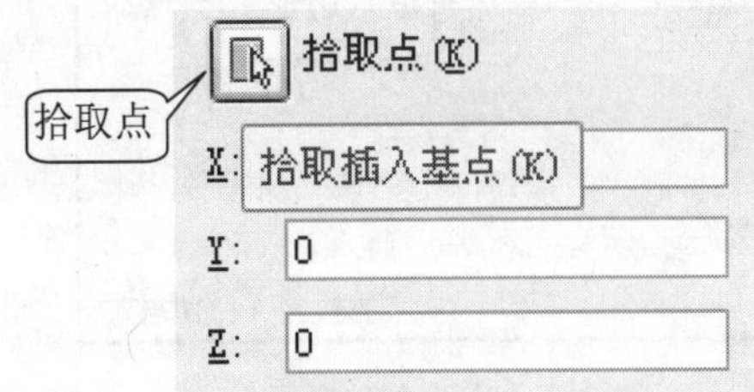

❻ 在绘图区选择圆的圆心作为插入基点，如下图所示。

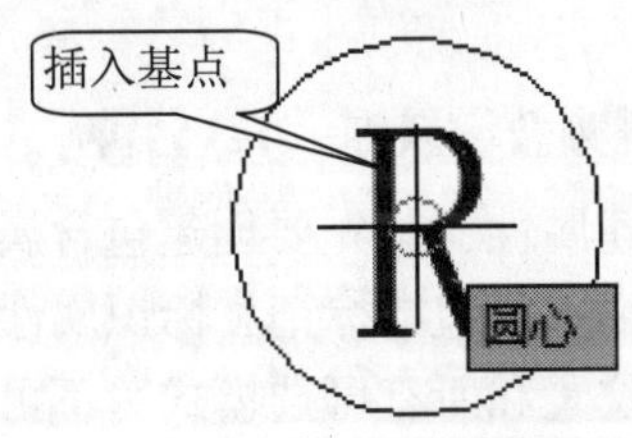

❼ 返回到【块定义】对话框，单击【确定】按钮完成设置。

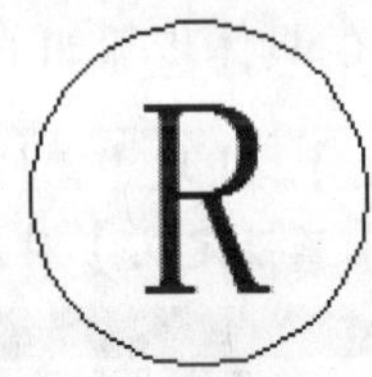

12.4 编辑块定义

本节视频教学录像：2 分钟

在 AutoCAD 2013 中可以根据需要对插入的块进行块定义编辑。

编辑块定义的具体操作步骤如下。

❶ 打开光盘中的“素材\ch12\编辑块定义.dwg”文件。

❷ 选择【修改】➢【对象】➢【块说明】命令。

❸ 弹出【块定义】对话框。在名称一栏中选择【正六边形】选项。

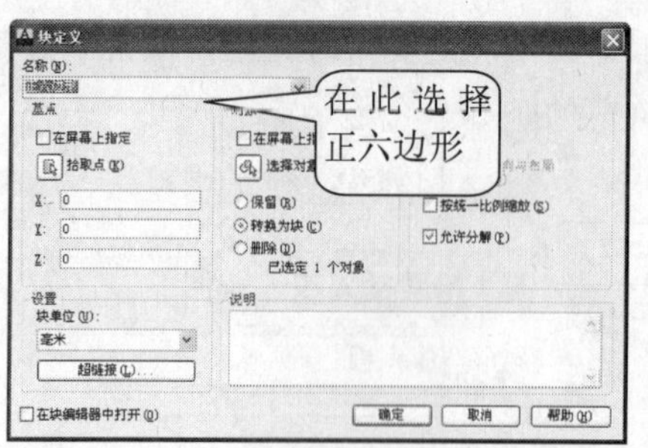

❹ 设置其他参数后单击【确定】按钮，弹出【块-重定义块】对话框，单击【重定义】按钮完成编辑。

12.5 属性

本节视频教学录像：10分钟

要想创建属性，首先要创建包含属性特征的属性定义。

属性特征主要包括标记（标识属性的名称）、插入块时显示的提示、值的信息、文字格式、块中的位置和所有可选模式（不可见、常数、验证、预设、锁定位置和多行）。

12.5.1 定义属性

定义属性的具体步骤如下。

❶ 选择【绘图】➤【块】➤【定义属性】命令，弹出【属性定义】对话框。

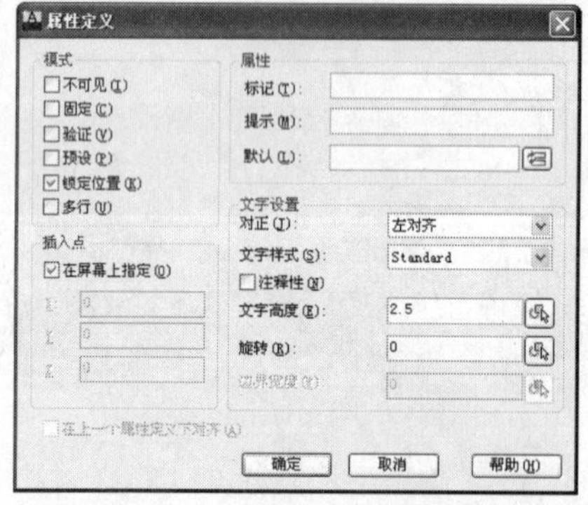

❷ 选中【模式】区中的【锁定位置】复选框。

模式
不可见(I)
固定(C)
验证(V)
预设(P)
锁定位置(K)
多行(U)

【模式】区中各个参数的含义如下。

【不可见】：指定插入块时不显示或打印属性值。

【固定】：在插入块时赋予属性固定值。

【验证】：插入块时提示验证属性值是否正确。

【预设】：插入包含预设属性值的块时，将属性设置为默认值。

【锁定位置】：锁定块参照中属性的位置。解锁后，属性可以相对于使用夹点编辑的块的其他部分移动，并且可以调整多行文字属性的大小。

【多行】：指定属性值可以包含多行文字。选定此项后，可以指定属性的边界宽度。

❸ 在【属性】区中的【标记】文本框中输入“new”。

属性
标记(T): new
标记栏
提示(M):
默认(L):

【标记】：标识图形中每次出现的属性，可以使用任何字符组合（空格除外）输入属性标记。小写字母会自动转换为大写字母。

> **Tips**
>
> 指定在插入包含该属性定义的块时显示的提示。如果不输入提示，属性标记将用作提示。如果在【模式】区中选择“固定”模式，【属性】区中的【提示】选项将不可用。

❹ 单击【默认】文本框后面的按钮，弹出【字段】对话框。

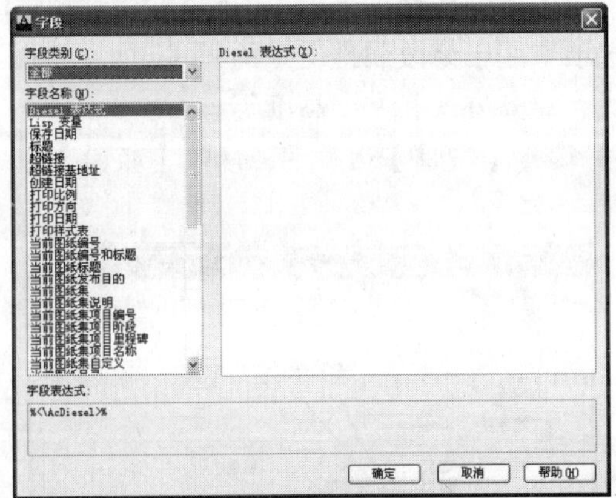

❺ 单击【字段名称】列表下的【保存日期】选项。

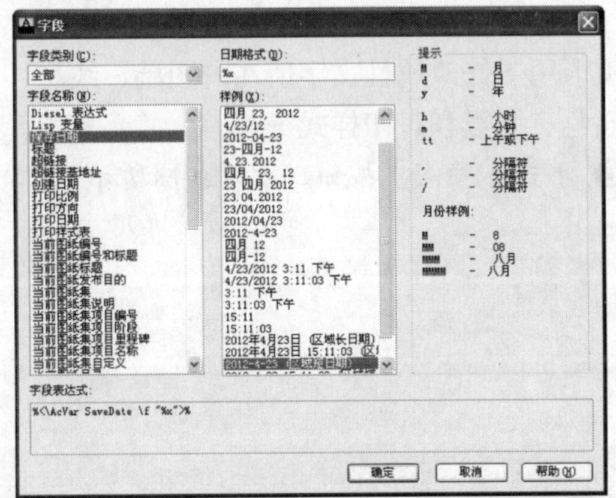

❻ 单击【确定】按钮以确认，返回【属性定义】对话框。

❼ 在【文字设置】区的【对正】下拉列表中选择【正中对齐】选项，在【文字高度】文本框中输入“30”。

【文字设置】区中各个参数的含义如下。

【对正】：指定属性文字的对正。此项是关于对正选项的说明。

【文字样式】：指定属性文字的预定义样式。显示当前加载的文字样式。要加载或创建文字样式。

【注释性】：指定属性为注释性。如果块是注释性的，则属性将与块的方向相匹配。单击信息图标以了解有关注释性对象的详细信息。

【文字高度】：指定属性文字的高度。此高度为从原点到指定的位置的测量值。如果选择有固定高度的文字样式，或者在【对正】下拉列表中选择了【对齐】或【高度】选项则此项不可用。

【旋转】：指定属性文字的旋转角度。此旋转角度为从原点到指定的位置的测量值。如果在【对正】下拉列表中选择了【对齐】或【调整】选项，则【旋转】选项不可用。

【边界宽度】：换行前需指定多行文字属性中文字行的最大长度。值 0.000 表示对文字行的长度没有限制。此选项不适用于单行文字属性。

❽ 单击【确定】按钮，完成属性定义。

> **Tips**
>
> 还可以通过以下方法打开属性定义对话框。
>
> 单击【常用】选项卡➤【块】面板➤【定义属性】按钮。
>
> 在命令行中输入“attdef ”后按【Enter】键。

12.5.2 修改属性定义

修改属性定义的具体操作步骤如下。

❶ 打开光盘中的"素材\ch12\修改属性定义.dwg"文件。

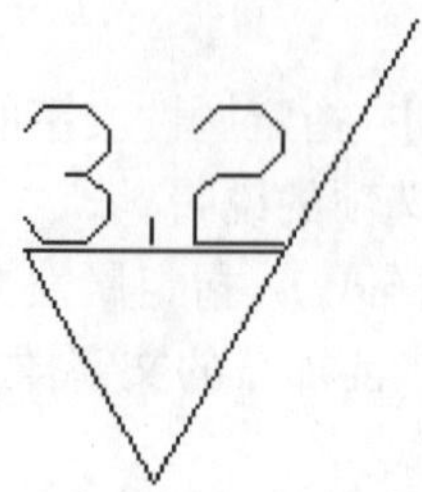

❷ 选择【修改】➤【对象】➤【属性】➤【单个】命令。在绘图区单击选择要编辑的图块。

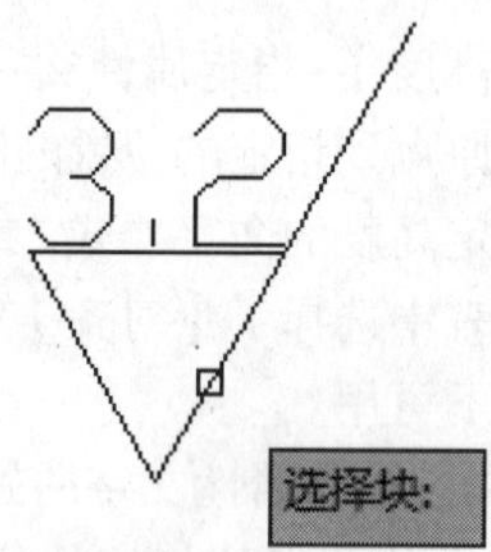

❸ 弹出【增强属性编辑器】对话框，修改【值】参数为"2.3"。

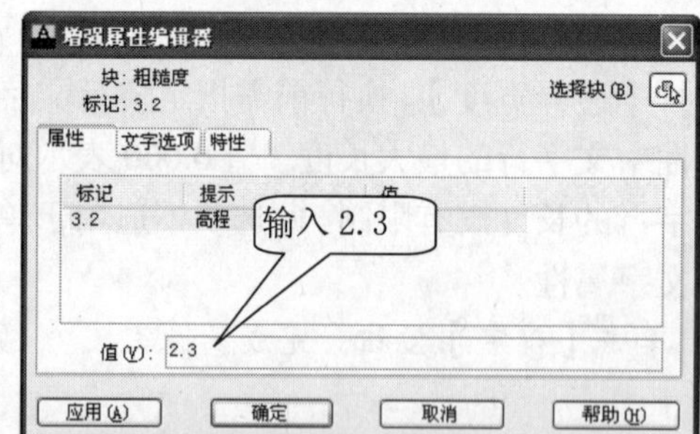

【增强属性编辑器】对话框的【属性】选项卡用于修改属性值。在列表框中显示选中图块的属性标记、提示和属性值。用户可在【值】文本框中可以修改选中属性的值。

❹ 选中【文字选项】选项卡，修改【倾斜角度】参数为"15"。

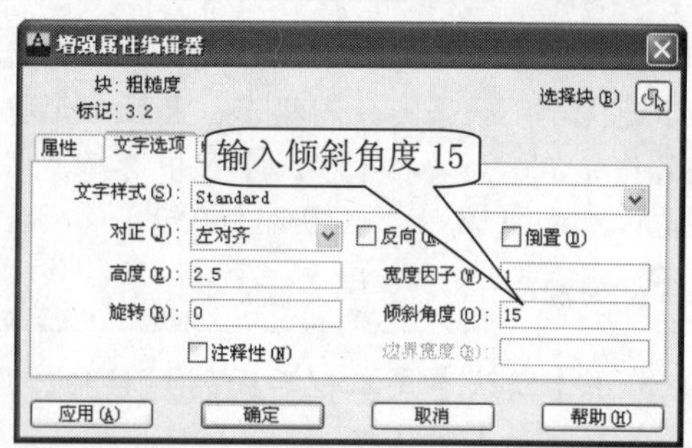

【增强属性编辑器】对话框【文字选项】选项卡用于修改属性文字的样式，如文字样式、对齐方式和文字高度等。

❺ 选择【特性】选项卡，修改【颜色】为"红色"。

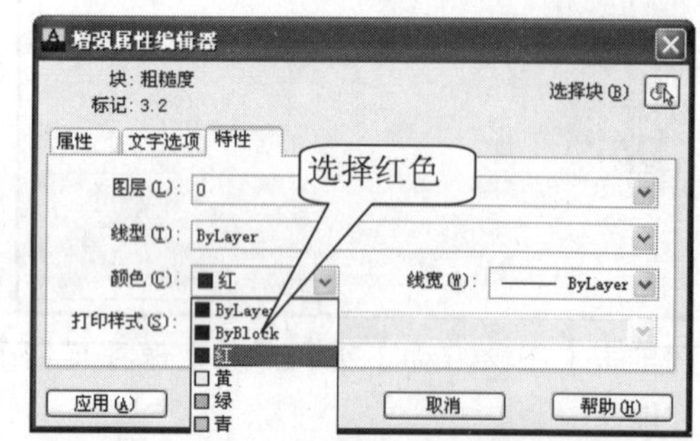

【增强属性编辑器】对话框【特性】选项卡用于修改属性文字所在的图层、线型、颜色、线宽和打印样式等。

❻ 单击【确定】按钮，效果如图所示。

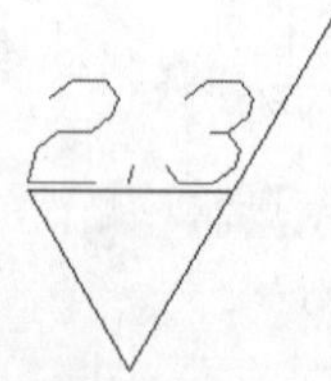

还可以通过以下方法修改属性定义：

(1) 在绘图区中双击目标图块；

(2) 在命令行中输入"eattedit"后按【Enter】键。

12.5.3 编辑属性

编辑属性的具体操作步骤如下。

❶ 打开光盘中的“素材\ch12\编辑属性.dwg”文件。

❷ 选择【插入】➢【块】命令，弹出【插入】对话框，在【名称】栏中选择“yuan”。

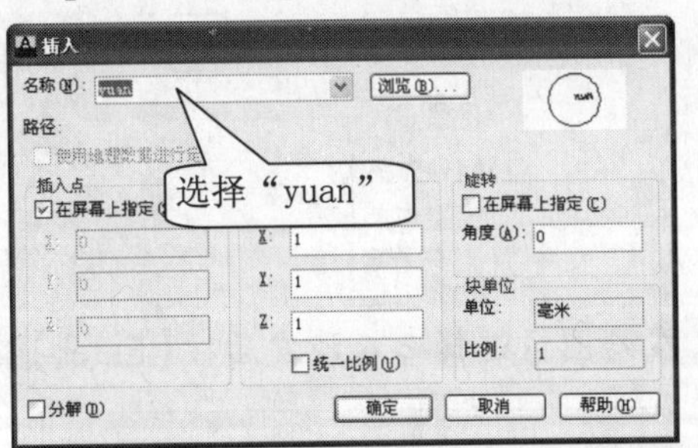

❸ 单击【确定】按钮，在绘图区任意单击选择插入点。

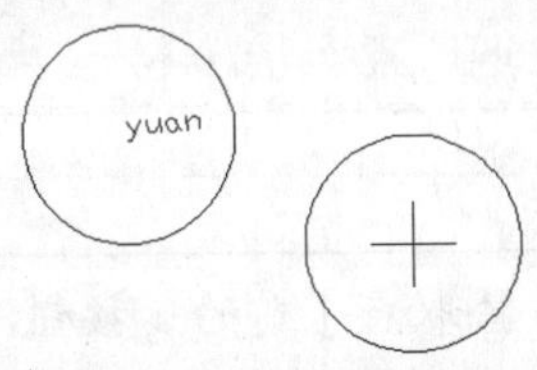

❹ 在命令行中输入“hong”后按【Enter】键。

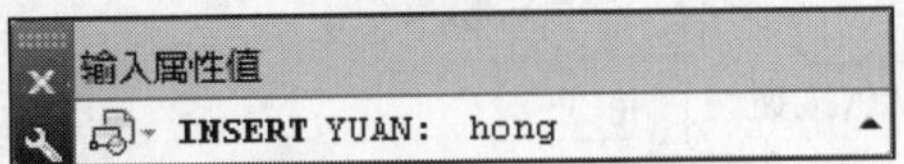

❺ 效果如下图所示。

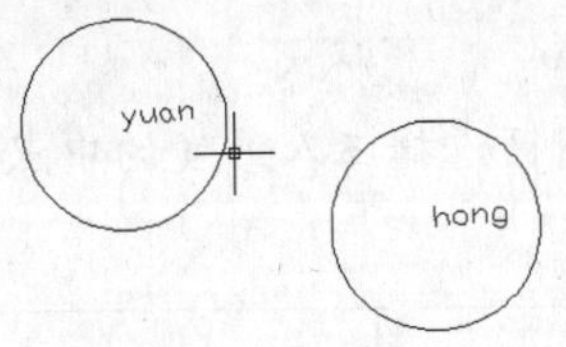

❻ 在命令行中输入“attedit”后按【Enter】键。

❼ 在绘图区选择要编辑的对象。

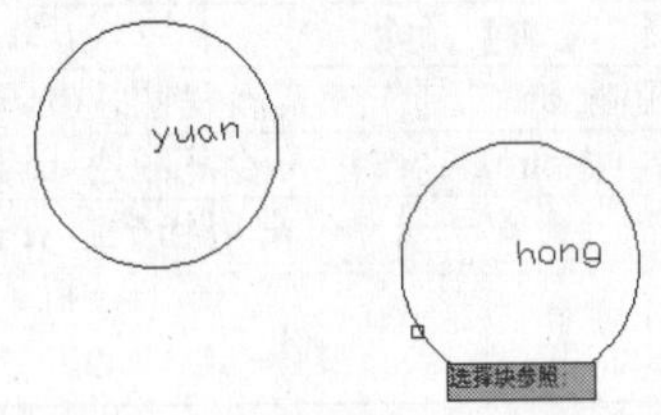

❽ 弹出【编辑属性】对话框，将“hong”更改为“yuan2”。

❾ 单击【确定】按钮，最终效果如下图所示。

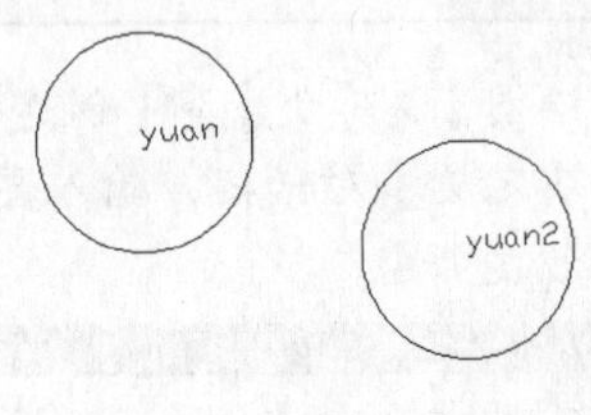

12.6 技能演练

本节视频教学录像：9分钟

通过前面几节的讲解，读者对创建块、定义块的属性以及编辑属性等有了一个初步的认识，下面通过几个具体实例来进一步对这些内容进行阐述，以加深印象并能达到熟练应用的效果。

12.6.1 制作三人沙发图块

本实例是一张三人沙发的平面图，通过该实例的练习，读者可以熟练掌握创建块的方法。

实例名称：制作三人沙发图块	
主要命令：【块】命令	
素材：素材\ch12\制作三人沙发图块.dwg	
结果：结果\ch12\制作三人沙发图块.dwg	
难易程度：★★	常用指数：★★★

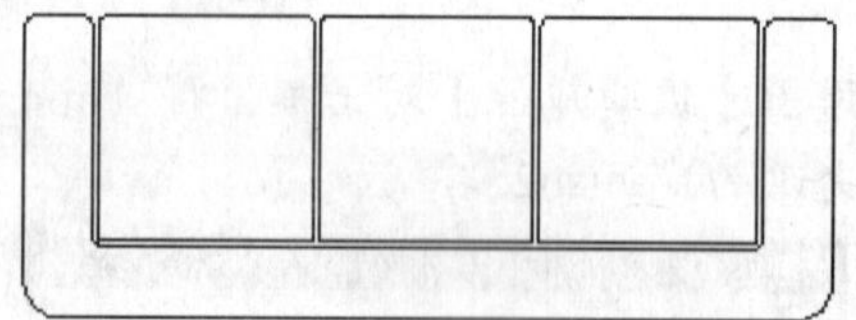

结果\ch12\制作三人沙发图块.dwg

❶ 打开光盘中的“素材\ch12\制作三人沙发图块.dwg”文件。

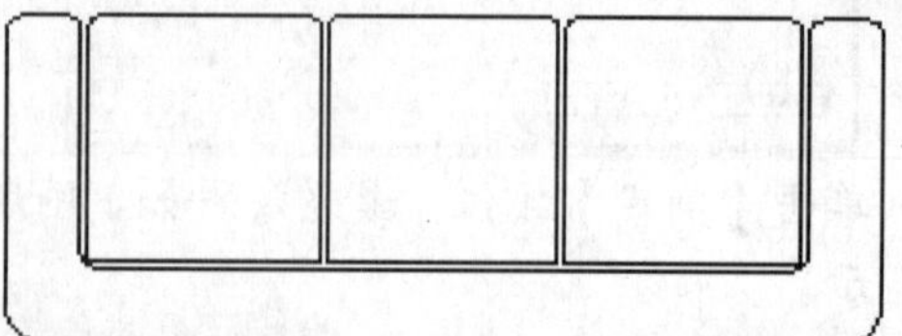

❷ 选择【绘图】➢【块】➢【创建】命令，弹出【块定义】对话框，输入图块名称“三人沙发”。

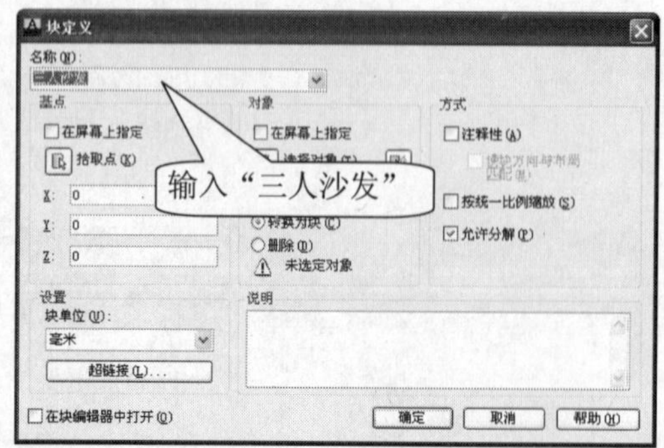

❸ 单击【选择对象】前的按钮。

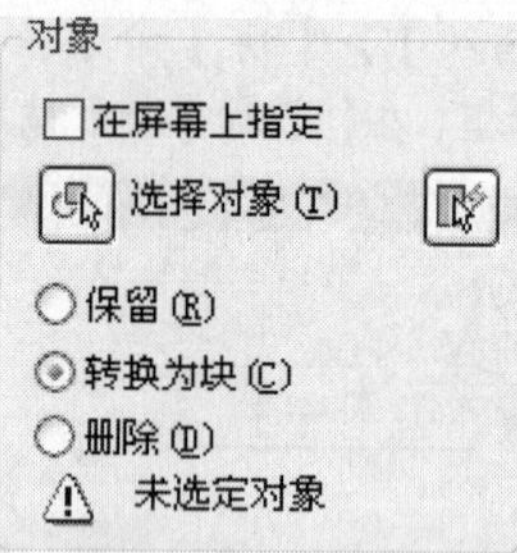

❹ 在绘图区选择三人沙发后按【Enter】键。

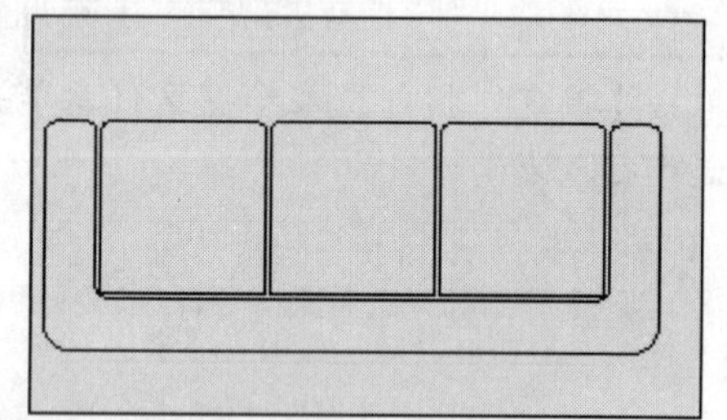

❺ 单击【拾取点】前的按钮。

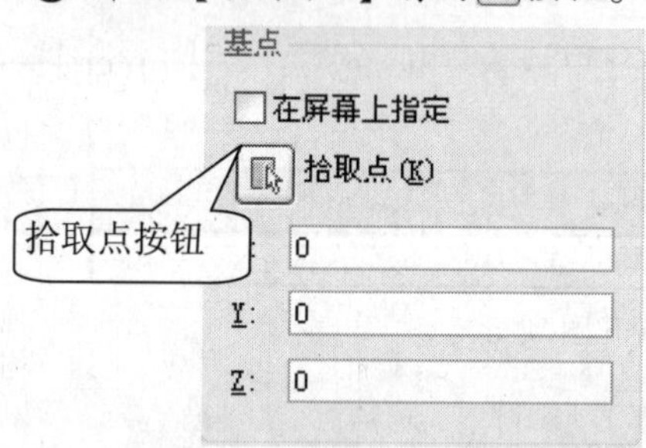

❻ 在绘图区选择三人沙发的中点作为基点。

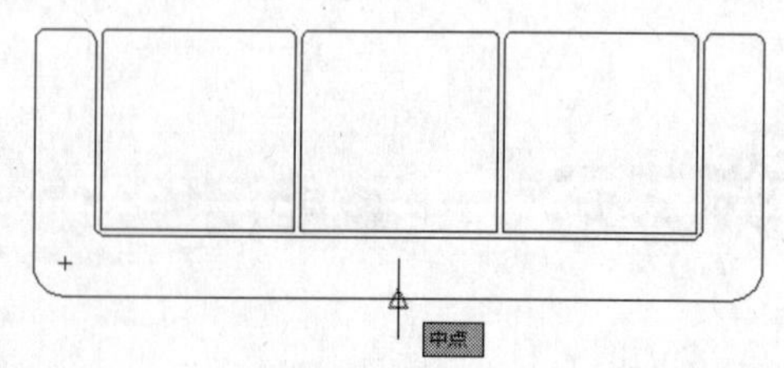

❼ 返回到【块定义】对话框，单击【确定】按钮完成制作，再次绘制时即可直接插入三人沙发图块。

12.6.2 制作房屋图块

在实际的绘图过程中许多图形是一样的，我们可以将一些相同的图形做成图块，保存到指定的文件夹中，这样下次用时即可直接调用。

实例名称：制作房屋图块	
主要命令：【块】命令	
素材：素材\ch12\制作房屋图块.dwg	
结果：结果\ch12\制作房屋图块.dwg	
难易程度：★★	常用指数：★★★

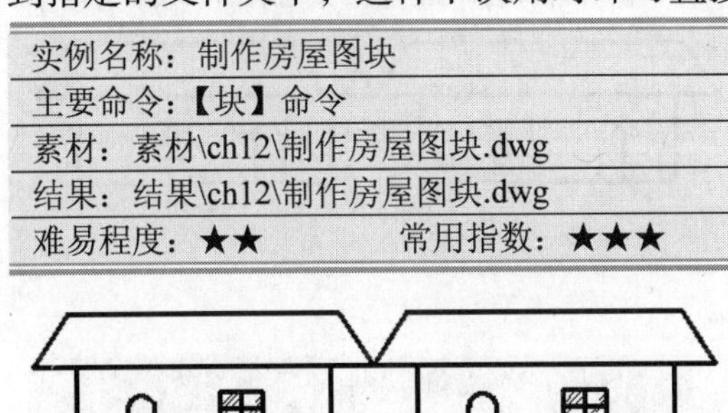

结果\ch12\制作房屋图块.dwg

❶ 打开光盘中的“素材\ch12\制作房屋图块.dwg”文件。

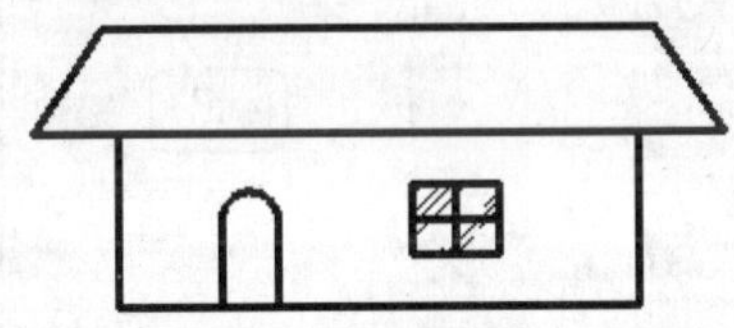

❷ 选择【绘图】➤【块】➤【创建】命令，弹出【块定义】对话框，输入图块名称“房屋”。

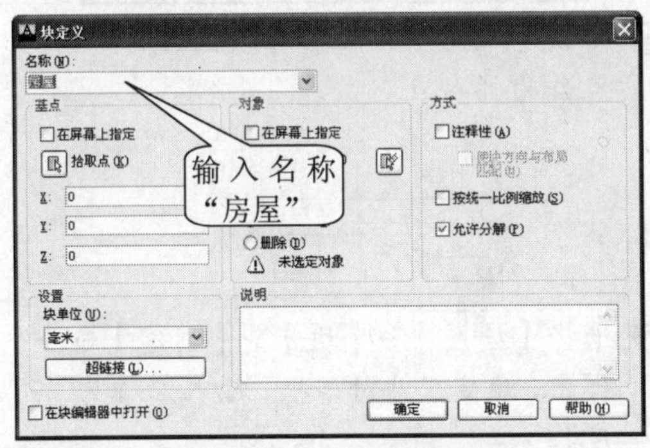

❸ 单击【选择对象】前的按钮。

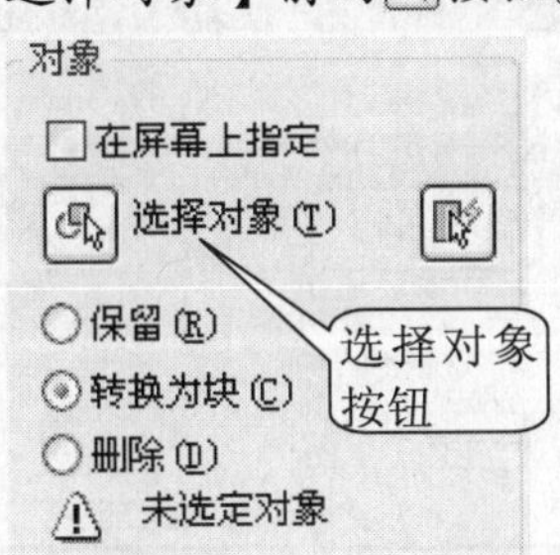

❹ 在绘图区选择对象后按【Enter】键确认。

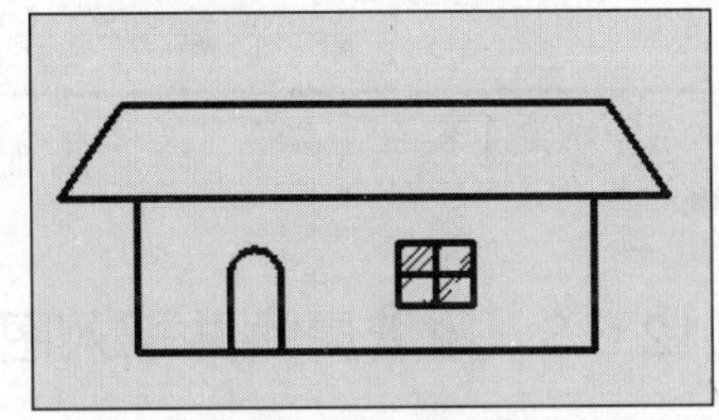

❺ 单击【拾取点】前的按钮。

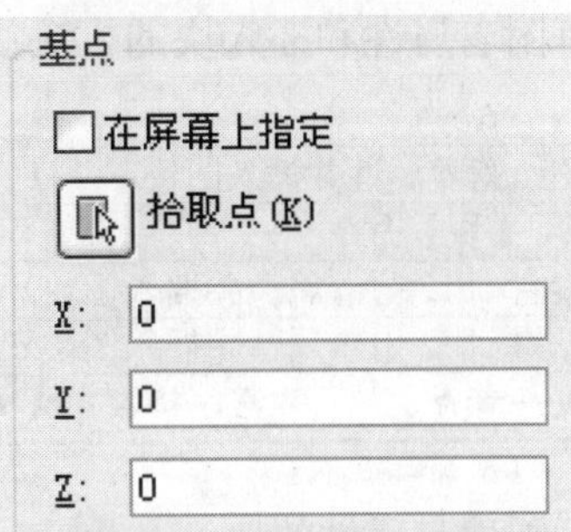

❻ 在绘图区选择端点位置作为基点，单击鼠标确认。

❼ 返回【块定义】对话框，单击【确定】按钮，完成块制作。

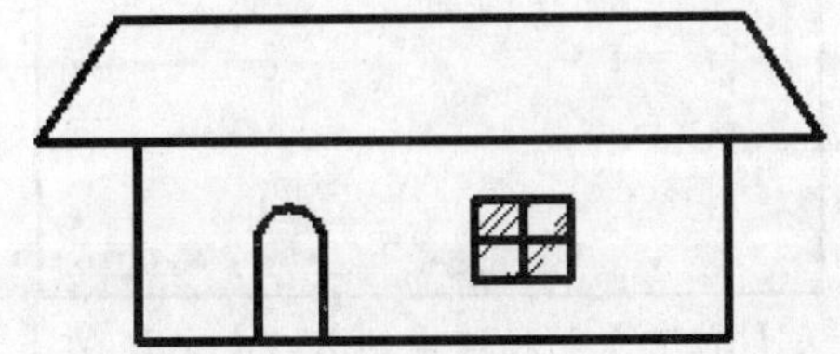

❽ 选择【插入】➤【块】命令，弹出【块定义】对话框，选择图块名称为“房屋”。

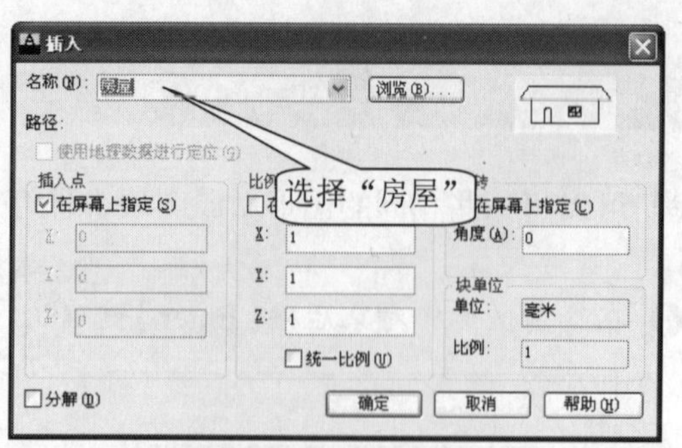

❾ 单击【确定】按钮。在绘图区单击确定插入点。

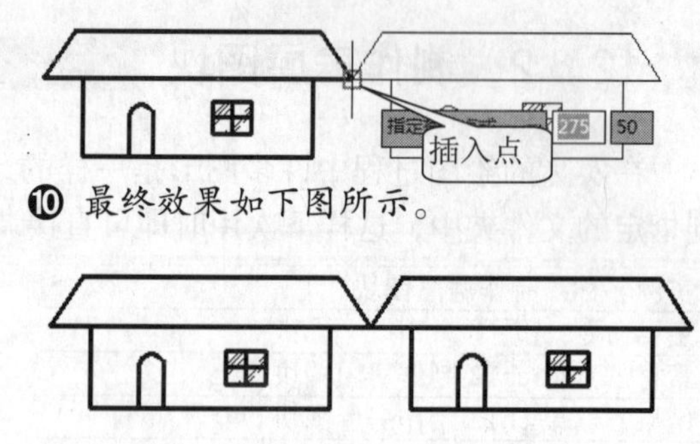

❿ 最终效果如下图所示。

12.6.3 附着属性并插入图块

本实例是利用属性和插入块命令实现给块附着属性并插入块。通过该实例的练习，读者应熟练附着属性和插入块的方法。

实例名称：附着属性并插入图块	
主要命令：【块】命令	
素材：素材\ch12\附着属性并插入图块.dwg	
结果：结果\ch12\附着属性并插入图块.dwg	
难易程度：★★	常用指数：★★★

第 1 步：创建带属性的块

❶ 打开光盘中的“素材\ch12\附着属性并插入图块.dwg”文件。

❷ 选择【绘图】➤【块】➤【定义属性】命令，弹出【属性定义】对话框。

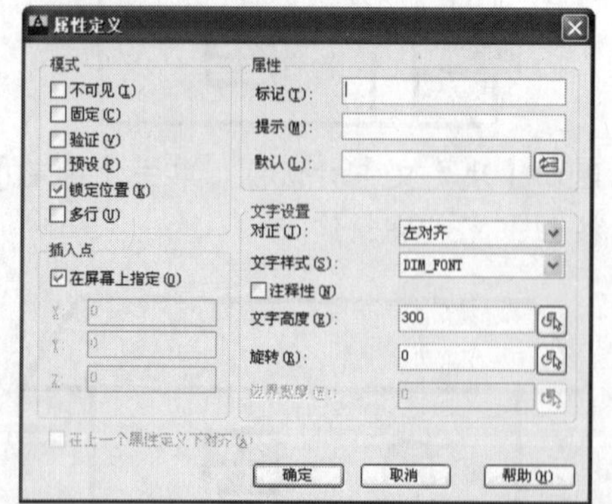

❸ 在【标记】文本框中输入“6.00”，在【文字高度】文本框中输入“300”。

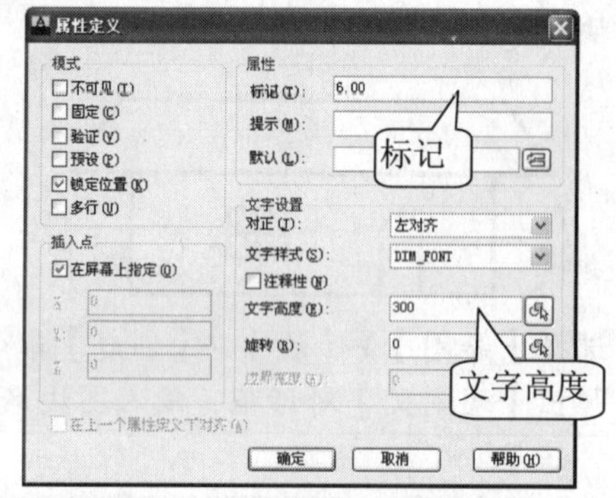

❹ 单击【确定】按钮后在绘图区将下面的点作为插入点。

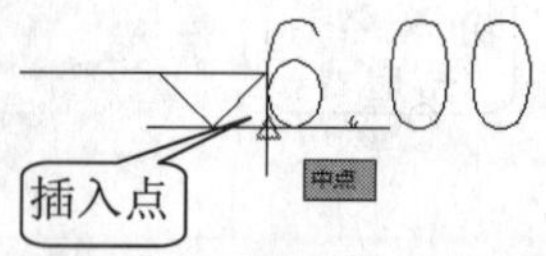

❺ 选择【绘图】➤【块】➤【创建】命令，弹出【块定义】对话框，输入名称为“高度”。

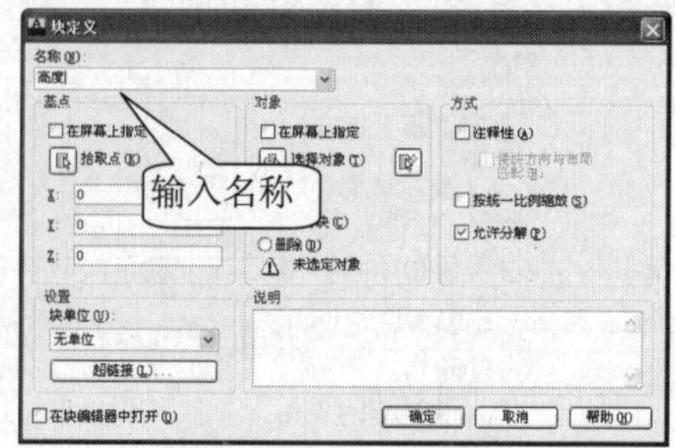

❻ 单击【选择对象】前的按钮，在绘图区选择下图作为对象，并按【Enter】键确认。

❼ 单击【拾取点】前的按钮，在绘图区选择图示点作为基点。

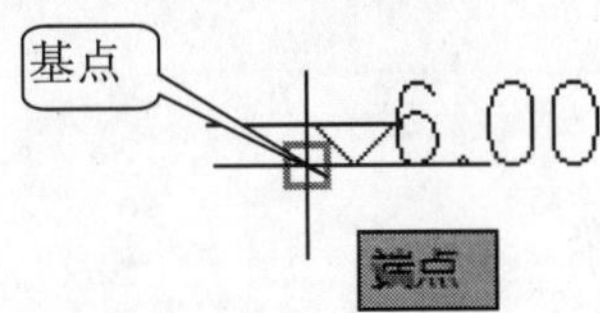

❽ 单击【确定】按钮后弹出【编辑属性】对话框，输入“6.00”，单击【确定】按钮完成设置。

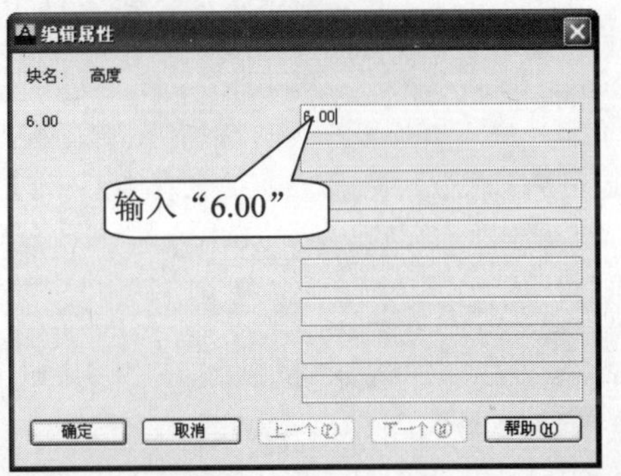

第2步：插入块

❶ 选择【插入】➢【块】命令，弹出【插入】对话框，设置插入块名称为“高度”，单击【确定】按钮。

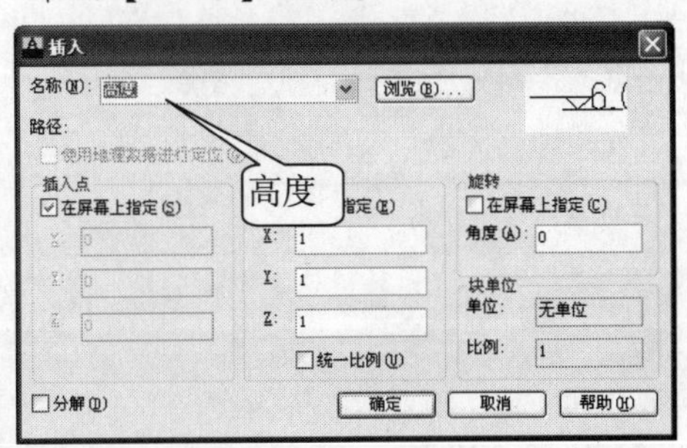

❷ 选择下图所示位置作为插入点。

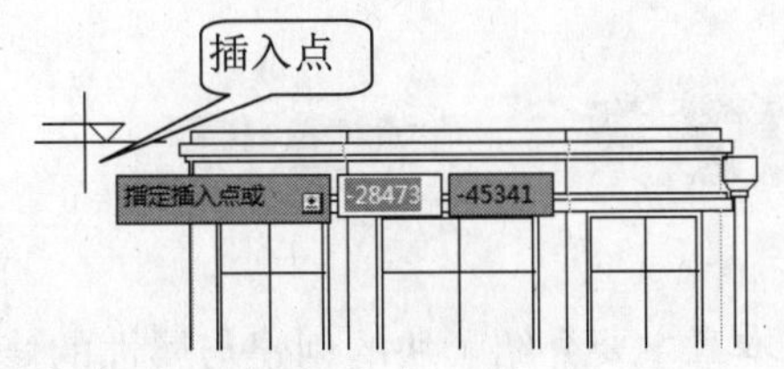

❸ 在命令行中输入“6.00”。

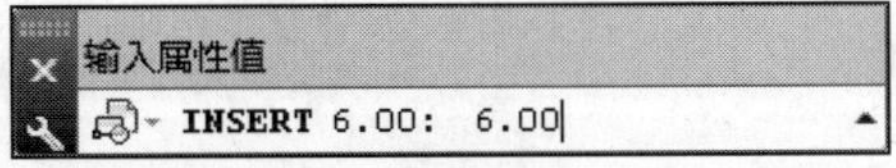

❹ 按【Enter】键，效果如下图所示。

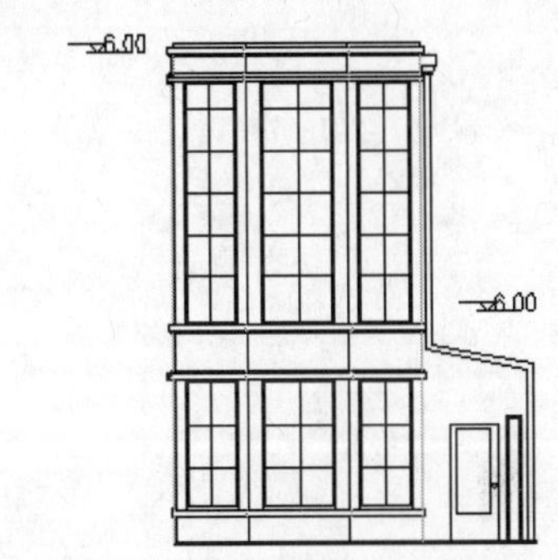

❺ 选择【修改】➢【删除】命令，在绘图区选择对象。

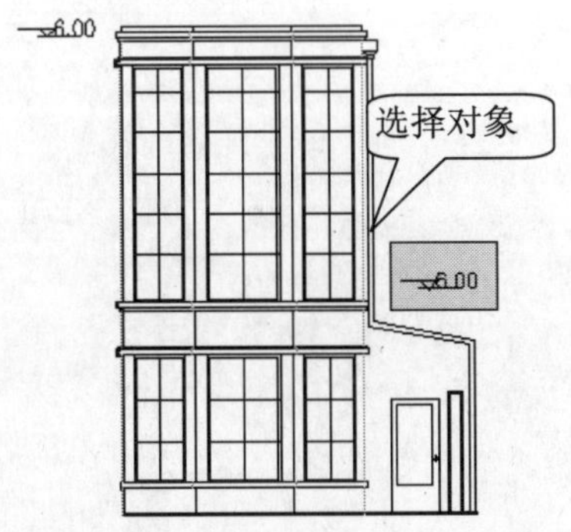

❻ 按【Enter】键确认，最终效果如下图所示。

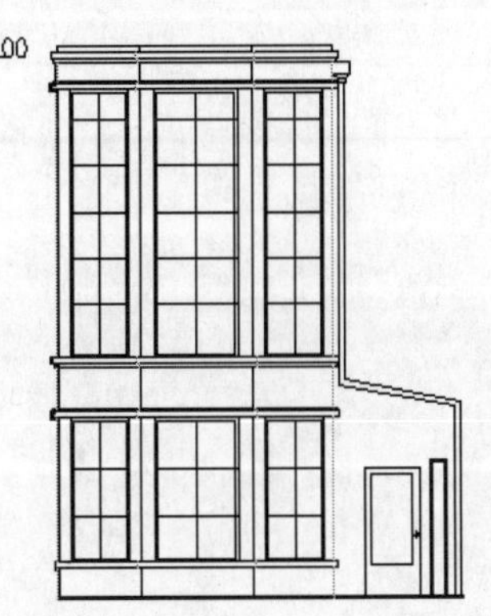

12.7 本章小结

本章主要介绍了块的创建与属性的修改，针对本章内容，读者应多加练习，最好养成习惯，这将有利于减少绘图过程中的工作量，提升工作效率，而且更容易保证图纸的整体质量。

第 13 章 使用辅助工具

本章引言

本章介绍 AutoCAD 2013 的查询功能以及设计中心和工具选项板的使用方法，其中包括距离查询和面积查询等。利用设计中心可以打开图形、插入外部块和查询图形，以及工具选项板的创建、输出、输入和分组管理工具选项板等。设计中心和工具选项板都是 AutoCAD 2013 非常重要的工具，它们可以有效地简化绘图操作，提高绘图效率。

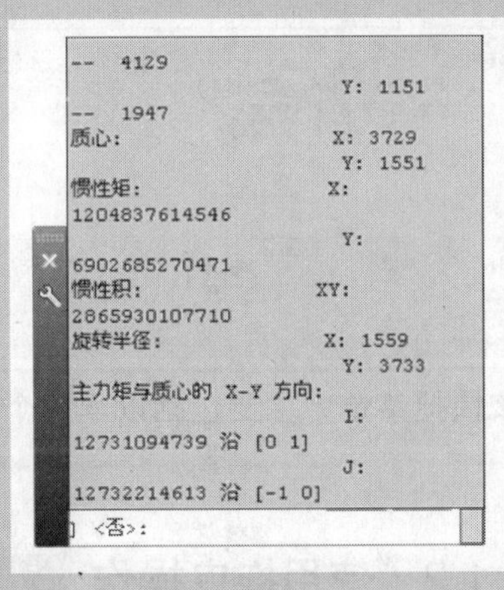

13.1 AutoCAD 设计中心

本节视频教学录像：7 分钟

通过设计中心，用户可以对图形、块、图案填充和其他图形内容进行访问，还可以将源图形中的任何内容拖动到当前图形中。另外，如果打开了多个图形，则可以通过设计中心在图形之间复制和粘贴其他内容（如图层定义、布局和文字样式），以简化绘图过程。

13.1.1 使用快捷菜单

快捷菜单是 AutoCAD 2013 提供的一种执行命令的快捷方式，利用快捷菜单可以方便地执行相关命令。

❶ 选择【工具】➤【选项板】➤【设计中心】命令打开【设计中心】界面。

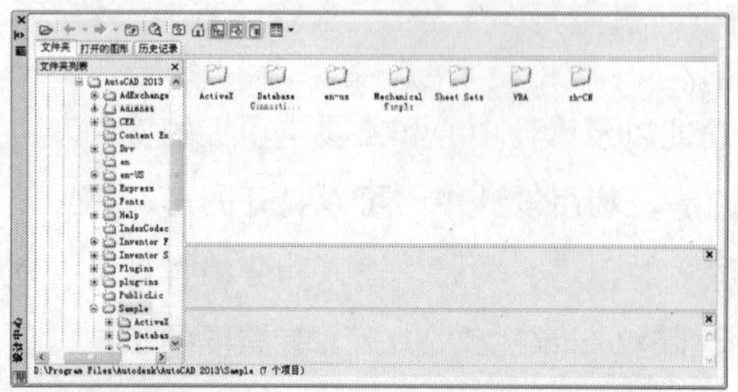

❷ 在预览框中选择一个文件并右击弹出快捷菜单。

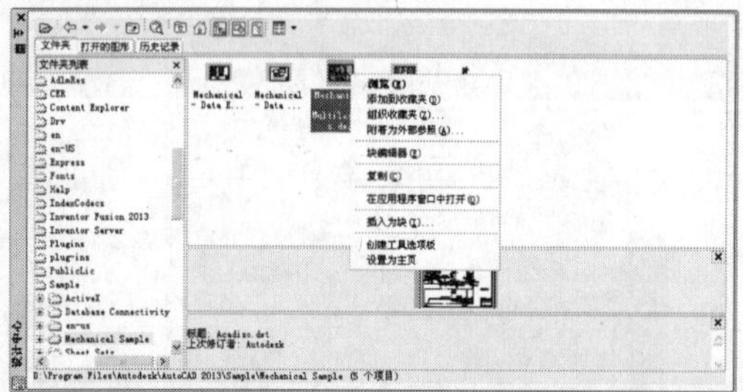

在该快捷菜单中主要包括以下几个命令。

【浏览】：指定控制面板中显示该图形的包含对象。

【添加到收藏夹】：将该图形添加到收藏夹。

【组织收藏夹】：进入收藏夹以便重新整理。

【附着为外部参照】：相当于执行 XREE 命令。

【块编辑器】：打开动态块编辑窗口。

【复制】：将该图形复制到剪贴板。

【在应用程序窗口中打开】：相当于打开文件。

【插入为块】：相当于执行 INSERT 命令，其插入的文件即选中的文件。

【创建工具选项板】：相当于将该图形所包含的图元添加到工具选项板。

【设置为主页】：将该图形设置为主页。

13.1.2 使用拖曳操作

使用拖曳操作的具体操作步骤如下。

❶ 选择【工具】➤【选项板】➤【设计中心】命令。

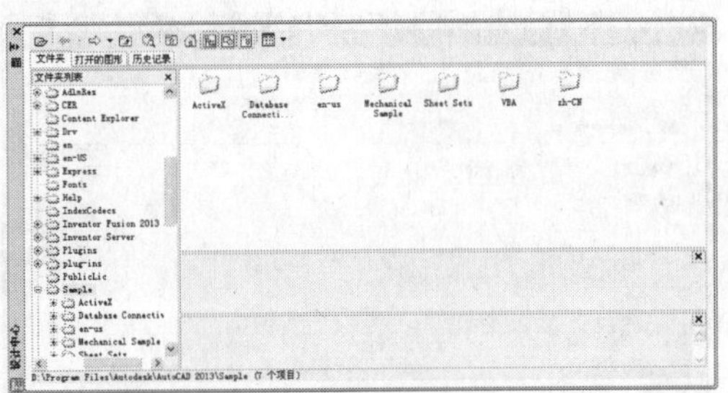

❷ 在【文件夹列表】列表中选择图形所在的文件夹。

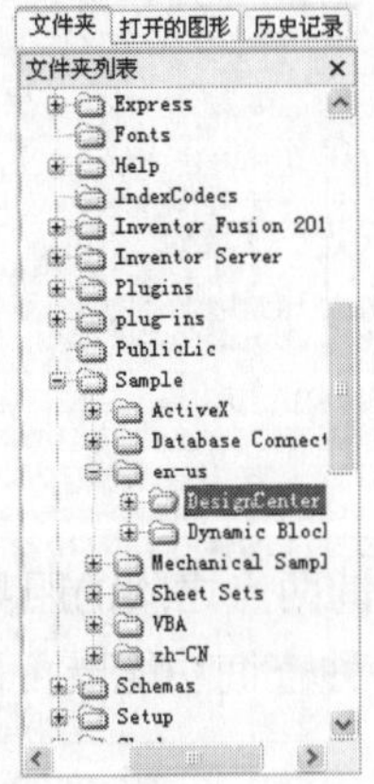

❸ 在预览框中选择要拖曳的文件。

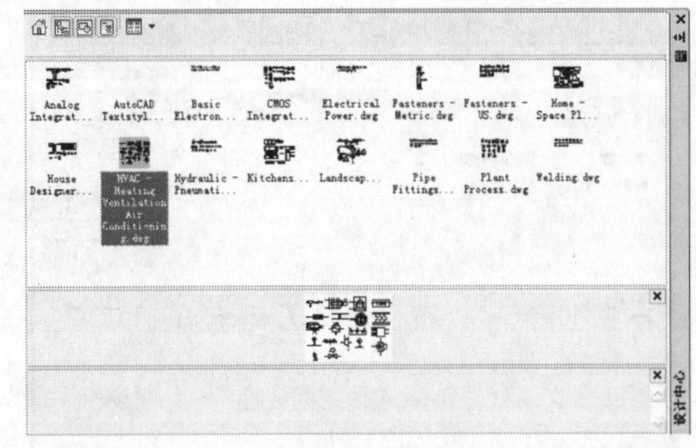

❹ 选中文件并拖动到绘图区中，在绘图区中单击指定基点，将“X”、“Y”比例因子都设置为“1”，旋转角度设置为“0”。

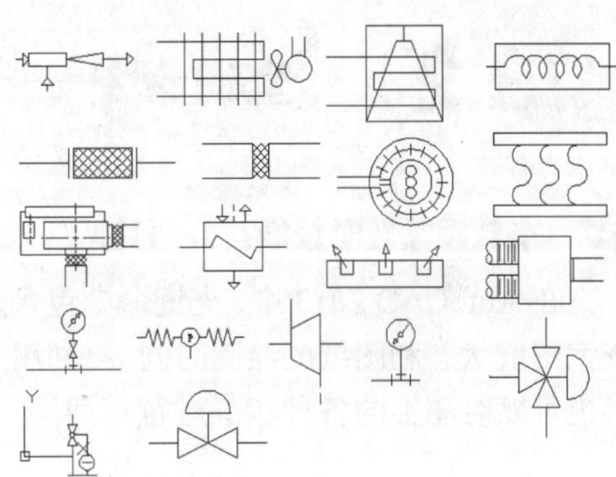

13.1.3 使用搜索

利用 AutoCAD 2013 提供的搜索命令，可以非常方便地查找电脑磁盘中的 CAD 图形文件。

❶ 选择【工具】➤【选项板】➤【设计中心】命令。

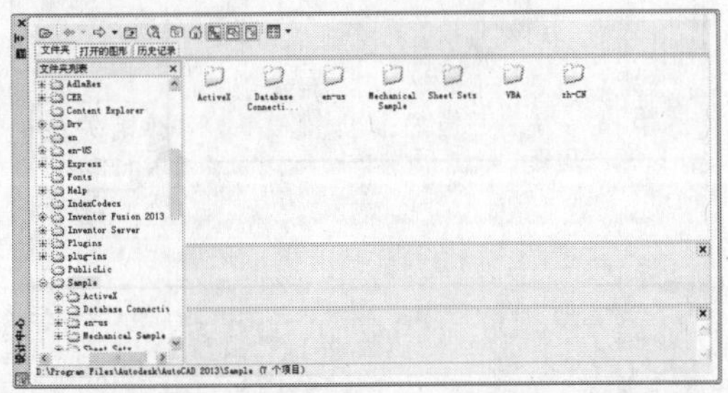

❷ 单击【设计中心】界面上的搜索按钮，弹出【搜索】对话框。

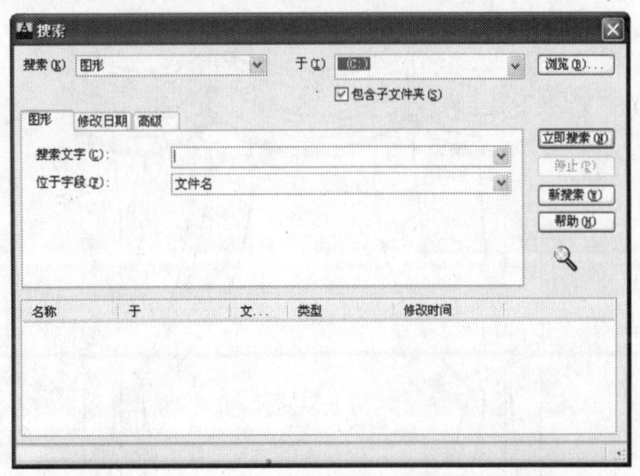

❸ 选择要搜索的磁盘，在【图形】选项卡下面的【搜索文字】文本框中输入要搜索的图形文件“时间查询.dwg”。

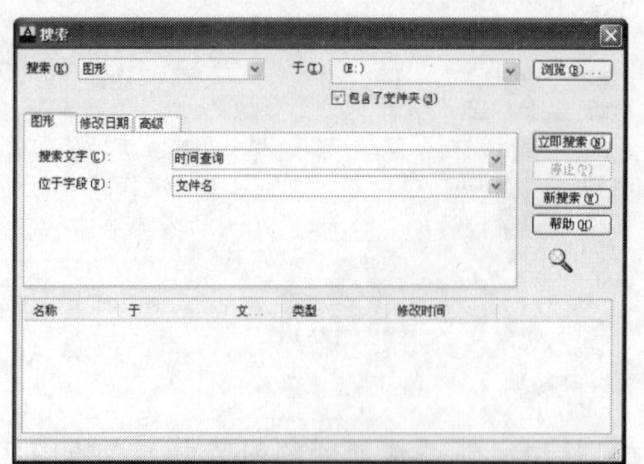

❹ 单击立即搜索(N)按钮，效果如图所示，搜索结果显示在下方的列表中。

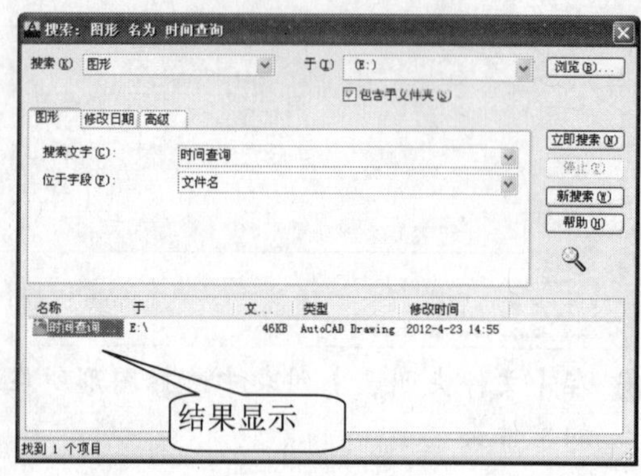

13.2 查询命令

本节视频教学录像：12 分钟

在 AutoCAD 2013 中，查询命令包含众多的功能，比如查询两点之间的距离、查询面积、查询图纸状态和图纸的绘图时间等。利用 AutoCAD 2013 的各种查询功能既可以辅助绘制图形也可以对图形的各种状态进行查询。

13.2.1 查询图纸绘制时间

查询图纸绘制时间的详细操作步骤如下。

❶ 打开光盘中的“素材\ch13\时间查询.dwg”文件。

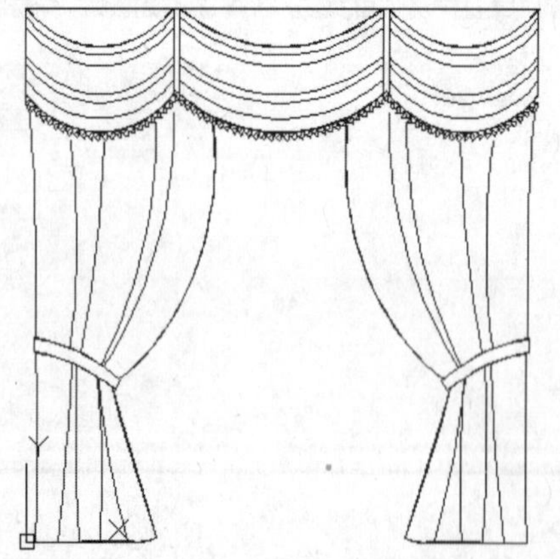

❷ 选择【工具】➢【查询】➢【时间】命令。

❸ 执行命令后弹出【AutoCAD 文本窗口】，显示时间信息。

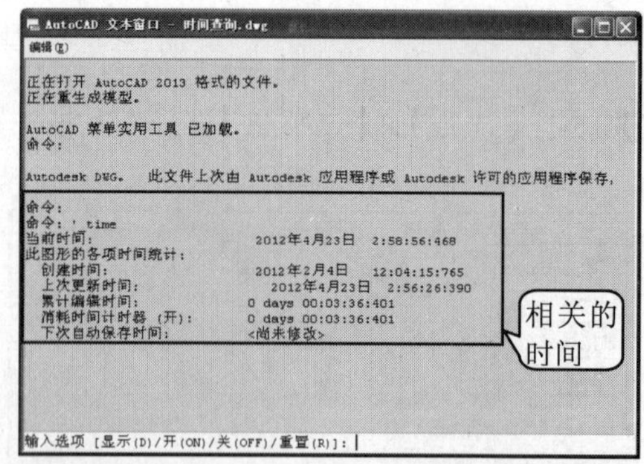

Tips

还可以通过以下方法查询图纸的绘制时间。

在命令行中输入“time”后按【Enter】键。

13.2.2 查询图纸状态

查询图纸状态的详细操作步骤如下。

❶ 打开光盘中的“素材\ch13\查询状态.dwg”文件。

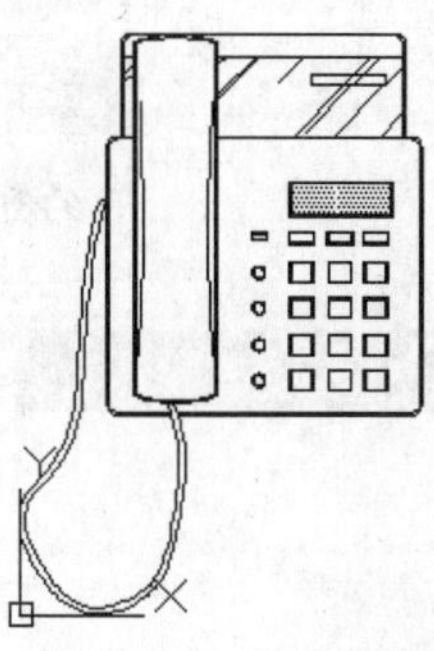

❷ 选择【工具】➢【查询】➢【状态】命令。

❸ 执行命令后，弹出【AutoCAD 文本窗口】窗口，在该窗口中可显示图纸状态。

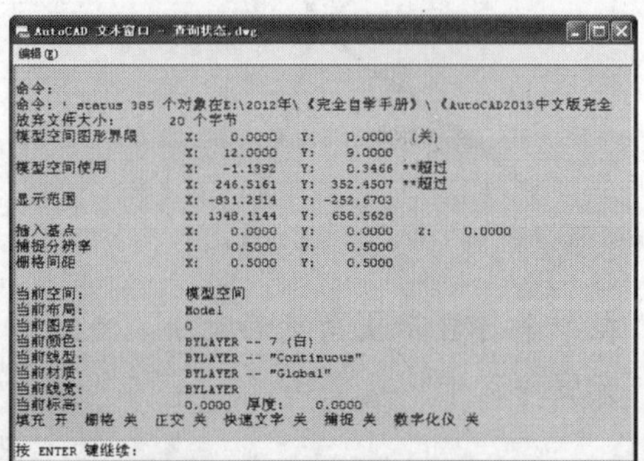

❹ 按【Enter】键确定后显示结果。

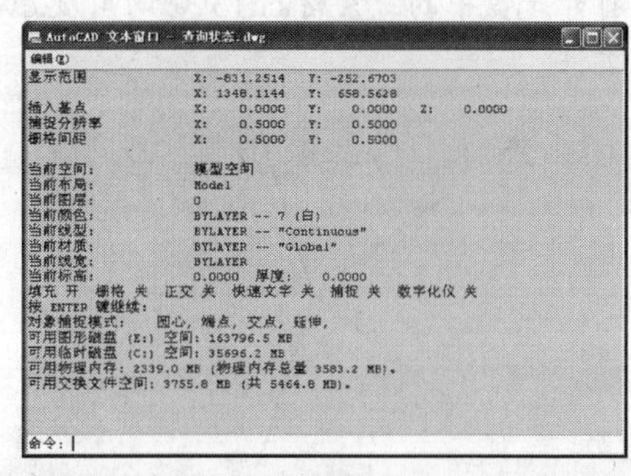

Tips

还可以通过以下方法查询图纸状态。在命令行中输入“status”后按【Enter】键。

13.2.3 查询半径

查询半径的具体操作步骤如下。

❶ 打开光盘中的“素材\ch13\查询半径.dwg”文件。

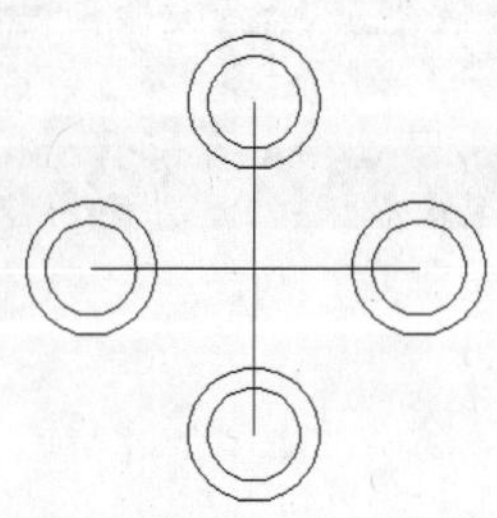

❷ 选择【工具】➢【查询】➢【半径】命令。

❸ 在绘图区单击要查询的对象。

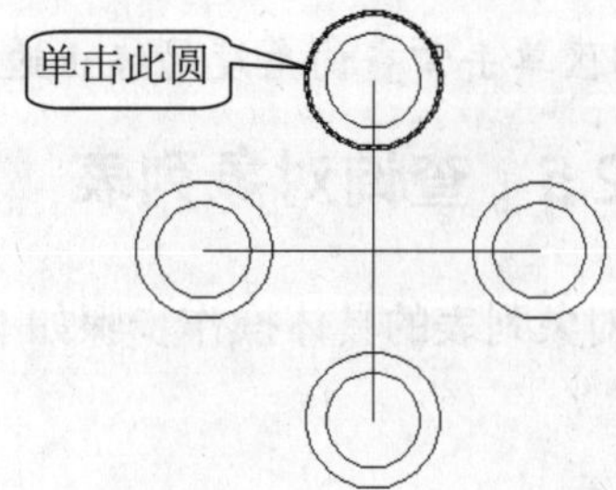

第13章 使用辅助工具

❹ 在命令行显示出圆的半径和直径的大小。

半径 = 100.0000

直径 = 200.0000

Tips

还可以通过以下方法查询半径值。

(1) 在命令行中输入"MEASUREGEOM"后按【Enter】键，然后再在命令行中输入"R"，按【Enter】键。

(2) 单击【常用】选项卡➤【实用工具】面板➤【测量】下三角按钮，在弹出的列表中选择【半径】按钮。

13.2.4 查询角度

查询角度的具体操作步骤如下。

❶ 打开光盘中的"素材\ch13\查询角度.dwg"文件。

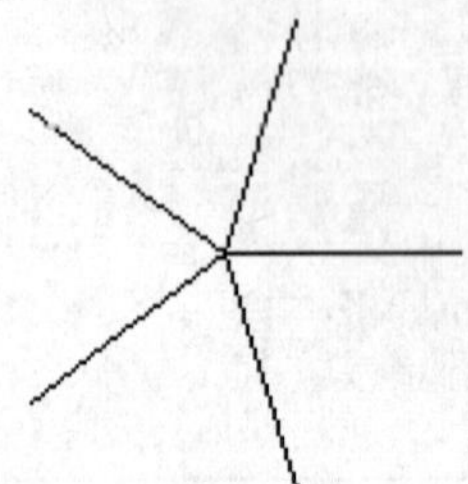

❷ 选择【工具】➤【查询】➤【角度】命令。

❸ 在绘图区单击需查询角度的起始边。

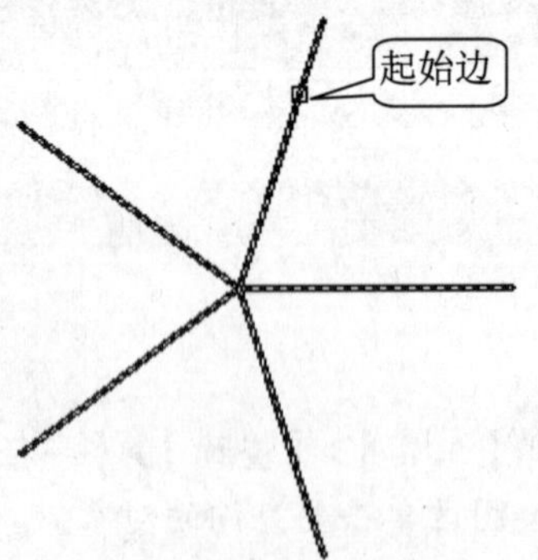

❹ 在绘图区单击需查询角度的终止边。

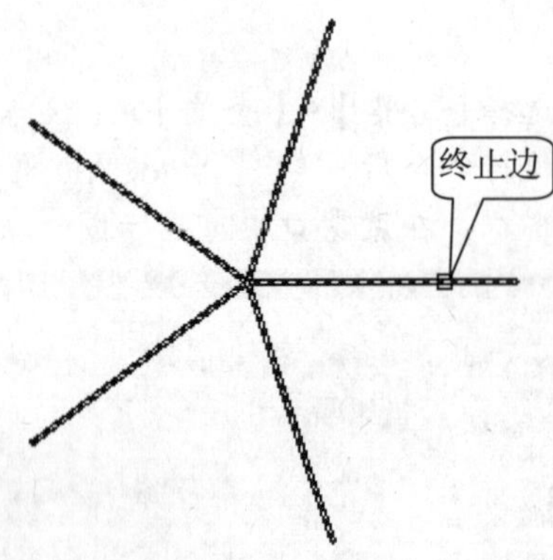

❺ 在命令行显示出角度的大小。

角度 = 72°

Tips

还可以通过以下方法查询角度值。

(1) 在命令行中输入"MEASUREGEOM"后按【Enter】键，然后再在命令行中输入"A"，按【Enter】键。

(2) 单击【常用】选项卡➤【实用工具】面板➤【测量】下三角按钮，在弹出的列表中选择【角度】按钮。

13.2.5 查询对象列表

查询对象列表的具体操作步骤如下。

❶ 打开光盘中的“素材\ch13\对象列表.dwg”文件。

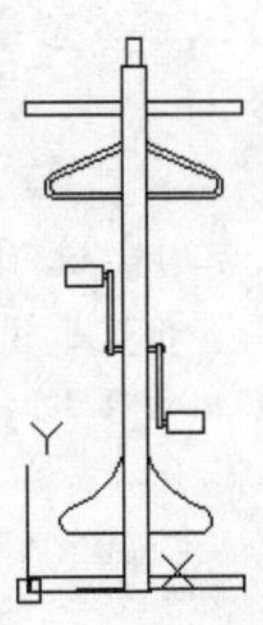

❷ 选择【工具】➤【查询】➤【列表】命令。

❸ 在绘图区选择对象。

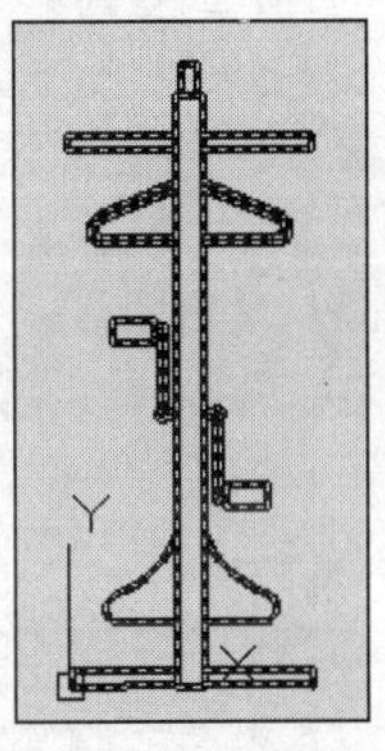

❹ 按【Enter】键确定，弹出【AutoCAD 文本窗口】窗口，在该窗口中可显示结果。

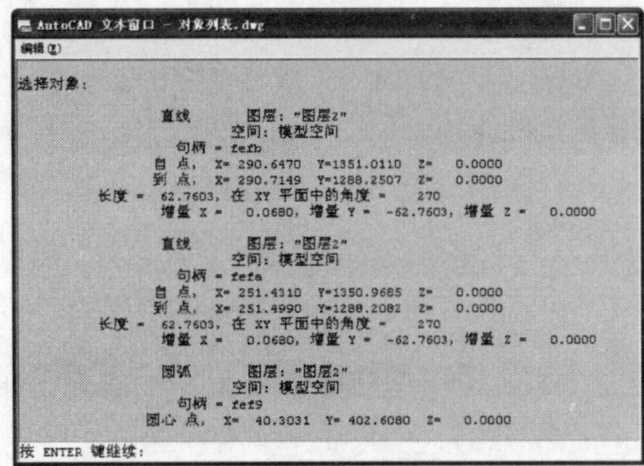

❺ 继续按【Enter】键可以查询图形中其他结构的信息，有兴趣的读者可自行尝试，这里不再赘述。

Tips

还可以通过以下方法打开对象的列表。

(1) 在命令行中输入“list”后按【Enter】键。

(2) 单击【常用】选项卡➤【特性】面板➤【列表】按钮。

13.2.6 查询距离

查询距离的具体操作步骤如下。

❶ 打开光盘中的“素材\ch13\查询距离.dwg”文件。

❷ 选择【工具】➤【查询】➤【距离】命令。

❸ 在绘图区单击指定第一点。

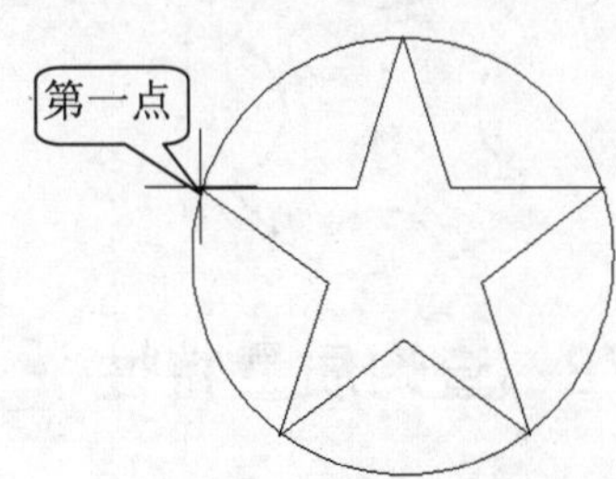

❹ 在绘图区单击指定第二点。

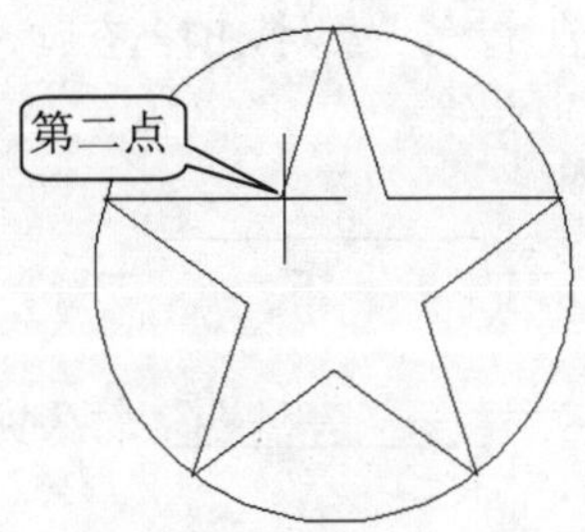

❺ 命令行显示结果如下。

距离 = 349.0507，XY 平面中的倾角 = 0， 与 XY 平面的夹角 = 0

X 增量 = 349.0507， Y 增量 = 0.0000， Z 增量 = 0.0000

Tips

还可以通过以下方法查询距离。

(1) 在命令行中输入“dist”后按【Enter】键。

(2) 单击【常用】选项卡➤【实用工具】面板➤【测量】下三角按钮，在弹出的列表中选择【距离】按钮。

13.2.7 查询面积

查询面积的具体操作步骤如下。

❶ 打开光盘中的“素材\ch13\查询面积.dwg”文件。

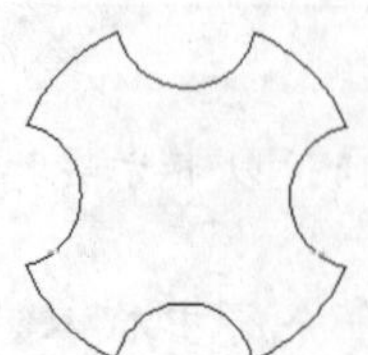

❷ 选择【工具】➤【查询】➤【面积】命令。

❸ 在命令行中输入“O”，按【Enter】键。

```
<距离>: _area
MEASUREGEOM 指定第一个角点或 [对象(O) 增加面积(A) 减少面积(S) 退出(X)] <对象(O)>: o
```

❹ 选择对象。

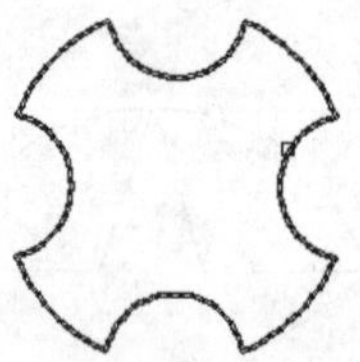

❺ 在命令行中显示出查询结果。

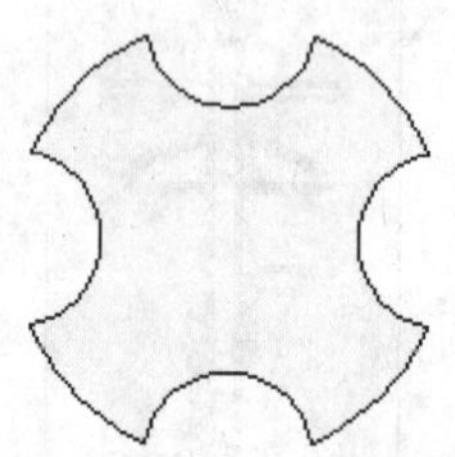

区域 = 482106.3974
周长 = 3464.1261

Tips

还可以通过以下方法查询面积。

(1) 在命令行中输入“area”后按【Enter】键。

(2) 单击【常用】选项卡➤【实用工具】面板➤【测量】下三角按钮，在弹出的列表中选择【面积】按钮。

13.2.8 查询质量特性

查询质量特性的具体操作步骤如下。

❶ 打开光盘中的“素材\ch13\查询质量特性.dwg”文件。

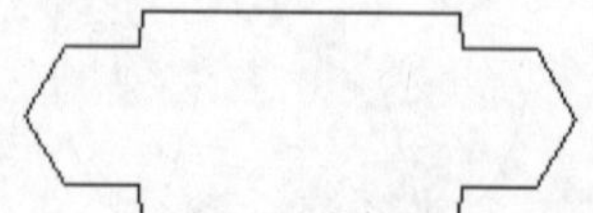

❷ 选择【工具】➤【查询】➤【面域\质量特性】命令。

❸ 在绘图区单击要查询的对象。

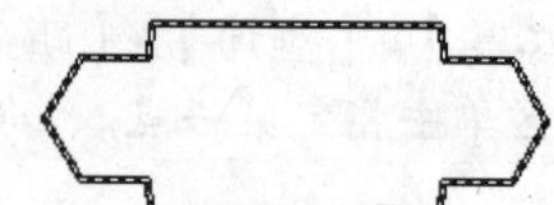

❹ 按【Enter】键确认后弹出查询结果。

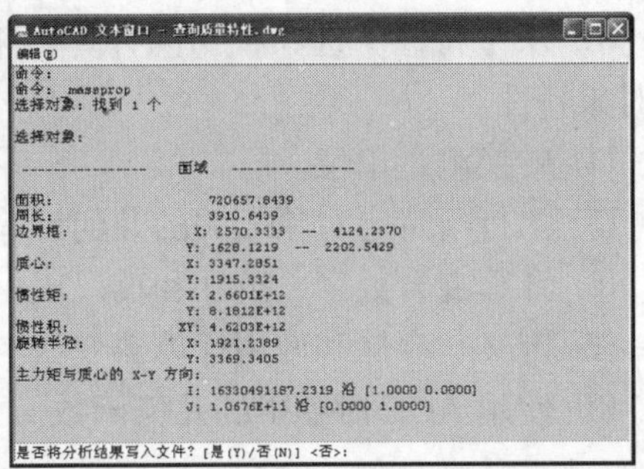

❺ 再次按【Enter】键，选择默认命令不将分析结果写入文件，同时关闭该对话框。

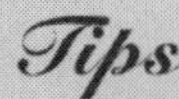

还可以通过以下方法查询质量特性。

在命令行中输入“massprop”后按【Enter】键。

13.2.9 查询体积

查询体积的具体操作步骤如下。

❶ 打开光盘中的“素材\ch13\查询体积.dwg”文件。

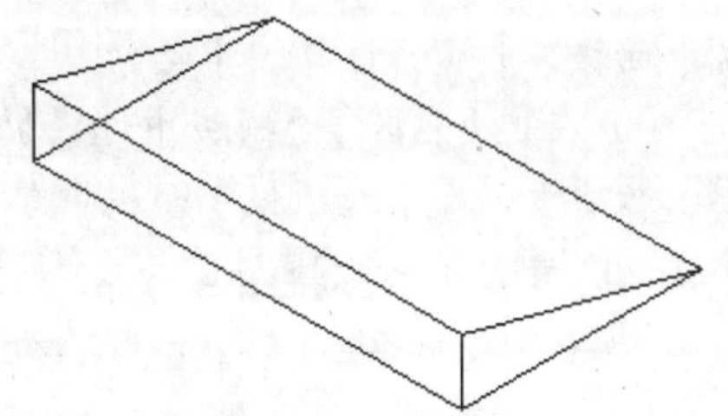

❷ 选择【工具】➤【查询】➤【体积】命令。

❸ 在命令行中输入“O”，按【Enter】键。

❹ 选择对象。

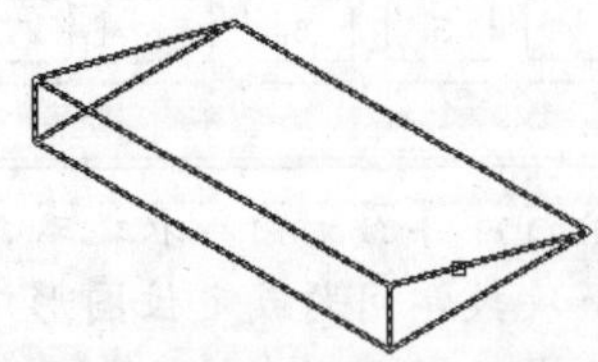

❺ 在命令行中显示出查询结果。

体积 = 166065.3135

还可以通过以下方法查询体积。

(1) 在命令行中输入“measure-geom”后按【Enter】键。

(2) 单击【常用】选项卡➤【实用工具】面板➤【测量】下三角按钮，在弹出的列表中选择【体积】按钮![体积]。

13.3 辅助功能

本节视频教学录像：7 分钟

为了便于设计和绘图，AutoCAD 2013 提供了一些其他的辅助功能，如计算器、重命名、修复图形数据、核查和文字样式等工具。

13.3.1 计算器

使用快速计算器可以执行数学计算、科学计算和几何计算，转换测量单位，操作对象的特性以及计算表达方式等。

打开快速计算器的具体操作步骤如下。

❶ 选择【工具】➤【选项板】➤【快速计算器】命令，弹出【快速计算器】界面。

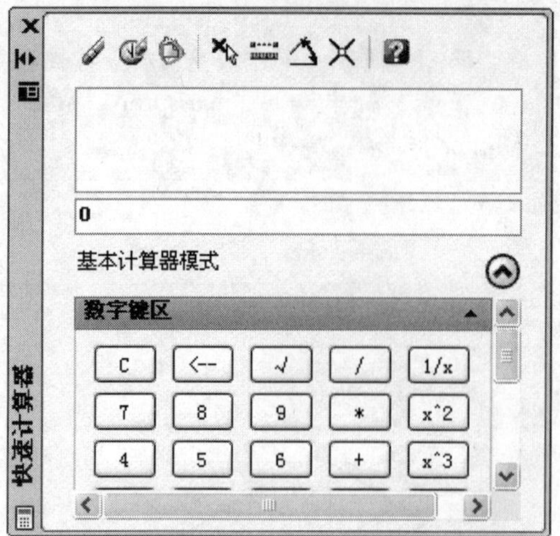

❷ 在命令行计算器中输入表达式，可以快速地解决数学问题或定位图形中的点，在表达式的提示下直接输入需要计算的表达式，在 AutoCAD 中将输出结果。

使用【快速计算器】可以执行以下操作。

(1) 执行数学计算和三角计算。

(2) 访问和检查以前输入的计算值并重新进行计算。

(3) 从【特性】选项板访问计算器来修改对象特性。

(4) 转换测量单位。

(5) 执行与特定对象相关的几何计算。

(6) 计算混合数字、英寸和英尺。

(7) 定义、存储和使用计算器变量。

(8) 使用 ACL 命令中的几何函数。

> *Tips*
>
> 还可以通过以下方法打开计算器。
>
> (1) 在命令行中输入“quickcalc”或者“qc”命令后按【Enter】键。
>
> (2) 右击选择【快速计算器】命令。
>
> (3) 单击【常用】选项卡➤【实用工具】面板➤【快速计算器】按钮。
>
> (4) 在【功能区】选项板中选择【视图】选项卡，在【选项板】面板中单击【快速计算器】图标按钮。

13.3.2 重命名

使用【重命名】对话框为对象重命名的具体操作步骤如下。

❶ 打开光盘中的“素材\ch13\重命名.dwg”文件，选择【格式】➤【图层】命令。

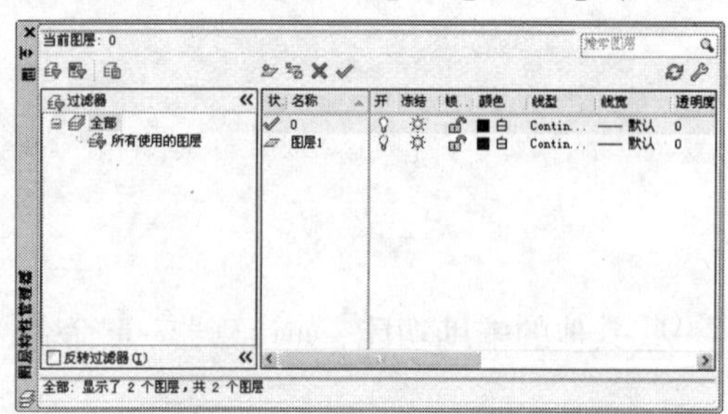

❷ 选择【格式】➤【重命名】命令，弹出【重命名】对话框。然后单击【图层1】并输入图层的新名称为“衣柜层”。

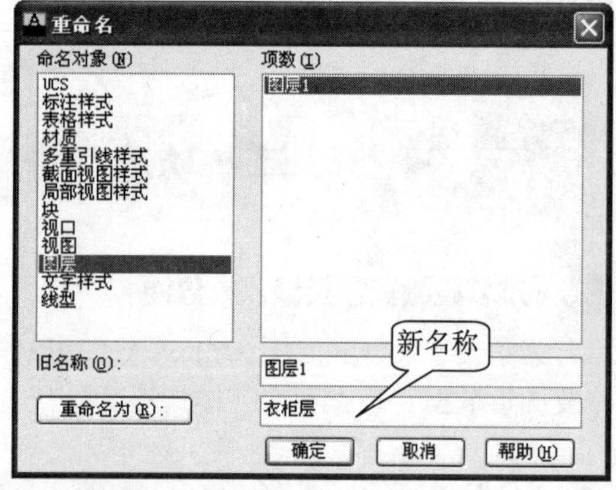

❸ 单击【确定】按钮，查看图层名称的变化。

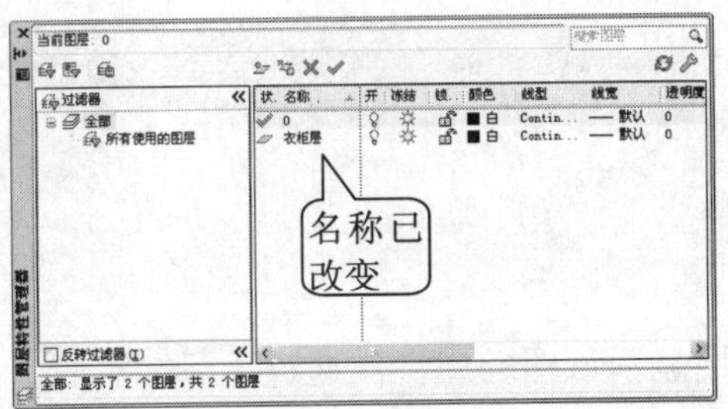

Tips

还可以通过以下方法进行重命名操作。

在命令行中输入“rename”后按【Enter】键。

13.3.3 核查

使用【核查】命令可检查图形的完整性并更正某些错误。在文件损坏后，可以通过使用该命令查找并更正错误，以修复部分或全部数据。

利用【核查】命令检查图像的具体操作步骤如下。

❶ 选择【应用程序菜单】➢【图形实用工具】➢【核查】命令。

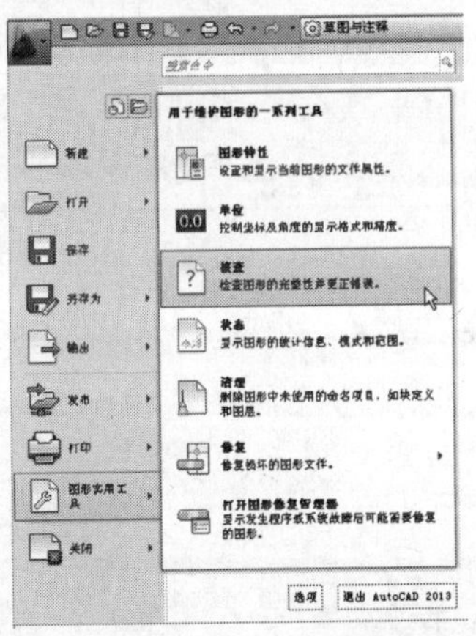

❷ 执行命令后，命令行提示如下。

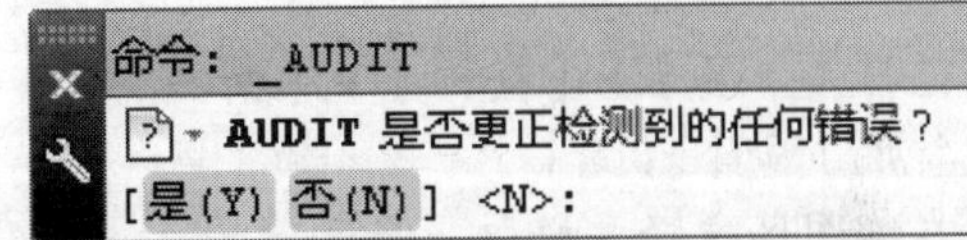

❸ 在命令行中输入参数“Y”，按【Enter】键确认以更正检测到的错误。

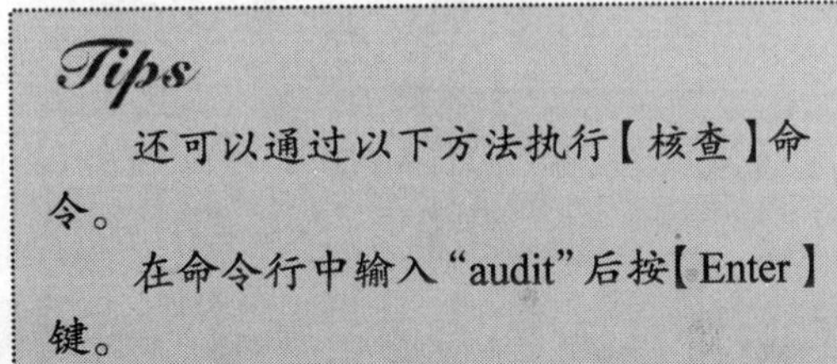

Tips

还可以通过以下方法执行【核查】命令。

在命令行中输入“audit”后按【Enter】键。

13.3.4 修复

使用【修复】命令可以修复损坏的图形。当文件损坏后，可以通过使用该命令查找并更正错误，以修复部分或全部数据。

利用【修复】命令修复图形的具体操作步骤如下。

选择【应用程序菜单】➢【图形实用工具】➢【修复】命令，弹出【选择文件】对话框，从中选择要修复的文件。单击【打开】按钮后系统自动进行修复，如果没有错误，将会弹出没有核查出错误的信息框。

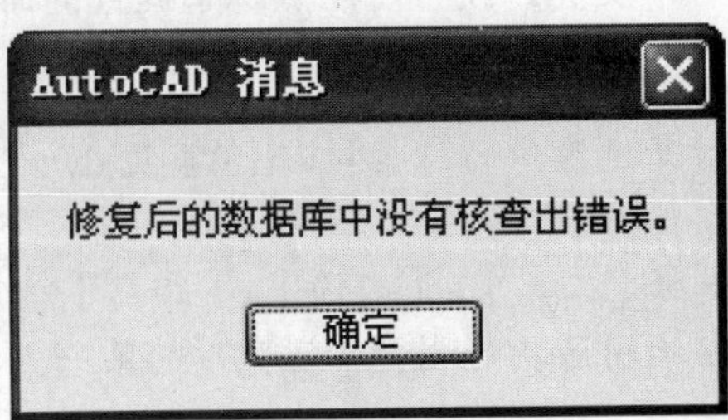

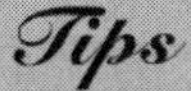

Tips

还可以通过以下方法执行【修复】命令。

在命令行中输入“recover”后按【Enter】键。

13.4 提取属性

本节视频教学录像：2 分钟

本实例是一张绿化植物图，下面通过提取属性显示该图的属性。通过学习本实例，读者可以熟练掌握提取对象属性的使用方法和过程。

❶ 打开光盘中的"素材\ch13\提取属性.dwg"文件。

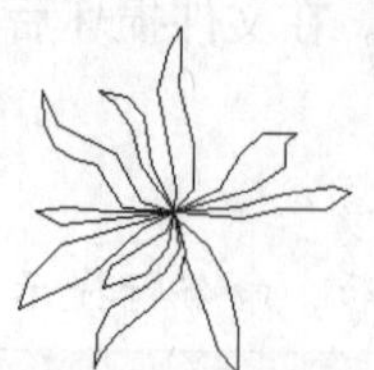

❷ 选择【工具】➢【查询】➢【面域/质量特性】命令。

❸ 在绘图区选择要提取属性的对象。

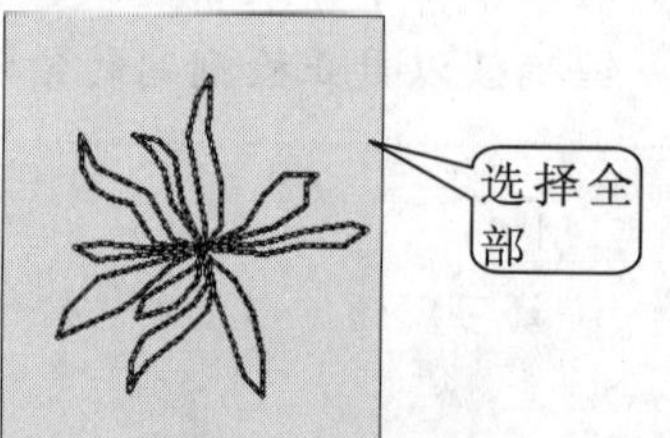

❹ 按【Enter】键确认，最终效果如图所示。

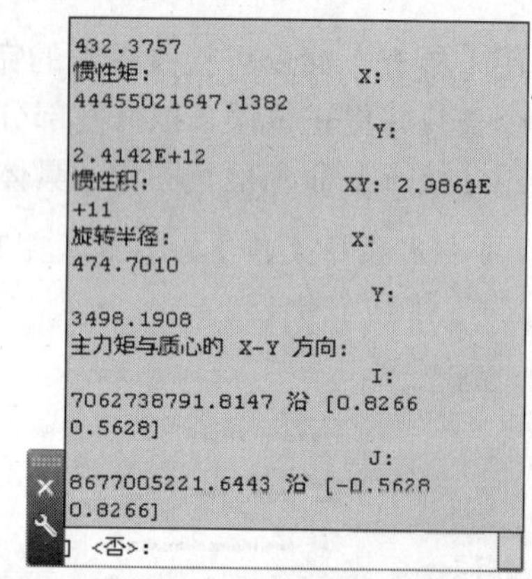

在提取属性前必须将对象转换为实体或面域。

13.5 技能演练

本节视频教学录像：5 分钟

本节主要通过测量茶几的宽度、游泳池的面积以及齿轮周长和面积，对本章所讲的【查询】命令进行综合练习。

13.5.1 查询茶几的宽度

本实例利用距离命令查询茶几的宽度。通过学习本实例，读者可以熟练掌握查询命令的使用方法和查询茶几尺寸的步骤。

实例名称：查询茶几的宽度	
主要命令：查询命令	
素材：素材\ch13\茶几.dwg	
结果：无	
难易程度：★★	常用指数：★★★

❶ 打开光盘中的"素材\ch13\茶几.dwg"文件。

❷ 选择【工具】➢【查询】➢【距离】命令。

❸ 在绘图区指定测量茶几宽度的第一点。

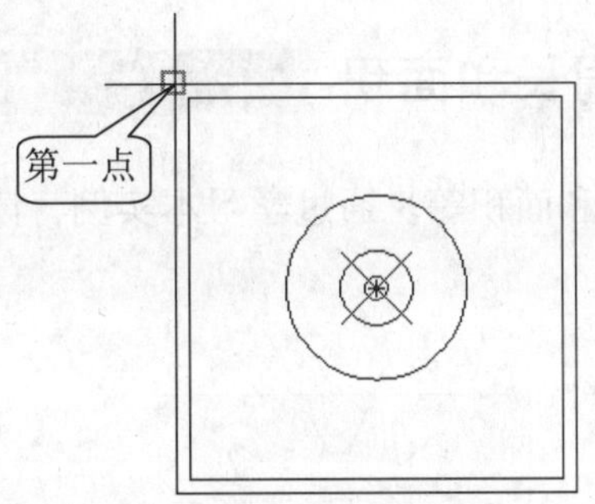

❹ 在绘图区指定测量茶几宽度的第二点。

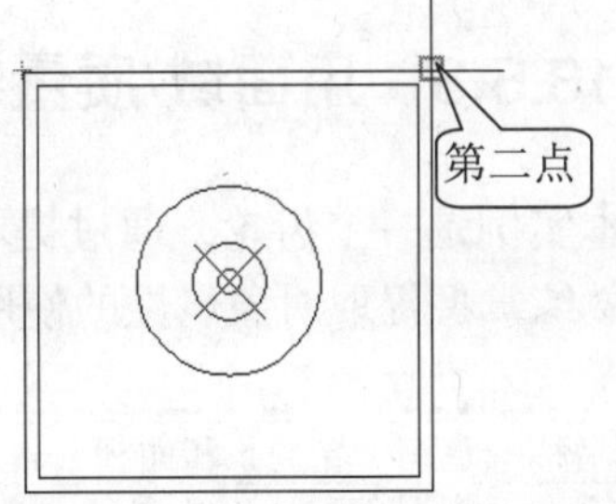

❺ 在命令行输入“X”，按【Enter】键确认，命令行中将显示测量信息。

距离 = 500.0000，XY 平面中的倾角 = 0，与 XY 平面的夹角 = 0

X 增量 = 500.0000， Y 增量 = 0.0000， Z 增量 = 0.0000

13.5.2 查询游泳池的面积

本实例是利用质量特性命令查询游泳池面积。通过学习本实例，读者应熟练掌握质量特性命令的使用方法。

实例名称：查询游泳池的面积	
主要命令：查询命令	
素材：素材\ch13\游泳池.dwg	
结果：无	
难易程度：★★	常用指数：★★★

❶ 打开光盘中的“素材\ch13\游泳池.dwg”文件。

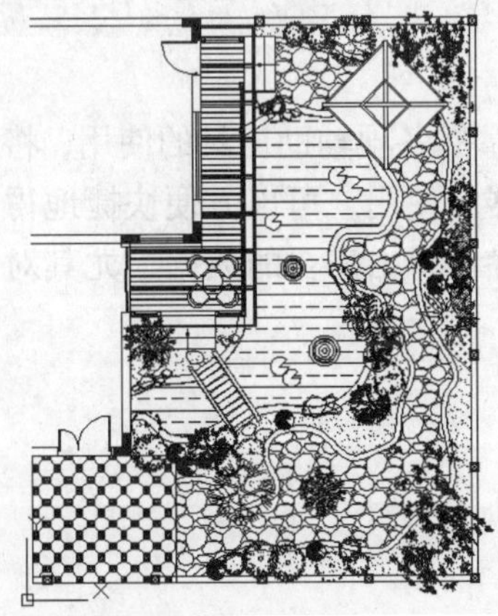

❷ 选择【工具】➢【查询】➢【面积】命令。

❸ 在命令行输入“O”，按【Enter】键，在绘图区选择要提取属性的对象。

❹ 在命令行输入“X”，按【Enter】键确认，效果如图所示。

区域 = 23941226.1344

修剪的区域 = 0.0000 ，周长 = 23389.4613

Tips

在测量规则性图纸时用户也可以选择【面域/质量特性】测量，可根据工作需要来选择。

13.5.3 用面域/质量特性查询齿轮的周长和面积

本实例是一个齿轮，通过提取属性显示齿轮的周长和面积等。通过学习本实例，读者可以熟练掌握提取对象属性的使用方法和过程。

实例名称：查询齿轮周长和面积	
主要命令：查询命令	
素材：素材\ch13\齿轮.dwg	
结果：无	
难易程度：★★	常用指数：★★★

❶ 打开光盘中的“素材\ch13\齿轮.dwg”文件。

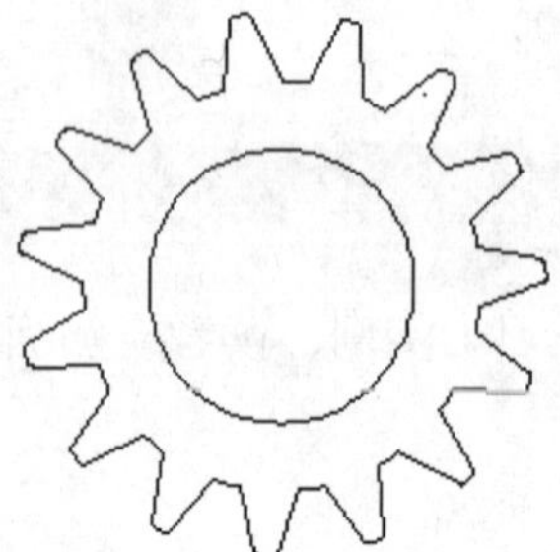

❷ 选择【工具】➤【查询】➤【面域/质量特性】命令。

❸ 在绘图区选择要提取属性的对象。

❹ 按【Enter】键确认，效果如图所示。

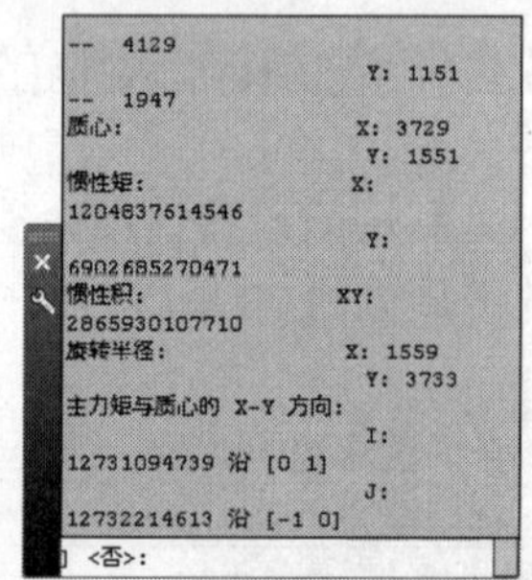

❺ 在命令行最下方提示是否将分析结果写入文件，按【Enter】键选择默认操作不将分析结果写入文件。

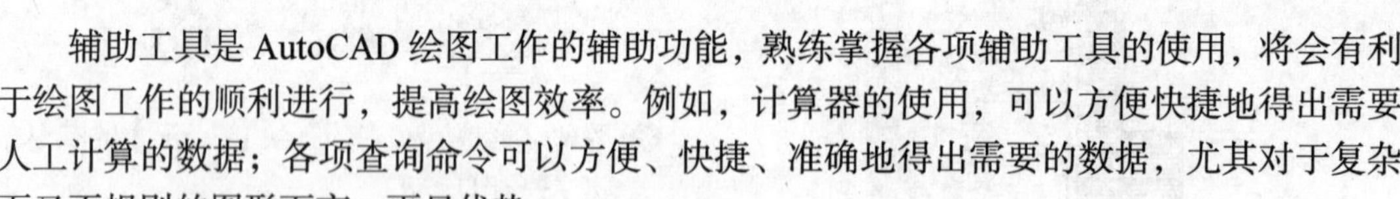

13.6 本章小结

辅助工具是 AutoCAD 绘图工作的辅助功能，熟练掌握各项辅助工具的使用，将会有利于绘图工作的顺利进行，提高绘图效率。例如，计算器的使用，可以方便快捷地得出需要人工计算的数据；各项查询命令可以方便、快捷、准确地得出需要的数据，尤其对于复杂而又不规则的图形而言，更显优势。

第 14 章　文字、表格和图案填充

本章引言

绘图时需要对图形进行文本标注和说明，或者对绘制好的图形进行填充。AutoCAD 2013 提供了强大的文字、表格和图形填充功能，可以帮助用户创建文字、表格以及对图形进行填充，从而标注图样的非图信息，使设计和施工人员能对图形一目了然。

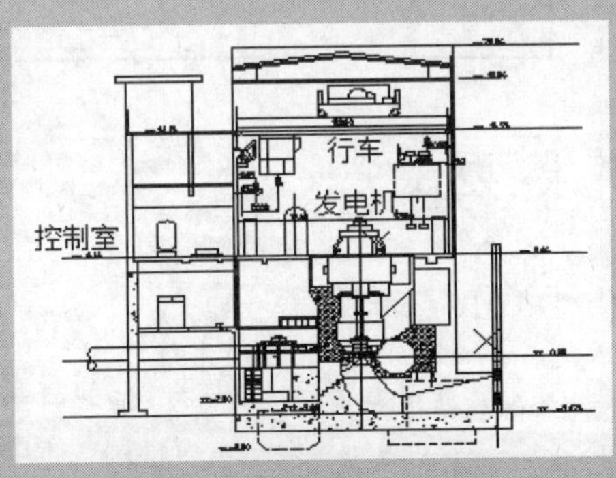

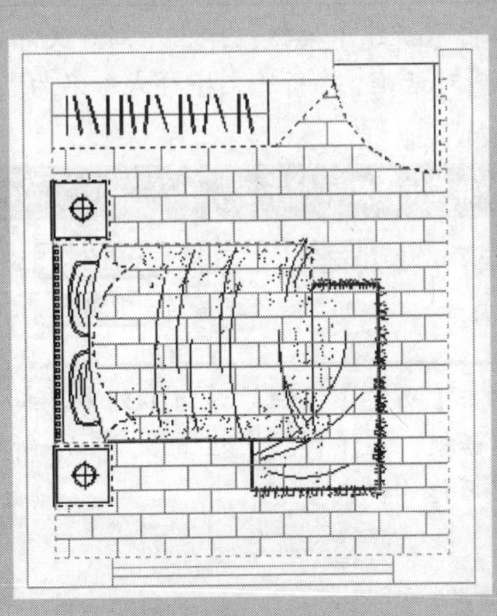

在 AutoCAD 2013 中可以对图形进行文本标注和说明。在一个完整的图样中通常都包含一些文字注释，用于标注图样中的一些非图形信息，例如尺寸标注、图纸说明和文字表格等。

14.1 创建文字

本节视频教学录像：16 分钟

在 AutoCAD 2013 绘制图形完成后就需要通过创建文字来对绘制的图形进行说明。

14.1.1 新建文字样式

创建文字样式是进行文字注释的首要任务。在 AutoCAD 2013 中，文字样式用于控制图形中所使用文字的字体、宽度和高度等参数。在一幅图形中可定义多种文字样式以适应工作的需要。

下面创建一个新的文字样式并设置新建文字样式的倾斜角度为 30°，具体操作步骤如下。

❶ 选择【格式】➤【文字样式】命令，弹出【文字样式】对话框。

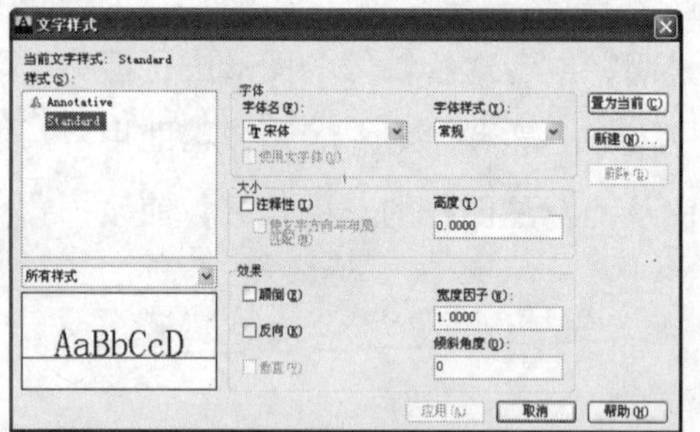

❷ 单击【新建】按钮，弹出【新建文字样式】对话框，将新的文字样式命名为“样式 1”。

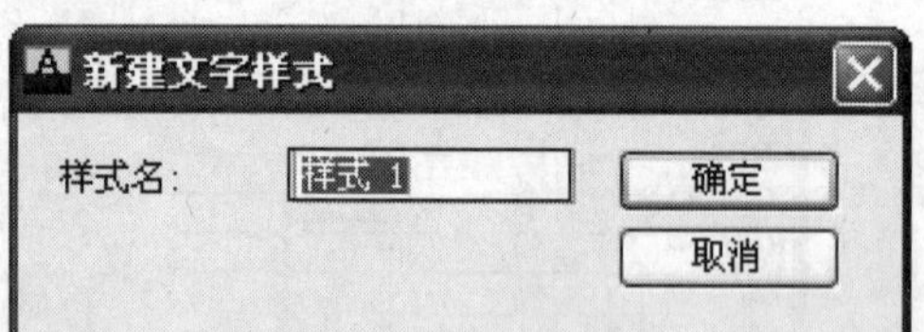

❸ 单击【确定】按钮后返回【文字样式】对话框，在【样式】栏下多了一个新样式名称“样式 1”。

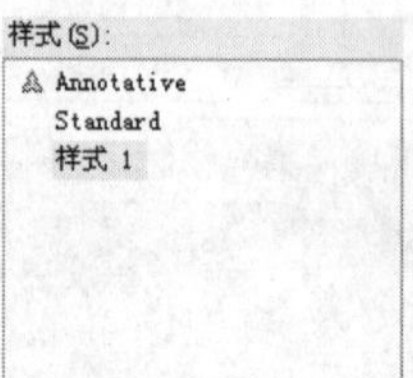

❹ 选中“样式 1”，单击【置为当前】按钮，把“样式 1”设置为当前样式。

❺ 设置“样式 1”的相关属性，在【倾斜角度】一栏中输入“30”，并单击【应用】按钮。

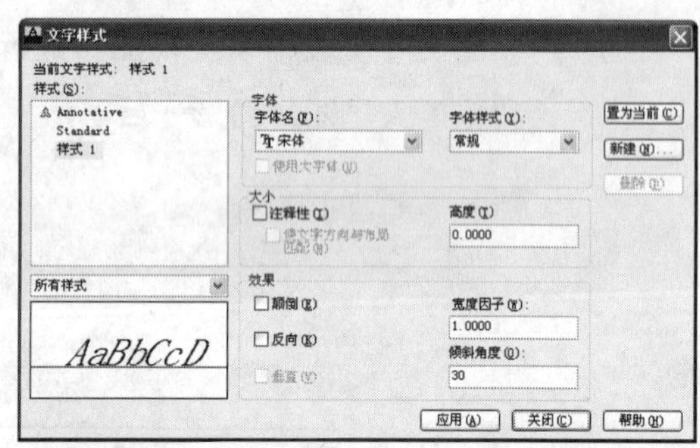

Tips

还可以通过以下方法打开【文字样式】对话框。

(1) 单击【常用】选项卡➤【注释】面板➤【文字样式】按钮。

(2) 在命令行输入“style”后按【Enter】键。

14.1.2　输入与编辑单行文字

在创建文字注释和尺寸标注时，AutoCAD 2013 通常使用当前的文字样式。也可以根据具体要求重新设置文字样式或创建新的样式。可以使用单行文字命令创建一行或多行文字，在创建多行文字的时候，通过按【Enter】键来结束每一行。其中，每行文字都是独立的对象，可对其进行重定位、调整格式或进行其他修改。

1. 输入单行文字

输入单行文字的具体操作步骤如下。

❶ 选择【绘图】➢【文字】➢【单行文字】命令。

❷ 在绘图区单击指定文字的起点。

❸ 在命令行中输入文字的高度“80”并按【Enter】键确认，继续按【Enter】键不指定文字的旋转角度。

❹ 在绘图区输入文字内容“AutoCAD 2013”后按【Enter】键换行，继续按【Enter】键结束命令。

AutoCAD 2013

> **Tips**
>
> 还可以通过以下方法输入单行文字。
>
> (1) 单击【常用】选项卡➢【注释】面板➢【单行文字】按钮A。
>
> (2) 在命令行中输入“text”后按【Enter】键。

2. 设置单行文字的对齐方式

设置单行文字的对齐方式的具体操作步骤如下。

❶ 选择【绘图】➢【文字】➢【单行文字】命令。命令行提示如下。

```
当前文字样式： "样式 1"  文字高度： 80.0000  注释性： 否
TEXT 指定文字的起点或 [对正(J) 样式(S)]:
```

> **Tips**
>
> 命令行各参数含义如下。
>
> 对正（J）：控制文字的对正方式。
>
> 样式（S）：指定文字样式。

❷ 在命令行中输入文字的对正参数“J”并按【Enter】键确认，命令行提示如下。

```
TEXT 输入选项 [对齐(A) 布满(F) 居中(C) 中间(M) 右对齐(R) 左上(TL) 中上(TC) 右上(TR) 左中(ML) 正中(MC) 右中(MR) 左下(BL) 中下(BC) 右下(BR)]:
```

命令行中各参数含义如下。

对齐（A）：通过指定基线端点来指定文字的高度和方向。

布满（F）：指定文字按照由两点定义的方向和一个高度值布满一个区域。只适用于水平方向的文字。

居中（C）：从基线的水平中心对齐文字，此基线是由用户给出的点指定的。

中间（M）：文字在基线的水平中点和指定高度的垂直中点上对齐。

右对齐（R）：在由用户给出的点指定的基线上右对正文字。

左上（TL）：在指定为文字顶点的点上左对正文字。只适用于水平方向的文字。

中上（TC）：以指定为文字顶点的点居中对正文字。只适用于水平方向的文字。

右上（TR）：以指定为文字顶点的点右对正文字。只适用于水平方向的文字。

左中（ML）：在指定为文字中间点的点上靠左对正文字。只适用于水平方向的文字。

正中（MC）：在文字的中央水平和垂直

居中对正文字。只适用于水平方向的文字。

右中（MR）：以指定为文字的中间点的点右对正文字。只适用于水平方向的文字。

左下（BL）：以指定为基线的点左对正文字。只适用于水平方向的文字。

中下（BC）：以指定为基线的点居中对正文字。只适用于水平方向的文字。

右下（BR）：以指定为基线的点靠右对正文字。只适用于水平方向的文字。

❸ 在命令行中输入文字的对其方式“MC”后按【Enter】键确认，在绘图区单击指定文字的正中点。

❹ 在命令行中输入文字的高度“60”并按【Enter】键确认。

```
(R)/左上(TL)/中上(TC)/右上(TR)/左中(ML)/正中
(MC)/右中(MR)/左下(BL)/中下(BC)/右下(BR)]: MC
指定文字的中间点:
TEXT 指定高度 <80.0000>:   60
```

❺ 在命令行中输入文字的旋转角度“15”，并按【Enter】键确认。

```
(MC)/右中(MR)/左下(BL)/中下(BC)/右下(BR)]: MC
指定文字的中间点:
指定高度 <80.0000>:   60
TEXT 指定文字的旋转角度 <0>:  15
```

❻ 在绘图区输入文字内容“AutoCAD 2013”后按【Enter】键换行，继续按【Enter】键结束命令。

当选中文字时，会出现两个夹点，如图所示。

3. 编辑单行文字

编辑单行文字的具体操作步骤如下。

❶ 打开光盘中的“素材\ch14\编辑单行文字.dwg”文件。

如何快速的自学AutoCAD 2013 ?

❷ 选择【修改】➢【对象】➢【文字】➢【编辑】命令。

❸ 在绘图区单击选择要编辑的文字。

如何快速的自学AutoCAD 2013 ?

❹ 在绘图区输入新的文字“通过刻苦的练习快速自学 AutoCAD 2013”并按【Enter】键确定，再次按【Enter】键可以结束命令。

通过刻苦的练习快速自学AutoCAD 2013

Tips

还可以通过以下方法编辑单行文字。

(1) 在绘图区双击单行文字对象。

(2) 选择文字对象，在绘图区域中鼠标右击，然后在快捷菜单中选择【编辑】命令。

(3) 在命令行中输入“ddedit”后按【Enter】键。

❺ 输入“PROPERTIES”，然后按【Enter】键。

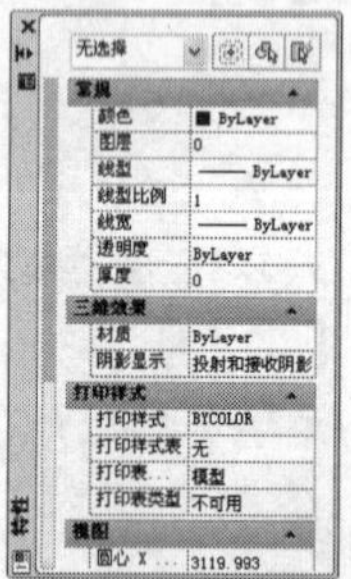

Tips

可以使用 DDEDIT 和 PROPERTIES 修改单行文字。

如果只需要修改文字的内容而无需修改文字对象的格式或特性，使用 DDEDIT。

如果要修改内容、文字样式、位置、方向、大小和对正等其他特性，使用 PROPERTIES 命令。

14.1.3 输入与编辑多行文字

多行文字又称为段落文字，这是一种更易于管理的文字对象，可以由两行以上的文字组成，而且各行文字都是作为一个整体处理。选择【绘图】➢【文字】➢【多行文字】命令，或在命令行中输入“mtext”后按【Enter】键，然后在绘图窗口中指定一个用来放置多行文字的矩形区域，可以打开【文字编辑器】工具栏和文字输入窗口。

1.输入多行文字

输入多行文字的具体操作步骤如下。

❶ 选择【绘图】➢【文字】➢【多行文字】命令。

❷ 在绘图区单击指定第一角点。

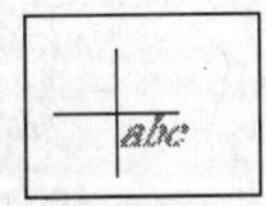

❸ 在绘图区拖动鼠标光标并单击指定对角点。

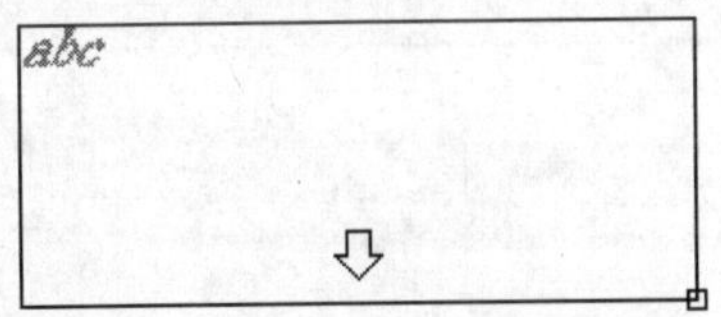

❹ 单击后弹出【文字编辑器】窗口。

❺ 输入文字的内容并更改文字大小为“2.5”。

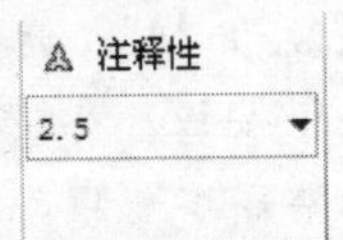

❻ 单击【关闭文字编辑器】按钮后的效果如图所示。

AutoCAD 2013
完全自学手册

> **Tips**
>
> 还可以通过以下方法输入多行文字。
>
> (1) 单击【常用】选项卡➢【注释】面板➢【多行文字】按钮A。
>
> (2) 在命令行中输入“mtext”后按【Enter】键。

2.编辑多行文字

编辑多行文字的具体操作步骤如下。

❶ 打开光盘中的“素材\ch14\编辑多行文字.dwg”文件。

文艺是一种艺术体操，
它以其特有的方式，
将人生的精华凝聚到
了一起，让人在欣赏
的同时，感触到了人
生的真谛。

❷ 选择【修改】➢【对象】➢【文字】➢【编辑】命令。

❸ 在绘图区单击选择要编辑的文字，弹出【文字编辑器】窗口。

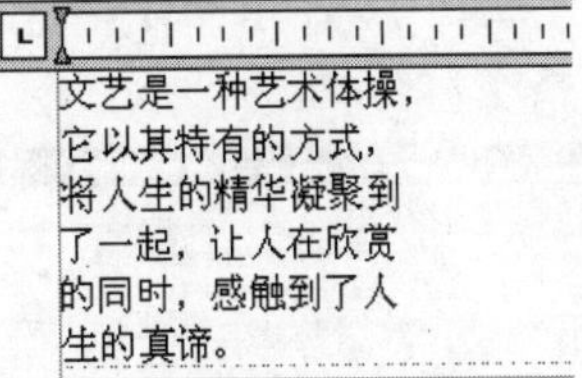

❹ 选中文字后，更改文字大小为“10”，字体类型为“华文行楷”。

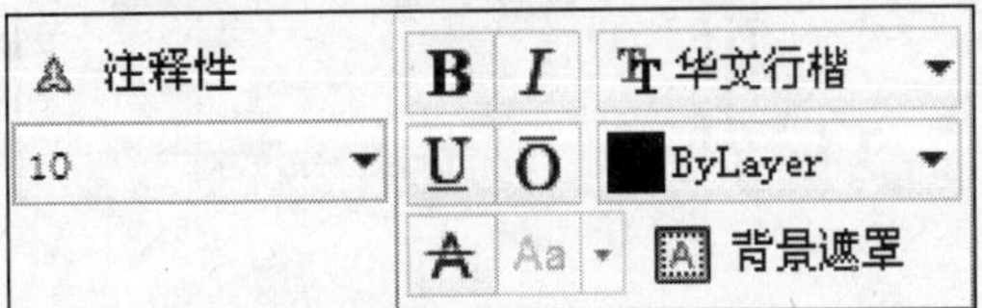

❺ 单击【关闭文字编辑器】按钮 。

文艺是一种艺术体操，
它以其特有的方式，
将人生的精华凝聚到
了一起，让人在欣赏
的同时，感触到了人
生的真谛。

❻ 双击绘图区中的文字，打开【文字编辑器】对话框，并选中如图所示的文字继续对其编辑。

文艺是一种艺术体操，
它以其特有的方式，
将人生的精华凝聚到
了一起，让人在欣赏
的同时，感触到了人
生的真谛。

❼ 分别单击【文字编辑器】窗口中的粗体（B）按钮、斜体（I）按钮、下划线（U）按钮和删除线（A）按钮，单击【关闭文字编辑器】按钮 。

文艺是一种艺术体操，
它以其特有的方式，
将人生的精华凝聚到
了一起，让人在欣赏
的同时，感触到了人
生的真谛。

Tips

还可以通过以下方法编辑多行文字。

(1) 在绘图区双击多行文字对象。

(2) 选择文字对象，在绘图区域中右击，然后选择【编辑】命令。

(3) 在命令行中输入“mtedit”后按【Enter】键。

(4) 在命令行中输入“PROPERTIES”，后按【Enter】键。

(5) 在命令行中输入“ddedit”后按【Enter】键。

14.2 创建表格

本节视频教学录像：9 分钟

表格是在行和列中包含数据的对象，可以从空表格或表格样式创建表格对象。

表格使用行和列以一种简洁清晰的形式提供信息，常用于一些组件的图形中。表格样式用于控制一个表格的外观，用于保证标准的字体、颜色、文本、高度和行距。用户可以使用默认的表格样式，也可以根据需要自定义表格样式。

❶ 选择【绘图】➤【表格】命令，弹出【插入表格】对话框。

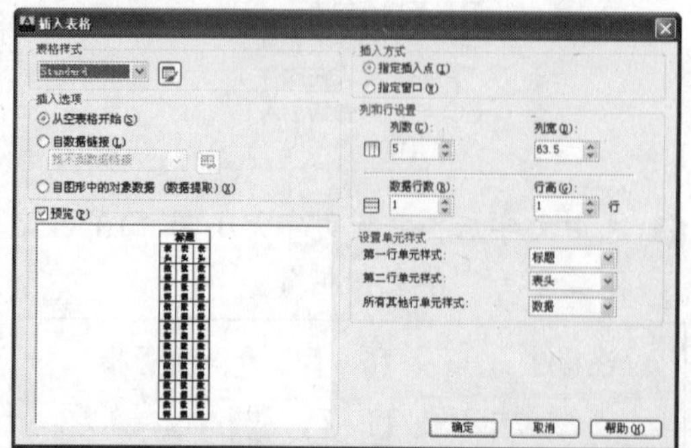

❷ 设置表格列数为“4”，数据行数为“7”，单击【确定】按钮，在绘图区单击后弹出【文字编辑器】窗口，并输入表格的标题“仓库盘点明细表”，更改文字大小为“10”。

	A	B	C	D
1	仓库盘点明细表			
2				
3				
4				
5				
6				
7				
8				
9				

❸ 单击【关闭文字编辑器】按钮 。

仓库盘点明细表			

> *Tips*
>
> 还可以通过以下方法创建表格。
>
> (1) 单击【常用】选项卡➢【注释】面板➢【表格】按钮 。
>
> (2) 在命令行中输入"table"后按【Enter】键。

14.2.1 创建表格样式

表格的外观由表格样式控制，用户可以使用默认表格样式STANDARD，也可以创建自己的表格样式。

在创建新的表格样式时，可以指定一个起始表格。起始表格是图形中用作设置新表格样式的样例表格。一旦选定表格，用户即可指定要从此表格复制到表格样式的结构和内容。

❶ 选择【格式】➢【表格样式】命令，弹出【表格样式】对话框。

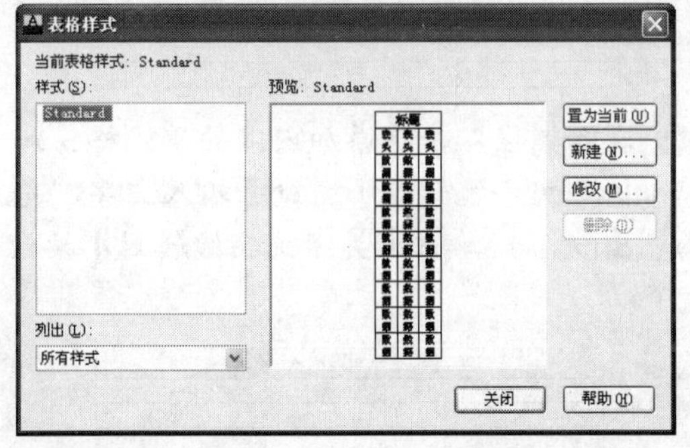

❷ 选择【新建】按钮，弹出【创建新的表格样式】对话框，输入新表格样式的名称为"新表格样式"。

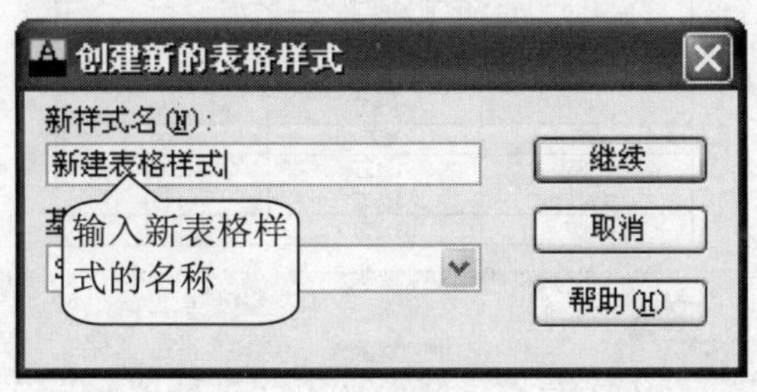

❸ 单击【继续】按钮，弹出【新建表格样式：新表格样式】对话框。

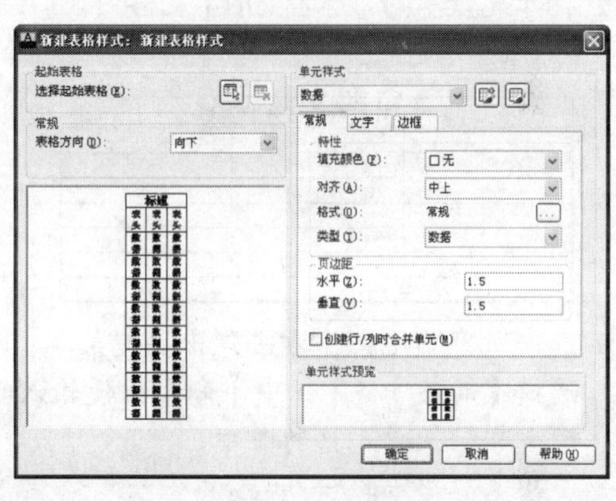

❹ 在右侧【常规】选项卡下更改表格的填充颜色为"红色"。

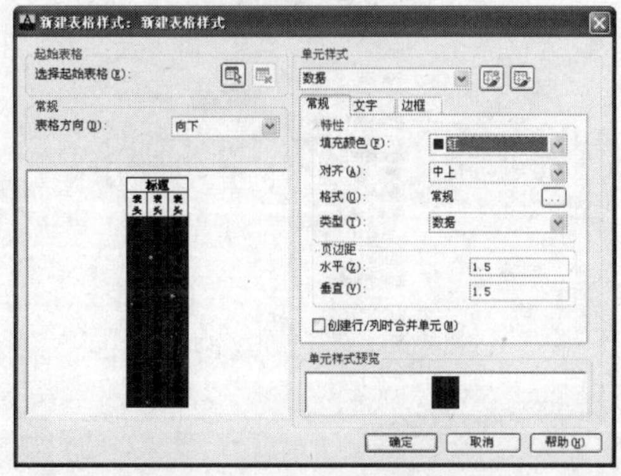

❺ 选择【边框】选项卡，更改表格的线型。然后单击下面的【所有边框】按钮 ，将设置应用于所有边框。

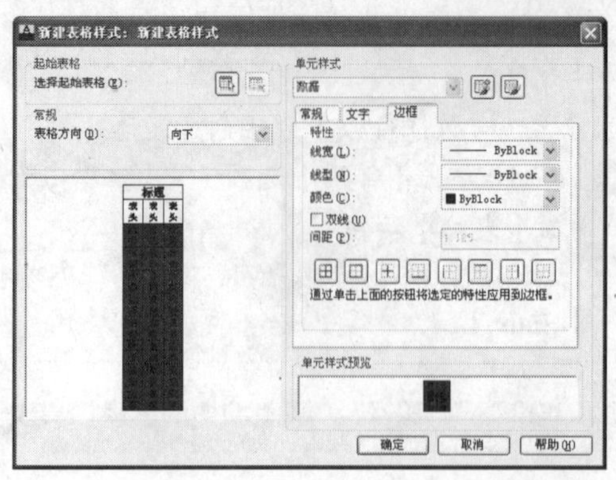

❻ 单击【确定】按钮后完成操作，并将新建的表格样式置为当前。在绘图区创建表格后的效果如图所示。

14.2.2 向表格中添加内容

向表格中添加内容的具体操作步骤如下。

❶ 打开光盘中的“素材\ch14\表格内容.dwg”文件。

2011年下半年财务一览表		

❷ 选中所有单元格，右击弹出快捷菜单，选择【对齐】➢【正中】命令以使输入的文字位于单元格的正中。

剪切
复制
粘贴
最近的输入
单元样式
背景填充
对齐 ▸ 左上 / 中上 / 右上 / 左中 / 正中 / 右中 / 左下 / 中下 / 右下
边框...
锁定
数据格式...
匹配单元
删除所有特性替代
数据链接...
插入点
编辑文字
管理内容
删除内容
删除所有内容
列
行
合并
取消合并
特性(S)
快捷特性

❸ 在绘图区双击要添加内容的单元格，弹出【文字编辑器】窗口，并输入文字“收入(元)”。单击【关闭文字编辑器】按钮。

2011年下半年财务一览表		
收入（元）		

❹ 在绘图区双击要添加内容的单元格，弹出【文字编辑器】窗口并输入文字“支出(元)”。单击【关闭文字编辑器】按钮。

2011年下半年财务一览表		
收入（元）	支出（元）	

❺ 重复上述步骤，结果如图所示。

2011年下半年财务一览表		
收入（元）	支出（元）	时间
3.5万	1.5万	7月
14.2万	2.5万	8月
6万	8万	9月
2.2万	1.1万	10月
5.6万	3.5万	11月
4.8万	3.2万	12月

在选中单元格时按【F2】键或双击单元格可快速输入文字。

在表格中输入文字时，可以使用方向键直接选择下一个单元格进行输入。

14.2.3 修改表格

表格创建完成后，用户可以单击该表格上的任意网格线以选中该表格，然后通过使用【属性】选项卡或夹点来修改该表格。

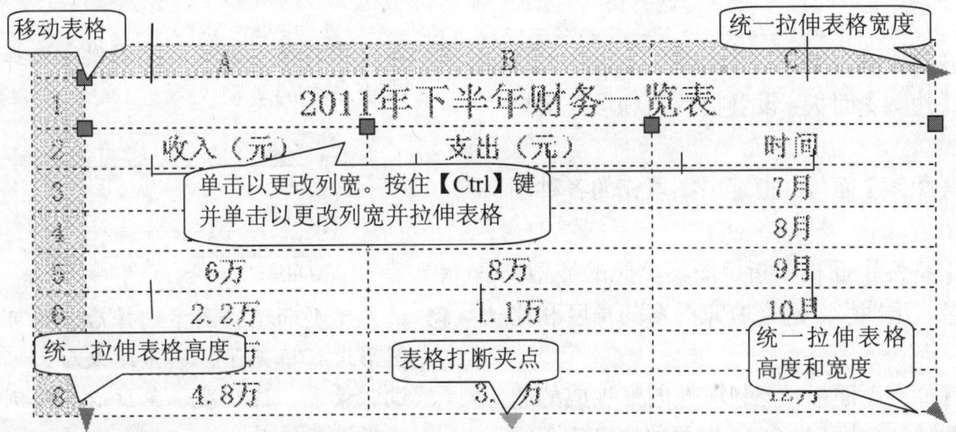

在更改表格的高度或宽度时，只有与所选夹点相邻的行或列将会更改。表格的高度或宽度保持不变。

	A	B	C
1	2011年下半年财务一览表		
2	收入（元）	支出（元）	时间
3	3.5万	1.5万	7月
4	14.2万	2.5万	8月
5	6万	8万	9月
6	2.2万	1.1万	10月
7	5.6万	3.5万	11月
8	4.8万	3.2万	12月

14.3 创建与编辑图案填充

本节视频教学录像：6 分钟

在 AutoCAD 2013 中可以使用预定义填充图案填充区域，使用当前线型定义简单的线图案，还可以创建复杂的填充图案和创建渐变填充，渐变填充在一种颜色的不同灰度之间或两种颜色之间使用过渡。渐变色填充提供光源反射到对象上的外观，可用于增强演示图形的效果。

14.3.1 【图案填充创建】选项卡

【图案填充创建】选项卡的具体操作如下。

❶ 选择【绘图】➤【图案填充】命令。

❷ 执行命令后弹出【图案填充创建】选项卡。

各参数含义如下。

【边界】面板：设置拾取点和填充区域的边界。

【图案】面板：指定图案填充的各种图案形状。

【特性】面板：指定图案填充的类型、背景色、透明度、选定填充图案的角度和比例。

【原点】面板：控制填充图案生成的起始位置。某些图案填充（例如砖块图案）需要与图案填充边界上的一点对齐。默认情况下，所有图案填充原点都对应于当前的UCS 原点。

【选项】面板：控制几个常用的图案填充或填充选项，并可以通过选择【特性匹配】选项使用选定图案填充对象的特性对指定的边界进行填充。

【关闭】面板：单击此面板，将关闭图案填充创建。

❸ 单击【图案】选项卡 图标，弹出图案填充的图案选项，单击任一图案将用此图案对图形区域进行填充。

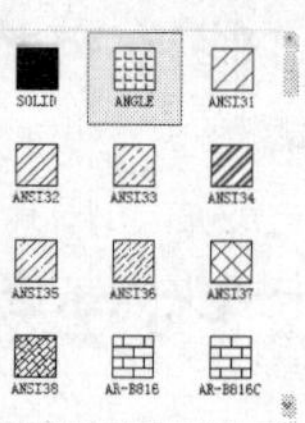

❹ 单击【特性】面板的【图案】选择框，弹出填充的类型。

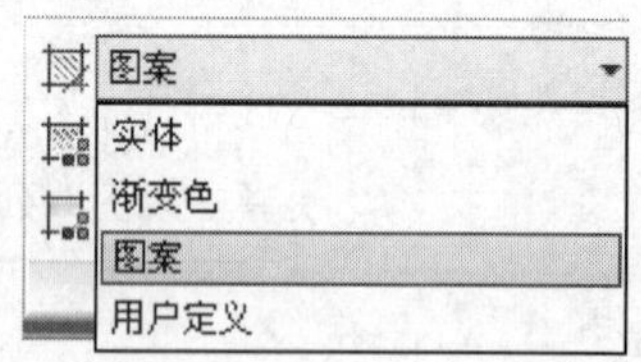

❺ 填充类型和填充图案选择后，就可以对图形进行填充了，填充结束后，可以通过背景色、透明度、角度以及比例等对填充进行修改。

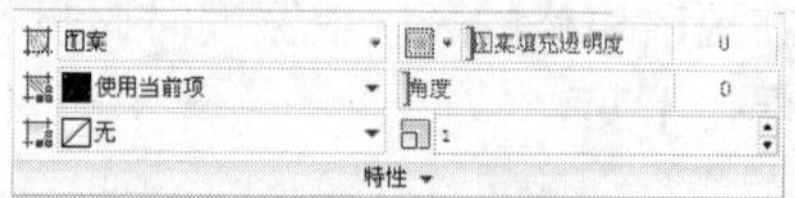

❻ 在绘图区单击并按【Enter】键确认即完成填充操作。

Tips

用户可以用以下两种方法调用【图案填充创建】选项卡。

(1) 在命令行输入“hatch”后按【Enter】键，然后输入“T”。

(2) 单击【常用】选项卡➤【绘图】面板➤【图案填充】按钮，然后输入“T”。

14.3.2 编辑图案填充

本实例通过将地板砖填充图案改为水泥混凝土填充来讲解图案填充编辑的应用，在建筑绘图中会经常用到这两种图案填充。

❶ 打开光盘中的“素材\ch14\编辑图案填充.dwg”文件。

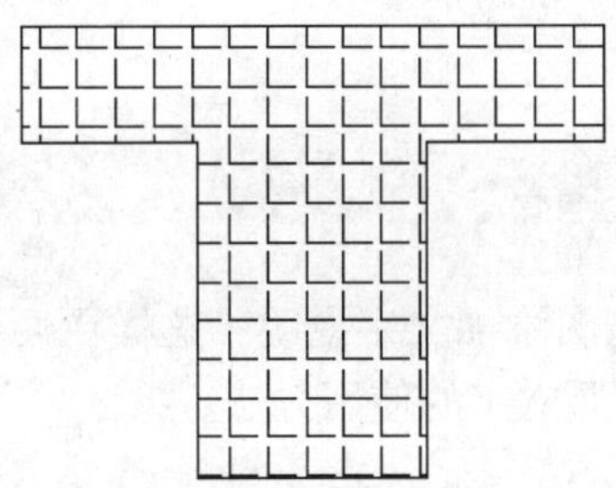

❷ 选择【修改】>【对象】>【图案填充】命令。

❸ 在绘图区单击填充图案后弹出【图案填充编辑】对话框。

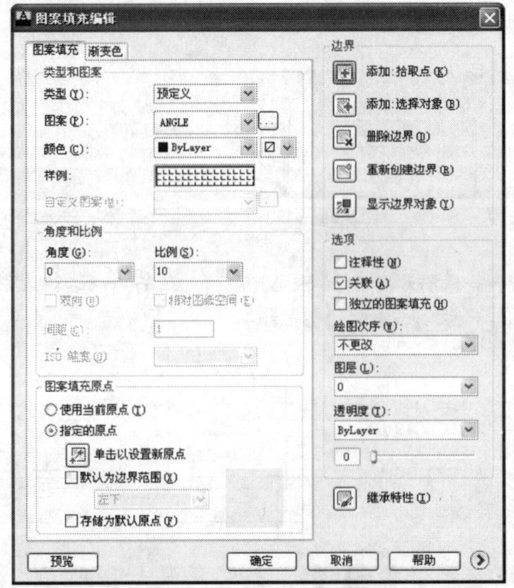

❹ 在图案后面的下拉列表中选择【AR-CONC】选项。

❺ 将填充角度设置为0，填充比例设置为"1"。

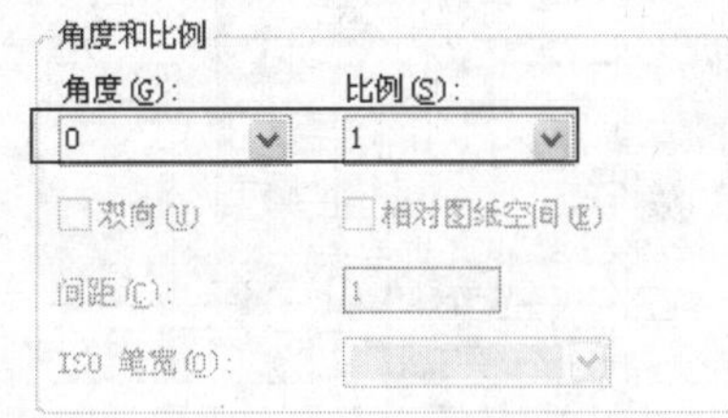

❻ 单击【确定】按钮完成操作，结果如下图所示。

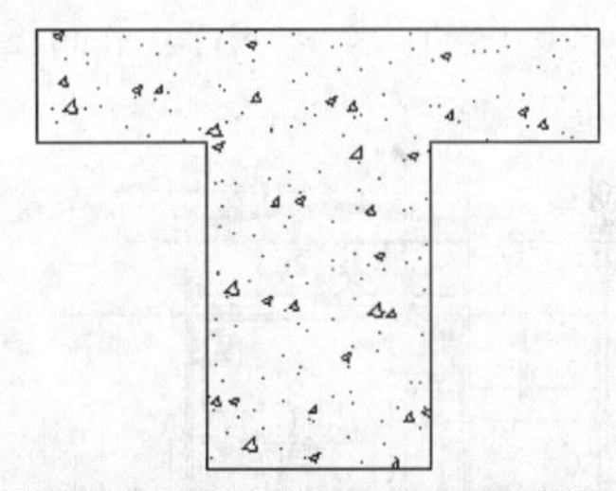

Tips

还可以通过以下方法对图案填充进行编辑。

(1) 在命令行输入"hatchedit"后按【Enter】键。

(2) 单击【常用】选项卡>【修改】面板>【编辑图案填充】按钮。

在编辑图案填充时，如果双击填充的图案，则弹出【图案填充编辑器】面板，内容和【图案填充编辑器】对话框基本一致，这里不再赘述。

14.4 技能演练

本节视频教学录像：16分钟

本节通过添加平面图文字说明、创建标题栏、明细栏及图框等实例来讲解文字、表格在创作工程图中的具体应用。

14.4.1 添加平面图文字说明

本实例是使用【文字】命令和文字样式工具为施工图添加文字说明，这样更便于我们对施工图的理解。通过该实例的练习，读者可以熟练掌握文字的使用方法。

实例名称：添加平面图文字说明	
主要命令：【多行文字】命令和文字样式工具	
素材：素材\ch14\平面图文字说明.dwg	
结果：结果\ch14\平面图文字说明.dwg	
难易程度：★★	常用指数：★★★

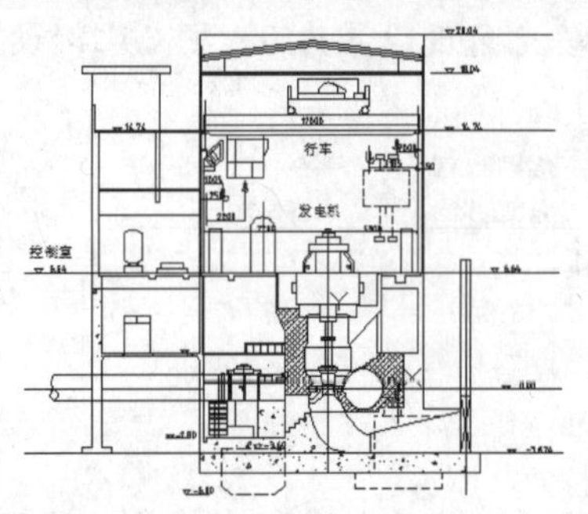

结果\ch14\平面图文字说明.dwg

❶ 打开光盘中的“素材\ch14\平面图文字说明.dwg”文件。

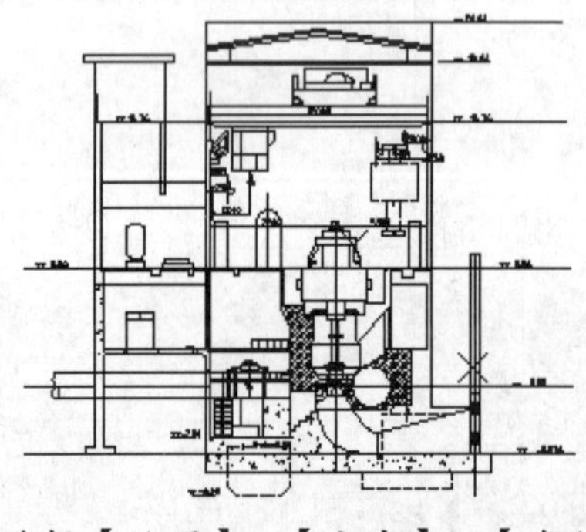

❷ 选择【绘图】➤【文字】➤【多行文字】命令，在绘图区单击指定要输入文字的第一点。

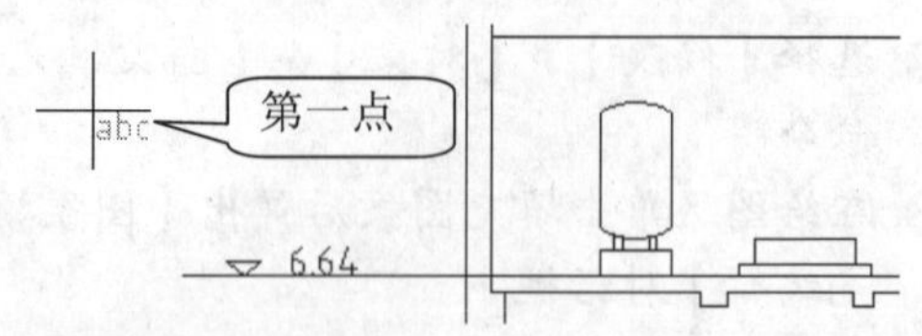

❸ 在绘图区单击指定要输入文字的第二点。

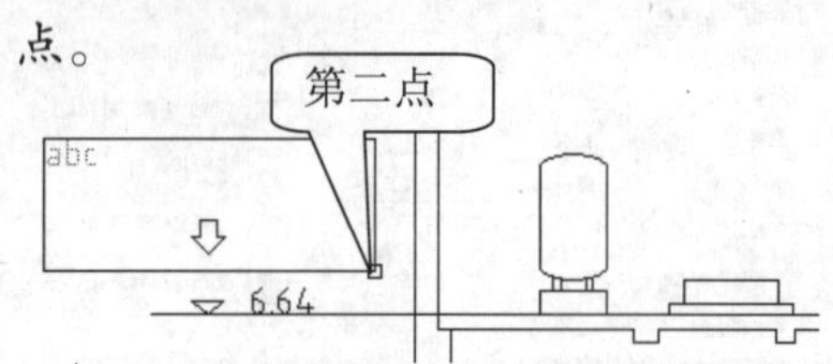

❹ 单击后输入“控制室”，然后单击【关闭文字编辑器】按钮。

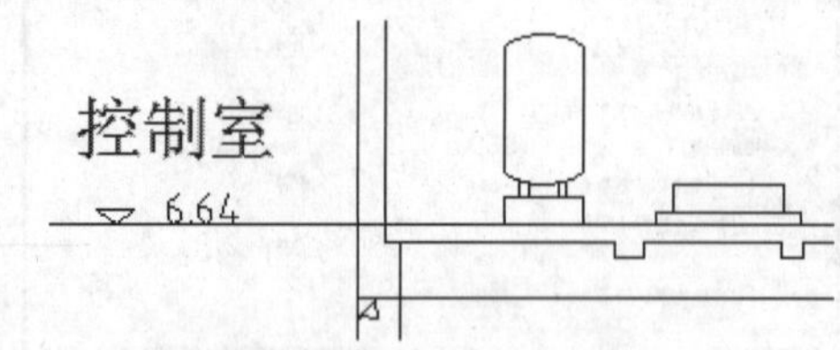

❺ 重复步骤❷~❹，最终结果如图所示。

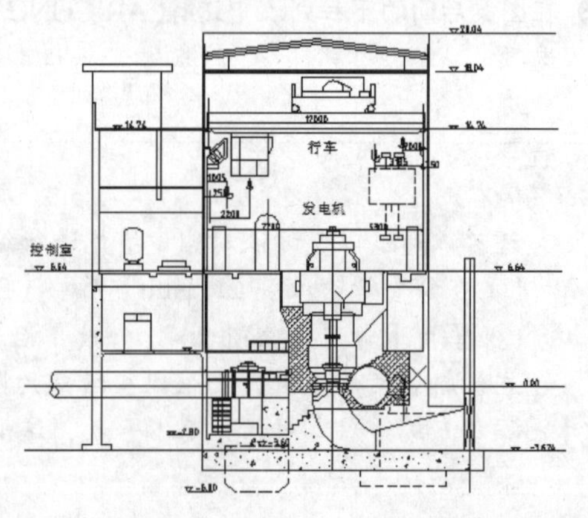

14.4.2 创建施工图目录

本实例是利用表格创建施工图的图纸目录。通过该实例的练习，读者应熟练掌握表格的使用方法及施工图图纸目录的绘制方法。

实例名称：创建施工图目录	
主要命令：表格命令和文字样式工具	
素材：无	
结果：结果\ch14\创建施工图目录.dwg	
难易程度：★★	常用指数：★★★

❶ 选择【格式】➤【文字样式】菜单命令后弹出【文字样式】对话框，设置字体大小为“70”，单击【应用】按钮后单击【关闭】按钮关闭对话框。

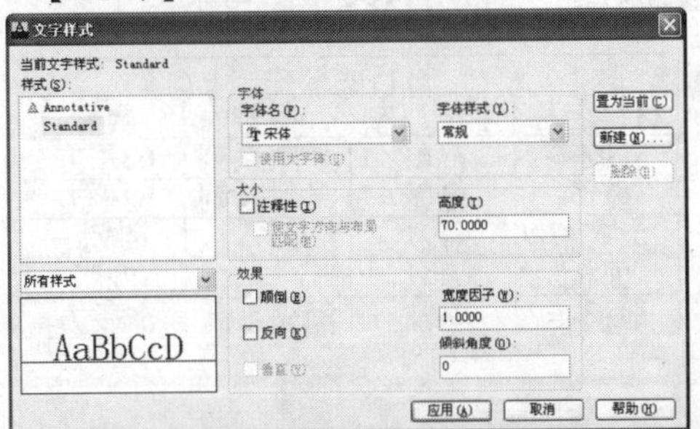

❷ 选择【绘图】➤【表格】菜单命令，弹出【插入表格】对话框，设置参数如图所示。

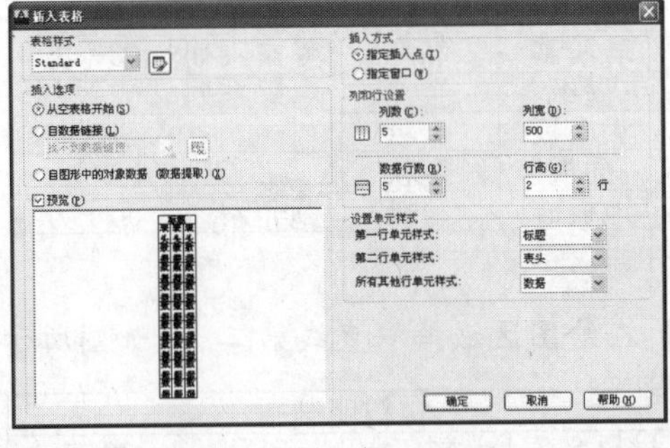

❸ 单击【确定】按钮关闭该对话框后在绘图区单击指定插入点，输入表格的标题“图纸目录”。

图纸目录				

❹ 选中所有单元格，右键单击，在弹出的列表中选择【对齐】➤【正中】菜单命令，以使输入的文字位于单元格的正中。

❺ 双击单元格输入文字，最终结果如下图所示。

图纸目录				
图别	符号	图纸名称	张数	图纸规格
建施	1	建筑设计说明	1	A1
建施	2	一层平面图	1	A1
建施	3	二层平面图	1	A1
建施	4	三层平面图	1	A1
建施	5	四层平面图	1	A1

14.4.3 创建明细栏

本实例是利用表格创建施工图中常见的明细栏。通过该实例的练习，读者应熟练掌握表格的使用方法及用表格创建明细栏的方法。

实例名称：创建明细栏	
主要命令：表格命令、文字样式工具、直线命令	
素材：无	
结果：结果\ch14\明细栏.dwg	
难易程度：★★	常用指数：★★★

材料明细栏			
材料名称	生产厂家	型号	数量
乳胶漆	高峰	爱家系列	63平方
壁纸	金箔	温馨系列	52平方
大芯板	金秋		46张
面板	金秋		22张
地板砖	马凯	抛光系列	56平方

结果\ch14\明细栏.dwg

❶ 选择【格式】➤【文字样式】命令后弹出【文字样式】对话框，设置字体大小为“12”，单击【应用】按钮后单击【关闭】按钮关闭该对话框。

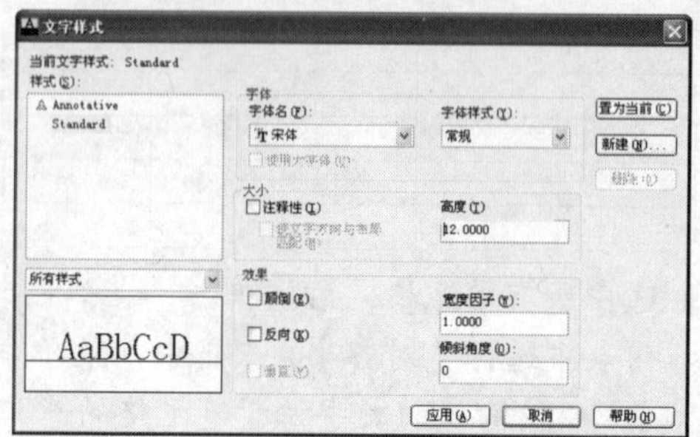

❷ 选择【绘图】➤【表格】命令后弹出【插入表格】对话框，设置“列数”为4，数据行数为“5”。

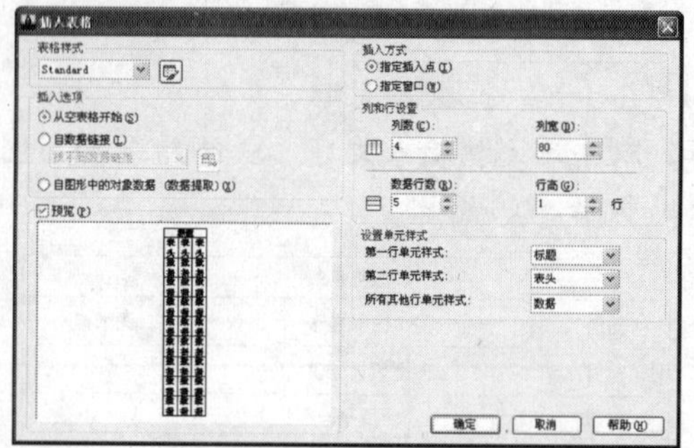

❸ 单击【确定】按钮关闭该对话框，在绘图区单击指定插入点，并输入表格的标题“材料明细栏”。

	A	B	C	D	E
1	材料明细栏				
2					
3					
4					
5					
6					

❹ 选中所有单元格，右键单击，在弹出的列表中选择【对齐】➤【正中】菜单命令，以使输入的文字位于单元格的正中。

对齐 ▸ 左上 / 中上 / 右上 / 左中 / 正中 / 右中 / 左下 / 中下 / 右下
边框...
锁定 ▸
数据格式...
匹配单元
删除所有特性替代
数据链接...
插入点 ▸

❺ 双击单元格输入文字。结果如下。

材料明细栏			
材料名称	生产厂家	型号	数量
乳胶漆	高峰	爱家系列	63平方
壁纸	金箔	温馨系列	52平方
大芯板	金秋		46张
面板	金秋		22张
地板砖	马凯	抛光系列	56平方

❻ 选择【绘图】➤【直线】命令，在绘图区域拾取直线第一点，如图所示。

材料明细栏			
材料名称	生产厂家	型号	数量
乳胶漆	高峰	爱家系列	63平方
壁纸	金箔	温馨系列	52平方
大芯板	金秋		46张
面板	金秋	交点	22张
地板砖	马凯	抛光系列	56平方

❼ 在绘图区域拾取直线第二点，如图所示。

材料明细栏			
材料名称	生产厂家	型号	数量
乳胶漆	高峰	爱家系列	63平方
壁纸	金箔	温馨系列	52平方
大芯板	金秋		交点 46张
面板	金秋		22张
地板砖	马凯	抛光系列	56平方

❽ 按【Enter】键结束直线的绘制，结果如图所示。

材料明细栏			
材料名称	生产厂家	型号	数量
乳胶漆	高峰	爱家系列	63平方
壁纸	金箔	温馨系列	52平方
大芯板	金秋		46张
面板	金秋		22张
地板砖	马凯	抛光系列	56平方

❾ 再次调用【直线】命令，重复步骤❻~❽的操作，在另一个空白单元格中绘制另一条直线，最终结果如图所示。

材料明细栏			
材料名称	生产厂家	型号	数量
乳胶漆	高峰	爱家系列	63平方
壁纸	金箔	温馨系列	52平方
大芯板	金秋		46张
面板	金秋		22张
地板砖	马凯	抛光系列	56平方

14.4.4 创建材料列表

本实例是利用修改文字样式向空表格中添加内容，从而创建一份完整的表格。

实例名称：创建材料列表	
主要命令：文字样式工具	
素材：素材\ch14\创建材料列表	
结果：结果\ch14\创建材料列表.dwg	
难易程度：★★	常用指数：★★★

书柜加工外购材料		
名称	数量	规格
E1级中密度板	2张	1240*2440
三聚氢氨板	3张	1240*2240
门铰	6个	内门铰

结果\ch14\创建材料列表.dwg

❶ 打开光盘中的“素材\ch14\创建材料列表.dwg”文件。

❷ 选择【格式】➢【文字样式】命令后弹出【文字样式】对话框，设置字体大小为“30”，单击【应用】按钮后单击【关闭】按钮关闭该对话框。

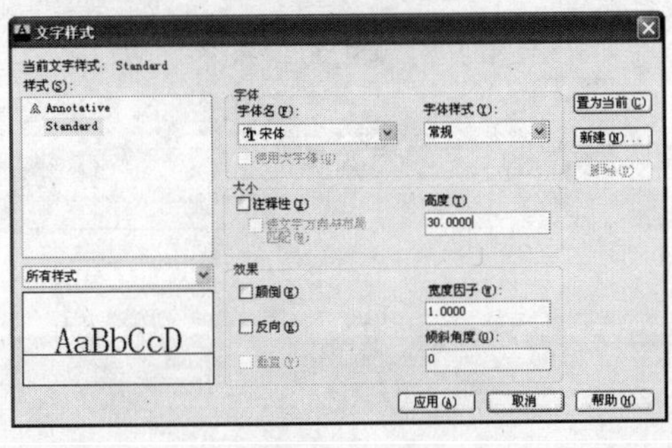

❸ 选中所有单元格，右键单击，在弹出快捷列表中选择【对齐】➢【正中】菜单命令，以使输入的文字位于单元格的正中。

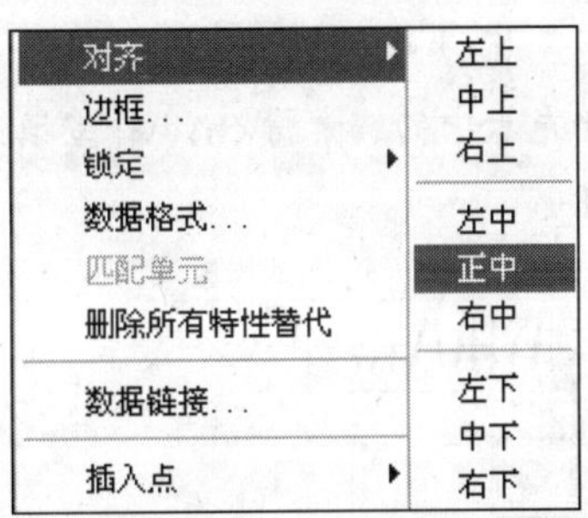

❹ 双击单元格输入“书柜加工外购材料”。结果如下。

书柜加工外购材料		

❺ 使用方向键选择其他单元格，并输入相应内容，最终结果如下。

书柜加工外购材料		
名称	数量	规格
E1级中密度板	2张	1240*2440
三聚氢氨板	3张	1240*2240
门铰	6个	内门铰

14.4.5 填充卧室地板

本实例是利用图案填充命令把卧室地板填充完整。通过本实例的学习读者可以熟练掌握【图案填充】命令的使用方法。

实例名称：填充卧室地板	
主要命令：图案填充命令	
素材：素材\ch14\卧室填充.dwg	
结果：结果\ch14\卧室填充.dwg	
难易程度：★★	常用指数：★★

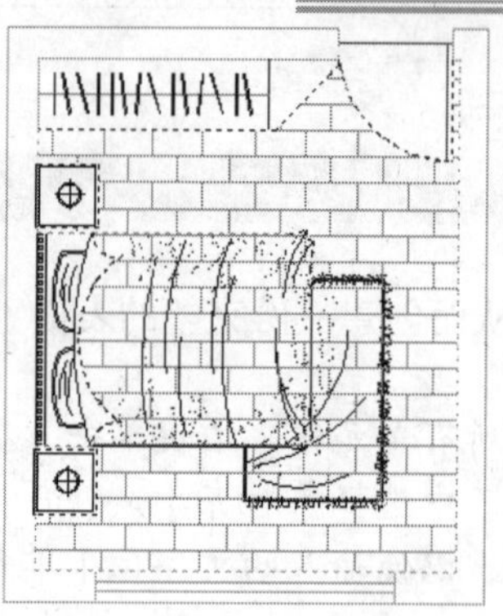

结果\ch14\卧室填充.dwg

❶ 打开光盘中的“素材\ch14\卧室填充.dwg”文件。

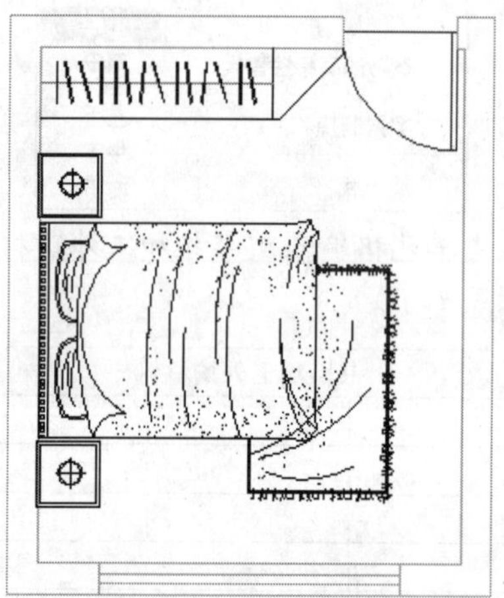

❷ 选择【绘图】➤【图案填充】命令后弹出【图案填充创建】选项卡。

❸ 选择填充的图案和类型。

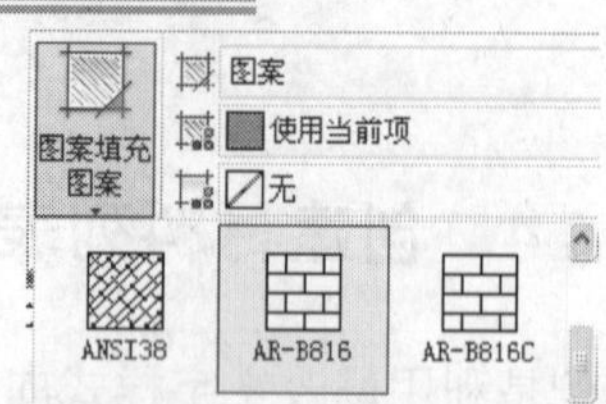

❹ 将鼠标指针放到要填充的区域，该区域自动变成被选中样式，并有填充情况预览，单击鼠标即可完成对该区域的填充，按【Enter】键结束填充。

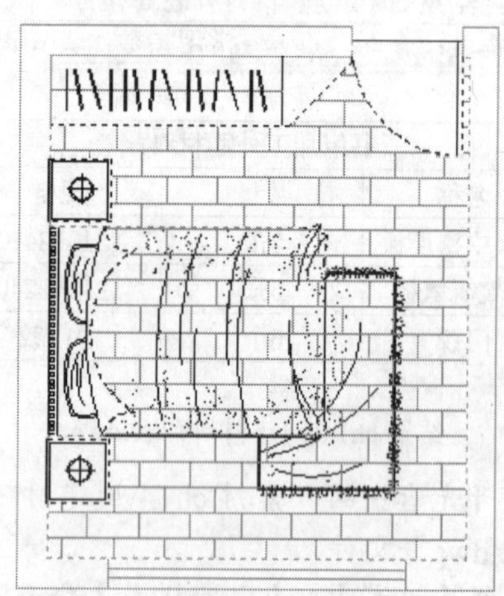

> *Tips*
>
> 在选择填充区域时，这个区域必须是闭合的。
>
> 如果用户对填充的结果不满意，可以通过添加背景色、改变透明度、改变填充比例等来改变填充效果。

14.5 本章小结

一份完整的图纸，除了图形之外，还要有相应的文字和表格加以说明，这是绘图工作的过程中所必备的东西。本章所介绍的内容，对于辅助表达图纸信息起着不可或缺的作用。一份清晰的文字段落说明和表格信息，可以有效地表达出图纸中图形所无法明确表达的信息。

第 15 章 尺寸标注

本章引言

零件的大小和形状取决于工程图中的尺寸，图纸设计得是否合理与工程图中的尺寸设置也是紧密相连的，所以尺寸标注是工程图中的一项重要内容。

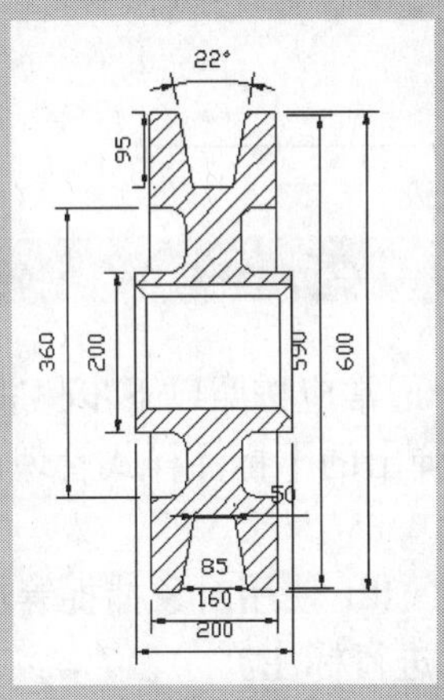

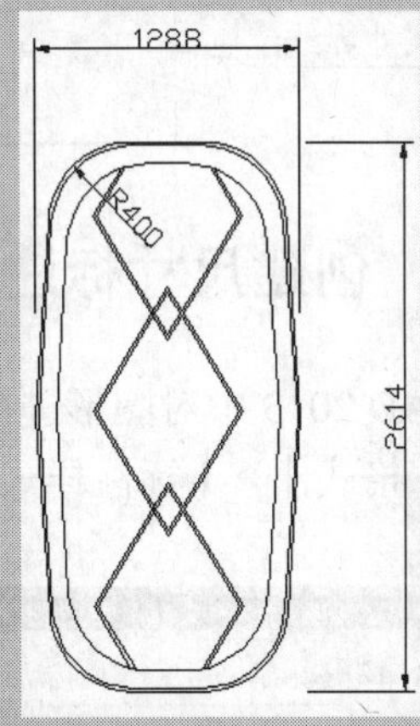

15.1 尺寸标注规则

本节视频教学录像：5 分钟

绘制图形的根本目的是反映对象的形状，而图形中各个对象的大小和相互位置只有经过尺寸标注才能表现出来。AutoCAD 2013 提供了一套完整的尺寸标注命令，用户使用它们足以完成图纸中要求的尺寸标注。

15.1.1 尺寸标注规则

在 AutoCAD 2013 中，对绘制的图形进行尺寸标注时应当遵循以下规则。

⑴ 对象的真实大小应以图样上所标注的尺寸数值为依据，与图形的大小及绘图的准确度无关。

⑵ 图形中的尺寸以毫米（mm）为单位时，不需要标注计量单位的代号或名称。如果采用其他的单位，则必须注明相应计量单位的代号或名称。

⑶ 图形中所标注的尺寸应为该图形所表示的对象的最后完工尺寸，否则应另加说明。

⑷ 对象的每一个尺寸一般只标注一次。

15.1.2 尺寸标注的组成

在工程绘图中，一个完整的尺寸标注一般由尺寸线、尺寸界限、尺寸箭头和尺寸文字 4 部分组成。

尺寸文字
尺寸线
尺寸箭头
1500
尺寸界线

15.1.3 创建尺寸标注的步骤

在 AutoCAD 2013 中对图形进行尺寸标注时，通常应按照以下步骤进行。

⑴ 选择【格式】➢【标注样式】命令，利用弹出的【标注样式管理器】对话框设置标注样式。

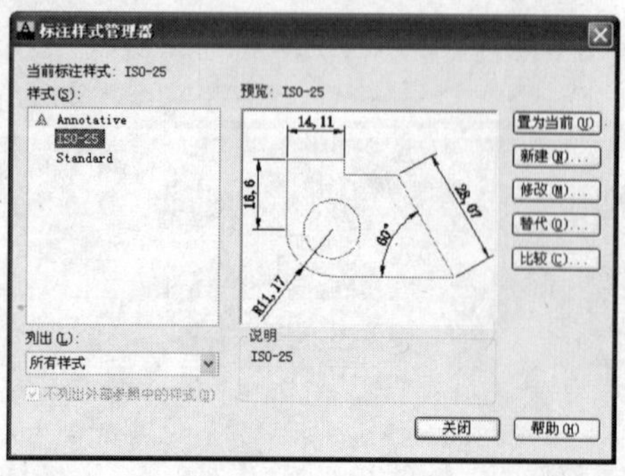

⑵ 使用对象捕捉等功能对图形中的元素进行标注。

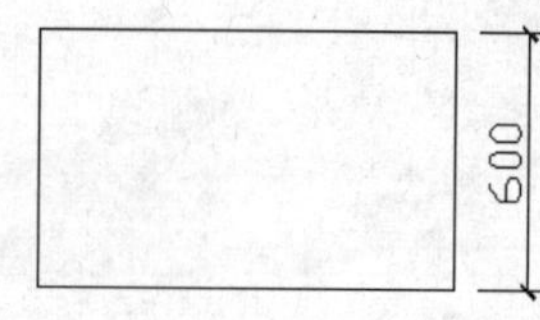

15.2 尺寸标注样式

本节视频教学录像：5 分钟

尺寸标注样式用于控制尺寸标注的外观，如箭头的样式、文字的位置及尺寸界线的长度等，通过设置尺寸标注可以确保所绘图纸中的尺寸标注符合行业或项目标准。

在 AutoCAD 2013 中用户可以使用【标注样式管理器】对话框创建和修改标注样式。

15.2.1 新建标注样式

通常情况下，在 AutoCAD 2013 中，创建尺寸标注时使用的尺寸标注样式是“ISO-25”。用户可以根据需要创建一种新的标注样式，将其设置为当前标注样式。

❶ 选择【格式】➤【标注样式】命令。

❷ 执行命令后弹出【标注样式管理器】对话框。

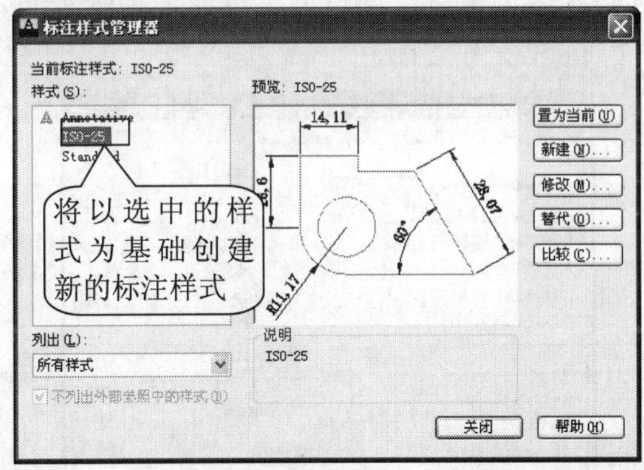

❸ 单击【新建】按钮后弹出【创建新标注样式】对话框。

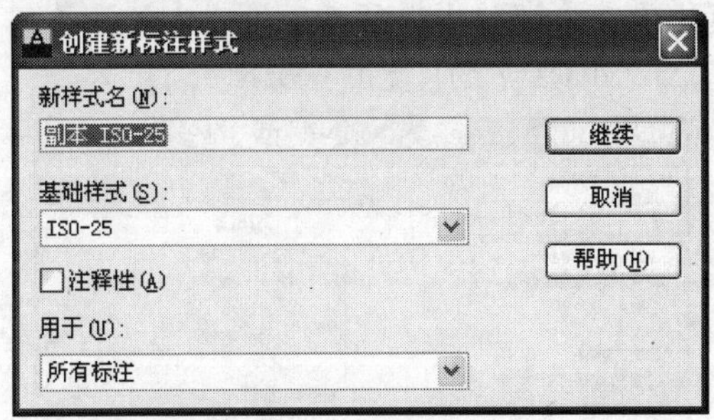

该对话框中各项参数的含义如下。

【新样式名】：指定新的标注样式名。

【基础样式】：设置作为新样式的基础样式。

【注释性】：指定标注样式为“annotative”。

❹ 单击【继续】按钮，弹出【新建标注样式：副本 ISO-25】对话框，利用该对话框可对新建的标注样式进行详细的设置，如设置线、符号、文字、主单位和公差等。

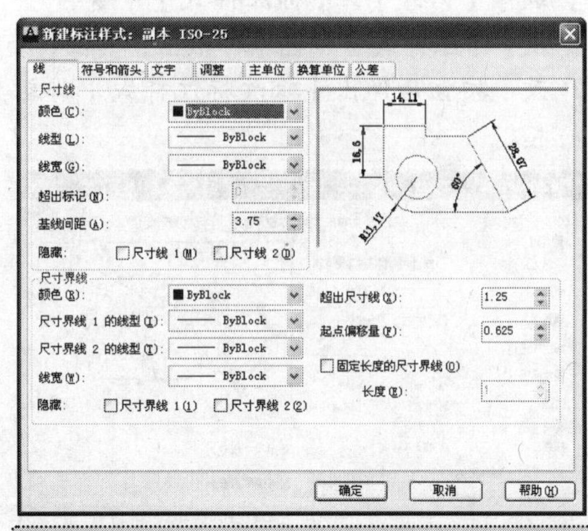

Tips

还可以通过以下方法打开【标注样式管理器】对话框。

(1) 在命令行中输入“dimstyle”后按【Enter】键。

(2) 单击【常用】选项卡➤【注释】面板➤【标注样式】按钮。

15.2.2 修改尺寸标注样式

在【修改标注样式：ISO-25】对话框中可详细设置标注的尺寸线、尺寸界线、文字、单位、符号和箭头等。

下面通过具体实例来讲解尺寸标注样式的修改。

❶ 打开随书光盘中的“素材\ch15\标注样式.dwg”文件。

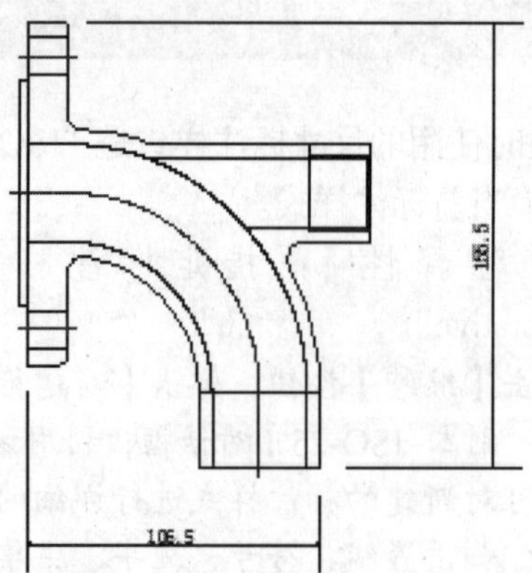

❷ 选择【格式】➢【标注样式】命令，弹出【标注样式管理器】对话框，单击【修改】按钮后弹出【修改标注样式】对话框。

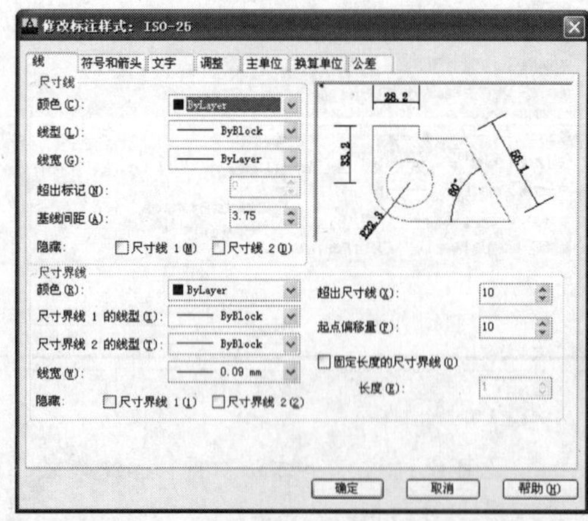

❸ 选择【符号和箭头】选项卡，修改【箭头】标记选项下面的【第一个】与【第二个】均为“倾斜”，【箭头大小】为“5”。

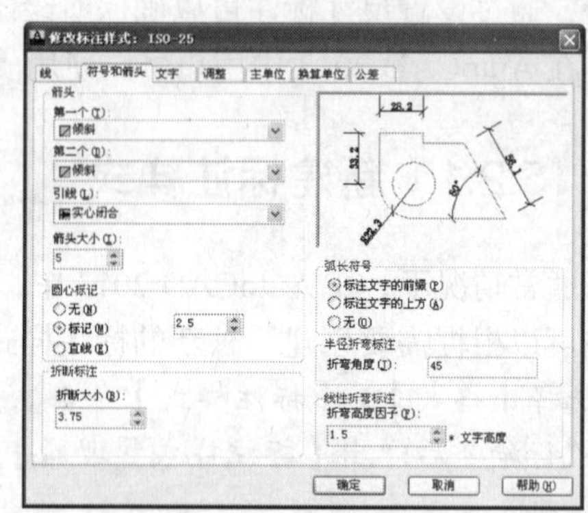

❹ 选择【文字】选项卡，修改【文字高度值】值为“10”。

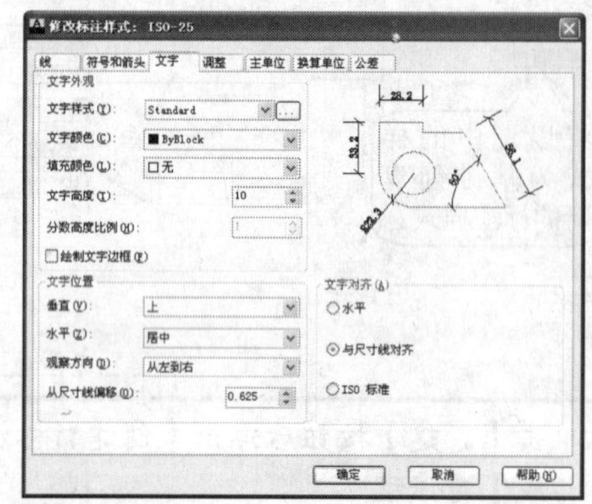

❺ 单击【调整】选项卡，修改【标注特征比例】区下的【使用全局比例】值为“1”。

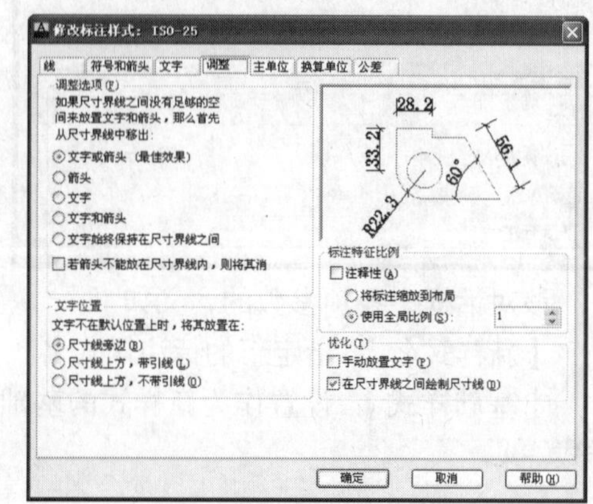

❻ 选择【主单位】选项卡，修改【精度】值为“0”。

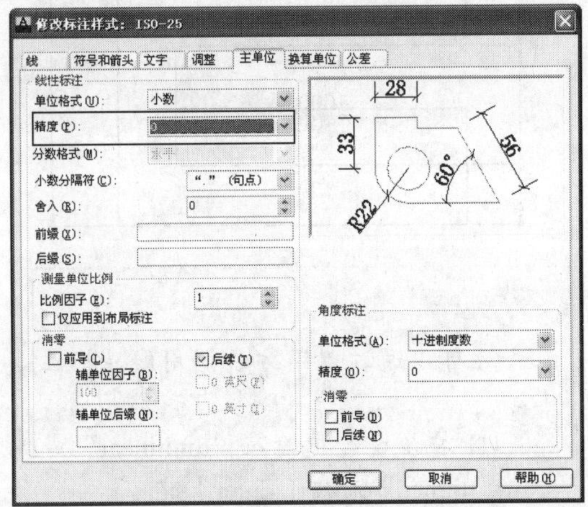

❼ 单击【确定】按钮，返回到【标注样式管理器】对话框。

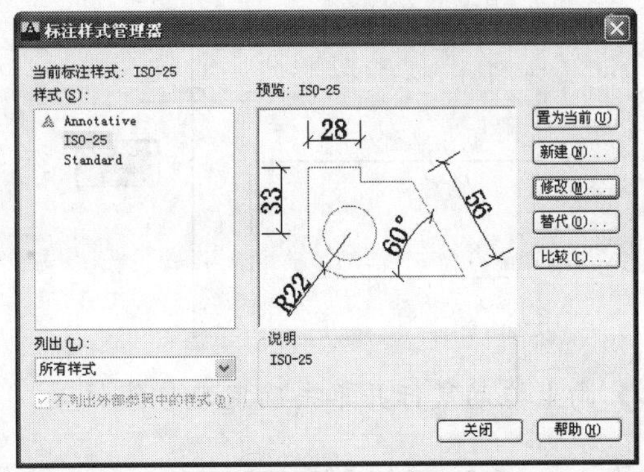

❽ 单击【关闭】按钮，关闭【标注样式对话框】。返回绘图区即可看到修改后的效果如图所示。

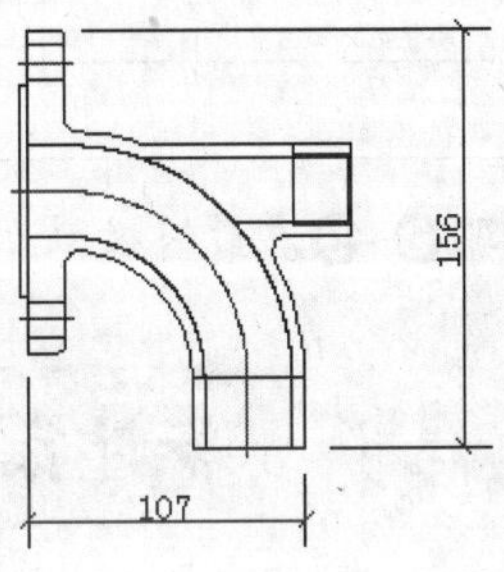

15.3 标注线性尺寸

本节视频教学录像：3 分钟

AutoCAD 2013 提供的【线性标注】和【对齐标注】命令可以标注线性尺寸，如标注水平、竖直或倾斜方向的线性尺寸。

❶ 打开随书光盘中的“素材\ch15\线性标注.dwg”文件。

❷ 选择【标注】➤【线性】命令。

❸ 打开对象捕捉后在绘图区单击确定第一条尺寸界线的端点。

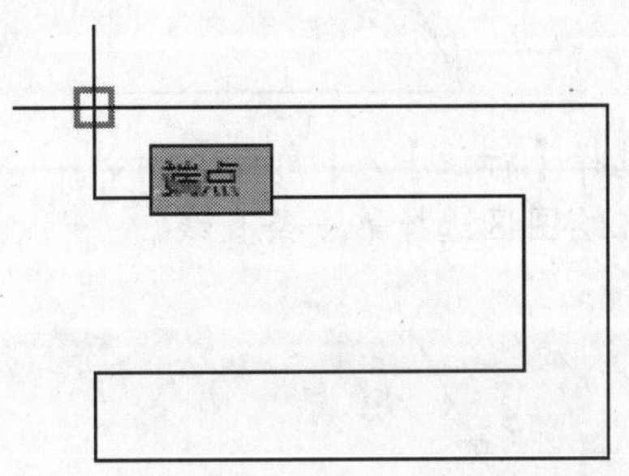

❹ 在绘图区单击确定第二条尺寸的界线。

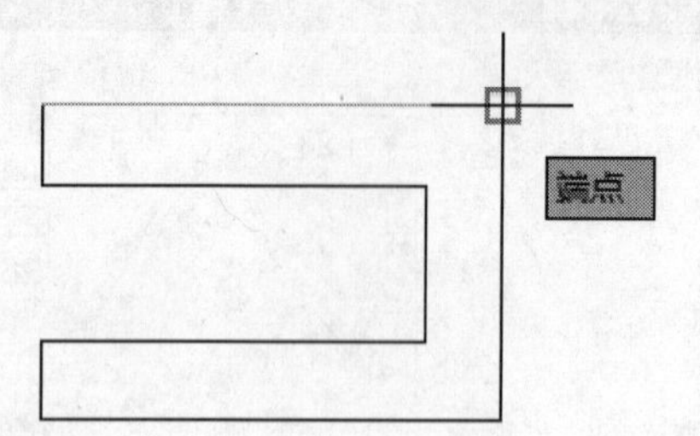

❺ 向上拖动鼠标并单击确定尺寸线位置。

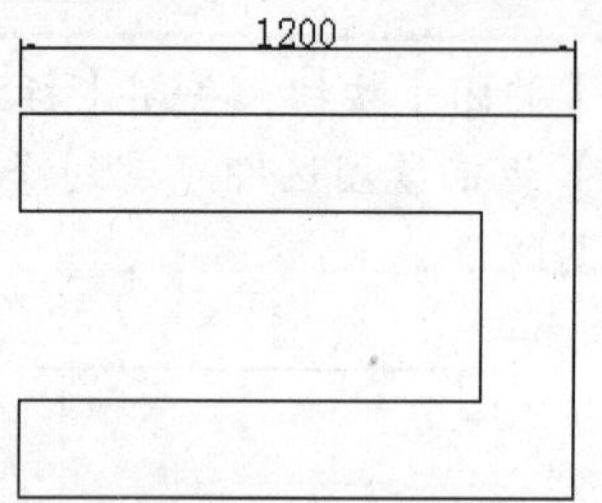

❻ 重复步骤❷~❺。最终效果如图所示。

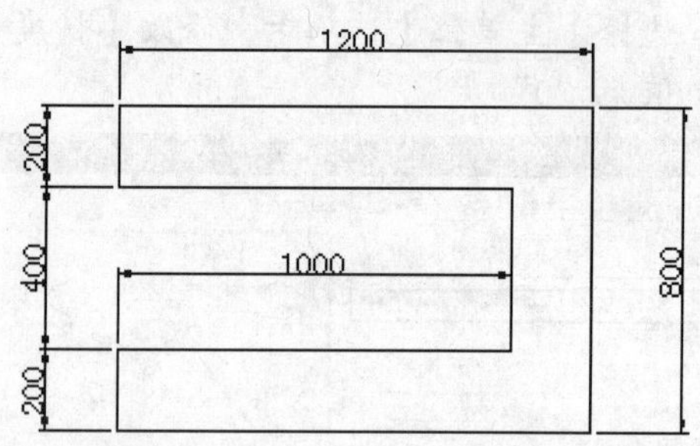

Tips

还可以通过以下方法调用线性标注命令。

(1) 在命令行中输入“dimlinear”或“dimaligned”后按【Enter】键。

(2) 单击【常用】选项卡➢【注释】面板➢【线性】按钮。

15.4 标注角度尺寸

本节视频教学录像：2 分钟

角度尺寸标注用于标注两条直线之间的夹角、三点之间的角度以及圆弧的角度。AutoCAD 2013 提供了【角度】命令来创建角度尺寸标注。

❶ 打开随书光盘中的“素材\ch15\角度标注.dwg”文件。

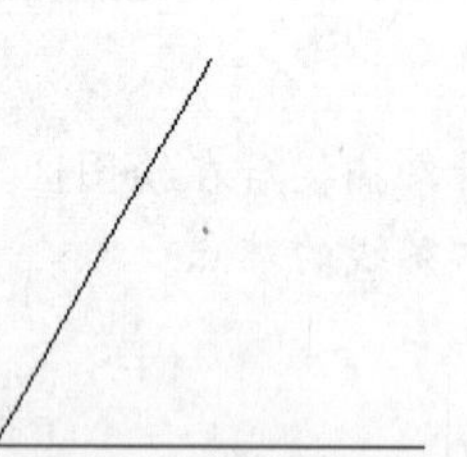

❷ 选择【标注】➢【角度】命令。

❸ 在绘图区选择第一条直线。

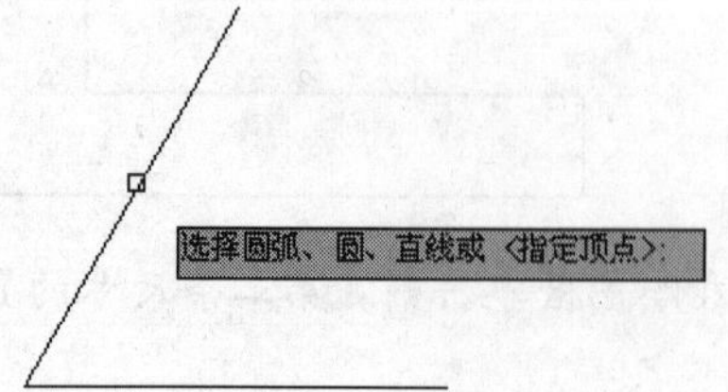

❹ 在绘图区选择第二条直线。

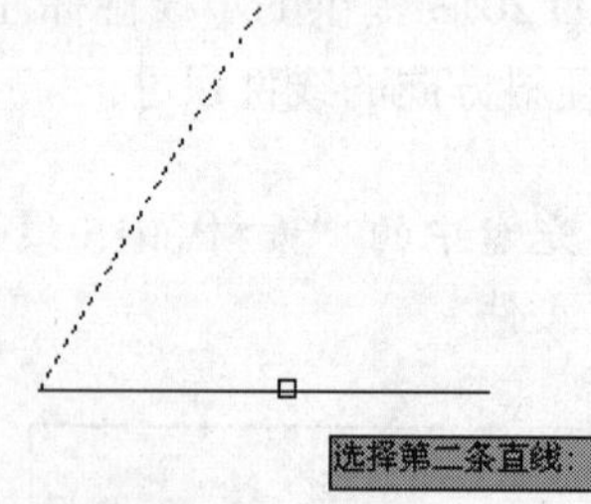

❺ 拖动鼠标并单击确定尺寸线的位置。

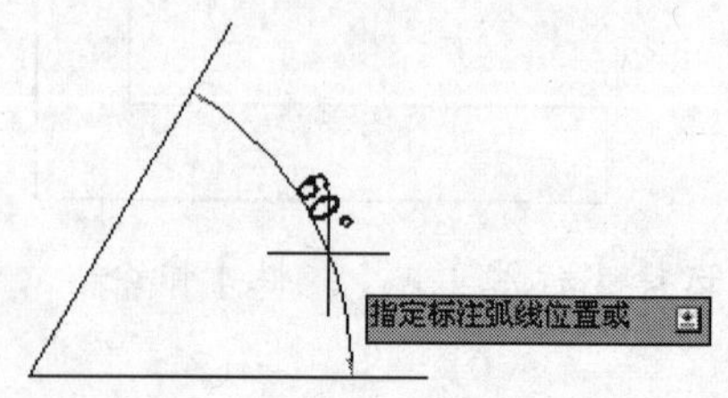

❻ 最终效果如图所示。

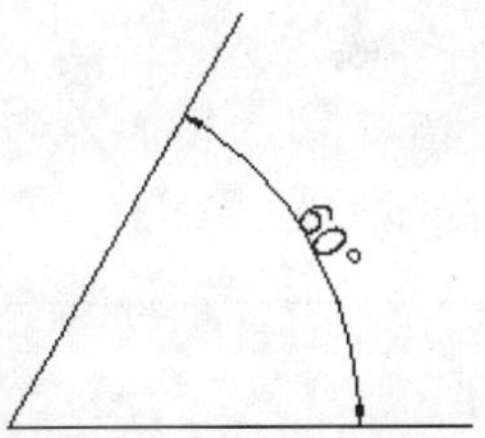

> *Tips*
>
> 还可以通过以下方法调用角度标注命令。
>
> (1) 在命令行中输入“dimangular”后按【Enter】键。
>
> (2) 单击【常用】选项卡➤【注释】面板➤【角度】按钮。

15.5 标注直径尺寸

本节视频教学录像：2 分钟

直径尺寸常用于标注圆的大小，在标注时 AutoCAD 2013 将自动在标注文字前添加直径符号“Φ”。

❶ 打开随书光盘中的“素材\ch15\直径标注.dwg”文件。

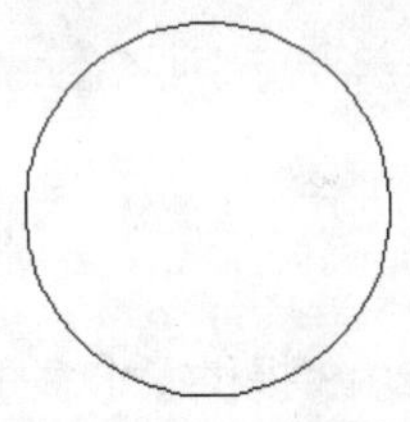

❷ 选择【标注】➤【直径】命令。

❸ 在绘图区选择圆弧或圆。

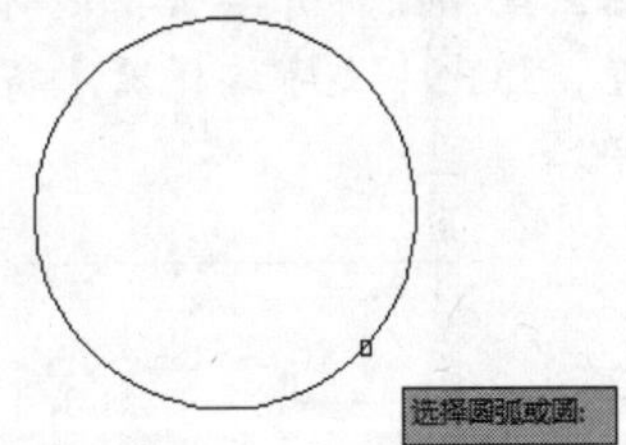

❹ 拖动鼠标并单击确定尺寸线的位置。

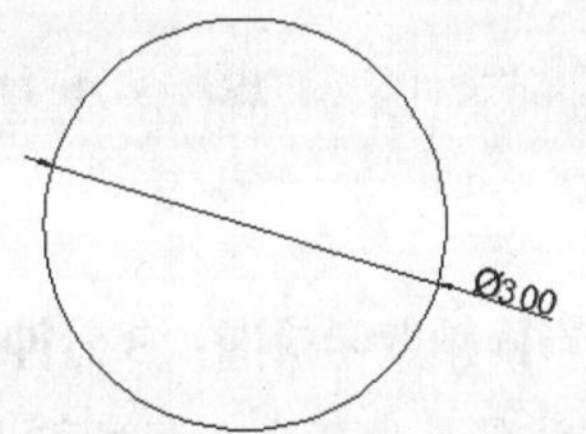

> *Tips*
>
> 还可以通过以下方法调用直径标注命令。
>
> (1) 在命令行中输入“dimdiameter”后按【Enter】键。
>
> (2) 单击【常用】选项卡➤【注释】面板➤【直径】按钮。

15.6 标注半径尺寸

本节视频教学录像：2 分钟

半径尺寸常用于标注圆弧和圆角。在标注时，AutoCAD 将自动在标注文字前添加半径符号“R”。

❶ 打开随书光盘中的“素材\ch15\为图形添加半径标注.dwg”文件。

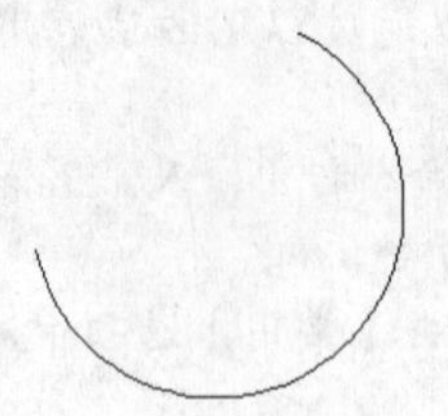

❷ 选择【标注】➤【半径】命令。

❸ 在绘图区选择圆弧。

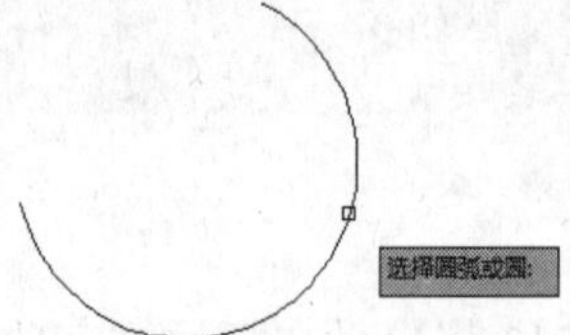

❹ 拖动鼠标并单击确定尺寸线的位置。最终效果如图所示。

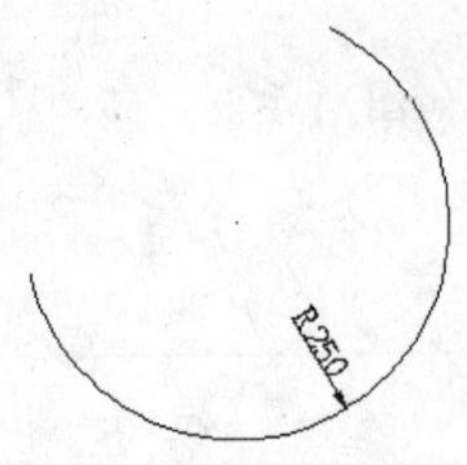

Tips

还可以通过以下方法调用半径标注命令。

(1) 在命令行中输入“dimradius”后按【Enter】键。

(2) 单击【常用】选项卡➤【注释】面板➤【半径】按钮。

15.7 创建多重引线

本节视频教学录像：3 分钟

引线注释是由箭头、直线和注释文字组成的，AutoCAD 2013 提供了【多重引线】命令来创建引线注释。

❶ 打开随书光盘中的“素材\ch15\多重引线.dwg”文件。

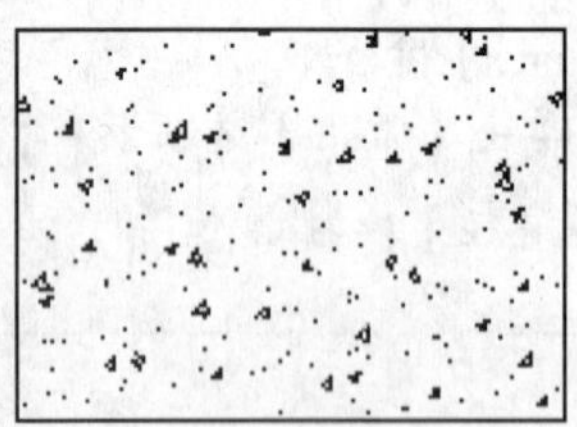

❷ 选择【标注】➤【多重引线】命令。

❸ 在绘图区单击指定引线箭头的位置。

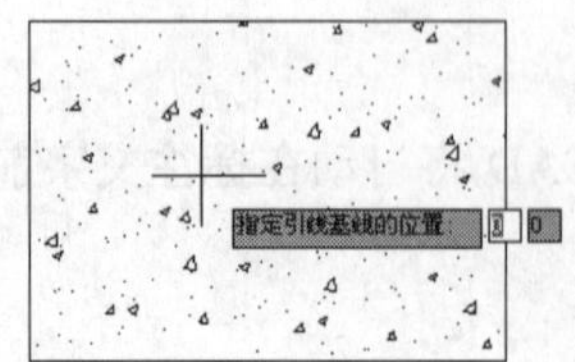

❹ 在绘图区拖动鼠标并单击指定引线基线的位置，弹出【文字编辑器】窗口以输入文字。

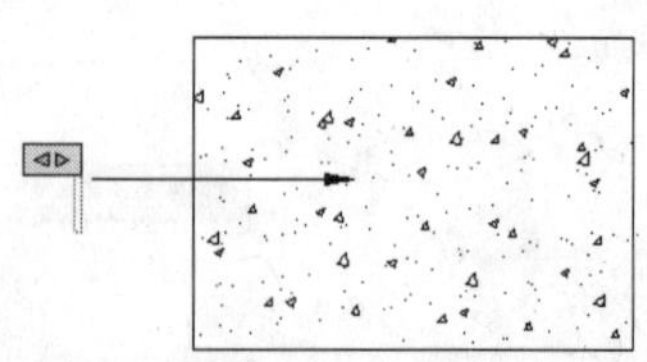

❺ 输入需要标注的材料名称和规格大小，这里输入“水泥混凝土”后单击【关闭文字编辑器】按钮，完成操作。

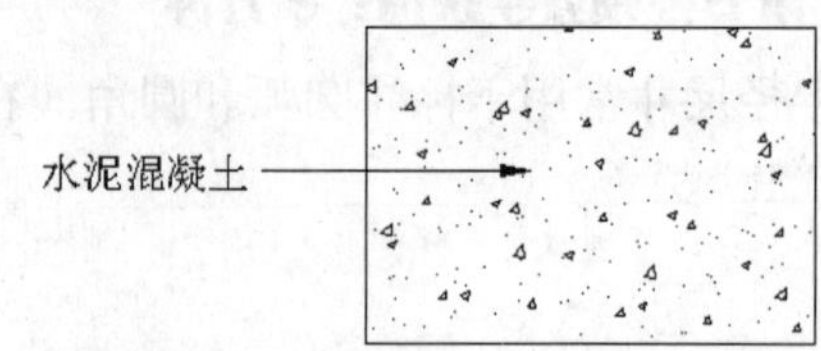

还可以通过以下方法调用多重引线标注命令。

(1) 在命令行中输入“mleader”后按【Enter】键。

(2) 单击【常用】选项卡>【注释】面板>【多重引线】按钮。

15.8 快速标注

本节视频教学录像：2分钟

为了提高标注尺寸的速度，AutoCAD 2013 提供了【快速标注】命令。启用【快速标注】命令后，在一次选择多个图形对象后，AutoCAD 2013 将自动完成标注操作。

❶ 打开随书光盘中的“素材\ch15\快速标注.dwg”文件。

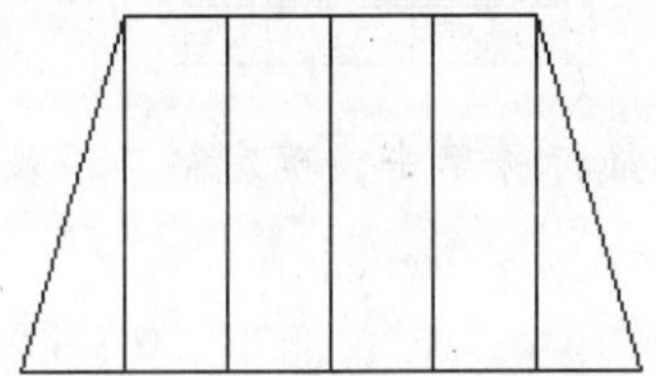

❷ 在绘图区选择要标注的几何图形。

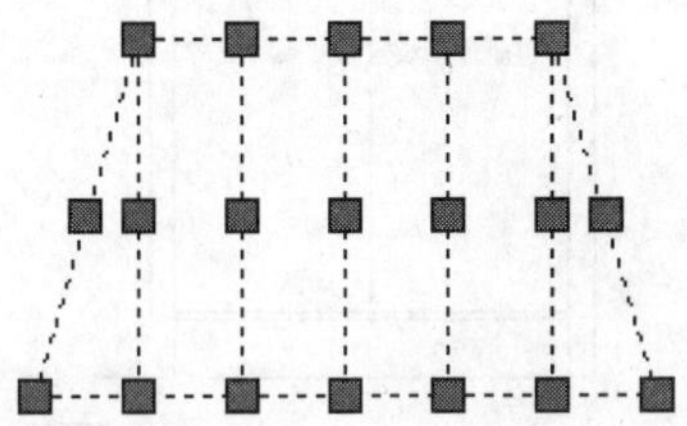

❸ 选择【标注】>【快速标注】命令。

❹ 拖动鼠标并单击，确定尺寸线位置。

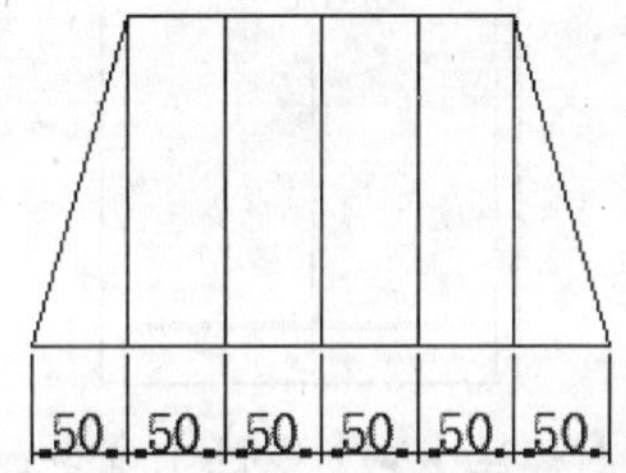

还可以通过以下方法调用多重引线标注命令。

在命令行中输入“qdim”后按【Enter】键。

15.9 技能演练

本节视频教学录像：10分钟

下面通过具体实例标注来学习线性标注、直径标注、角度标注以及多重引线标注在实际工作中的应用。

15.9.1 标注电视柜立面图尺寸

本实例是一张电视柜的立面图，下面通过标注为电视柜的外边框标注具体尺寸。通过本实例的学习，读者可以熟练掌握线性标注命令的使用方法。

实例名称：标注电视柜立面图尺寸
主要命令：【线性】标注命令
素材：素材\ch15\电视柜立面图标注.dwg
结果：结果\ch15\电视柜立面图标注 dwg
难易程度：★★　　常用指数：★★★

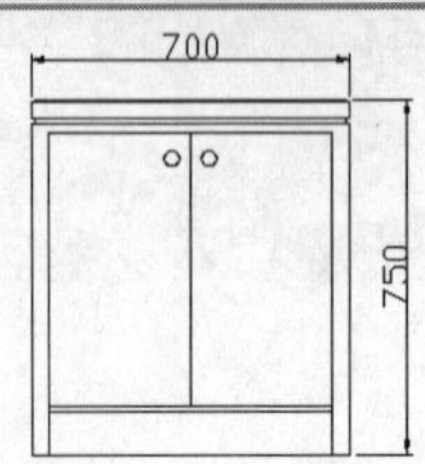

结果\ch15\电视柜立面图标注 dwg

❶ 打开随书光盘中的“素材\ch15\电视柜立面图标注.dwg”文件。

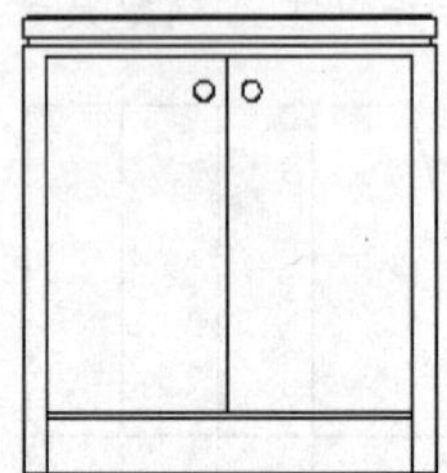

❷ 选择【标注】➢【线性】命令，在绘图区单击指定第一条尺寸界线原点。

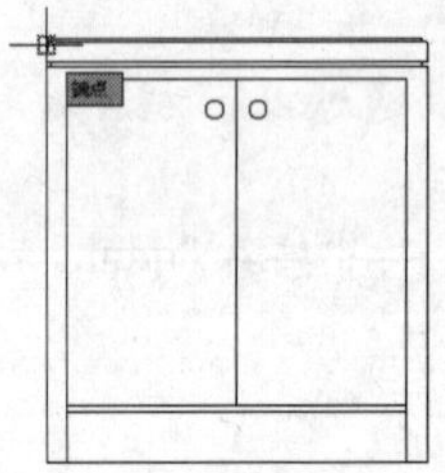

❸ 拖动鼠标并单击，确定第二条尺寸界线原点。

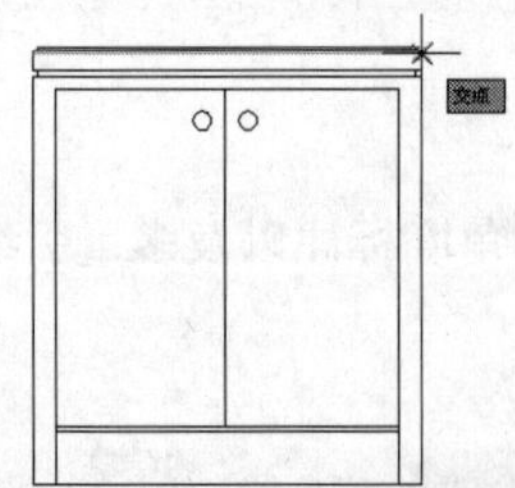

❹ 拖动鼠标并单击确定尺寸线的位置后自动结束命令。

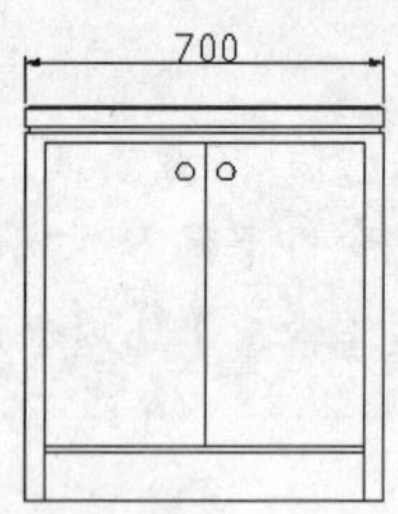

❺ 选择【标注】➢【线性】命令，给图形添加其他标注线。在绘图区单击指定第一条尺寸界线原点。

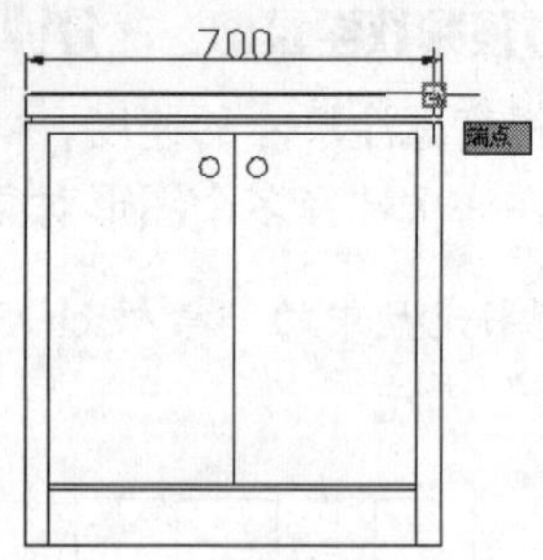

❻ 拖动鼠标并单击，确定第二条尺寸界线原点。

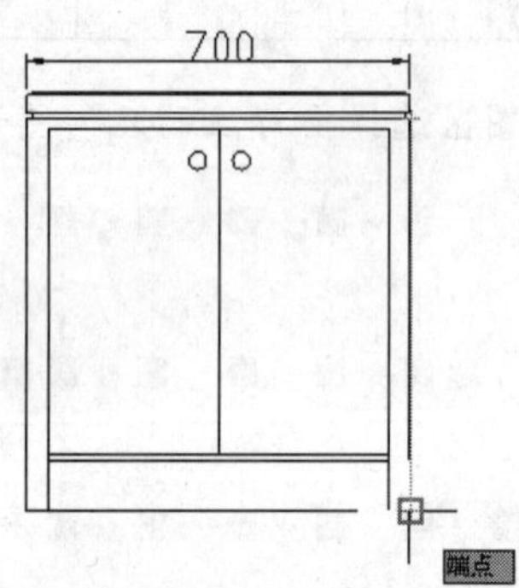

❼ 拖动鼠标并单击确定尺寸线的位置后自动结束命令。最终效果如图所示。

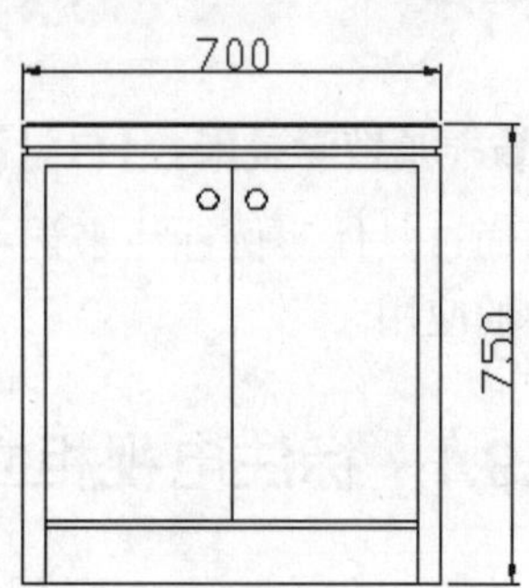

15.9.2 标注机械图尺寸

本实例是利用线性标注和角度标注命令对机械图进行尺寸标注。通过学习本实例，读者应熟练掌握机械图标注的规则和相关命令的使用。

实例名称：标注机械图尺寸	
主要命令：【线性】标注命令、【角度】标注命令	
素材：素材\ch15\机械图.dwg	
结果：结果\ch15\机械图 dwg	
难易程度：★★	常用指数：★★★

❶ 打开光盘中的“素材\ch15\机械图.dwg”文件。

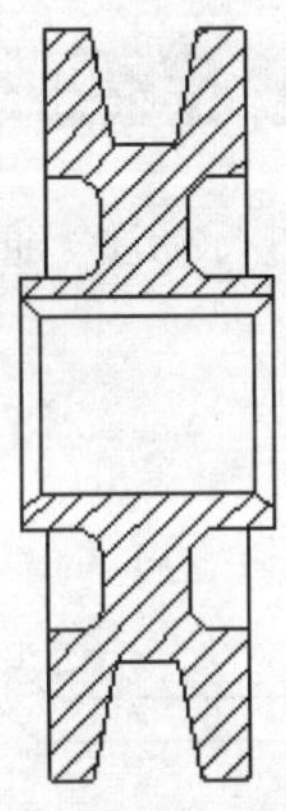

❷ 选择【标注】➤【线性】菜单命令，在绘图区单击指定第一条尺寸界线原点。

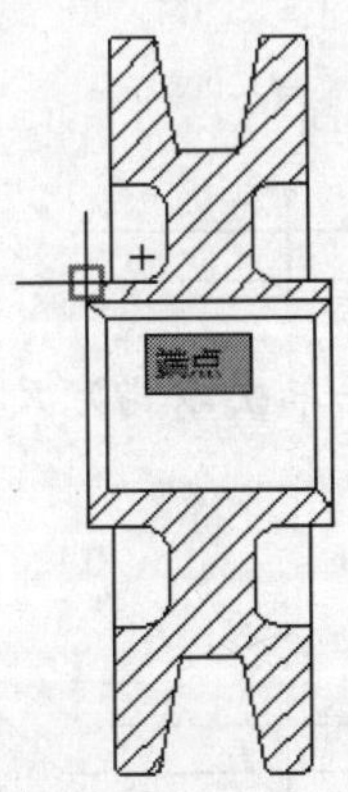

❸ 拖曳鼠标并单击确定第二条尺寸界线原点。

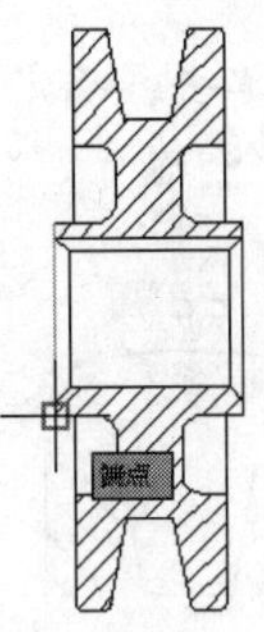

❹ 拖曳鼠标并单击，确定尺寸线的位置后自动结束命令。

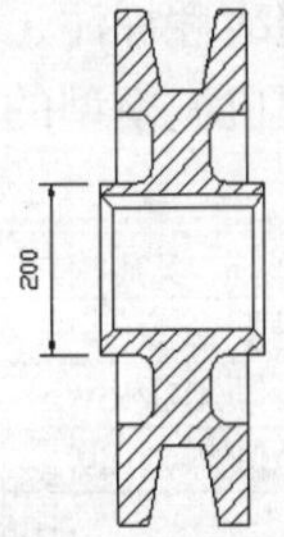

❺ 重复步骤❷~❹，最终结果如下图所示。

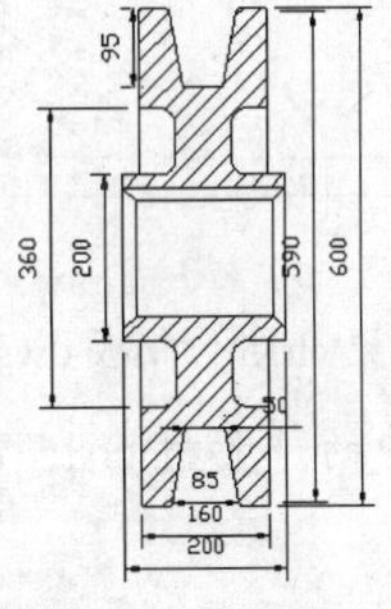

❻ 选择【标注】➤【角度】菜单命令，在绘图区单击鼠标指定第一条直线。

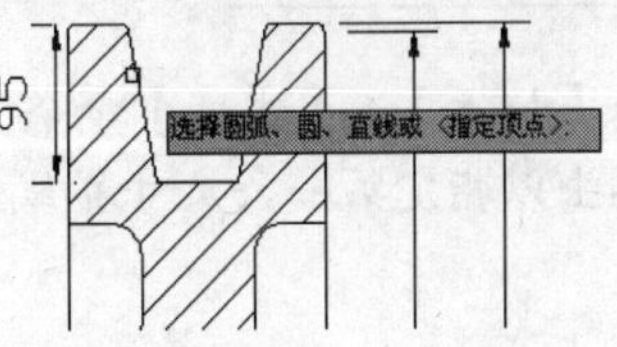

第 15 章 尺寸标注

❼ 拖曳鼠标并单击确定第二条直线。

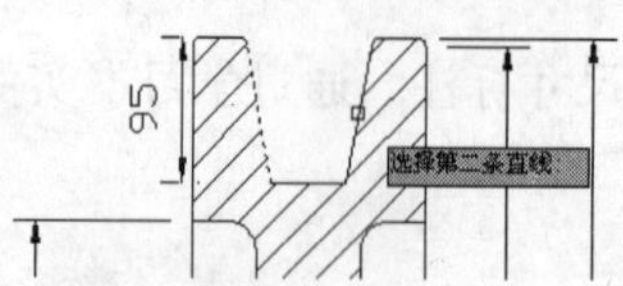

❽ 拖曳鼠标并单击，确定尺寸线的位置后自动结束命令。

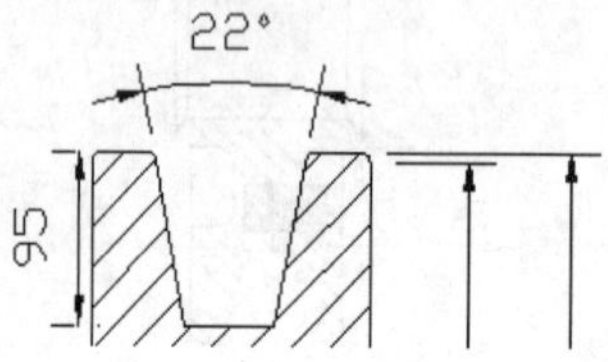

❾ 最终效果如下图所示。

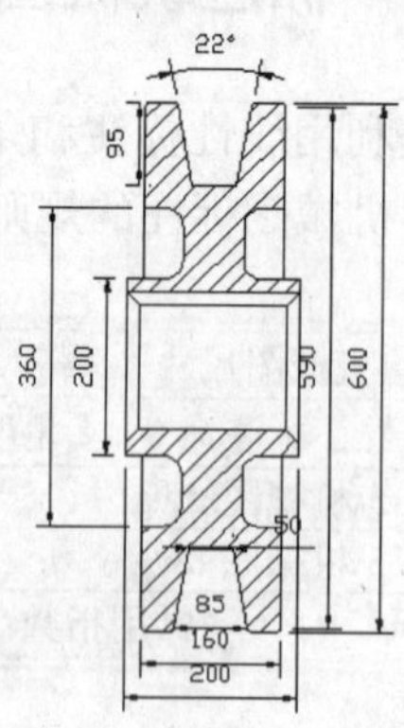

15.9.3 标注斜板倾斜角度

本实例利用线性标注、对齐标注和角度标注命令对倾斜板进行标注。通过学习本实例，读者应熟练掌握机械模型的标注过程。

实例名称：标注斜板倾斜角度	
主要命令：【线性】命令	
素材：素材\ch15\倾斜板.dwg	
结果：结果\ch15\倾斜板 dwg	
难易程度：★★	常用指数：★★★

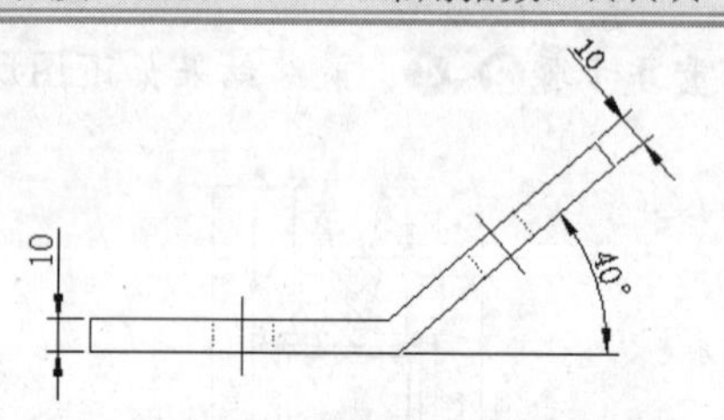

结果\ch15\倾斜板 dwg

❶ 打开光盘中的“素材\ch15\倾斜板.dwg”文件。

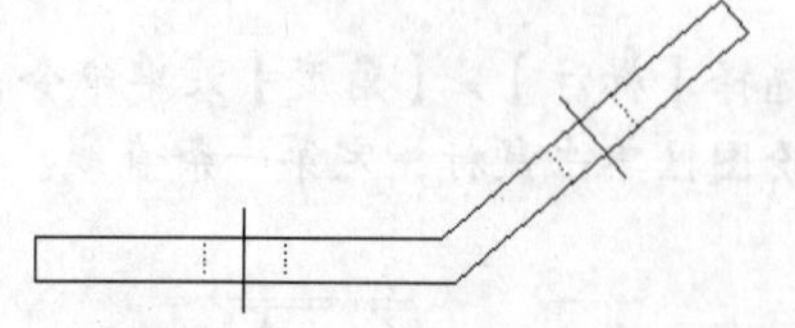

❷ 选择【标注】➤【线性】命令，在绘图区单击以指定第一条尺寸界线的原点。

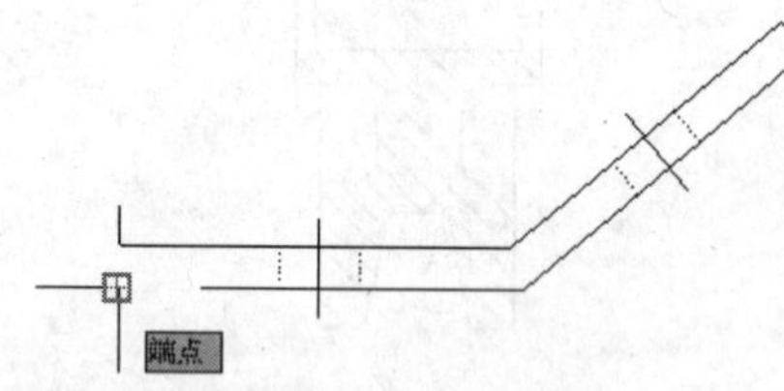

❸ 拖动鼠标并单击以确定第二条尺寸界线的原点。

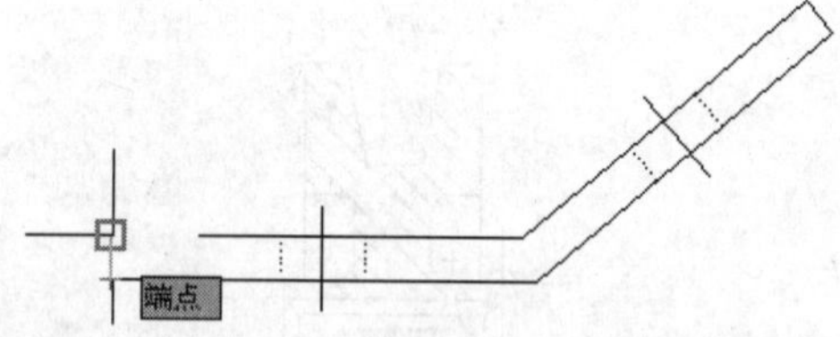

❹ 拖动鼠标并单击以指定尺寸线位置。

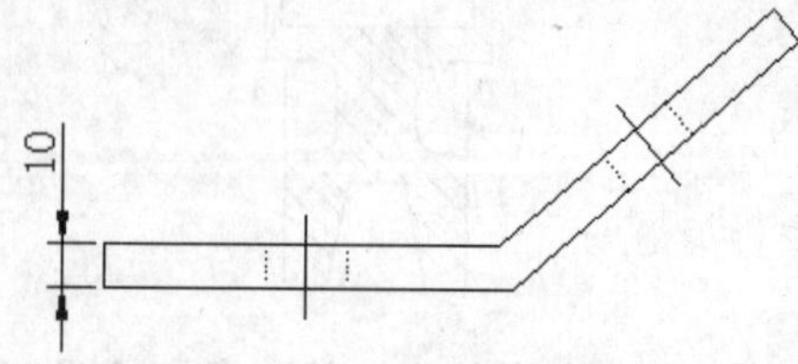

❺ 选择【标注】➤【对齐】命令，在绘图区单击，分别确定第一条和第二条延伸线端点，并拖动鼠标指定尺寸线位置。

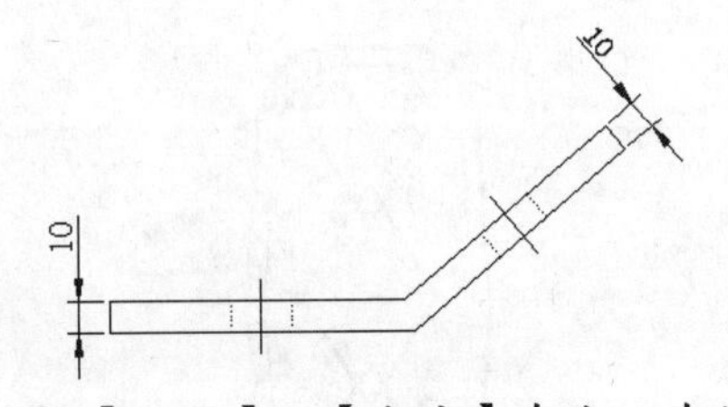

❻ 选择【标注】➢【角度】命令，在绘图区单击以选择第一条直线。

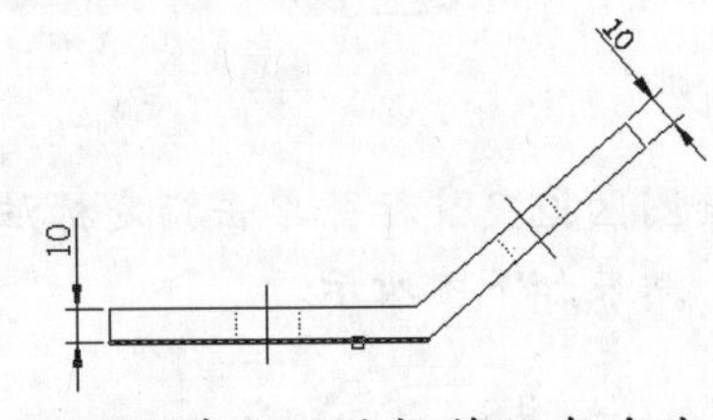

❼ 在绘图区单击以选择第二条直线。

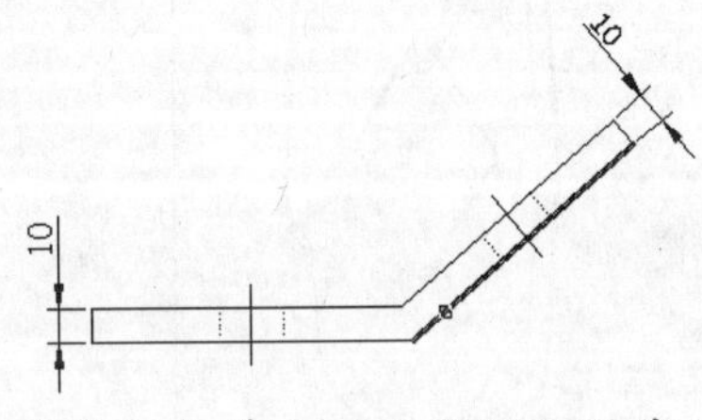

❽ 拖动鼠标并单击以确定标注弧线的位置。

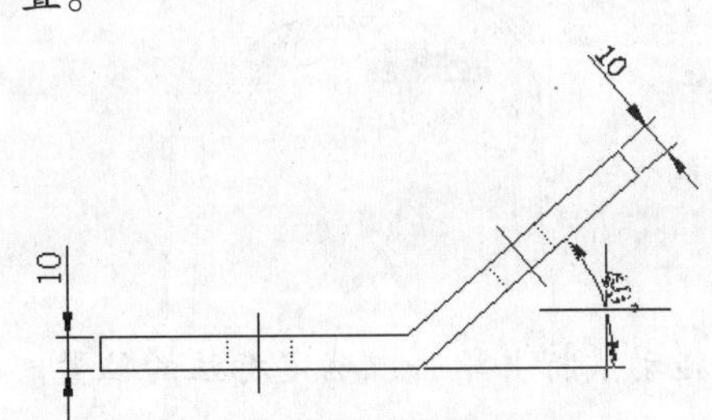

❾ 最终效果如图所示。

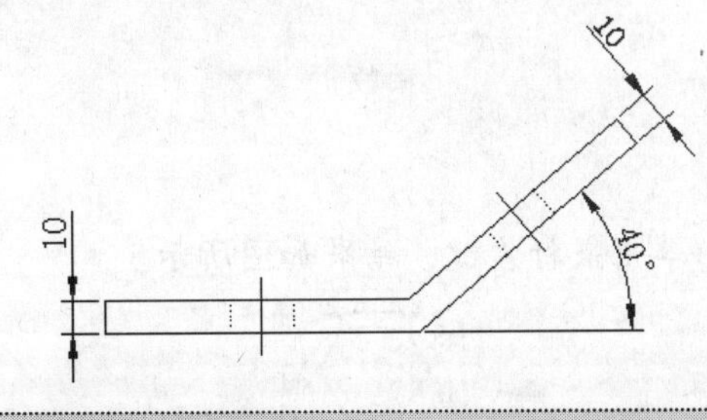

> ***Tips***
>
> 在标注机械模型时一般用箭头符号。

15.9.4 标注会议桌尺寸

本实例利用半径标注和线性标注命令标注会议桌尺寸。通过学习本实例，读者应熟练掌握会议桌的标注过程。

实例名称：标注会议桌尺寸	
主要命令：【线性标注】命令、【半径标注】命令	
素材：素材\ch15\会议桌.dwg	
结果：结果\ch15\会议桌 dwg	
难易程度：★★	常用指数：★★★

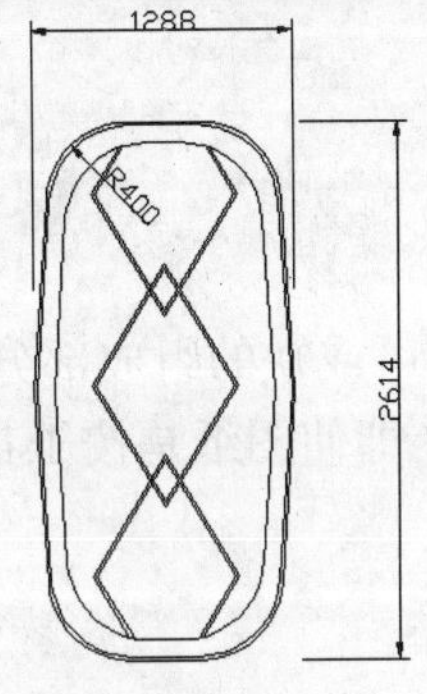

结果\ch15\会议桌.dwg

❶ 打开光盘中的“素材\ch15\会议桌.dwg”文件。

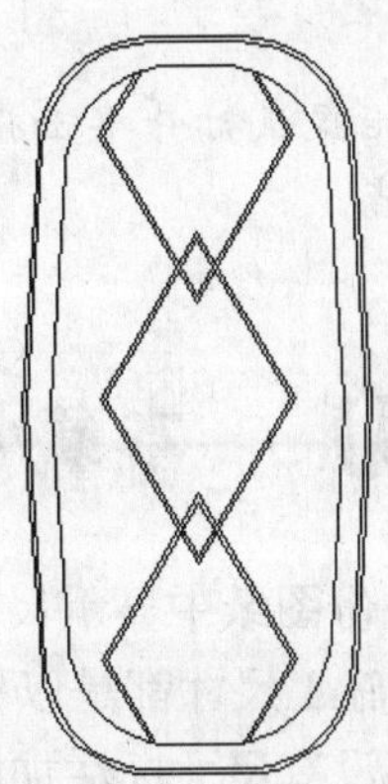

❷ 选择【标注】➢【半径】命令，在绘图区单击圆以选定标注的对象。

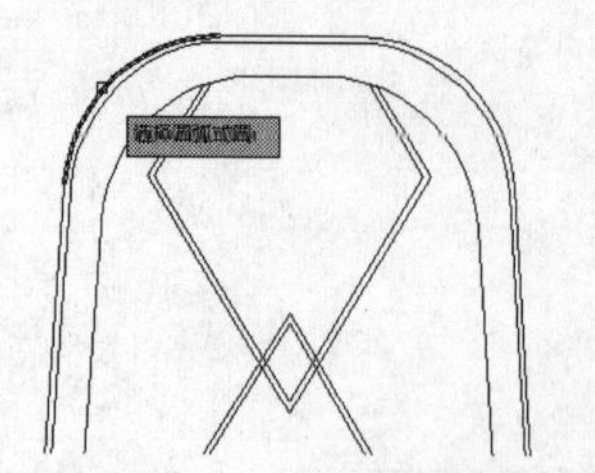

❸ 拖动鼠标并单击以确定标注的位置。

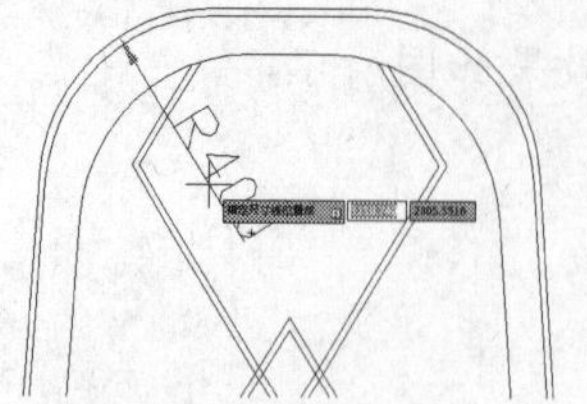

❹ 单击鼠标左键，结果如图所示。

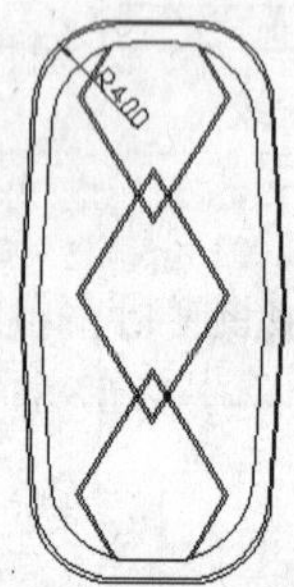

❺ 选择【标注】➤【线性】命令，在绘图区单击指定第一条尺寸界线的原点。

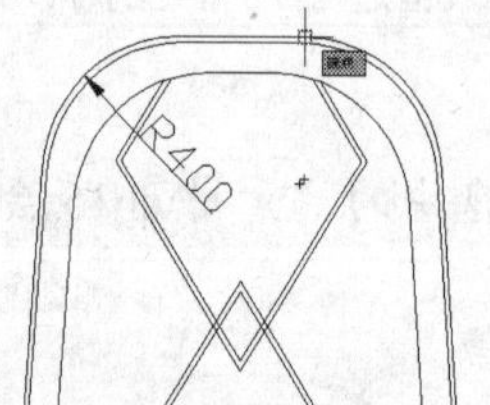

❻ 在绘图区拖曳鼠标并单击指定第二条尺寸界线原点。

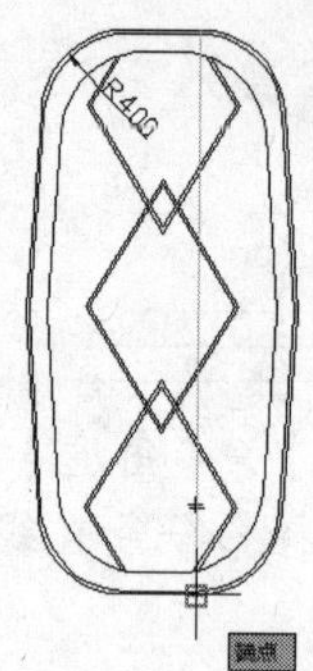

❼ 在绘图区拖曳鼠标并单击指定标注线位置。结果如下图所示。

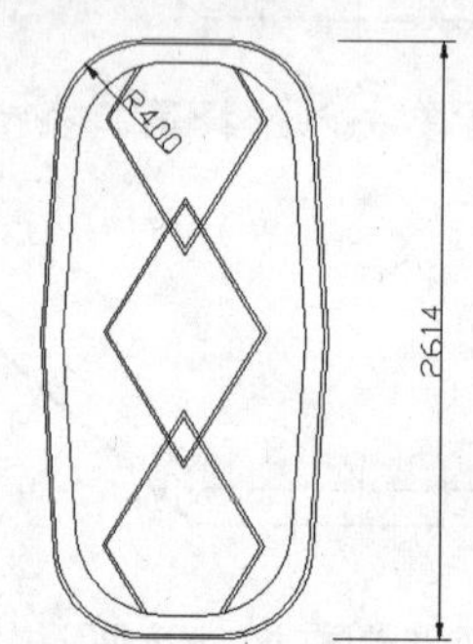

❽ 重复步骤❺~❼，最终结果如图所示。

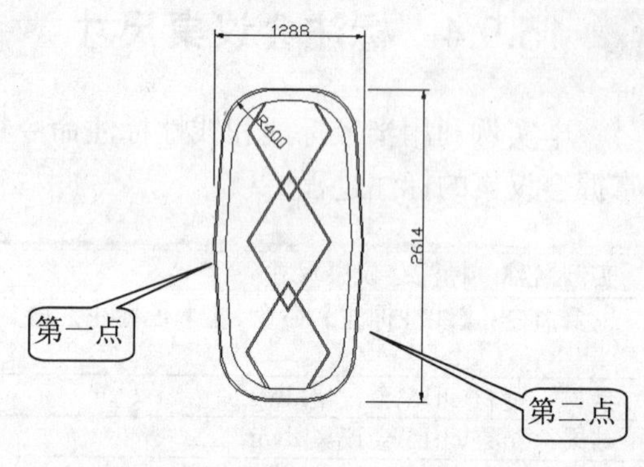

15.10 本章小结

标注是一份图纸中显示尺寸最常用的方式，是图纸中不可或缺的组成部分。在一份施工图中，所有施工尺寸都是以标识出来的尺寸为依据。所以，即使图纸是按 1:1 的比例绘制出来的，如果没有尺寸标注加以辅助，施工仍然无法进行。

第 16 章　图纸的打印和输出

本章引言

在利用 AutoCAD 2013 绘制完图形后，通常需要对其进行打印输出。在 AutoCAD 2013 中，提供有两种方式的输出，一是利用外接设备，比如打印机和绘图仪等输出；二是把 AutoCAD 格式的文件输出为可印刷的栅格图像。

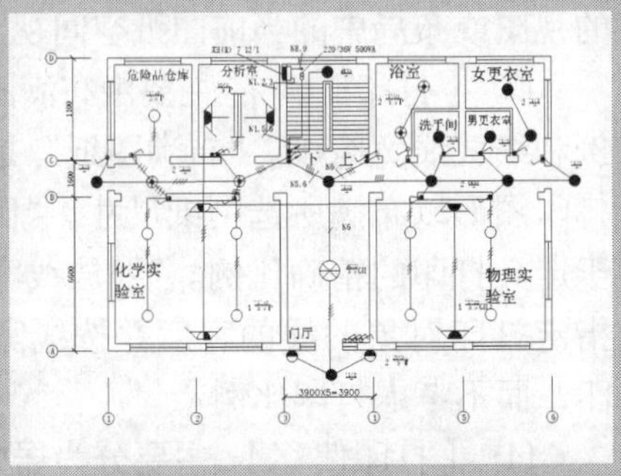

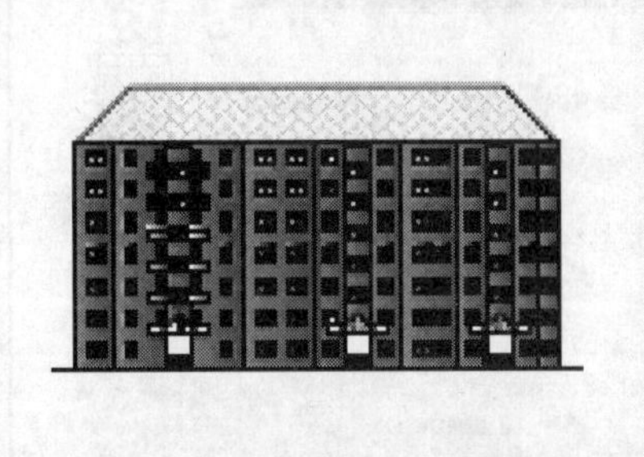

16.1 打印图形

本节视频教学录像：10 分钟

用户在使用 AutoCAD 2013 创建图形以后，通常要将其打印到图纸上。打印的图形可以是包含图形的单一视图，也可以是更为复杂的视图排列。根据不同的需要来设置选项，以决定打印的内容和图形在图纸上的布置。

16.1.1 选择打印机

打印图形时选择打印机的具体操作步骤如下。

❶ 选择【文件】➤【打印】命令。

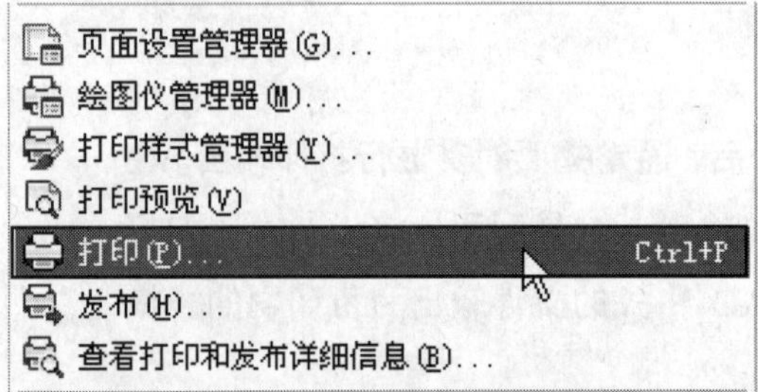

❷ 执行命令后弹出【打印 - 模型】对话框。

【打印-模型】对话框的具体参数的含义如下。

(1)【图纸尺寸】：最后出图图纸的大小。

(2)【打印区域】：【打印区域】主要分为窗口、范围、图形界限和显示 4 部分。其中“窗口”是指打印指定的图形部分。如果选择【窗口】选项，【窗口】按钮将成为可用按钮。单击【窗口】按钮以使用定点设备指定要打印区域的两个角点，或者输入坐标值。“范围”是指当前空间内的所有几何图形都将被打印。打印之前，可能会重新生成图形以重新计算范围。“图形界限”是指打印指定图纸尺寸的可打印区域内的所有内容（即设定的图形界限内的全部内容），其原点从布局中的“0,0”点计算得出。“显示”是指打印选定的【模型】选项卡当前视口中的视图或布局中的当前图纸空间视图。

(3)【打印比例】：主要由布满图纸、比例和缩放线宽组成。“布满图纸”是指缩放打印图形以布满所选图纸尺寸。“比例”用于定义打印的精确比例。“缩放线宽”通常指定打印对象的线的宽度并按线宽尺寸打印，而不考虑打印比例。

(4)【打印偏移】：主要分为居中打印、x 轴偏移和 y 轴偏移。其中“居中打印”是指自动计算【X 偏移】和【Y 偏移】值，在图纸上居中打印。当【打印区域】设置为“布局”时，【X 轴偏移】是指相对于【打印偏移定义】选项中设置指定的 x 方向上的打印原点，【Y 轴偏移】是指相对于【打印偏移定义】选项中设置指定的 y 方向上的打印原点。

❸ 在【打印机/绘图仪】下面的【名称】下拉列表中单击选择相应的打印机。

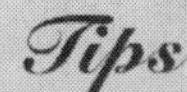

在还可以通过以下方法打开【打印-模型】对话框。

(1) 单击【快速访问工具栏】中的【打印】按钮。

(2) 在命令行中输入“plot”后按【Enter】键。

(3) 单击【输出】选项卡➢【打印】面板➢【打印】按钮。

(4) 选择【应用程序菜单】➢【打印】➢【打印】命令。

(5) 按【Ctrl+P】组合键。

16.1.2 设置打印区域

设置打印区域的具体操作步骤如下。

❶ 打开光盘中的“素材\ch16\打印区域.dwg”文件。

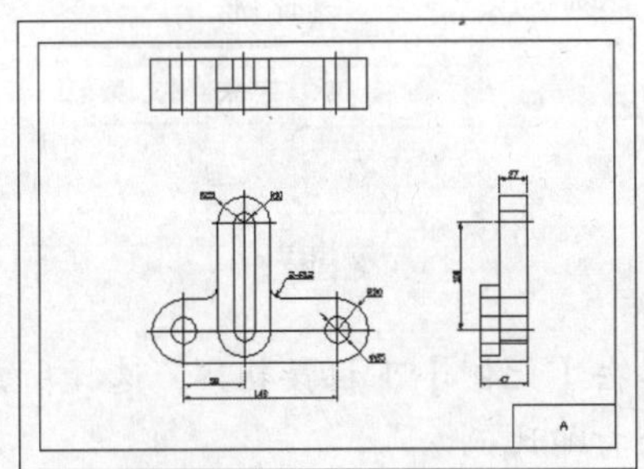

❷ 选择【文件】➢【打印】命令后弹出【打印-模型】对话框。

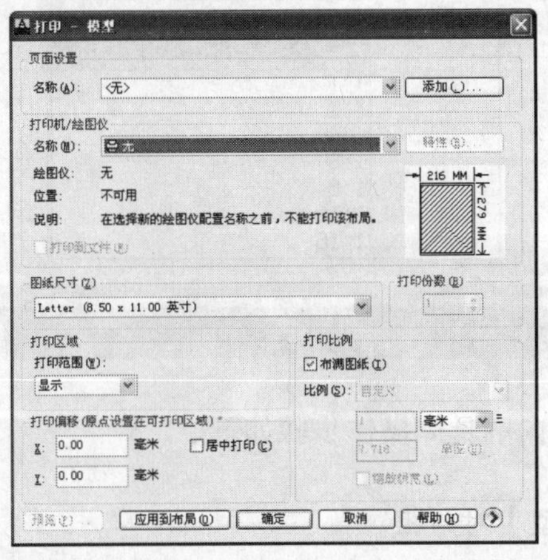

❸ 在【打印区域】区中选择打印范围的类型为“窗口”。

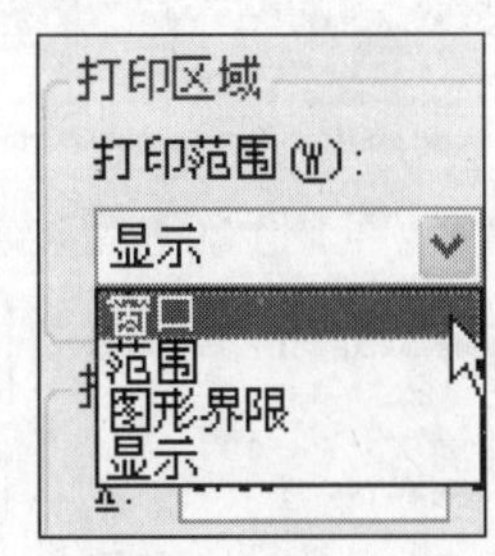

❹ 在绘图区单击打印区域的第一点。

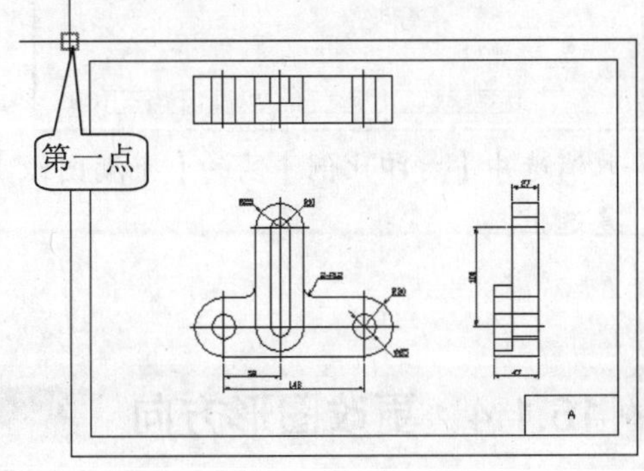

❺ 拖动鼠标并单击以指定打印区域的第二点。

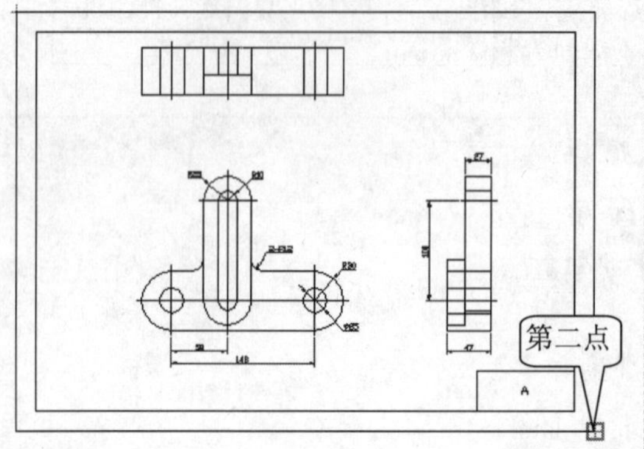

❻ 单击后自动返回【打印-模型】对话框。

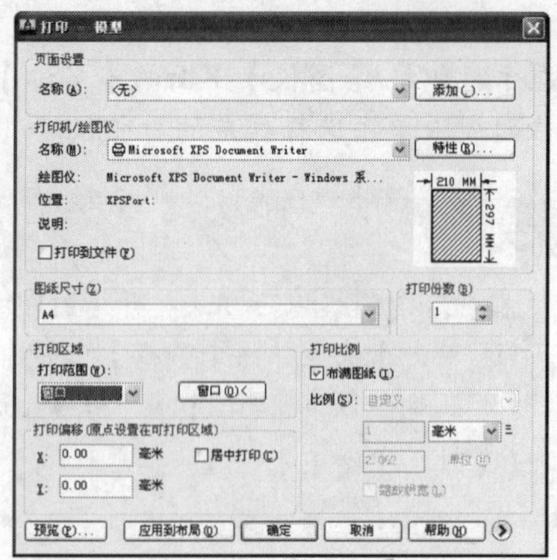

16.1.3 设置打印比例

控制图形单位与打印单位之间的相对尺寸。打印布局时，默认缩放比例设置为 1:1。从【模型】选项卡打印时，默认设置为“布满图纸”。

❶ 选择【文件】➢【打印】命令，弹出【打印-模型】对话框。

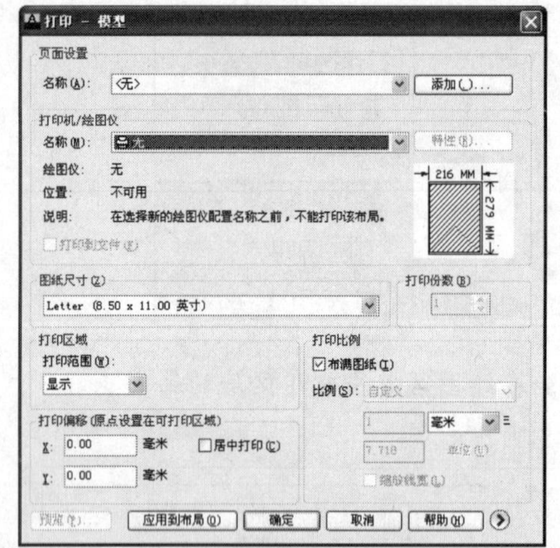

❷ 取消选中【打印比例】区的【布满图纸】复选框。

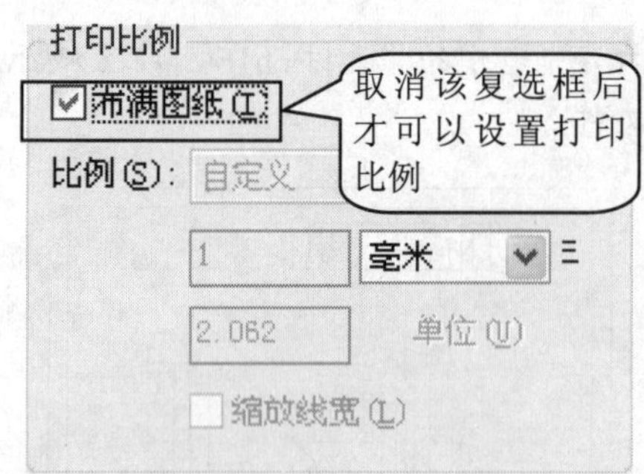

❸ 单击【比例】下拉按钮，选择所需要的打印比例。

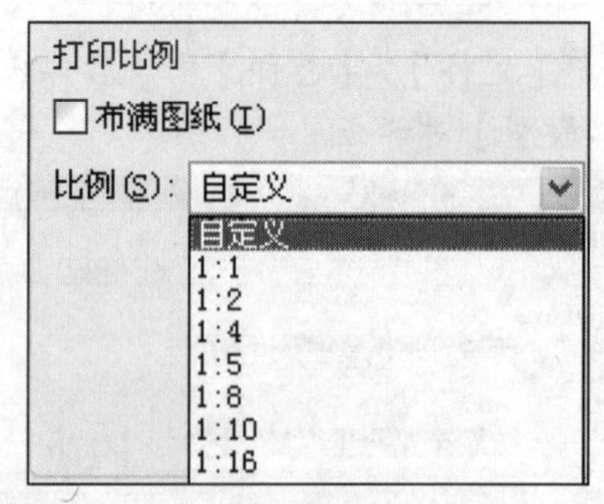

16.1.4 更改图形方向

根据需要可以设置更改图形方向，更改图形方向的具体操作步骤如下。

❶ 选择【文件】➢【打印】命令，弹出【打印-模型】对话框。

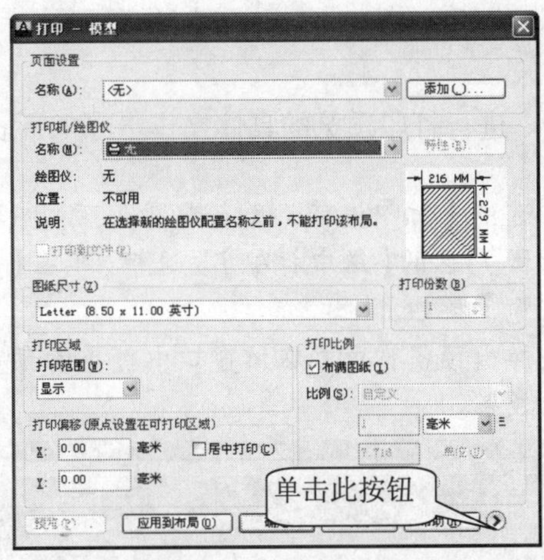

❷ 单击右下角按钮，展开此对话框。

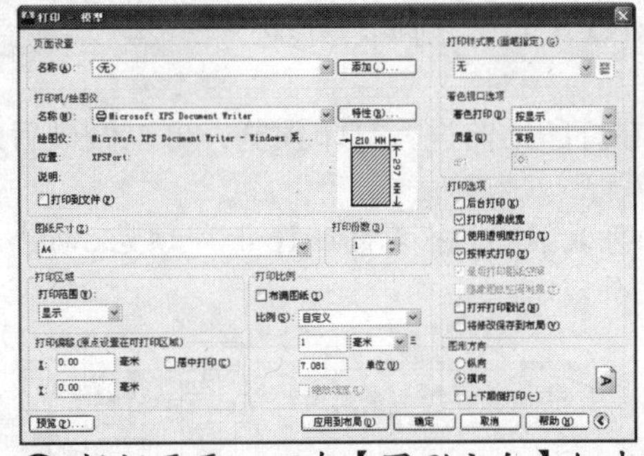

❸ 根据需要，可在【图形方向】组中选择“横向”或“纵向”。

16.1.5 切换打印样式列表

根据需要可以设置切换打印样式列表，切换打印样式列表的具体操作步骤如下。

❶ 选择【文件】>【打印】命令，弹出【打印-模型】对话框。

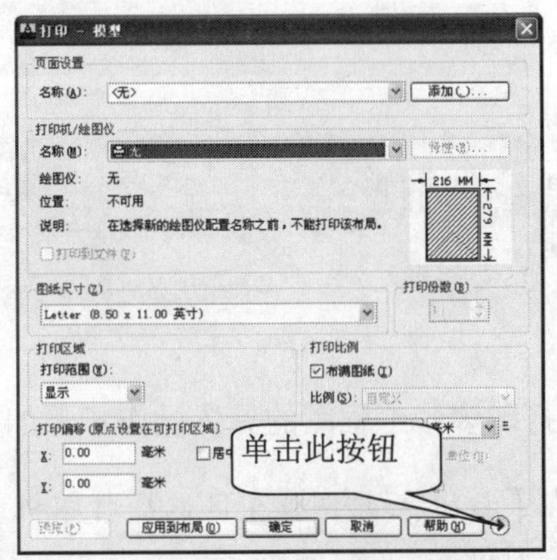

❷ 单击右下角按钮，展开此对话框。

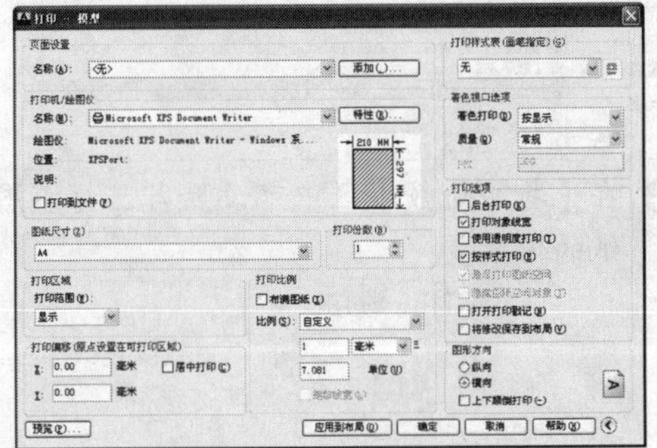

❸ 根据需要，可在【打印样式列表（画笔指定）】组中选择需要的打印样式。

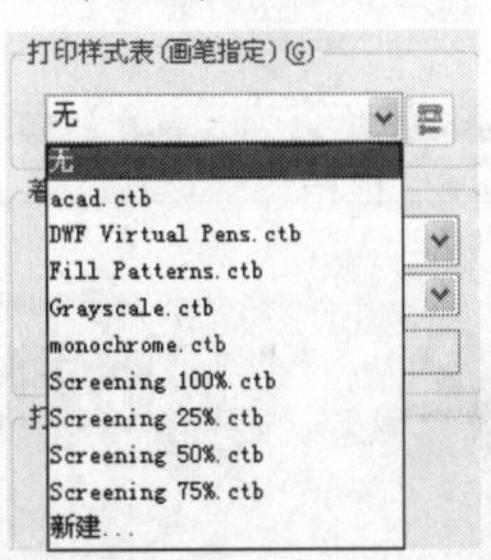

❹ 选择打印样式表后，其文本框右侧的【编辑】按钮由原来的不可用状态变为可用状态，单击【编辑】按钮，打开【打印样式编辑器】对话框，在对话框中可以编辑打印样式。

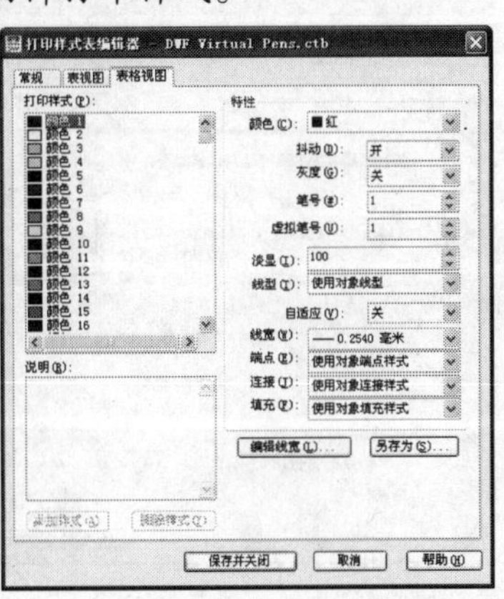

16.1.6 打印预览

在打印之前进行打印预览，可以做最后的检查。进行打印预览的具体操作步骤如下。

❶ 打开光盘中的“素材\ch16\打印预览.dwg”文件。

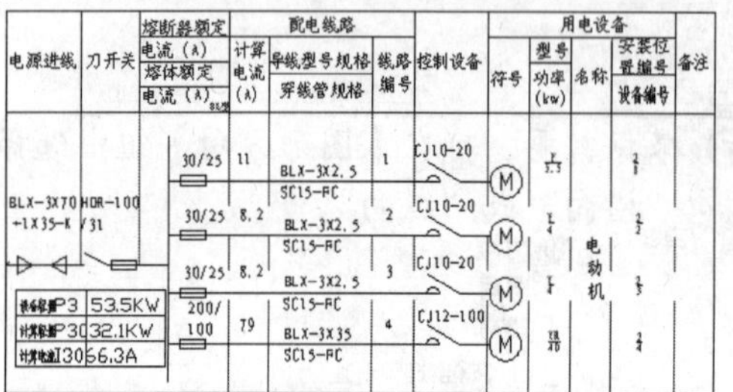

❷ 选择【文件】➤【打印】命令，弹出【打印-模型】对话框。

❸ 在【打印机/绘图仪】下面的【名称】下拉列表中选择相应的打印机。

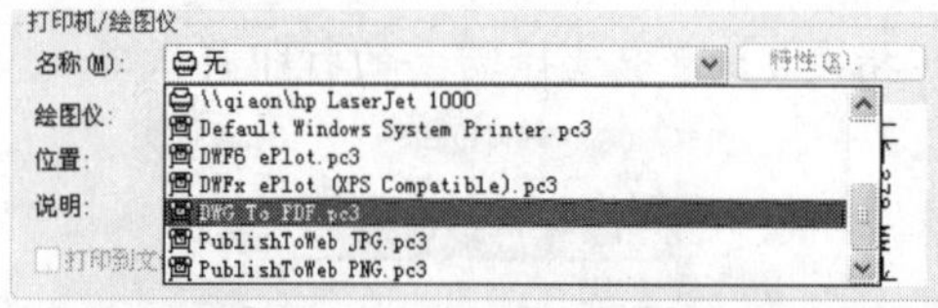

❹ 选中【打印偏移（原点设置在可打印区域）】区的【居中打印】复选框，单击【预览】按钮。

❺ 弹出预览窗口，在该窗口中可查看预览效果。

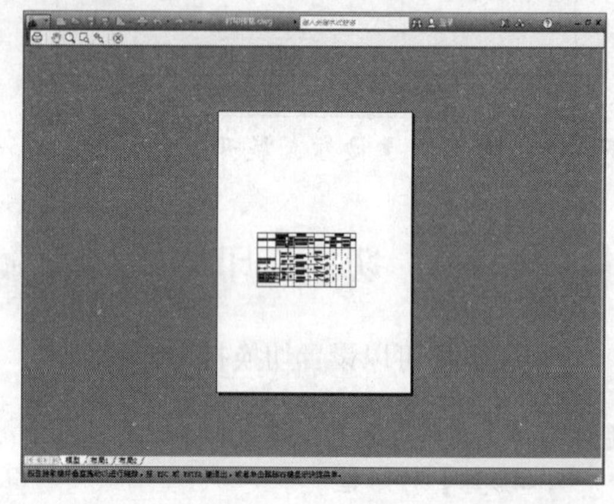

16.2 同时打印多张工程图

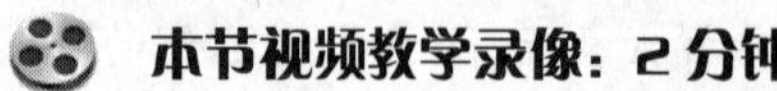

在 AutoCAD 中可以同时打印多张工程图，同时打印多张工程图的具体操作步骤如下。

❶ 选择【文件】➤【打印】命令。

❷ 执行命令后弹出【打印-模型】对话框。

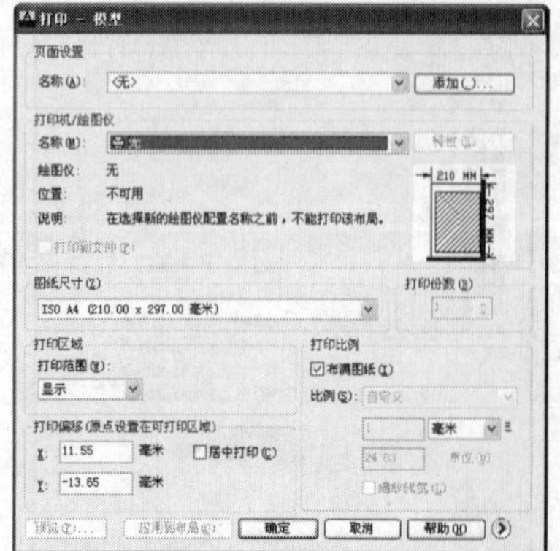

❸ 在【打印机/绘图仪】区选择打印机或者绘图仪。

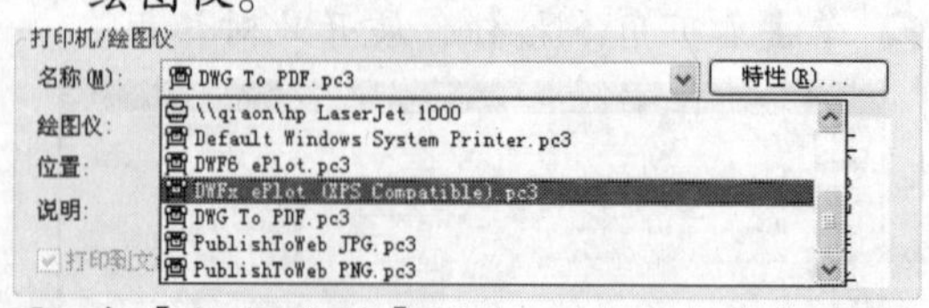

❹ 在【打印份数】区中可设置当前打印图纸的份数。

16.3 输出为可印刷的光栅图像

本节视频教学录像：5 分钟

本实例是一张实验室照明平面图，通过所学的知识对这张图纸先打印为光栅图像后进行印刷，最终效果如图所示。通过学习本实例，读者可以熟练掌握输出光栅图像的操作步骤。使用绘图仪管理器和打印命令输出为可印刷的光栅图像的具体操作步骤如下。

第 1 步：添加绘图仪

❶ 打开光盘中的“素材\ch16\光栅图像.dwg”文件。

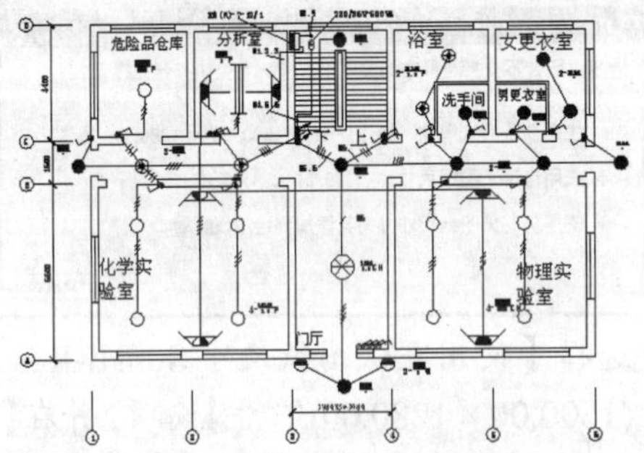

❷ 选择【文件】➤【绘图仪管理器】命令。

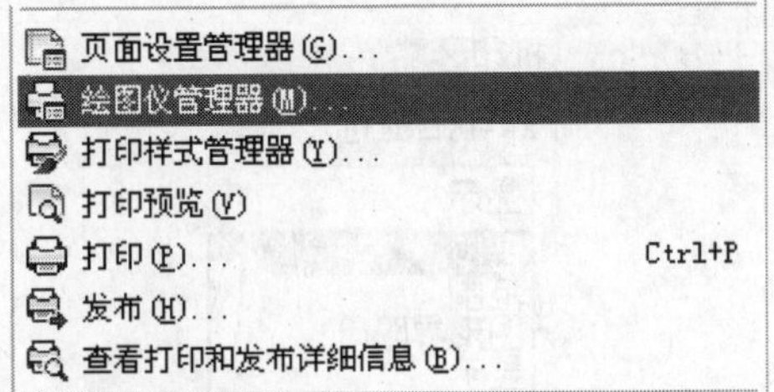

❸ 弹出【plotters】窗口。

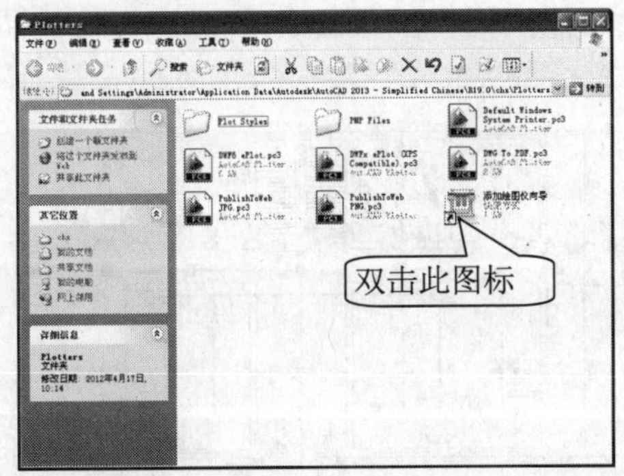

❹ 双击【添加绘图仪向导】图标，弹出【添加绘图仪 – 简介】对话框。

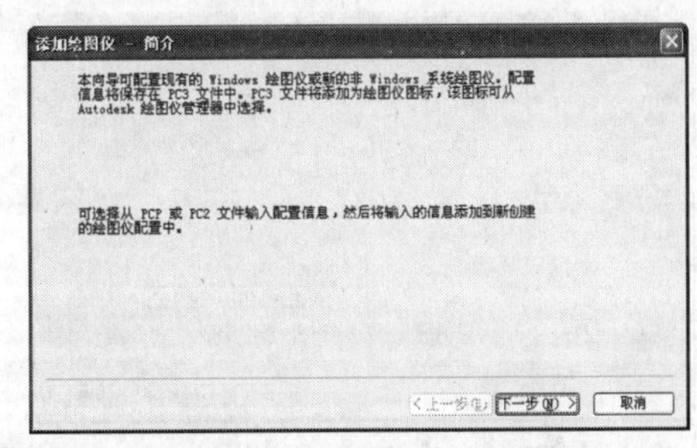

❺ 单击【下一步】按钮，弹出【添加绘图仪 – 开始】对话框。

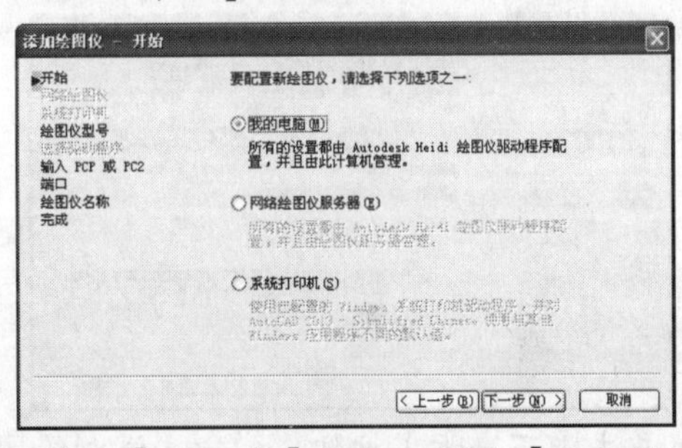

❻ 单击【下一步】按钮，弹出【添加绘图仪 – 绘图仪型号】对话框，【生产商】选择为“光栅文件格式”，【型号】选择为“独立 JPEG 编组 JFIF（JPEG 压缩）”。

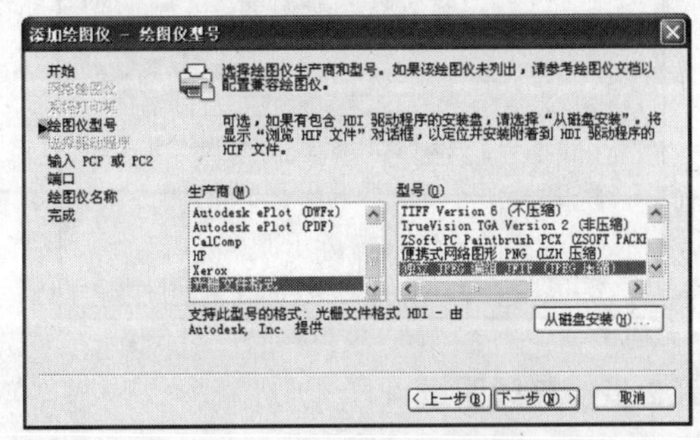

❼ 单击【下一步】按钮，弹出【添加绘图仪 –输入 PCP 或 PC2】对话框。

第 16 章 图纸的打印和输出

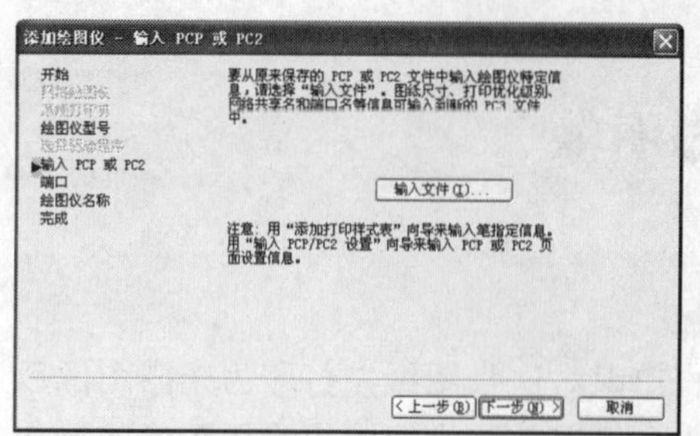

❽ 单击【下一步】按钮，弹出【添加绘图仪 – 端口】对话框。

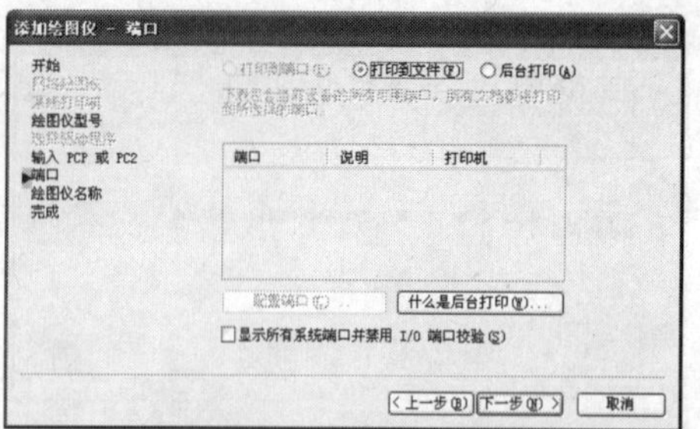

❾ 单击【下一步】按钮，弹出【添加绘图仪 – 绘图仪名称】对话框。

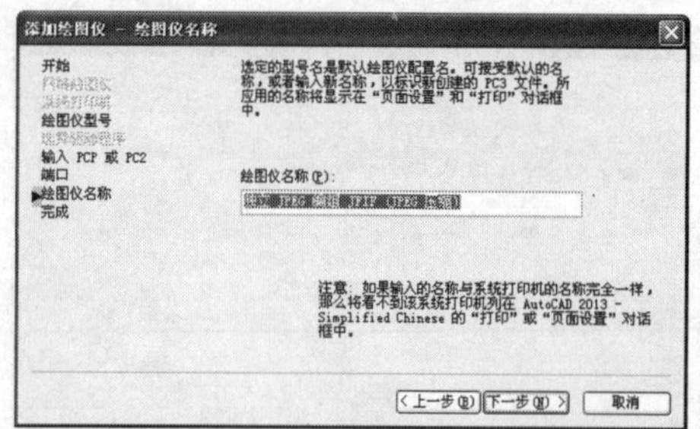

❿ 单击【下一步】按钮，弹出【添加绘图仪 – 完成】对话框，单击【完成】按钮完成操作。

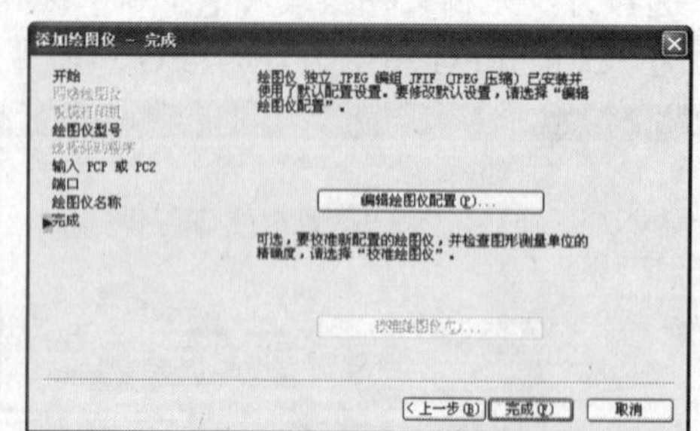

第 2 步：打印图纸

❶ 选择【文件】➢【打印】命令，弹出【打印 – 模型】对话框。

❷ 单击【打印机/绘图仪】区右边的下拉按钮，选择刚才新建的虚拟打印机“独立 JPEG 编组 JFIF(JPEG 压缩).pc3”。

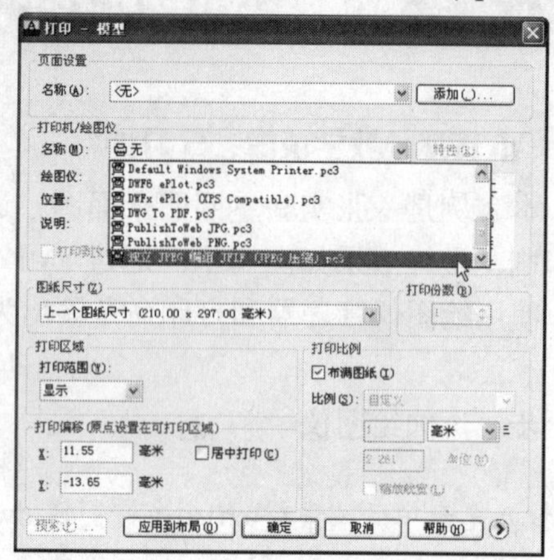

❸ 弹出【打印-未找到图纸尺寸】对话框。

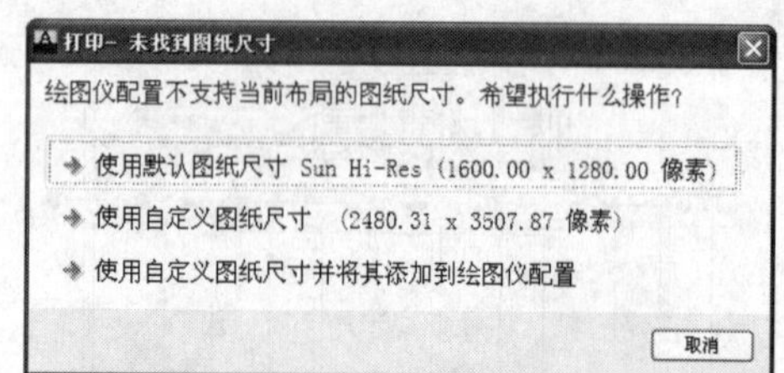

❹ 选择【使用默认图纸尺寸 SunHi-Res (1600.00×1280.00)像素】选项，并在【打印 – 模型】对话框中选择【打印范围】为“窗口”。

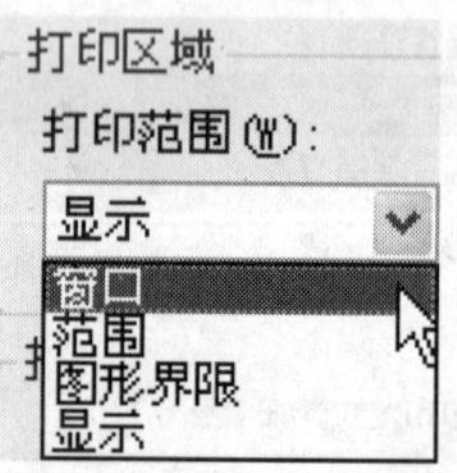

❺ 在绘图区单击并拖动鼠标以指定打印区域。

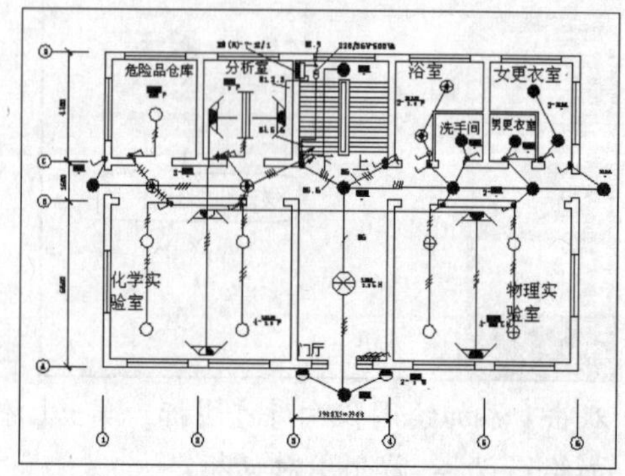

❻ 返回【打印 – 模型】对话框，选中【布满图纸】和【居中打印】复选框。

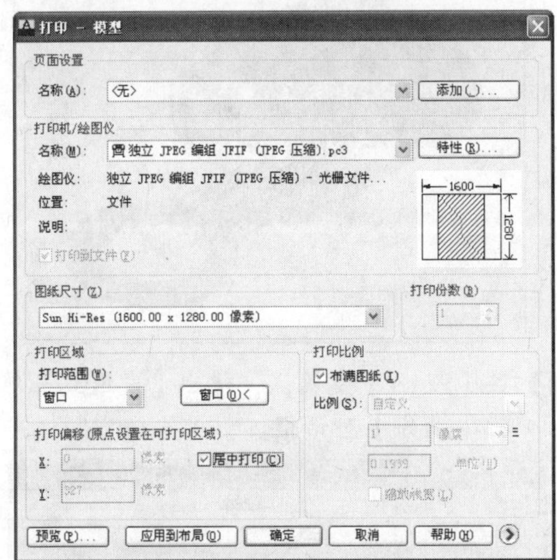

❼ 单击【预览】按钮对打印图像进行预览。

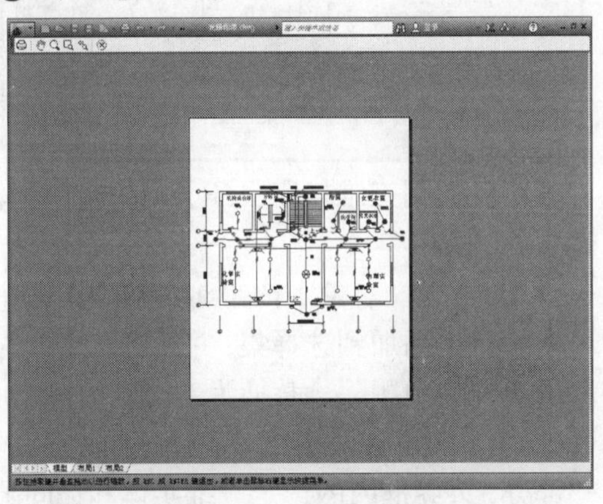

❽ 在预览图上右击，在弹出快捷菜单中选择【打印】命令。

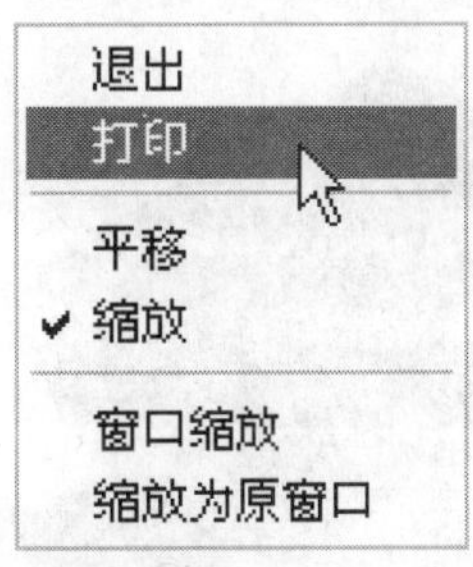

❾ 在弹出的【浏览打印文件】对话框中选择文件保存的路径和名字，单击【保存】按钮完成操作。

16.4 三维打印

本节视频教学录像：9 分钟

AutoCAD 2013 支持直接接 3D 打印机，用户可以通过一个互联网连接来直接输出 3D AutoCAD 图形到支持 STL 的打印机上。

在 AutoCAD 2013 中有两种方法可以打开【三维打印 – 准备打印模型】对话框。

(1) 选择【应用程序菜单】➤【发布】➤【发送到三维打印服务】命令。

(2) 在命令行中输入“3dprint”后按【Enter】键。

本实例利用 AutoCAD 2013 的 3D 打印功能来输出 3D AutoCAD 图形到支持 STL 的打印机上。通过学习本实例，读者可以熟练掌握输出 STL 格式三维图形的操作步骤。使用三维打印命令输出三维图形到打印机的具体操作步骤如下。

❶ 打开光盘中的“素材\ch16\三维打印.dwg”文件。

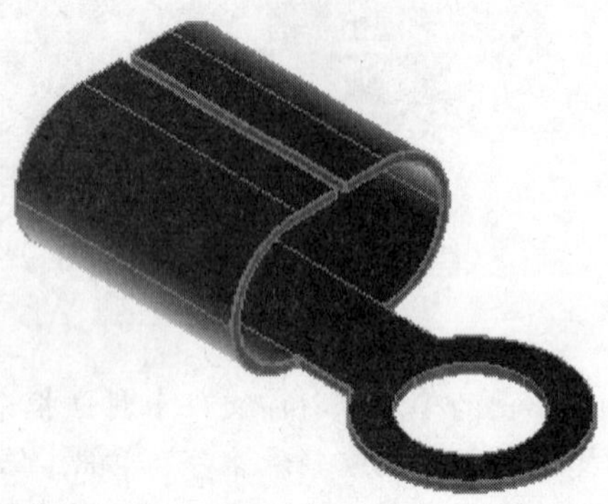

❷ 选择【应用程序按钮】➤【发布】➤【发送到三维打印服务】命令。

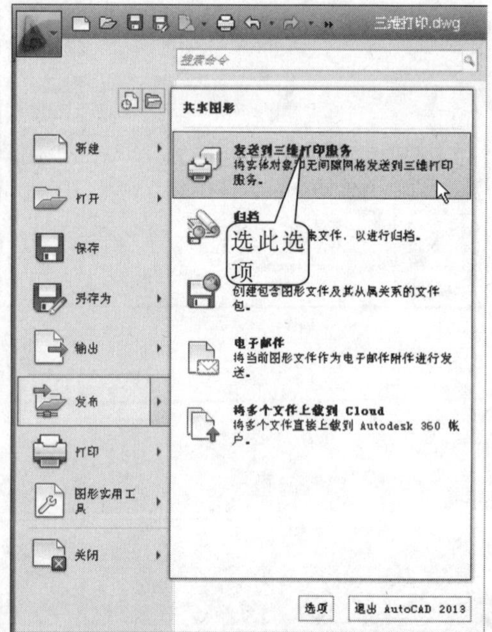

❸ 打开【三维打印 – 准备打印模型】对话框，并单击【继续】选项。

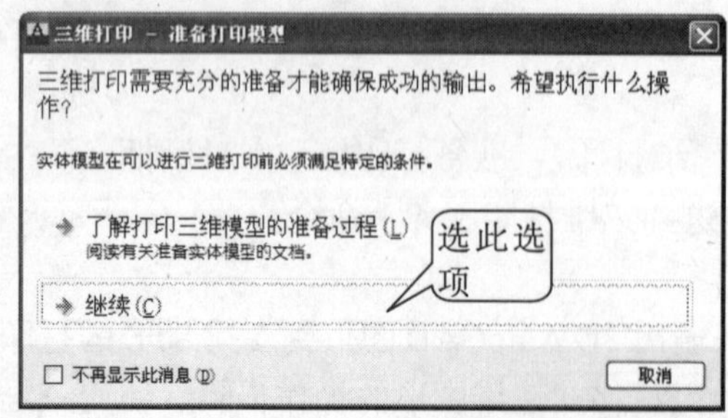

❹ 在绘图区选择要打印的实体或无间隙网格。

❺ 按【Enter】键确认，弹出【发送到三维打印服务】对话框。

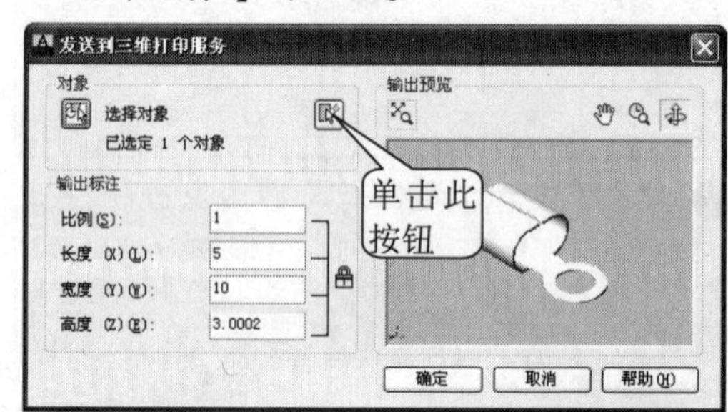

【发送到三维打印服务】对话框的具体选项如下。

(1) 【选择对象】按钮：在绘图区中可以将对象添加到选择集，并将已选定的对象从选择集中删除，替换为新选定的对象。

(2) 【输出标注】：作为三维打印过程的一部分，边界框内的选定三维实体和无间隙网格将另存为 STL 文件，三维打印服务可以使用 STL 文件来输出物理模型。同时，还可以修改边界框的尺寸，并指定边界框内三维实体和无间隙网格的比例，如果修改此选项，则这些对象的比例将不受影响。在修改【比例】、【长度】、【高度】和【宽度】等参数时，它们将相互依存，如果修改其中一项，则其余选项将会自动调整。

(3) 【范围缩放】按钮：可以设置显示以使图像布满预览窗口，也可重新调整此对话框的大小，根据需要可以放大预览。

(4) 【平移】按钮：在预览窗口内对图像进行水平和垂直移动。也可以通过在移动鼠标时按住鼠标滚轮来进行平移。

(5)【缩放】按钮：可以更改预览的比例，如果需要放大或缩小图形预览，请选择此按钮，然后按住鼠标左键并向上或向下拖动，也可以滚动鼠标滚轮随时放大或缩小。

(6)【动态观察】按钮：可以使用鼠标拖动图像时在预览窗口内旋转图像。

❻ 单击【快速选择】按钮，弹出【快速选择】对话框。

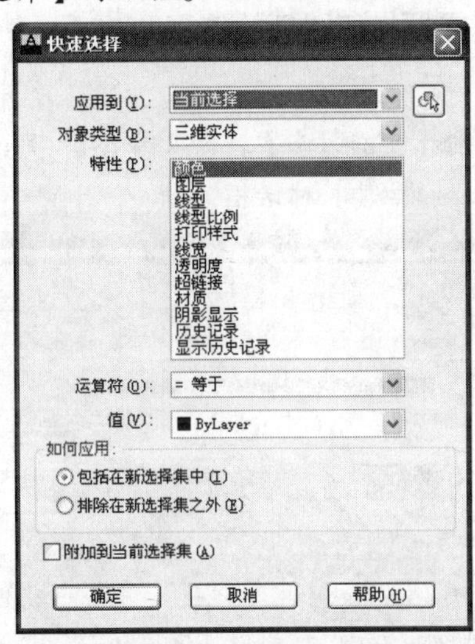

【快速选择】对话框的具体选项如下。

(1)【应用到】：如果过滤条件存在，将会被应用到整个图形或当前选择集，要选择将在其中应用该过滤条件的一组对象，可单击【选择对象】按钮，将会临时关闭【快速选择】对话框，允许用户选择要对其应用过滤条件的对象。在完成对象选择后，按【Enter】键重新显示该对话框，“应用到”将被设置为“当前选择”。

(2)【对象类型】：指定要包含在过滤条件中的对象类型。如果过滤条件正应用于整个图形，则【对象类型】列表包含全部的对象类型，也包括自定义。否则，该列表只包含选定对象的对象类型。如果用应用程序（例如 Autodesk Map）给对象添加了特征分类，则可以选择分类。

(3)【特性】：指定过滤器的对象特性。此列表包括选定对象类型的所有可搜索特性。选定的特性决定【运算符】和【值】中的可用选项。

(4)【运算符】：控制过滤的范围。根据选定的特性，可包括【等于】、【不等于】、【大于】、【小于】和【* 通配符匹配】选项。对于某些特性，【大于】和【小于】选项不可用。【* 通配符匹配】选项只能用于可编辑的文字字段。使用【全部选择】选项将忽略所有特性过滤器。

(5)【值】：指定过滤器的特性值。如果选定对象的已知值可用，则【值】选项为一个列表，可以从中选择一个值。否则，需输入一个值。

(6)【如何应用】：指定是将符合给定过滤条件的对象包括在新选择集内或是排除在新选择集之外。选择【包括在新选择集中】项将创建其中只包含符合过滤条件的对象的新选择集。选择【排除在新选择集之外】项将创建其中只包含不符合过滤条件的对象的新选择集。

(7)【附加到当前选择集】：指定是由 QSELECT 命令创建的选择集替换还是附加到当前选择集。

❼ 单击【确定】按钮，重新回到【发送到三维打印服务】对话框，然后再单击【确定】按钮，弹出【创建 STL 文件】对话框，设置【文件名】和【文件类型】两项，单击【保存】按钮。

16.5 技能演练 

本节视频教学录像：6 分钟

通过本节，读者可以熟练掌握打印命令的使用以及打印输出为不同文件的设置。

16.5.1 打印组合柜立面图

本实例是一张组合柜立面图纸，通过所学的知识将这张图纸打印为工程图纸并进行印刷，最终效果如图。通过学习本实例，读者可以熟练掌握打印图纸的流程和技巧。使用打印命令打印工程图的具体操作步骤如下。

实例名称：打印组合柜立面图	
主要命令：【打印】命令	
素材：素材\ch16\组合柜立面图.dwg	
结果：无	
难易程度：★★	常用指数：★★★

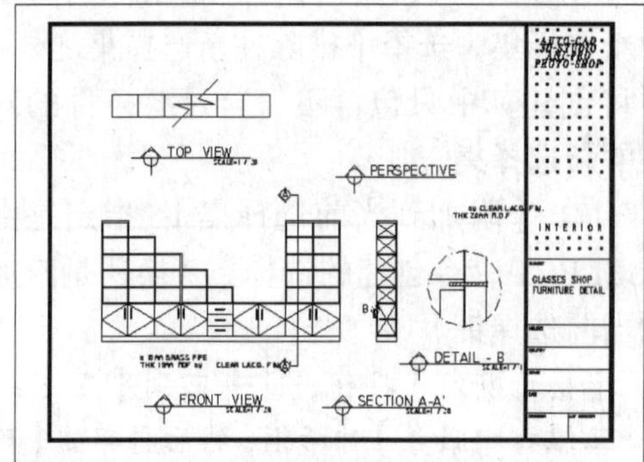

组合柜立面图打印效果图

❶ 打开光盘中的“素材\ch16\组合柜立面图.dwg”文件。

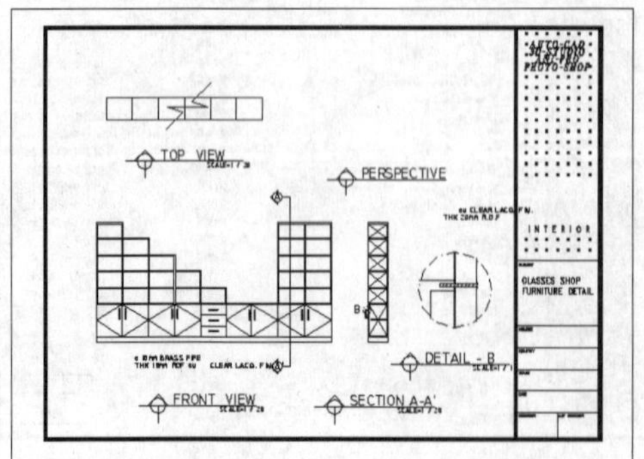

❷ 选择【文件】➢【打印】命令，弹出【打印 – 模型】对话框。

❸ 选择已安装好的打印机名称。

因为打印机品牌、型号的差别，用户在选用打印机时要根据已安装好的打印机进行选择。

❹ 设置打印的【图纸尺寸】为“A4”。

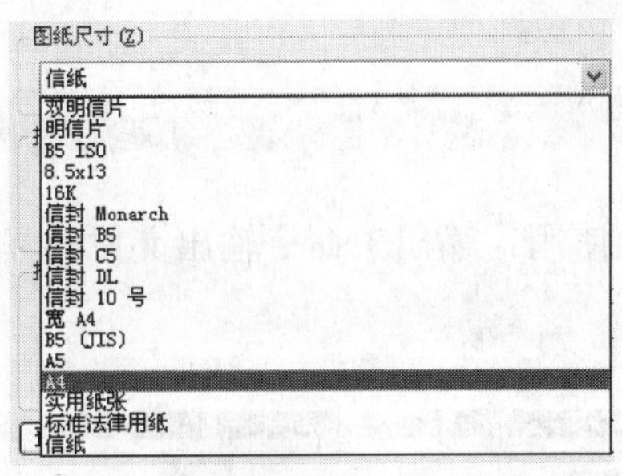

❺ 设置【打印范围】为“窗口”。

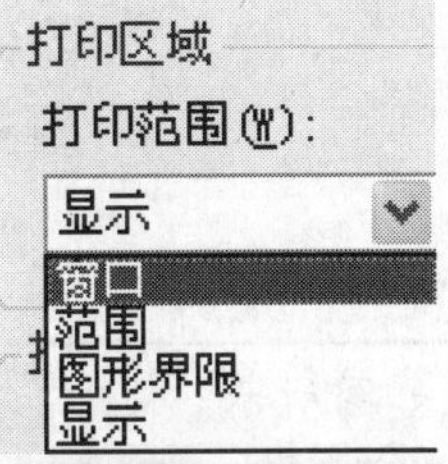

Tips

在设置打印区域时，一般选用【窗口】打印区域，这样方便控制要打印的区域。

❻ 在绘图区单击并拖动鼠标以指定打印区域。

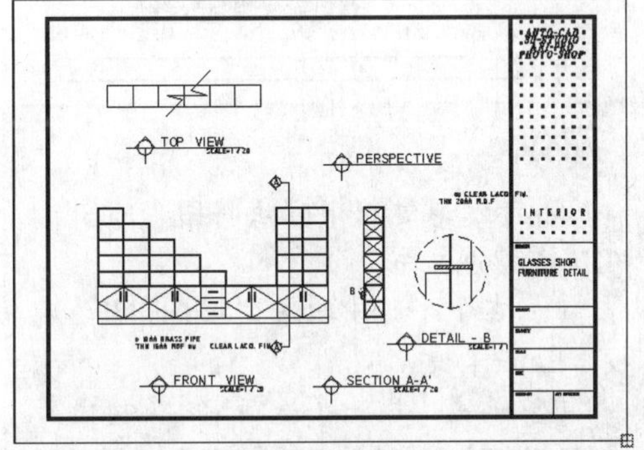

❼ 返回【打印 – 模型】对话框，继续设置打印位置，选中【居中打印】复选框。

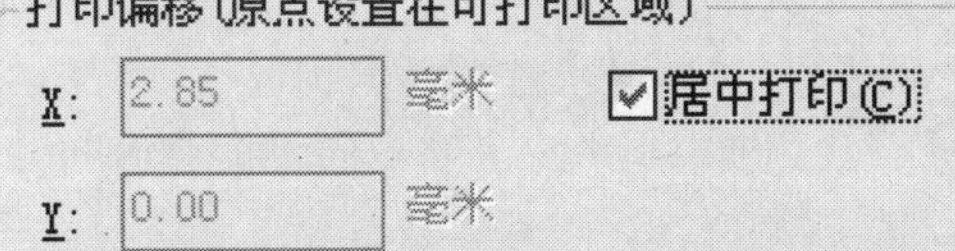

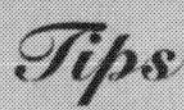

在设置打印位置时，一般选中【居中打印】复选框。

❽ 设置打印比例，选中【布满图纸】复选框。

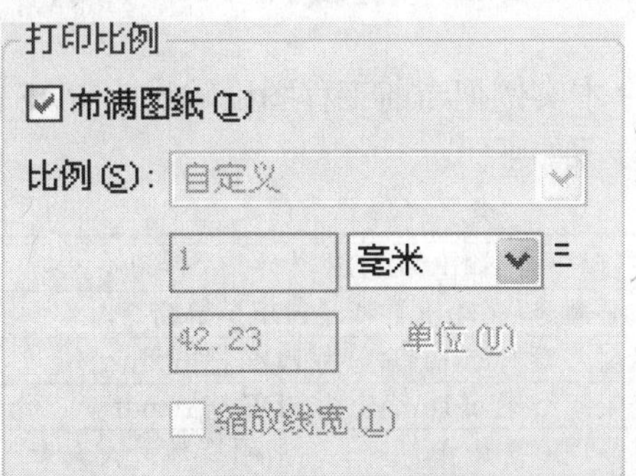

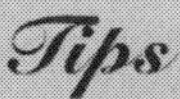

在设置打印比例时，可根据实际工作情况进行选择。

❾ 单击【预览】按钮进行打印预览。

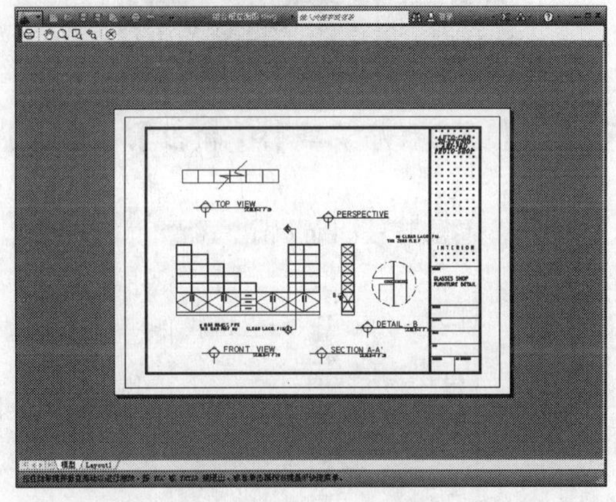

❿ 在浏览界面中右击，在弹出的快捷列表中选择【打印】命令即可打印文件。

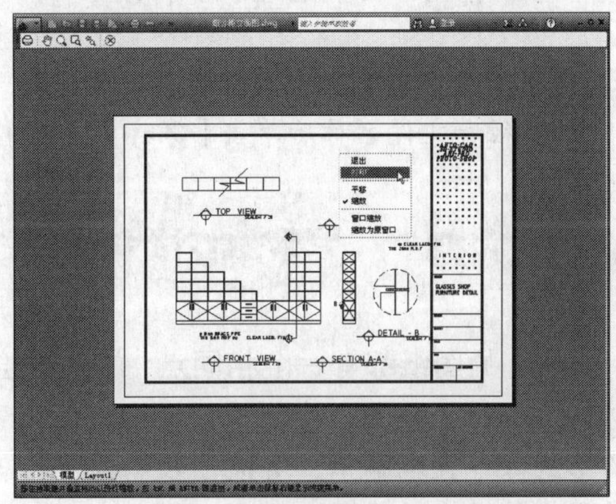

16.5.2 输出为 PDF 文件

本实例把当前工程图纸输出为 PDF 格式的文件。使用【输出】命令输出文件的具体操作步骤如下。

实例名称：输出为 PDF 文件	
主要命令：【输出】和【PDF】等命令	
素材：素材\ch16\输出为 PDF 格式.dwg	
结果：结果\ch16\输出为 PDF 格式.pdf	
难易程度：★★	常用指数：★★★

❶ 打开光盘中的“素材\ch16\输出为 PDF 格式.dwg”文件。

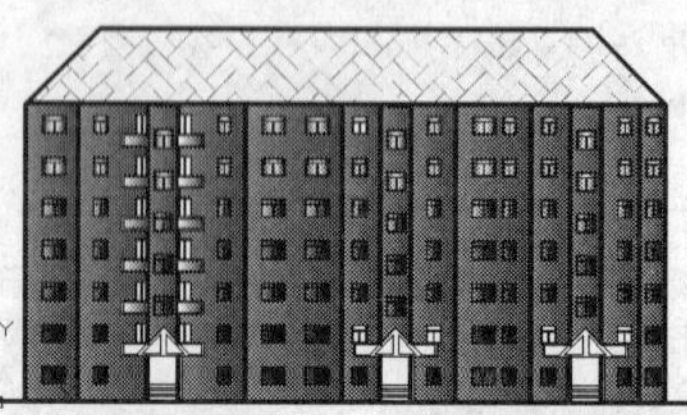

❷ 选择【应用程序菜单】➤【输出】➤【PDF】命令。

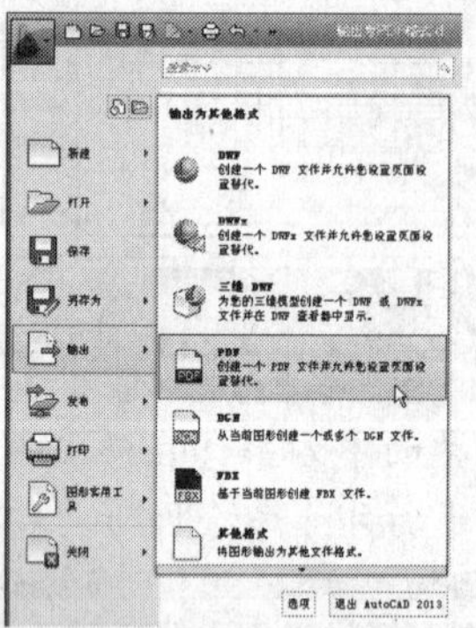

❸ 弹出【另存为 PDF】对话框，设置保存的路径和文件名称后单击【保存】按钮。

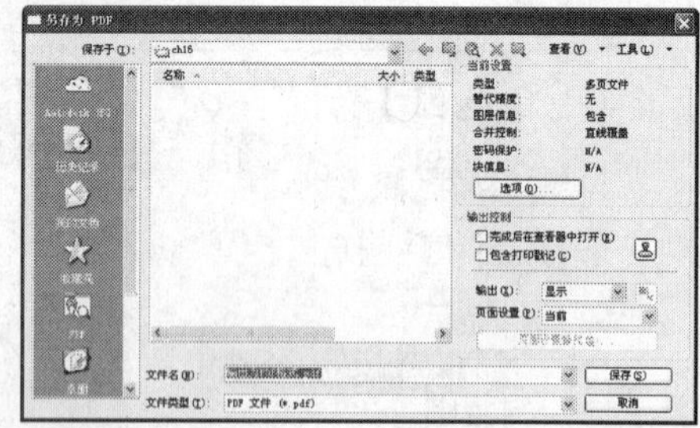

❹ 最终结果如图所示。

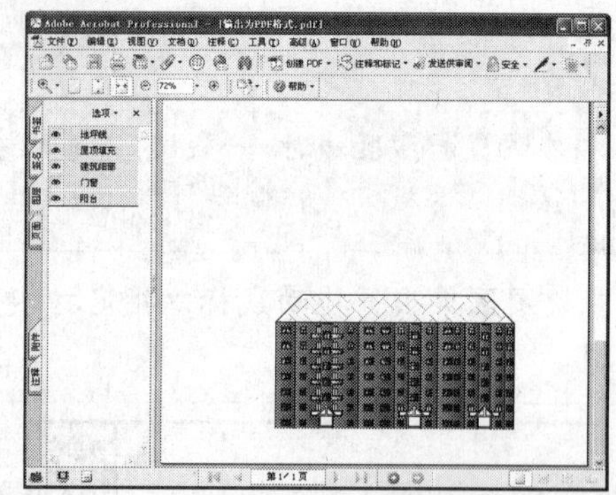

Tips

还可以通过以下方法将图形输出为 PDF 格式的文件。

(1) 在命令行中输入“exportpdf”后按【Enter】键。

(2) 单击【输出】选项卡➤【输出为 DWF/PDF】面板➤【PDF】按钮。

16.6 本章小结

所有的图纸都有一个相同点，就是在绘制完成后，都需要通过打印来实现它的价值。例如，一份工程图，绘制得很详细，信息表达得很明确，假如绘制完成后，只是以存档的形式保存在电脑里，等同于没有绘制一样。因为图纸的信息在没有传递到外界以前，外界相关的人员是无法进行正常生产、运作的，这时，打印就体现出了它的独特的效果以及功能。

第5篇　行业案例篇

本篇主要讲解 AutoCAD 2013 在机械设计、建筑设计、家具设计、电气控制图设计等方面的综合运用。通过本篇的学习，让读者领略到 AutoCAD 2013 在各个领域中的强大功能，让读者真正做到学以致用。

第 17 章　机械设计案例

本章引言

机械设计图是机械效果图的组成部分，是最基础的部分，也是绘制其他图纸的基础。因此，在进行机械效果图的绘制前必须先完成机械设计图的绘制。

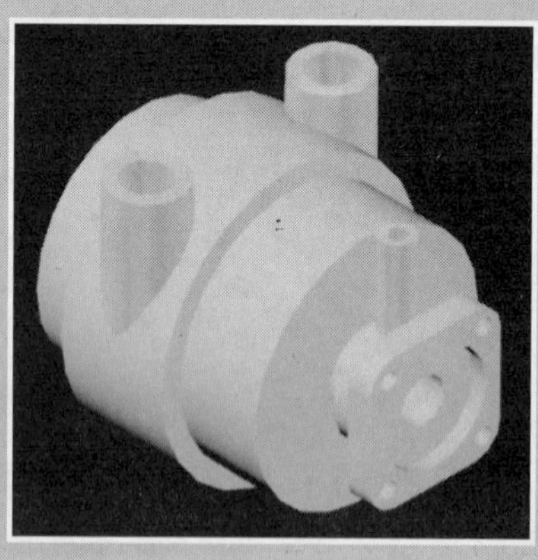
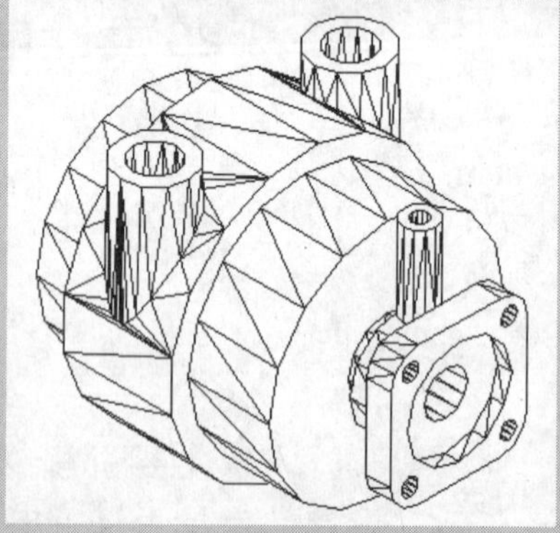

本实例是绘制一个离心泵体。绘图时，将一个复杂的离心泵体的整体拆分成两部分来绘制，各自绘制完成后，再通过移动、并集、差集等命令将其合并成为一体。

实例名称：绘制离心泵体
主要命令：【移动】、【并集】、【差集】等命令
素材：无
结果：结果\ch17\机械设计案例.dwg
难易程度：★★　　常用指数：★★★

结果\ch17\机械设计案例.dwg

17.1 设计思路

本节视频教学录像：1 分钟

离心泵体三维机体的绘图顺序是先绘制连接法兰，然后再绘制泵体的主体部分，最后通过移动、并集将它们合并在一起。

离心泵体绘制完成后的最终效果如图所示。

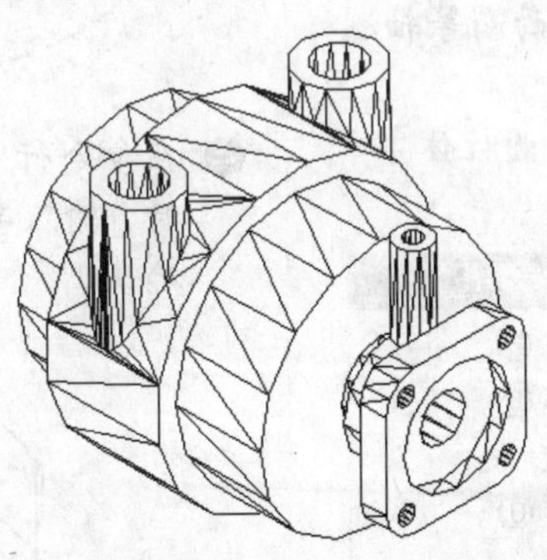

17.2 绘图环境设置

本节视频教学录像：2 分钟

在绘制图形前先自定义坐标系，然后调整当前线框的密度。具体操作步骤如下。

❶ 打开 AutoCAD 2013，新建一图形文件。

❷ 在命令行中输入“ISOLINES”。

❸ 按【Enter】键以确认。命令行提示如下。

❹ 在命令行中输入“isolines”的新值“12”。

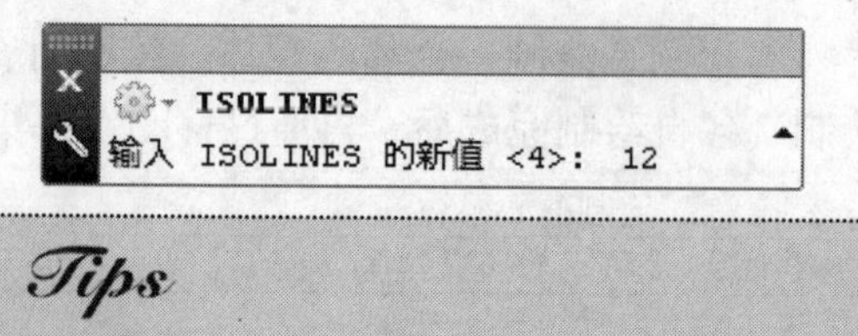

Tips

参数“isolines”的值越高，模型越精细。

❺ 按【Enter】键以确认，设置完成。

17.3 绘制步骤 

本节视频教学录像：26 分钟

下面将详细讲解绘制离心泵体的步骤，即绘制泵体的链接法兰部分、绘制离心泵体主体、将主体和法兰体结合，以及绘制泵体的其他细节，并将它们合并到泵体上。

17.3.1 绘制泵体的连接法兰部分

绘制泵体的连接法兰部分的具体操作步骤如下。

第 1 步：绘制圆柱体

❶ 选择【视图】➤【三维视图】➤【西南等轴测】命令，将视图切换到西南等轴测视图中。

❷ 选择【绘图】➤【建模】➤【圆柱体】命令。

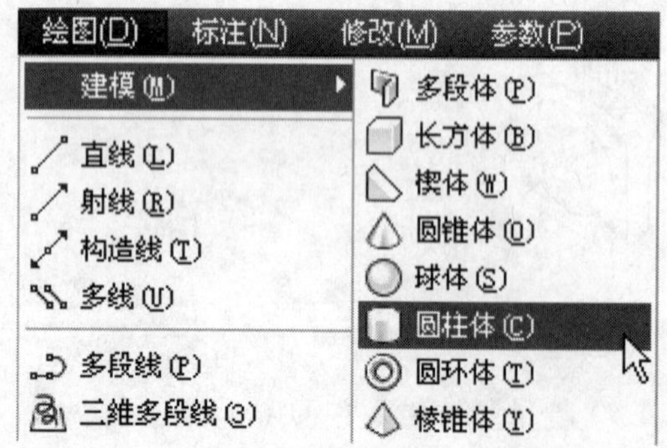

❸ 指定圆柱体底面的中心点（200,200,0），并按【Enter】键确认。

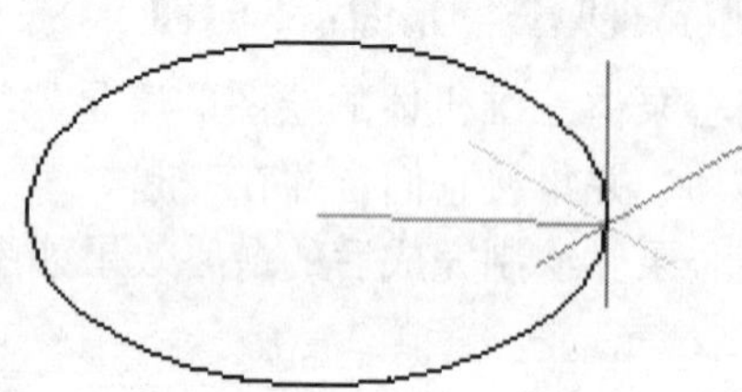

❹ 在命令行中输入指定圆柱体底面半径时，输入半径值“19”，并按【Enter】键确认。

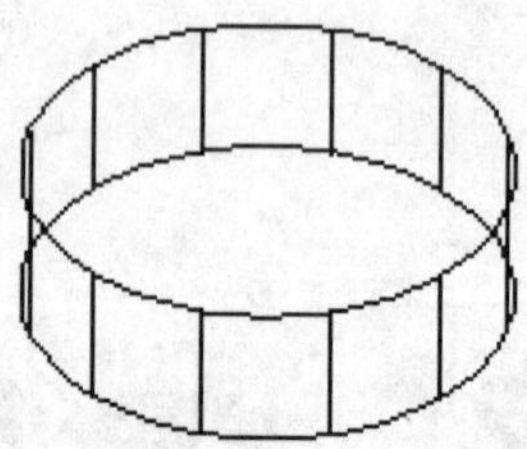

❺ 在命令行中输入圆柱体高度值“12”，并按【Enter】键确认，效果如图所示。

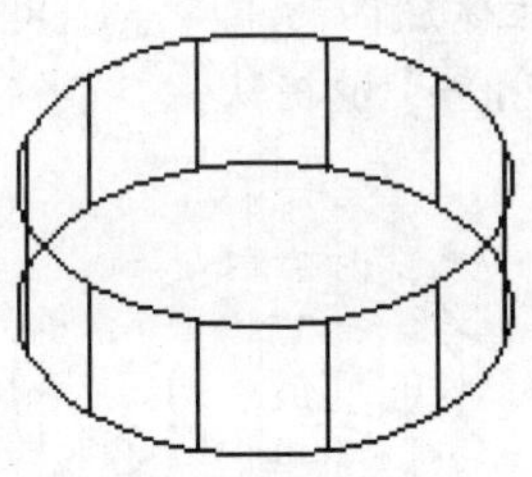

❻ 重复步骤❷~❺，绘制一个底面圆心在（200,200,–6），底面半径值为“14”，高度值为“22”的圆柱体，效果如下图所示。

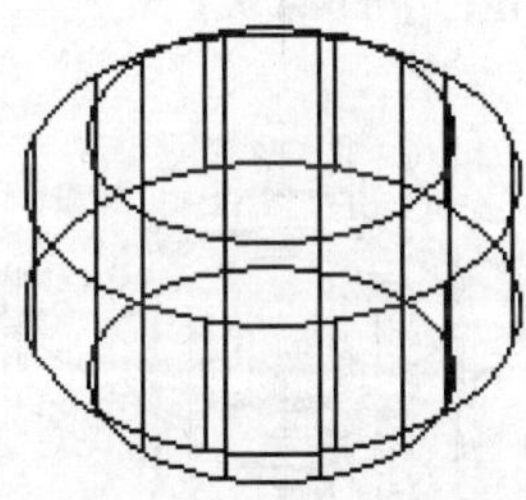

❼ 重复步骤❷~❺，绘制一个底面圆心在（200,200,16），底面半径值为“19”，高度值为“5”的圆柱体，效果如下图所示。

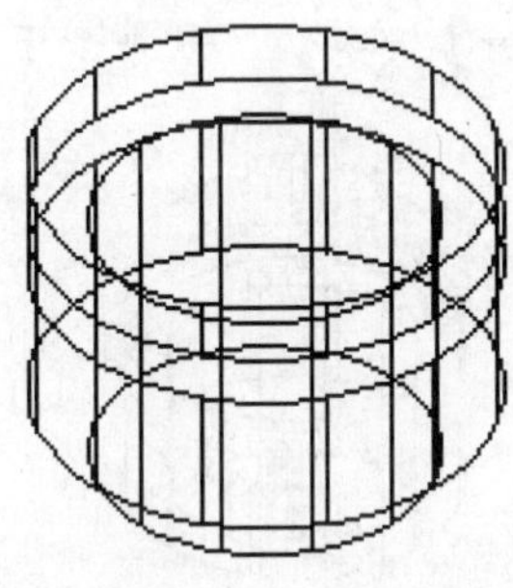

第 2 步：绘制圆角

❶ 选择【绘图】➤【矩形】命令。

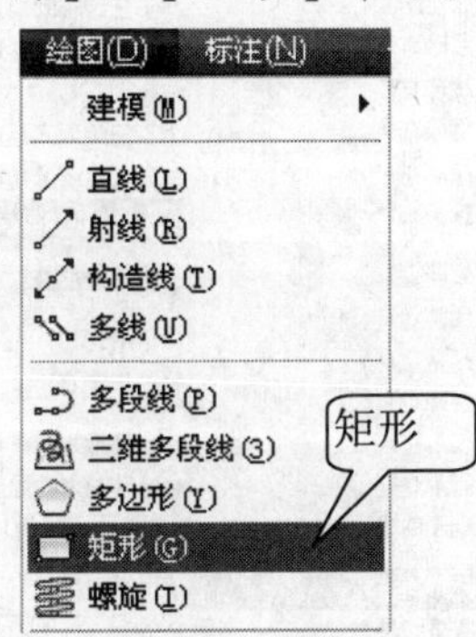

❷ 在命令行中输入矩形的第一个角点坐标值“175,175,12”。

```
RECTANG 指定第一个角点或 [
倒角(C) 标高(E) 圆角(F) 厚度(T)
宽度(W)]: 172,175,12
```

❸ 按【Enter】键确定。在命令行中输入矩形的第二个角点坐标值“@50,50”。

```
RECTANG 指定另一个角点或 [
面积(A) 尺寸(D) 旋转(R)]: @50,50
```

❹ 按【Enter】键确认。

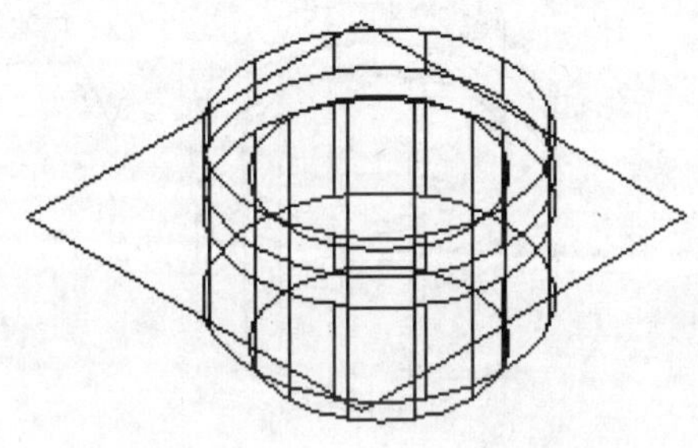

❺ 选择【修改】➤【圆角】命令。

❻ 在命令行中输入“r”，并将圆角半径值设置为“10”。

```
FILLET 选择第一个对象或 [
放弃(U) 多段线(P) 半径(R) 修剪(T)
多个(M)]: r
```

```
FILLET 指定圆角半径 <0.0000>:
10
```

❼ 在命令行中输入“p”，并选择上步中绘制的矩形，效果如下图所示。

```
FILLET 选择第一个对象或 [
放弃(U) 多段线(P) 半径(R) 修剪(T)
多个(M)]: p
```

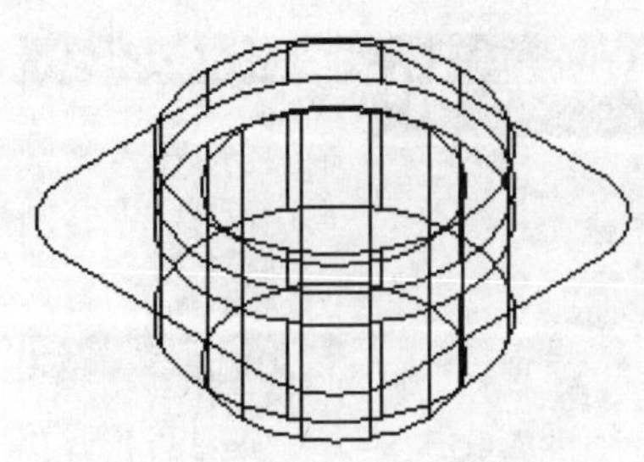

❽ 选择【绘图】➢【建模】➢【拉伸】命令。

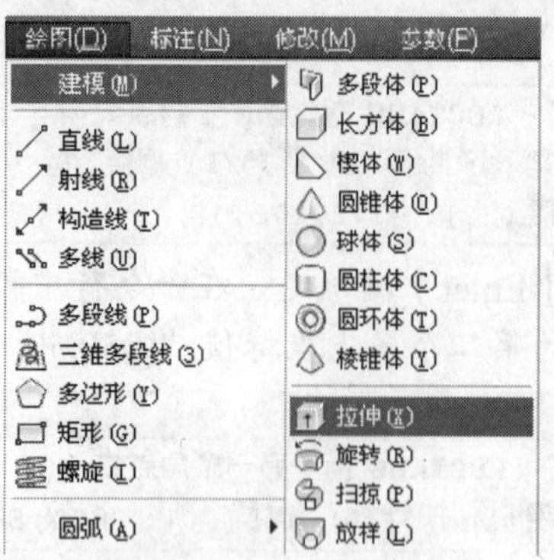

❾ 选择圆角矩形作为拉伸对象。

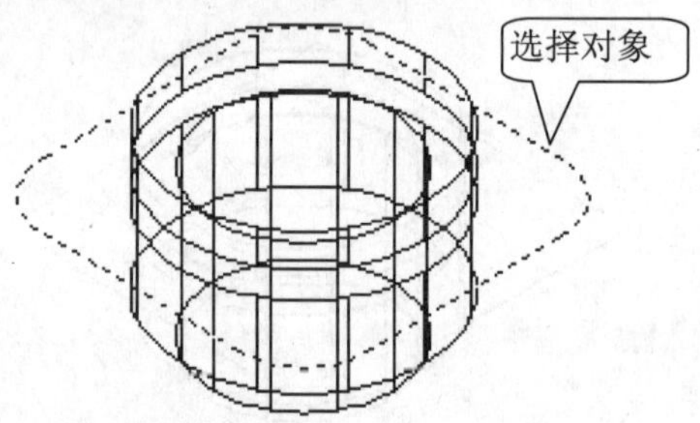

❿ 按【Enter】键以确认，并输入拉伸高度值“9”，最终效果如下图所示。

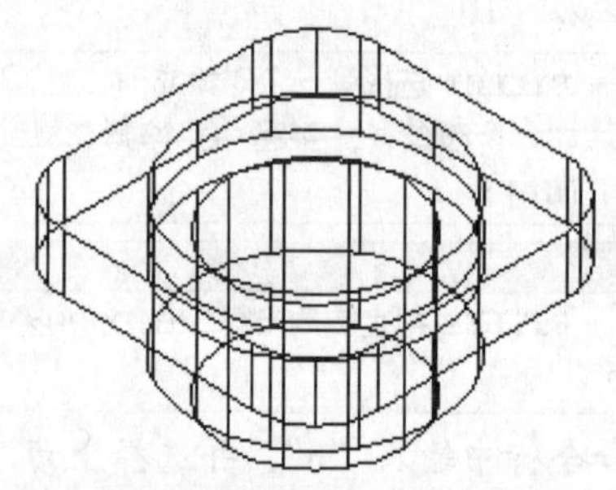

第 3 步：绘制法兰体的连接

❶ 选择【绘图】➢【建模】➢【圆柱体】命令。

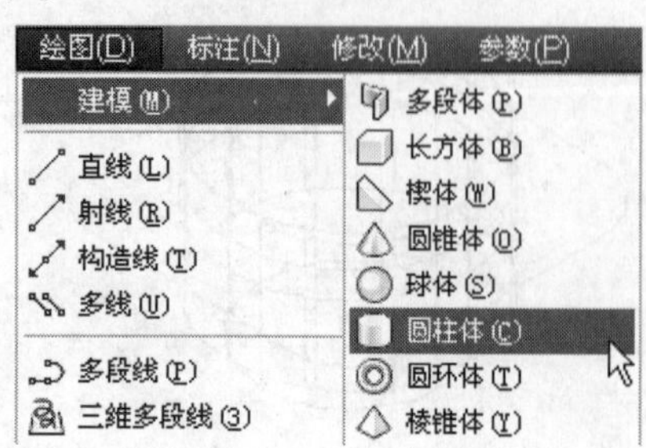

❷ 指定圆柱体底面的中心点（182,182,12），并按【Enter】键确认。

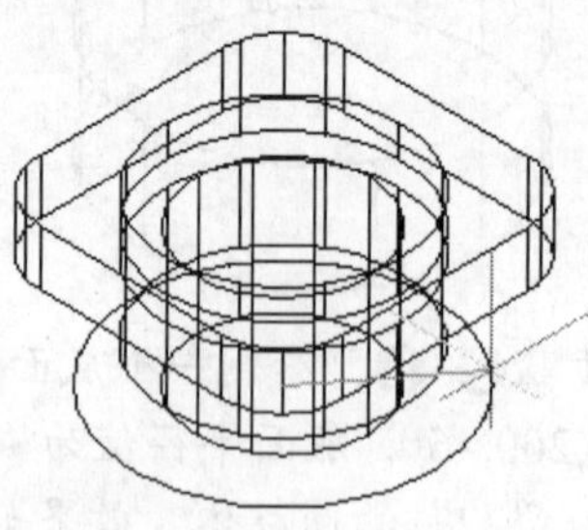

❸ 在命令行中输入圆柱体底面半径值“3”，并按【Enter】键确认。

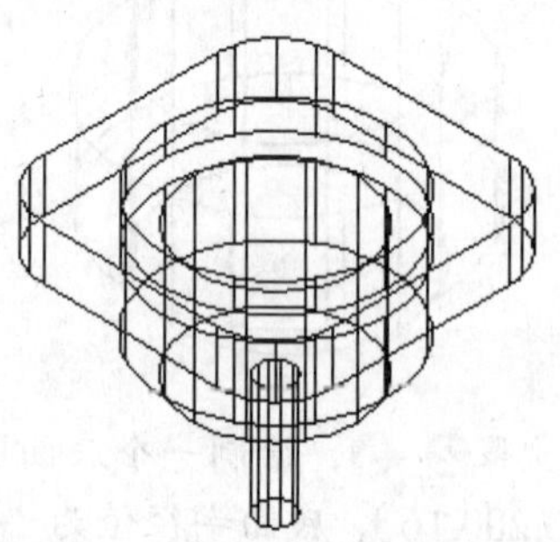

❹ 在命令行中输入圆柱体高度值“9”，并按【Enter】键确认，效果如下图所示。

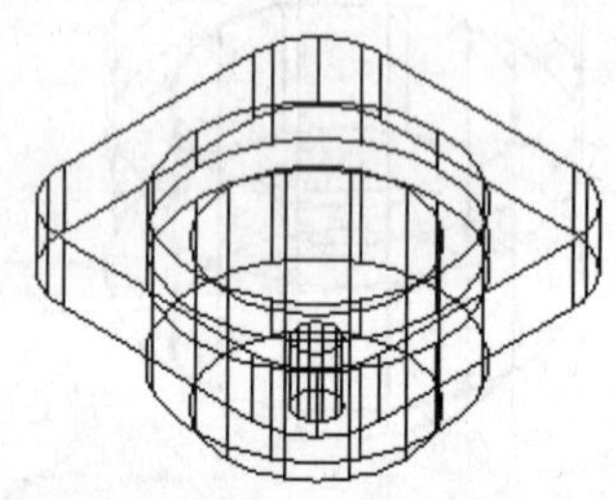

❺ 选择【修改】➢【三维操作】➢【三维阵列】命令。

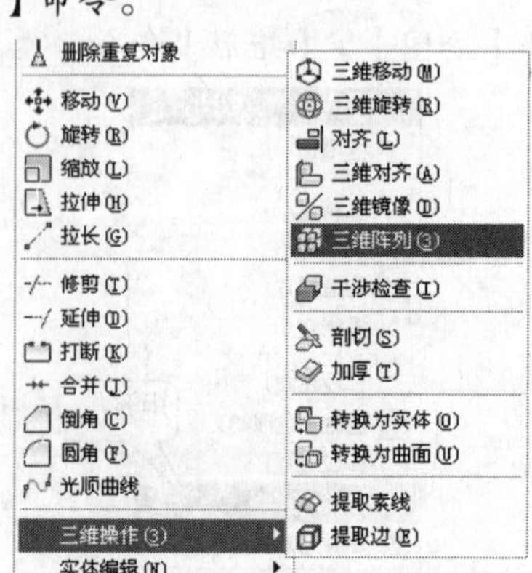

❻ 在绘图区选择刚绘制的圆柱体。

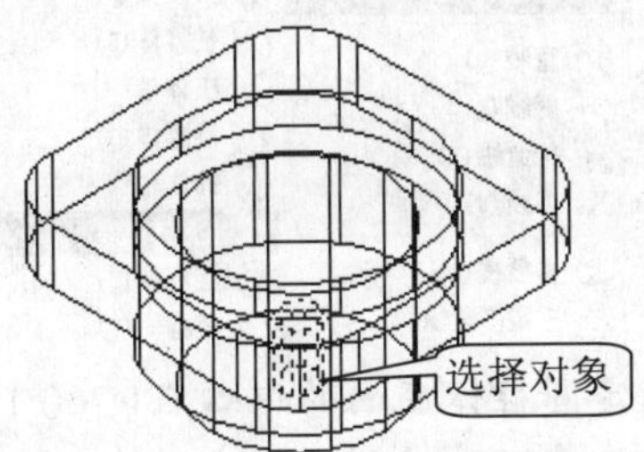

❼ 按【Enter】键以确认，在命令行中输入阵列类型“r”，将行数、列数、层数分别设置为2行、2列和1层，行间距和列间距均为“36”。

```
输入阵列类型 [矩形(R)/环形(P)] <矩形>:r
输入行数 (---) <1>: 2
输入列数 (|||) <1>: 2
输入层数 (...) <1>:
指定行间距 (---): 36
指定列间距 (|||): 36
```

❽ 按【Enter】键以确认，效果如下图所示。

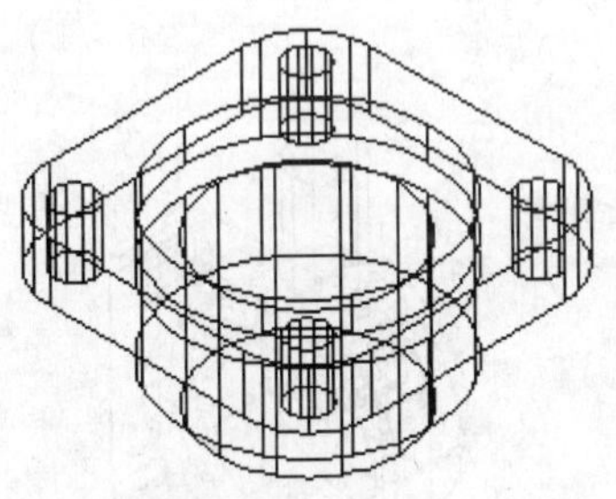

第4步：合并和修整法兰体

❶ 选择【修改】➢【实体编辑】➢【并集】命令。

❷ 选择圆角长方体和“第1步：绘制圆柱体”中绘制的前两个圆柱体。

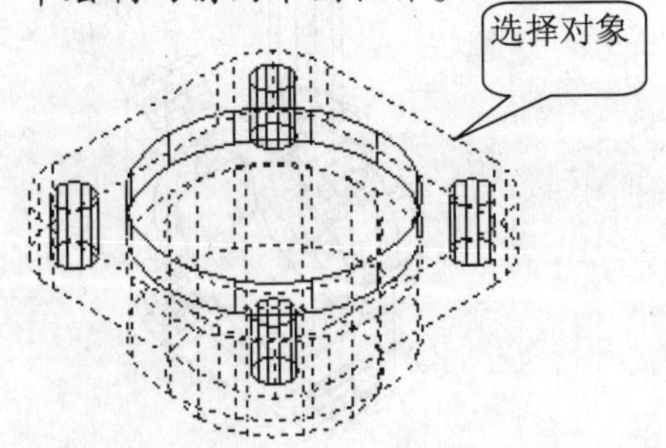

❸ 按【Enter】键后将圆角长方体和两个圆柱体合并成一个整体。

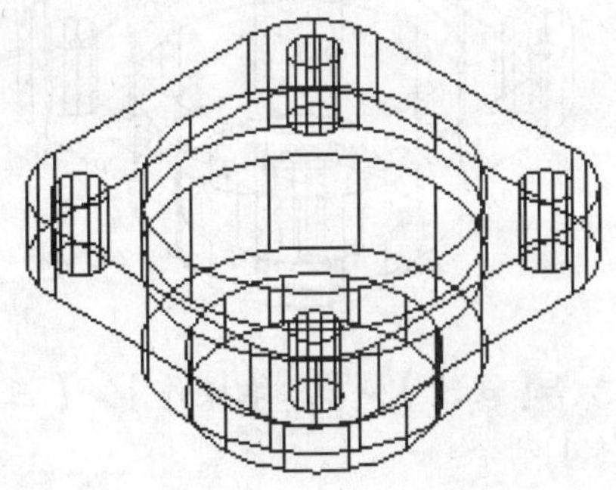

❹ 选择【修改】➢【实体编辑】➢【差集】命令。

❺ 选择上步并集后生成的实体。

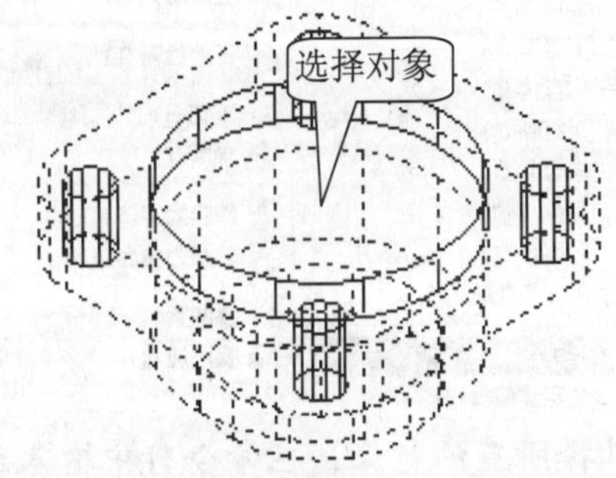

❻ 按【Enter】键以确认，然后选择“第1步：绘制圆柱体”中绘制的第3个圆柱体和阵列的4个小圆柱体作为减去的对象。

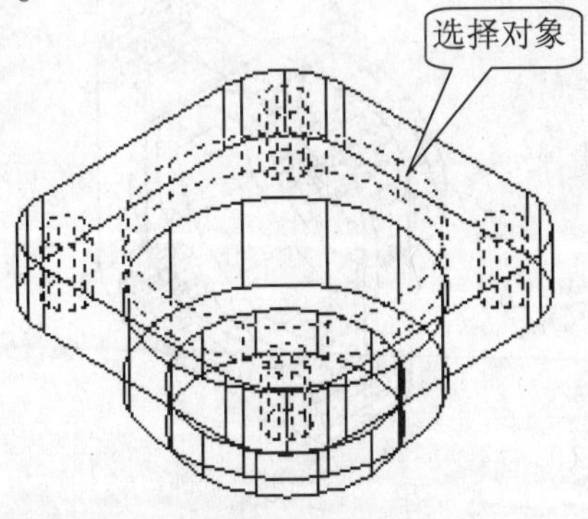

❼ 按【Enter】键以确认，效果如图所示。

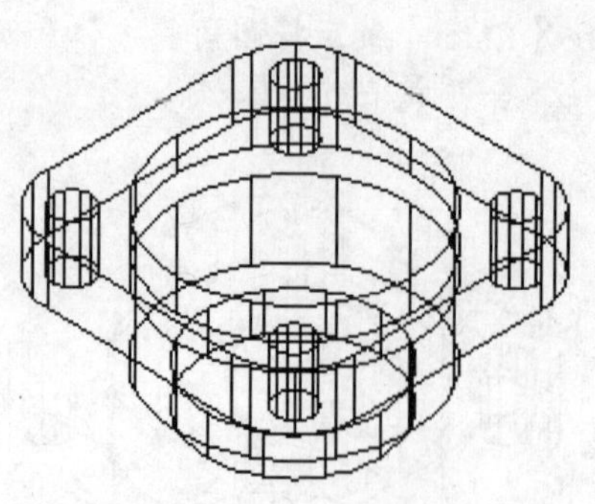

❽ 选择【修改】➤【三维操作】➤【三维旋转】命令。

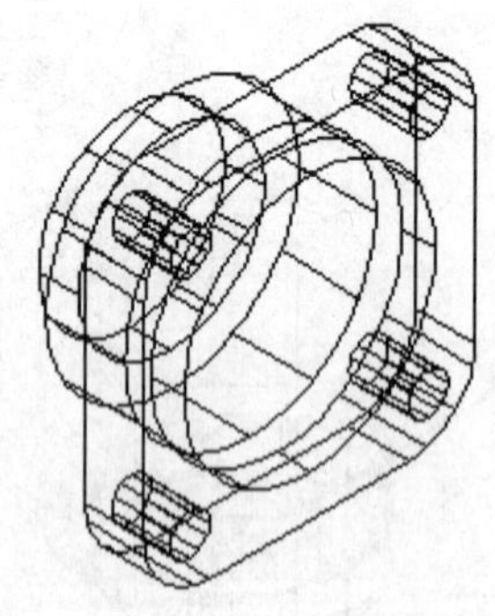

❾ 选择所有的对象，在命令行中输入旋转基点（200,200,−6），并指定旋转轴为 x 轴，输入旋转角度为“90”。最终结果如下图所示。

第5步：绘制法兰体的其他细节

❶ 选择【绘图】➤【建模】➤【圆柱体】命令。

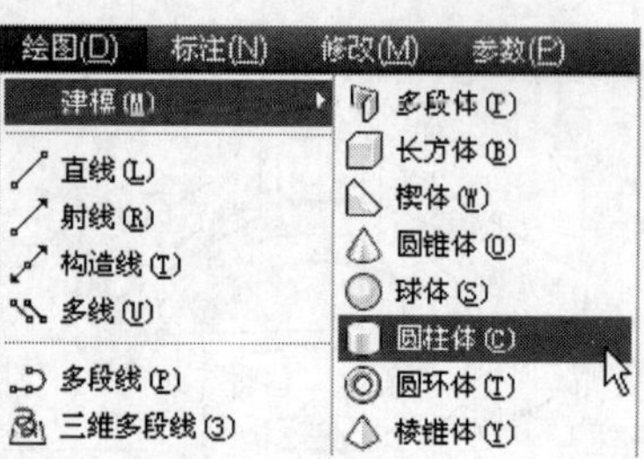

❷ 指定圆柱体底面的中心点（200,188,14），并按【Enter】键确认。

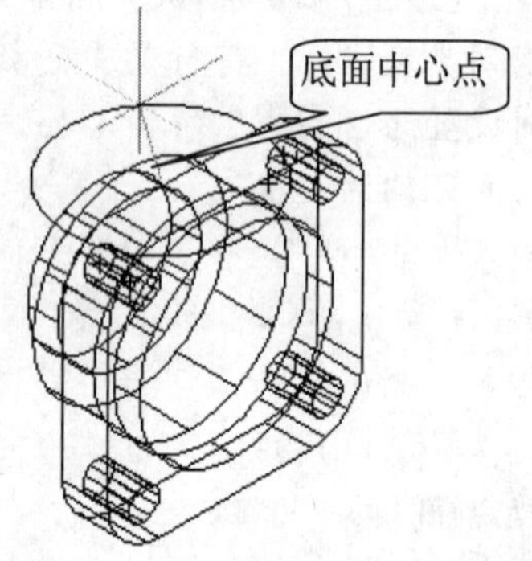

❸ 在命令行中输入圆柱体底面半径值“6”，并按【Enter】键确认。

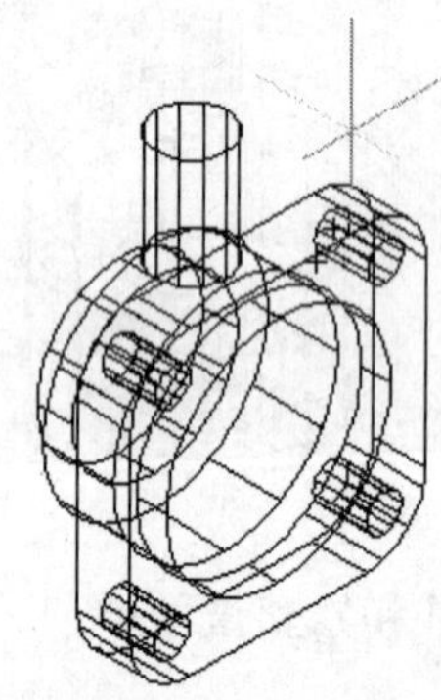

❹ 在命令行中输入圆柱体的高度值“30”，并按【Enter】键确认，结果如下图所示。

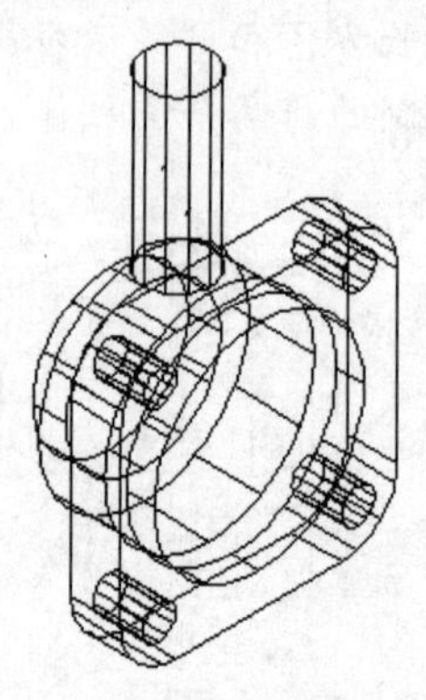

❺ 重复步骤❶~❹，绘制一个圆柱体，底面圆心在（200,188,14），底面半径值为“3”，高度值为“30”，效果如下图所示。

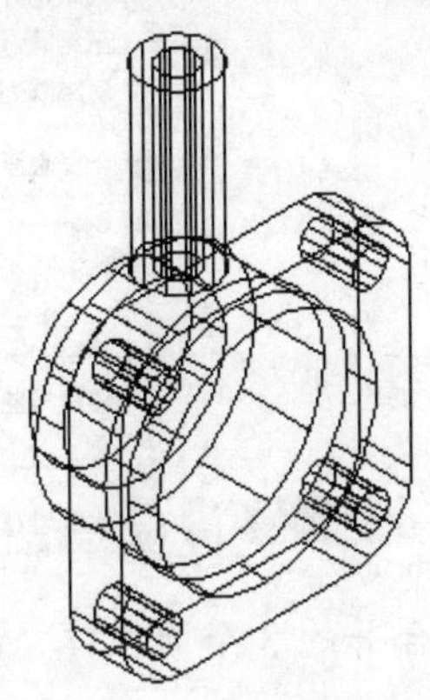

❻ 选择【修改】➤【实体编辑】➤【并集】命令。选择主体和上步刚绘制的大圆柱体。

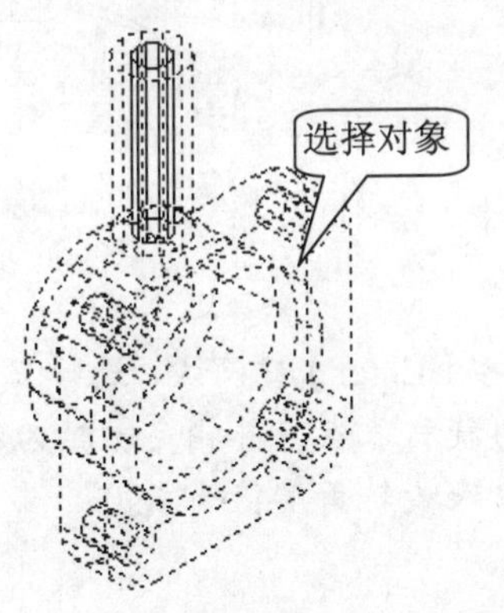

❼ 按【Enter】键以确认。选择【修改】➤【实体编辑】➤【差集】命令。将刚绘制的小圆柱体从主体中减去，效果如下图所示。

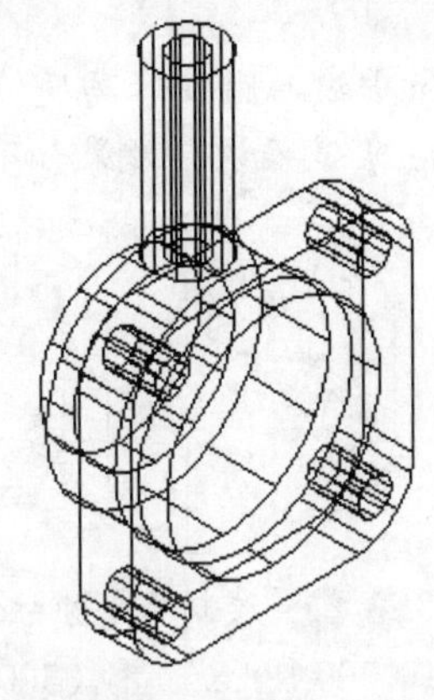

❽ 选择【视图】➤【消隐】命令，消隐后的效果如下图所示。

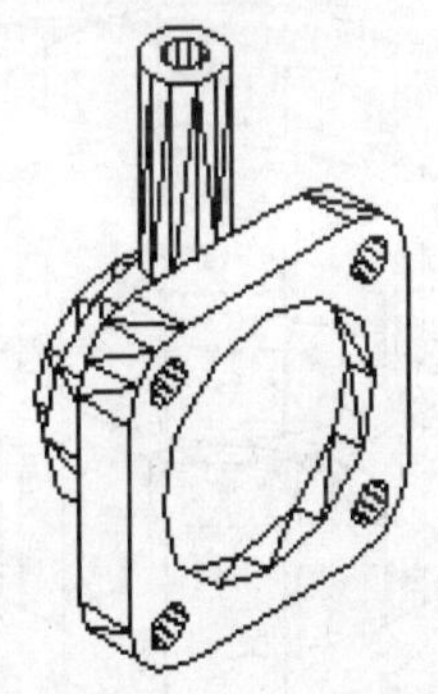

17.3.2 绘制离心泵体主体并将主体和法兰体合并

绘制离心泵体主体并将主体和法兰体合并的具体操作步骤如下。

第 1 步：绘制泵体主体圆柱体

❶ 选择【绘图】➤【建模】➤【圆柱体】命令。

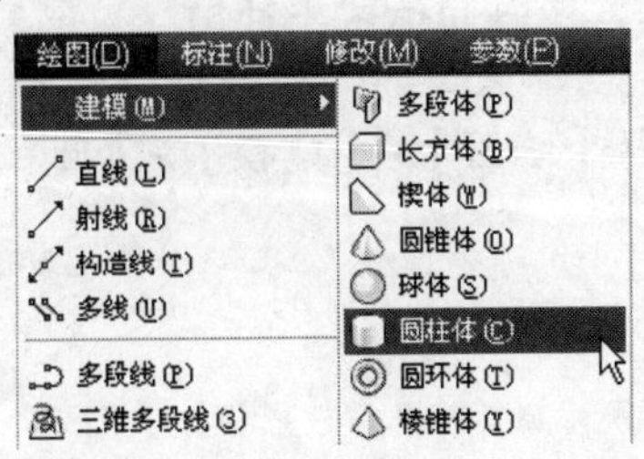

❷ 指定圆柱体底面的中心点（300,188,-13.5），并按【Enter】键确认。

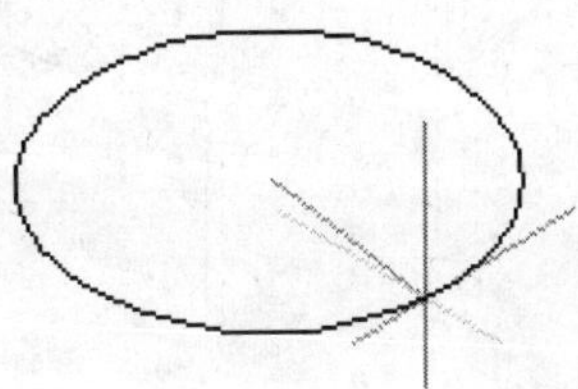

❸ 在命令行中输入圆柱体底面半径值“40”，并按【Enter】键确认。

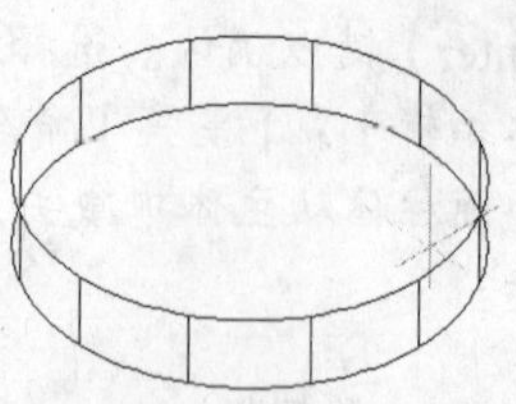

❹ 在命令行中输入圆柱体高度值“40”，并按【Enter】键确认，效果如下图所示。

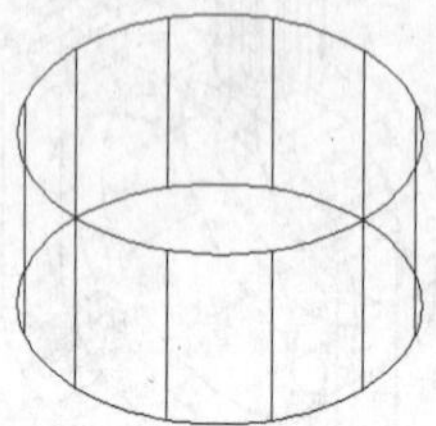

❺ 重复步骤❶~❹，绘制两个圆柱体，底面圆心分别在（300,188,6.5）和（300,188,46.5），底面半径值为“50”和“43”，高度值为“40”和“30”，效果如下图所示。

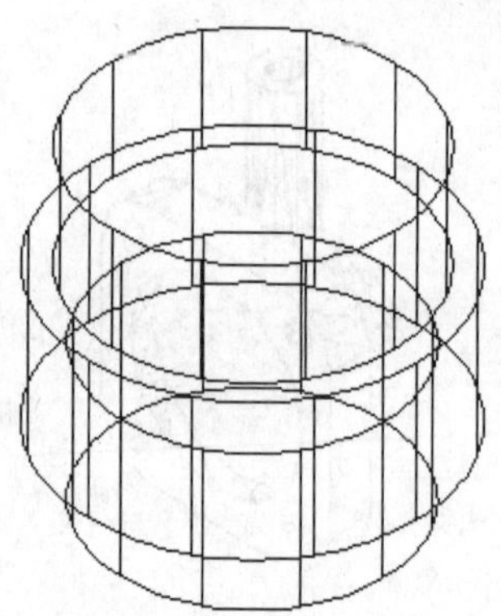

❻ 选择【修改】➢【实体编辑】➢【并集】命令。选择刚绘制的 3 个圆柱体。

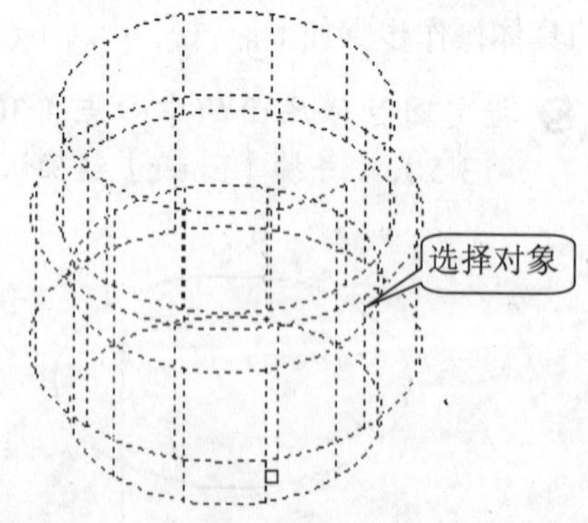

❼ 按【Enter】键以确认。选择【修改】➢【三维操作】➢【三维旋转】命令。

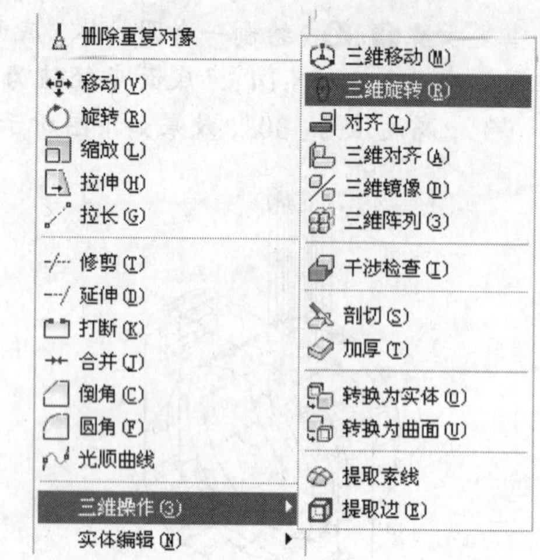

❽ 选择刚合并的 3 个圆柱体，如下图所示。

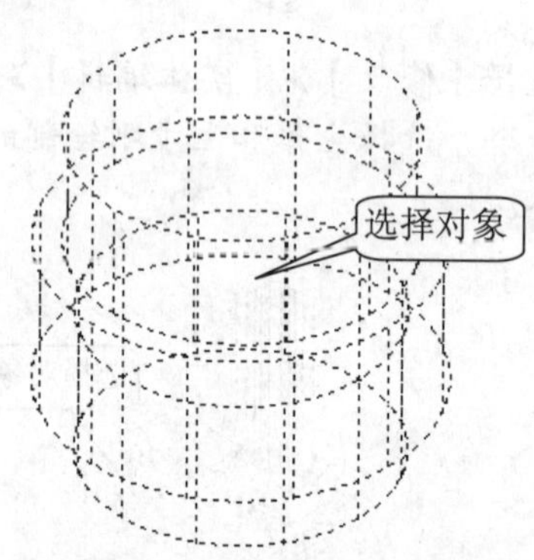

❾ 按【Enter】键确认，选择三维中心点作为旋转基点，并指定 x 轴为旋转轴。

❿ 输入旋转角度值为“90”，最终效果如下图。

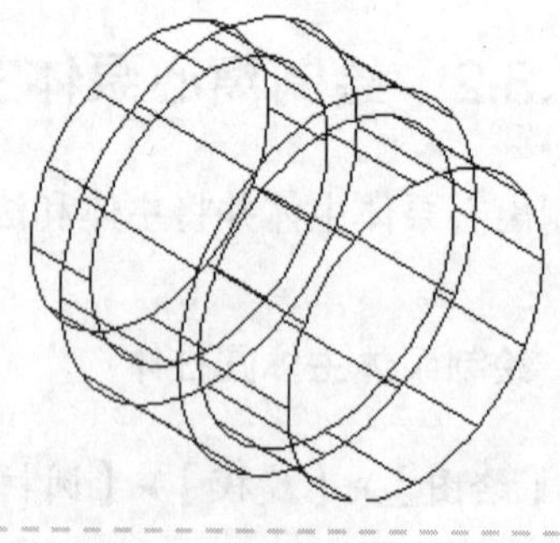

第 2 步：绘制泵体进出油口

❶ 选择【绘图】➢【建模】➢【圆柱体】命令。

绘图(D) 标注(N) 修改(M) 参数(P)

建模(M) ▸ 多段体(P) / 长方体(B) / 楔体(W) / 圆锥体(O) / 球体(S) / 圆柱体(C) / 圆环体(T) / 棱锥体(Y)

直线(L)
射线(R)
构造线(T)
多线(U)
多段线(P)
三维多段线(3)

❷ 指定圆柱体底面的中心（264,148,-13.5），并按【Enter】键确认。

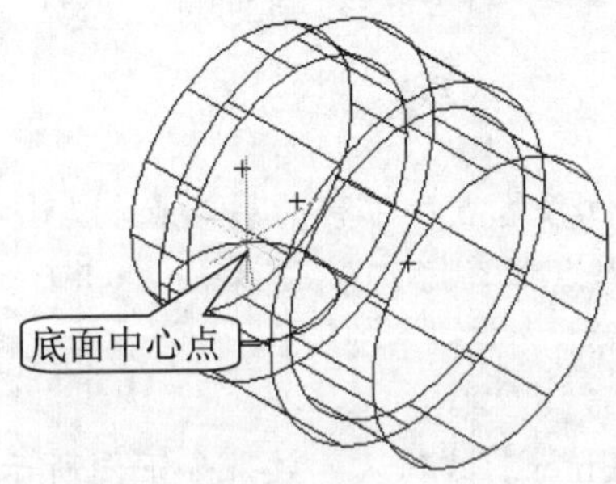

❸ 在命令行中输入圆柱体底面半径值“13”，并按【Enter】键确认。

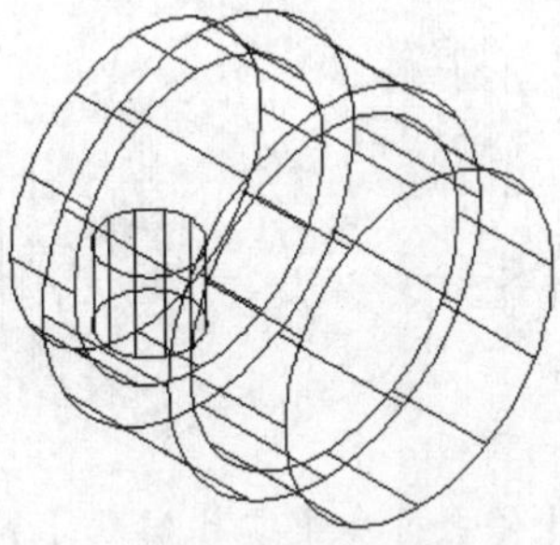

❹ 在命令行中输入圆柱体高度值“55”，并按【Enter】键确认，效果如下图所示。

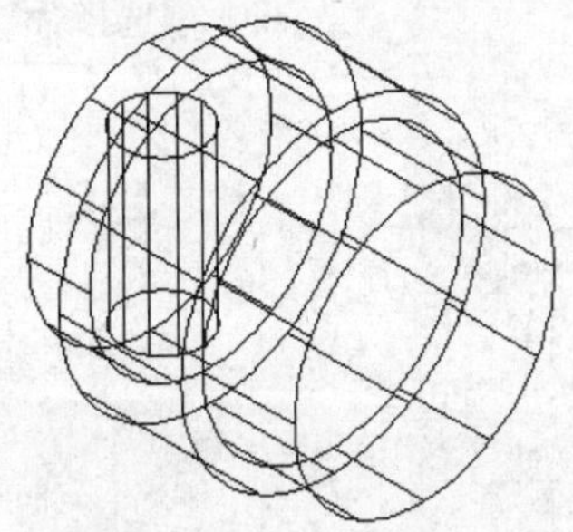

❺ 重复步骤❶~❹，绘制一个圆柱体，底面圆心在（264,148,-13.5），底面半径值为“8”，高度值为“55”，效果如图所示。

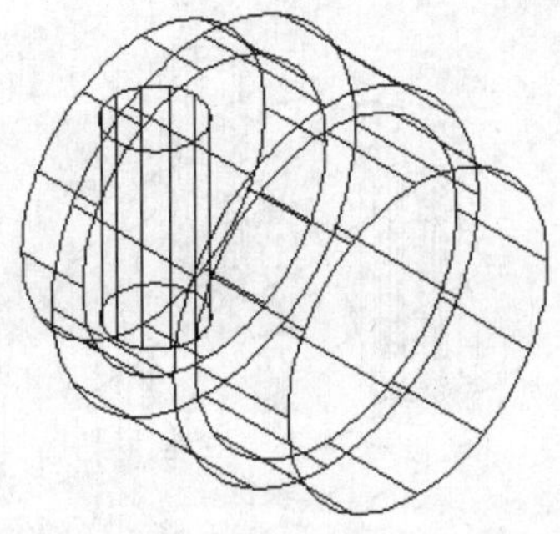

❻ 选择【修改】➤【实体编辑】➤【差集】命令。将刚绘制的小圆柱体从大圆柱体中减去。

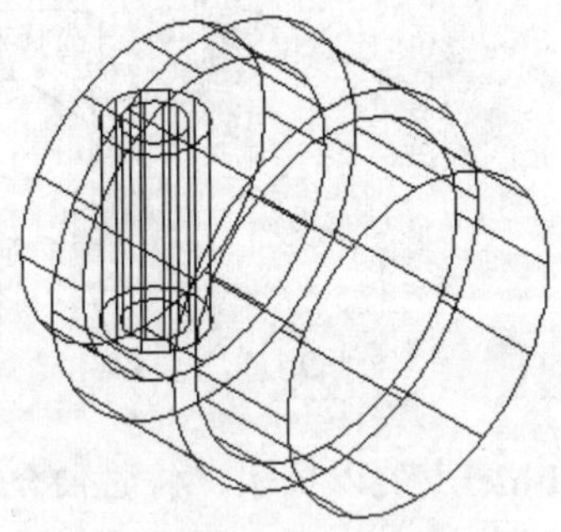

❼ 按【Enter】键以确认。选择【修改】➤【镜像】命令。

修改(M) 参数(P) 窗口(

特性(P)
特性匹配(M)
更改为 ByLayer(B)
对象(O) ▸
剪裁(C) ▸
注释性对象比例(O) ▸
删除(E)
复制(Y)
镜像(I)
偏移(S)
阵列 ▸
删除重复对象

❽ 选择差集后的圆柱体为镜像对象，并指定镜像线，效果如下图所示。

指定镜像线的第一点: 300,98
指定镜像线的第二点: 300,198
要删除源对象吗？[是(Y)/否(N)] <N>: N

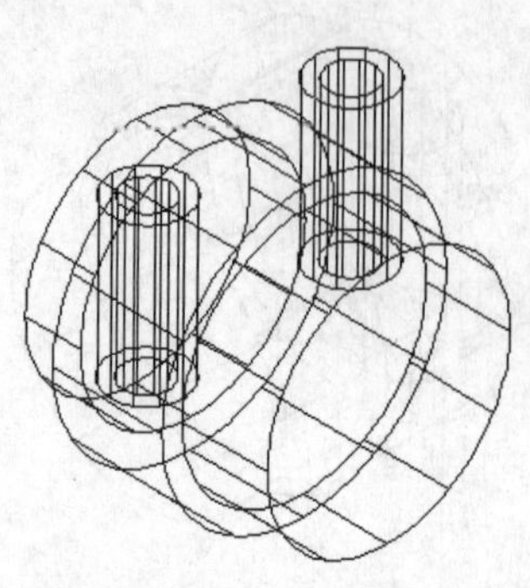

❾ 选择【修改】➤【实体编辑】➤【并集】命令。选择刚绘制的两个圆筒和柱体。

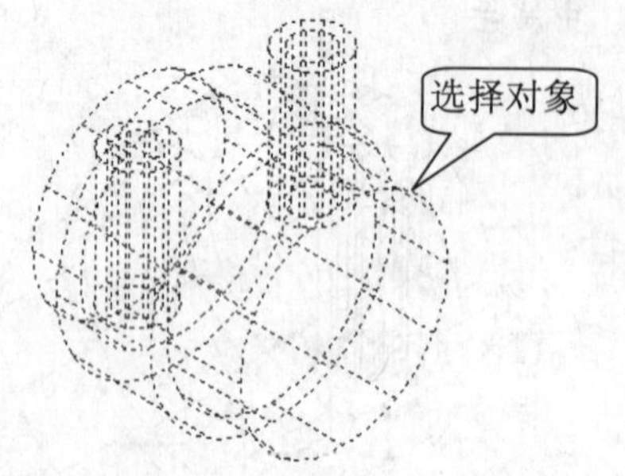

❿ 按【Enter】键以确认，将它们合并为一体。

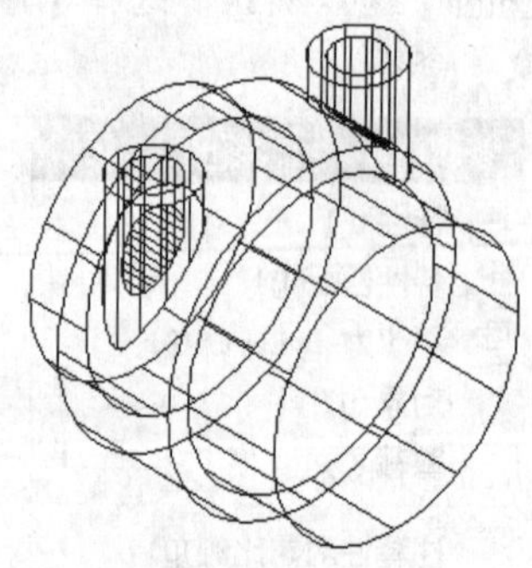

第 3 步：合并法兰体和泵体主体

❶ 选择【修改】➤【移动】命令。

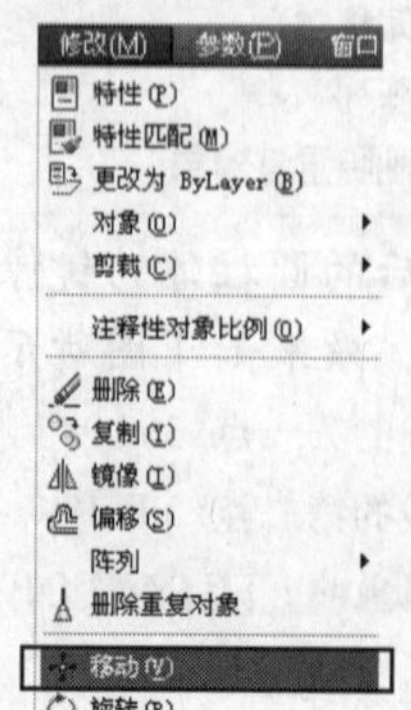

❷ 选择法兰体为移动对象。

```
命令: m MOVE
选择对象: 找到 1 个
选择对象:
```

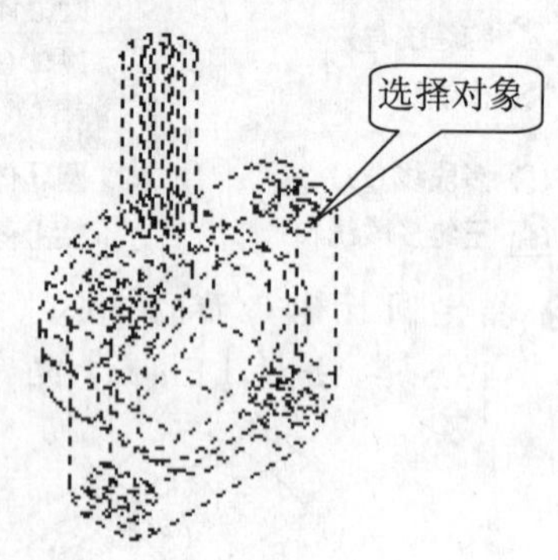

❸ 指定位移基点和位移的第二点。

指定基点或 [位移(D)] <位移>: 200,200,-6

指定第二个点或 <使用第一个点作为位移>: 300,98,-13.5

❹ 按【Enter】键确认，效果如下图所示。

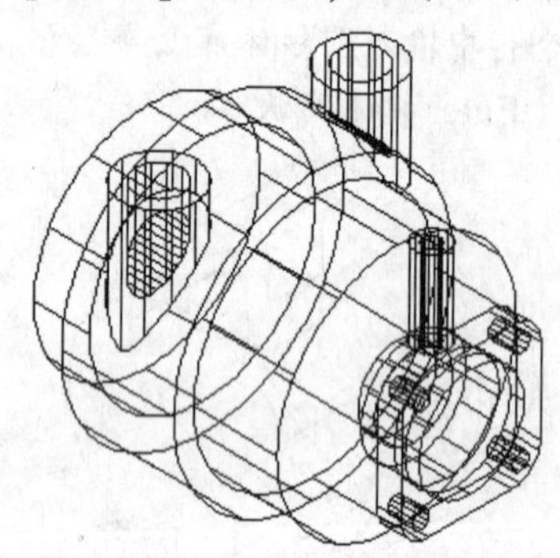

❺ 选择【修改】➤【实体编辑】➤【并集】命令。选择泵体主体和法兰体。

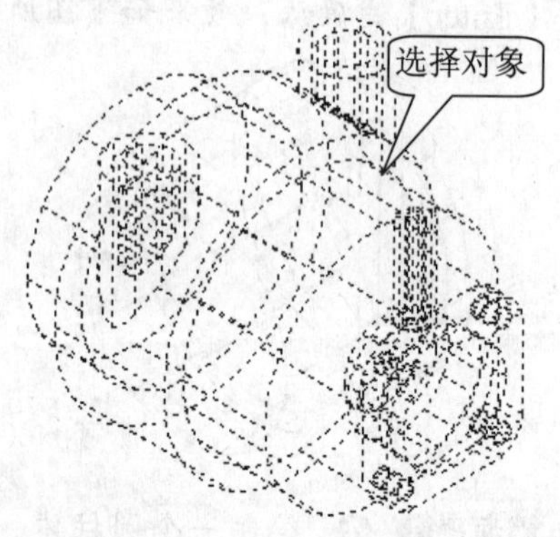

❻ 按【Enter】键以确认，效果如下图所示。

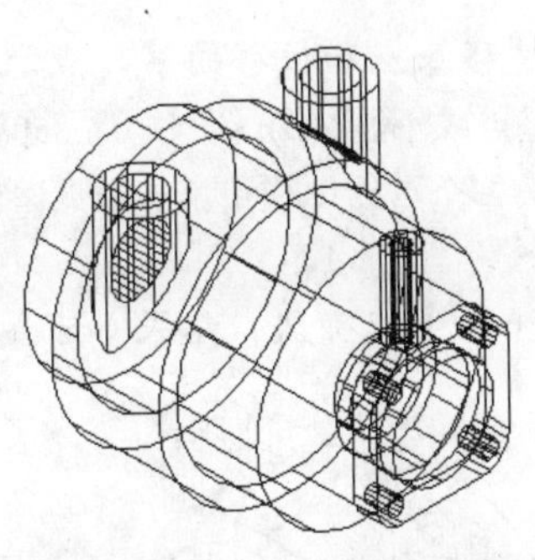

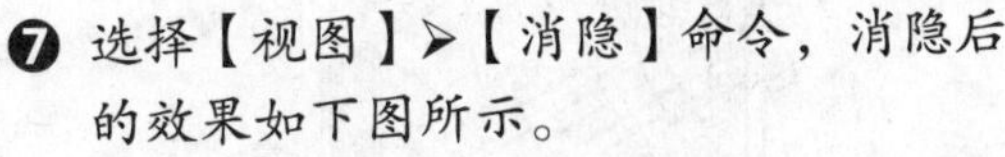

❼ 选择【视图】➢【消隐】命令，消隐后的效果如下图所示。

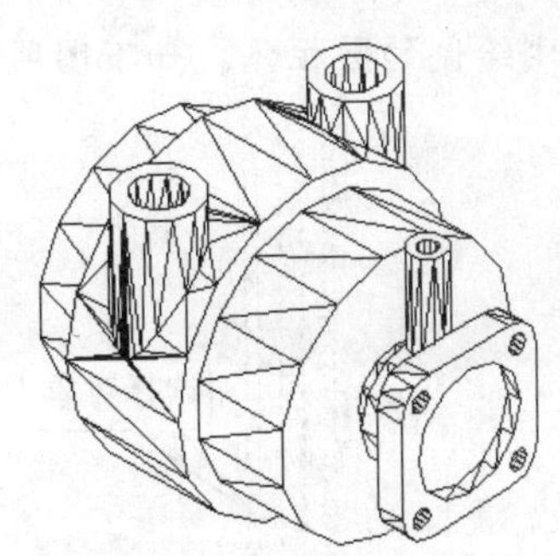

17.3.3 绘制泵体的其他细节并将它合并到泵体上

绘制泵体的其他细节并将它合并到泵体上的具体操作步骤如下。

第 1 步：绘制泵体的细节

❶ 选择【绘图】➢【建模】➢【圆柱体】命令。

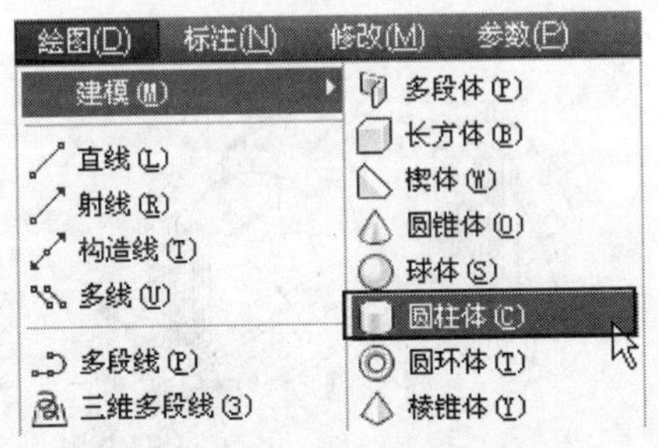

❷ 指定圆柱体底面的中心点（350,40,0），并按【Enter】键确认。

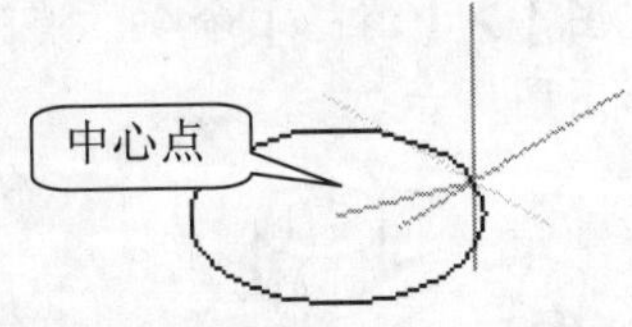

❸ 在命令行中输入圆柱体底面半径值“14”，并按【Enter】键确认。

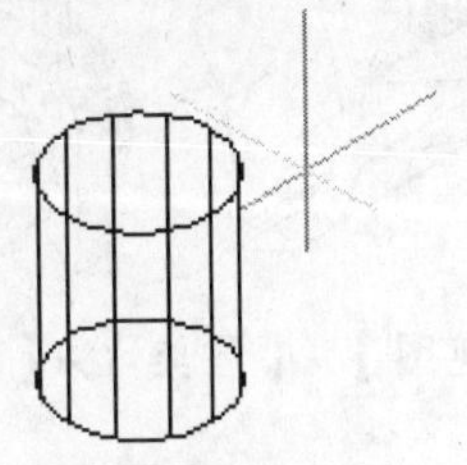

❹ 在命令行中输入圆柱体高度值“118”，并按【Enter】键确认，效果如下图所示。

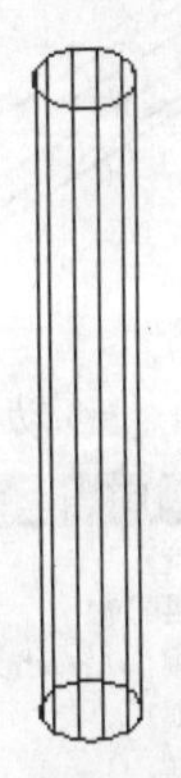

第 2 步：旋转移动泵体细节

❶ 选择【修改】➢【三维操作】➢【三维旋转】命令。

❷ 选择刚绘制的圆柱体，如下图所示。

❸ 按【Enter】键确认，指定旋转基点为（350,40,16），*x* 轴为旋转轴，旋转角度值为“90”，最终效果如下图所示。

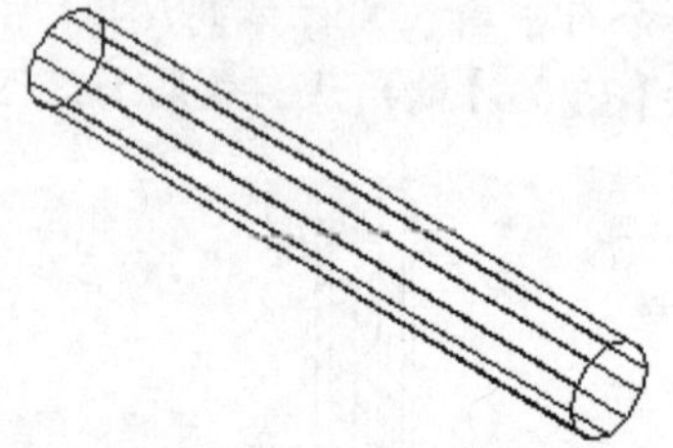

❹ 选择【修改】➢【移动】命令。

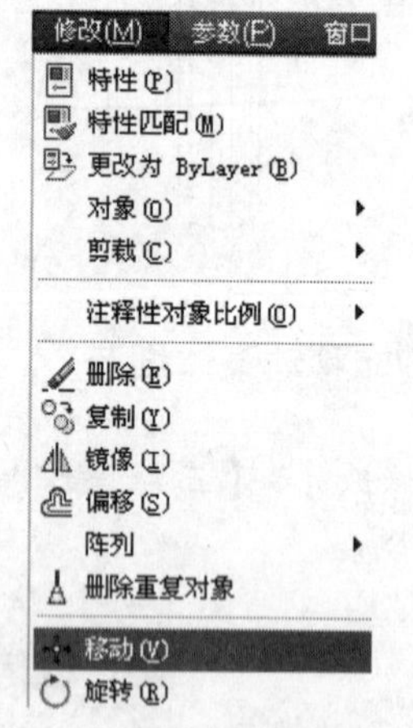

❺ 选择旋转后的圆柱体为移动对象。

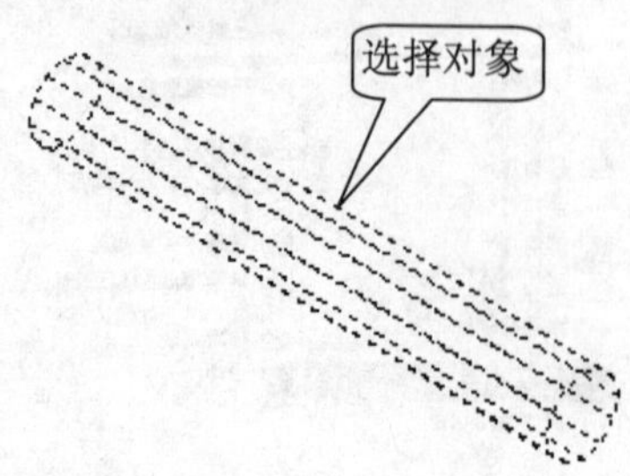

❻ 指定位移基点和位移的第二点。

指定基点或 [位移(D)] <位移>: 350,-52,16

指定第二个点或 <使用第一个点作为位移>: 300,86,-13.5

❼ 按【Enter】键确认，结果如下图所示。

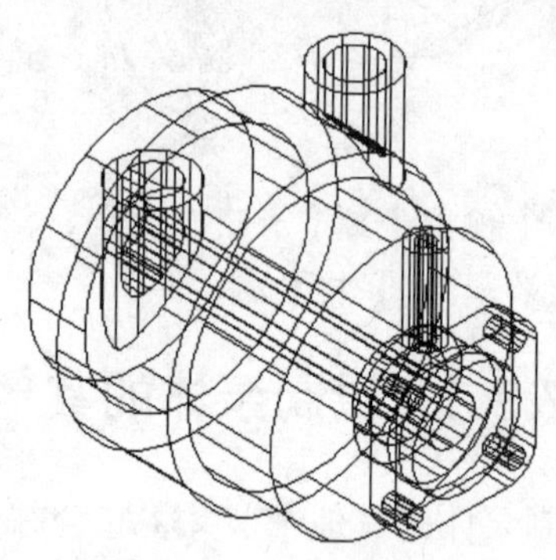

第 3 步：将细节和主体合并成一体

❶ 选择【修改】➢【实体编辑】➢【差集】命令。将细节圆柱体从整个泵体中减去。

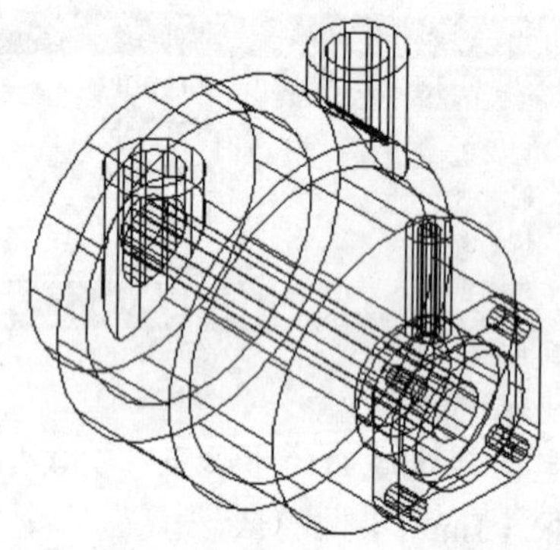

❷ 选择【视图】➢【消隐】命令，消隐后的效果如下图所示。

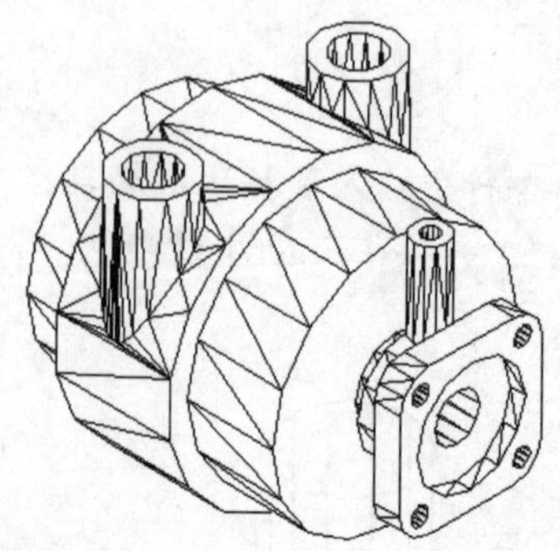

❸ 选择【视图】➢【渲染】➢【渲染】命令。

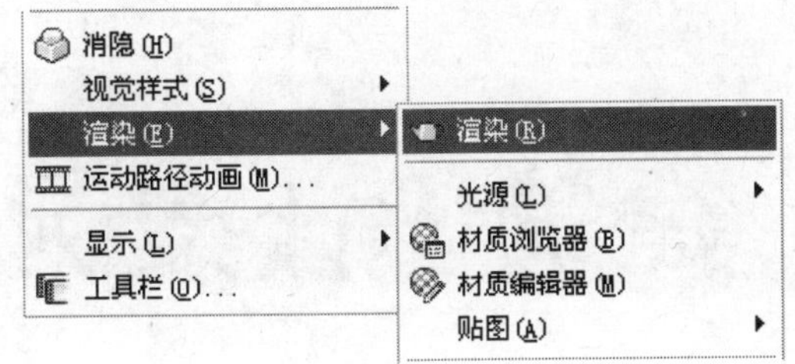

❹ 按【Enter】键以确认，渲染结果如下图所示。

17.4 本章小结 

本章通过离心泵体的绘制，使读者对三维命令和二维修改命令综合运用有了一个初步的了解，这在以后机械绘图的过程中将会起到非常积极的作用。机械图形各不相同，但绘制方法大致如此，希望通过本章的学习，能为读者带来切实的方便，为以后熟练绘图打下基础。

第 18 章　建筑设计案例

本章引言

建筑三维模型是观察建筑效果的重要方法，是建筑设计的一部分。本章案例是绘制建筑三维模型，以便对此建筑的整体外观效果进行观察。

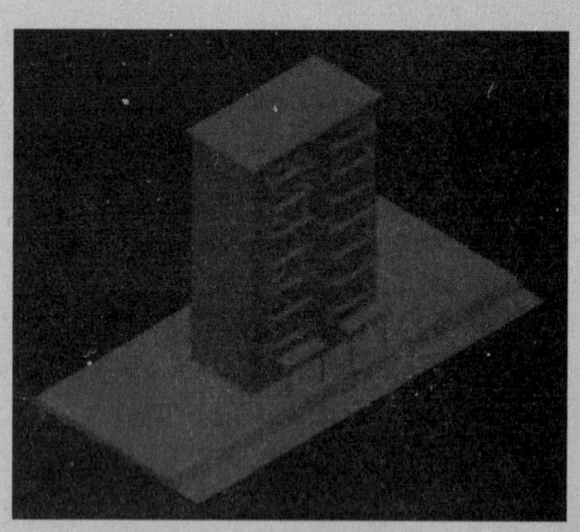

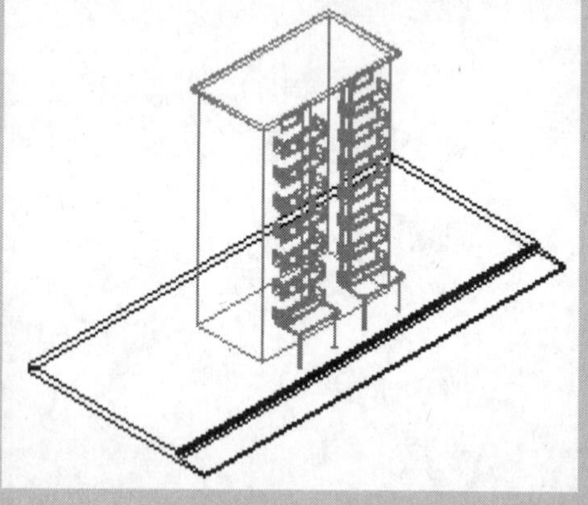

本章主要介绍使用【移动】、【多段线】、【拉伸】、【长方体】、【圆柱体】和【差集】命令等操作绘制建筑三维模型的基本方法。

18.1 设计思路

本节视频教学录像：2分钟

在绘制本实例时，可以先绘制建筑模型的楼底、楼体部分，然后为其添加门窗，最后将各部件组合到一起进行渲染。

实例名称：绘制建筑三维模型	
主要命令：移动、建模及实体编辑工具	
素材：无	
结果：结果\ch18\建筑三维模型.dwg	
难易程度：★★★★	常用指数：★★★

结果\ch18\建筑三维模型.dwg

18.2 绘图环境设置

本节视频教学录像：4分钟

在使用 AutoCAD 2013 绘图之前，首先要设置当前图形的绘图环境，包括设置当前视图、设置图层、设置图形单位和精度等。

1. 设置当前视图

选择【视图】➤【三维视图】➤【西南等轴测】命令。

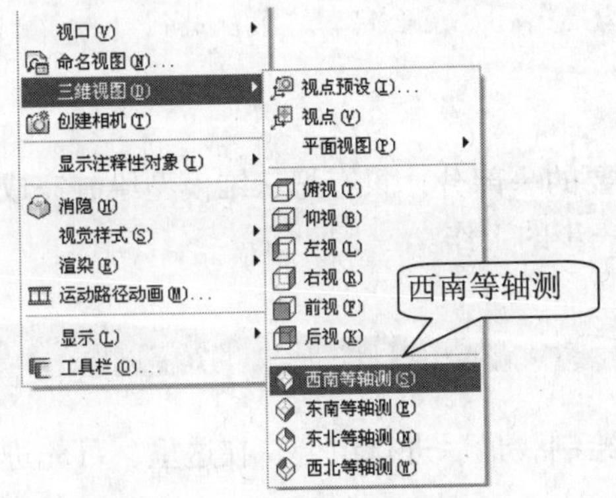

2. 设置图层

❶ 选择【格式】➤【图层】命令，弹出【图层特性管理器】对话框。

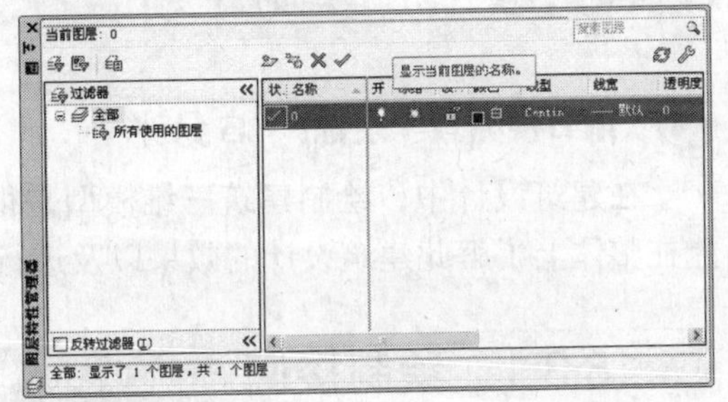

❷ 单击新建图层按钮，创建新图层。

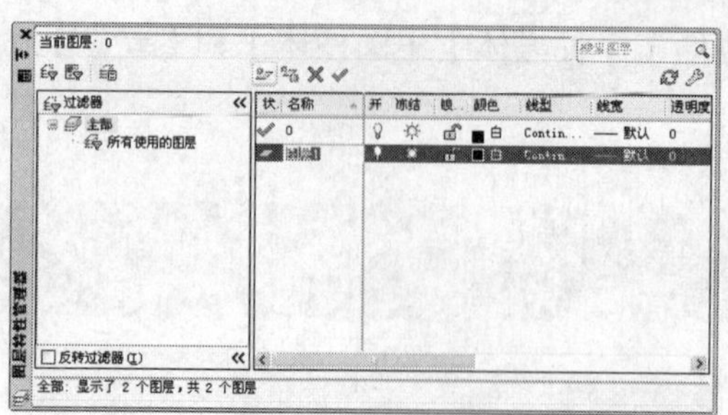

❸ 选中新生成的图层名“图层1”，将名称更改为“楼底层”。单击颜色按钮■，将图层颜色更改为颜色“8”。如图所示。

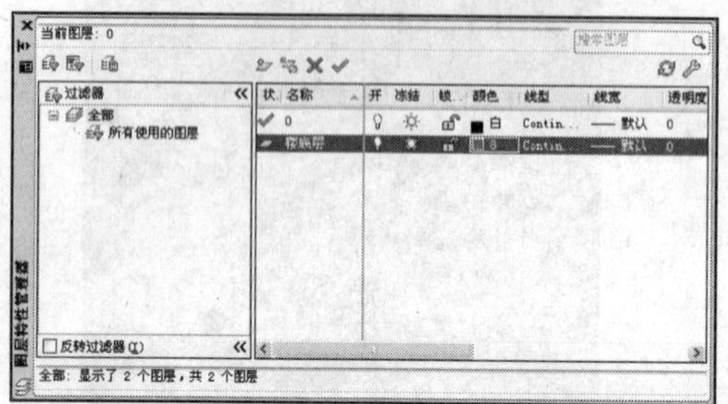

❹ 重复上述步骤❷～❸，分别新建图层“楼体层”、“门窗层”，除图层名称外，其余设置同“楼底层”一样，如图所示。

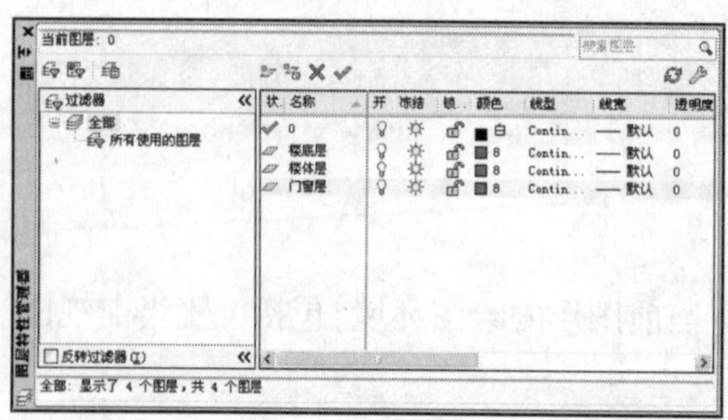

❺ 单击按钮 ×，关闭【图层特性管理器】对话框。

3. 设置图形单位及精度值

❶ 选择【格式】➤【单位】命令，弹出【图形单位】对话框。

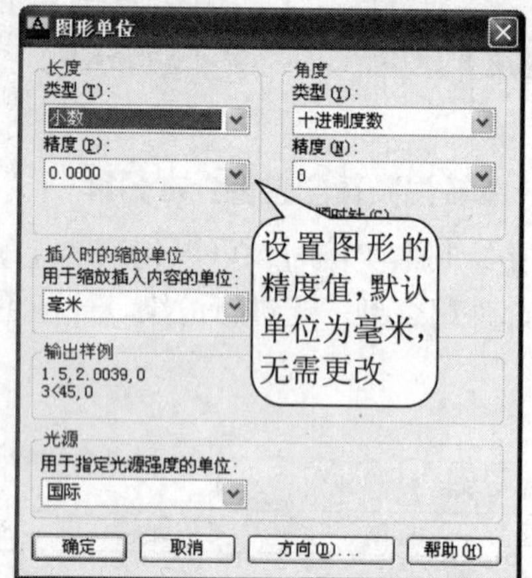

❷ 更改【精度】值为“0”。

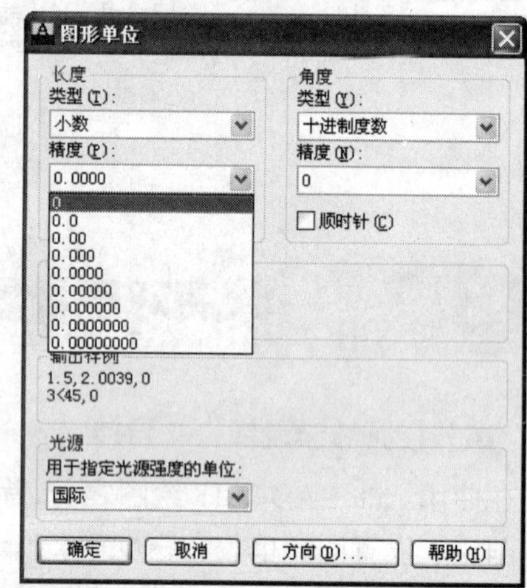

❸ 单击【确定】按钮，图形单位及精度值设置完成。

18.3 绘制步骤

本节视频教学录像：46分钟

在建筑设计中，绘制建筑三维模型是很重要的一部分，只有把三维模型绘制完成，才能在整体上了解此建筑设计的效果以及进行下一步的工作。

18.3.1 绘制楼底

绘制建筑三维模型，可分成多个区域进行绘制，最后进行组合，在这里，可先进行楼底的绘制。具体操作步骤如下。

第 1 步：调整 UCS

❶ 在命令行输入【UCS】，按【Enter】键，命令行提示如下。

```
UCS 指定 UCS 的原点或 [面(F) 命名(NA) 对象(OB) 上一个(P) 视图(V) 世界(W) X Y Z Z 轴(ZA)] <世界>:
```

❷ 在命令行输入“Y”并按【Enter】键。

```
UCS 指定 UCS 的原点或 [面(F) 命名(NA) 对象(OB) 上一个(P) 视图(V) 世界(W) X Y Z Z 轴(ZA)] <世界>: Y
```

❸ 指定旋转角度为“－90”，如图所示。

```
X/Y/Z/Z 轴(ZA)] <世界>: Y
UCS 指定绕 Y 轴的旋转角度 <90>:
-90
```

❹ 按【Enter】键，此时 UCS 坐标已经发生了改变。

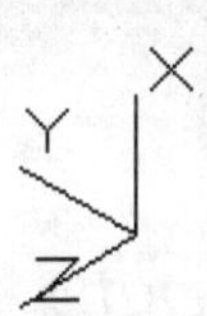

第 2 步：绘制多段线

❶ 单击【图层】右端的下拉箭头▾，选择【楼底层】命令，将【楼底层】置为当前。

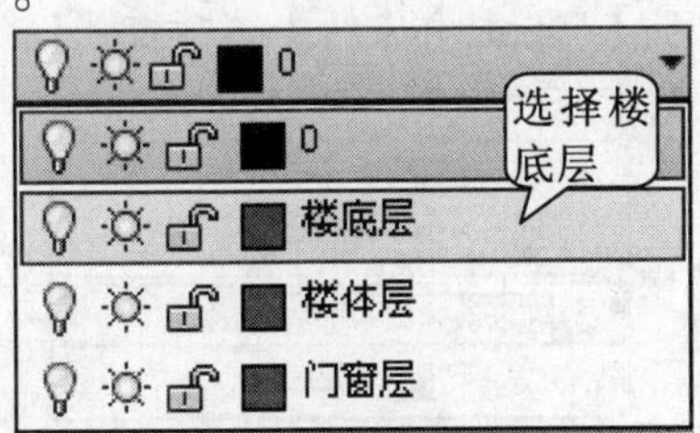

❷ 选择【绘图】➤【多段线】命令，绘制多段线。

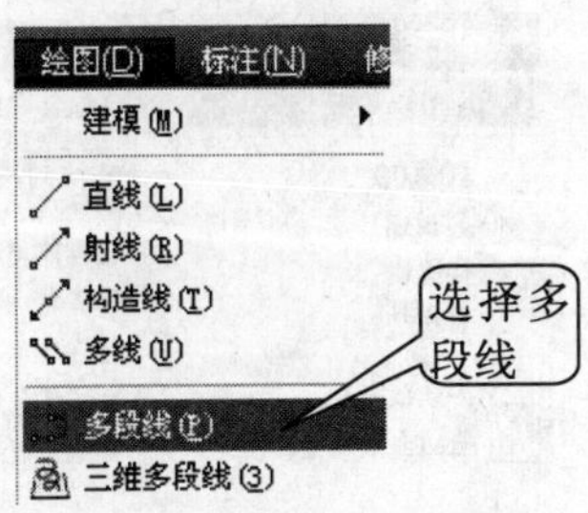

❸ 在绘图区域任意单击一点，作为多段线的起点。

❹ 在命令行输入“@0,－21921”作为多段线的下一点。

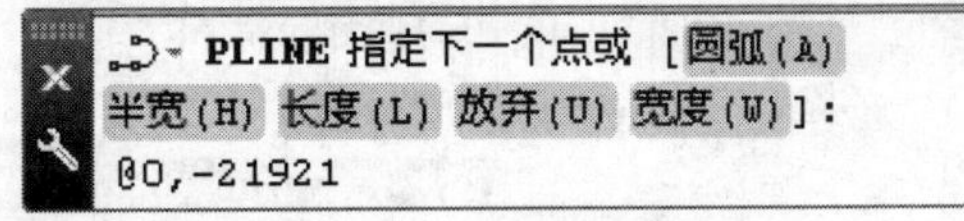

❺ 按【Enter】键，如图所示。

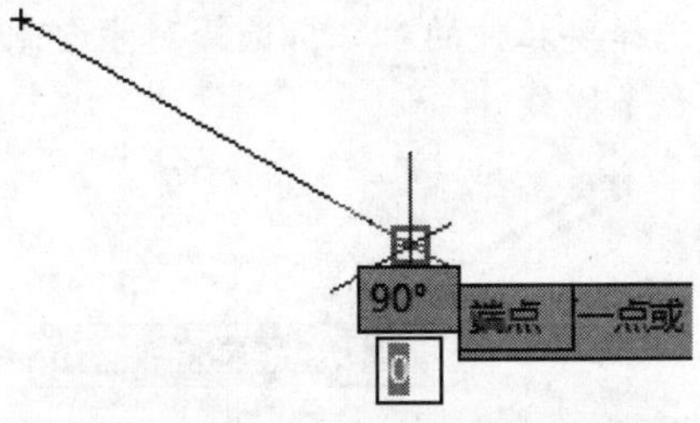

❻ 重复步骤❹～❺，继续在命令行输入“@250,0”、“@0,3030”、“@250,0”、“@0,300”、“@250,0”、“@0,300”、“@250,0”、“@0,18291”分别作为多段线的下一点，结果如图所示。

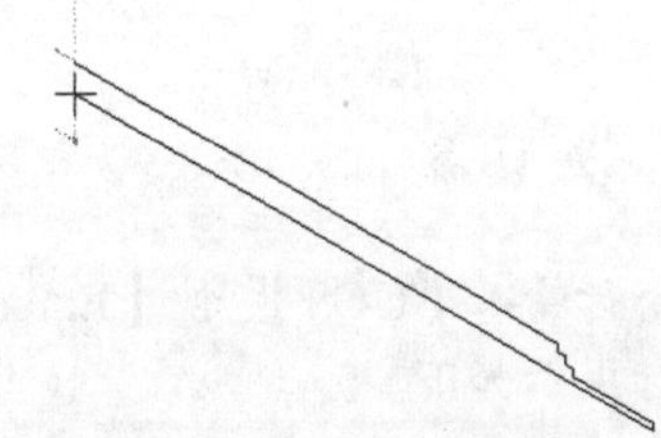

❼ 在命令行输入“C”，并按【Enter】键。

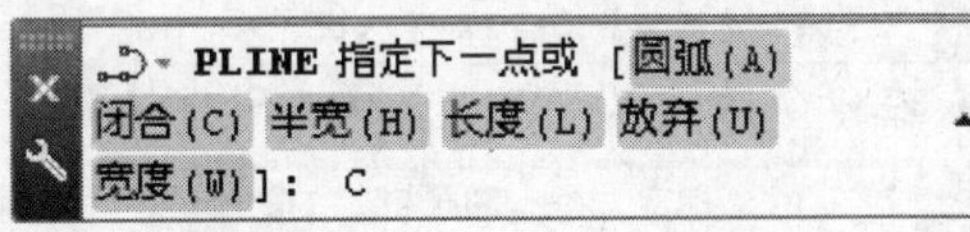

❽ 结果如图所示。

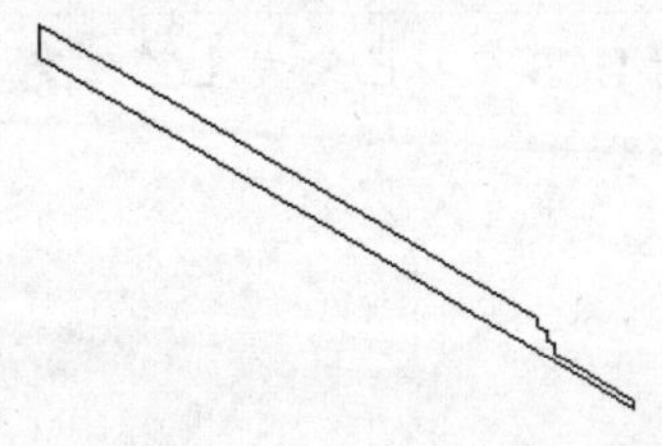

第 3 步：对多段线进行拉伸

❶ 选择【绘图】➤【建模】➤【拉伸】命令。

第18章 建筑设计案例

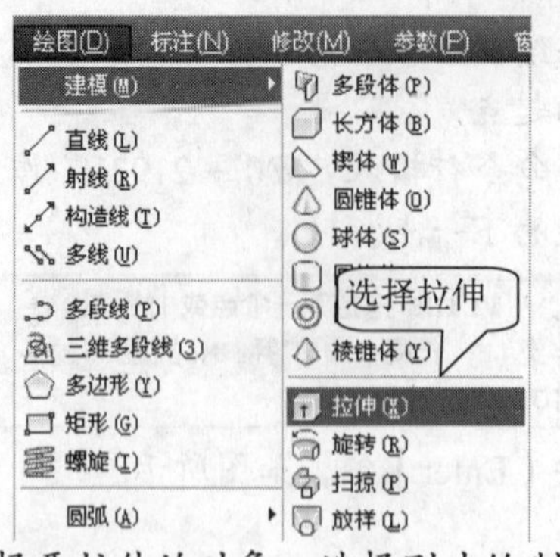

❷ 选择要拉伸的对象，选择刚才绘制的闭合多段线。

❸ 按【Enter】键后，在命令行输入“45000”。

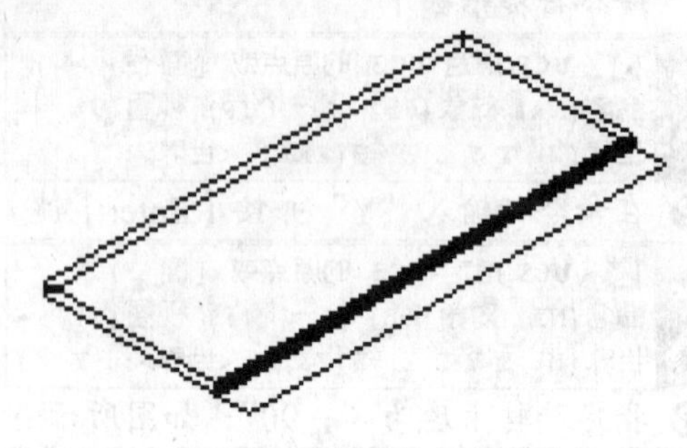

❹ 按【Enter】键，结果如图所示。

18.3.2 绘制楼主体部分

绘制好楼底后，开始绘制楼主体部分，具体操作步骤如下。

第 1 步：调整 UCS

❶ 在命令行输入【UCS】，按【Enter】键，命令行提示如下。

UCS 指定 UCS 的原点或 [面(F) 命名(NA) 对象(OB) 上一个(P) 视图(V) 世界(W) X Y Z Z 轴(ZA)] <世界>:

❷ 在命令行输入“W”并按【Enter】键。

UCS 指定 UCS 的原点或 [面(F) 命名(NA) 对象(OB) 上一个(P) 视图(V) 世界(W) X Y Z Z 轴(ZA)] <世界>: w

❸ 此时 UCS 坐标已经发生了改变。

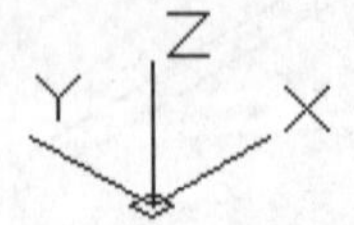

第 2 步：绘制楼主体部分

❶ 单击图层右侧的下拉箭头▾，选择【楼体层】，将【楼体层】置为当前。

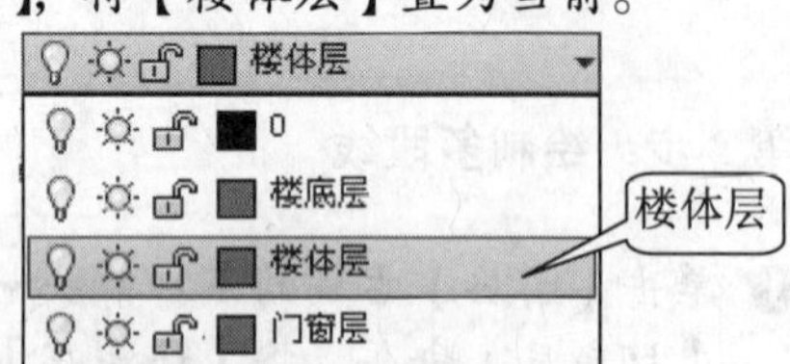

❷ 单击图层右侧的下拉箭头▾，选择【楼底层】，单击【冻结】选项，将【楼底层】冻结。

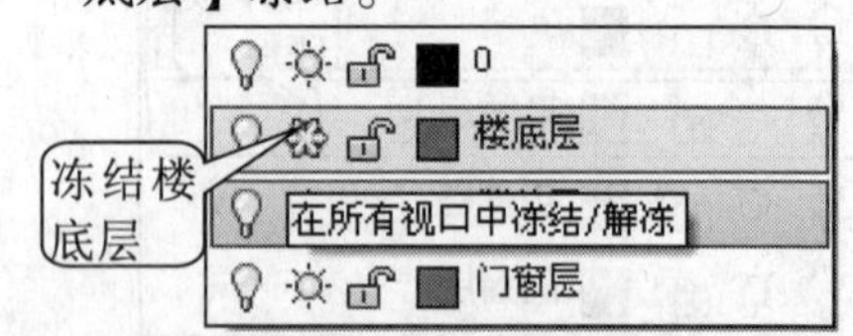

❸ 选择【绘图】➤【建模】➤【长方体】命令，在绘图区任意单击指定第一点。

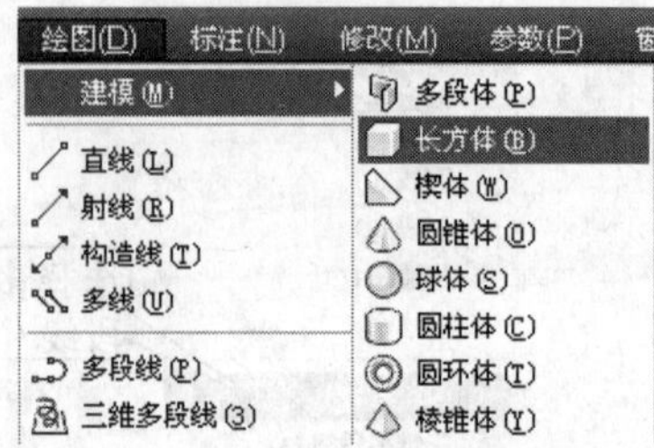

❹ 在命令行输入“@16000,8000”，作为另一角点。

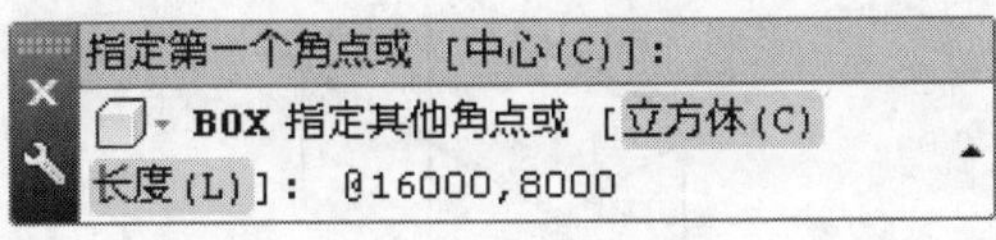

❺ 按【Enter】键后，在命令行指定新建长方体的高度为“25000”。

❻ 按【Enter】键后，结果如图所示。

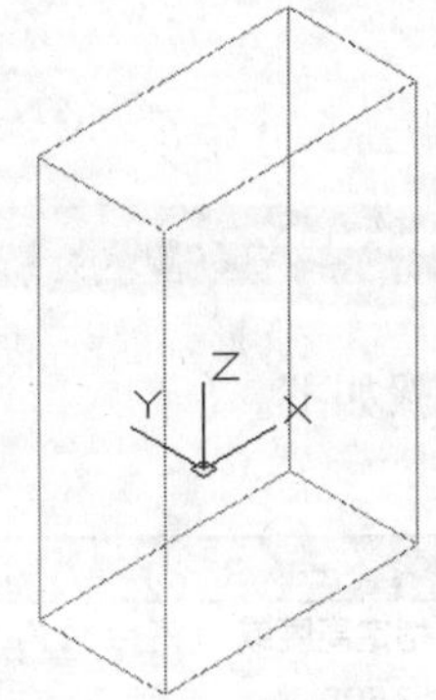

❼ 选择【绘图】➤【建模】➤【长方体】命令，再绘制一个长方体，参数设置如下：第一点在绘图区域任意单击一点，另一角点在命令行输入“@17000,9000”，高度指定为“200”。如图所示。

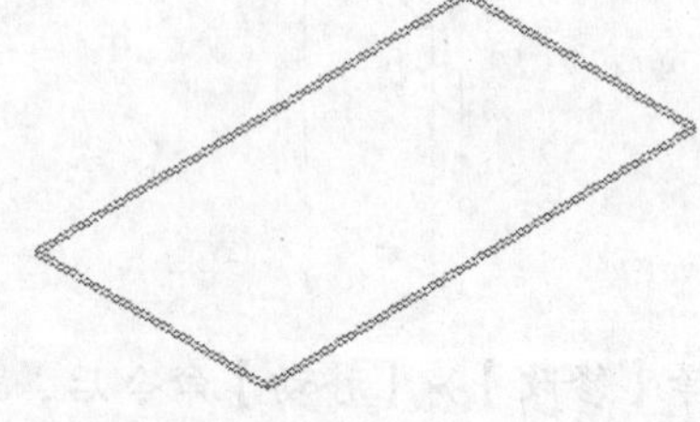

第3步：移动

❶ 选择【修改】➤【移动】命令。

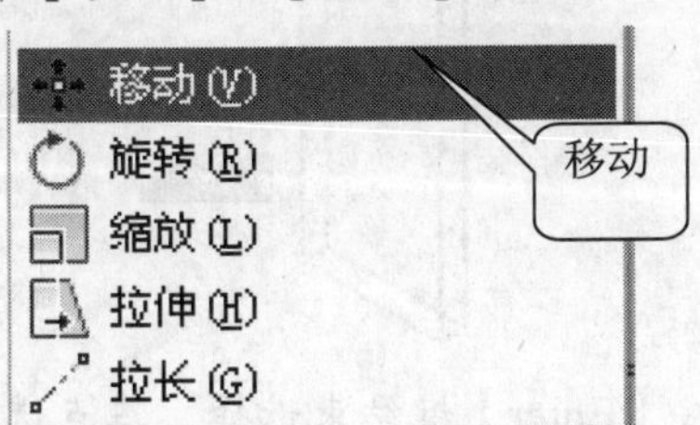

❷ 单击选择刚才创建的高度200的长方体作为对象。

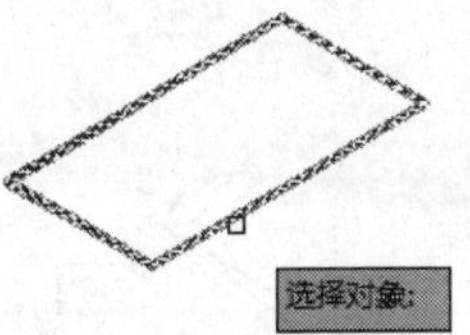

❸ 按【Enter】键结束选择，基点选择长方体底部中点。

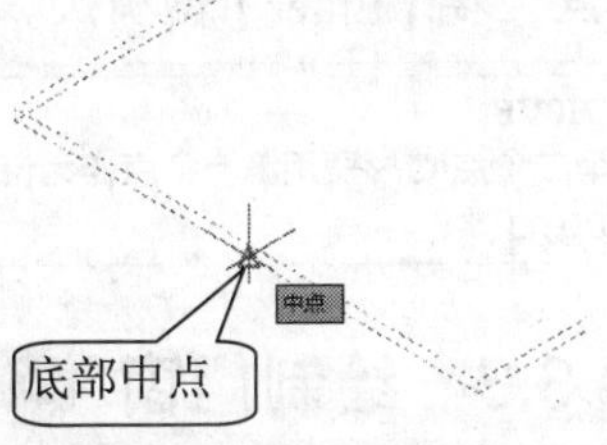

❹ 第二点选择高度25000的长方体的上部中点，如图所示。

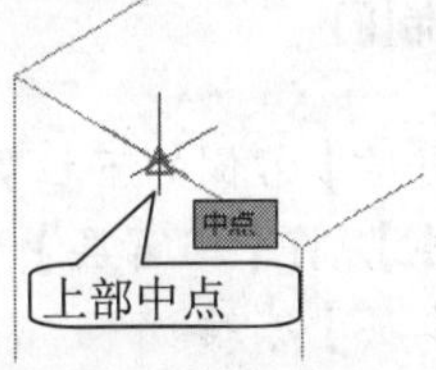

❺ 移动后结果如下图所示。

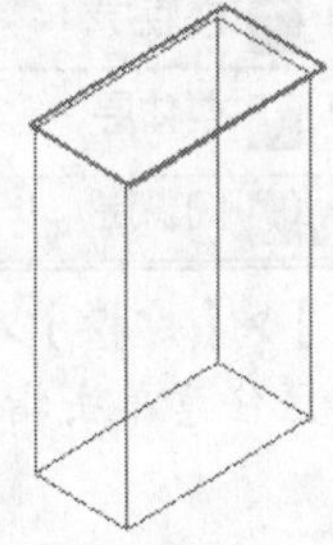

❻ 选择【修改】➤【移动】命令，并选择高度200的长方体作为移动的对象。

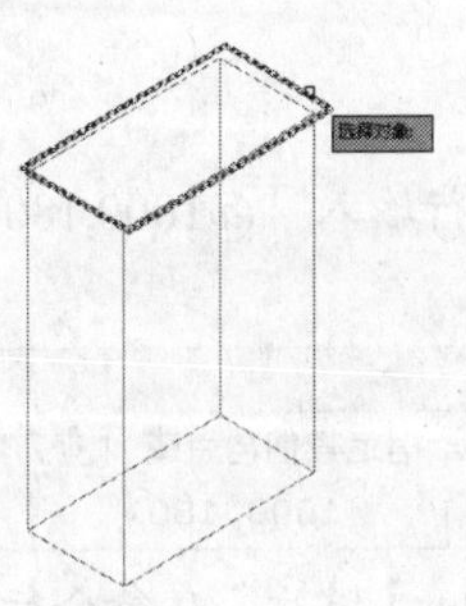

❼ 按【Enter】键结束选择。基点指定为高度 200 的长方体的下部中点。

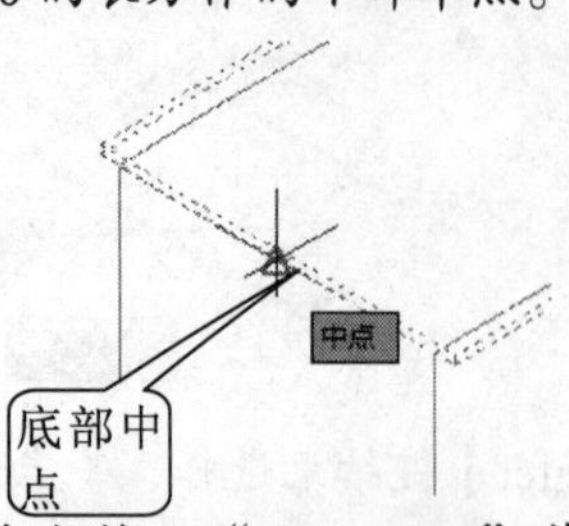

❽ 在命令行输入“@－500,0”作为移动的第二点，按【Enter】键确认。

❾ 结果如图所示。

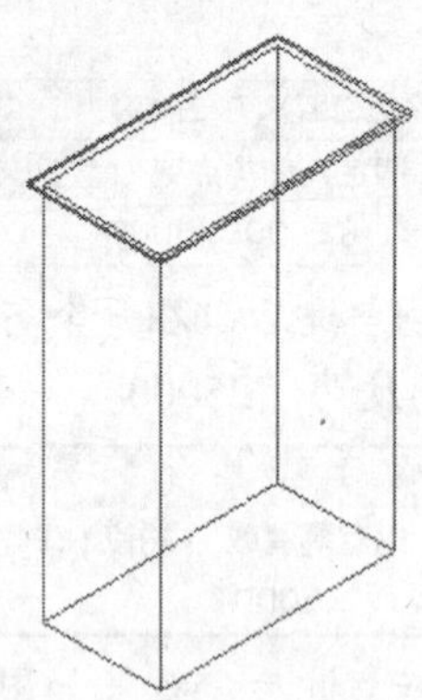

18.3.3 绘制门窗

楼层的主体部分完成后，接下来绘制门窗，具体绘制步骤如下。

第 1 步：绘制门

❶ 选择【图层】右侧的下拉箭头▼，选择【门窗层】，将【门窗层】置为当前，并将【楼体层】冻结。

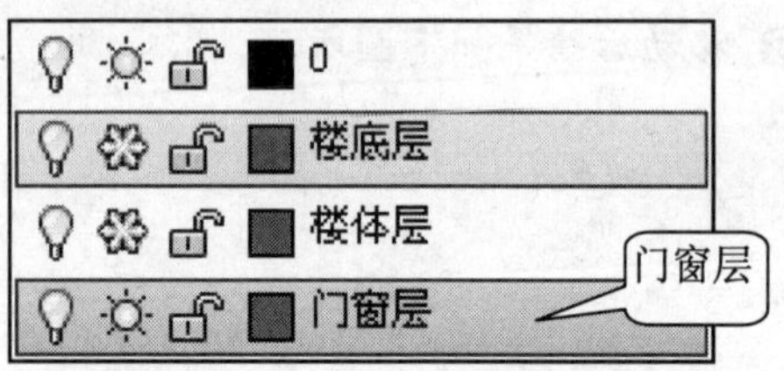

❷ 选择【绘图】➤【建模】➤【长方体】命令，在绘图区任意单击指定第一点。

❸ 在命令行输入“@1000,180”，作为另一角点。

❹ 按【Enter】键后，在命令行输入“2500”作为高度。

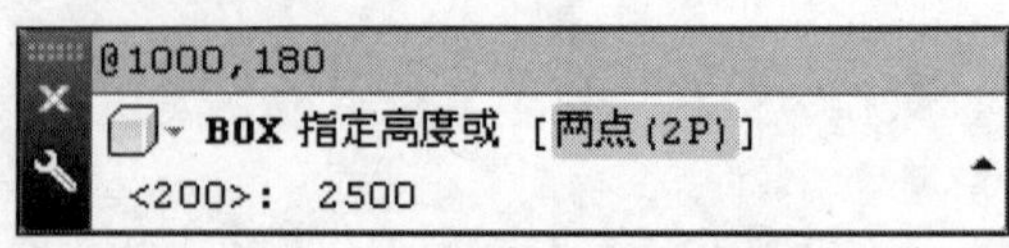

❺ 按【Enter】键后，结果如图所示。

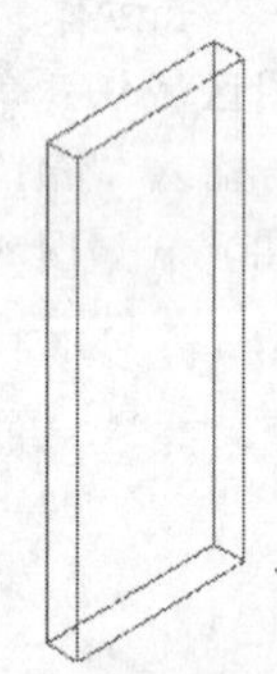

❻ 选择【修改】➤【移动】命令后，选择刚才创建的长方体作为移动对象。

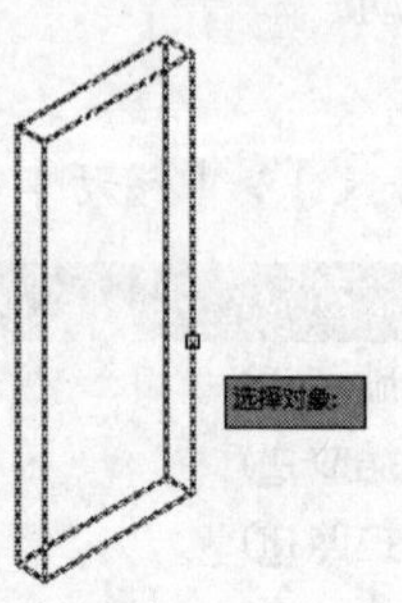

❼ 按【Enter】键结束选择，基点选择长方

体端点。

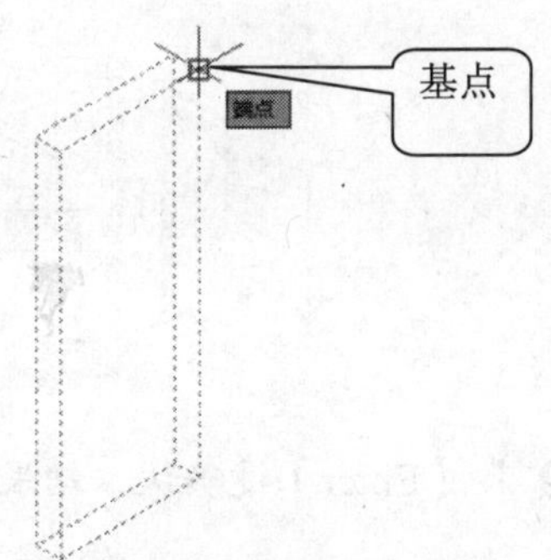

❽ 第二点选择 18.3.2 中创建的高度 25000 的长方体的端点，如图所示。

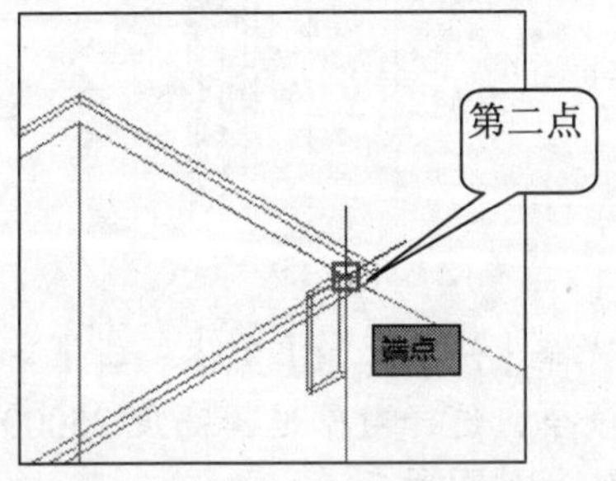

❾ 重复【移动】命令，选择高度 2500 的长方体为移动对象，在绘图区域任意一点单击作为移动基点，然后在命令行输入“@－5000,0”作为移动的第二点，按【Enter】键确认后，结果如图所示。

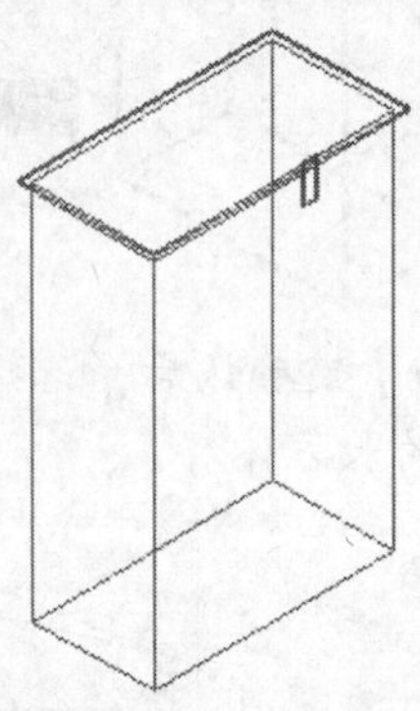

❿ 重复【移动】命令，选择高度 2500 的长方体为移动对象，在绘图区域任意一点单击作为移动基点，然后在命令行输入“@0,0,－300”作为移动的第二点，按【Enter】键确认后，结果如图所示。

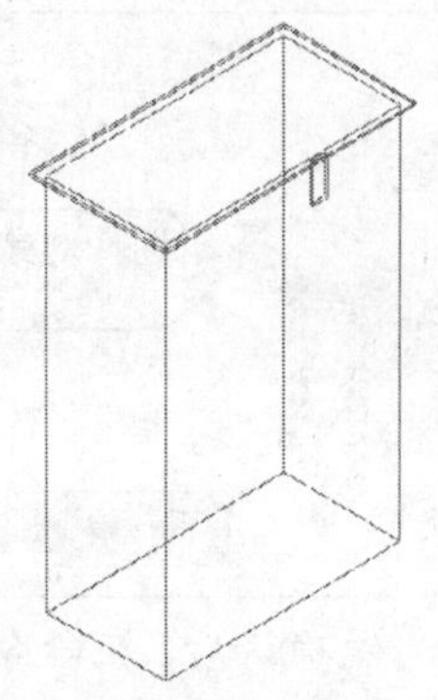

第 2 步：阵列门

❶ 在命令行输入【UCS】，按【Enter】键，命令行提示如下。

UCS 指定 UCS 的原点或 [面(F) 命名(NA) 对象(OB) 上一个(P) 视图(V) 世界(W) X Y Z Z 轴(ZA)] <世界>:

❷ 在命令行输入“X”并按【Enter】键。

UCS 指定 UCS 的原点或 [面(F) 命名(NA) 对象(OB) 上一个(P) 视图(V) 世界(W) X Y Z Z 轴(ZA)] <世界>: x

❸ 指定旋转角度为“90”，按【Enter】键确认，结果如图所示。

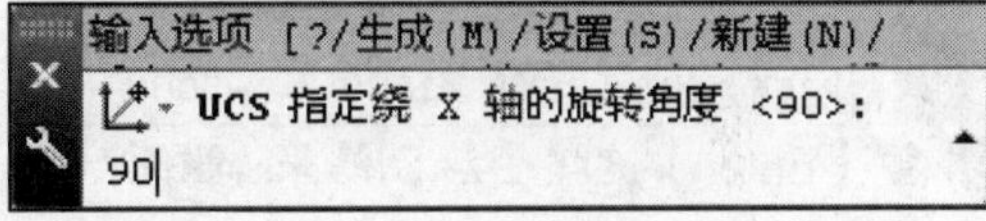

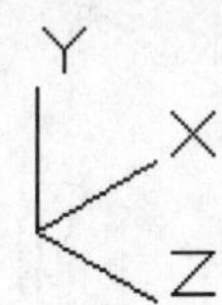

❹ 选择【修改】➤【阵列】➤【矩形阵列】命令。

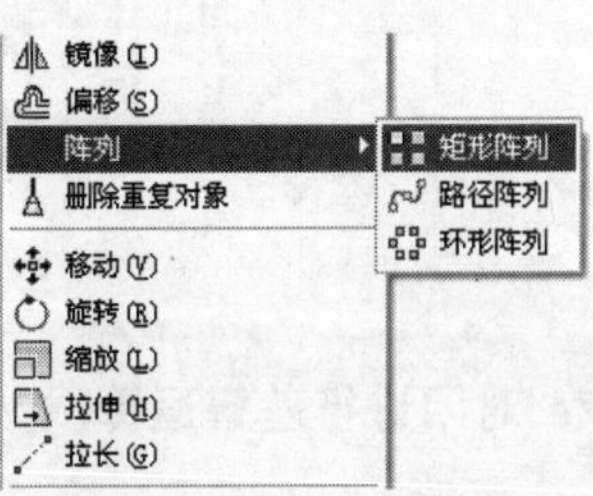

❺ 此时命令行中提示选择对象，在绘图区中单击选择高度 2500 的长方体。

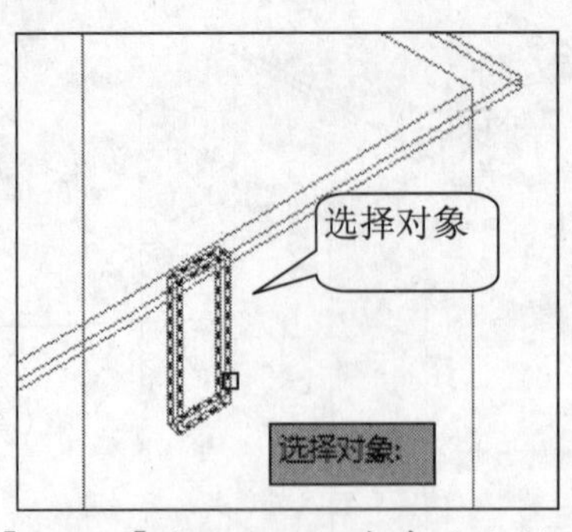

❻ 按【Enter】键确认后，在命令行输入“R”按【Enter】键。

❼ 输入行数“7”，按【Enter】键，然后根据命令行提示，在命令行输入行距为“-3000”，按【Enter】键。

```
层数(L)/退出(X)] <退出>: R
输入行数数或 [表达式(E)] <3>: 7
ARRAYRECT 指定 行数 之间的距离或 [
总计(T) 表达式(E)] <3750>: -3000
```

❽ 再次按【Enter】键，在命令行中输入“COL”按【Enter】键确认，然后在命令行中单击输入列数为“2”，按【Enter】键，然后按命令行提示，设置列距为“-5000”，按【Enter】键。

```
层数(L)/退出(X)] <退出>: COL
输入列数数或 [表达式(E)] <4>: 2
ARRAYRECT 指定 列数 之间的距离或 [
总计(T) 表达式(E)] <1500>: -5000
```

❾ 按【Enter】键接受后，结果如图所示。

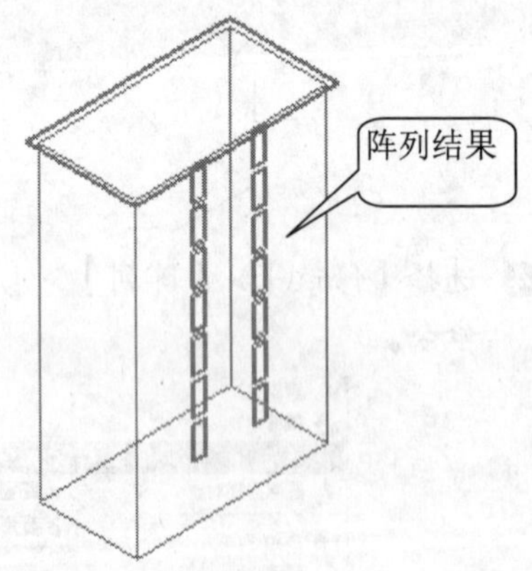

第 3 步：对门进行差集运算

❶ 选择【修改】➢【分解】命令。选择对象选择第 2 步阵列的长方体。

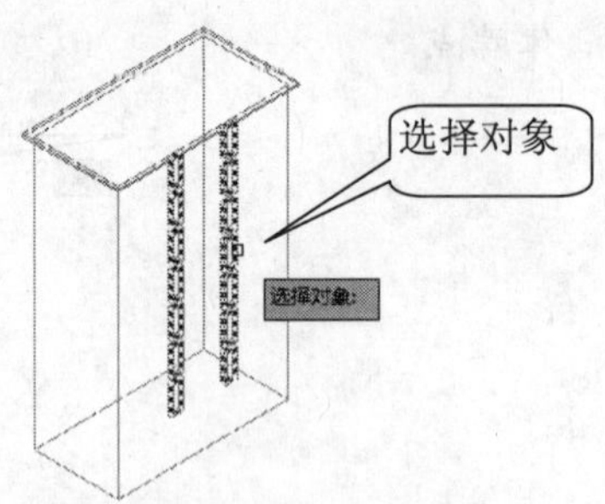

❷ 按【Enter】键确认，结果如图所示。

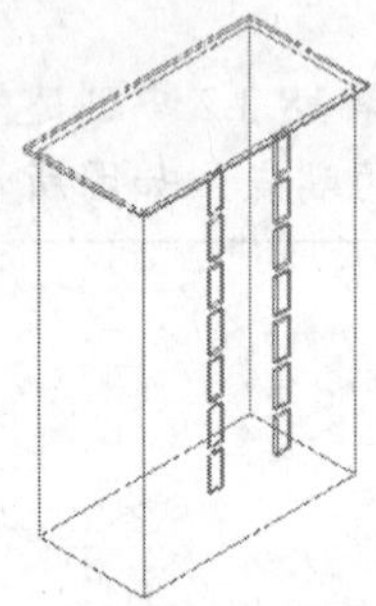

❸ 选择【修改】➢【实体编辑】➢【差集】命令，选择对象选择高度 25000 的长方体，如图所示。

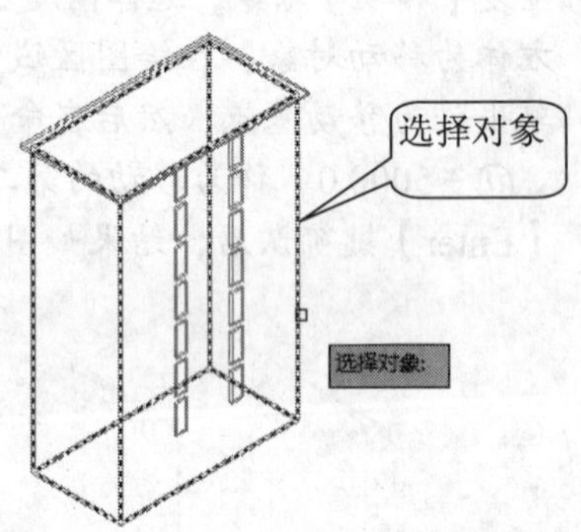

❹ 按【Enter】键确认后，选择对象选择高度 2500 的长方体。

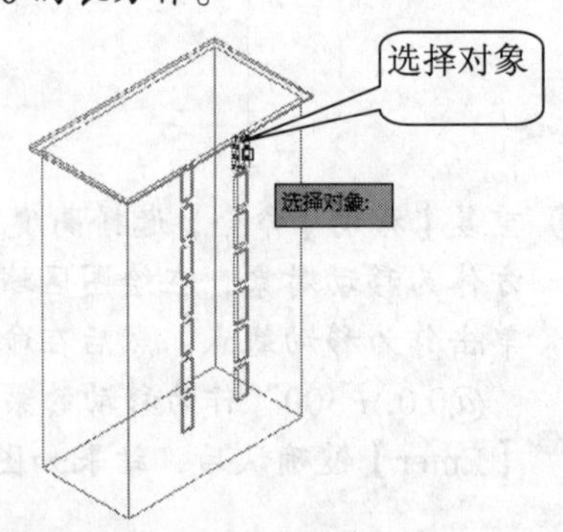

❺ 按【Enter】键后，结果如图所示。

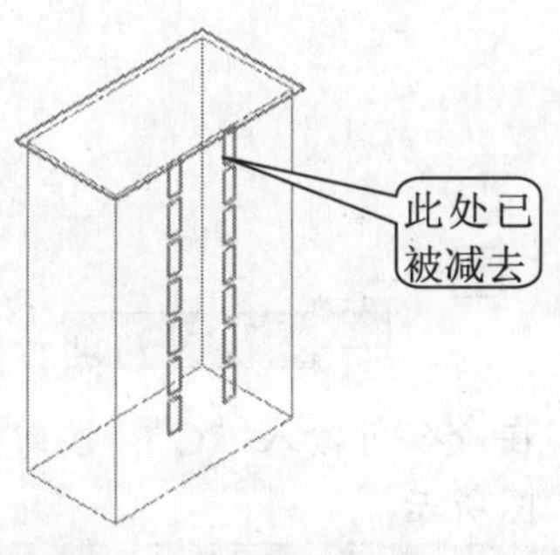

❻ 重复第❸~❺步，依次用高度25000的长方体减去高度2500的长方体，最后结果如图所示。

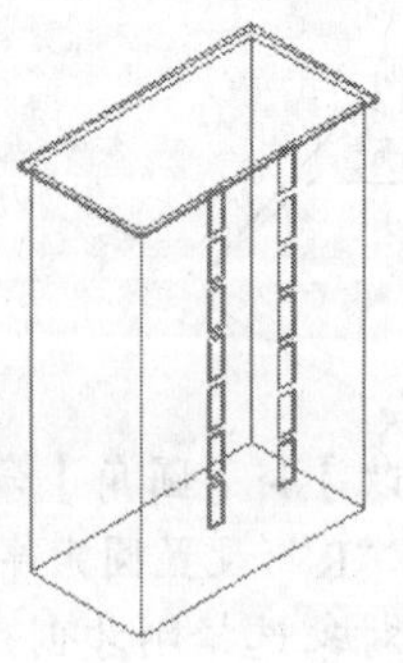

第4步：绘制窗

❶ 调用UCS命令，将UCS坐标调整为世界坐标系。

❷ 选择【绘图】➤【建模】➤【长方体】命令绘制一个长方体，在绘图区域任意单击一点作为第一角点，在命令行输入“@2000, 180”作为第二角度，指定高度值为“1300”。结果如图所示。

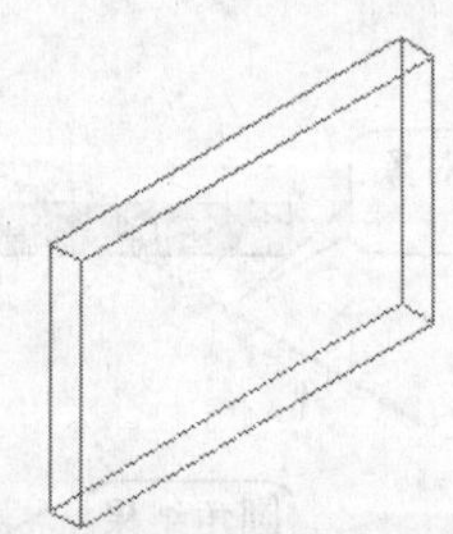

❸ 选择【修改】➤【移动】命令，对高度1300的长方体进行移动，使高度1300的长方体与高度25000的长方体端点对齐。结果如图所示。

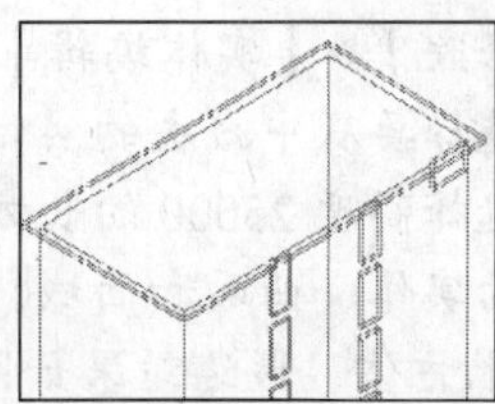

❹ 重复【移动】命令，对高度1300的长方体进行移动，在绘图区域任意单击一点作为第一点，在命令行输入“@－2500,0,－300”，结果如图所示。

```
(C)/线型(L)/线宽(LW)/透明度(TR)/材质
MOVE
指定第二个点或 <使用第一个点作为位移>:
@-2500,0,-300
```

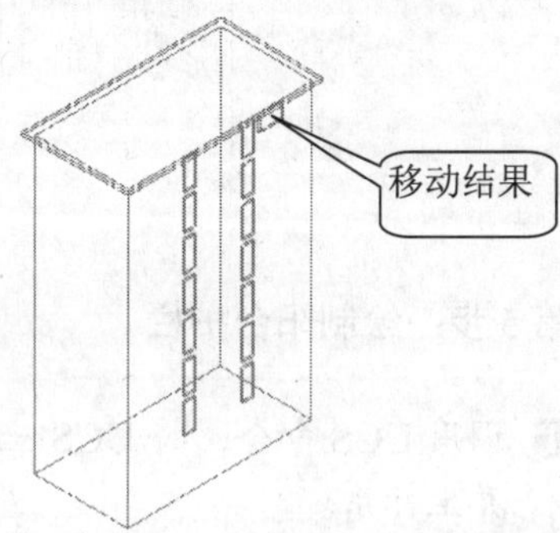

❺ 调用UCS命令，将UCS坐标绕“x”轴旋转90°。

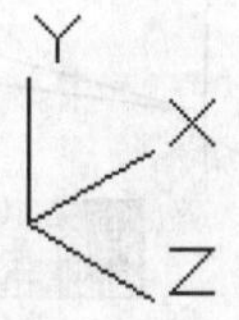

❻ 选择【修改】➤【阵列】➤【矩形阵列】命令，对高度1300的长方体进行阵列，在命令行设置其行数为7行，列数为2列，行距为－3000，列距为－9000。结果如图所示。

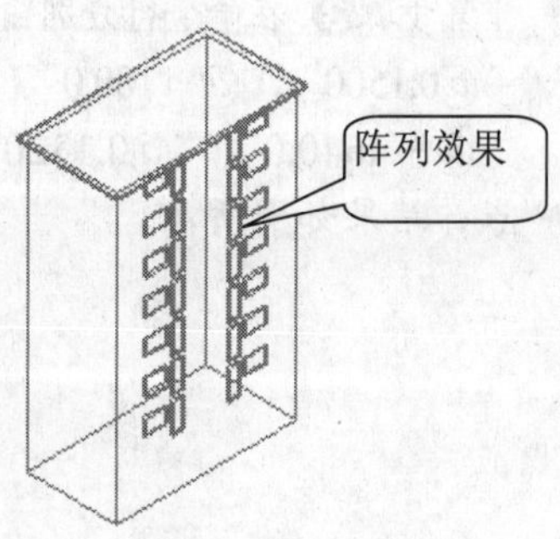

❼ 选择【修改】➢【实体编辑】➢【差集】命令，选择要从中减去的实体、曲面和面域，选择高度 25000 的长方体，选择要减去的实体、曲面和面域，选择高度 1300 的长方体，最终结果如图所示。

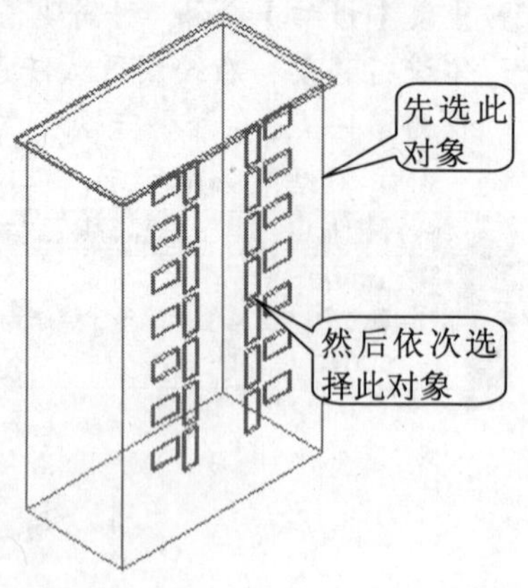

第 5 步：绘制阳台护栏

❶ 调用 UCS 命令，将 UCS 坐标调整为世界坐标系。

❷ 选择【绘图】➢【多段线】命令，在绘图区域任意单击一点作为第一点。

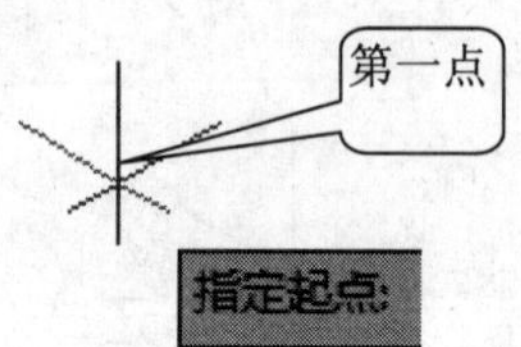

❸ 在命令行输入“@0,－1500”，按【Enter】键确认。

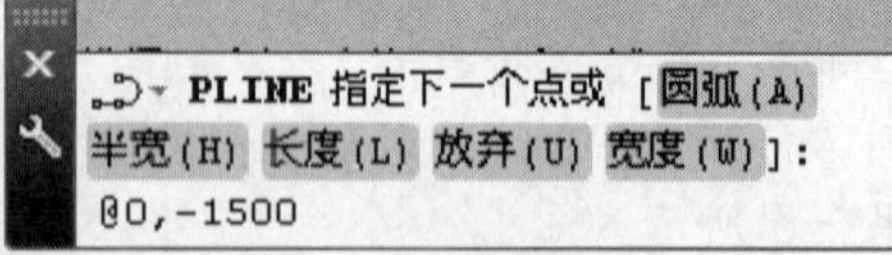

❹ 重复步骤❸，在命令行分别输入“@5000,0”、“@0,1500”、“@－180,0”、“@0,－1320”、“@－4640,0”、“@0,1320”，作为下一点，结果如图所示。

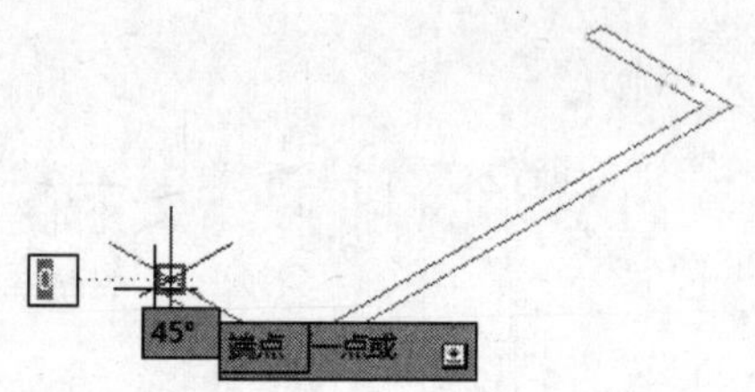

❺ 在命令行输入“C”，按回车键，结果如图所示。

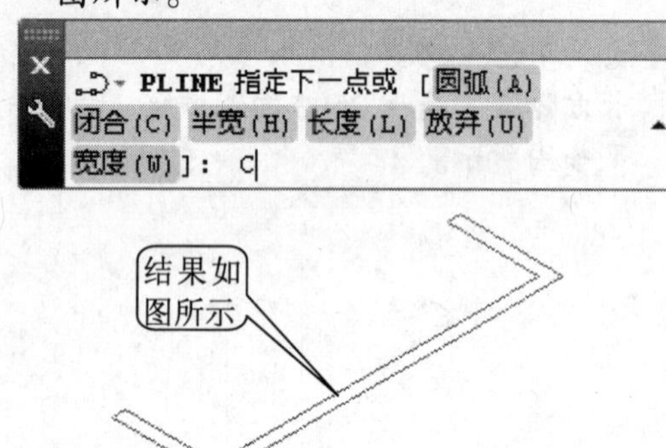

❻ 选择【修改】➢【圆角】命令，在命令行中输入“R”设置圆角半径为“180”，然后选择对象选择刚才创建的多段线（如下图所示），按【Enter】键确认。

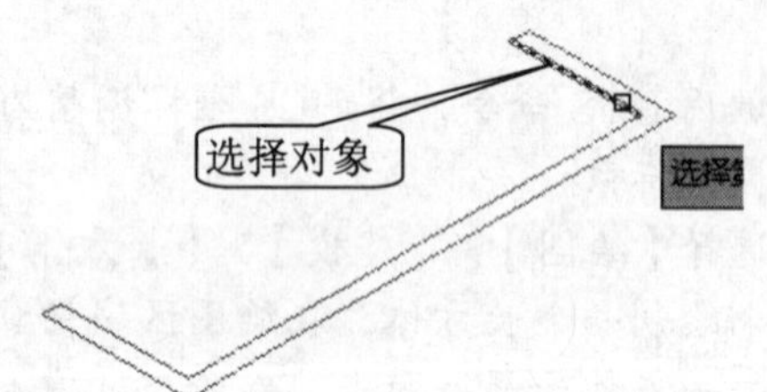

❼ 选择第二个对象，选择多段线。结果如图所示。

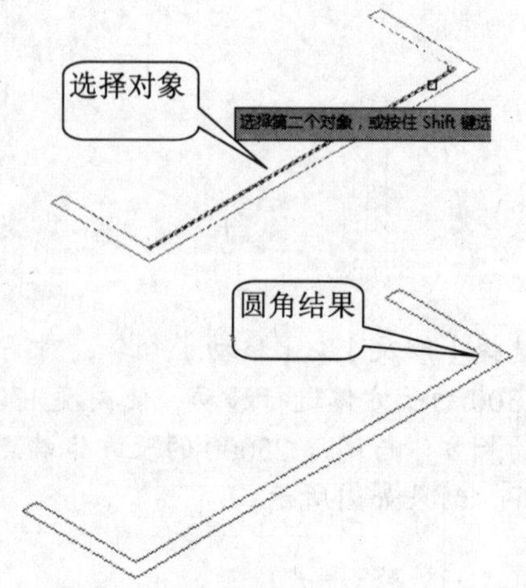

❽ 重复步骤❻～❼的操作，对多段线的其他 3 个角进行圆角，结果如图所示。

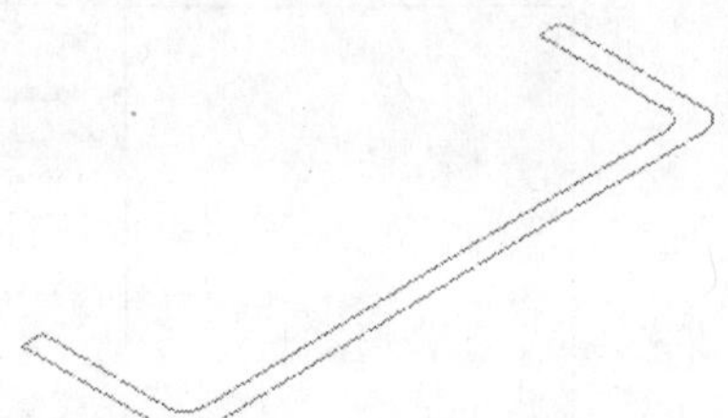

❾ 选择【绘图】➢【建模】➢【拉伸】命令，选择对象选择多段线。

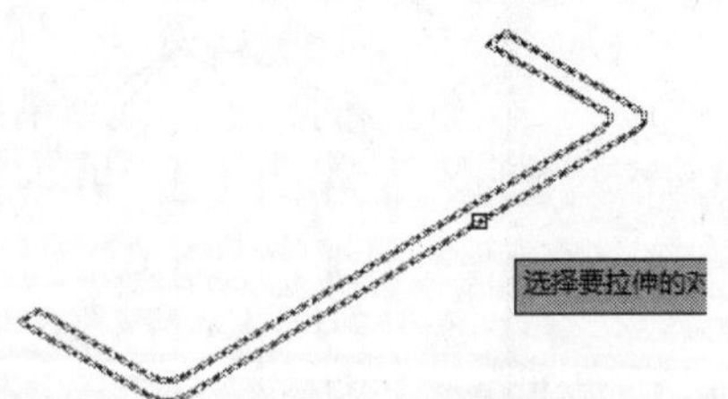

❿ 按【Enter】键确认，指定拉伸高度为“1200”，结果如图所示。

EXTRUDE 指定拉伸的高度或 [方向(D) 路径(P) 倾斜角(T) 表达式(E)] <1300>:
1200

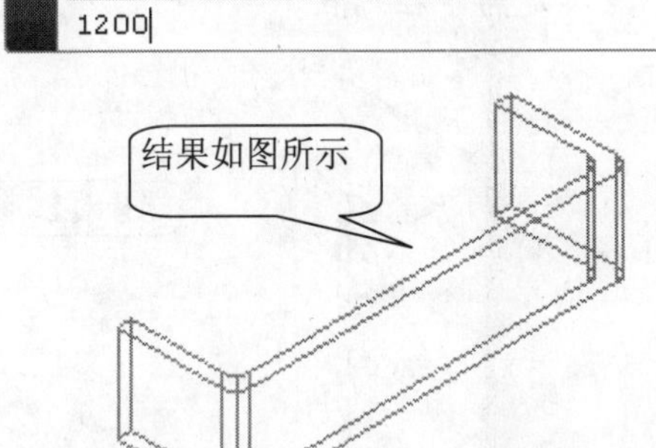

第 6 步：绘制阳台

❶ 再次调用【多短线】命令绘制多段线，在绘图区域任意单击一点作为第一点，然后分别指定下一点为“@0,－1320”、“@4640,0”、“@0,1320”，最后在命令行输入“C”闭合多段线。对多段线进行圆角，圆角半径指定为“180”，结果如图所示。

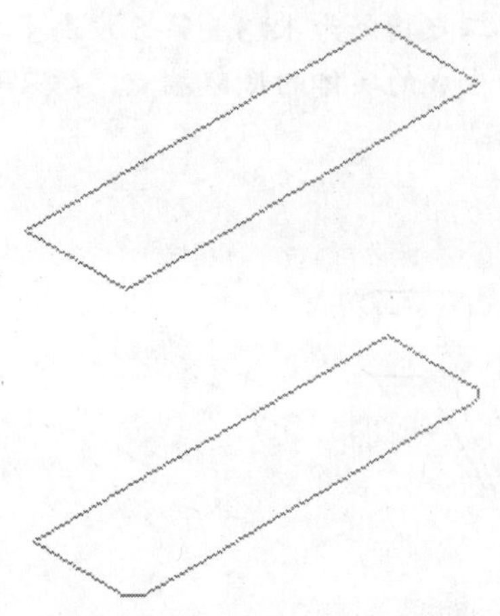

❷ 选择【绘图】➢【建模】➢【拉伸】命令，对多段线进行拉伸，指定拉伸高度为“180”，结果如图所示。

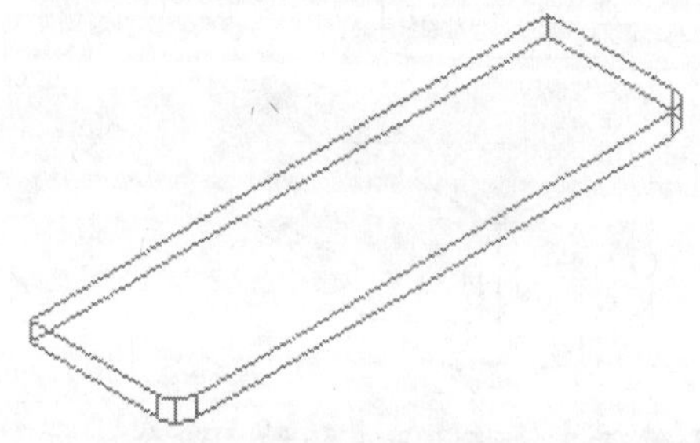

❸ 选择【修改】➢【移动】命令，选择对象选择刚才拉伸出来的多段线实体，基点指定为多段线实体的底部端点，如图所示。

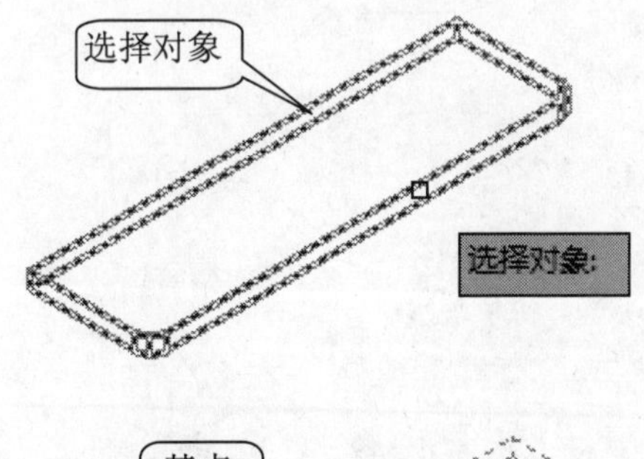

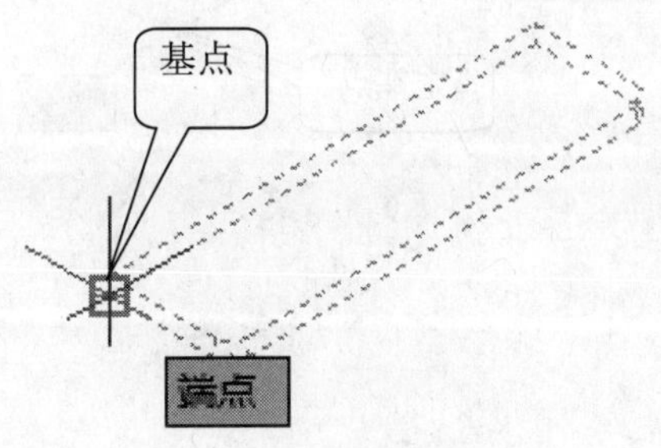

❹ 第二点指定为 18.3.3 第 5 步由多段线拉伸生成的实体的底部端点，结果如图所示。

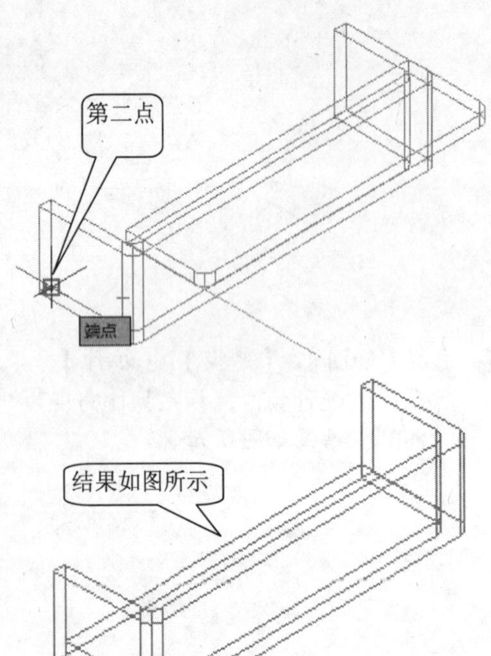

❺ 选择【修改】➤【移动】命令，对阳台及其护栏进行移动，选择对象选择阳台及其护栏，基点指定为护栏端点。

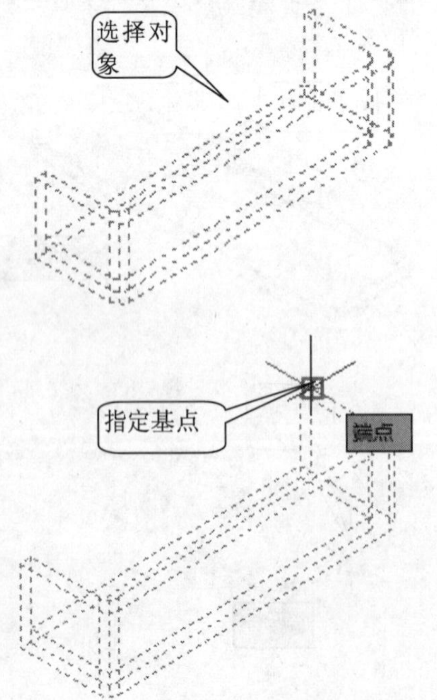

❻ 第二点指定为高度 25000 的长方体的端点，如图所示。

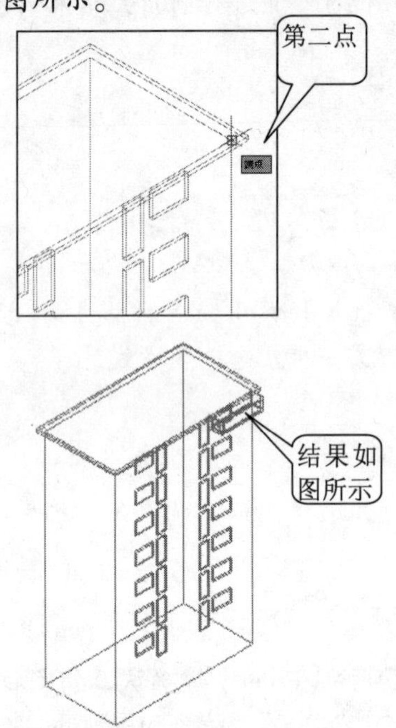

❼ 重复【移动】命令，对阳台及其护栏进行移动，选择对象选择阳台及其护栏，基点指定为护栏端点。

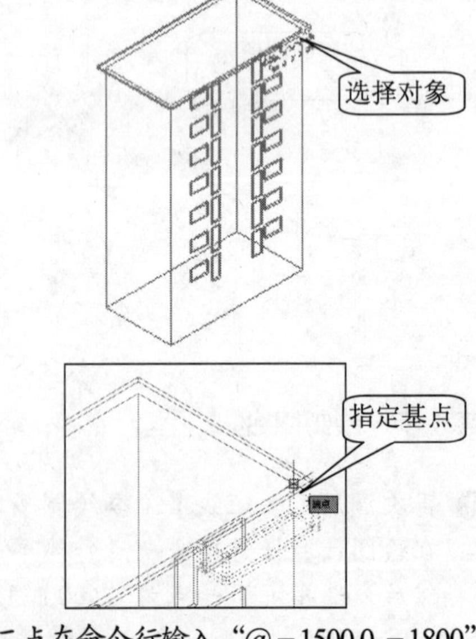

❽ 第二点在命令行输入“@－1500,0,－1800”，按【Enter】键后结果如图所示。

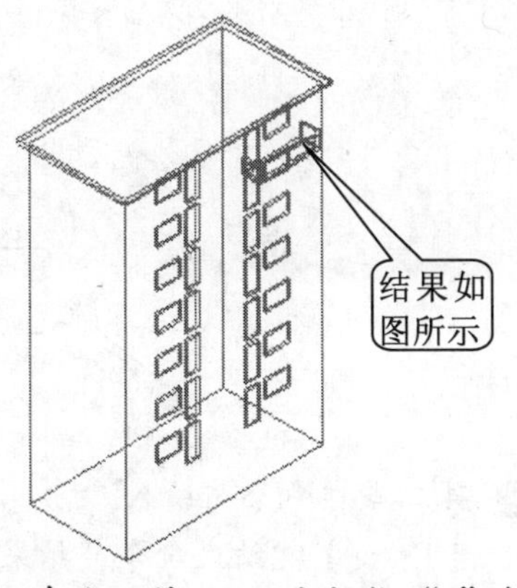

❾ 调用 UCS 命令，将 UCS 坐标绕“x”轴旋转 90°。

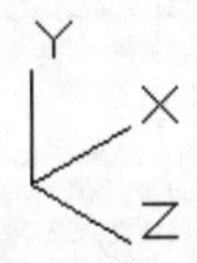

❿ 选择【修改】➤【阵列】➤【矩形陈列】命令，对阳台及其护栏进行阵列，在命令行设置其行数为“7”，列数为“2”，行距为“－3000”，列距为“－8000”。结果如图所示。

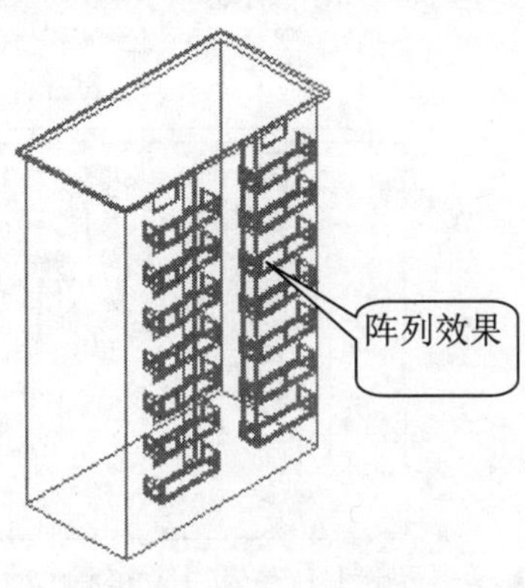

18.3.4 绘制立柱及遮阳板

绘制立柱及遮阳板的具体操作步骤如下。

第 1 步：绘制立柱

❶ 重复调用 UCS 命令，将 UCS 坐标调整为世界坐标系。

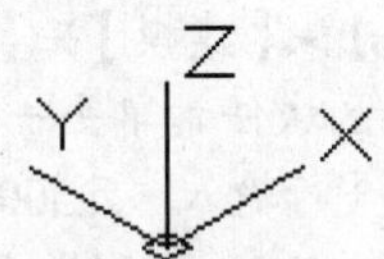

❷ 选择【绘图】➤【建模】➤【圆柱体】命令，在绘图区域任意单击一点作为圆柱的底面中心点，在命令行指定半径为“125”，高度为“3500”。

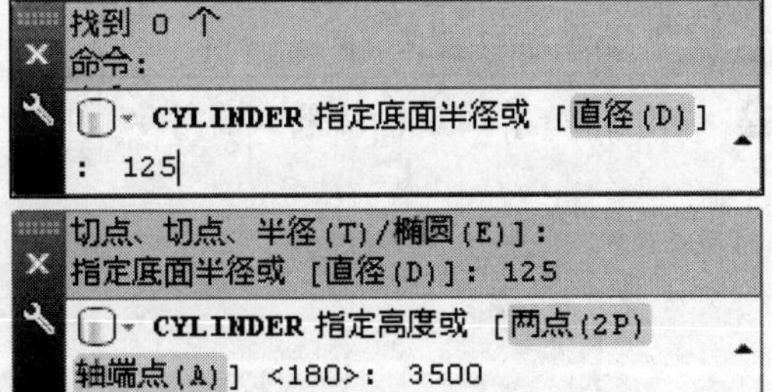

❸ 结果如图所示。

❹ 选择【修改】➤【移动】菜单命令，对圆柱体进行移动。选择对象选择圆柱体，基点指定为圆柱体底面中心点。

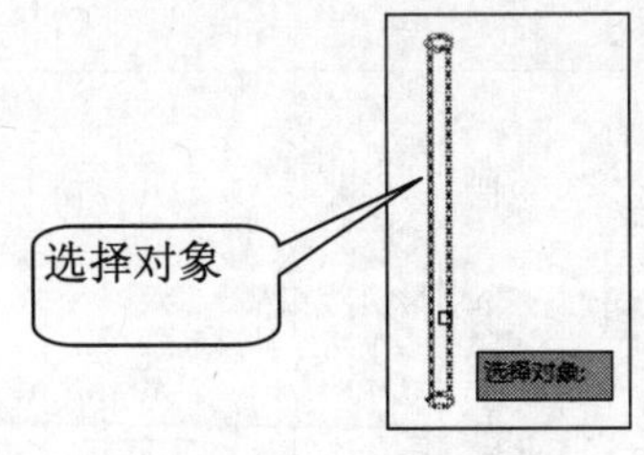

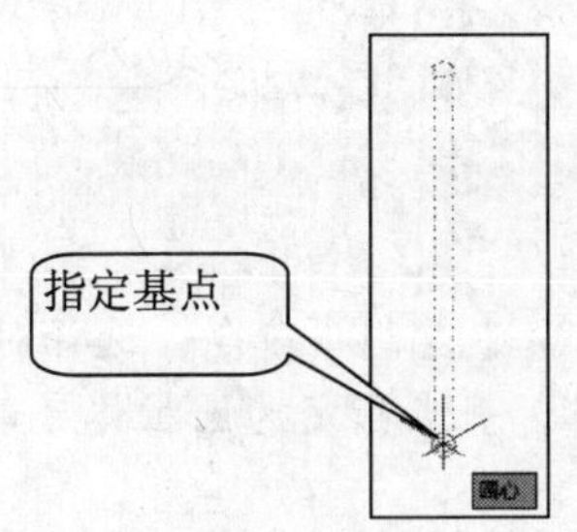

第 18 章 建筑设计案例

❺ 指定第二点为高度 25000 的长方体的底部端点，结果如图所示。

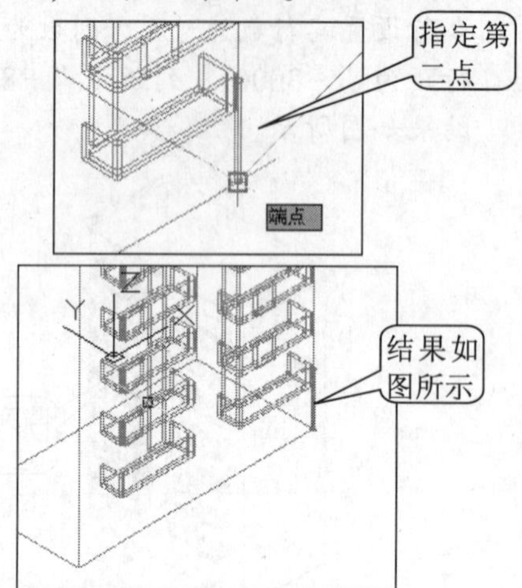

❻ 再次调用【移动】命令，对圆柱体进行移动。选择对象选择圆柱体，基点指定为圆柱体底面中心点。

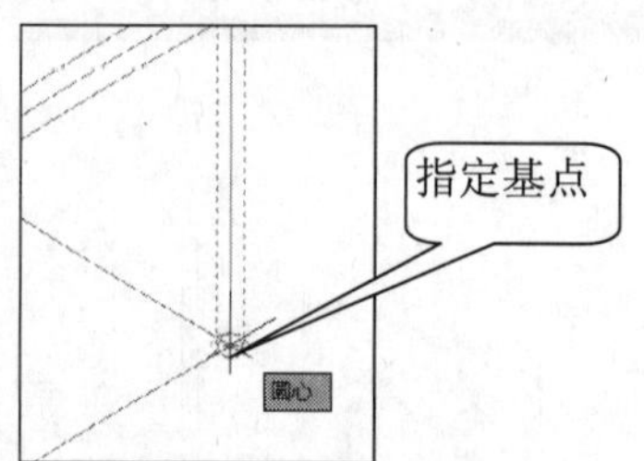

❼ 第二点在命令行输入“@－1600,－2700”按【Enter】键，结果如图所示。

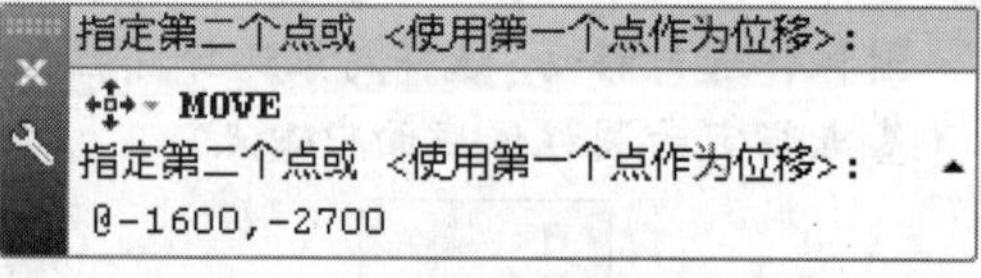

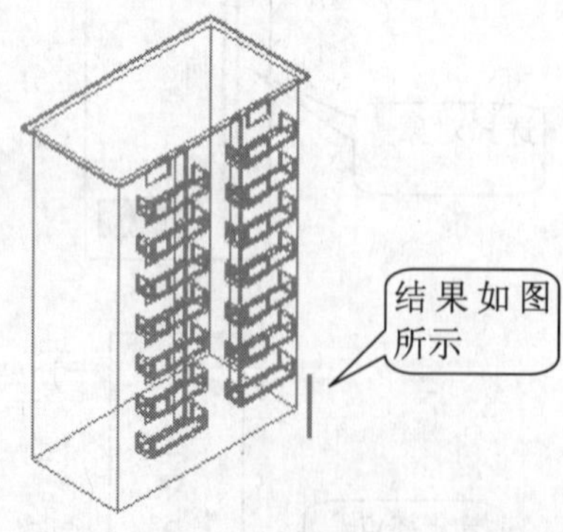

❽ 选择【修改】➢【复制】命令，选择对象选择圆柱体，基点指定为圆柱体底部中心点。

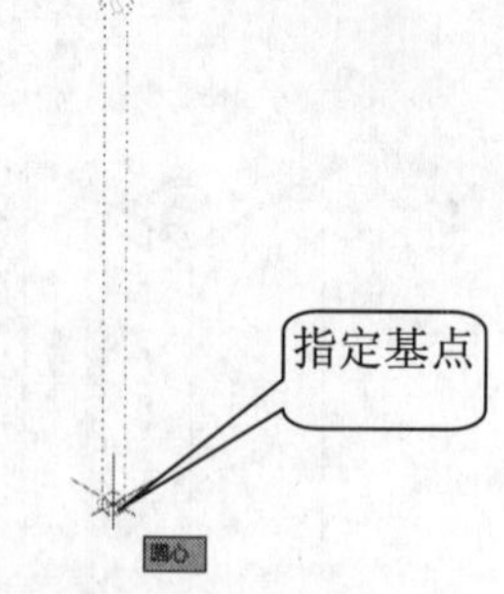

❾ 第二点在命令行输入“@－4285,0”按【Enter】键结束命令，结果如图所示。

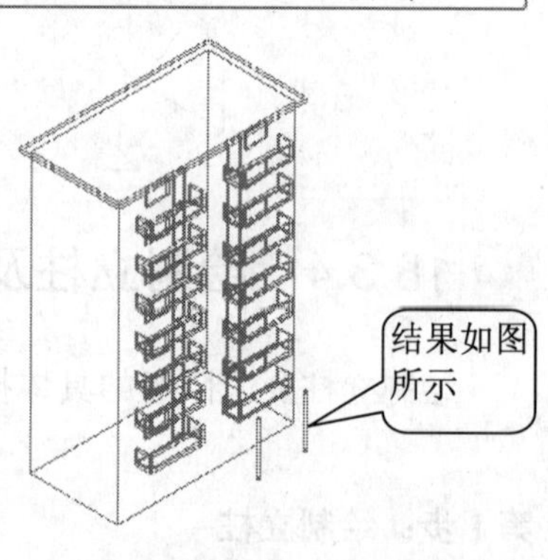

第 2 步：绘制遮阳板

❶ 选择【绘图】➢【建模】➢【长方体】命令，在绘图区域任意单击一点作为第一角点，在命令行输入“@5000,3000” 作为另一角点，输入“250”作为高度值。

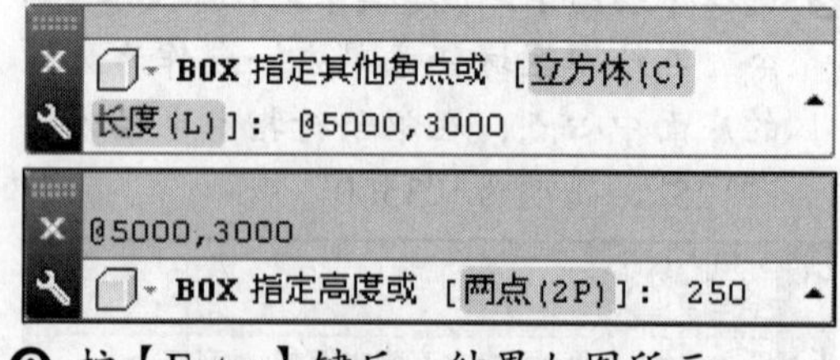

❷ 按【Enter】键后，结果如图所示。

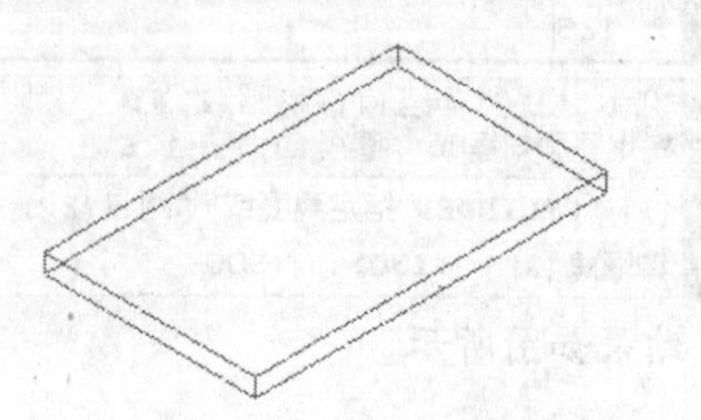

❸ 选择【修改】➢【移动】命令，对 18.3.4 第 2 步创建的长方体进行移动，选择对象选择长方体，基点指定为长方体端点。

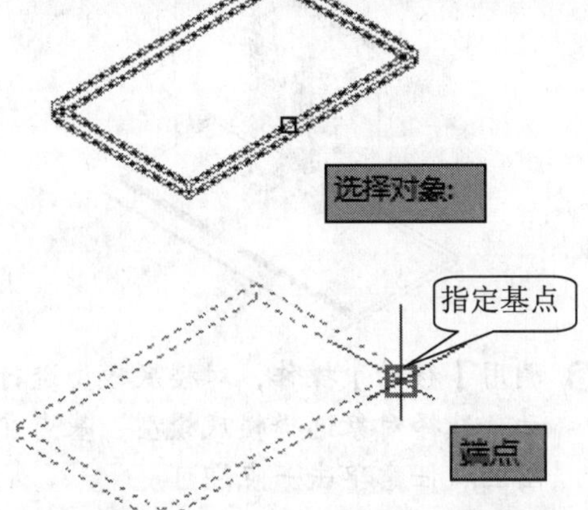

❹ 下一点捕捉 18.3.4 节第 1 步绘制的圆柱体的上端面中心点。

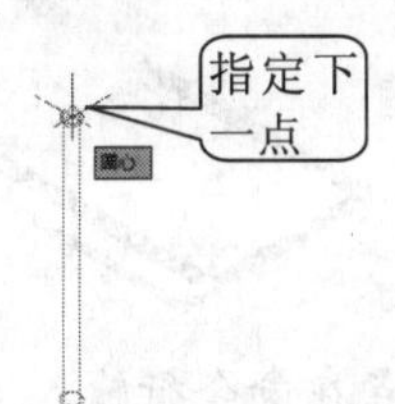

❺ 结果如图所示。

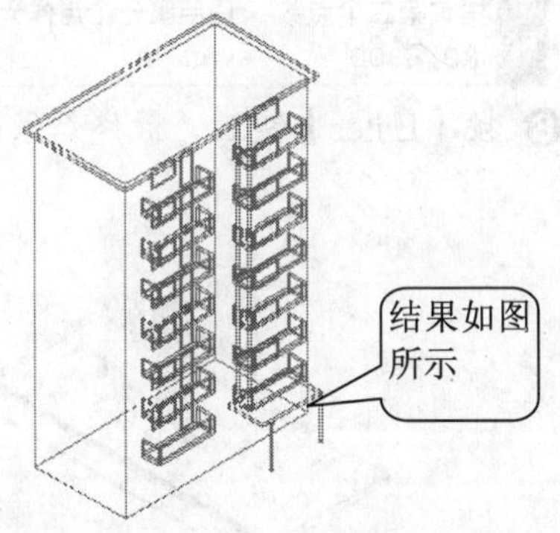

❻ 重复【移动】命令，对 18.3.4 节第 2 步创建的长方体进行移动，选择对象选择长方体，基点指定为长方体端点。

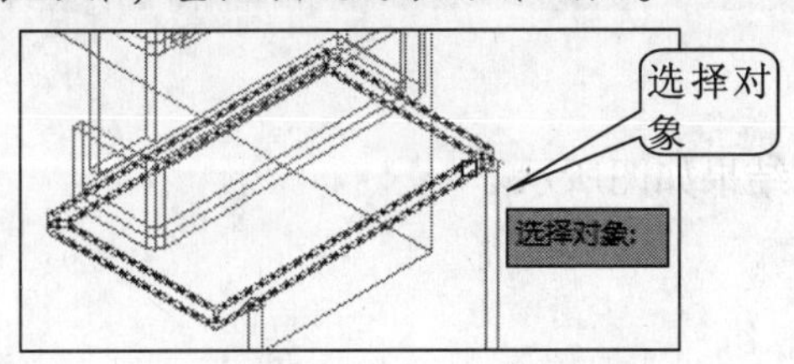

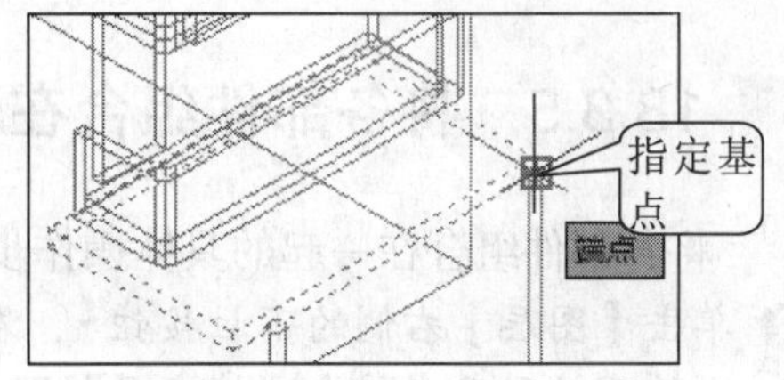

❼ 在命令行输入"@360,－300" 作为下一点，按【Enter】键确认后，结果如图所示。

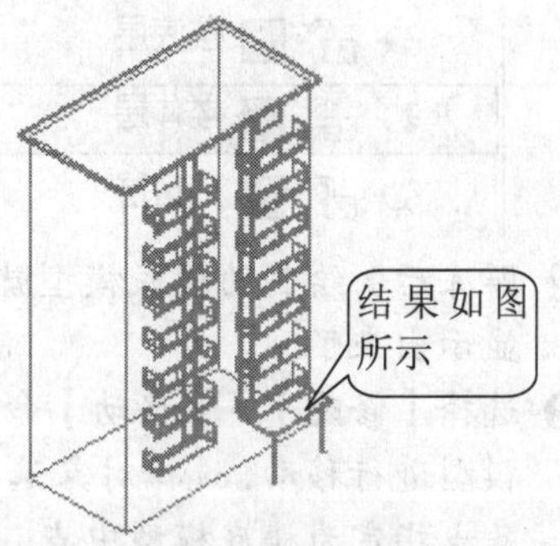

❽ 选择【修改】➢【复制】命令，选择对象选择 18.3.4 节第 1 步绘制的圆柱体和 18.3.4 节第 2 步绘制的长方体，基点在绘制区域任意单击一点即可。

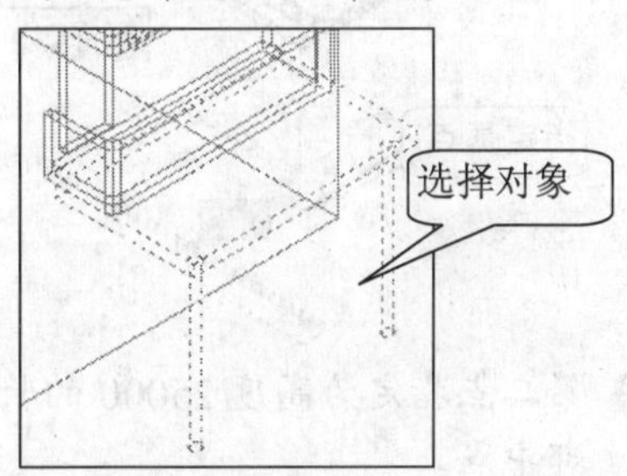

❾ 按【Enter】键确认后，在命令行输入"@－8000,0"作为第二点。

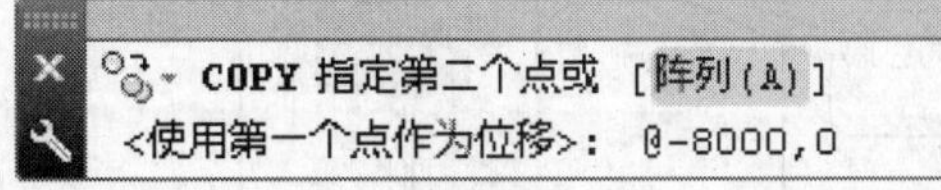

❿ 按【Enter】键结束命令后，最终效果如图所示。

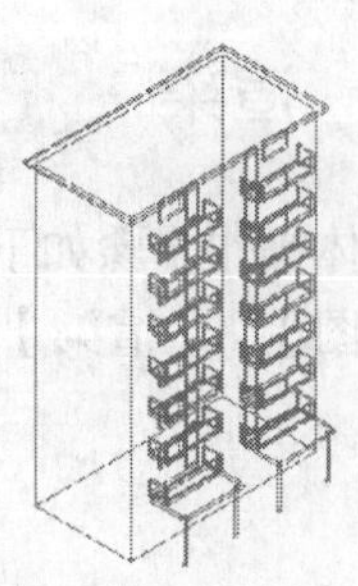

18.3.5 将各部件组合在一起

将各部件组合在一起的具体操作步骤如下。

❶ 单击【图层】右侧的下拉按钮，在弹出的下拉列表中单击“楼底层”图层的冻结按钮，对该图层进行解冻。

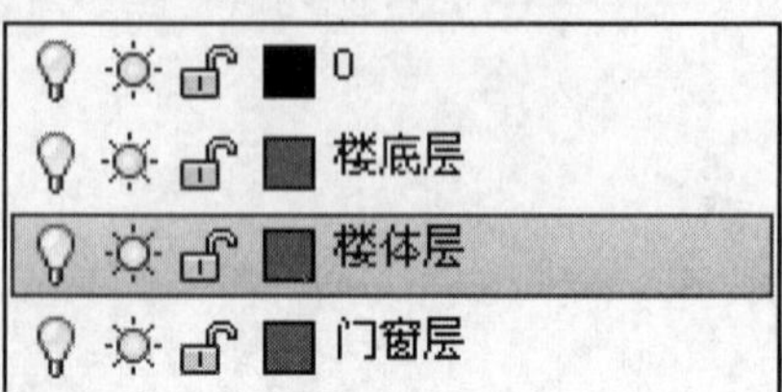

❷ 解冻后，绘制的楼底模型就在绘图区域显示出来了。

❸ 选择【修改】➤【移动】命令，对楼底模型进行移动，选择对象选择楼底模型，基点指定为楼底模型中点。

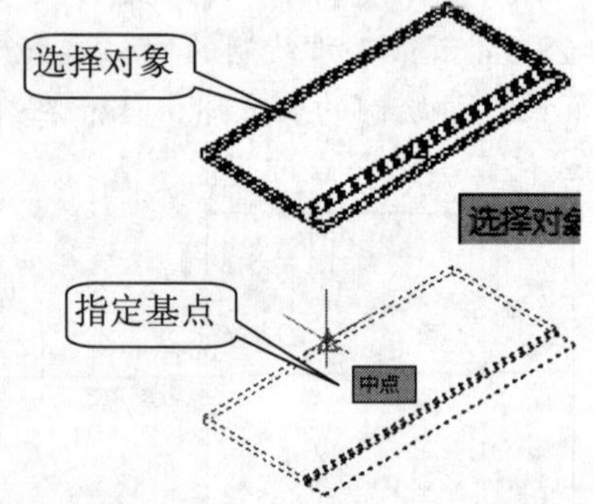

❹ 第二点指定为高度 25000 的长方体的底部中点。

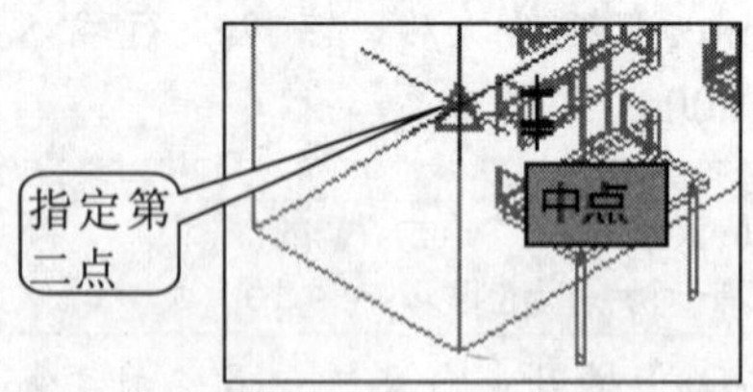

❺ 结果如图所示。

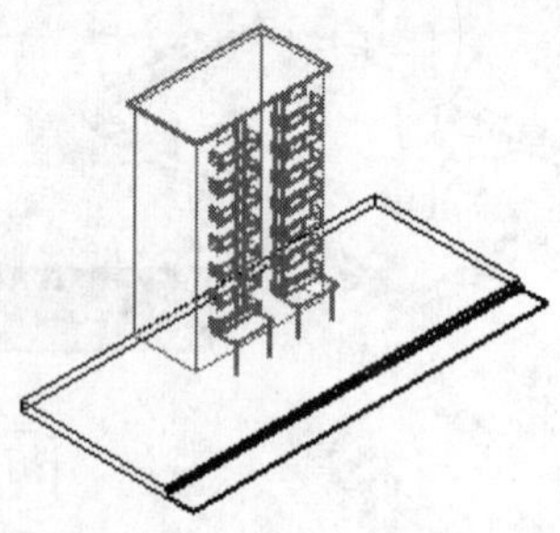

❻ 调用【移动】操作，对楼底模型进行移动，选择对象选择楼底模型，基点在绘图区域任意单击一点即可。

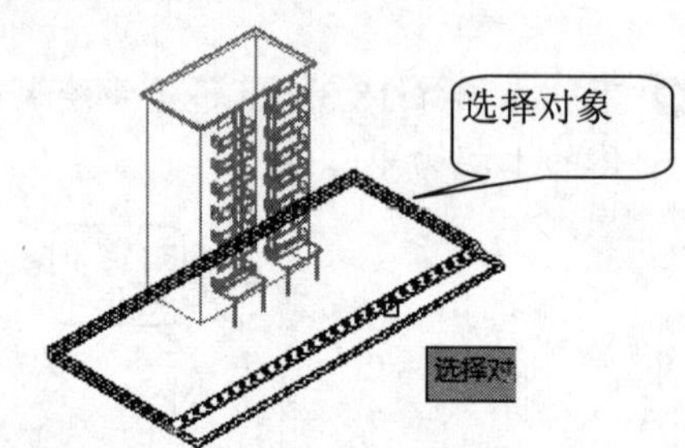

❼ 第二点在命令行输入“@0,6300”。

❽ 按【Enter】键后，最终结果如图所示。

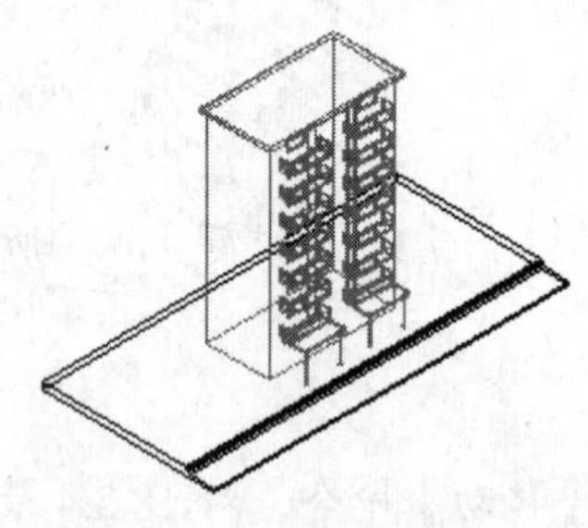

18.3.6 渲染

渲染的具体操作步骤如下。

选择【视图】➤【渲染】➤【渲染】命令，结果如图所示。

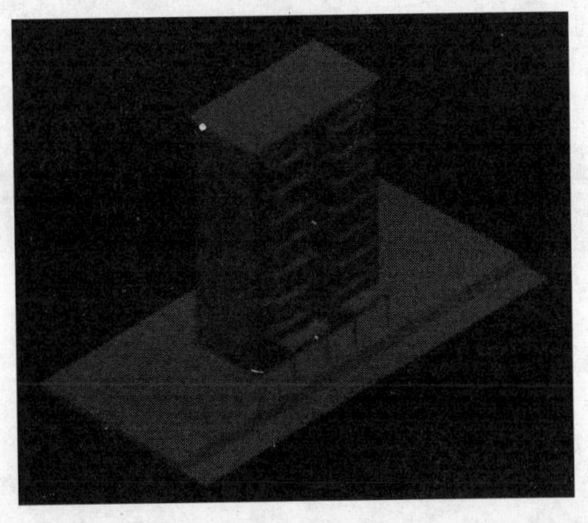

18.4 本章小结

三维模型的绘制对于物体的整体效果观察是相当重要的。AutoCAD 中，三维建模与三维编辑功能是相互依存、不可分开的，在实际应用过程中，要注意相互配合使用，以达到事半功倍的效果。三维模型绘制完成后，使用渲染命令加以渲染，会使模型以更加真实的效果展示出来，这对三维模型的观察会起到非常积极的作用。

第 19 章　家具设计案例

本章引言

家具二维图形的绘制，是家具设计过程中的重要组成部分，是表现家具内部结构的首选方式。本案例是绘制一个组合柜的立面图，以便对该组合柜的结构进行有效的表达。

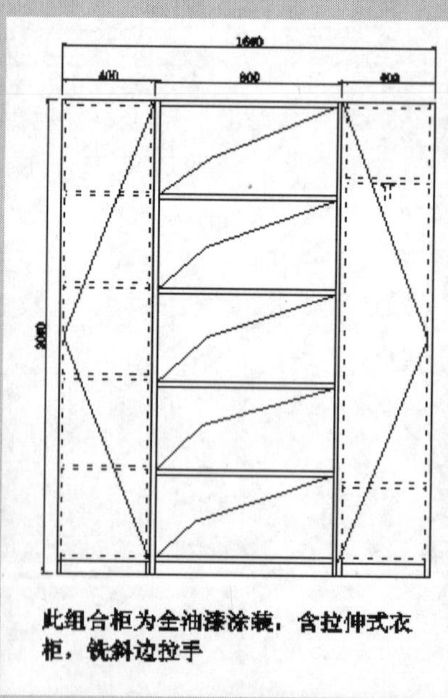

本章主要介绍使用【直线】、【偏移】、【复制】、【修剪】和【镜像】命令等操作绘制家具二维图形的基本方法。

19.1 设计思路

本节视频教学录像：2 分钟

在绘制本实例时，可以先绘制组合柜的外形，然后绘制内部层板和门板，最后为其添加文字说明。

实例名称：绘制家具实例	
主要命令：【直线】命令、【偏移】命令、【修剪】命令、【复制】命令及【镜像】命令	
素材：素材\ch19\组合柜.dwg	
结果：结果\ch19\组合柜.dwg	
难易程度：★★★★	常用指数：★★★

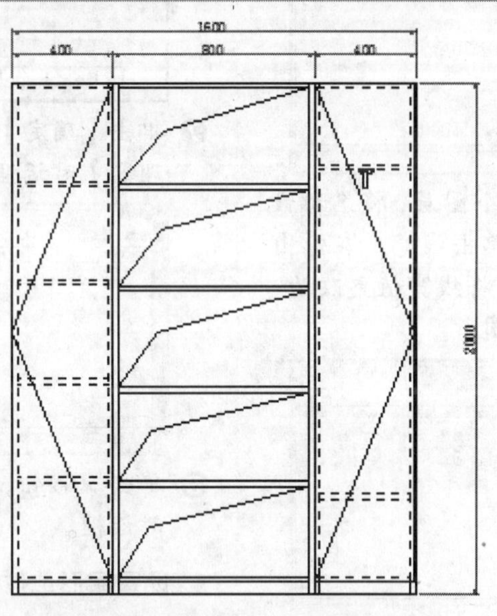

结果\ch19\组合柜.dwg

19.2 绘图环境设置

本节视频教学录像：7 分钟

在使用 AutoCAD 2013 绘图之前，首先要设置当前图形的绘图环境，包括设置图层、设置图形单位和精度、设置标注样式等。

1. 设置图层

❶ 选择【格式】>【图层】命令，弹出【图层特性管理器】对话框。

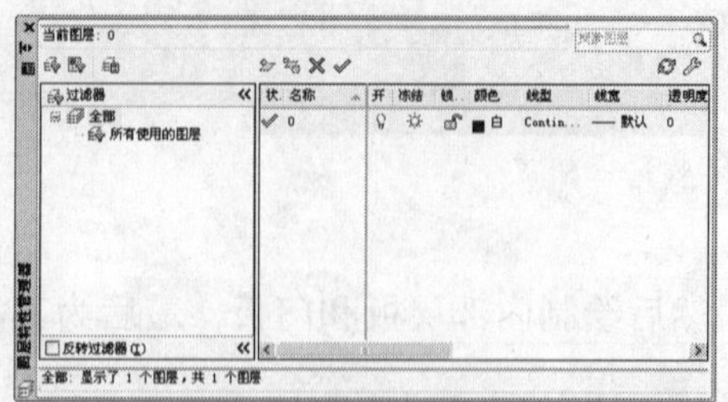

❷ 单击【新建图层】按钮，将新建图层名称设置为“实线层”，结果如图所示。

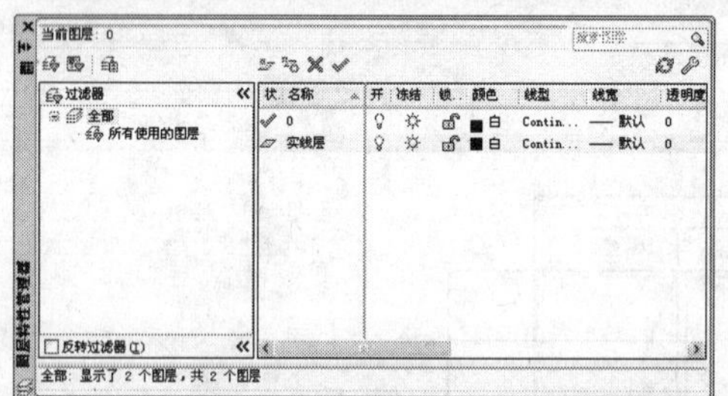

❸ 重复步骤❷，新建一个图层，将名称设置为“细实线层”，单击线宽，在弹出的【线宽】对话框中将线宽值更改为“0.09mm”，结果如图所示。

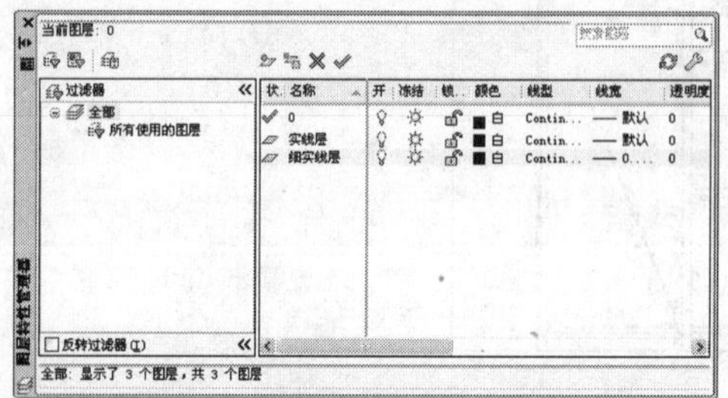

❹ 重复步骤❷，新建“虚线层”，并将线宽值更改为“0.09mm”，单击线型后，弹出【选择线型】对话框。

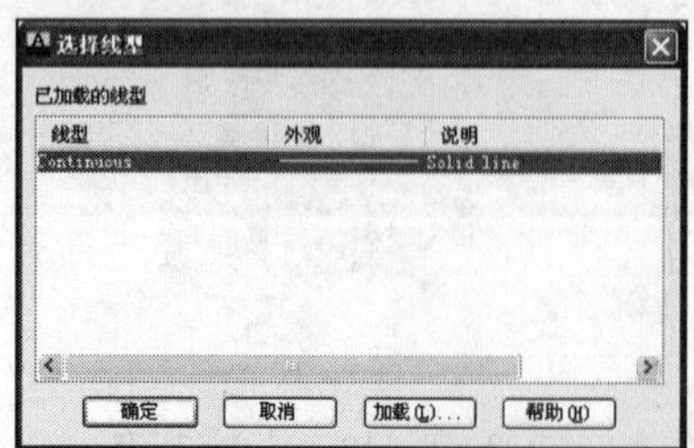

❺ 单击【加载】选项，线型选择“ACAD_IS003W100”。

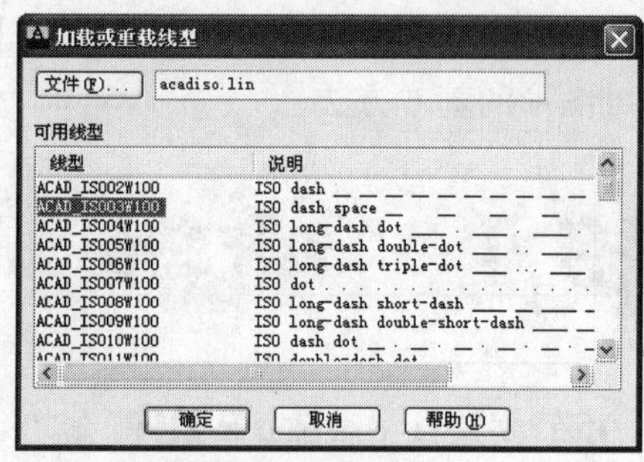

❻ 单击【确定】按钮后返回【选择线型】对话框，选择刚才加载的线型。

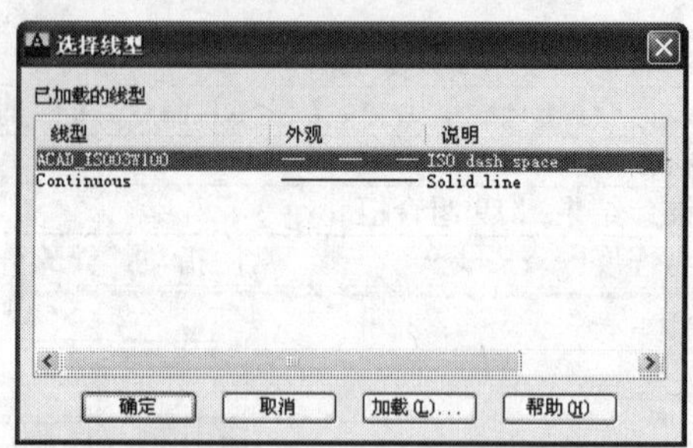

❼ 单击【确定】按钮，返回【图层特性管理器】对话框。

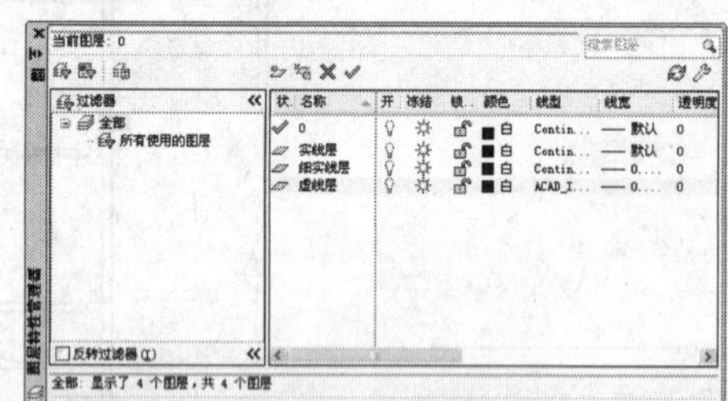

❽ 单击 ✕ 按钮，关闭【图层特性管理器】对话框。

2. 设置图形单位及精度值

❶ 选择【格式】>【单位】命令，弹出【图形单位】对话框。

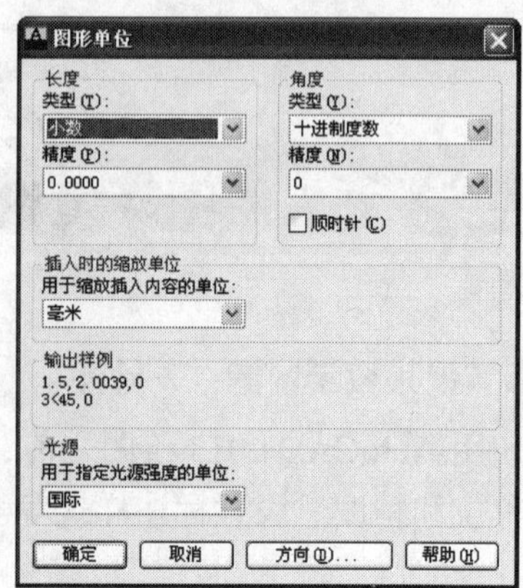

❷ 更改【精度】值为“0”。

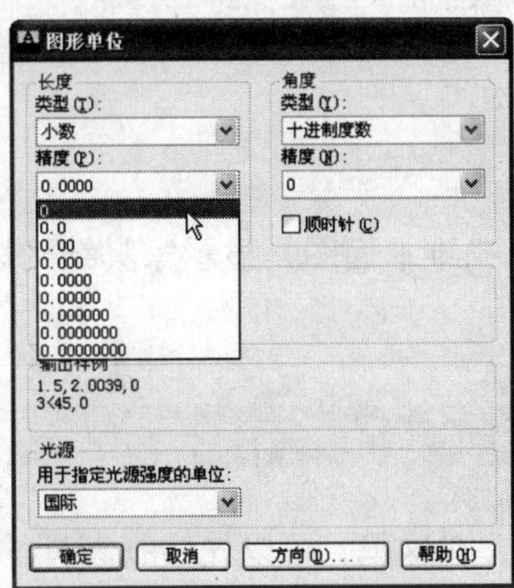

❸ 单击【确定】按钮，图形单位及精度值设置完成。

3. 设置标注样式

❶ 选择【格式】➢【标注样式】命令，弹出【标注样式管理器】对话框。

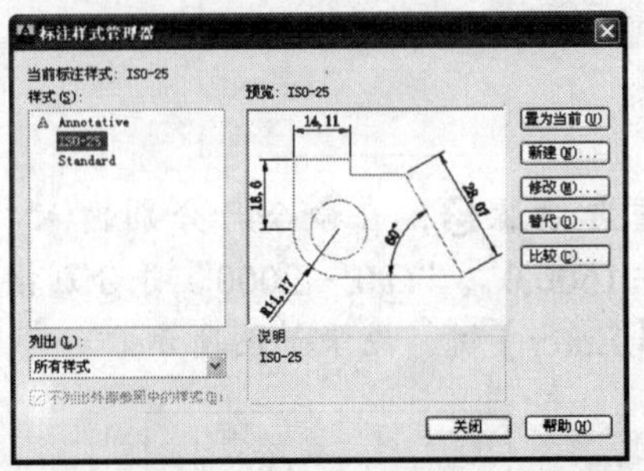

❷ 单击【修改】选项，弹出【修改标注样式】对话框。

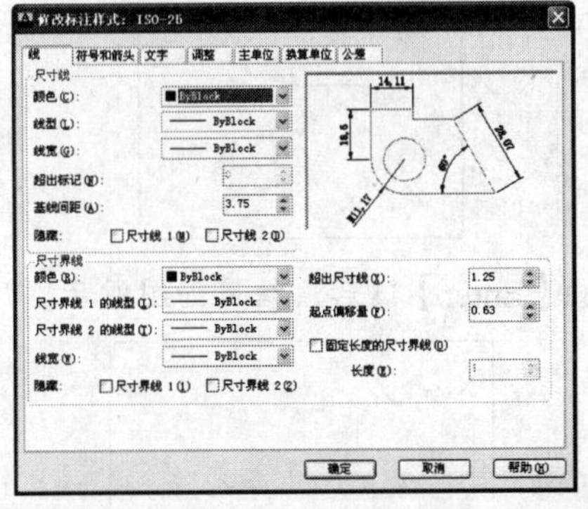

❸ 单击【线】选项，将尺寸线颜色设置为“红色”，尺寸线线宽设置为“0.09mm”，尺寸界线颜色设置为“红色”，尺寸界线线宽设置为“0.09mm”，超出尺寸线设置为“10”，起点偏移量设置为“20”。

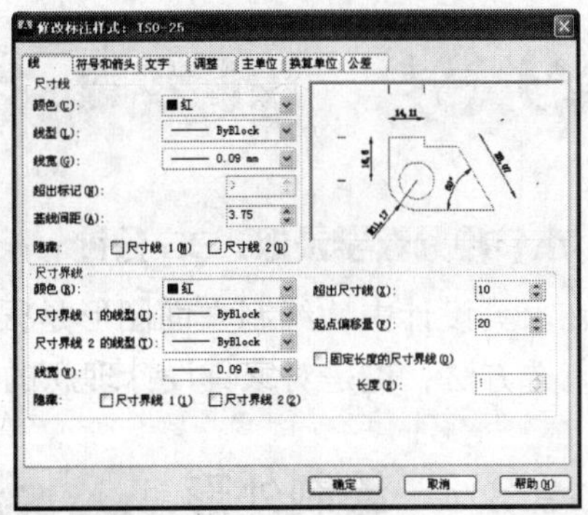

❹ 单击【符号和箭头】选项，将箭头大小设置为“20”。

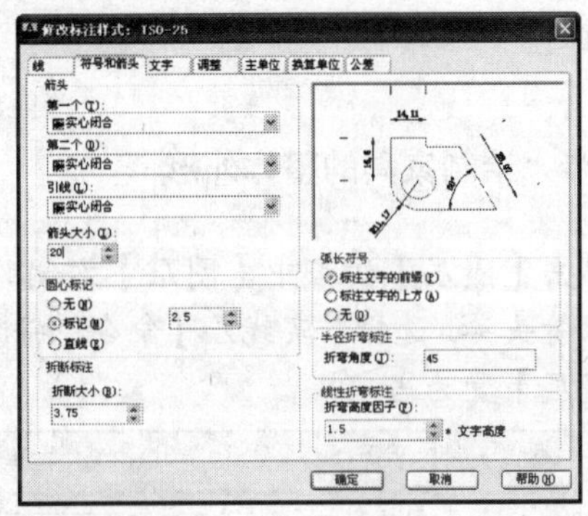

❺ 单击【文字】选项，将文字高度设置为“40”。

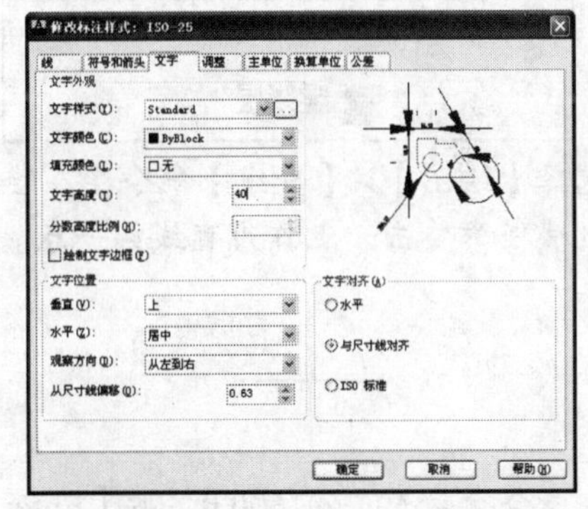

❻ 单击【确定】按钮，返回【标注样式管理器】对话框。

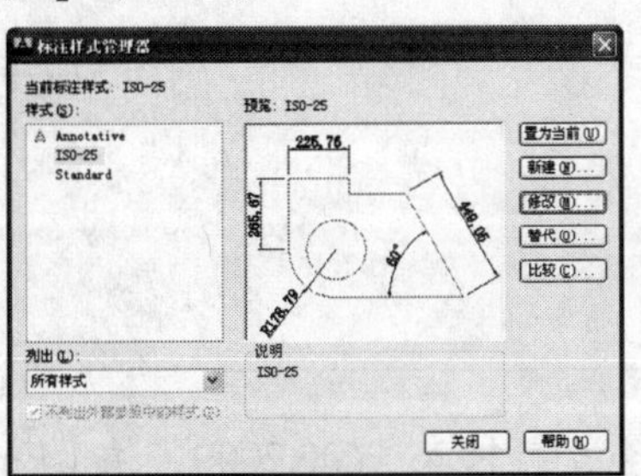

❼ 单击【关闭】按钮，关闭【标注样式管理器】对话框。

19.3 绘制步骤

本节视频教学录像：36 分钟

在家具设计中，绘制立面图形是很重要的一部分，二维平面图是显示家具结构以及尺寸的首选方法，也是对家具设计理念的有效表达。

19.3.1 绘制外形

绘制家具二维平面图，可分成几步进行有效的绘制，在这里，可以先绘制家具的外形。具体操作步骤如下。

第 1 步：绘制家具的整体外形

❶ 单击【图层】面板中【图层】右侧的下拉箭头▾，选择【实线层】命令，将【实线层】置为当前。

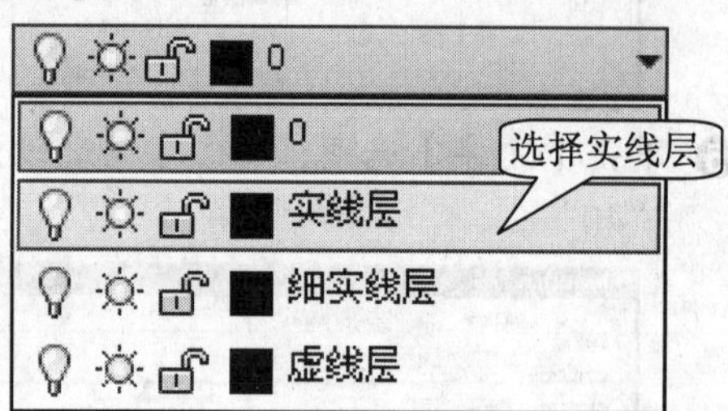

❷ 选择【绘图】➤【直线】命令，在绘图区域任意单击一点作为直线第一点。

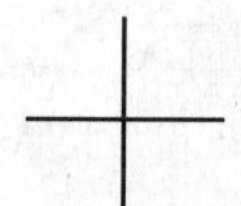

❸ 在命令行输入“@1600,0”按【Enter】键，作为直线第二点。

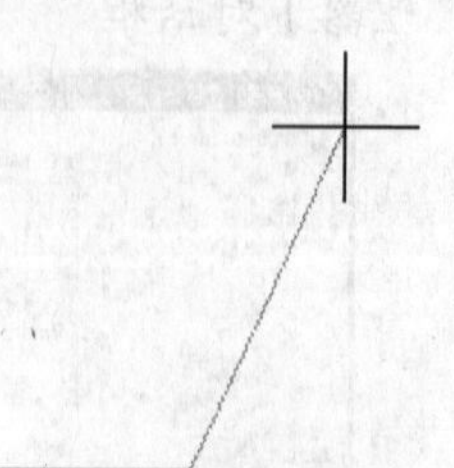

❹ 在命令行输入“@0,2000”按【Enter】键，作为直线第三点。

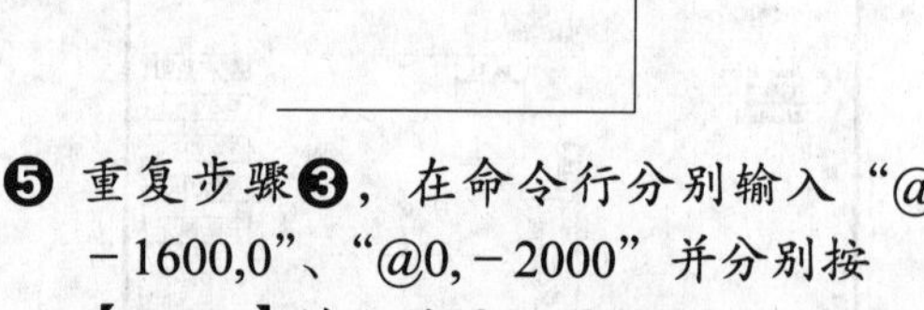

❺ 重复步骤❸，在命令行分别输入“@－1600,0”、“@0,－2000”并分别按【Enter】键，结果如图所示。

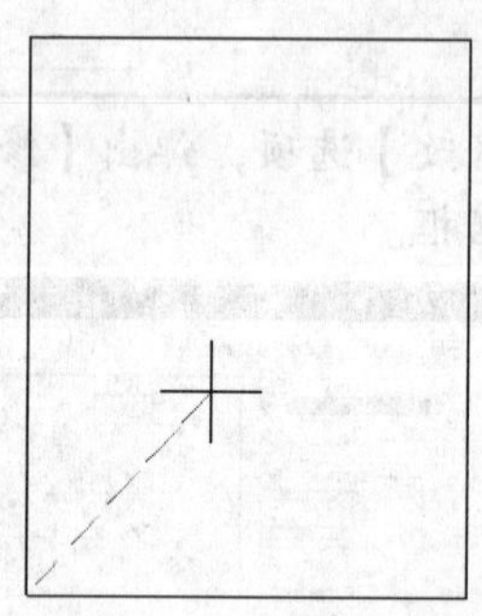

❻ 按【Enter】键后，结果如图所示。

第 2 步：添加侧板

❶ 选择【修改】➢【偏移】命令，偏移距离在命令行指定为“20”。

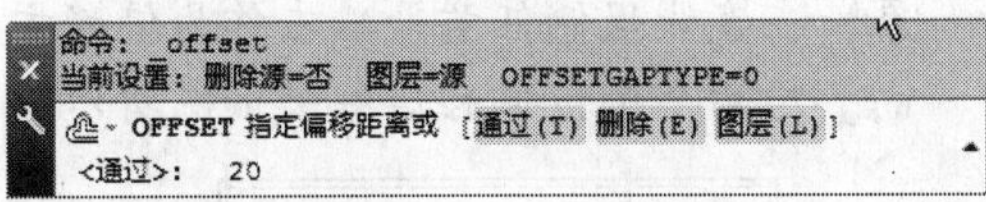

❷ 按【Enter】键后，选择偏移对象，在绘图区域选择刚才绘制的直线。

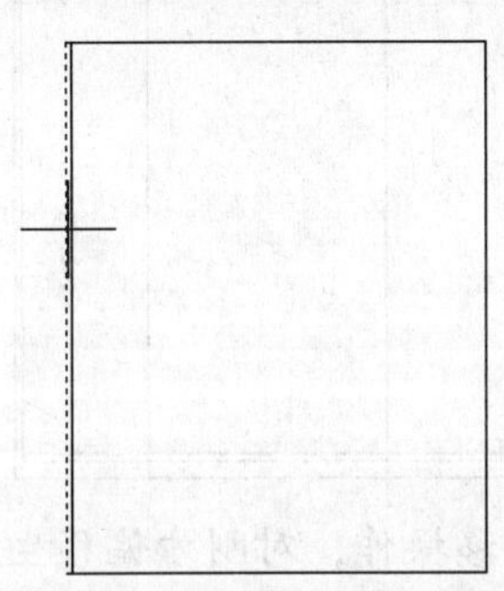

❸ 命令行中提示指定要偏移的那一侧上的点，在直线的里侧单击，偏移后结果如图所示。

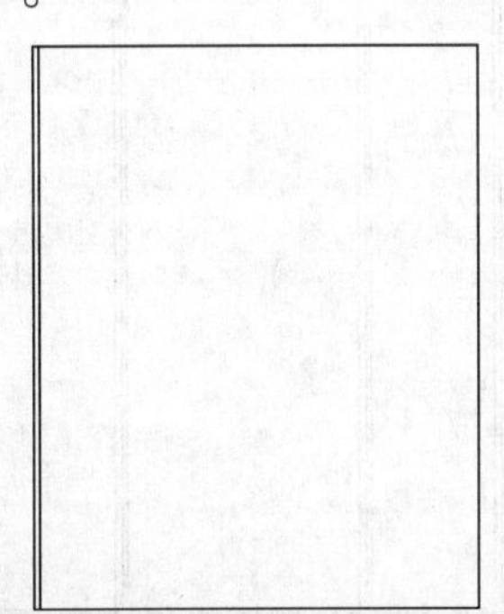

❹ 继续选择要偏移的对象，然后在需要偏移的一侧单击，然后按【Enter】键结束命令，结果如图所示。

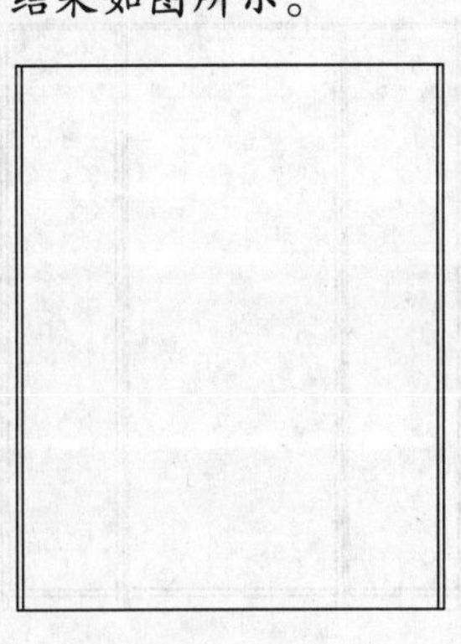

第 3 步：添加顶板

❶ 选择【修改】➢【偏移】命令，偏移距离设置为“20”，选择顶板直线为偏移对象，在直线下侧任意处单击后，按【Esc】键完成操作，结果如图所示。

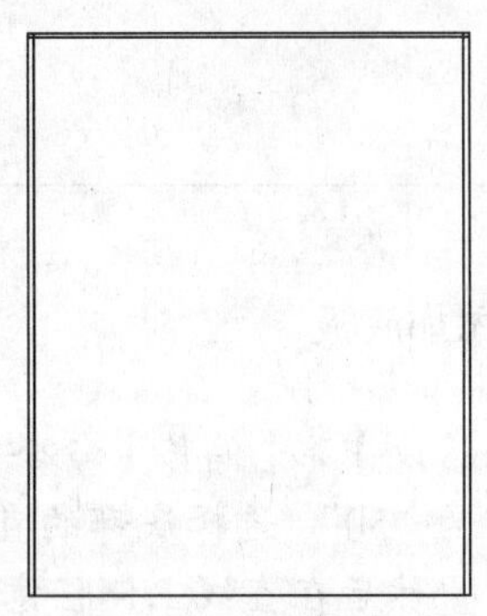

❷ 选择【修改】➢【修剪】命令，选择偏移生成的直线作为修剪对象。

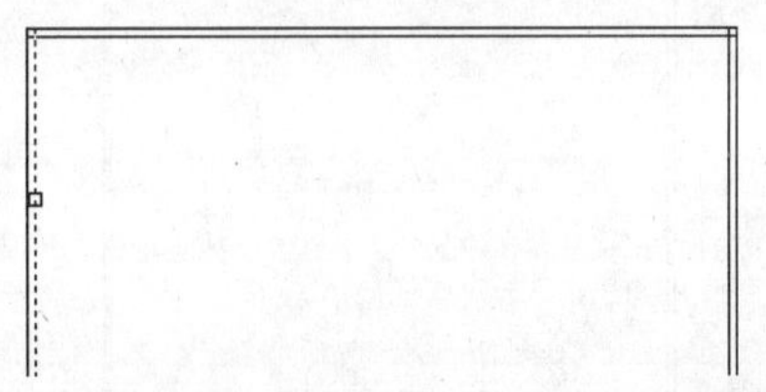

❸ 按【Enter】键确认后，单击要修剪的对象，如图所示。

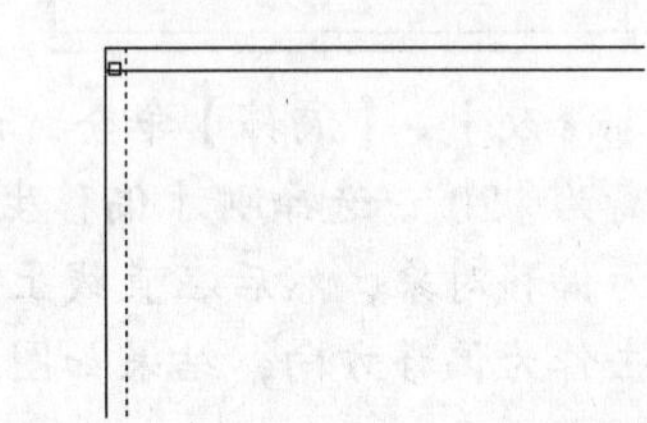

❹ 按【Enter】键确认后，结果如图所示。

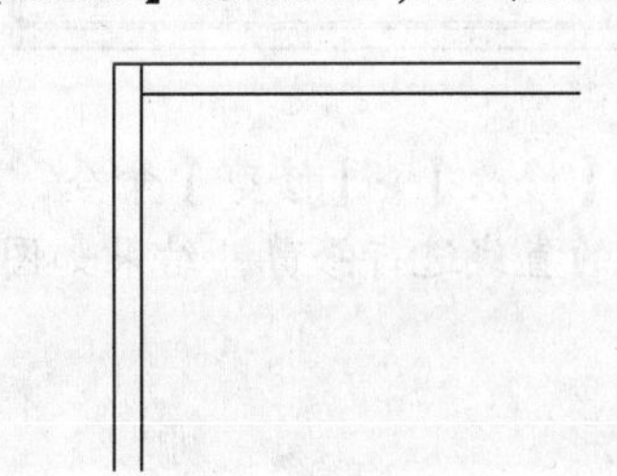

❺ 重复修剪操作，对直线的另外一端进行修剪，结果如图所示。

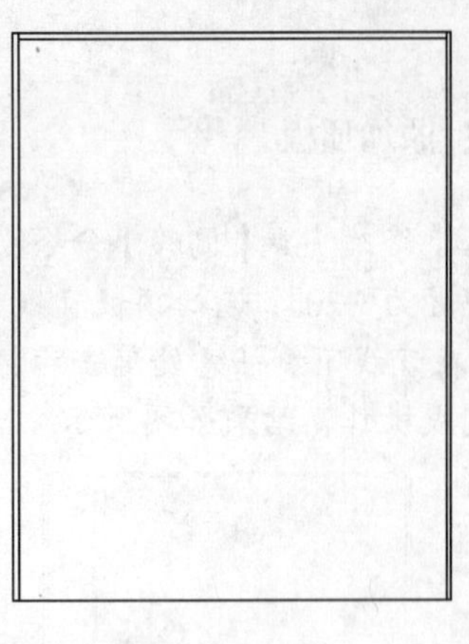

第 4 步：添加底板

❶ 选择【修改】➢【偏移】命令，设置偏移距离为“50”，选择底部的直线作为偏移对象，然后在直线上侧任意处单击，按【Esc】键结束操作。结果如图所示。

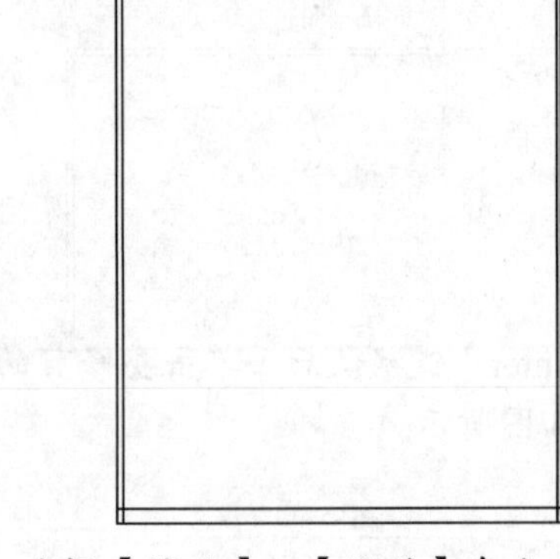

❷ 选择【修改】➢【偏移】命令，设置偏移距离为“20”，选择刚才偏移生成的直线作为偏移对象，然后在直线上侧任意处单击作为偏移方向，结果如图所示。

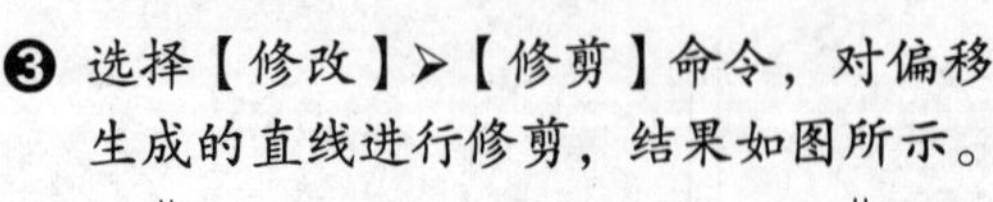

❸ 选择【修改】➢【修剪】命令，对偏移生成的直线进行修剪，结果如图所示。

第 5 步：添加中侧板

❶ 选择【修改】➢【偏移】命令，设置偏移距离为“400”，选择侧板直线作为偏移对象，在直线里侧任意处单击作为偏移方向。对两个侧板偏移后结果如图所示。

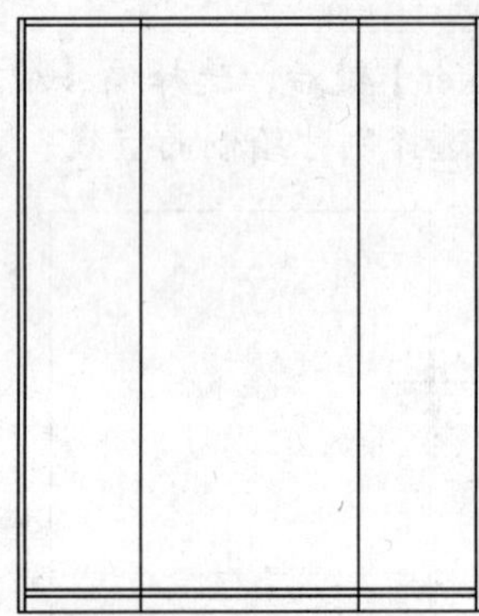

❷ 重复偏移操作，对刚才偏移生成的直线进行偏移，偏移距离设置为“20”。偏移后最终结果如下所示。

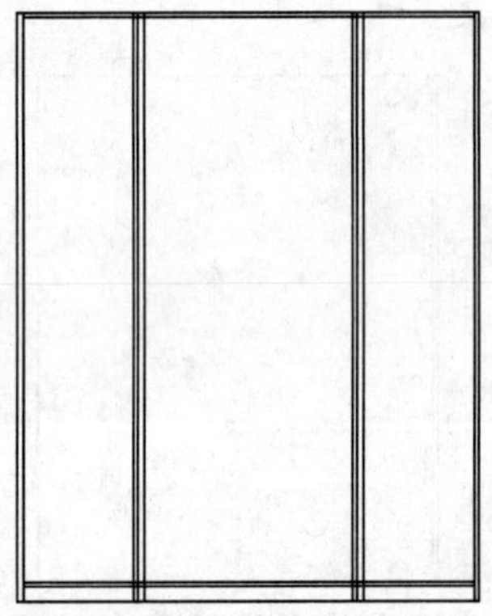

❸ 选择【修改】➢【修剪】命令，修剪偏移的直线，修剪后最终效果图如下。

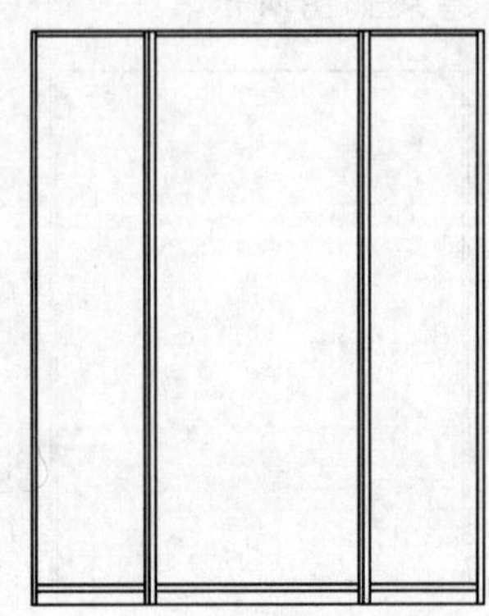

19.3.2 添加层板

绘制好组合柜的外形后，开始为组合柜添加层板，具体操作步骤如下。

第 1 步：为左边衣柜添加层板

❶ 选择【修改】➢【偏移】命令，设置偏移距离为“366”，选择底板直线作为偏移对象，在直线上侧任意处单击，结果如图所示。

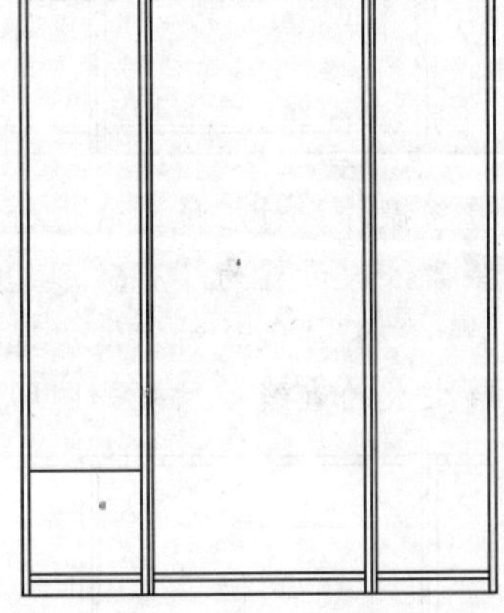

❷ 重复【偏移】命令，对刚才偏移生成的直线进行偏移，偏移距离设置为“20”，完成偏移命令后结果如图所示。

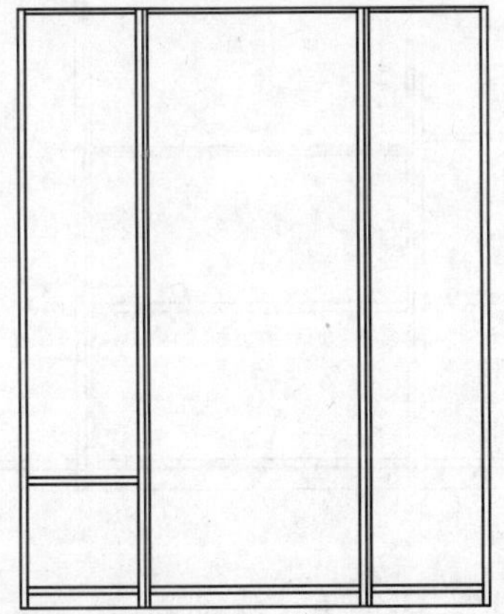

❸ 选择【修改】➢【偏移】命令，对刚才偏移生成的直线继续进行偏移，偏移距离依次设置为“366”、“20”、“366”、“20”、“366”、“20”，偏移结果如图所示。

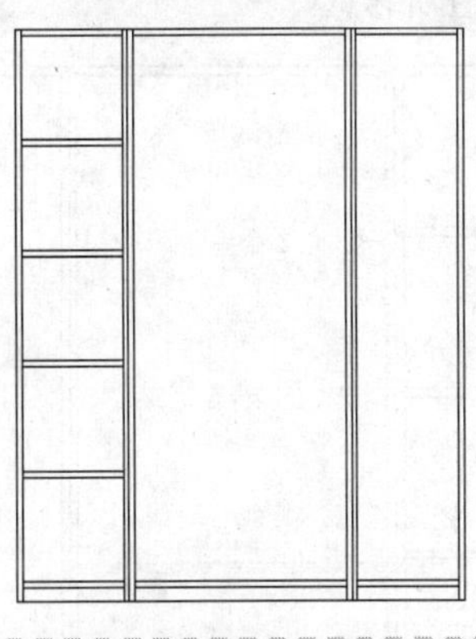

第 2 步：为中间衣柜添加层板

❶ 选择【修改】➢【偏移】命令，设置偏移距离为“800”，选择底板直线作为偏移对象，在直线上方任意位置处单击，按【Enter】键结束操作，结果如图所示。

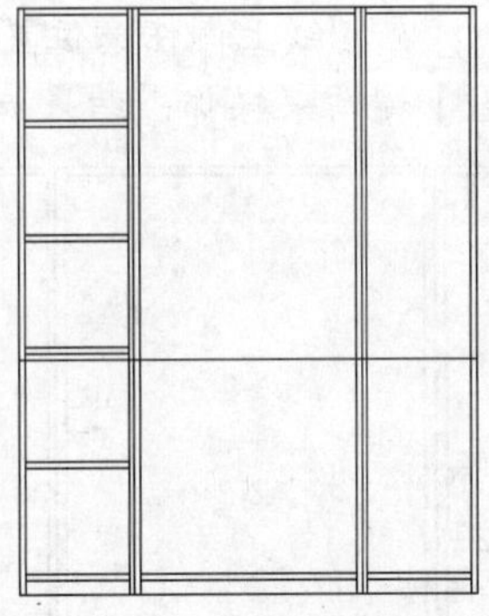

❷ 选择【修改】➢【修剪】命令，对刚才偏移生成的直线进行修剪，如图所示。

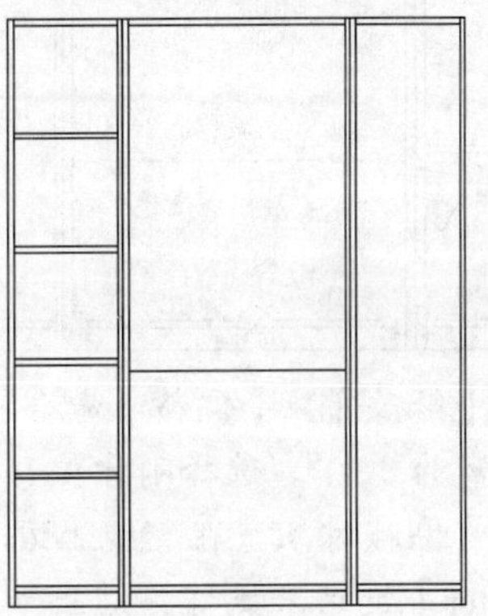

❸ 选择【修改】➢【偏移】命令，设置偏移距离为“10”，选择刚才偏移生成的直线继续作为偏移对象，在直线上侧任意点处单击，按【Enter】键结束命令。结果如图所示。

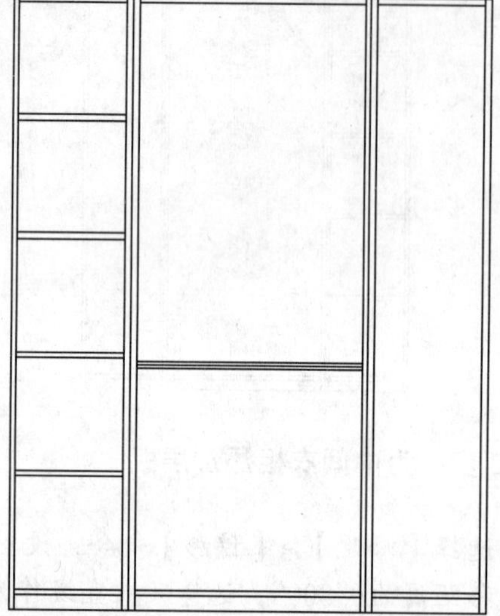

❹ 选择【修改】➢【偏移】命令，设置偏移距离为“350”，选择底板直线作为偏移对象，在直线上侧任意位置单击，按【Enter】键结束操作，结果如图所示。

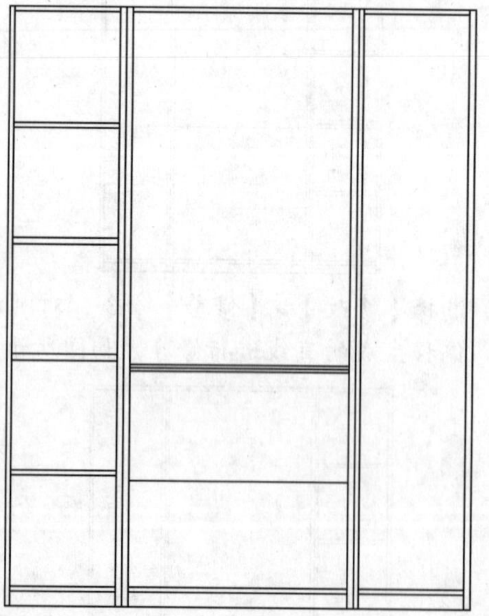

❺ 选择【修改】➢【偏移】命令，设置偏移距离为“20”，选择刚才偏移生成的直线作为偏移对象，在直线上方单击，按【Enter】键结束操作，结果如图所示。

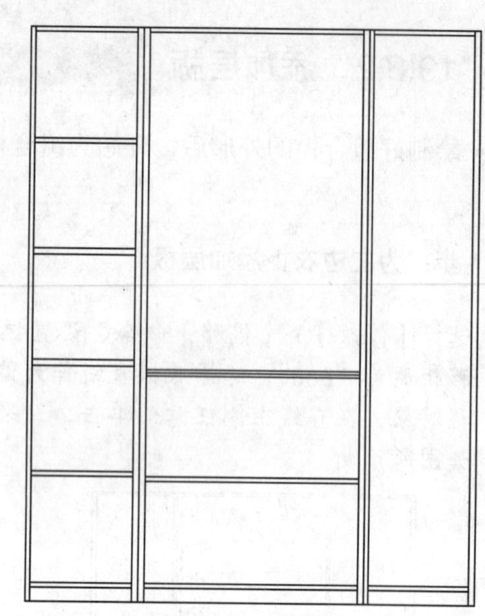

❻ 重复偏移操作，对层板直线进行偏移，偏移距离依次设置为“376”、“20”、“376”、“20”，偏移对象依次选择上一次偏移生成的直线。结果如图所示。

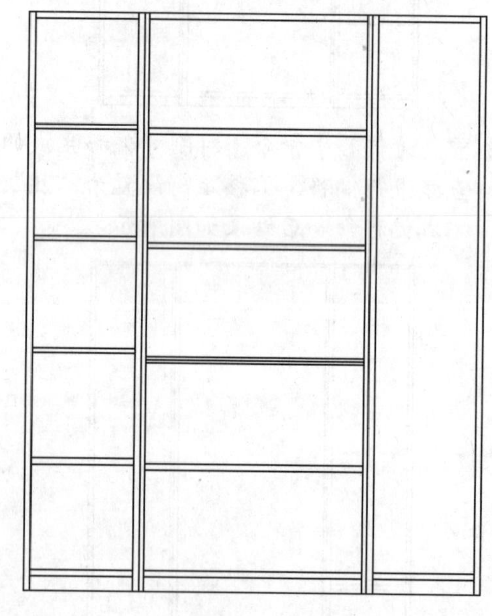

第 3 步：为右边衣柜添加层板

❶ 选择【修改】➢【偏移】命令，设置偏移距离为“300”，选择底板直线作为偏移对象，在直线上侧任意位置单击后按【Enter】键结束操作，结果如图所示。

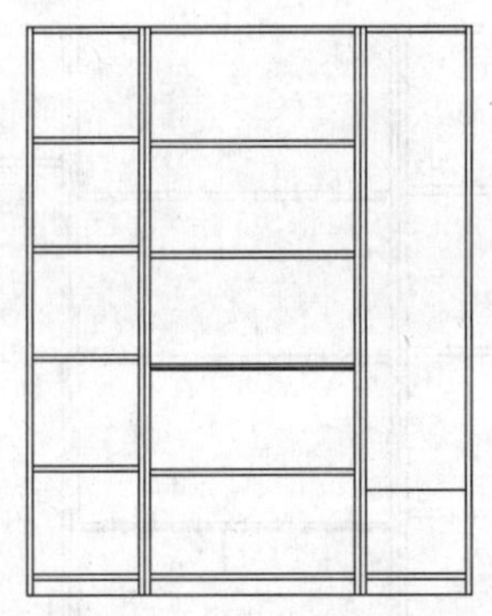

❷ 选择【修改】➢【偏移】命令，偏移距离设置为“20”，选择刚才偏移生成的直线作为偏移对象，在直线上侧任意位置处单击后按【Enter】键结束操作，结果如图所示。

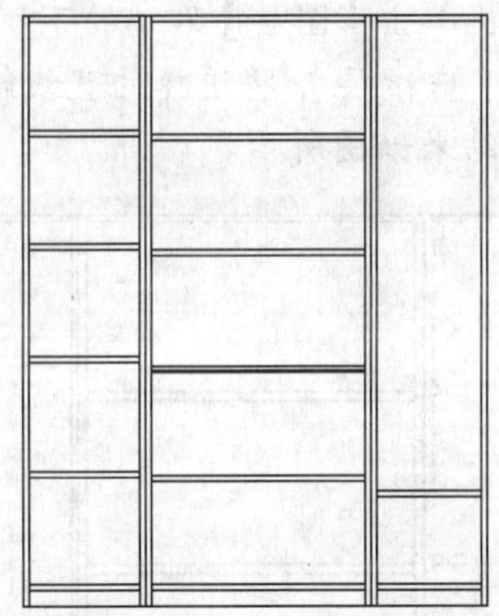

❸ 选择【修改】➢【偏移】命令，偏移距离设置为“300”，选择上步偏移所得的直线作为偏移对象，在直线下侧任意位置处单击后按【Enter】键完成操作，结果如图所示。

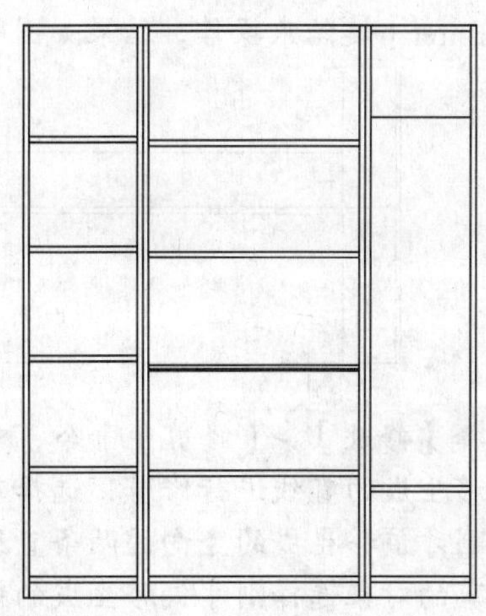

❹ 选择【修改】➢【偏移】命令，偏移距离设置为“20”，选择顶板直线作为偏移对象，在直线下侧任意位置处单击后按【Enter】键完成操作，结果如图所示。

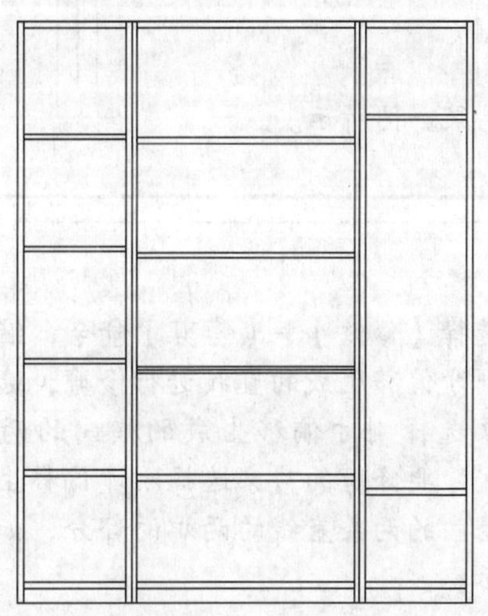

19.3.3 添加门板

添加门板的具体操作步骤如下。

第 1 步：为左边衣柜添加门板

❶ 选择【修改】➢【偏移】命令，偏移距离设置为“2”，分别选择顶板以及侧板直线作为偏移对象，结果如图所示。

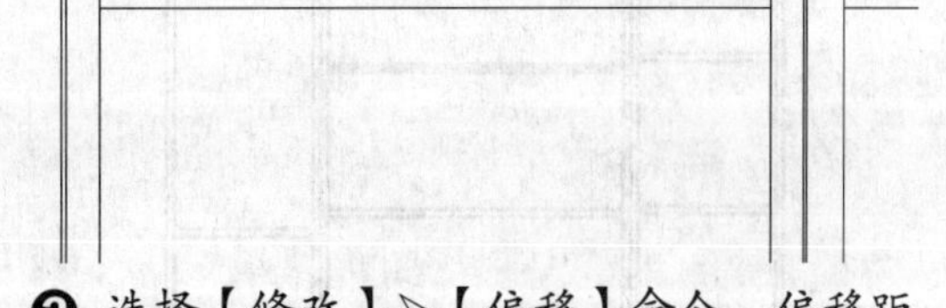

❷ 选择【修改】➢【偏移】命令，偏移距离设置为“52”，选择底板直线作为偏移对象，在文件柜内侧位置处单击后按

【Enter】键结束操作，结果如图所示。

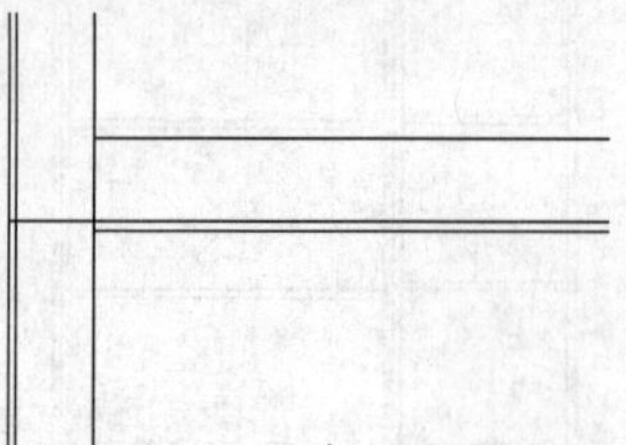

❸ 选择【修改】➤【修剪】命令，对刚才偏移生成的直线进行修剪，选择对象选择刚才偏移生成的竖向的两条直线，要修剪的对象选择刚才偏移生成的横向的两条直线的两端的部分，如图所示。

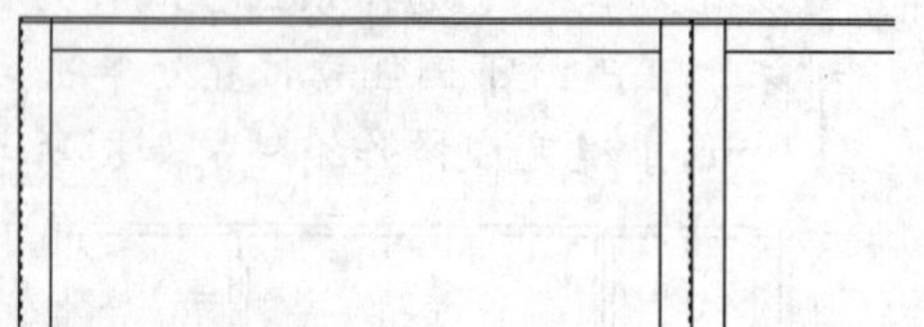

❹ 结果如图所示。

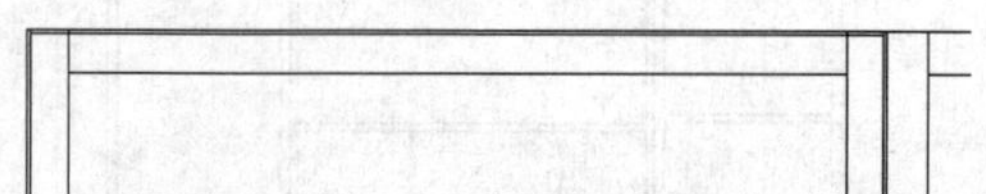

❺ 选择【修改】➤【修剪】命令，继续对刚才偏移生成的直线进行修剪，选择对象选择刚才偏移生成的横向的两条直线，要修剪的对象选择刚才偏移生成的竖向的两条直线的两端的部分，如图所示。

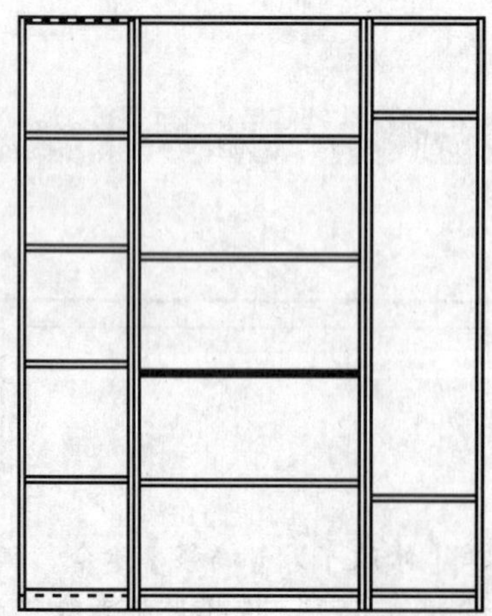

❻ 结果如图所示。

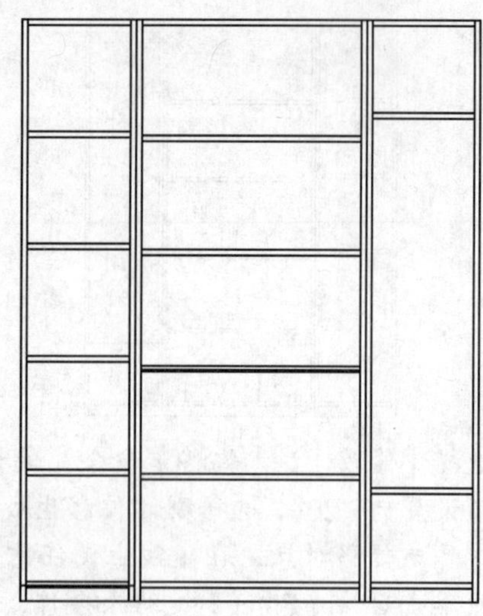

❼ 选择左边文件柜被门板遮盖住的内部的线条，单击【图层】右端的下拉箭头▾，选择【虚线层】，将选择的直线转换成虚线，结果如图所示。

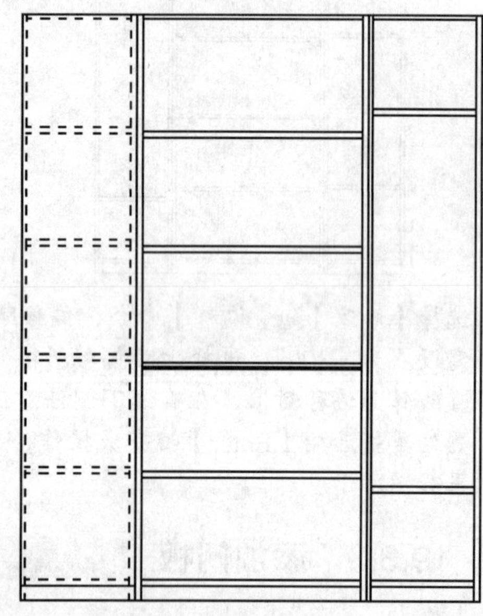

❽ 选择【绘图】➤【矩形】命令，在绘图区域绘制一个矩形，矩形端点分别在绘图区域抓取，如图所示。

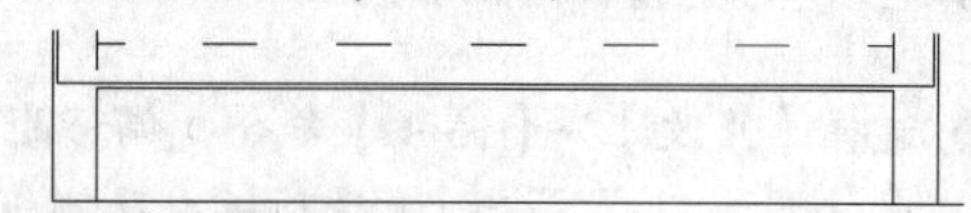

❾ 选择【绘图】➤【多段线】命令，在绘图区域绘制一条多段线，多段线端点分别在绘图区域抓取，按【Enter】键结束

命令后，结果如图所示。

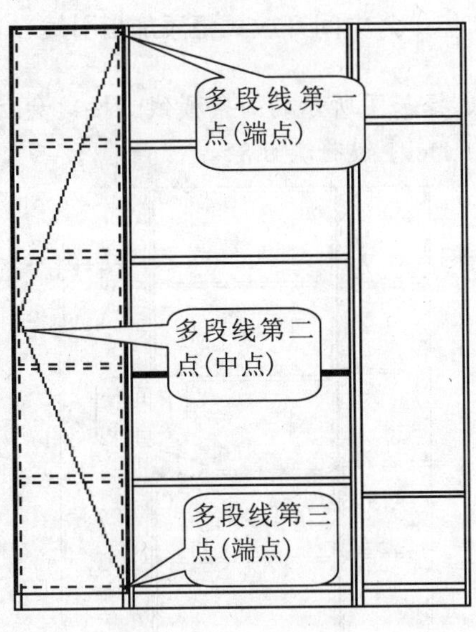

第 2 步：为右边衣柜添加门板

❶ 选择【修改】➤【镜像】命令，选择对象选择 19.3.3 节第 1 步绘制的门板，选择结束后按【Enter】键结束选择，镜像点的位置在绘图区域进行捕捉，如图所示。

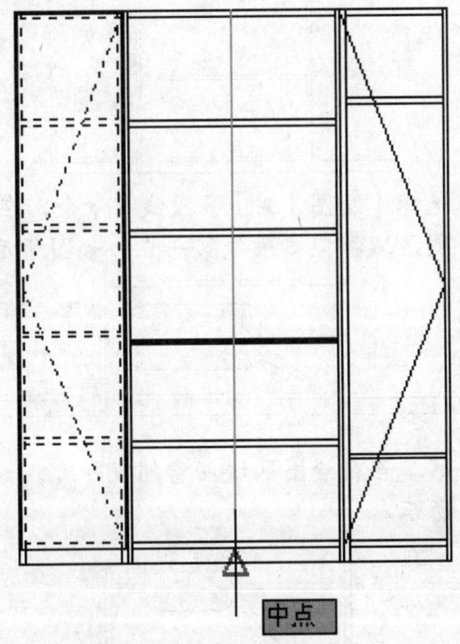

❷ “是否删除源对象”选择“N”，按【Enter】键结束镜像命令，结果如图所示。

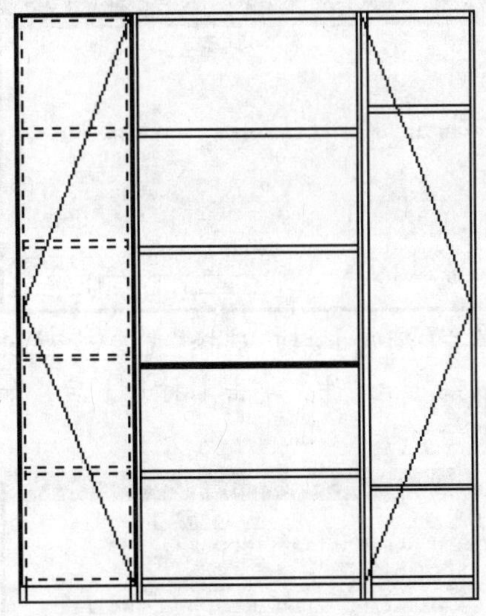

❸ 选择右边衣柜被门板遮盖住的内部的线条，单击【图层】右端的下拉箭头▾，选择【虚线层】，将选择的直线转换成虚线，结果如图所示。

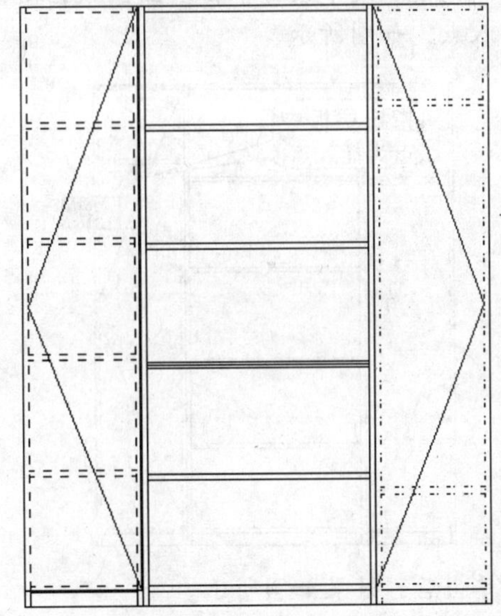

❹ 选择【绘图】➤【矩形】命令，在绘图区域绘制一个矩形，矩形端点分别在绘图区域抓取，如图所示。

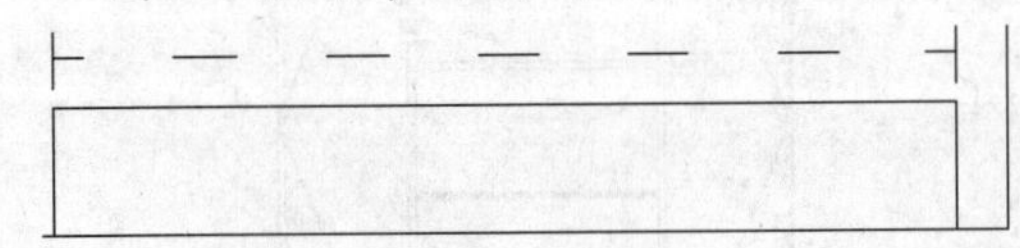

❺ 选择【插入】➤【块】命令，弹出【插入块】对话框，如图所示。

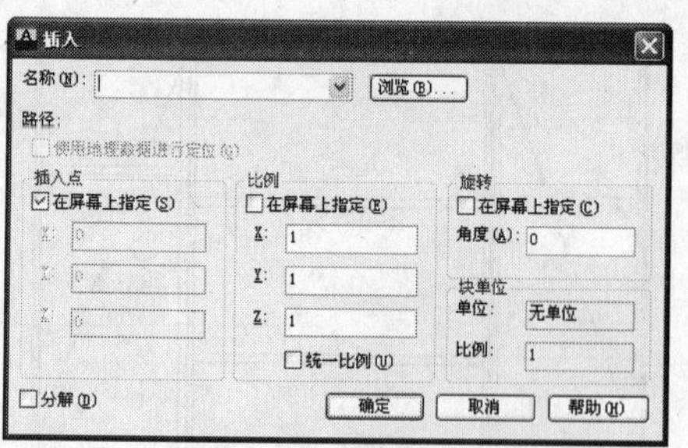

❻ 单击【浏览】按钮，选择“光盘\素材\ch19\衣架-1”文件，单击【打开】后，如图所示。

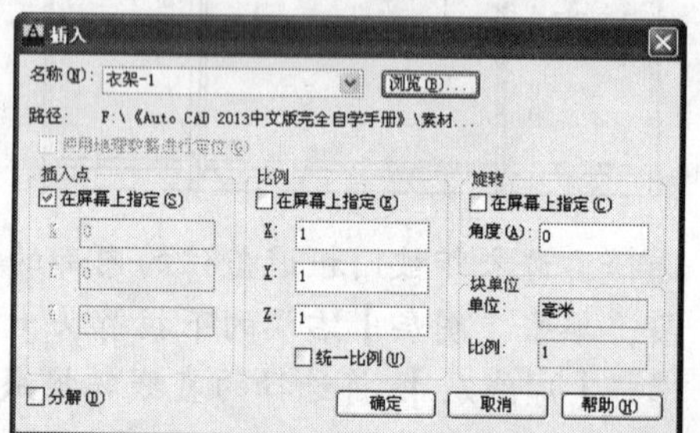

❼ 单击【确定】按钮，在绘图区域指定插入点，如图所示。

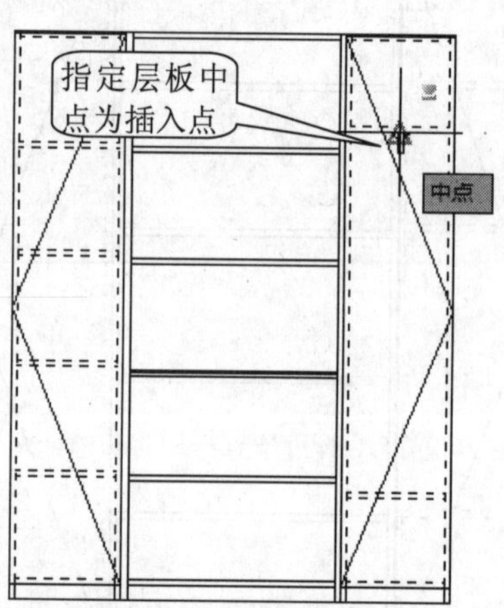

❽ 单击后，效果如图所示。

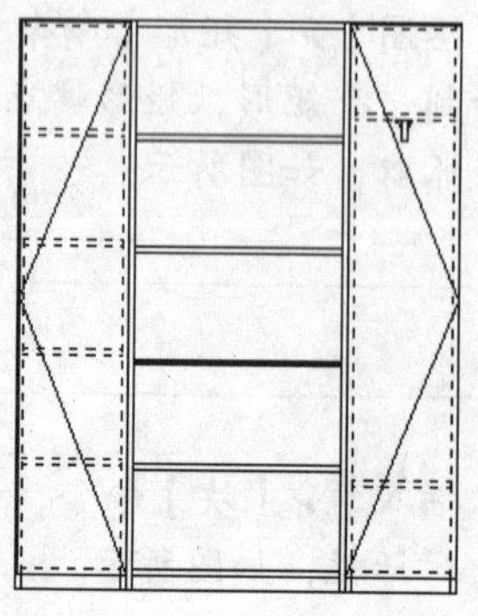

第3步：为中间开放式柜添加指引线

❶ 选择如图所示的一条横线，按键盘上的【Del】键将其删除。

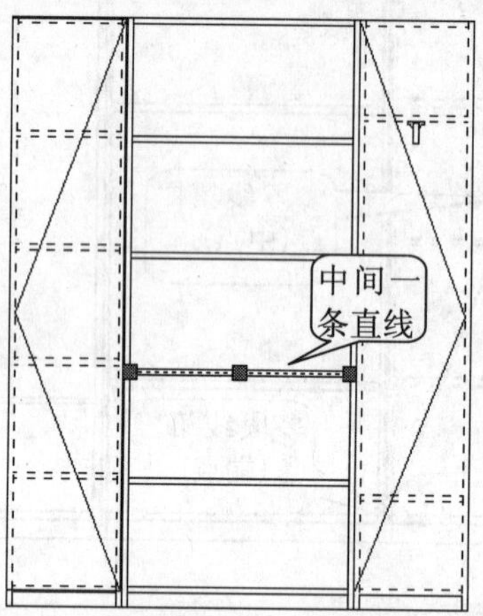

❷ 删除后的效果如图所示。

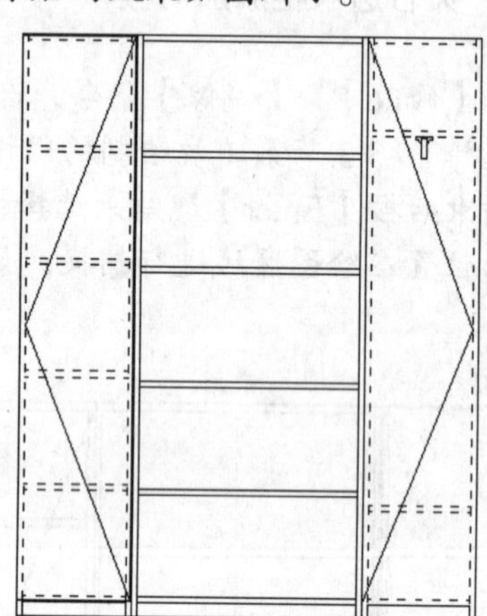

❸ 选择【绘图】➤【多段线】命令，在绘图区域捕捉多段线第一点，如图所示。

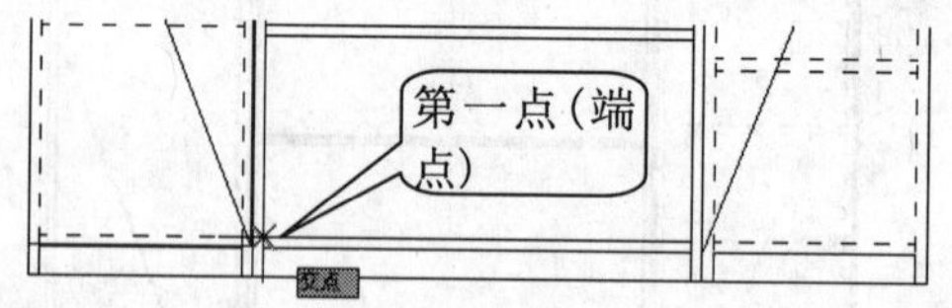

❹ 第二点在绘图区域任意捕捉即可，如图所示。

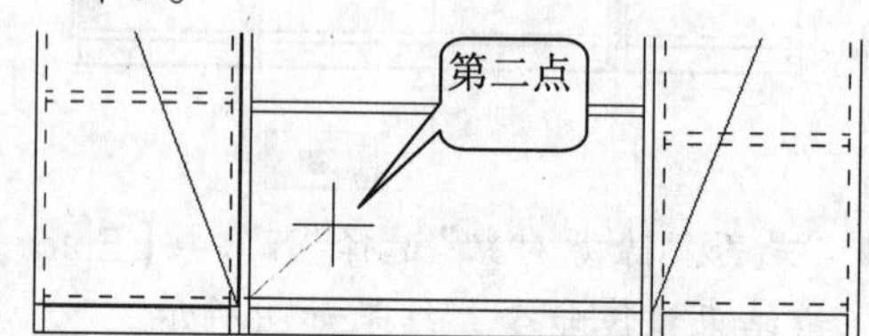

❺ 第三点在绘图区域捕捉端点，如图所示。

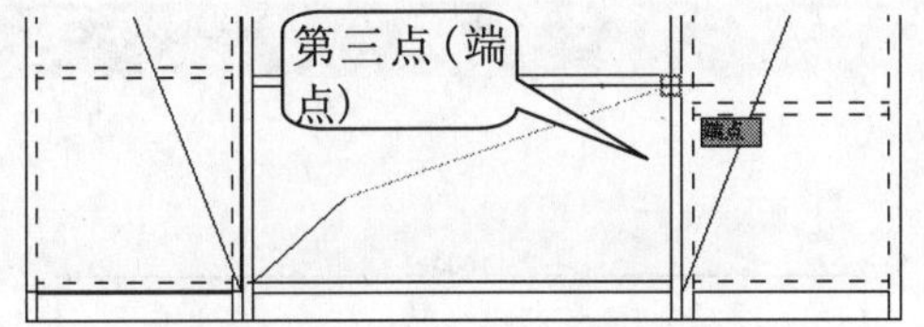

❻ 按【Enter】键后，结果如图所示。

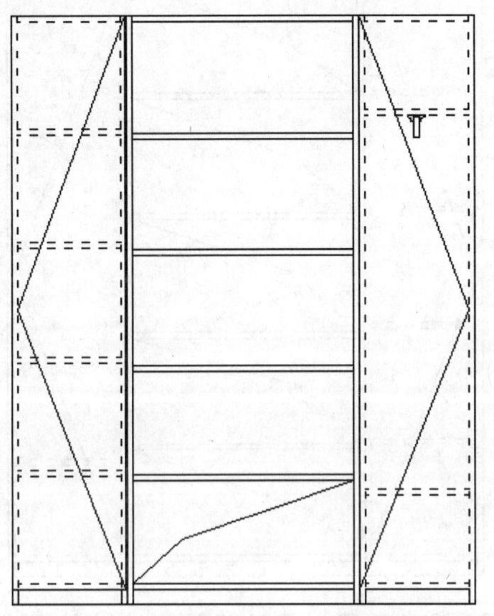

❼ 重复执行 19.3.3 节第 3 步❸～❻的操作，进行多段线的绘制（每条多段线的第一点和最后一点都捕捉如图位置相应端点，中间一点如图任意捕捉即可），结果如图所示。

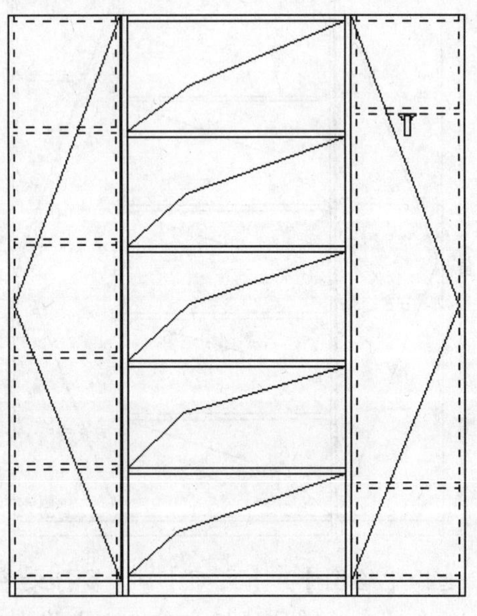

第 4 步：更改门板指引线线宽

❶ 选择如图位置的多段线，单击【图层】右端的下拉箭头▾，选择【细实线层】，将选择的直线转换成细实线，结果如图所示。

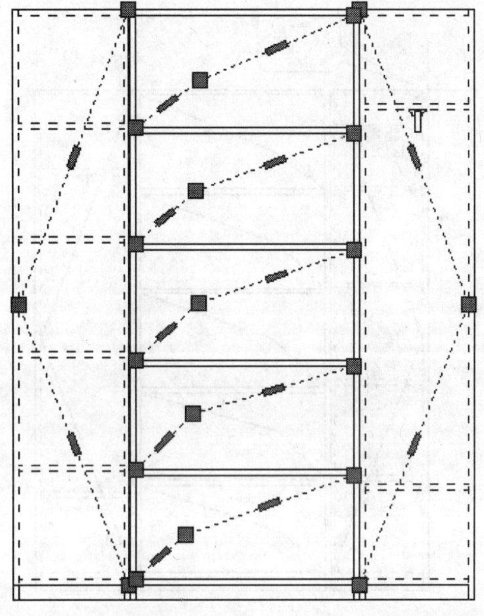

❷ 按【Esc】键取消选择，线宽转换后的结果如图所示。

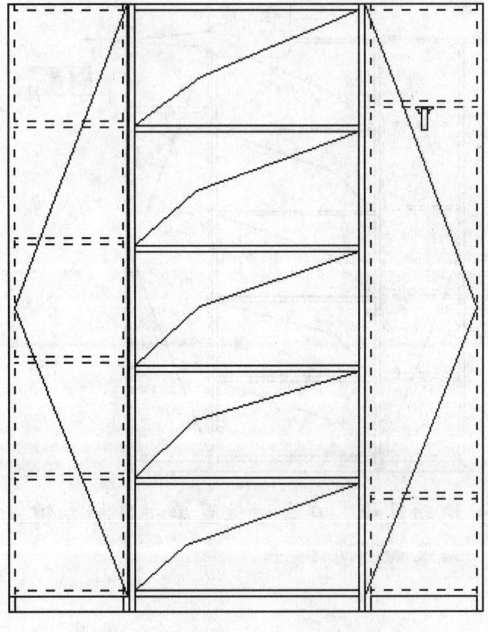

19.3.4 添加标注及文字说明

添加标注及文字说明的具体操作步骤如下。

❶ 选择【标注】➤【线性】命令，第一个尺寸界线原点在绘图区域捕捉组合柜左上方端点，如图所示。

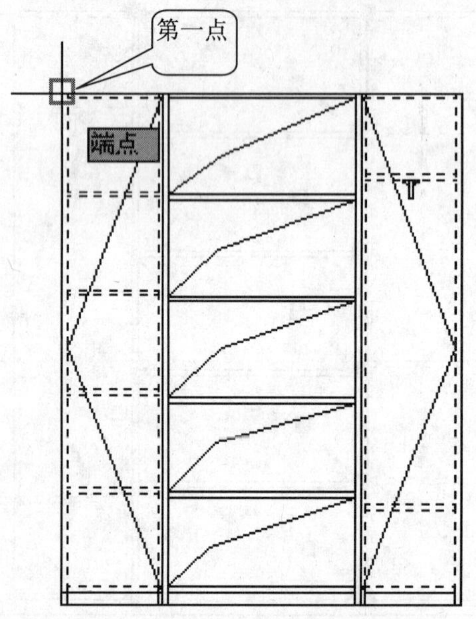

❷ 第二个尺寸界线原点在绘图区域捕捉组合柜右上方端点，如图所示。

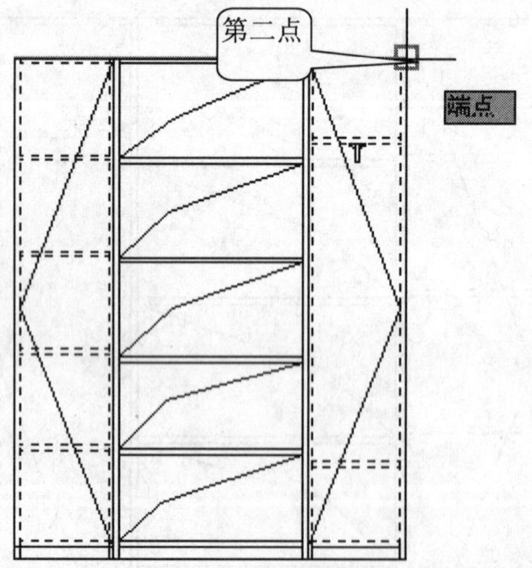

❸ 拖动鼠标，在合适位置单击鼠标左键，结果如图所示。

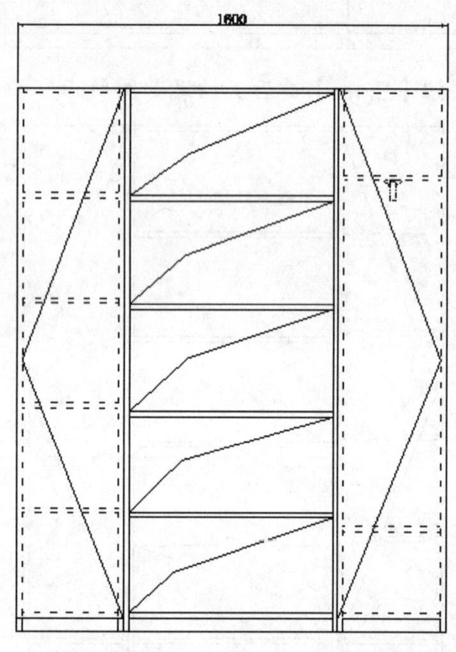

❹ 重复步骤❶～❸的操作，对组合柜继续进行标注（标注位置均在绘图区域相应位置捕捉端点），结果如图所示。

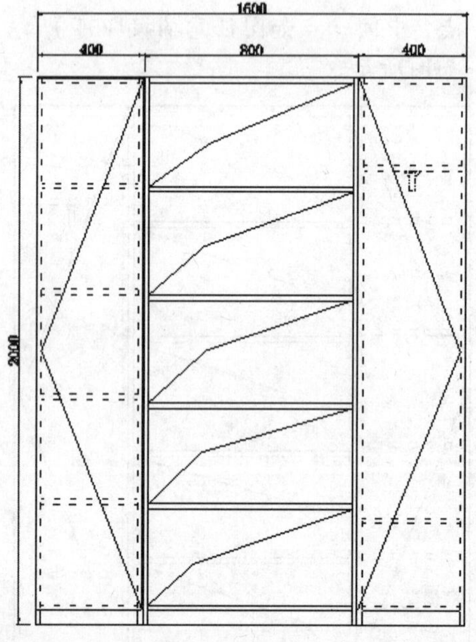

❺ 选择【绘图】➤【文字】➤【多行文字】命令，在绘图区域任意单击一点作为文

本框第一角点，拖动鼠标，在绘图区域单击指定文本框第二角点，如图所示。

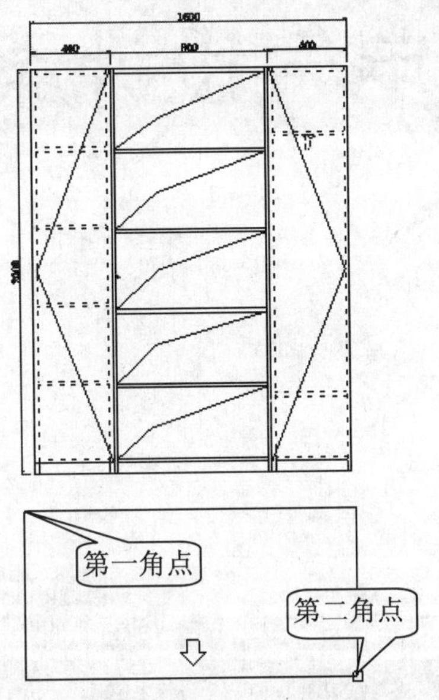

❻ 在文本框输入文字“此组合柜为全油漆涂装，含拉伸式衣柜，铣斜边拉手”，如图所示。

❼ 选中输入的文字（在文字上按住鼠标左键拖动鼠标即可选中文字），在【文字编辑器】中将文字高度设置为“70”，如图所示。

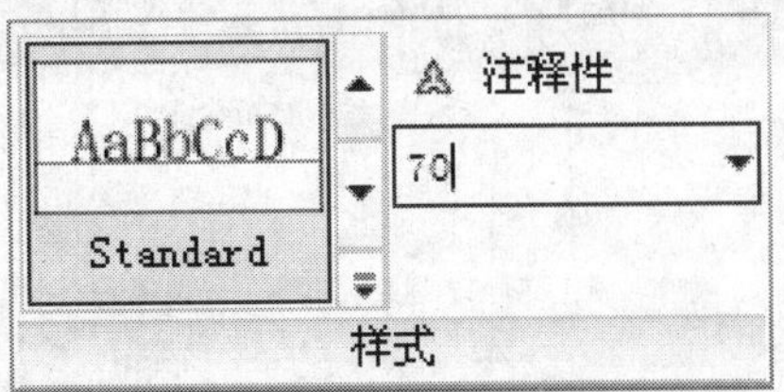

❽ 按【Enter】键后，单击【关闭文字编辑器】按钮 ，结果如图所示。

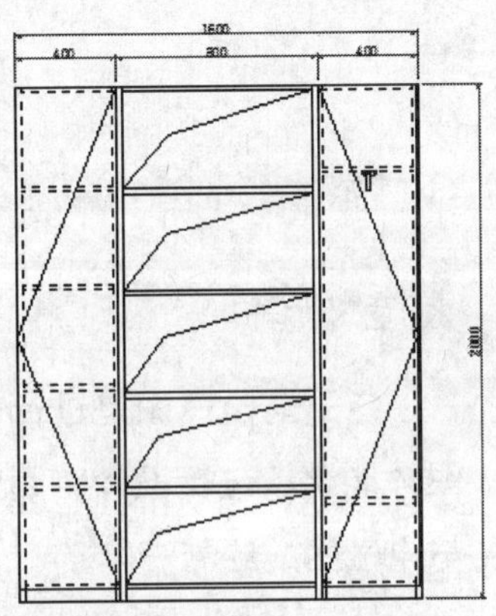

19.4 本章小结

家具立面图的绘制，对于整个家具的结构以及功能的展示都会起到非常显著的作用，是绘图过程中相当重要的一部分。此类图形的绘制，主要采用生产和绘制相结合的方式，做到绘制出来的图形在可以生产、可以实现的基础上，将功能与结构展现出来。总之，本章内容还需读者多加练习，多观察周围实际物体，才可熟练运用。

第 20 章　电子与电气设计案例

本章引言

电子与电气图是进行电子与电气设计的基础，只有绘制出电子与电气图才能继续进行设计，因此，在进行电子与电气设计之前必须先完成电子与电气图的绘制。

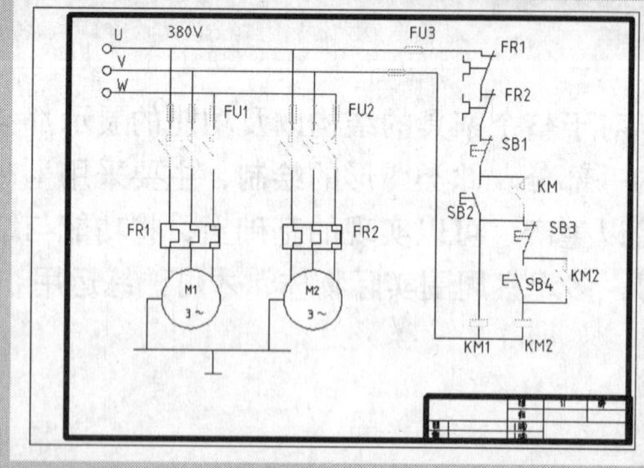

本章介绍电子与电气控制图的绘制方法。在介绍基本知识的基础上，通过对顺序控制电子与电气控制图的绘制、液压动力滑台液压系统和液压动力滑台控制点电路绘制实例的透彻讲解，使读者能掌握电子与电气控制图的绘制方法。

20.1 顺序控制电子与电气控制图绘制

 **本节视频教学录像：55 分钟**

20.1.1 设计思路

电子与电气控制线路是由各种电子与电气元件组成的具有一定功能的控制电路。为了表示电子与电气控制线路的组成及工作原理，需要用统一的工程语言即工程图的形式来表示，这样的工程图称为电子与电气控制图。电子与电气控制图只反映各元器件之间的连接关系，而不反映元器件的实际位置大小。

实例名称：电子与电气控制图的绘制	
主要命令：【偏移】命令、【插入块】命令、【打断】命令及【复制】命令	
素材：素材\ch20\电子与电气控制图样板.dwg	
结果：结果\ch20\电子与电气控制图.dwg	
难易程度：★★★★	常用指数：★★★

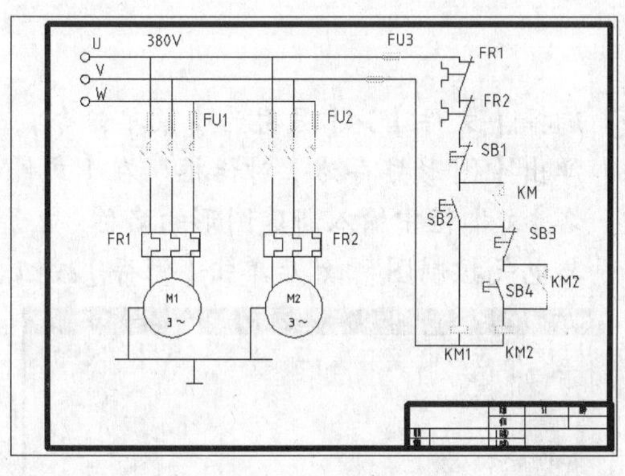

结果\ch20\电子与电气控制图.dwg

1. **电子与电气控制图的组成**

电子与电气控制图分为主电路和辅助电路两种。主电路是从电源到电动机或线路末端的电路，是强电流通过的电路，包括刀开关电路、熔断器电路、接触器主触头电路、热继电器电路和电动机电路等。辅助电路是小电流通过的电路，包括控制电路、照明电路、信号电路和保护电路等。

2. **电子与电气控制图绘制的原则**

电子与电气控制图的绘制要遵循以下原则。

(1) 主电路与辅助电路

在绘制电路图时，主电路绘制在原理图的左侧或上方，辅助电路绘制在原理图的右侧或下方。

(2) 控制图标准

电子与电气控制图中电器元件的图形符号、文字符号及标号等都必须采用最新国家标准。

(3) 元器件的绘制方法

在绘制元器件的时候，不需要绘制其外形，只需绘制出带电部件即可。同一电路上的带电部件也可以不绘制在一起，可以直接按电路中的连接关系绘制，但必须使用国家标准规定的图形符号，且要用同一文字符号标明。

(4) 触头的绘制方法

原理图中各元件的触头状态均按没有外力或未通电时触头的原始状态绘制出。当触头的图形符号垂直放置时，按照“左开右闭”的原则绘制；当触头的图形符号水平放置时，按照“上闭下开”的原则绘制。

(5) 图形布局

同一功能的元件要集中在一起且按照动作的先后排列依次绘制出。

(6) 图形绘制要求

图形绘制要求布局合理、层次分明、排列均匀以及便于阅读。

3. 电子与电气控制图绘制的一般步骤

考虑到电子与电气控制图的图形特点，绘制时一般应采用线路结构图绘制➢电器元件的绘制和插入➢文字注释添加的绘图步骤进行。

电子与电气控制图中会出现大量的相互平行的直线（如三相线等），建议采用先绘制部分图形，然后偏移的方法绘制使用。这种方法不但可以提高绘制效率，还可以达到布局匀称、幅面整齐的效果。对于电子与电气控制图中经常出现的相似图形结构（如触点、线圈等），建议采用先绘制部分图形，而后通过阵列或复制的方法绘制，这样可以大大地提高绘图的效率。

20.1.2 设置绘图环境

在实际生产中，经常有一些设备要求工作部件按一定的顺序启动工作，如机床的进给电机需要在主轴电机已启动的条件下才能启动工作，以及液压泵电机的动力部件在电机启动供液后才能启动工作。控制设备完成这种顺序动作的电路即为顺序控制电路。本节介绍顺序控制电子与电气控制图的绘制方法和技巧。

设置绘图环境的操作步骤如下。

❶ 选择【文件】➢【打开】菜单命令。在弹出的【选择文件】对话框中，打开光盘中的“素材\ch20\电子与电气控制图样板.dwg”文件。

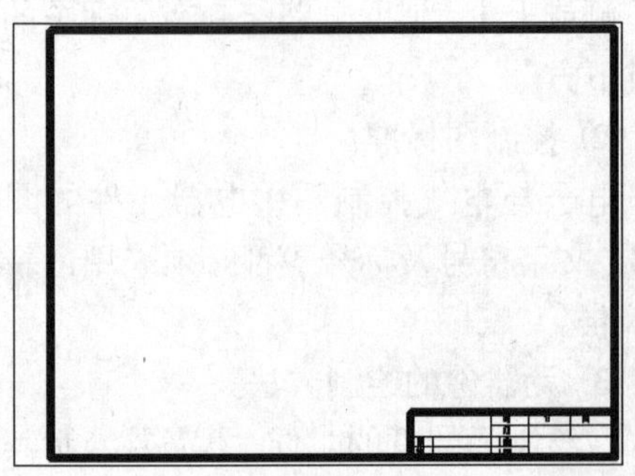

❷ 选择【文件】➢【另存为】菜单命令，弹出【图形另存为】对话框。在【文件名】文本框中输入新建图形的名称“电子与电气控制图”，然后单击【保存】按钮。

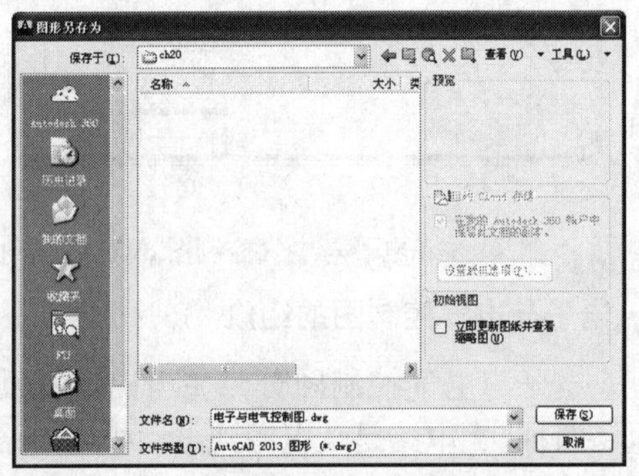

20.1.3 绘制线路结构图

绘制线路结构图的步骤如下。

第 1 步：绘制主电路部分线路结构图

❶ 选择【常用】选项卡➢【图层】面板➢【图层】按钮。在弹出的下拉列表中选择“细实线层”为当前图层。

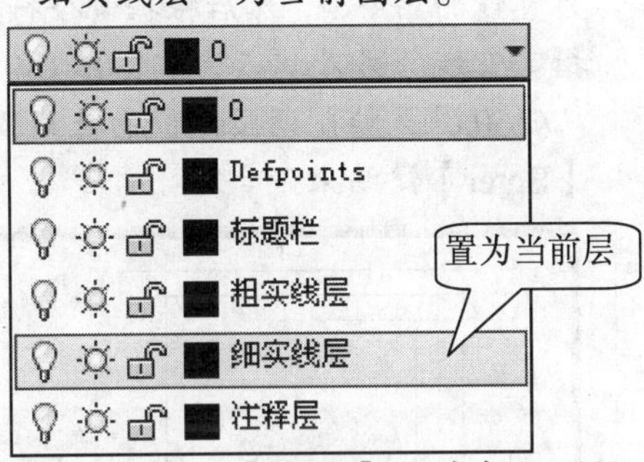

❷ 选择【绘图】➢【直线】菜单命令，根据命令行提示，输入直线的两个端点，绘制一条水平直线段，按【Enter】键结束命令。

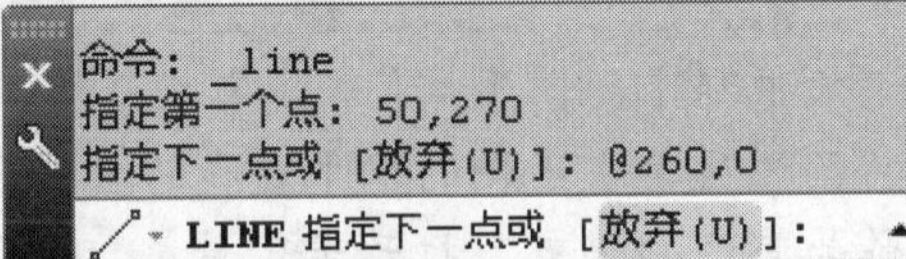

❸ 直线绘制完毕后如下图所示。

❹ 选择【修改】➢【偏移】菜单命令。在命令行中输入偏移距离为“15”，选择绘制的直线作为偏移对象，在直线下侧任一点位置处单击。

```
命令: _offset
当前设置: 删除源=否  图层=源
OFFSETGAPTYPE=0
指定偏移距离或 [通过(T)/删除(E)/图层(L)] <15.0000>:  15
选择要偏移的对象, 或 [退出(E)/放弃(U)] <退出>:
指定要偏移的那一侧上的点, 或 [退出(E)/多个(M)/放弃(U)] <退出>:
OFFSET 选择要偏移的对象, 或 [退出(E) 放弃(U)] <退出>:
```

❺ 结果如下图所示。

❻ 继续选择偏移对象，单击刚偏移得到的直线，在直线下侧任一点位置处单击，按【Enter】键结束偏移命令，结果如下图所示。

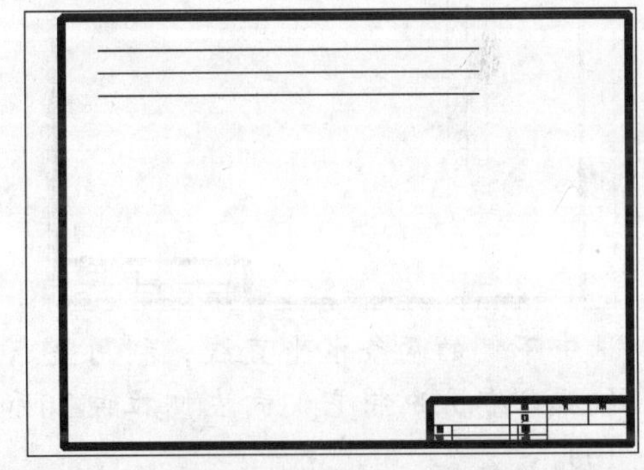

❼ 选择【绘图】➢【直线】菜单命令，根据命令行提示，输入直线的两个端点，绘制一条竖直直线段，按【Enter】键结束命令。

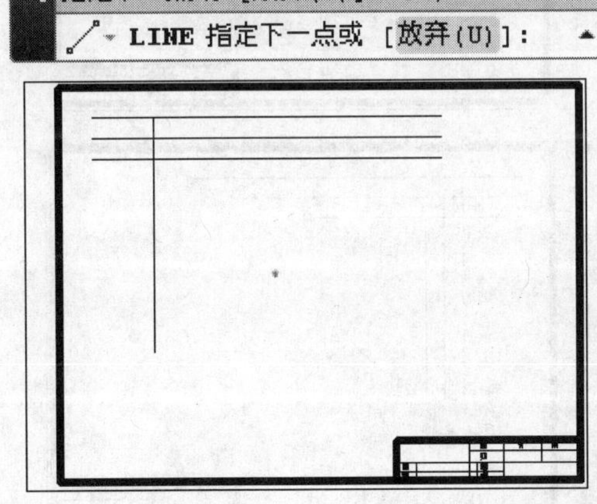

❽ 重复【偏移】命令，将竖直线向右侧偏

移 15 后，对偏移得到的直线再次进行向右距离为 15 的偏移，结果如下所示。

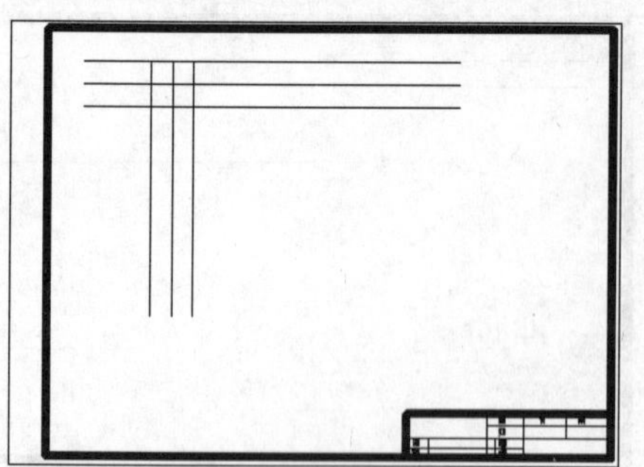

❾ 选择【修改】➢【修剪】菜单命令。然后按【Enter】键，单击需要修剪的直线，修剪结果如下。

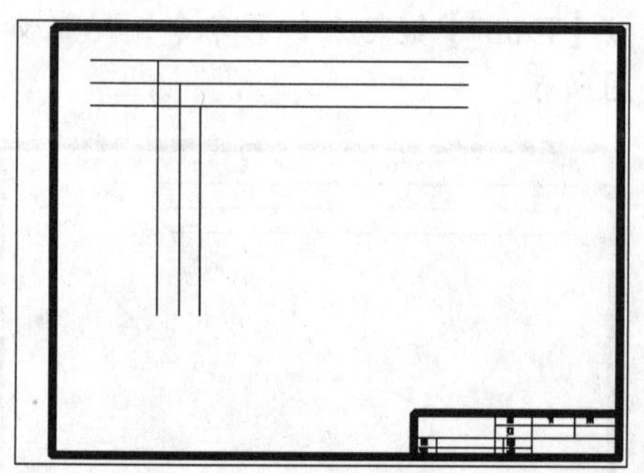

❿ 选中下侧的两条水平直线，利用夹点编辑命令分别将它们向左侧拉伸 30 和 100。

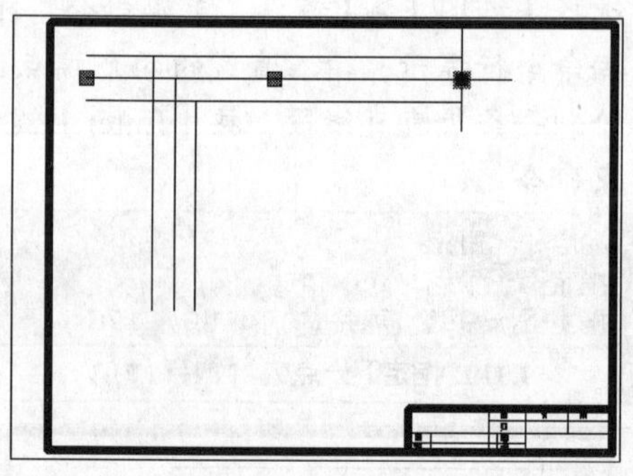

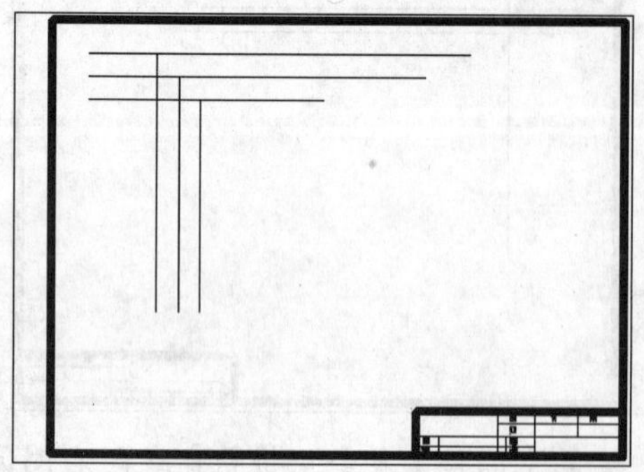

第 2 步：绘制控制电路线路结构图

❶ 选择【绘图】➢【直线】菜单命令。在绘图区捕捉到中间水平直线的右端点作为直线的第一点，然后根据命令行提示，指定直线的另外端点为“@0,–180”和“@60,0”，绘制两条垂直的直线段，按【Enter】键结束命令。

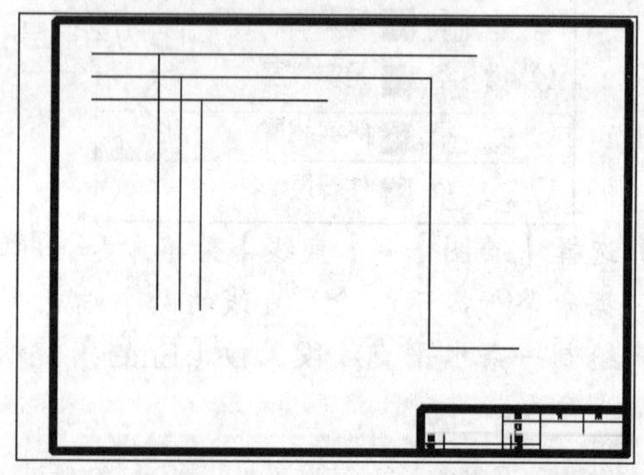

❷ 再次选择【绘图】➢【直线】菜单命令，将绘图区单击上侧的水平直线的右端点作为直线的起点，打开正交模式，选择与上步绘制水平直线的垂直交点作为直线的端点，按【Enter】键结束【直线】命令，绘制结果如下。

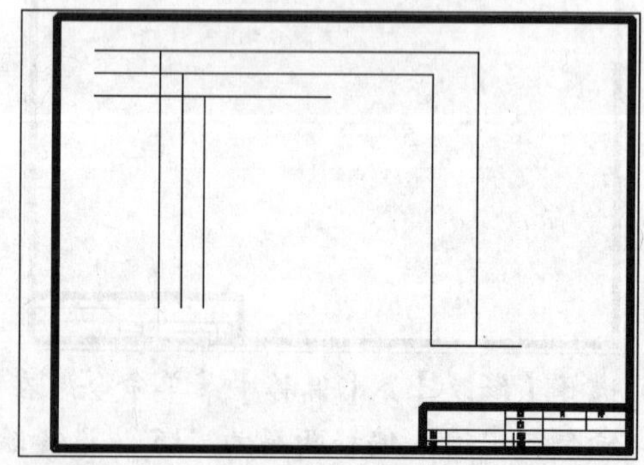

❸ 选择【绘图】➢【直线】菜单命令。根据命令行提示，将绘图区中步骤❶绘制的水平直线的右端点作为直线的起点，然后在命令行中输入“@0,110”，按【Enter】键确认，然后向上拖动鼠标，选择与最右侧竖直线的垂足作为直线的下一个端点，按【Enter】键结束操作，完成两条垂直直线段的绘制。

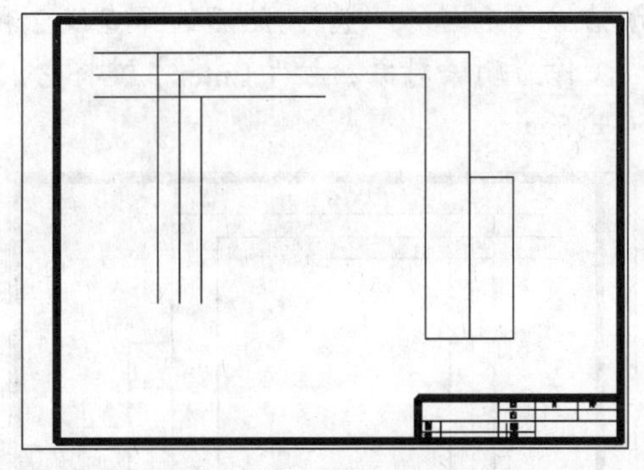

❹ 选择【修改】➢【偏移】菜单命令。在命令行中输入偏移距离为“30”，选择上步绘制的水平直线作为偏移对象，在水平直线下侧任意位置处单击，按【Enter】键结束偏移操作。结果如下所示。

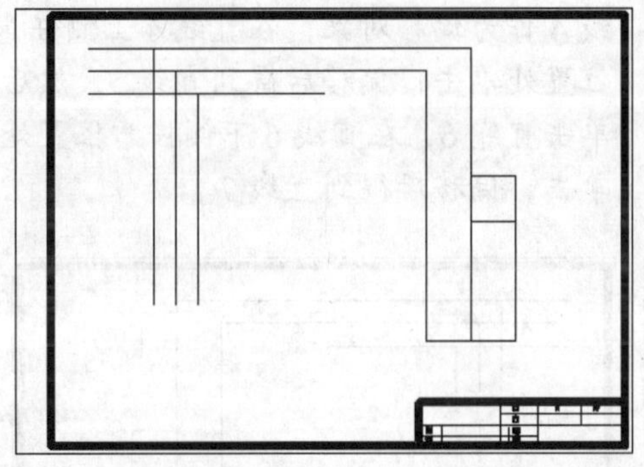

❺ 重复【偏移】命令，将上步偏移后的直线向下偏移 25，将最低端的直线向上偏移 25，将最右侧的直线向右侧偏移 30。偏移后效果结果如下所示。

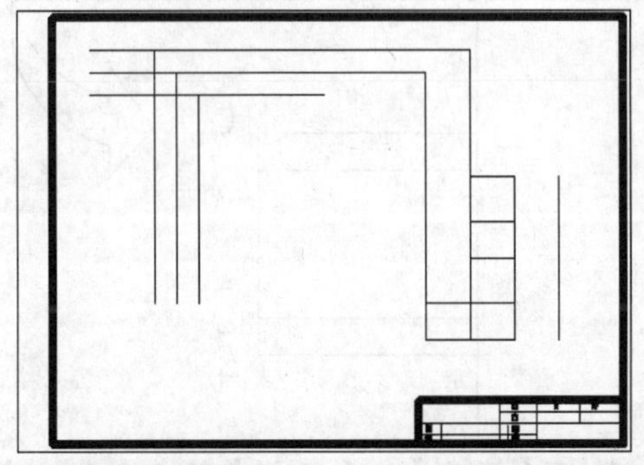

❻ 选择【修改】➢【延伸】菜单命令，命令行中提示选择对象选择右侧的竖直直线，按【Enter】键确认，然后依次单击上步中偏移 25 生成的两条直线作为要延伸的对象，结果如下所示。

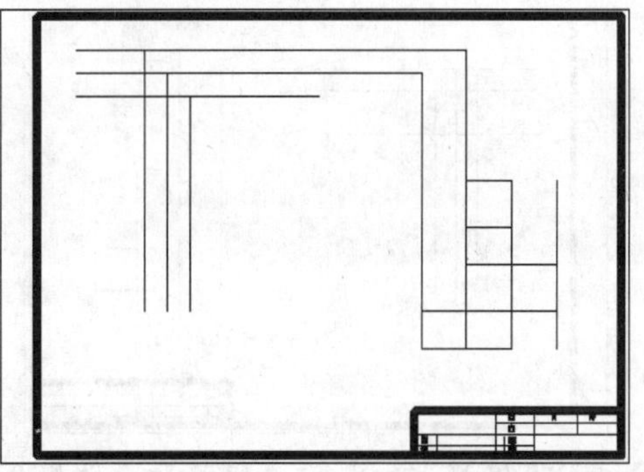

❼ 选择【修改】➢【修剪】菜单命令，然后按【Enter】键，对直线进行修剪，修剪后结果如下图所示。

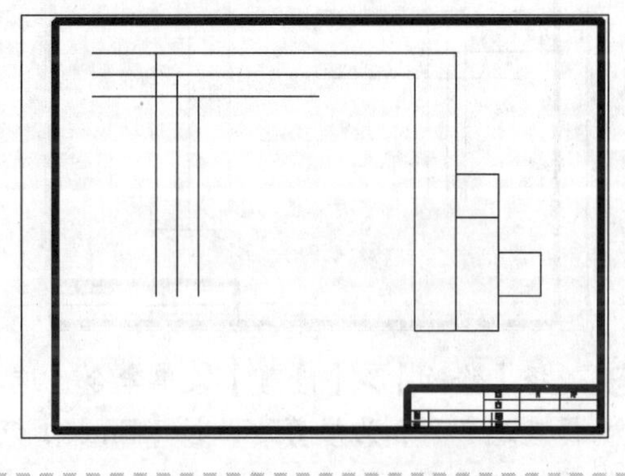

第 3 步：绘制控制电路线路结构图

❶ 选择【修改】➢【偏移】菜单命令。在命令行中输入偏移距离为“30”，选择直线 1（夹点编辑向左拉伸 100 的水平直线）作为偏移对象，在直线下侧任意位置处单击，按【Enter】键结束操作，得到直线 2。

```
命令: _offset
当前设置: 删除源=否  图层=源
OFFSETGAPTYPE=0
指定偏移距离或 [通过(T)/删除(E)/图层(L)] <30.0000>: 30
选择要偏移的对象, 或 [退出(E)/放弃(U)] <退出>:
指定要偏移的那一侧上的点, 或 [退出(E)/多个(M)/放弃(U)] <退出>:
OFFSET 选择要偏移的对象, 或 [退出(E) 放弃(U)] <退出>:
```

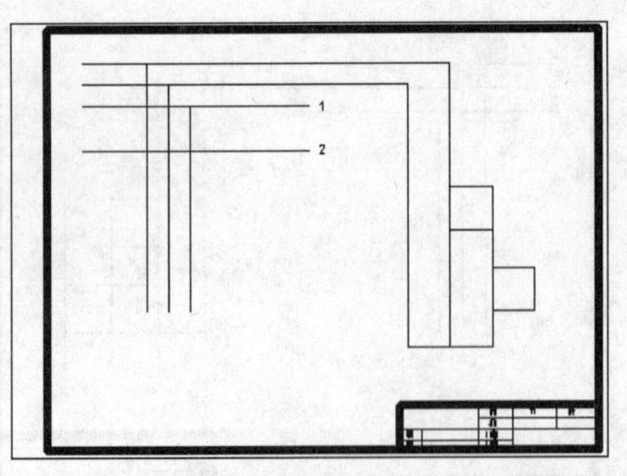

❷ 重复【偏移】命令，设置偏移距离为“30”，将直线 2 向下偏移“20”得到直线 3。

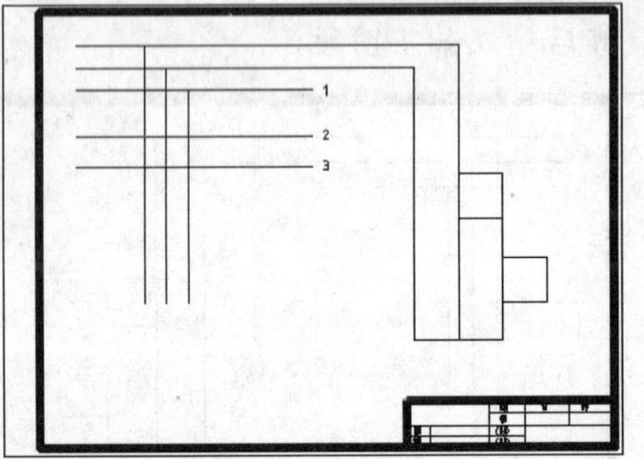

❸ 选择【修改】➢【修剪】菜单命令，选择直线 2 和 3 为修剪边，按【Enter】键确认。

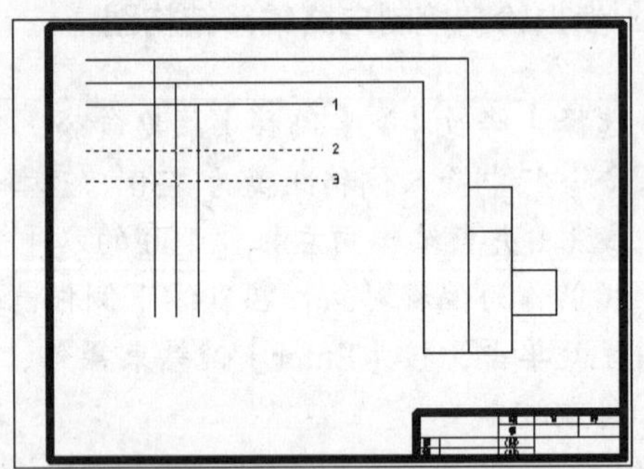

❹ 然后依次单击选择直线 2 和 3 之间的竖直直线作为修剪对象，修剪后结果如下图所示。

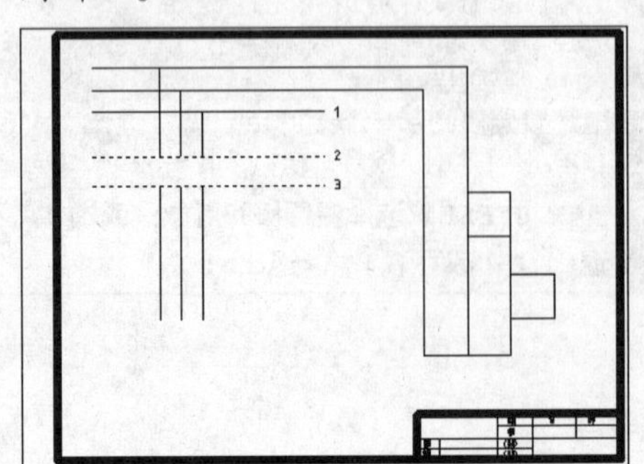

❺ 在命令行输入“R”，然后选择直线 2 和 3 作为删除对象，按【Enter】键将它们删除。

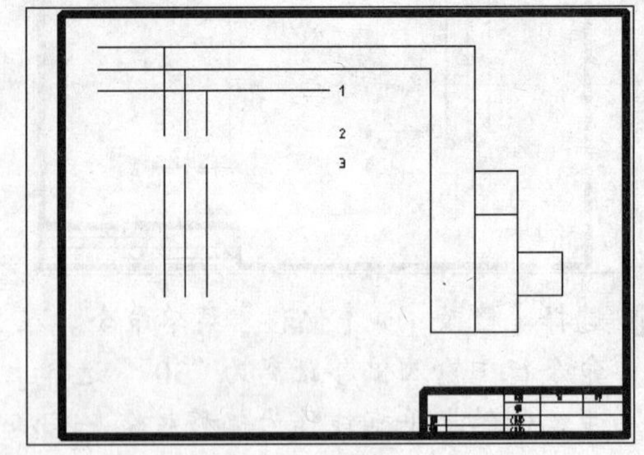

❻ 选择【修改】➢【偏移】菜单命令。在命令行中输入偏移距离为“5”，选择直线 4 作为偏移对象，在直线 4 上侧任意位置处单击，偏移后得到直线 5，然后单击直线 6，在直线 6 下侧任意位置处单击，偏移后得到直线 7。

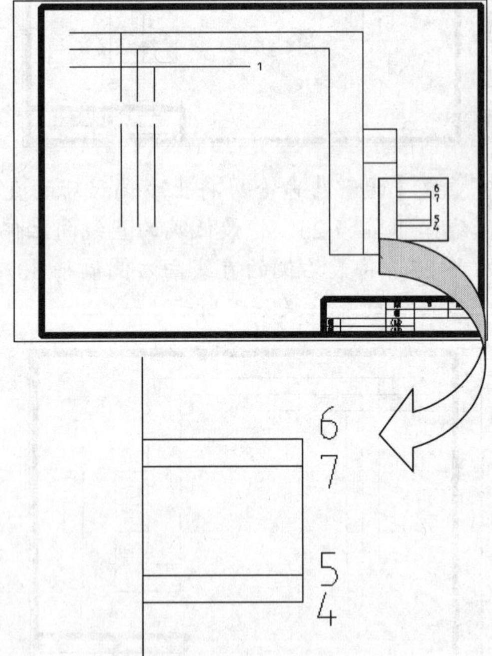

❼ 选择【修改】➢【修剪】菜单命令，然后选择直线 5 和 7 为剪切边，对直线 5 和 7 之间的竖直直线进行修剪。结果如下图所示。

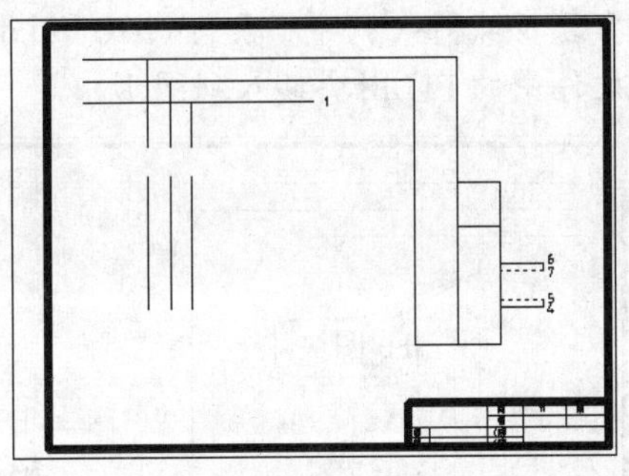

❽ 竖直直线修剪完成后，在命令行输入"R"，然后选择直线 5 和直线 7 作为删除对象，按【Enter】键将它们删除。

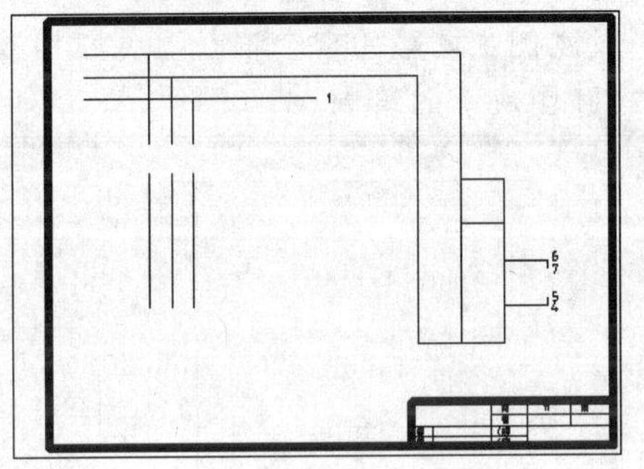

❾ 选择【修改】➢【偏移】菜单命令。在命令行中输入偏移距离为"5"，选择直线 8 作为偏移对象，在直线 8 上侧任意位置处单击，得到偏移直线 9，然后单击直线 10，在直线 10 下侧任意位置处单击，得到偏移直线 11，按【Enter】键结束操作。

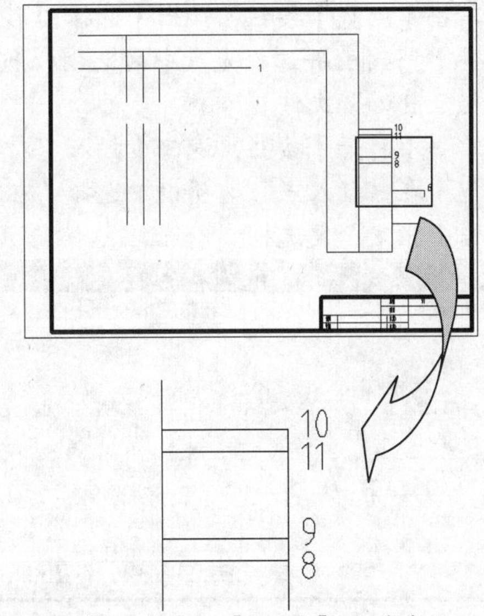

❿ 选择【修改】➢【修剪】菜单命令，选择直线 9 和 11 作为剪切边，对直线 9 和 11 之间的竖直直线进行修剪，并将直线 9 和 11 删除。结果如下图所示。

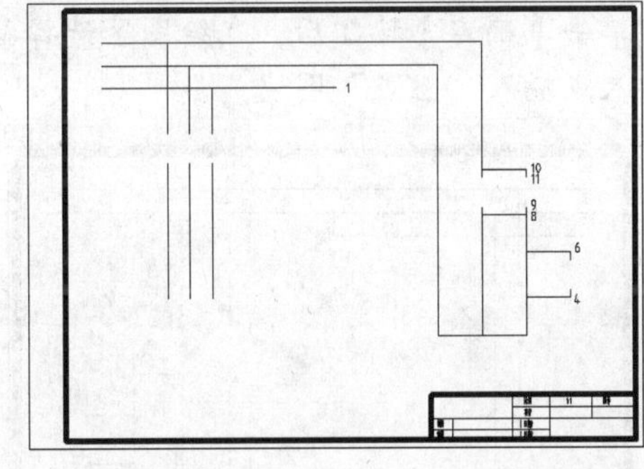

20.1.4 绘制电子与电气原件

在完成了线路结构图的绘制后，接下来可以进行电器元件的绘制和插入。因为在样板图中已进行了电子与电气元件符号图形块的定义，所以在此可采用直接调用的方法进行电子与电气元件的插入绘制。

第 1 步：主电路电子与电气元件绘制

❶ 选择【插入】➢【块】菜单命令。弹出【插入】对话框。

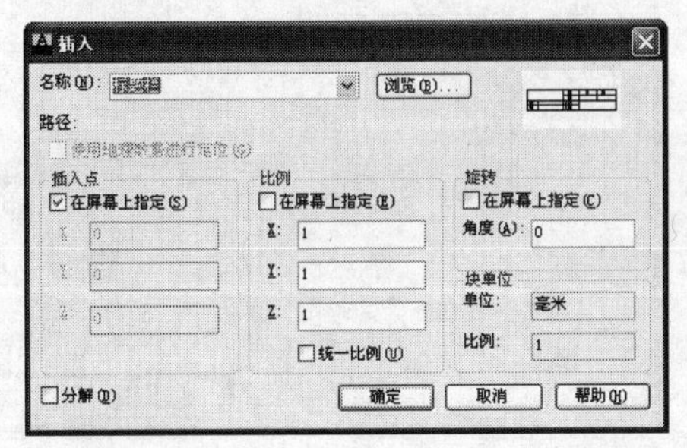

❷ 单击【浏览】按钮，弹出【选择图形文件】对话框，并选择光盘中的“素材\ch20\触点.dwg”文件。

❸ 单击【打开】按钮，返回【插入】对话框。在“插入点”选项框中选择“在屏幕上指定”复选框。

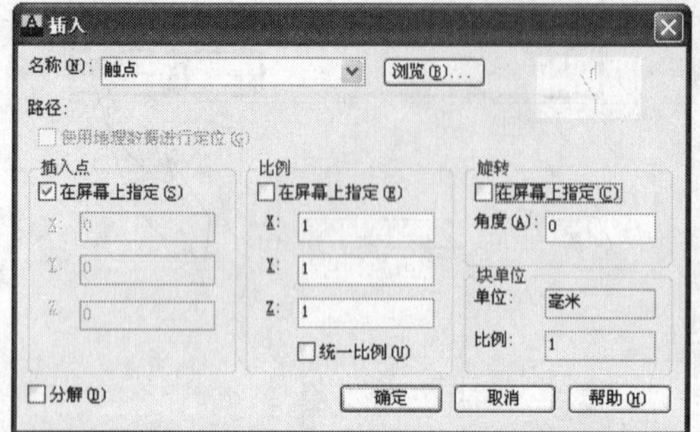

Tips

本例中所有的插入点都在图框的左下角点处。

❹ 单击【确定】按钮后，在绘图区选择插入点插入“触点”图块。

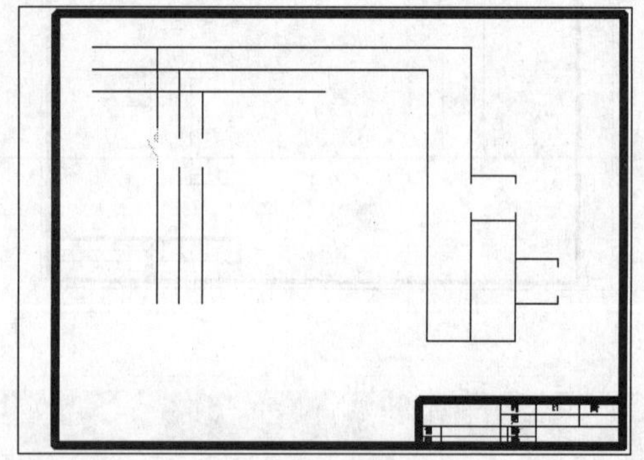

❺ 选择【修改】➤【复制】菜单命令。完成控制电路的其他触点的插入绘制。

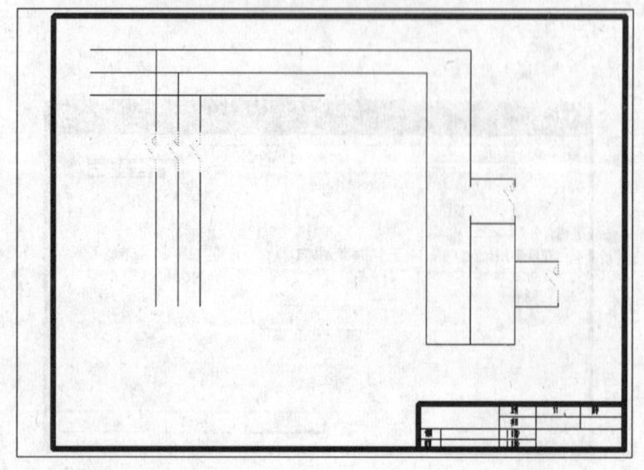

❻ 重复步骤❶~❹，将“素材\ch20\FU.dwg”文件中的FU图块插入到图形中。

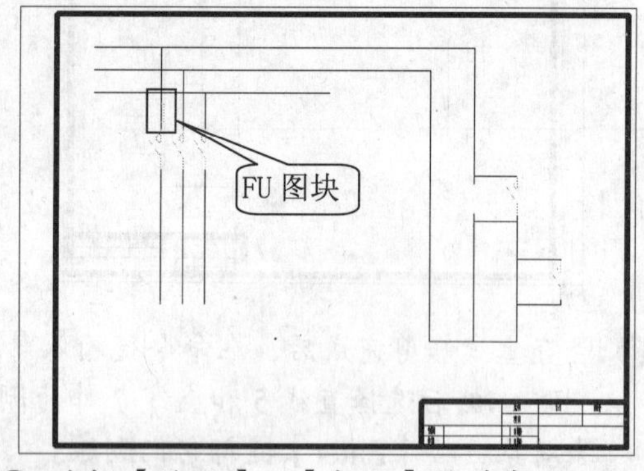

❼ 选择【修改】➤【复制】菜单命令。完成左侧主电路的3个熔断器（即插入的FU图块）的绘制。

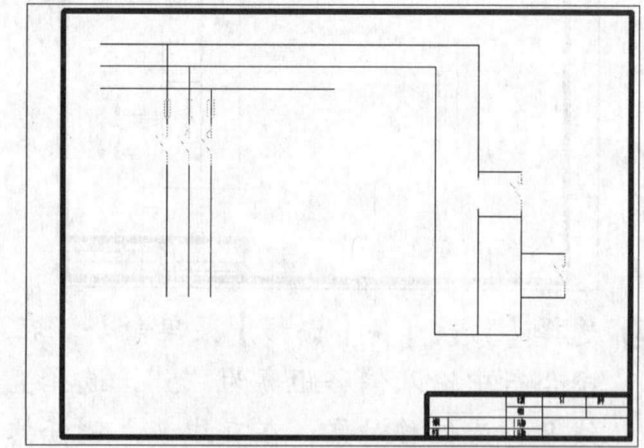

❽ 重复步骤❶~❹，将“素材\ch20\电机.dwg”文件中的电机图块插入到图形中，当命令行提示“输入电机号”时输入M1。

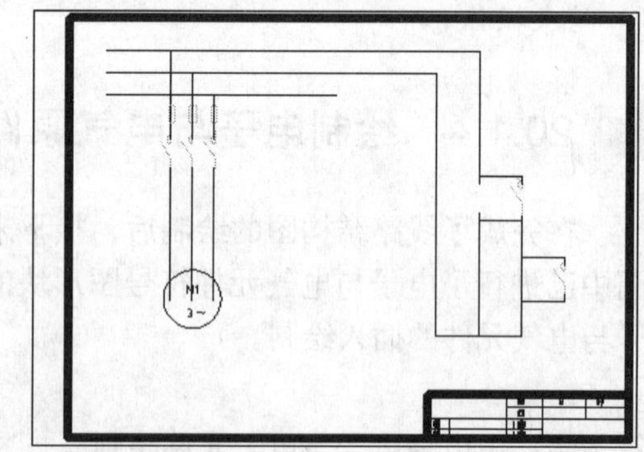

❾ 重复步骤❶~❹，将“素材\ch20\热继电阻.dwg”文件中的热继电阻图块插入图形中。

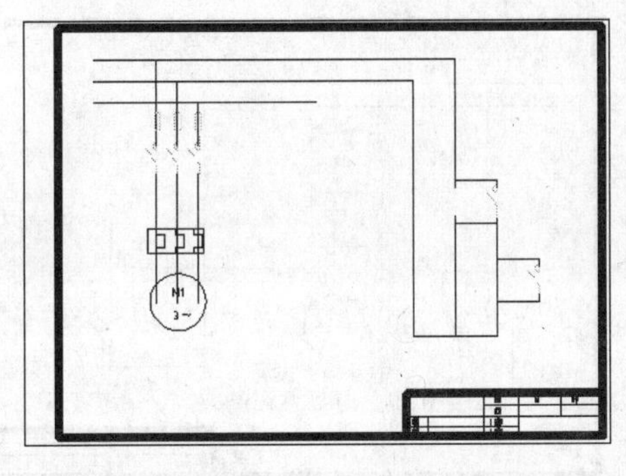

第 2 步　主电路的调整及复制绘制

❶ 选择【绘图】➢【直线】菜单命令。绘制一条长度为 10 的水平直线和一条长度为 35 的竖直线。

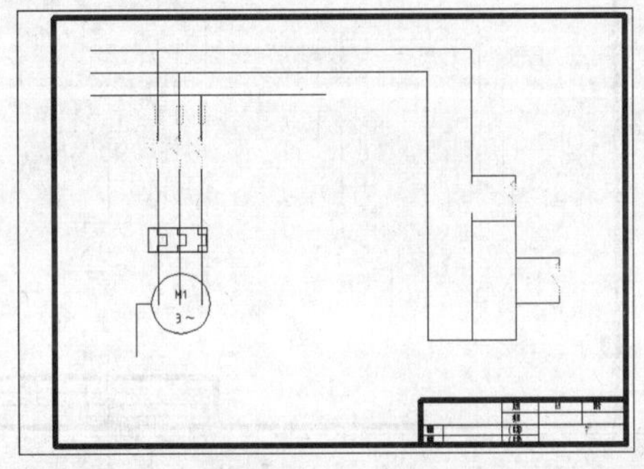

Tips

绘制直线前先选择【工具】➢【草图设置】，打开【草图设置】对话框，然后选择【对象捕捉】选项卡，勾选“象限点”前的复选框。

❷ 选择【修改】➢【修剪】菜单命令。将图块内的线路进行修剪，修剪的结果如下图所示。

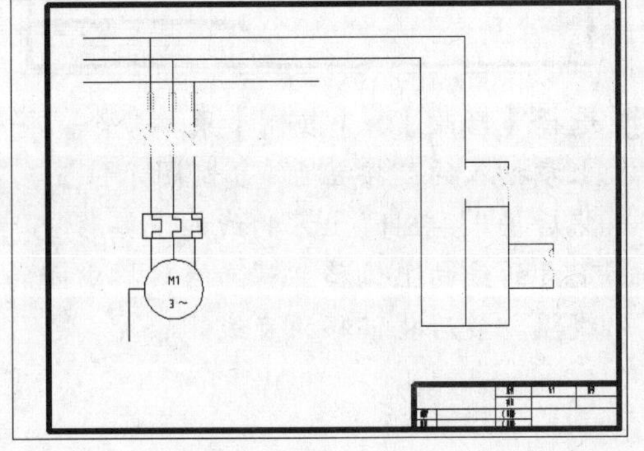

❸ 选择【修改】➢【复制】菜单命令。将左侧主电路的 1 号电机全部线路及元件进行复制。

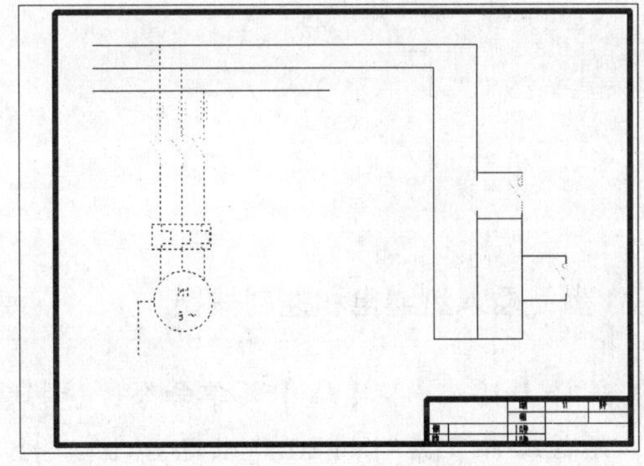

❹ 捕捉图中直线端点为第二点，单击后结果如下图所示。

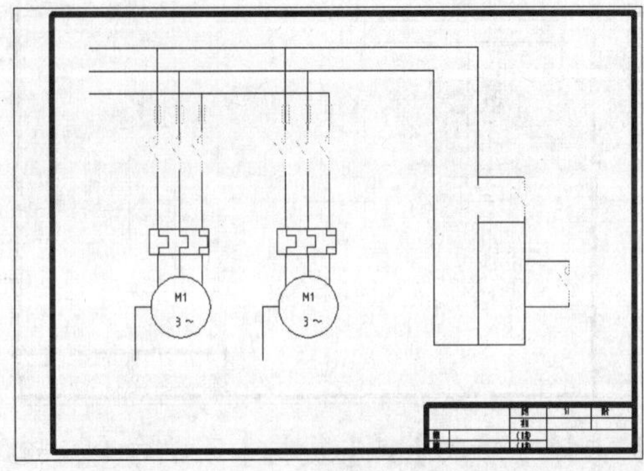

❺ 在复制后的电机图块上双击，弹出【增强属性编辑器】对话框，将【属性】选项卡下的【值】改为 M2。

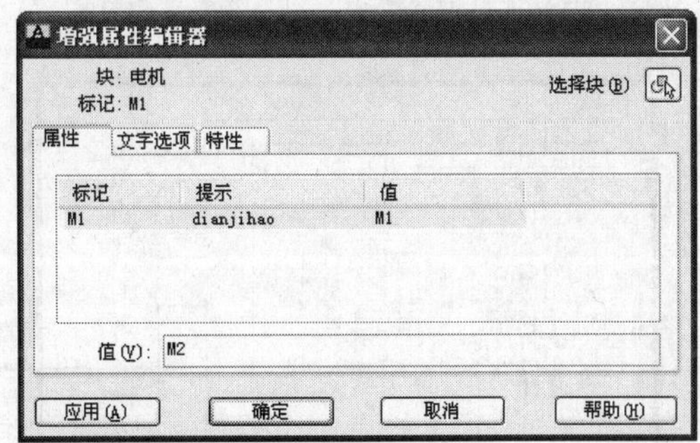

❻ 单击“确定”按钮后，图中电机标记变成了 M2，如下图所示。

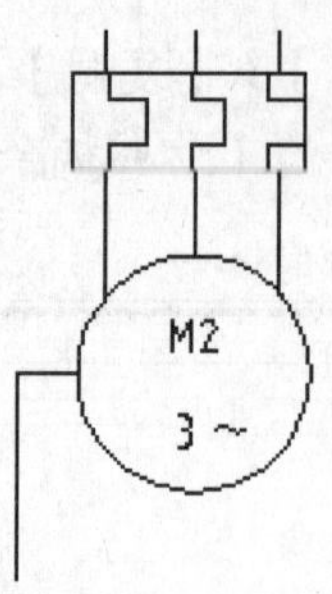

第 3 步　插入热继电和控制按钮

❶ 选择【插入】➢【块】菜单命令，选择光盘文件“素材\ch20\热继电.dwg”。将“热继电”图块插入到图形中。

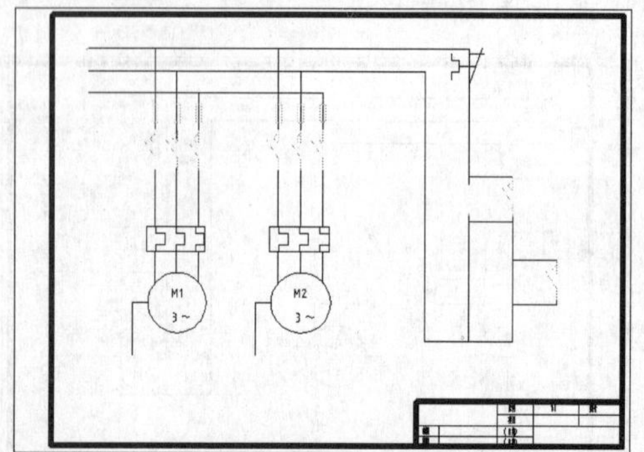

❷ 选择【修改】➢【复制】菜单命令。选择上步插入的“热继电”图块作为复制对象，当提示指定基点时输入（0, – 25），当提示指定第二个点时直接按【Enter】键。

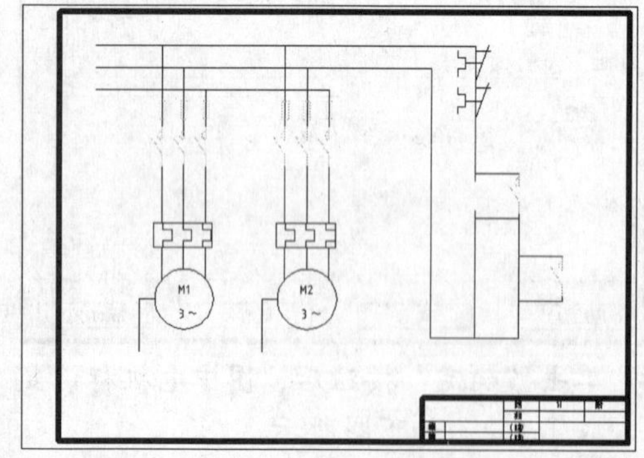

❸ 选择【插入】➢【块】菜单命令，选择光盘文件“素材\ch20\按钮 2.dwg”，将“按钮 2”图块插入到图形中。

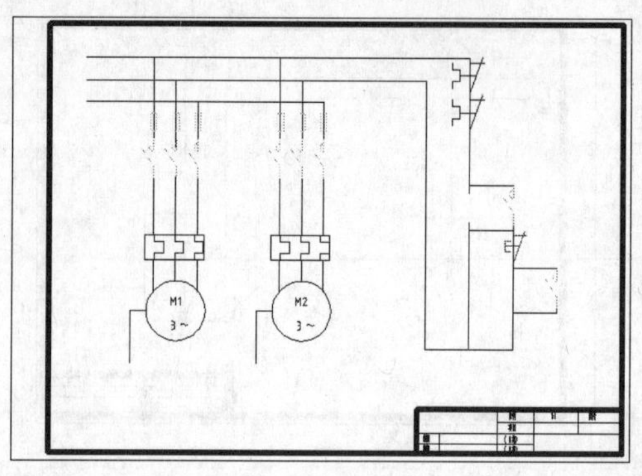

❹ 选择【修改】➢【复制】菜单命令，将上步插入的“按钮 2”作为复制对象，在命令行中指定基点为“ – 30,58”，当提示指定第二个点时直接按【Enter】键。

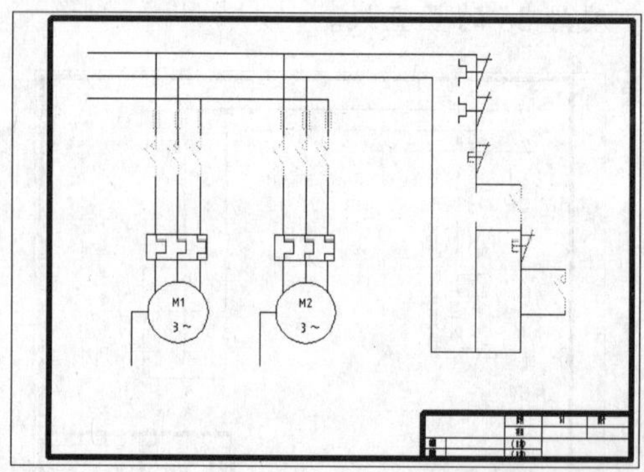

❺ 选择【插入】➢【块】菜单命令，选择光盘文件“素材\ch20\按钮 1.dwg”，将“按钮 1”图块插入到图形中。

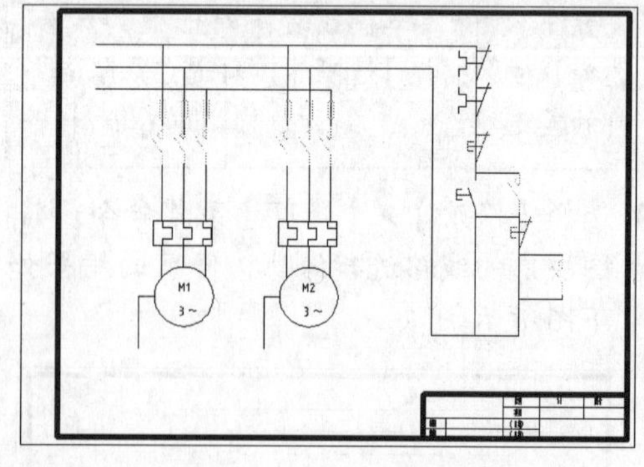

❻ 选择【修改】➢【复制】菜单命令。将上步插入的“按钮 1”复制图示位置，然后将“按钮 1”上方的线向下偏移“5”，下方的线向上偏移“5”，修剪掉中间的线段。最后将偏移的直线删除。

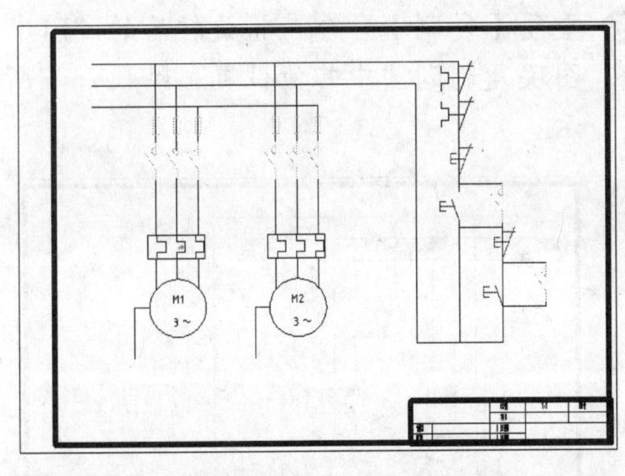

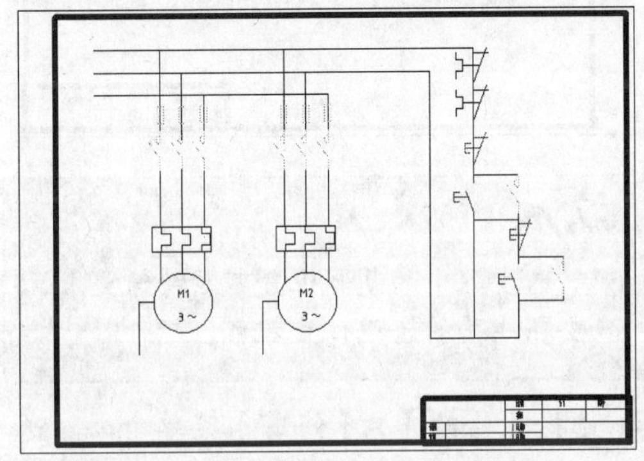

❼ 选择【修改】➢【打断】菜单命令。选择如下打断对象。

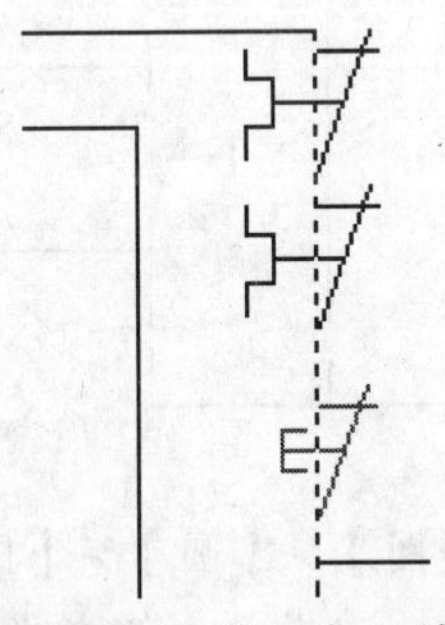

❽ 在命令行输入“f”，然后捕捉下图中的点为第一打断点。

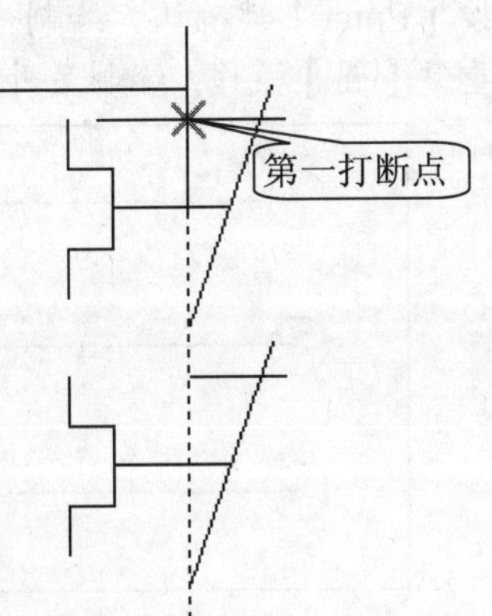

❾ 当命令行提示指定第二打断点时，捕捉下图中所示的第二打断点，打断后结果如下所示。

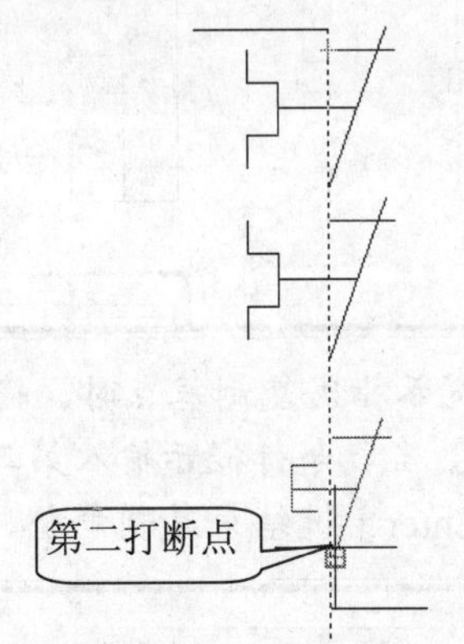

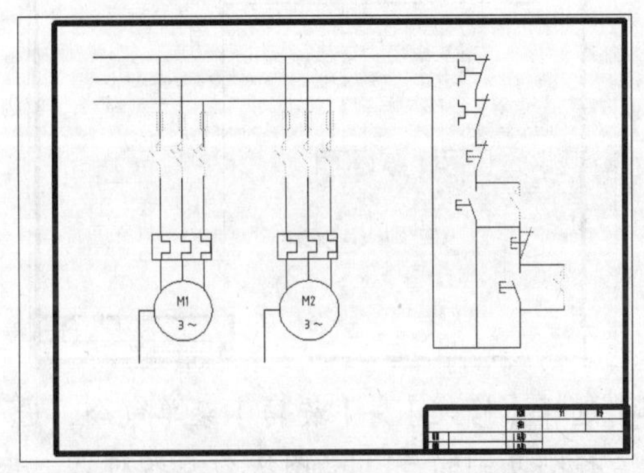

❿ 重复步骤❼~❾，对另一个“按钮 2”处的线路进行打断，结果如下图所示。

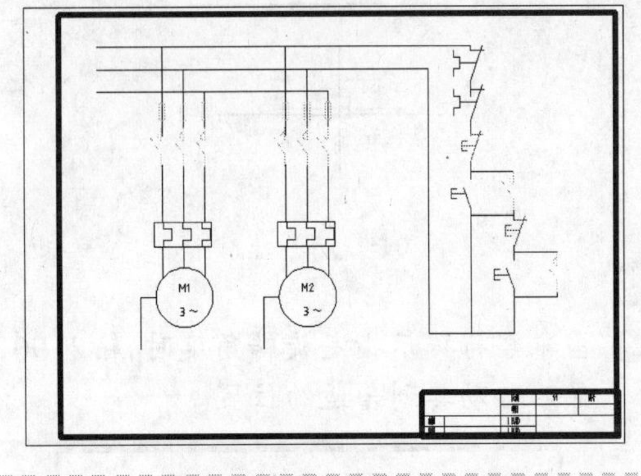

第 4 步　完善图形其他结构

❶ 选择【修改】➢【复制】菜单命令，选择图中的“FU”图块为复制对象。

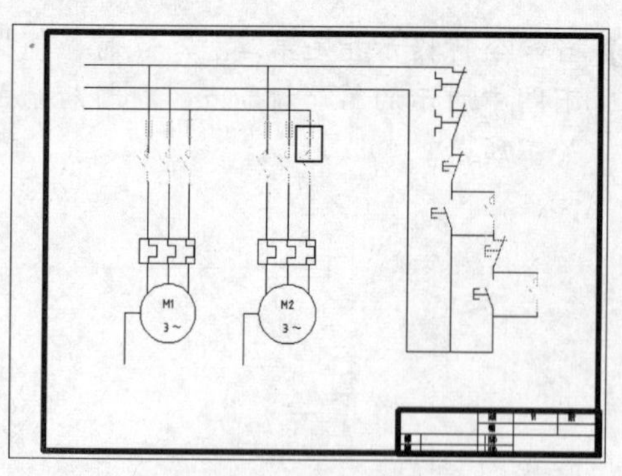

❷ 当命令行提示指定复制基点时，输入（38，23），当命令行提示输入第二点时直接按【Enter】键结束复制命令。

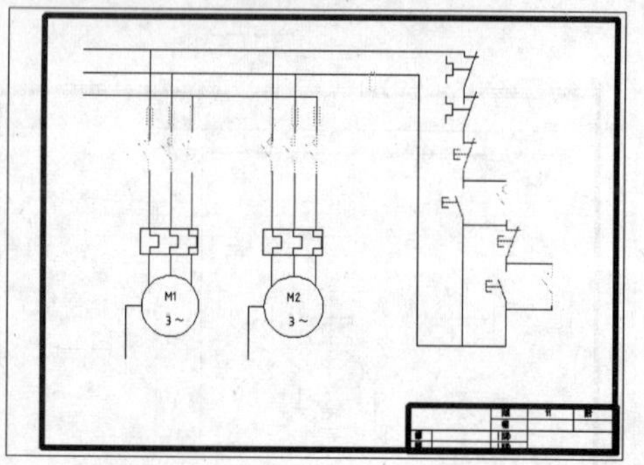

❸ 选择【修改】➢【旋转】菜单命令，选择刚复制的“FU”图块为旋转对象，并指定左上角点为旋转基点。

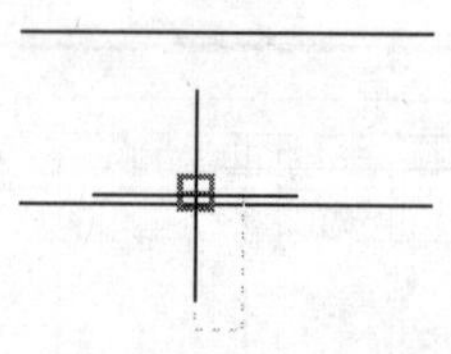

❹ 当命令行提示指定旋转角度时，输入 90，然后移动其到合适的位置。

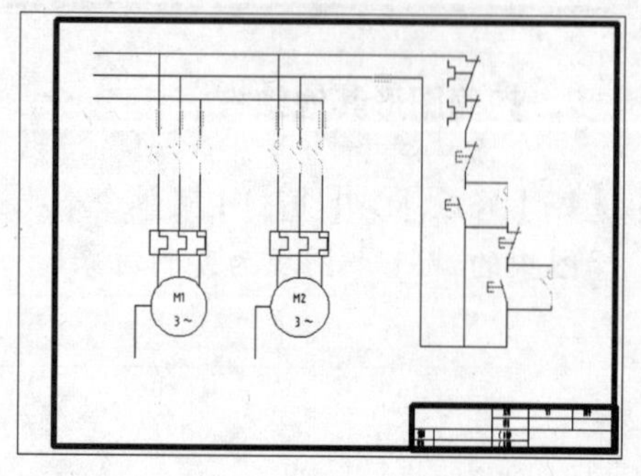

❺ 重复【复制】命令，将旋转后的“FU”图块复制到图中其他位置，结果如下所示。

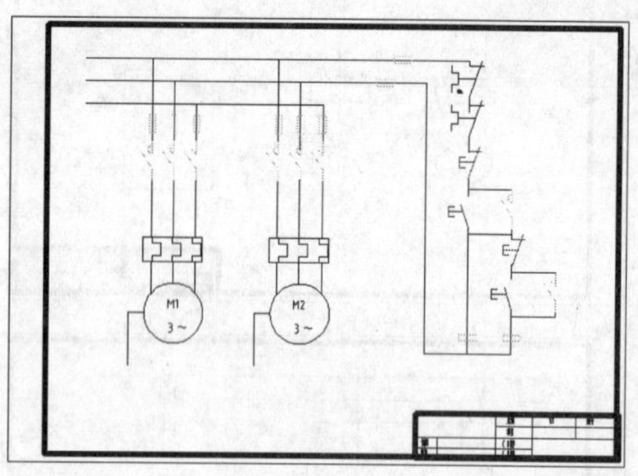

Tips

本步骤中的复制位置不做特殊要求，只要在线路的合适位置即可。

❻ 选择【修改】➢【修剪】菜单命令。选择图中的最下侧的“FU”图块作为剪切边，对相交部分的直线进行修剪，修剪后结果如下。

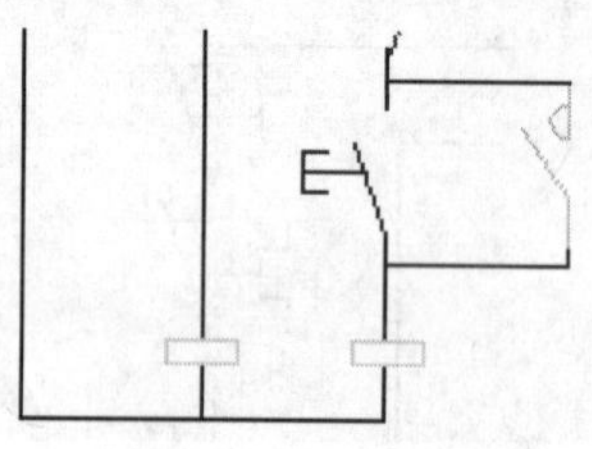

❼ 选择【绘图】➢【圆】➢【圆心，半径】菜单命令。选择最上侧水平直线的左端点作为圆心，在命令行中输入半径为 3，按【Enter】键确认，绘制一个接线圆，重复【圆】操作，绘制另外两个连接圆。

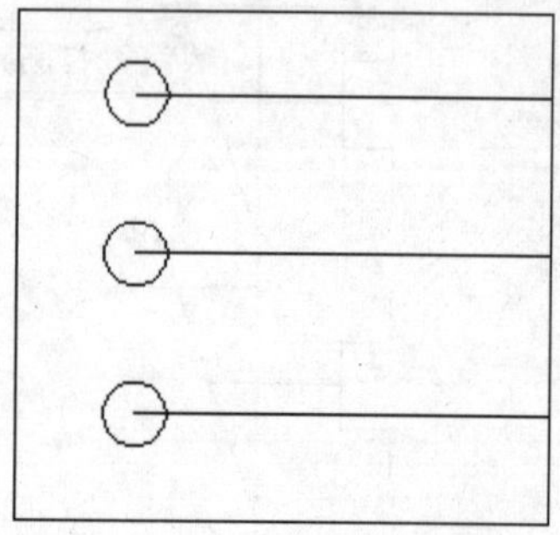

❽ 选择【修改】➢【修剪】命令，命令行

提示选择对象，按【Enter】键选择全部对象，然后依次单击连接圆内部的直线断作为修剪对象，修剪完成后按【Enter】键结束命令。

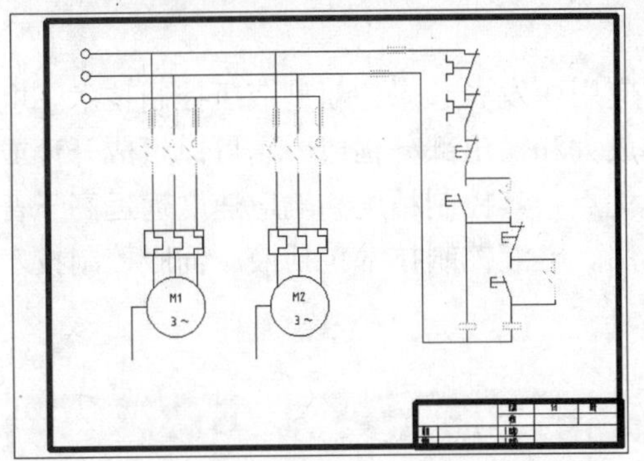

❾ 选择【绘图】➢【直线】菜单命令，如下图所示绘制电机的接地线。

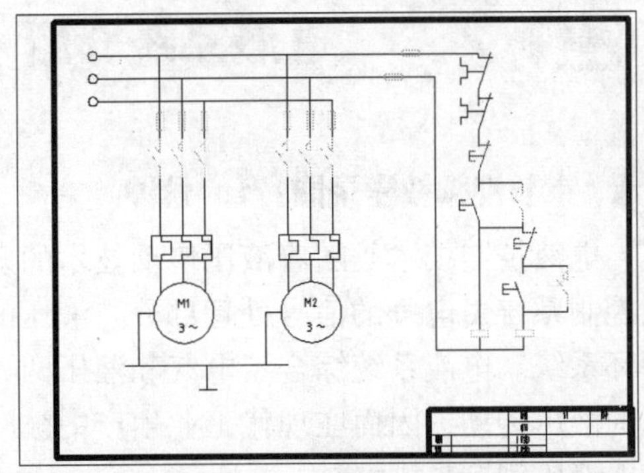

Tips

接地线的长度位置没有特殊要求，在线路的适当位置绘制即可。

20.1.5 添加注释

电子与电气控制图绘制完成后，还要给图形添加注释已完善图形的说明。

❶ 选择【绘图】➢【文字】➢【单行文字】菜单命令，在绘图区适当位置处单击选择文字插入点。

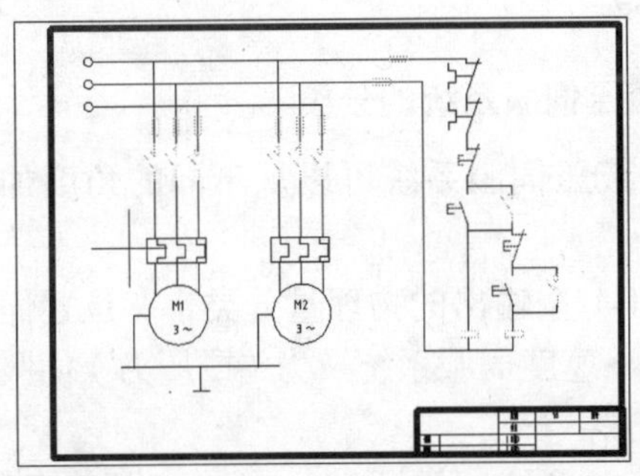

❷ 在命令行中提示输入文字高度时，输入“10”，按【Enter】键确认，然后再次按【Enter】键设置默认文字旋转角度为“0”。

命令: _text

当前文字样式: “注释文字” 文字高度: 7.0000 注释性: 否

指定文字的起点或 [对正(J)/样式(S)]:

指定高度 <7.0000>: 10

指定文字的旋转角度 <0>: 0

❸ 在绘图区光标闪动位置处输入“FR1”，结果如下图所示。

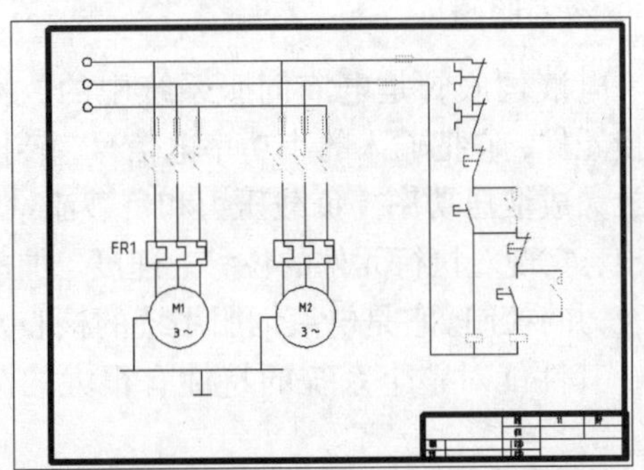

❹ 重复步骤❶~❸，完成其他地方的文字输入，标注完成后结果如图所示。

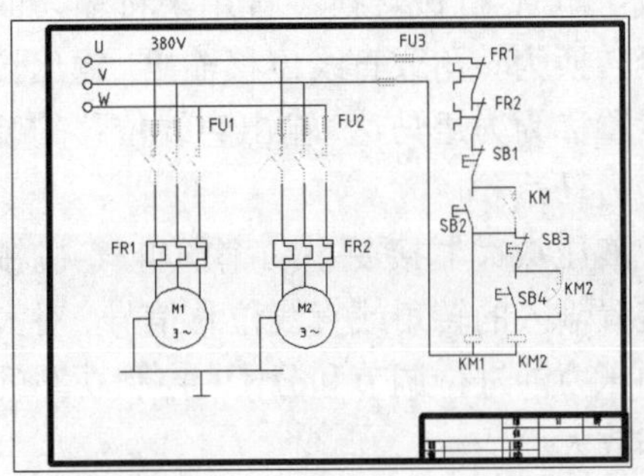

20.2 电液系统介绍

本节视频教学录像：11 分钟

电液控制技术是随着液压传动技术的发展、应用而发展起来的新型液压控制技术。电液控制系统由电气的信号处理部分与液压的功率放大和输出部分构成，它可以组成开环或闭环系统。电液系统综合了电气和液压两方面的优点，其控制精度和响应速度远远高于普通的液压传动，因而在现代工业生产中被广泛采用。电液控制技术包括液压伺服控制技术和电液比例控制技术。

20.2.1 液压伺服控制

伺服系统又称为随动系统或跟踪系统，是一种自动控制系统。在这种系统中，执行元件能以一定的精度自动地按照输入信号的变化规律而运动。用液压元件组成的伺服系统称为液压伺服系统。

液压伺服控制是以液压伺服阀为核心的高精度控制系统。液压伺服阀是通过改变输入信号，连续、成比例地控制流量和压力而进行液压控制的。根据输入信号的方式不同，液压伺服阀可以分为电液伺服阀和机液伺服阀两种。

1. 电液伺服阀

电液伺服阀是电液伺服系统中的放大转换元件，它把输入的小功率电信号，转换并放大成液压功率（负载压力和负载流量）输出，实现对执行元件的位移、速度、加速度及力的控制。它是电液伺服系统的核心元件，其性能对整个系统的特性有很大的影响。

电液伺服阀通常由电气-机械转换装置、液压放大器和反馈（平衡）机构三部分组成。电气-机械转换装置用来将输入的电信号转换为转角或直线位移输出。输出转角的装置称为力矩马达，输出直线位移的装置称为力马达。

液压放大器接受小功率的电气-机械转换装置输入的转角或直线位移信号，对大功率的压力油进行调节和分配，控制功率的转换和放大。

反馈（平衡）机构具有使电液伺服阀输出的流量或压力获得与输入电信号成比例的特性。

2. 液压伺服系统的分类

液压伺服系统可以从不同的角度加以分类。

(1) 按输出的物理量分类，有位置伺服系统、速度伺服系统及力（或压力）伺服系统等。

(2) 按控制信号分类，有机液伺服系统、电液伺服系统和气液伺服系统等。

(3) 按控制元件分类，有阀控系统和泵控系统两大类。在机械设备中，阀控系统应用的较多。

3. 液压伺服系统的优缺点

液压伺服系统除具有液压传动所具有的一系列优点外，还具有承载能力大、控制精度高、响应速度快、自动化程度高、体积小和重量轻等优点。

但液压伺服系统中的元件加工精度高，价格较贵；对油液污染比较敏感，因此可靠性受到影响；在小功率系统中，伺服控制不如微电子控制灵活。随着科学技术的发展，液压伺服系统的缺点将不断地被克服。在机电工程技术和自动化技术领域中，液压伺服系统有着广阔的应用前景。

20.2.2 电液比例控制

电液比例控制是介于普通液压阀的开关式控制和电液伺服控制之间的控制方式。它能实现对液流压力和流量连续地、按比例地跟随控制信号而变化。因此，它的控制性能优于开关式控制，与电液伺服控制相比，其控制精度和响应速度较低，但它成本低，抗污染能力强。电液比例控制的核心元件是电液比例阀，简称比例阀。

1. 电液比例控制阀

电液比例控制阀由常用的人工调节或开关控制的液压阀和电气-机械比例转换装置构成。常用的电气-机械比例转换装置是具有一定性能要求的电磁铁，它能把电信号按比例转换成力或位移，对液压阀进行控制。在使用过程中，电液比例阀可以按输入的电气信号连续地、按比例地对油液的压力、流量和方向等进行远距离控制，比例阀一般都具有压力补偿性能，所以它的输出压力和流量可以不受负载变化的影响。它被广泛地应用于对液压参数进行连续、远距离地控制或程序控制，但对控制精度和动态特性要求不太高的液压系统中。

根据用途和工作特点的不同，比例阀可以分为比例压力阀（如比例溢流阀、比例减压阀等）、比例流量阀（如比例调速阀）和比例方向阀（如比例换向阀）等3类。电液比例换向阀不仅能控制方向，还能控制流量。而比例流量阀仅仅是用比例电磁铁来调节节流阀的开口。

2. 电液比例控制系统的分类

电液比例控制系统可以按照不同的方式、不同的角度进行分类。电液伺服控制系统是一种广义上的比例控制系统，因而比例控制可以参照伺服控制来进行分类。每一种分类方式都代表着系统一定的特点。

该系统按被控量是否被检测和反馈来分类，可分为开环比例控制系统和闭环比例控制系统。目前，比例阀的应用以开环控制为主。闭环比例阀的主要性能与伺服阀相同，随着整体闭环比例阀的出现，使用闭环比例控制的场合也会越来越多。

该控制系统按控制信号的形式来分类，可分为模拟式控制和数字式控制两大类。其中，数字式控制又分为脉宽调制、脉码调制和脉数调制等。

该控制系统按比例元件的类型来分类，可分为比例节流控制和比例容积控制两大类。比例节流控制用在功率较小的系统，而比例容积控制则用在功率较大的场合。

目前，最通用的分类方式是按被控对象（量或参数）进行分类。按此分类，电液比例控制系统可以分为以下几种：

(1) 比例流量控制系统；

(2) 比例压力控制系统；

(3) 比例流量压力控制系统；

(4) 比例速度控制系统；

(5) 比例位置控制系统；

(6) 比例力控制系统；

(7) 比例同步控制系统。

3. 电液比例控制的特点

电液比例阀是介于开关型的液压阀与

伺服阀之间的液压元件。与电液伺服阀相比，其优点是价廉、抗污染能力强。除了在控制精度及响应速度方面不如伺服阀外，其他方面的性能和控制水平与伺服阀相当，其动、静态性能足以满足大多数工业应用的要求。

20.3 液压动力滑台液压系统设计

本节视频教学录像：46 分钟

液压动力滑台由滑台、滑座和油缸等 3 部分组成。在液压动力滑台中，油缸拖动滑台在滑座上移动。液压滑台是典型的液压传动系统，它是通过电气控制电路控制液压系统实现自动工作循环的。

本节将介绍液压动力滑台液压系统图的绘制方法和技巧。通过本实例的练习，读者可以掌握【直线】、【圆】、【圆弧】、【旋转】、【移动】、【偏移】、【拉伸】、【裁剪】、【多段线】及【复制】等命令的综合运用。

20.3.1 设计思路

从液压动力滑台液压系统图可以看出，液压系统图是由液压动力元件、液压执行元件和液压控制元件通过代表油路的细实线连接起来的。所以设计液压系统图，可以先将各液压元件图绘制出来，再将其摆放在适当的位置，最后用细实线连接起来。

20.3.2 实例效果预览

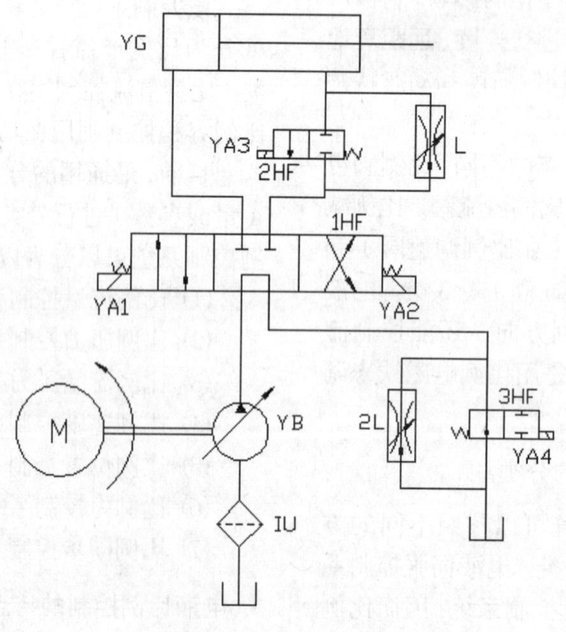

结果\ch20\液压系统图.dwg

20.3.3 实例说明

实例名称：绘制液压系统图
主要命令：【矩形】命令、【直线】命令、【对象捕捉】命令、【多段线】命令和【偏移】命令等
素材：无
结果：结果\ch20\液压系统图.dwg
难易程度：★★★★　　　　常用指数：★★★★

20.3.4 设计步骤 1——液压元件的绘制

第 1 步：设置绘图环境

❶ 单击【新建】按钮，弹出【选择样板】对话框，单击【打开】按钮 打开(O) 右边的下拉箭头，选择"无样板打开—公制（M）"选项。

❷ 在命令行中输入"limits"命令，按【Enter】键确认。具体的命令行操作如下。

命令：limits

重新设置模型空间界限：

指定左下角点或[开（ON）/关（OFF）]<0.0000,0.0000>：**输入"0"，按【Enter】键确认。** //输入屏幕左下角的坐标，指定屏幕左下角的坐标为原点

指定右上角点<420.0000，297.0000>：**输入"420，297"，按【Enter】键确认。** //输入屏幕右上角的坐标

❸ 在命令行中输入"zoom"命令，按【Enter】键确认。具体的命令行操作如下。

命令：zoom

指定窗口角点，输入比例因子 (nX 或 nXP)，或者[全部（A）/中心点（C）/动态（D）/范围（E）/上一个（P）/比例（S）/窗口（W）/对象（O）]<实时>：**输入"A"，按【Enter】键确认。**

正在重生成模型。

❹ 单击【常用】选项卡下【图层】面板中的【图层特性】按钮，弹出【图层特性管理器】对话框。单击【新建】按钮，新建名为"图元"、"辅助线"和"虚线"的 3 个图层，在"虚线"层中加载名称为"JIS_02_1.0"的线型，并将"图元"层设为当前层。

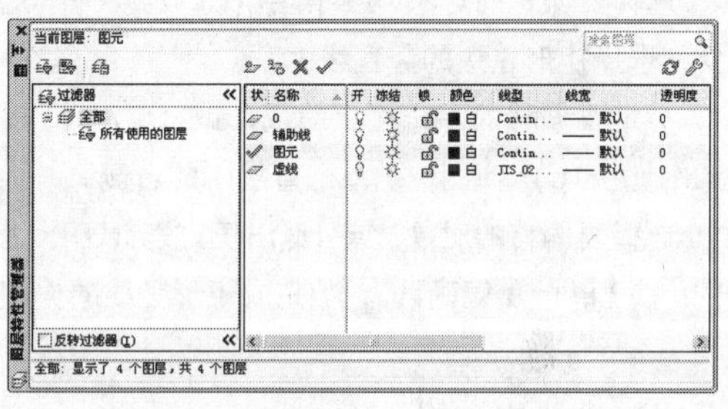

第 2 步：绘制液压缸

❶ 单击【常用】选项卡下【绘图】面板中的【矩形】按钮，以激活"rectang"命令，并通过命令行操作，绘制一个矩形。具体的命令行操作如下。

命令：_rectang

指定第一个角点或[倒角（C）/标高（E）/圆角（F）/厚度（T）/宽度（W）]：**在绘图区域的适当位置单击，选取矩形左上角点。**

指定另一个角点或 [尺寸(D)]：**输入"@35，-10"，按【Enter】键确认。** //输入矩形的右下角点的相对坐标，完成矩形的绘制

❷ 单击【常用】选项卡下【修改】面板中的【分解】按钮，以激活"explode"命令，并通过命令行操作，将矩形分解为 4 条直线。具体的命令行操作如下。

命令：_explode

选择对象：**选择矩形。**

选择对象：**按【Enter】键确认。** //完成矩形

的分解

❸ 单击【常用】选项卡下【修改】面板中的【偏移】按钮，以激活“offset”命令，并通过命令行操作，将矩形左边竖线向右偏移10。具体的命令行操作如下。

命令：_offset

指定偏移距离或 [通过(T)/删除(E)/图层(L)] <10.0000>：**输入“10”，按【Enter】键确认。** //输入偏移距离

选择要偏移的对象，或 [退出(E)/放弃(U)] <退出>：**选择矩形左边的竖直线 1。**

指定要偏移的那一侧上的点，或 [退出(E)/多个(M)/放弃(U)] <退出>：**单击直线 1 的右侧。**

选择要偏移的对象，或 [退出(E)/放弃(U)] <退出>：**按【Enter】键确认。** //完成矩形竖线的偏移

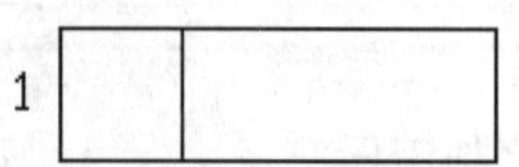

❹ 单击【常用】选项卡下【绘图】面板中的【直线】按钮，以激活“line”命令，并通过命令行操作，绘制水平直线。具体的命令行操作如下。

命令：_line

指定第一点：**捕捉上一步偏移得到的直线 2 的中点。**

指定下一点或 [放弃(U)]：**输入“@38，0”，按【Enter】键确认。** //输入下一点的相对坐标

指定下一点或 [放弃(U)]：**按【Enter】键确认。** //完成直线的绘制

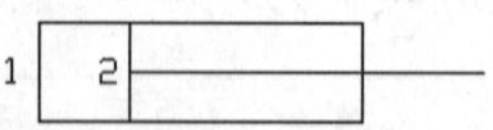

第 3 步：绘制调速阀

❶ 依据绘制液压缸的步骤❶和❷，绘制长为 12.5、宽为 5 的矩形，并分解。

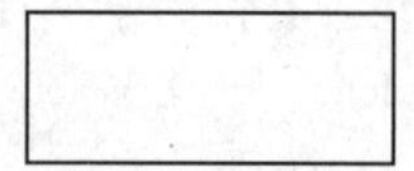

❷ 单击【常用】选项卡下【绘图】面板中的【多段线】按钮，以激活“pline”命令，并通过命令行操作，绘制多段线。具体的命令行操作如下。

命令：_pline

指定起点：**单击选取矩形右侧竖直边 1 的中点。**

指定下一个点或 [圆弧(A)/半宽(H)/长度(L)/放弃(U)/宽度(W)]：**输入“w”，按【Enter】键确认。** //设置多段线的宽度

指定起点宽度 <0.0000>：**输入“0”，按【Enter】键确认。** //输入起点宽度

指定端点宽度 <0.0000>：**输入“0.6”，按【Enter】键确认。** //输入端点宽度

指定下一个点或 [圆弧(A)/半宽(H)/长度(L)/放弃(U)/宽度(W)]：**输入“@-2.5，0”，按【Enter】键确认。** //输入多段线终点的相对坐标

指定下一个点或 [圆弧(A)/半宽(H)/长度(L)/放弃(U)/宽度(W)]：**输入“w”，按【Enter】键确认。** //设置多段线的宽度

指定起点宽度 <0.0000>：**输入“0”，按【Enter】键确认。** //输入起点宽度

指定端点宽度 <0.0000>：**输入“0”，按【Enter】键确认。** //输入端点宽度

指定下一个点或 [圆弧(A)/半宽(H)/长度(L)/放弃(U)/宽度(W)]：**输入“@-10，0”，按【Enter】键确认。** //输入多段线终点的相对坐标

指定下一点或 [圆弧(A)/闭合(C)/半宽(H)/长度(L)/放弃(U)/宽度(W)]：**按【Enter】键确认。** //完成多段线的绘制

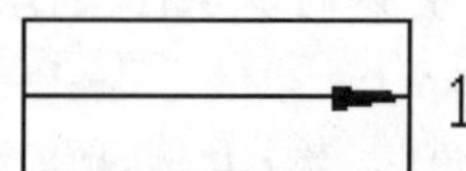

❸ 单击【常用】选项卡下【绘图】面板中的【三点】按钮。运用三点圆弧命令，在多段线的上部绘制下图所示的圆弧。

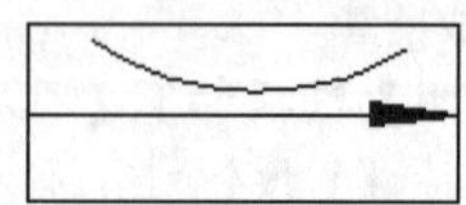

❹ 单击【常用】选项卡下【修改】面板中的【镜像】按钮，以激活“mirror”命令，并通过命令行操作，以箭头为镜像线，对圆弧进行镜像。具体的命令行

操作如下。

命令：_mirror

选择对象：**选择圆弧。**

选择对象：**按【Enter】键确认。**

指定镜像线的第一点：**捕捉箭头上的任意一点。**

指定镜像线的第二点：**捕捉箭头上除了第一点外的任意另外一点。**

是否删除源对象？[是（Y）/否（N）]<N>：**按【Enter】键确定。** //不删除原来的对象

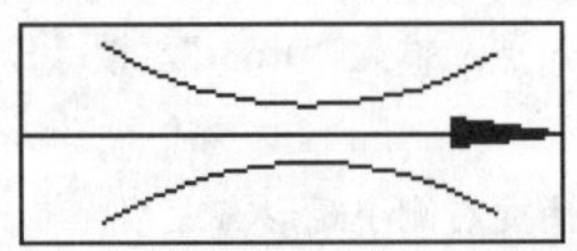

❺ 单击【常用】选项卡下【绘图】面板中的【多段线】按钮，以激活“pline”命令，并通过命令行操作，绘制多段线。具体的命令行操作如下。

命令：_pline

指定起点：**在矩形的上侧水平边上适当的位置单击选取一点。**

指定下一个点或 [圆弧(A)/半宽(H)/长度(L)/放弃(U)/宽度(W)]：**输入“w”，按【Enter】键确认。** //设置多段线的宽度

指定起点宽度 <0.0000>：**输入“0”，按【Enter】键确认。** //输入起点宽度

指定端点宽度 <0.0000>：**输入“0.6”，按【Enter】键确认。** //输入端点宽度

指定下一个点或 [圆弧(A)/半宽(H)/长度(L)/放弃(U)/宽度(W)]：**输入“@2.5<-45”，按【Enter】键确认。** //输入多段线终点的相对坐标

指定下一个点或 [圆弧(A)/半宽(H)/长度(L)/放弃(U)/宽度(W)]：**输入“w”，按【Enter】键确认。** //设置多段线的宽度

指定起点宽度 <0.0000>：**输入“0”，按【Enter】键确认。** //输入起点宽度

指定端点宽度 <0.0000>：**输入“0”，按【Enter】键确认。** //输入端点宽度

指定下一个点或 [圆弧(A)/半宽(H)/长度(L)/放弃(U)/宽度(W)]：**输入“@10<-45”，按【Enter】键确认。** //输入多段线终点的相对坐标

指定下一点或 [圆弧(A)/闭合(C)/半宽(H)/长度(L)/放弃(U)/宽度(W)]：**按【Enter】键确认。** //完成多段线的绘制

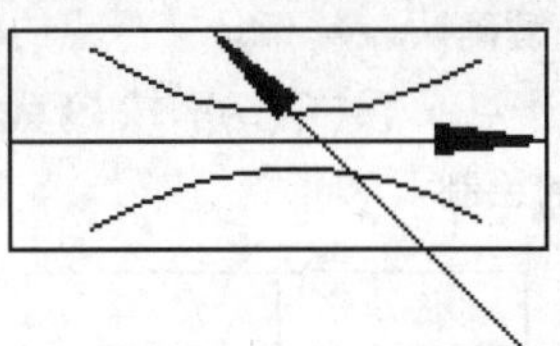

❻ 单击【常用】选项卡下【修改】面板中的【修剪】按钮，以激活“trim”命令，并通过命令行操作，以矩形的下边线为修剪边，修剪掉矩形以外的多段线。具体的命令行操作如下。

命令：_trim

当前设置:投影=UCS，边=无

选择剪切边...

选择对象<全部选择>：**按【Enter】键确认。**

选择对象：**选择矩形的下边。**

选择要修剪的对象，或按住【Shift】键选择要延伸的对象，或[栏选(F)/窗交(C)/投影(P)/边(E)/删除(R)/放弃(U)]：**选择矩形以外的直线。**

选择要修剪的对象，或按住【Shift】键选择要延伸的对象，或[栏选(F)/窗交(C)/投影(P)/边(E)/删除(R)/放弃(U)]：**按【Enter】键确认。**

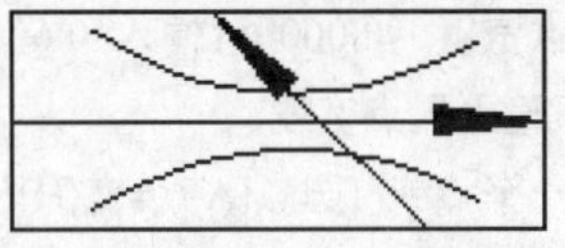

第 4 步：绘制二位二通电磁换向阀 2HF

❶ 依据绘制液压缸的步骤❶和❷，绘制长为 12、宽为 5 的矩形，并分解。

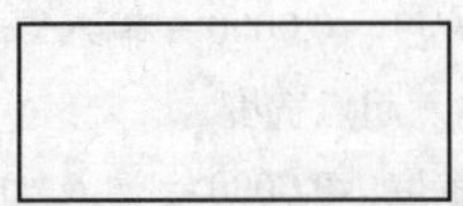

❷ 单击【常用】选项卡下【绘图】面板中的【直线】按钮，以激活“line”命令，并通过命令行操作，绘制一条通过矩形中心的竖直直线。具体的命令行操作如下。

命令：_line

指定第一点：捕捉矩形上边线的中点。

指定下一点或 [放弃(U)]：输入“@0，-5”，按【Enter】键确认。 //输入下一点的相对坐标

指定下一点或 [放弃(U)]：按【Enter】键确认。//完成直线的绘制

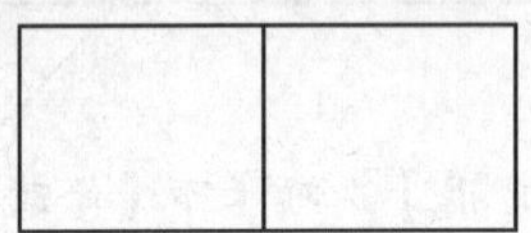

❸ 单击【常用】选项卡下【绘图】面板中的【多段线】按钮，以激活“pline”命令，并通过命令行操作，绘制多段线。具体的命令行操作如下。

命令：_pline

指定起点：输入“from”，按【Enter】键确认。

基点：捕捉左侧小矩形的左下角。

<偏移>：打开【正交】模式，将十字光标移动到基点的右侧，输入“3”，按【Enter】键确认。 //输入偏移距离

指定下一个点或 [圆弧(A)/半宽(H)/长度(L)/放弃(U)/宽度(W)]：输入“w”，按【Enter】键确认。//设置多段线的宽度

指定起点宽度 <0.0000>：输入“0”，按【Enter】键确认。 //输入起点宽度

指定端点宽度 <0.0000>：输入“0.6”，按【Enter】键确认。 //输入端点宽度

指定下一个点或 [圆弧(A)/半宽(H)/长度(L)/放弃(U)/宽度(W)]：输入“@0，1.5”，按【Enter】键确认。 //输入多段线终点的相对坐标

指定下一个点或 [圆弧(A)/半宽(H)/长度(L)/放弃(U)/宽度(W)]：输入“w”，按【Enter】键确认。//设置多段线的宽度

指定起点宽度 <0.0000>：输入“0”，按【Enter】键确认。 //输入起点宽度

指定端点宽度 <0.0000>：输入“0”，按【Enter】键确认。 //输入端点宽度

指定下一个点或 [圆弧(A)/半宽(H)/长度(L)/放弃(U)/宽度(W)]：输入“@0，3.5”，按【Enter】键确认。 //输入多段线终点的相对坐标

指定下一点或 [圆弧(A)/闭合(C)/半宽(H)/长度(L)/放弃(U)/宽度(W)]：按【Enter】键确认。 //完成多段线的绘制

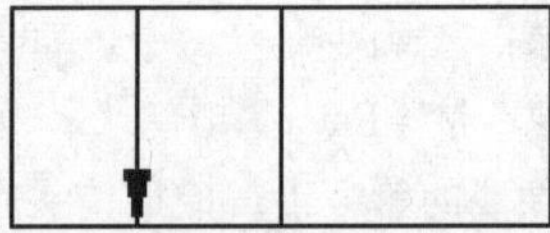

❹ 单击【常用】选项卡下【绘图】面板中的【直线】按钮，以激活“line”命令，并通过命令行操作，绘制直线。具体的命令行操作如下。

命令：_line

指定第一点：输入“from”，按【Enter】键确认。

基点：捕捉右侧小矩形右上角。

<偏移>：打开【正交】模式，将十字光标移动到左边，输入“3”，按【Enter】键确认。 //输入偏移距离

指定下一点或 [放弃(U)]：输入“@0，-1”，按【Enter】键确认。

指定下一点或 [放弃(U)]：输入“@1，0”，按【Enter】键确认。

指定下一点或 [放弃(U)]：输入“@-2，0”，按【Enter】键确认。

指定下一点或 [放弃(U)]：按【Enter】键确认。//完成直线的绘制

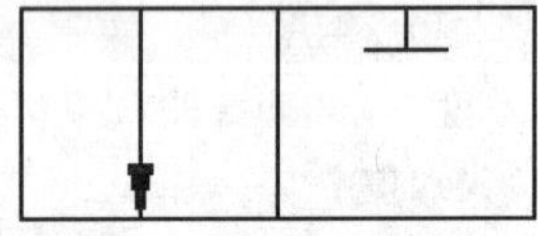

❺ 单击【常用】选项卡下【修改】面板中的【镜像】按钮，以激活“mirror”命令，并通过命令行操作，进行镜像操作。具体的命令行操作如下。

命令：_mirror

选择对象：选择上一步骤所画的两条直线。

选择对象：按【Enter】键确认。

指定镜像线的第一点：捕捉直线 AB 的中点。

指定镜像线的第二点：捕捉直线 CD 的中点。

是否删除源对象？[是（Y）/否（N）]<N>：按【Enter】键确认。 //不删除原来的对象

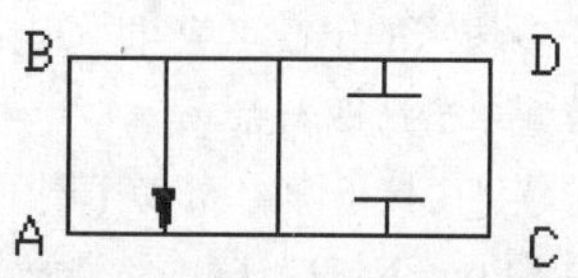

❻ 单击【常用】选项卡下【绘图】面板中的【直线】按钮，以激活“line”命令，并通过命令行操作，绘制直线。具体的命令行操作如下。

命令：_line

指定第一点：**捕捉矩形左下角。**

指定下一点或 [放弃(U)]：<正交 开> **打开【正交】模式，将十字光标移动到左边，输入“2.7”，按【Enter】键确认。** //输入偏移距离 2.7

指定下一点或 [放弃(U)]：**将十字光标移动到上方，输入“1.3”，按【Enter】键确认。** //输入偏移距离 1.3

指定下一点或 [放弃(U)]：**将十字光标移动到右方，输入“2.7”，按【Enter】键确认。** //输入偏移距离 2.7

指定下一点或 [放弃(U)]：**按【Enter】键确认。** //完成直线的绘制

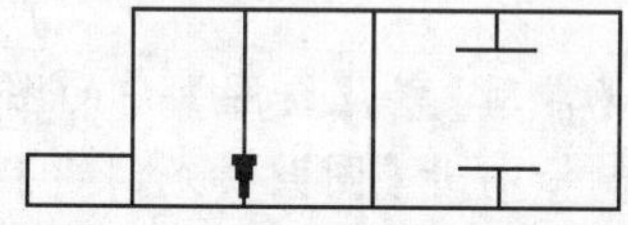

❼ 按【Enter】键重复直线命令，完成下图所示的弹簧图形的绘制。

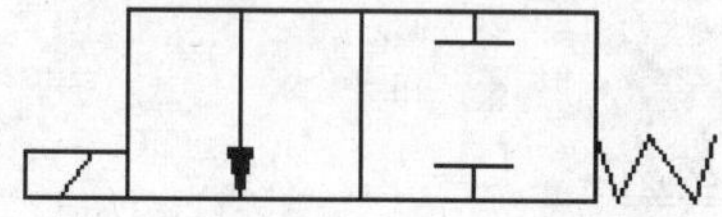

第 5 步：绘制二位二通电磁换向阀 3HF

❶ 依照电磁换向阀 2HF 的前 5 个步骤绘制以下图形。

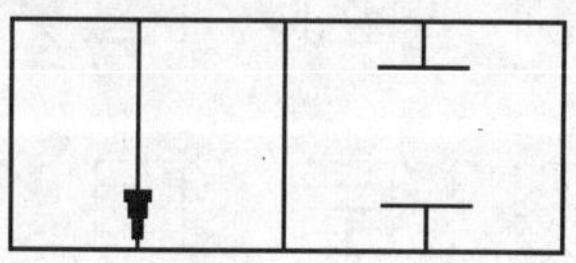

❷ 单击【常用】选项卡下【绘图】面板中的【直线】按钮，以激活“line”命令，并通过命令行操作，绘制直线。具体的命令行操作如下。

命令：_line

指定第一点：**捕捉矩形右下角。**

指定下一点或 [放弃(U)]：<正交 开> **打开【正交】模式，将十字光标移动到右边，输入“2.7”，按【Enter】键确认。** //输入偏移距离

指定下一点或 [放弃(U)]：**将十字光标移动到上方，输入“1.3”，按【Enter】键确认。** //输入偏移距离

指定下一点或 [放弃(U)]：**将十字光标移动到左方，输入“2.7”，按【Enter】键确认。** //输入偏移距离

指定下一点或 [放弃(U)]：**按【Enter】键确认。** //完成直线的绘制

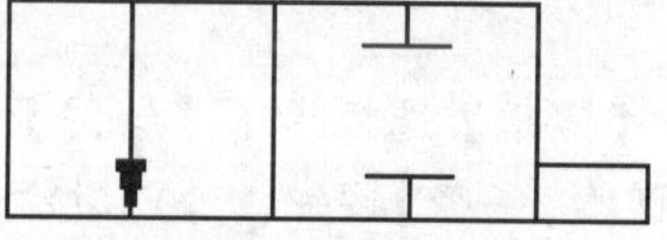

❸ 按【Enter】键重复直线命令，完成下图所示的弹簧图形的绘制。

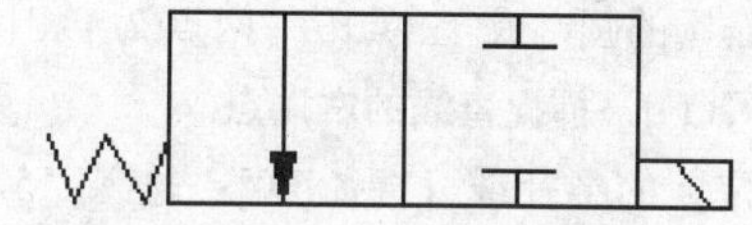

第 6 步：绘制单向变量泵的主体部分

❶ 单击【常用】选项卡下【绘图】面板中的【圆心，半径】按钮，以激活“circle”命令，并通过命令行操作，绘制半径为 8 的圆。具体的命令行操作如下。

命令：_circle

指定圆的圆心或 [三点(3P)/两点(2P)/相切、相切、半径(T)]：**在适当的位置单击选取圆的圆心点。**

指定圆的半径或 [直径(D)]：**输入“8”，按【Enter】键确认。** //输入圆的半径，完成圆的绘制

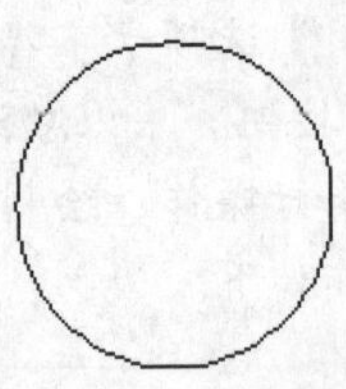

❷ 单击【常用】选项卡下【绘图】面板中的【直线】按钮，以激活“line”命令，并通过命令行操作，绘制水平直线。具体的命令行操作如下。

命令：_line

指定第一点：捕捉圆心。

指定下一点或 [放弃(U)]：<正交 开> 打开【正交】模式，将十字光标移动到右边，输入“32.5”，按【Enter】键确认。 //输入偏移距离 32.5

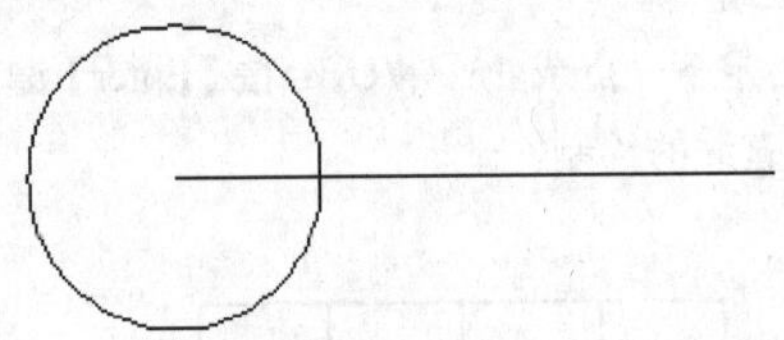

❸ 单击【常用】选项卡下【绘图】面板中的【圆心，半径】按钮，以激活“circle”命令，并通过命令行操作，绘制半径为5的圆。具体的命令行操作如下。

命令：_circle

指定圆的圆心或 [三点(3P)/两点(2P)/相切、相切、半径(T)]：捕捉直线的右端点。

指定圆的半径或 [直径(D)]：输入“5”，按【Enter】键确认。 //输入圆的半径，完成圆的绘制

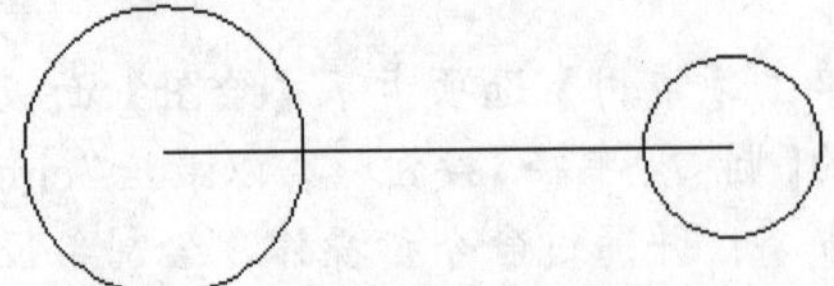

❹ 单击【常用】选项卡下【绘图】面板中的【多边形】按钮，以激活“polygon”命令，并通过命令行操作，绘制一个等边三角形。具体的命令行操作如下。

命令：_polygon

输入边的数目 <3>：输入“3”，按【Enter】键确认。 //输入边数 3

指定正多边形的中心点或 [边(E)]：在绘图区域适当的位置单击选取一点。

输入选项 [内接于圆(I)/外切于圆(C)] <I>：输入“I”，按【Enter】键确认。 //选择内接于圆

指定圆的半径：输入“1”，按【Enter】键确认。 //输入半径

❺ 单击【常用】选项卡下【修改】面板中的【移动】按钮，以激活“move”命令，并通过命令行操作，捕捉圆的上象限点。具体的命令行操作如下。

命令：_move

选择对象：选择三角形。

选择对象：按【Enter】键确认。 //完成对象的选择

指定基点或 [位移(D)] <位移>：捕捉三角形的上顶点。

指定第二个点或 <使用第一个点作为位移>：<正交 关> 关闭【正交】模式，捕捉圆的上象限点。

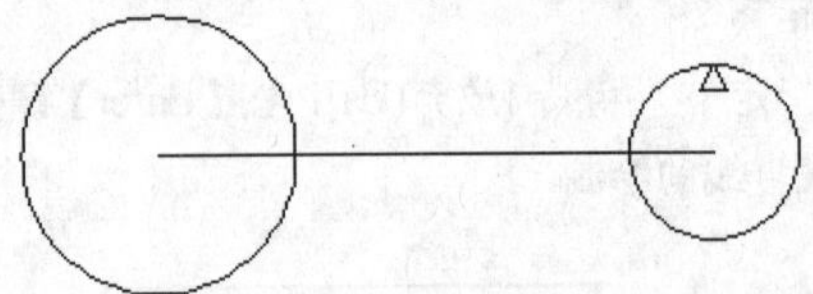

❻ 选择【常用】➢【绘图】中的图案填充按钮，打开【图案填充创建】选项卡，然后单击【图案】面板中的【图案填充图案】按钮，在弹出的列表中选择【SOLID】选项。

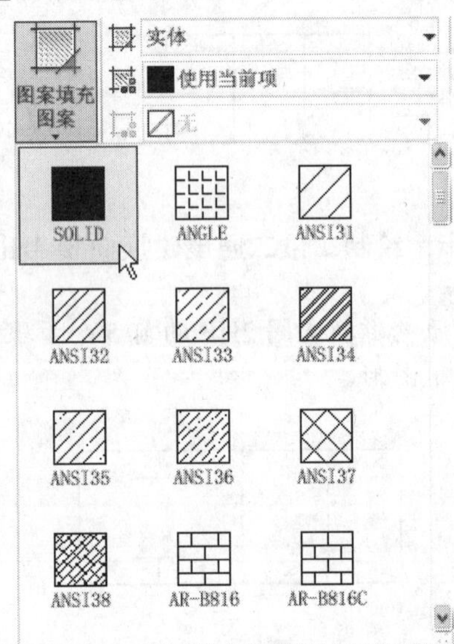

❼ 单击三角形内部，按【Enter】键确认，完成下图的绘制。

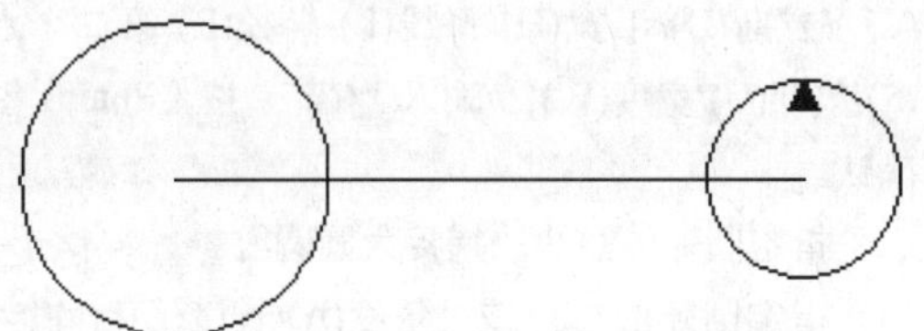

第 7 步：绘制单向变量泵的其他部分

❶ 单击【常用】选项卡下【修改】面板中的【偏移】按钮，以激活“offset”命令，并通过命令行操作，完成直线段的偏移。具体的命令行操作如下。

命令：_offset

指定偏移距离或[通过(T)]<通过>：**输入“0.5”，按【Enter】键确认。** //输入要偏移的距离

选择要偏移的对象，或 [退出(E)/放弃(U)] <退出>：**选择连接两圆圆心的直线。**

指定点以确定偏移所在一侧：**单击直线的上侧。**

选择要偏移的对象，或 [退出(E)/放弃(U)] <退出>：**选择连接两圆圆心的直线。**

指定点以确定偏移所在一侧：**单击直线的下侧。**

选择要偏移的对象或<退出>：**按【Enter】键确认。** //完成直线的偏移

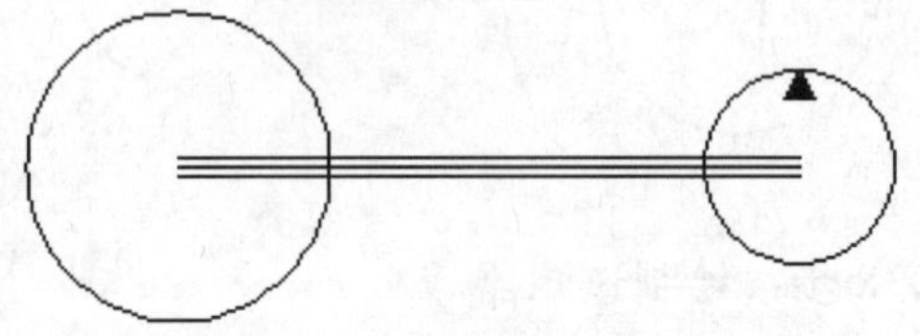

❷ 选择连接两圆圆心的直线，在右键快捷菜单中选择【删除】菜单项。

❸ 单击【常用】选项卡下【修改】面板中的【修剪】按钮，以激活“trim”命令，并通过命令行操作，以两圆为剪切边，修剪多余的线。具体的命令行操作如下。

命令：_trim

选择剪切边...

选择对象或 <全部选择>：**选择两圆。**

选择对象或：**按【Enter】键确认。**

选择要修剪的对象，或按住【Shift】键选择要延伸的对象，或[栏选(F)/窗交(C)/投影(P)/边(E)/删除(R)/放弃(U)]：**选择圆内的直线。**

选择要修剪的对象，或按住【Shift】键选择要延伸的对象，或[栏选(F)/窗交(C)/投影(P)/边(E)/删除(R)/放弃(U)]：**按【Enter】键确认。** //完成修剪

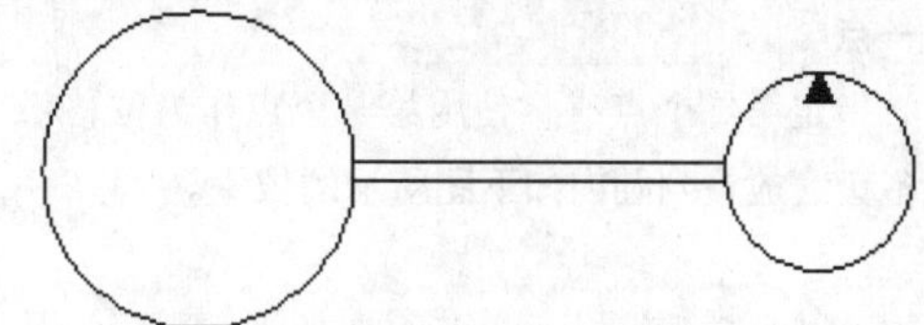

❹ 单击【常用】选项卡下【绘图】面板中的【多段线】按钮，以激活“pline”命令，并通过命令行操作，完成箭头的绘制。具体的命令行操作如下。

命令：_pline

指定起点：**在绘图区域单击选取一点。**

指定下一个点或 [圆弧(A)/半宽(H)/长度(L)/放弃(U)/宽度(W)]：**输入“w”，按【Enter】键确认。** //设置多段线的宽度

指定起点宽度 <0.0000>：**输入“0”，按【Enter】键确认。** //输入起点宽度

指定端点宽度 <0.0000>：**输入“0.6”，按【Enter】键确认。** //输入端点宽度

指定下一个点或 [圆弧(A)/半宽(H)/长度(L)/放弃(U)/宽度(W)]：**输入“@2.5<-135”，按【Enter】键确认。** //输入多段线终点的相对坐标

指定下一个点或 [圆弧(A)/半宽(H)/长度(L)/放弃(U)/宽度(W)]：**输入“w”，按【Enter】键确认。** //设置多段线的宽度

指定起点宽度 <0.0000>：**输入“0”，按【Enter】键确认。** //输入起点宽度

指定端点宽度 <0.0000>：**输入“0”，按【Enter】键确认。** //输入端点宽度

指定下一个点或 [圆弧(A)/半宽(H)/长度(L)/放弃(U)/宽度(W)]：**输入“@15<-135”，按【Enter】键确认。** //输入多段线终点的相对坐标

指定下一点或 [圆弧(A)/闭合(C)/半宽(H)/长度(L)/放弃(U)/宽度(W)]：**按【Enter】键确认。**

❺ 右击多段线，选择【移动】菜单命令。

命令：_move

指定基点或 [位移(D)] <位移>：**捕捉多段线上的一点。**

指定第二个点或 <使用第一个点作为位移>：**将多段线放置到圆内如下图所示的位置。**

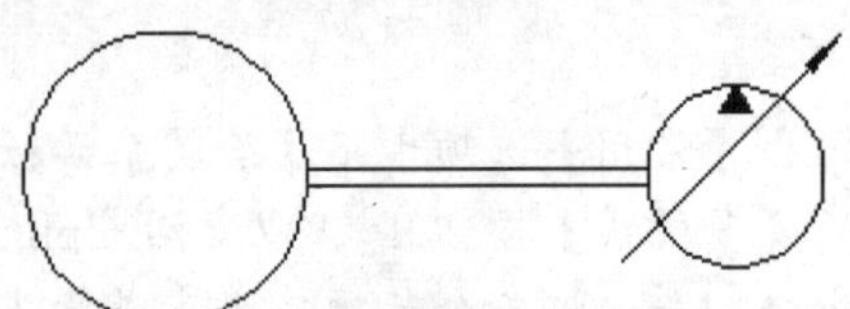

❻ 单击【常用】选项卡下【绘图】面板中的【多段线】按钮，以激活"pline"命令，并通过命令行操作，完成圆弧箭头的绘制。具体的命令行操作如下。

命令：_pline

指定起点：**在大圆外右下角处适当的位置单击选择一点。**

当前线宽为 0.0000

指定下一个点或 [圆弧(A)/半宽(H)/长度(L)/放弃(U)/宽度(W)]：**输入"A"，按【Enter】键确认。**

指定圆弧的端点或[角度(A)/圆心(CE)/方向(D)/半宽(H)/直线(L)/半径(R)/第二个点(S)/放弃(U)/宽度(W)]：**输入"CE"，按【Enter】键确认。**

指定圆弧的圆心：**捕捉大圆圆心。**

指定圆弧的端点或 [角度(A)/长度(L)]：**输入"A"，按【Enter】键确认。**

指定包含角：**输入"100"，按【Enter】键确认。** //输入圆弧的包含角

指定圆弧的端点或[角度(A)/圆心(CE)/闭合(CL)/方向(D)/半宽(H)/直线(L)/半径(R)/第二个点(S)/放弃(U)/宽度(W)]：**输入"w"，按【Enter】键确认。** //设置多段线的宽度

指定起点宽度 <0.0000>：**输入"0.6"，按【Enter】键确认。** //输入起点宽度

指定端点宽度 <0.0000>：**输入"0"，按【Enter】键确认。** //输入端点宽度

指定圆弧的端点或[角度(A)/圆心(CE)/闭合(CL)/方向(D)/半宽(H)/直线(L)/半径(R)/第二个点(S)/放弃(U)/宽度(W)]：**输入"CE"，按【Enter】键确认。**

指定圆弧的圆心：**捕捉大圆圆心。**

指定圆弧的端点或 [角度(A)/长度(L)]：**输入"L"，按【Enter】键确认。**

指定弦长：**输入"2.5"，按【Enter】键确认。** //输入箭头长度

指定下一点或 [圆弧(A)/闭合(C)/半宽(H)/长度(L)/放弃(U)/宽度(W)]：**按【Enter】键确认。**

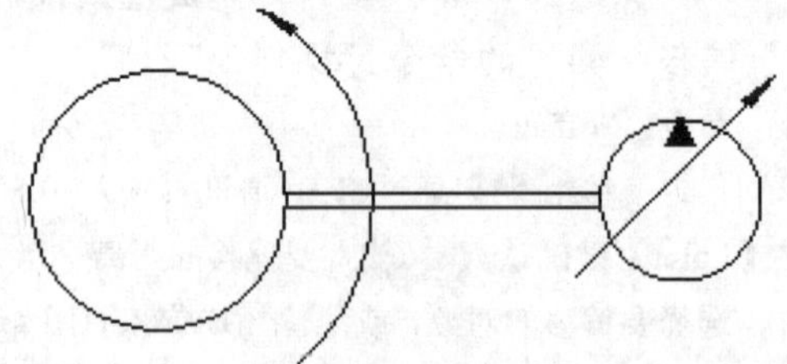

❼ 单击【常用】选项卡下【注释】面板中的【多行文字】按钮 A，打开【文字编辑器】选项卡，将文字样式设置为"standard"，字高设置为"4"，在文本框中输入"M"，然后单击【关闭文字编辑器】按钮。

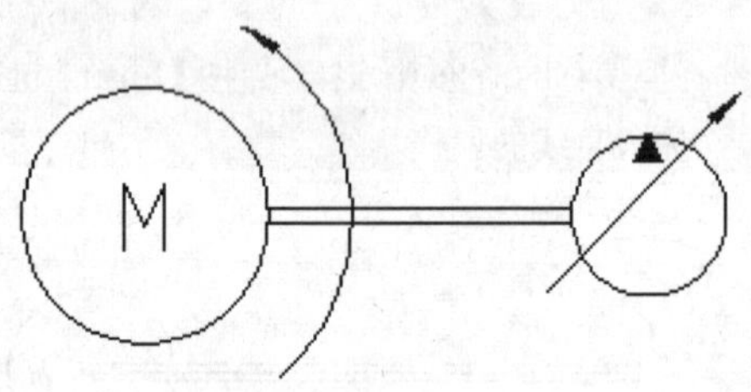

第 8 步：绘制过滤器

❶ 单击【常用】选项卡下【绘图】面板中的【多边形】按钮，以激活"polygon"命令，并通过命令行操作，绘制一个等边三角形。具体的命令行操作如下。

命令：_polygon

输入边的数目 <3>：**输入"4"，按【Enter】键确认。** //输入多边形的边数

指定正多边形的中心点或 [边(E)]：**在绘图区域的适当位置单击选取一点。**

输入选项 [内接于圆(I)/外切于圆(C)] <I>：**输入“I”，按【Enter】键确认。** //选择内接于圆

指定圆的半径：**输入“4”，按【Enter】键确认。** //输入半径

❷ 选择四边形，在右键快捷菜单中选择【旋转】菜单项。

命令：_rotate

UCS 当前的正角方向：ANGDIR=逆时针 ANGBASE=0

指定基点：**捕捉四边形的左下角。**

指定旋转角度，或 [复制(C)/参照(R)] <45>：**输入“45”，按【Enter】键确认。** //输入旋转角度

❸ 选择“虚线层”为当前图层。

❹ 单击【常用】选项卡下【绘图】面板中的【直线】按钮，以激活“line”命令，并通过命令行操作，绘制一条水平虚线。具体的命令行操作如下。

命令：_line

指定第一点：**捕捉多边形的左顶点。**

指定下一点或 [放弃(U)]：**捕捉多边形的右顶点。**

指定下一点或 [放弃(U)]：**按【Enter】键确认。** //完成直线的绘制

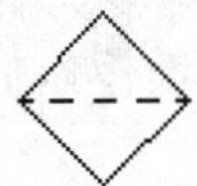

第 9 步：绘制油箱

选择“图元”为当前图层。单击【常用】选项卡下【绘图】面板中的【直线】按钮，以激活“line”命令，并通过命令行操作，绘制油箱。具体的命令行操作如下。

命令：_line

指定第一点：<正交 开> **打开【正交】模式，在绘图区域适当的位置单击选取一点。**

指定下一点或 [放弃(U)]：**将十字光标移动到起始点的下方，输入“4”，按【Enter】键确认。**

指定下一点或 [放弃(U)]：**将十字光标移动到右面，输入“6”，按【Enter】键确认。**

指定下一点或 [闭合(C)/放弃(U)]：**将十字光标移动到上面，输入“4”，按【Enter】键确认。**

指定下一点或 [闭合(C)/放弃(U)]：**按【Enter】键确认。** //完成油箱的绘制

第 10 步：绘制三位四通电磁换向阀的主体

❶ 单击【常用】选项卡下【绘图】面板中的【矩形】按钮，以激活“rectang”命令，并通过命令行操作，绘制一个矩形。具体的命令行操作如下。

命令：_rectang

指定第一个角点或[倒角（C）/标高（E）/圆角（F）/厚度（T）/宽度（W）]：**在绘图区域的适当位置单击选取矩形左上角点。**

指定另一个角点或 [尺寸(D)]：**输入“@45,-10”，按【Enter】键确认。** //输入矩形的右下角点的相对坐标

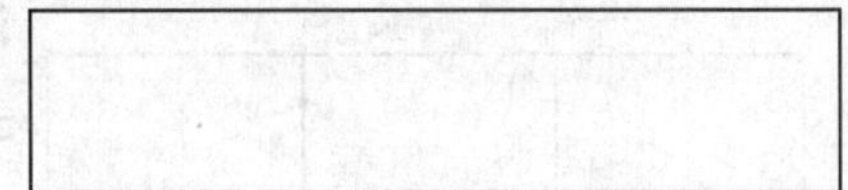

❷ 单击【常用】选项卡下【修改】面板中的【分解】按钮，以激活“explode”命令，并通过命令行操作，将矩形分解为 4 条直线。具体的命令行操作如下。

命令：_explode

选择对象：**选择矩形。**

选择对象：**按【Enter】键确认。** //完成矩形的分解

❸ 单击【常用】选项卡下【修改】面板中的【偏移】按钮，以激活“offset”命令，并通过命令行操作，将矩形左边的竖线向右偏移 15。具体的命令行操作如下。

命令：_offset

指定偏移距离或 [通过(T)/删除(E)/图层(L)] <10.0000>：**输入“15”，按【Enter】键确认。** //输入偏移距离

选择要偏移的对象，或 [退出(E)/放弃(U)] <退出>：**选择矩形左边的竖线。**

指定要偏移的那一侧上的点，或 [退出(E)/多个(M)/放弃(U)] <退出>：**单击竖线右侧。**

选择要偏移的对象，或 [退出(E)/放弃(U)] <退出>：**按【Enter】键确认。**

❹ 单击【常用】选项卡下【修改】面板中的【偏移】按钮，以激活“offset”命令，并通过命令行操作，将矩形右边的竖线向左偏移15。具体的命令行操作如下。

命令：_offset

指定偏移距离或 [通过(T)/删除(E)/图层(L)] <10.0000>：**输入“15”，按【Enter】键确认。** //输入偏移距离

选择要偏移的对象，或 [退出(E)/放弃(U)] <退出>：**选择矩形右边的竖线2。**

指定要偏移的那一侧上的点，或 [退出(E)/多个(M)/放弃(U)] <退出>：**单击直线2的左侧。**

选择要偏移的对象，或 [退出(E)/放弃(U)] <退出>：**按【Enter】键确认。**

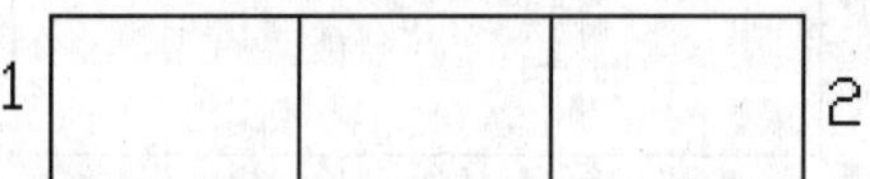

❺ 选择【绘图】➤【点】➤【定距等分】菜单命令，以激活“measure”命令，并通过命令行操作，绘制等分点。具体的命令行操作如下。

命令：_measure

选择要定距等分的对象：**选择矩形上边线。**

指定线段长度或 [块(B)]：**输入“5”，按【Enter】键确认。** //输入线段长度5

❻ 选择【格式】➤【点样式】菜单命令，弹出【点样式】对话框，选择下图所示的点样式，然后单击【确定】按钮，完成下图的绘制。

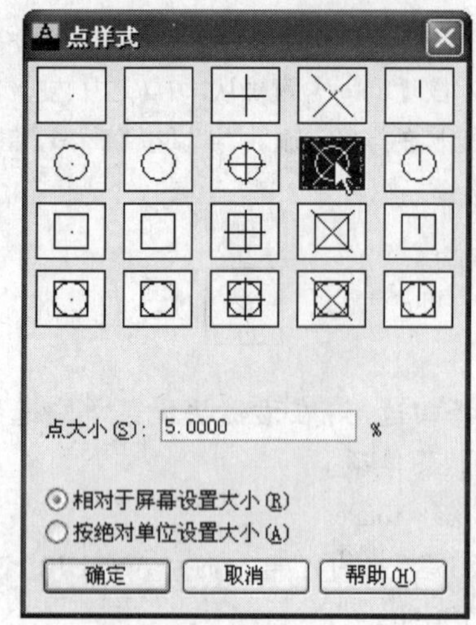

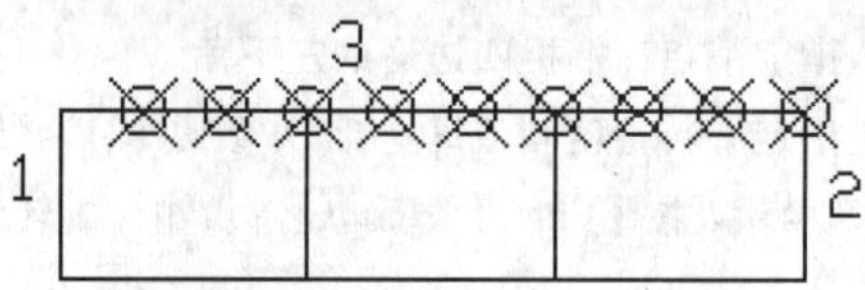

❼ 按照步骤❻的方法将矩形的下“边线4”等分，结果如下图所示。

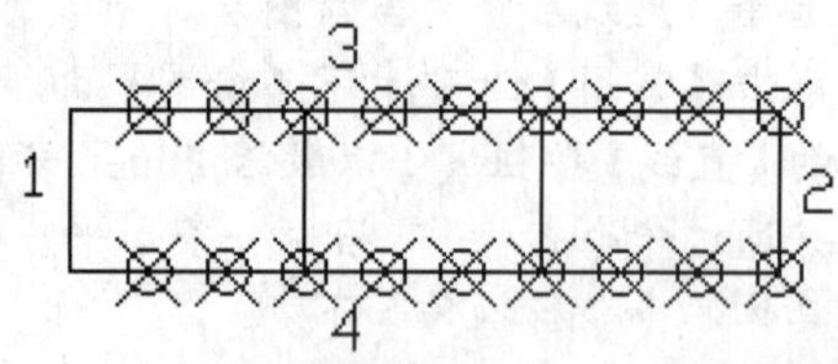

第11步：绘制三位四通电磁换向阀的其他部分

❶ 单击【常用】选项卡下【绘图】面板中的【多段线】按钮，以激活“pline”命令，并通过命令行操作，绘制箭头。具体的命令行操作如下。

命令：_pline

指定起点：**捕捉上边线左边第一个点E。**

当前线宽为 0.0000

指定下一个点或 [圆弧(A)/半宽(H)/长度(L)/放弃(U)/宽度(W)]：**输入“W”，按【Enter】键确认。** //设置多段线的宽度

指定起点宽度 <0.6000>：**输入“0”，按【Enter】键确认。** //输入起点宽度

指定端点宽度 <0.0000>：**输入“0.6”，按【Enter】键确认。** //输入端点宽度

指定下一个点或 [圆弧(A)/半宽(H)/长度(L)/放弃(U)/宽度(W)]: <正交 开> 输入"2.5",按【Enter】键确认。 //打开【正交】模式,将十字光标放在点的下方,输入偏移距离

指定下一点或 [圆弧(A)/闭合(C)/半宽(H)/长度(L)/放弃(U)/宽度(W)]: 输入"W",按【Enter】键确认。 //设置多段线的宽度

指定起点宽度 <0.6000>: 输入"0",按【Enter】键确认。 //输入起点宽度

指定端点宽度 <0.0000>: 输入"0",按【Enter】键确认。 //输入端点宽度

指定下一点或 [圆弧(A)/闭合(C)/半宽(H)/长度(L)/放弃(U)/宽度(W)]: 捕捉矩形下边线上左边第一个点 F。

指定下一点或 [圆弧(A)/闭合(C)/半宽(H)/长度(L)/放弃(U)/宽度(W)]: 按【Enter】键确认。 //完成箭头的绘制

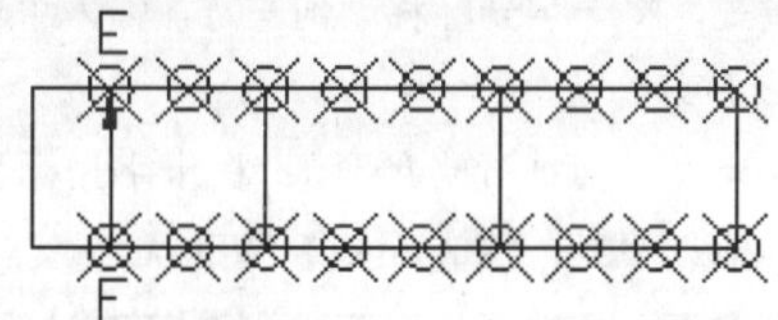

❷ 按照步骤❶的方法绘制其余的线段,结果如下图所示。

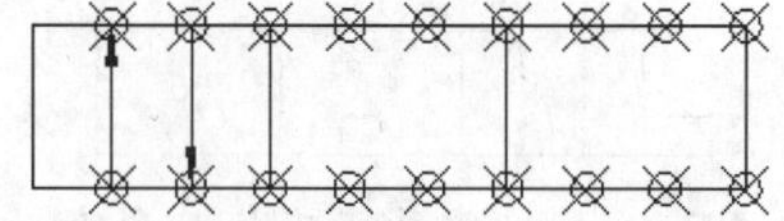

❸ 单击【常用】选项卡下【绘图】面板中的【直线】按钮,以激活"line"命令,并通过命令行操作,绘制下图所示的倾斜直线 AB。具体的命令行操作如下。

命令: _line

指定第一点: 捕捉 A 点。

指定下一点或 [放弃(U)]: 捕捉 B 点。

指定下一点或 [放弃(U)]: 按【Enter】键确认。 //完成直线的绘制

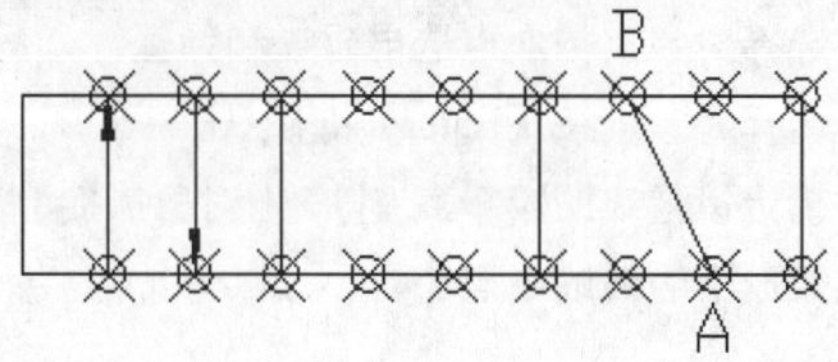

❹ 单击【常用】选项卡下【绘图】面板中的【多段线】按钮,以激活"pline"命令,并通过命令行操作,绘制箭头。具体的命令行操作如下。

命令: _pline

指定起点: 捕捉 A 点。

当前线宽为 0.0000

指定下一个点或 [圆弧(A)/半宽(H)/长度(L)/放弃(U)/宽度(W)]: 输入"W",按【Enter】键确认。 //设置多段线的宽度

指定起点宽度 <0.6000>: 输入"0",按【Enter】键确认。 //输入起点宽度

指定端点宽度 <0.0000>: 输入"0.6",按【Enter】键确认。 //输入端点宽度

指定下一点或 [圆弧(A)/闭合(C)/半宽(H)/长度(L)/放弃(U)/宽度(W)]: 捕捉最近点,沿直线方向移动十字光标,输入"2.5",按【Enter】键确认。

指定下一点或 [圆弧(A)/闭合(C)/半宽(H)/长度(L)/放弃(U)/宽度(W)]: 按【Enter】键确认。 //完成倾斜箭头的绘制

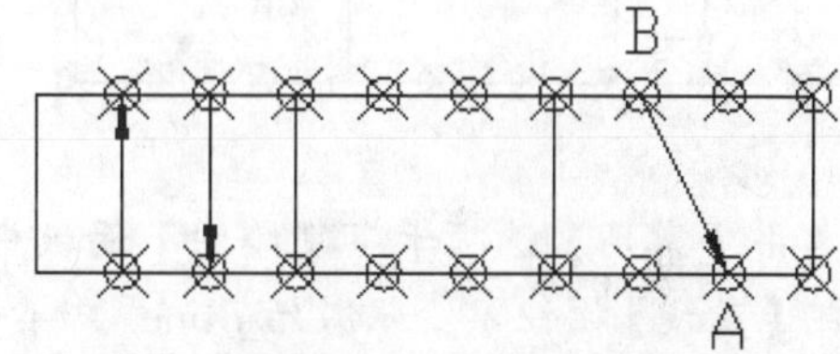

❺ 按照步骤❸~❹的方法绘制另一条线段,结果下图所示。

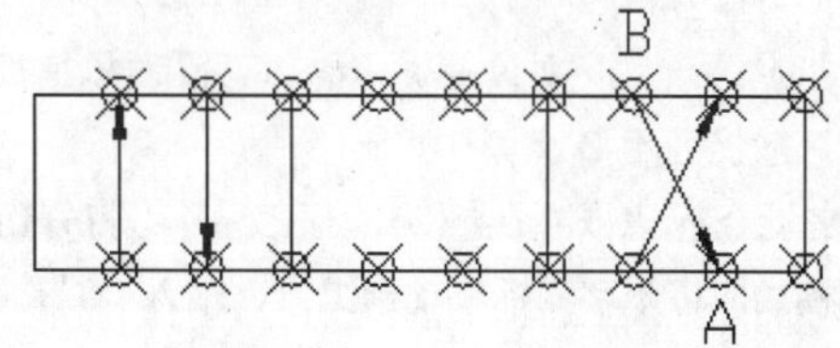

第 12 步: 绘制中间位置和两侧的电磁铁、弹簧符号

❶ 单击【常用】选项卡下【绘图】面板中的【直线】按钮,以激活"line"命令,并通过命令行操作,绘制如下图所示的直线。具体的命令行操作如下。

命令: _line

指定第一点：打开【对象捕捉】模式，捕捉C点。

指定下一点或 [放弃(U)]: <正交 开>打开【正交】模式，将十字光标移动到下方，输入“2.5”，按【Enter】键确认。

指定下一点或 [放弃(U)]：将十字光标移动到右边，输入“1”，按【Enter】键确认。

指定下一点或 [闭合(C)/放弃(U)]: 将十字光标移动到左边，输入“2”，按【Enter】键确认。

指定下一点或 [闭合(C)/放弃(U)]：按【Enter】键确认。 //完成直线的绘制

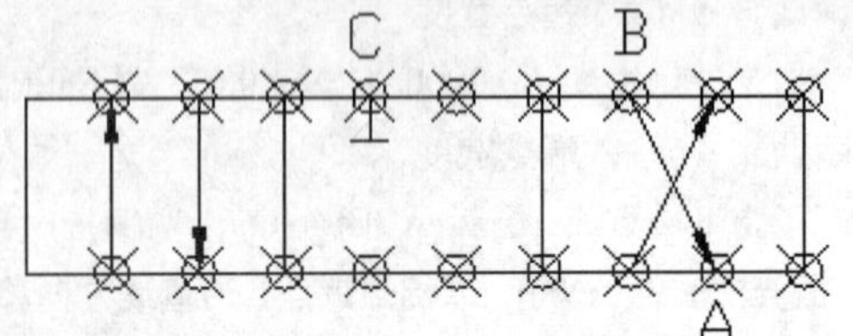

❷ 按照步骤❶的方法，完成下图的绘制。

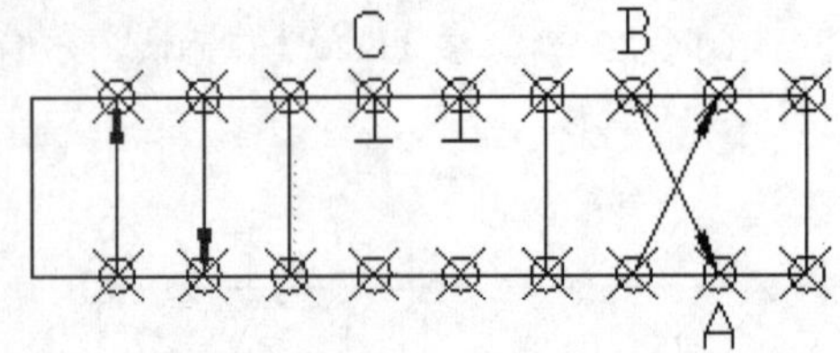

❸ 单击【常用】选项卡下【绘图】面板中的【直线】按钮，以激活“line”命令，并通过命令行操作，绘制下图所示的直线。具体的命令行操作如下。

命令：_line

指定第一点：<对象捕捉 开> 打开【对象捕捉】模式，捕捉图示D点。

指定下一点或 [放弃(U)]: <正交 开> 打开【正交】模式，将十字光标移动到上方，输入“3”，按【Enter】键确认。

指定下一点或 [放弃(U)]：将十字光标移动到右边，输入“5”，按【Enter】键确认。

指定下一点或 [放弃(U)]：将十字光标移动到下边，输入“3”，按【Enter】键确认。

指定下一点或 [放弃(U)]：按【Enter】键确认。 //完成直线的绘制

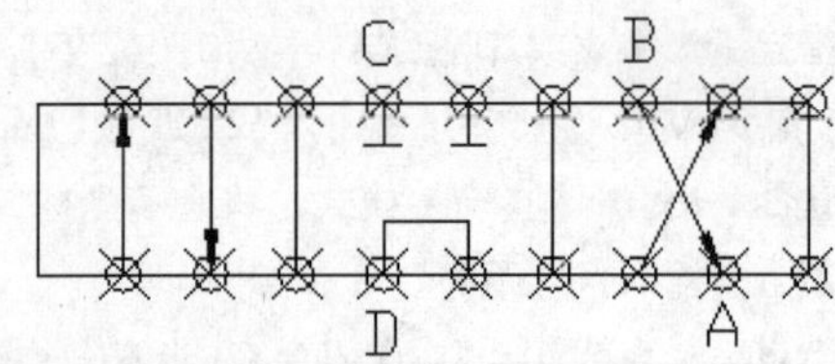

❹ 依次选择各等分点，在右键快捷菜单中选择【删除】菜单项。

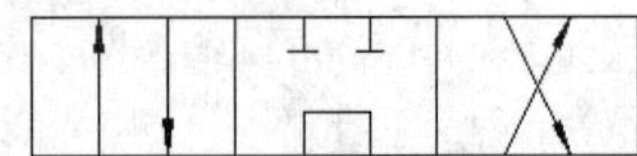

❺ 单击【常用】选项卡下【绘图】面板中的【直线】按钮，以激活“line”命令，并通过命令行操作，绘制换向阀中表示电磁铁的直线。具体的命令行操作如下。

命令：_line

指定第一点：<对象捕捉 开> 打开【对象捕捉】模式，捕捉矩形左下角。

指定下一点或 [放弃(U)]: <正交 开> 打开【正交】模式，将十字光标移动到左方，输入“6”，按【Enter】键确认。

指定下一点或 [放弃(U)]：将十字光标移动到上边，输入“3”，按【Enter】键确认。

指定下一点或 [放弃(U)]：将十字光标移动到右边，输入“6”，按【Enter】键确认。

指定下一点或 [放弃(U)]：按【Enter】键确认。

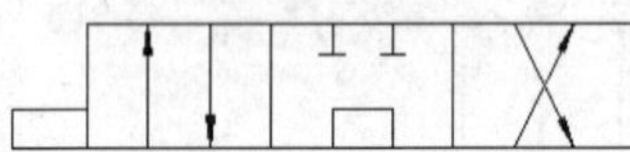

❻ 按【Enter】键重复【直线】命令，完成下图所示其他直线的绘制。

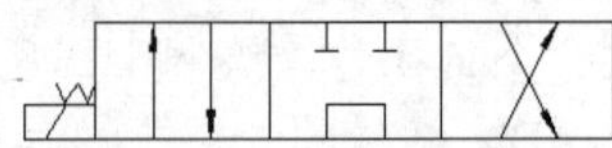

❼ 单击【常用】选项卡下【修改】面板中的【镜像】按钮，以大矩形的中心线为对称轴，把电磁铁和弹簧的符号对称复制一份。

命令：_mirror

选择对象：依次点选电磁铁和弹簧。

选择对象：按【Enter】键确认。

指定镜像线的第一点：打开【对象捕捉】模式，捕捉矩形上边线的中点。

指定镜像线的第二点：**捕捉矩形下边线的中点。**

是否删除源对象？[是(Y)/否(N)] <N>：按【Enter】键确认。 //不删除原来的对象

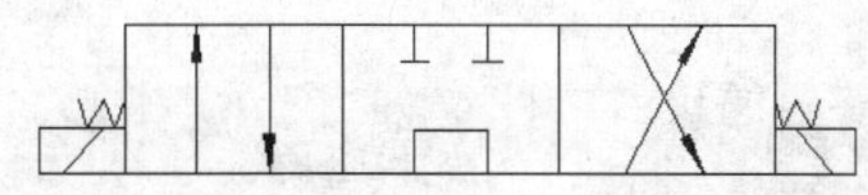

20.3.5 设计步骤 2——绘制连接线

在上一小节中，绘制了液压系统中所用到的液压元件，本小节绘制连接各液压元件的连接线。

第 1 步：布置液压元件

通过【复制】和【旋转】命令调整液压元件，然后通过【移动】命令按照液压系统图中的相对位置关系，将各液压元件放置到下图所示的位置。

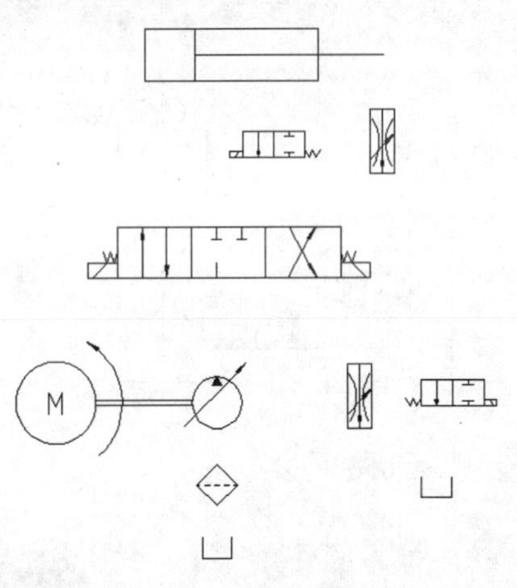

第 2 步：绘制连接线

❶ 选择“辅助线层”为当前图层。

❷ 单击【常用】选项卡下【绘图】面板中的【直线】按钮，并通过命令行操作，绘制如下图所示的液压系统图中的连接线。

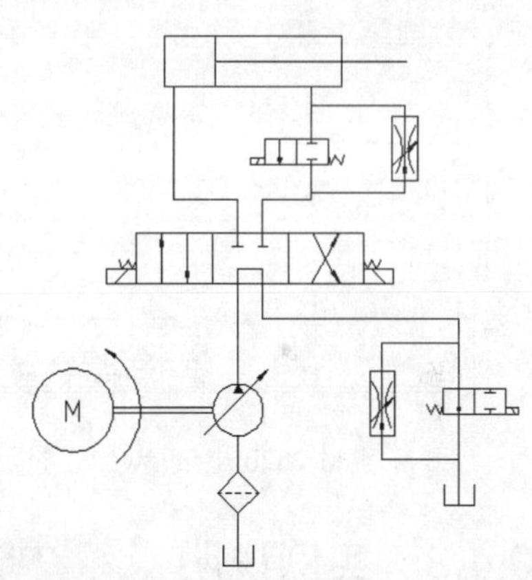

20.3.6 设计步骤 3——文字输入

❶ 选择“辅助线层”为当前图层，关闭状态栏中的【对象捕捉】按钮。

❷ 单击【常用】选项卡下【注释】面板中的【多行文字】按钮 A，打开【文字编辑器】选项卡，将文字样式设置为“standard”，字高设置为“2.5”，并在需要进行文字标注的地方框选出文字输入区域。

❸ 单击【常用】选项卡下【修改】面板中的【移动】按钮，选择上一步骤所输入的文字，将文字移动到适当的位置，完成下图所示中文字的输入。

❹ 选择【文件】➤【保存】菜单命令，将文件保存为“液压系统图.dwg”。

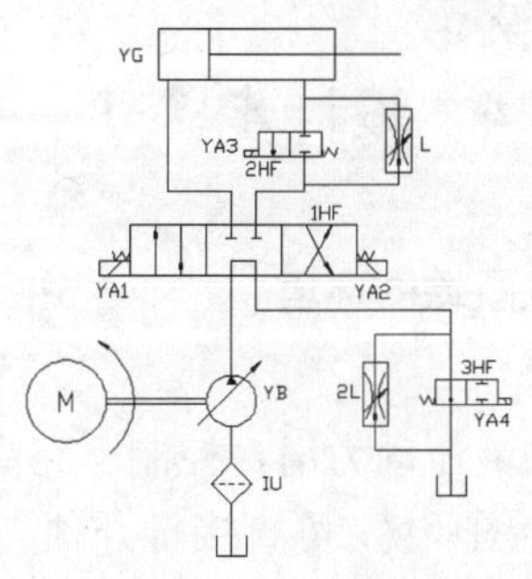

20.4 液压动力滑台控制电路设计

本节视频教学录像：21 分钟

本节介绍液压动力滑台控制电路图的绘制方法和技巧。通过本实例的练习，读者可以掌握【直线】、【圆】、【圆弧】、【旋转】、【移动】、【偏移】、【拉伸】、【裁剪】、【多段线】及【复制】等命令的综合运用。

20.4.1 设计思路

从液压动力滑台电气控制图可以看出，电气图主要由基本电气元件通过代表电路的细实线连接得来。所以绘图的基本思路为：先将所用到的基本电气元件图绘制出来，制作成块，然后用细实线绘制线路结构，最后将基本电气元件插入线路图中即可。

20.4.2 实例效果预览

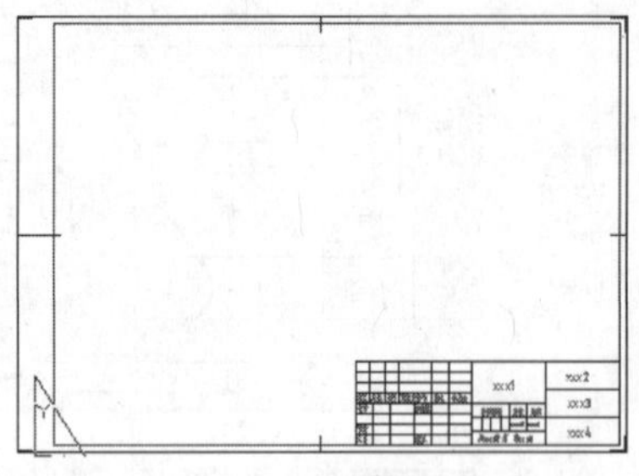

素材\ch20\电气.dwg

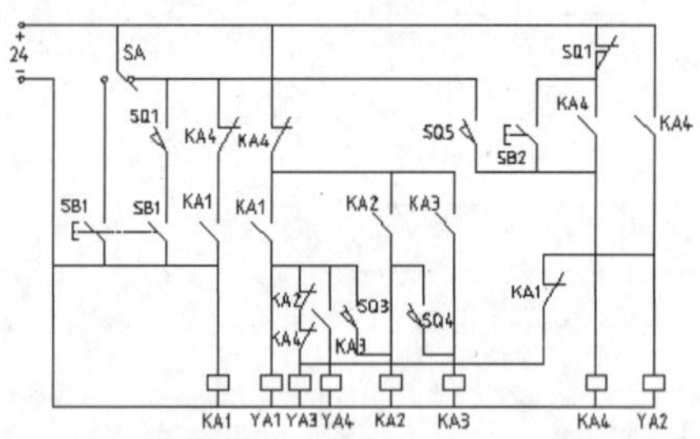

结果\ch20\液压控制.dwg

20.4.3 实例说明

实例名称：绘制液压控制图
主要命令：【矩形】、【块】、【偏移】和【多行文字】命令等
素材：素材\ch20\电气.dwg
结果：结果\ch20\液压控制.dwg
难易程度：★★★★　　　常用指数：★★★

20.4.4 设计步骤 1——绘制线路结构图

第 1 步：设置绘图环境

在绘制液压动力滑台控制电路图时，首先要设置绘图环境。可直接打开预先定制好的样板图，在其基础上进行绘图，然后将大量重复出现的图形符号定义成块作为样板图的内容。

❶ 选择【文件】➢【新建】菜单命令，或

者在命令行中输入“new”，按【Enter】键确认，弹出【选择样板】对话框。

❷ 在【选择样板】对话框中，打开随书光盘中的“素材\ch20\电气.dwg”文件，然后单击【打开】按钮。

❸ 选择【文件】➢【另存为】菜单命令，或者在命令行中输入“saveas”，按【Enter】键确认，弹出【图形另存为】对话框。

❹ 在【文件名】文本框中输入新建图形的名称“液压控制”，然后单击【保存】按钮。

第 2 步：绘制线路结构图的基本线段

❶ 选择“连线层”为当前图层。

❷ 单击【常用】选项卡下【绘图】面板中的【直线】按钮，以激活“line”命令，并通过命令行操作，绘制一条直线段。具体的命令行操作如下。

命令：_line

指定第一点：**在绘图区域的左上角单击以确定直线起点。**

指定下一点或 [放弃(U)]：**输入“@242，0”，按【Enter】键确认。** //输入下一点的相对坐标

❸ 单击【常用】选项卡下【修改】面板中的【偏移】按钮，以激活“offset”命令，并通过命令行操作，绘制上一步骤所绘制直线段的偏移线段。具体的命令行操作如下。

命令：_offset

指定偏移距离或 [通过(T)/删除(E)/图层(L)] <10.0000>：**输入“20”，按【Enter】键确认。**

选择要偏移的对象，或 [退出(E)/放弃(U)] <退出>：**选择直线 AB。**

指定要偏移的那一侧上的点，或 [退出(E)/多个(M)/放弃(U)] <退出>：**单击直线下侧。**

选择要偏移的对象，或 [退出(E)/放弃(U)] <退出>：**按【Enter】键确认。**

按【Enter】键重复 offset 命令。

命令：_offset

当前设置：删除源=否　图层=源 OFFSETGAPTYPE=0

指定偏移距离或 [通过(T)/删除(E)/图层(L)] <20.0000>：**输入“68”，按【Enter】键确认。** //输入偏移距离

选择要偏移的对象，或 [退出(E)/放弃(U)] <退出>：**选择直线 CD。**

指定要偏移的那一侧上的点，或 [退出(E)/多个(M)/放弃(U)] <退出>：**单击直线的下侧。**

选择要偏移的对象，或 [退出(E)/放弃(U)] <退出>：**按【Enter】键确认。**

按【Enter】键重复 offset 命令。

命令：_offset

当前设置：删除源=否　图层=源 OFFSETGAPTYPE=0

指定偏移距离或 [通过(T)/删除(E)/图层(L)]：**输入“52”，按【Enter】键确认。** //输入偏移距离

选择要偏移的对象，或 [退出(E)/放弃(U)] <退出>：**选择直线 EF。**

指定要偏移的那一侧上的点，或 [退出(E)/多个(M)/放弃(U)] <退出>：**单击直线的下侧。**

选择要偏移的对象，或 [退出(E)/放弃(U)] <退出>：**按【Enter】键确认。**

❹ 单击【常用】选项卡下【绘图】面板中的【直线】按钮，以激活“line”命令，并通过命令行操作，绘制一条直线段。具体的命令行操作如下。

命令：_line

指定第一点：**捕捉图示 A 点。**

指定下一点或 [放弃(U)]：**捕捉图示 G 点。**

指定下一点或 [放弃(U)]：**按【Enter】键确认。**

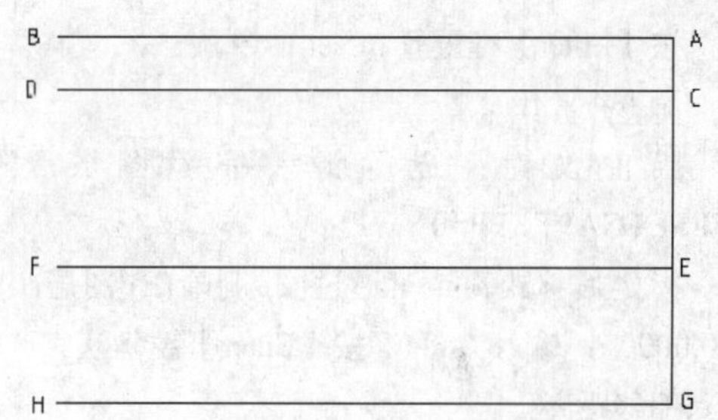

❺ 单击【常用】选项卡下【修改】面板中的【偏移】按钮，以激活“offset”命令，并通过命令行操作，绘制直线段的偏移线段。具体的命令行操作如下。

命令：_offset

指定偏移距离或 [通过(T)/删除(E)/图层(L)]：**输入“22”，按【Enter】键确认。** //输入偏移距离

选择要偏移的对象，或 [退出(E)/放弃(U)] <退出>：**选择直线 AG。**

指定要偏移的那一侧上的点，或 [退出(E)/多个(M)/放弃(U)] <退出>：**单击直线左侧。**

选择要偏移的对象，或 [退出(E)/放弃(U)] <退出>：**按【Enter】键确认，偏移得到直线 IJ。**

命令：_offset

当前设置：删除源=否 图层=源 OFFSETGAPTYPE=0

指定偏移距离或 [通过(T)/删除(E)/图层(L)] <22.0000>：**输入“124”，按【Enter】键确认。**

选择要偏移的对象，或 [退出(E)/放弃(U)] <退出>：**选择直线 IJ。**

指定要偏移的那一侧上的点，或 [退出(E)/多个(M)/放弃(U)] <退出>：**单击直线左侧。**

选择要偏移的对象，或 [退出(E)/放弃(U)] <退出>：**按【Enter】键确认，偏移得到直线 KL。**

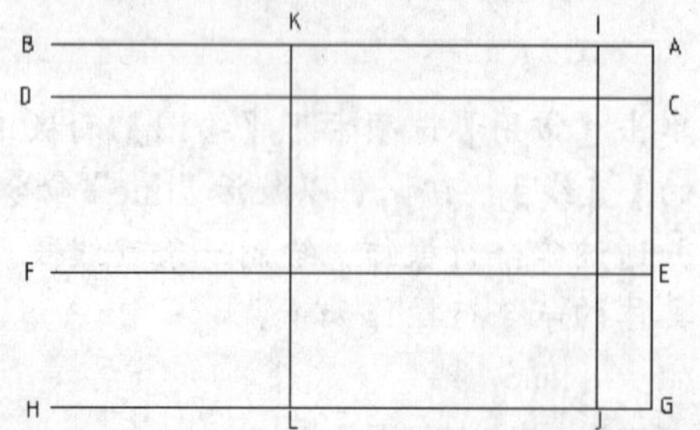

按【Enter】键重复 offset 命令。

命令：_offset

当前设置：删除源=否 图层=源 OFFSETGAPTYPE=0

指定偏移距离或 [通过(T)/删除(E)/图层(L)] <124.0000>：**输入“20”，按【Enter】键确认。** //输入偏移距离

选择要偏移的对象，或 [退出(E)/放弃(U)] <退出>：**选择直线 KL。**

指定要偏移的那一侧上的点，或 [退出(E)/多个(M)/放弃(U)] <退出>：**单击直线左侧。**

选择要偏移的对象，或 [退出(E)/放弃(U)] <退出>：**按【Enter】键确认。**

❻ 依据前几步的绘制过程，绘制最后一条左偏移线，偏移距离为“64”，完成下图所示的绘制。

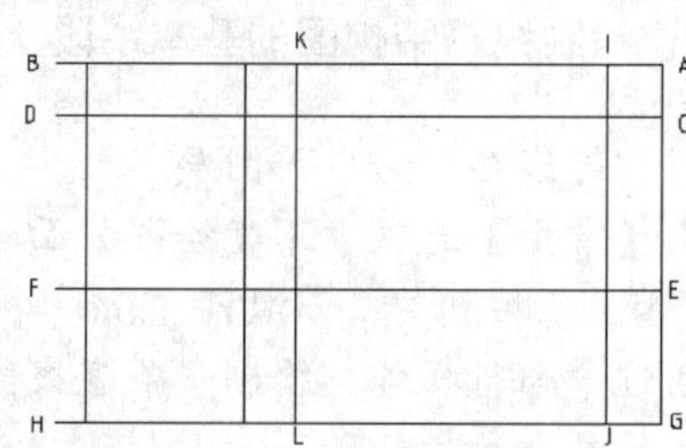

❼ 单击【常用】选项卡下【修改】面板中的【修剪】按钮，以激活“trim”命令，并通过命令行操作，完成下图所示的绘制。具体的命令行操作如下。

命令：_trim

当前设置：投影=UCS，边=无

选择剪切边...

选择对象或 <全部选择>：**选择竖直线 MN。**

选择对象：**按【Enter】键确认。**

选择要修剪的对象，或按住【Shift】键选择要延伸的对象，或[栏选(F)/窗交(C)/投影(P)/边(E)/删除(R)/放弃(U)]：**依次选择直线 EF 和直线 GH 位于竖直线 MN 以左的部分。**

选择要修剪的对象，或按住【Shift】键选择要延伸的对象，或[栏选(F)/窗交(C)/投影(P)/边(E)/删除(R)/放弃(U)]：**按【Enter】键确认。**

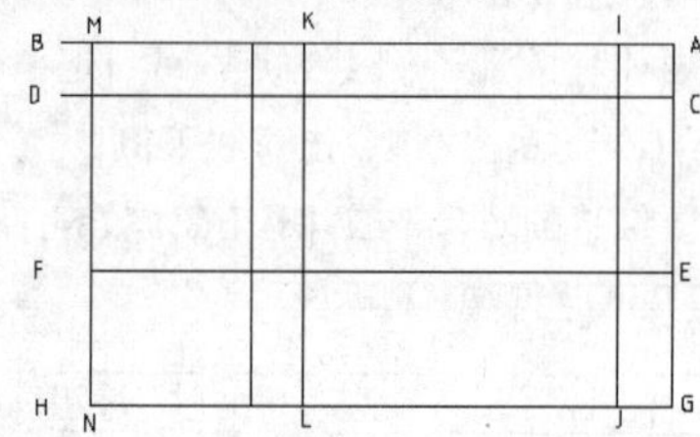

Tips

修剪线段可以通过单击【修剪】按钮后直接右击，再选择需要剪掉的线段。使用这个方法可以省去选择剪切边的操作。

❽ 根据上述步骤，完成下图所示的修剪。

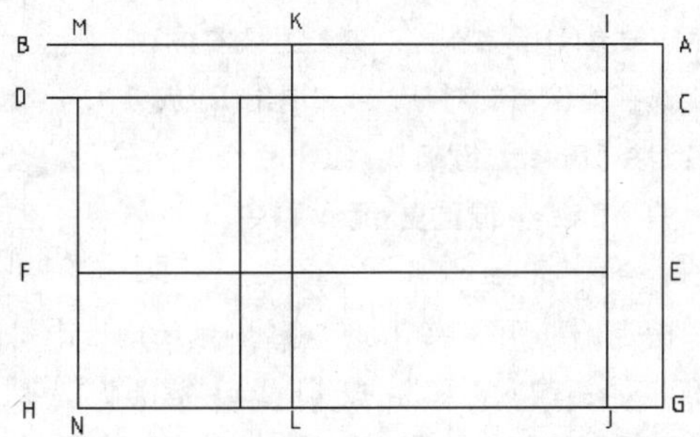

❾ 单击【常用】选项卡下【修改】面板中的【偏移】按钮，以激活“offset”命令，并通过命令行操作，绘制直线段的偏移线段。具体的命令行操作如下。

命令：_offset

当前设置：删除源=否　图层=源 OFFSETGAPTYPE=0 指定偏移距离或 [通过(T)/删除(E)/图层(L)] <52.0000>：输入“20”，按【Enter】键确认。　//输入偏移距离

选择要偏移的对象，或 [退出(E)/放弃(U)] <退出>：选择图示直线 OP。

指定要偏移的那一侧上的点，或 [退出(E)/多个(M)/放弃(U)] <退出>：单击直线左侧。

选择要偏移的对象，或 [退出(E)/放弃(U)] <退出>：按【Enter】键确认。

按【Enter】键重复 offset 命令。

命令：_offset

指定偏移距离或 [通过(T)/删除(E)/图层(L)] <52.0000>：输入“24”，按【Enter】键确认。　//输入偏移距离

选择要偏移的对象，或 [退出(E)/放弃(U)] <退出>：选择图示直线 RQ。

指定要偏移的那一侧上的点，或 [退出(E)/多个(M)/放弃(U)] <退出>：单击直线左侧。

选择要偏移的对象，或 [退出(E)/放弃(U)] <退出>：按【Enter】键确认。

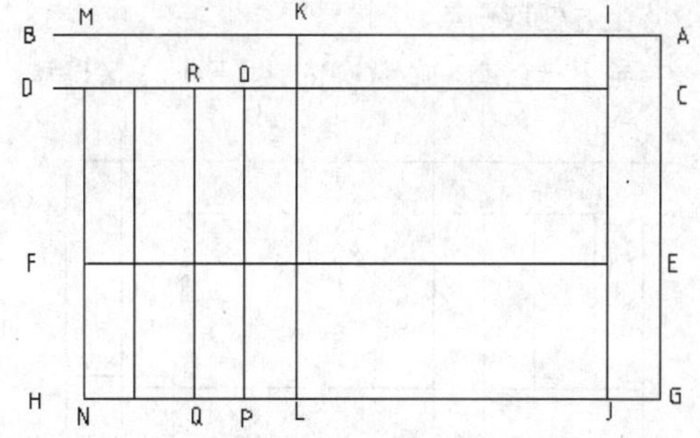

❿ 按照上述步骤，应用【修剪】命令，完成下图所示的修剪。

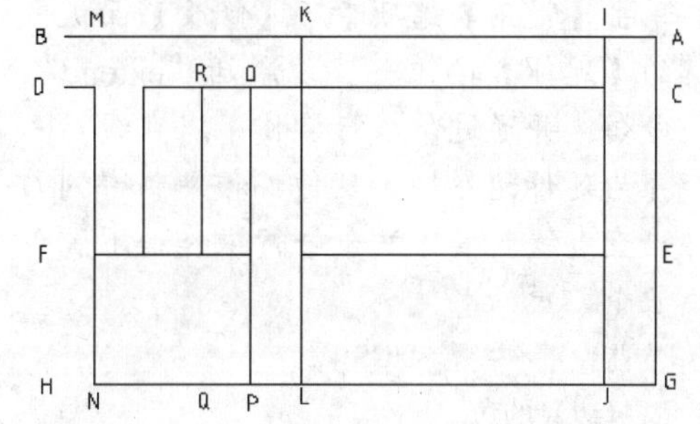

第 3 步：绘制线路结构图中间部分的交叉线

❶ 单击【常用】选项卡下【绘图】面板中的【直线】按钮，以激活“line”命令，并通过命令行操作，完成下面图形的绘制。具体的命令行操作如下。

命令：_line

指定第一点：捕捉 G 点。

指定下一点或 [放弃(U)]：打开【正交】模式，将十字光标移向起点的上方，输入“56”，按【Enter】键确认。

指定下一点或 [放弃(U)]：将十字光标移向左方，输入“42”，按【Enter】键确认。

指定下一点或 [放弃(U)]：将十字光标移向下方，输入“40”，按【Enter】键确认。

指定下一点或 [放弃(U)]：将十字光标移向左方，输入“92”，按【Enter】键确认。

指定下一点或 [放弃(U)]：按【Enter】键确认。//完成直线的绘制

按【Enter】键重复 line 命令。

命令：_line

指定第一点：捕捉图示点 S。

指定下一点或 [放弃(U)]：**打开【正交】模式，在 S 点上方任取一点。**

指定下一点或 [放弃(U)]：**按【Enter】键确认。**

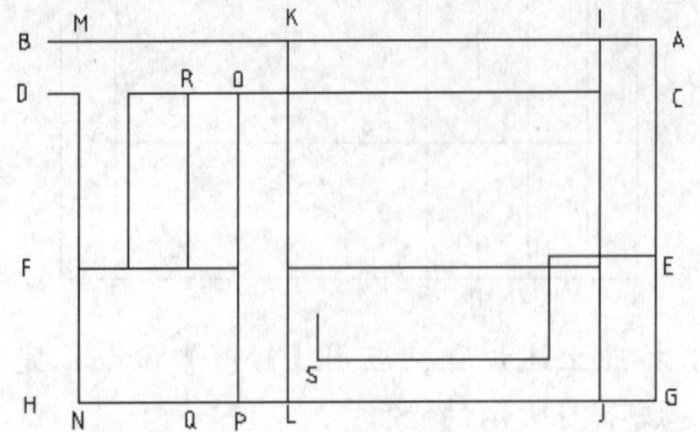

❷ 单击【常用】选项卡下【修改】面板中的【延伸】按钮--/，以激活“extend”命令，并通过命令行操作，以直线 GH、ef 为延伸边界线，延伸偏移复制得到的垂直直线。具体的命令行操作如下。

命令：_extend

当前设置：投影=UCS，边=无

选择边界的边...

选择对象或 <全部选择>：**选择直线 ef 和直线 GH。**

选择对象：**按【Enter】键确认。**

选择要延伸的对象，或按住【Shift】键选择要修剪的对象，或 [投影(P)/边(E)/放弃(U)]：**选择上一步所画过点 S 竖直直线的上端。**

选择要延伸的对象，或按住【Shift】键选择要修剪的对象，或 [投影(P)/边(E)/放弃(U)]：**选择上一步所画过点 S 竖直直线的下端。**

选择要延伸的对象，或按住【Shift】键选择要修剪的对象，或 [投影(P)/边(E)/放弃(U)]：**按【Enter】键确认。** //完成直线的延伸

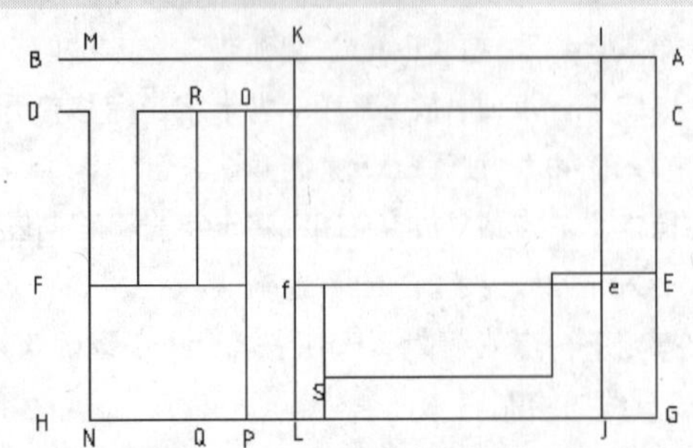

❸ 单击【常用】选项卡下【修改】面板中的【偏移】按钮⊆，以激活“offset”命令，并通过命令行操作，绘制直线段的偏移线段。具体的命令行操作如下。

命令：_offset

指定偏移距离或 [通过(T)/删除(E)/图层(L)] <24.0000>：**输入“12”，按【Enter】键确认。**

选择要偏移的对象，或 [退出(E)/放弃(U)] <退出>：**选择上一步延伸得到过点 S 的直线。**

指定要偏移的那一侧上的点，或 [退出(E)/多个(M)/放弃(U)] <退出>：**单击直线右侧。**

选择要偏移的对象，或 [退出(E)/放弃(U)] <退出>：**按【Enter】键确认。**

按【Enter】键重复 offset 命令。

命令：_offset

指定偏移距离或 [通过(T)/删除(E)/图层(L)] <12.0000>：**输入“10”，按【Enter】键确认。**

选择要偏移的对象，或 [退出(E)/放弃(U)] <退出>：**选择直线 TU。**

指定要偏移的那一侧上的点，或 [退出(E)/多个(M)/放弃(U)] <退出>：**单击直线右侧。**

选择要偏移的对象，或 [退出(E)/放弃(U)] <退出>：**按【Enter】键确认。**

按【Enter】键重复 offset 命令。

命令：_offset

指定偏移距离或 [通过(T)/删除(E)/图层(L)] <12.0000>：**输入“13”，按【Enter】键确认。**

选择要偏移的对象，或 [退出(E)/放弃(U)] <退出>：**选择如下图所示直线 VW。**

指定要偏移的那一侧上的点，或 [退出(E)/多个(M)/放弃(U)] <退出>：**单击直线右侧。**

选择要偏移的对象，或 [退出(E)/放弃(U)] <退出>：**按【Enter】键确认。**

按【Enter】键重复 offset 命令。

命令：_offset

指定偏移距离或 [通过(T)/删除(E)/图层(L)] <12.0000>：**输入“24”，按【Enter】键确认。**

选择要偏移的对象，或 [退出(E)/放弃(U)] <退出>：**选择上一步所画偏移直线 XY。**

指定要偏移的那一侧上的点，或 [退出(E)/多个(M)/放弃(U)] <退出>：**单击直线右侧。**

选择要偏移的对象，或 [退出(E)/放弃(U)] <退出>：**按【Enter】键确认。**

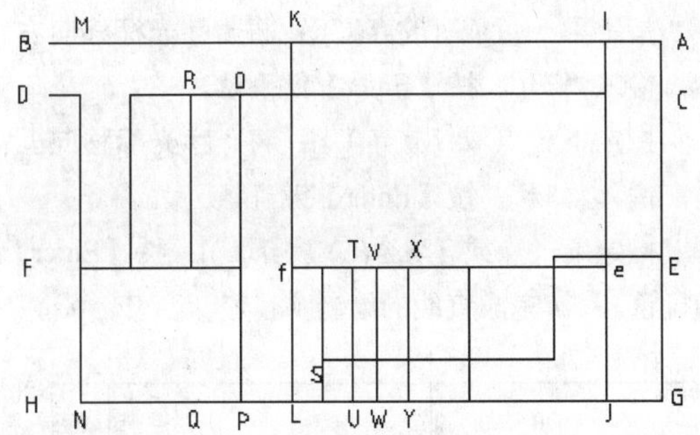

❹ 单击【常用】选项卡下【修改】面板中的【偏移】按钮，以激活“offset”命令，并通过命令行操作，绘制直线段的偏移线段。具体的命令行操作如下。

命令：_offset

指定偏移距离或 [通过(T)/删除(E)/图层(L)]：**输入“34”，按【Enter】键确认。**

选择要偏移的对象，或 [退出(E)/放弃(U)] <退出>：**选择如下图所示直线 ef。**

指定要偏移的那一侧上的点，或 [退出(E)/多个(M)/放弃(U)] <退出>：**单击直线上方。**

选择要偏移的对象，或 [退出(E)/放弃(U)] <退出>：**按【Enter】键确认。**

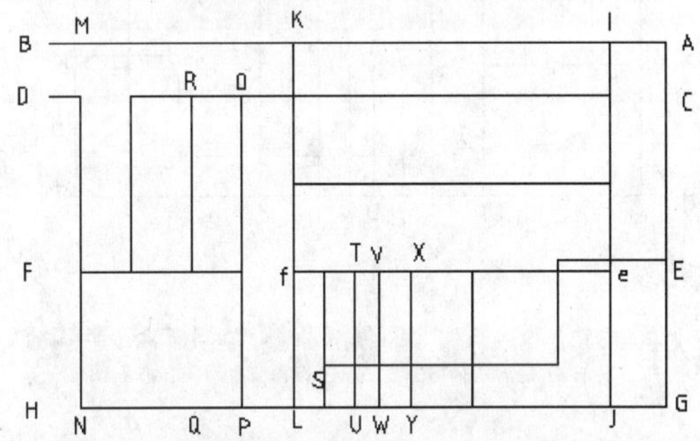

❺ 单击【常用】选项卡下【修改】面板中的【延伸】按钮，以激活“extend”命令，并通过命令行操作，以直线 ab 为延伸边界线，延伸直线 XY 和直线 cd。具体的命令行操作如下。

命令：_extend

当前设置：投影=UCS，边=无

选择边界的边...

选择对象或 <全部选择>：**选择直线 ab。**

选择对象：**按【Enter】键确认。**

选择要延伸的对象，或按住【Shift】键选择要修剪的对象，或 [投影(P)/边(E)/放弃(U)]：**选择直线 XY 的上端。**

选择要延伸的对象，或按住【Shift】键选择要修剪的对象，或 [投影(P)/边(E)/放弃(U)]：**选择直线 cd 的上端。**

选择要延伸的对象，或按住【Shift】键选择要修剪的对象，或 [投影(P)/边(E)/放弃(U)]：**按【Enter】键确认。** //完成直线 XY 和 cd 的延伸

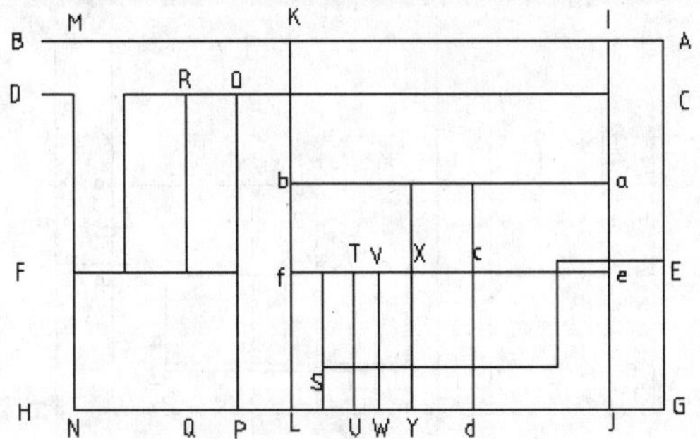

❻ 单击【常用】选项卡下【修改】面板中的【偏移】按钮，以激活“offset”命令，并通过命令行操作，绘制直线段的偏移线段。具体的命令行操作如下。

命令：_offset

指定偏移距离或 [通过(T)/删除(E)/图层(L)]：**输入“3”，按【Enter】键确认。**

选择要偏移的对象，或 [退出(E)/放弃(U)] <退出>：**选择直线 SZ。**

指定要偏移的那一侧上的点，或 [退出(E)/多个(M)/放弃(U)] <退出>：**单击直线上方。**

选择要偏移的对象，或 [退出(E)/放弃(U)] <退出>：**按【Enter】键确认。**

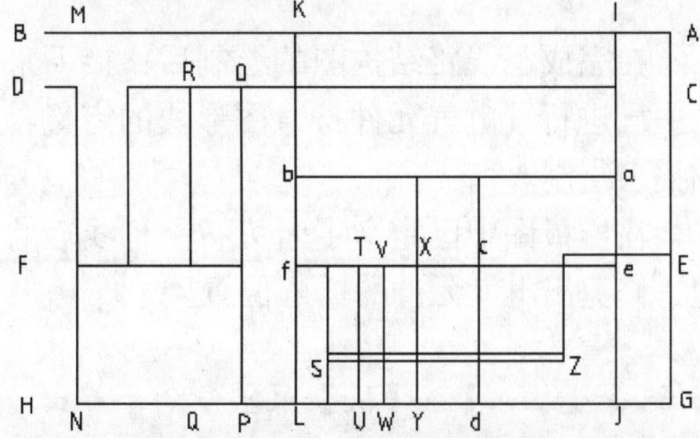

❼ 单击【常用】选项卡下【绘图】面板中的【直线】按钮，以激活“line”命令，并通过命令行操作，绘制一条直线。具体的命令行操作如下。

命令：_line

指定第一点：捕捉图示 X 点。

指定下一点或 [放弃(U)]：输入“@12，0”，按【Enter】键确认。 //输入下一点的相对坐标

指定下一点或 [放弃(U)]：输入“@0，-33”，按【Enter】键确认。 //输入下一点的相对坐标

指定下一点或 [闭合(C)/放弃(U)]：按【Enter】键确认。 //完成如下图所示直线 gh 的绘制

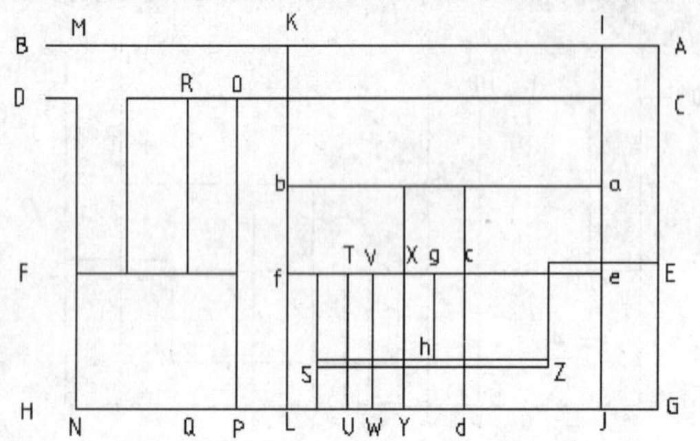

❽ 单击【常用】选项卡下【绘图】面板中的【直线】按钮，以激活“line”命令，并通过命令行操作，绘制下图所示的直线。具体的命令行操作如下。

命令：_line

指定第一点：捕捉图示 q 点。

指定下一点或 [放弃(U)]：<正交 开> 打开【正交】模式，将十字光标移向右边，输入“78”，按【Enter】键确认。

指定下一点或 [放弃(U)]：将十字光标移向下边，输入“34”，按【Enter】键确认。

指定下一点或 [放弃(U)]：将十字光标移向右边，输入“23”，按【Enter】键确认。

指定下一点或 [放弃(U)]：将十字光标移向上边，输入“34”，按【Enter】键确认。

指定下一点或 [闭合(C)/放弃(U)]：按【Enter】键确认。 //完成直线的绘制

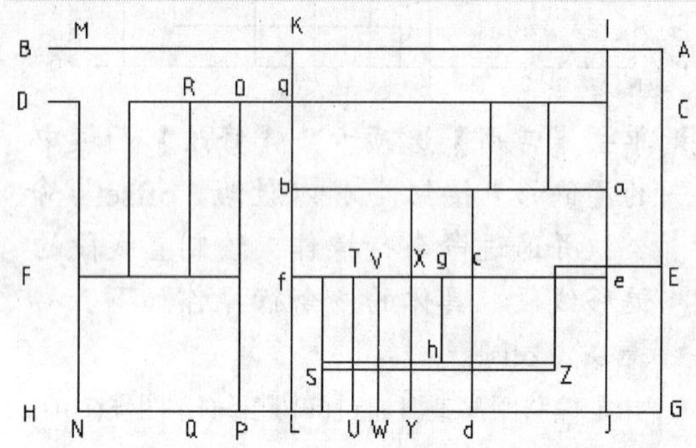

❾ 使用【修剪】按钮和【删除】按钮，修剪掉多余的线段，完成下图所示的绘制。

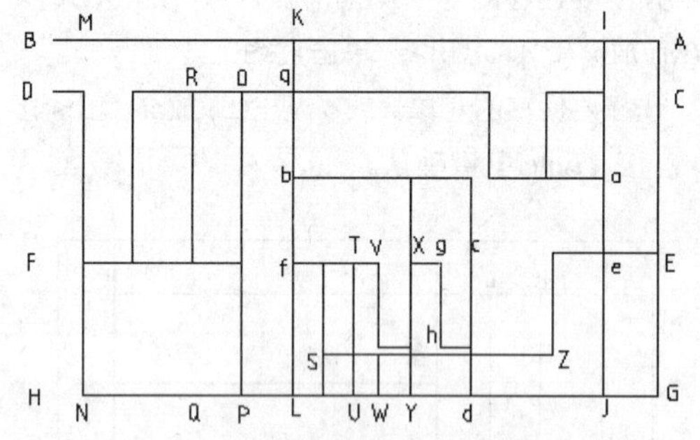

20.4.5 设计步骤 2——插入元器件

在完成了线路结构图的绘制后，接下来即可进行电器元件的绘制和插入。因为在样板图中已进行了电气元件符号图形块的定义，所以在此可采用直接调用的方法进行电气元件的插入绘制。

在样板图中已定义了名为“平行线”的块，因此可以将其插入线路结构图中作为剪切边，修剪出电气元件的插入位置。

❶ 选择【插入】➤【块】菜单命令，弹出【插入】对话框，在【名称】下拉列表中选择“平行线”块文件，然后单击【确定】按钮。

命令：_insert

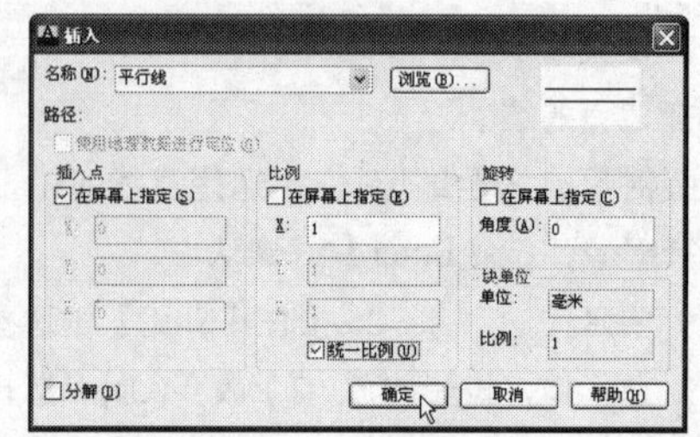

指定插入点或 [基点(B)/比例(S)/X/Y/Z/旋转(R)]：在 Z 点上方附近适当的位置取一点。

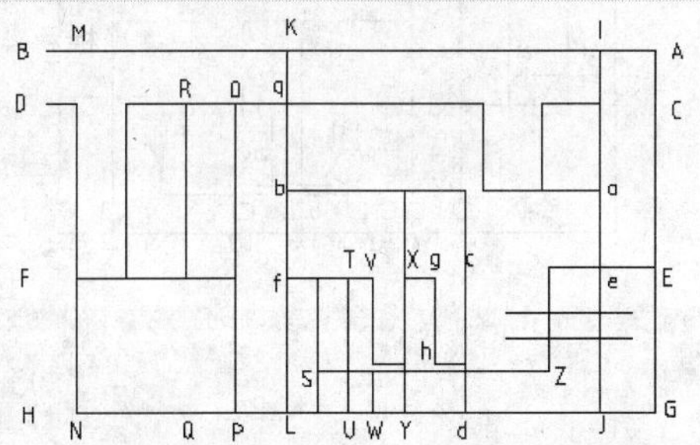

❷ 单击【常用】选项卡下【修改】面板中的【修剪】按钮后直接单击右键，然后将十字光标移动到平行线之间的线段，单击左键即可完成修剪。

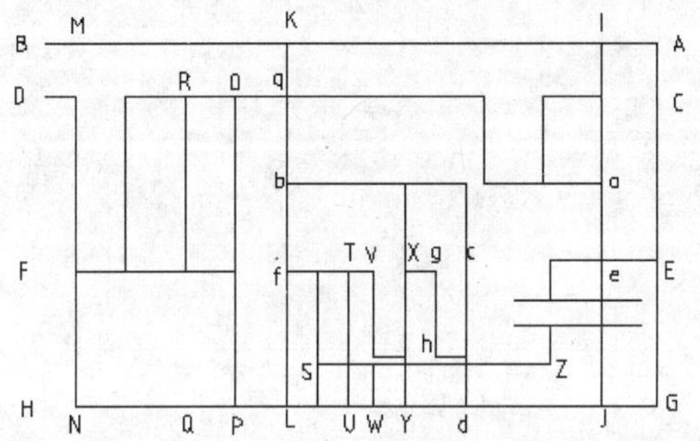

❸ 选择【插入】➢【块】菜单命令，弹出【插入】对话框，在【名称】下拉列表中选择“常闭开关 大”块文件，选中【插入点】栏中的【在屏幕上指定】复选框，然后单击【确定】按钮。

命令：_insert

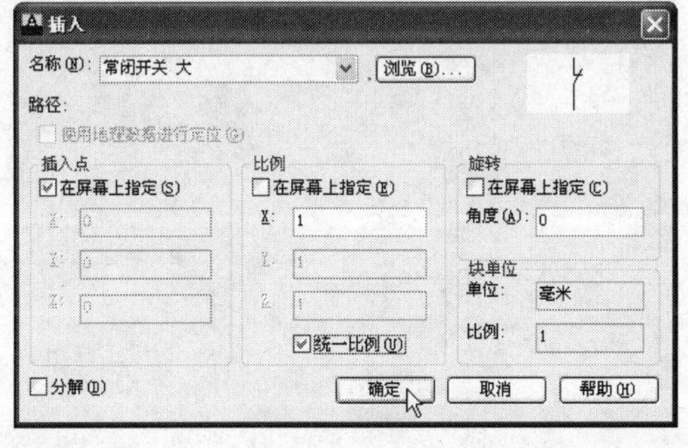

指定插入点或 [基点(B)/比例(S)/旋转(R)]：<对象捕捉 开> 捕捉“平行线”块的下水平线与竖线的交点 n。

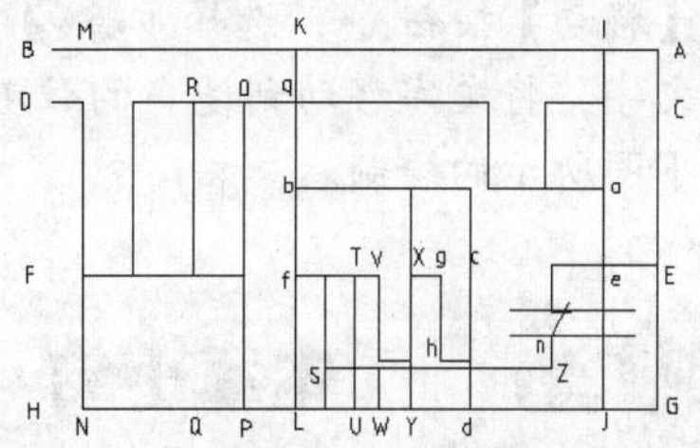

❹ 单击【常用】选项卡下【修改】面板中的【删除】按钮，以激活“erase”命令，并通过命令行操作，删除插入的“平行线”块。具体的命令行操作如下。

命令：_erase

选择对象：选择“平行线”块。

选择对象：按【Enter】键确认。

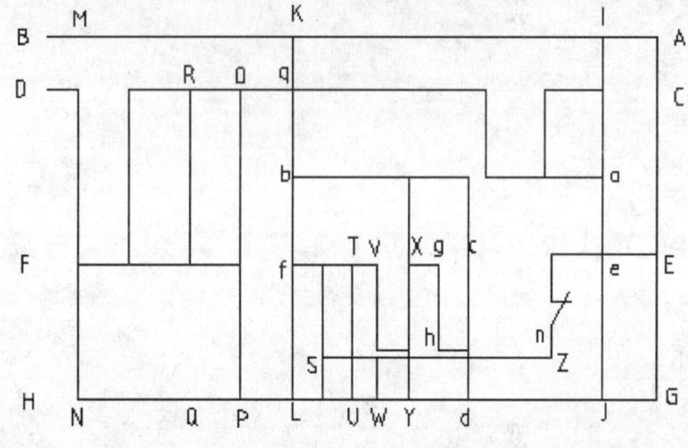

❺ 按照上述插入块及修剪的方法，如下图所示完成其余电气元件的插入及调整工作。

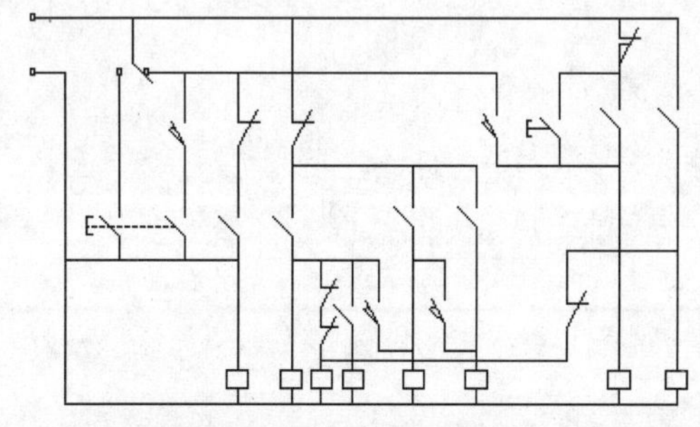

20.4.6 设计步骤 3——添加注释

❶ 选择“文字层”为当前图层，关闭状态栏中的【对象捕捉】按钮。

❷ 单击【常用】选项卡下【注释】面板中的【多行文字】按钮，打开【文字编辑器】选项卡，将文字样式设置为“standard”，字高设置为“6”，并在需

要进行文字标注的地方框选出文字输入区域。

❸ 单击【常用】选项卡下【修改】面板中的【移动】按钮，选择步骤❷中输入的文字，将文字移动到适当的位置，完成下图所示的绘制。

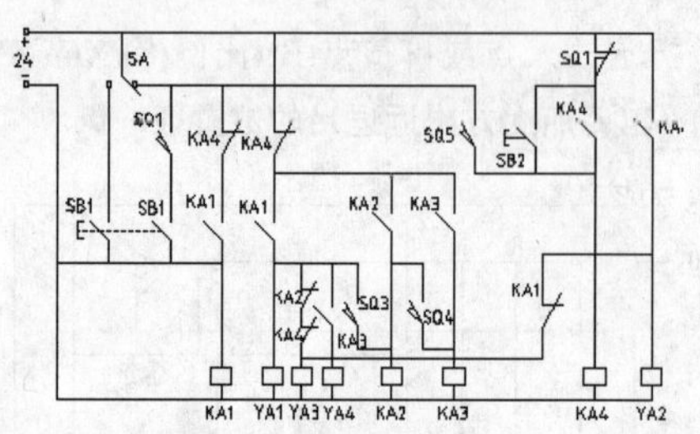

20.5 本章小结

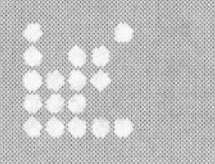

电子与电气是比较广泛的行业之一，电子与电气图也是比较常见的。本章所介绍的电子与电气类图的绘制，是比较常用的绘制方法，读者应熟练掌握。在实际的绘制过程中，应注意图块的调用，这样可以大大提升绘图效率，同时也可以保证绘制部件的准确度。

延伸阅读……《AutoCAD 2013 电子与电气设计完全自学手册》

【内容简介】

本书分为 4 篇，共 19 章。【入门篇】主要介绍了 AutoCAD 2013 入门、AutoCAD 2013 基本设置和电子与电气设计基础等知识；【技能篇】主要介绍了二维绘图，编辑图形，三维绘图，图层的特性及应用，图块、文字及表格和图纸的打印输出等基本操作知识；【实战篇】涵盖了常用电子和电气元件的绘制、三维电气元件的绘制、模拟电路图的绘制、数字电路图的绘制和电气控制图的绘制等实战技能；【案例篇】全面介绍了电液控制系统设计、电机控制设计、机械电气设计和建筑电气设计等高级设计技能。

为了便于读者自学，本书突出对实例的讲解，使读者能理解软件精髓，并能解决实际生活或工作中遇到的问题，真正做到知其然，更知其所以然。

【简要目录】